JN411762

# 주기율표

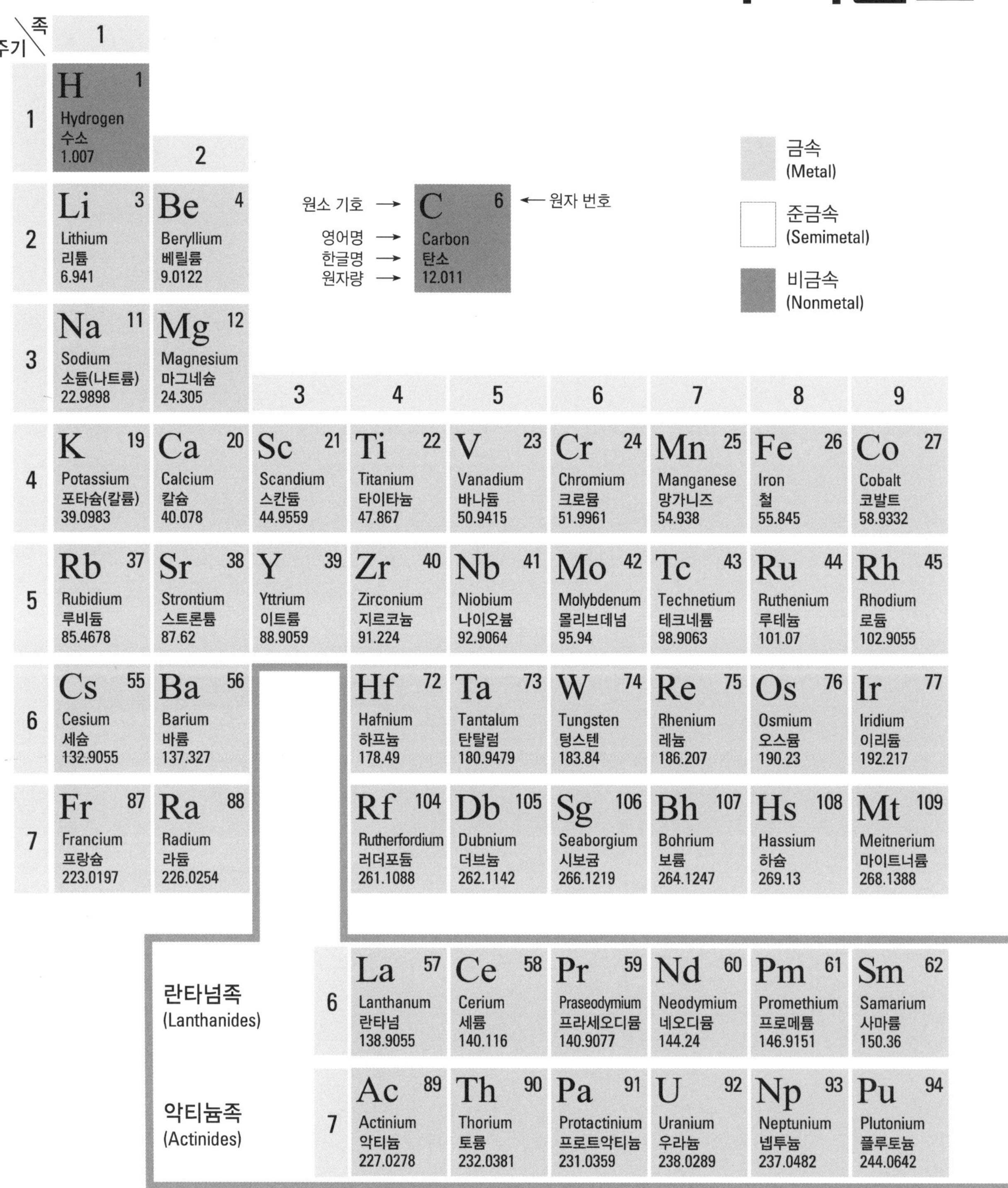
족
주기
1
2
3
4
5
6
7
8
9
H 1 Hydrogen 수소 1.007
Li 3 Lithium 리튬 6.941
Be 4 Beryllium 베릴륨 9.0122
Na 11 Sodium 소듐(나트륨) 22.9898
Mg 12 Magnesium 마그네슘 24.305
K 19 Potassium 포타슘(칼륨) 39.0983
Ca 20 Calcium 칼슘 40.078
Sc 21 Scandium 스칸듐 44.9559
Ti 22 Titanium 타이타늄 47.867
V 23 Vanadium 바나듐 50.9415
Cr 24 Chromium 크로뮴 51.9961
Mn 25 Manganese 망가니즈 54.938
Fe 26 Iron 철 55.845
Co 27 Cobalt 코발트 58.9332
Rb 37 Rubidium 루비듐 85.4678
Sr 38 Strontium 스트론튬 87.62
Y 39 Yttrium 이트륨 88.9059
Zr 40 Zirconium 지르코늄 91.224
Nb 41 Niobium 나이오븀 92.9064
Mo 42 Molybdenum 몰리브데넘 95.94
Tc 43 Technetium 테크네튬 98.9063
Ru 44 Ruthenium 루테늄 101.07
Rh 45 Rhodium 로듐 102.9055
Cs 55 Cesium 세슘 132.9055
Ba 56 Barium 바륨 137.327
Hf 72 Hafnium 하프늄 178.49
Ta 73 Tantalum 탄탈럼 180.9479
W 74 Tungsten 텅스텐 183.84
Re 75 Rhenium 레늄 186.207
Os 76 Osmium 오스뮴 190.23
Ir 77 Iridium 이리듐 192.217
Fr 87 Francium 프랑슘 223.0197
Ra 88 Radium 라듐 226.0254
Rf 104 Rutherfordium 러더포듐 261.1088
Db 105 Dubnium 더브늄 262.1142
Sg 106 Seaborgium 시보귬 266.1219
Bh 107 Bohrium 보륨 264.1247
Hs 108 Hassium 하슘 269.13
Mt 109 Meitnerium 마이트너륨 268.1388
원소 기호 → C 6 ← 원자 번호
영어명 → Carbon
한글명 → 탄소
원자량 → 12.011
금속 (Metal)
준금속 (Semimetal)
비금속 (Nonmetal)
란타넘족 (Lanthanides)
6
La 57 Lanthanum 란타넘 138.9055
Ce 58 Cerium 세륨 140.116
Pr 59 Praseodymium 프라세오디뮴 140.9077
Nd 60 Neodymium 네오디뮴 144.24
Pm 61 Promethium 프로메튬 146.9151
Sm 62 Samarium 사마륨 150.36
악티늄족 (Actinides)
7
Ac 89 Actinium 악티늄 227.0278
Th 90 Thorium 토륨 232.0381
Pa 91 Protactinium 프로트악티늄 231.0359
U 92 Uranium 우라늄 238.0289
Np 93 Neptunium 넵투늄 237.0482
Pu 94 Plutonium 플루토늄 244.0642

# Periodic Table of the Elements

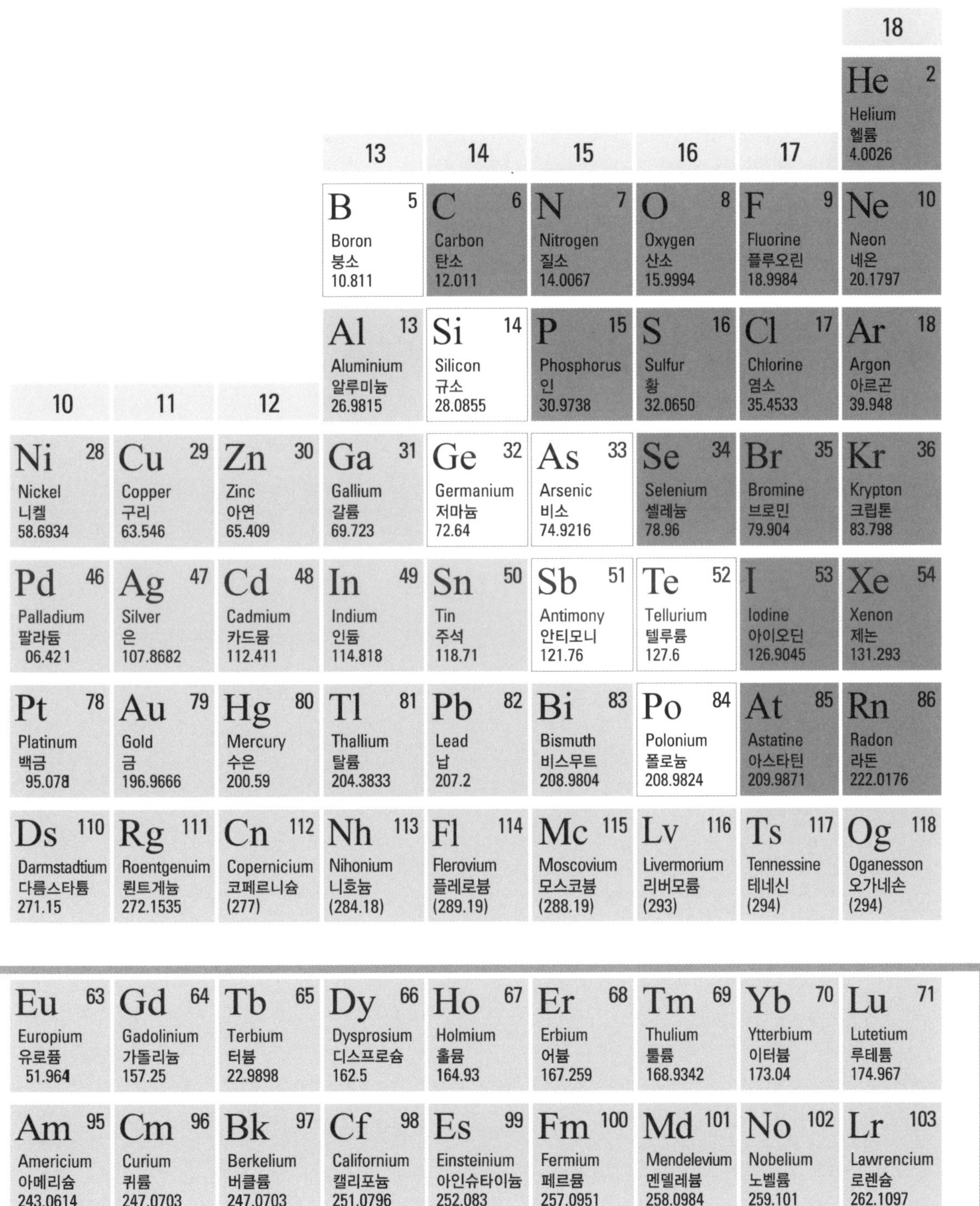

| 10 | 11 | 12 | 13 | 14 | 15 | 16 | 17 | 18 |
|---|---|---|---|---|---|---|---|---|
| | | | | | | | | He 2<br>Helium<br>헬륨<br>4.0026 |
| | | | B 5<br>Boron<br>붕소<br>10.811 | C 6<br>Carbon<br>탄소<br>12.011 | N 7<br>Nitrogen<br>질소<br>14.0067 | O 8<br>Oxygen<br>산소<br>15.9994 | F 9<br>Fluorine<br>플루오린<br>18.9984 | Ne 10<br>Neon<br>네온<br>20.1797 |
| | | | Al 13<br>Aluminium<br>알루미늄<br>26.9815 | Si 14<br>Silicon<br>규소<br>28.0855 | P 15<br>Phosphorus<br>인<br>30.9738 | S 16<br>Sulfur<br>황<br>32.0650 | Cl 17<br>Chlorine<br>염소<br>35.4533 | Ar 18<br>Argon<br>아르곤<br>39.948 |
| Ni 28<br>Nickel<br>니켈<br>58.6934 | Cu 29<br>Copper<br>구리<br>63.546 | Zn 30<br>Zinc<br>아연<br>65.409 | Ga 31<br>Gallium<br>갈륨<br>69.723 | Ge 32<br>Germanium<br>저마늄<br>72.64 | As 33<br>Arsenic<br>비소<br>74.9216 | Se 34<br>Selenium<br>셀레늄<br>78.96 | Br 35<br>Bromine<br>브로민<br>79.904 | Kr 36<br>Krypton<br>크립톤<br>83.798 |
| Pd 46<br>Palladium<br>팔라듐<br>06.421 | Ag 47<br>Silver<br>은<br>107.8682 | Cd 48<br>Cadmium<br>카드뮴<br>112.411 | In 49<br>Indium<br>인듐<br>114.818 | Sn 50<br>Tin<br>주석<br>118.71 | Sb 51<br>Antimony<br>안티모니<br>121.76 | Te 52<br>Tellurium<br>텔루륨<br>127.6 | I 53<br>Iodine<br>아이오딘<br>126.9045 | Xe 54<br>Xenon<br>제논<br>131.293 |
| Pt 78<br>Platinum<br>백금<br>95.078 | Au 79<br>Gold<br>금<br>196.9666 | Hg 80<br>Mercury<br>수은<br>200.59 | Tl 81<br>Thallium<br>탈륨<br>204.3833 | Pb 82<br>Lead<br>납<br>207.2 | Bi 83<br>Bismuth<br>비스무트<br>208.9804 | Po 84<br>Polonium<br>폴로늄<br>208.9824 | At 85<br>Astatine<br>아스타틴<br>209.9871 | Rn 86<br>Radon<br>라돈<br>222.0176 |
| Ds 110<br>Darmstadtium<br>다름스타튬<br>271.15 | Rg 111<br>Roentgenuim<br>뢴트게늄<br>272.1535 | Cn 112<br>Copernicium<br>코페르니슘<br>(277) | Nh 113<br>Nihonium<br>니호늄<br>(284.18) | Fl 114<br>Flerovium<br>플레로븀<br>(289.19) | Mc 115<br>Moscovium<br>모스코븀<br>(288.19) | Lv 116<br>Livermorium<br>리버모륨<br>(293) | Ts 117<br>Tennessine<br>테네신<br>(294) | Og 118<br>Oganesson<br>오가네손<br>(294) |

| | | | | | | | | |
|---|---|---|---|---|---|---|---|---|
| Eu 63<br>Europium<br>유로퓸<br>51.964 | Gd 64<br>Gadolinium<br>가돌리늄<br>157.25 | Tb 65<br>Terbium<br>터븀<br>22.9898 | Dy 66<br>Dysprosium<br>디스프로슘<br>162.5 | Ho 67<br>Holmium<br>홀뮴<br>164.93 | Er 68<br>Erbium<br>어븀<br>167.259 | Tm 69<br>Thulium<br>툴륨<br>168.9342 | Yb 70<br>Ytterbium<br>이터븀<br>173.04 | Lu 71<br>Lutetium<br>루테튬<br>174.967 |
| Am 95<br>Americium<br>아메리슘<br>243.0614 | Cm 96<br>Curium<br>퀴륨<br>247.0703 | Bk 97<br>Berkelium<br>버클륨<br>247.0703 | Cf 98<br>Californium<br>캘리포늄<br>251.0796 | Es 99<br>Einsteinium<br>아인슈타이늄<br>252.083 | Fm 100<br>Fermium<br>페르뮴<br>257.0951 | Md 101<br>Mendelevium<br>멘델레븀<br>258.0984 | No 102<br>Nobelium<br>노벨륨<br>259.101 | Lr 103<br>Lawrencium<br>로렌슘<br>262.1097 |

제5판

# 전기 화학

# ELECTRO CHEMISTRY

오승모 지음

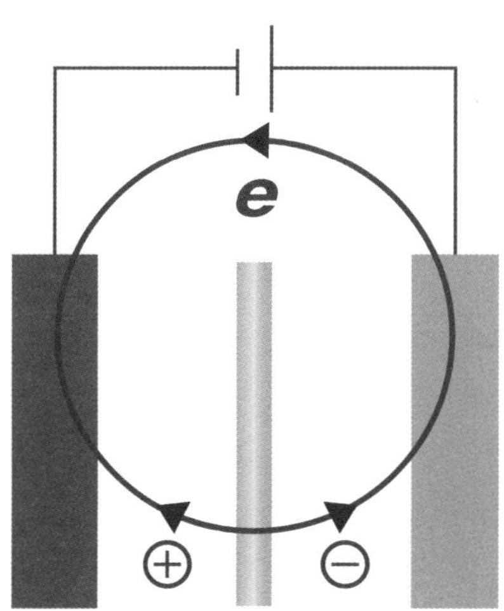


자유아카데미

# 머리말

약 15년 전만 해도 우리말로 쓰인 전기화학 입문서나 교과서는 많지 않았다. 이에 저자는 2010년 『전기화학 초판』을 집필하였다. 초판을 쓰며 의도했던 것은, 독자들에게 전기화학에 대한 기초적인 개념을 설명하고, 전기화학 실험 방법과 활용 방법을 소개하며, 전기화학이 현장에서 어떻게 활용되고 있는지 알려주고자 함이었다.

이후 2014년 2판, 2019년 3판, 2023년 4판을 거치며 잘못된 점과 부족한 점을 수정하고 보완하였다. 다만 이차 전지와 연료 전지에 대한 독자의 관심이 늘어나면서, 이에 대한 설명을 추가해야 할 필요성도 생겼다. 이에 4판과 5판에서는 12장 갈바니 셀의 내용을 크게 늘려 이 부분을 보완하였다.

이 책이 전기화학의 모든 분야를 포함한 것은 아니다. 입문서로서 갖추어야 할 내용을 한 학기 강의에 적합하도록 선별한 것이며, 설명도 될 수 있는 한 간단하게 하였다. 그러나 내용 전개에서 다음 2가지 중요한 흐름은 최대한 유지하고자 하였다. 첫째, 표준 속도 상수($k^0$)를 이용하여 여러 전기화학 현상을 설명하였다. 특히 전압-전류법(voltammetry)에서는 $k^0 = \infty$인 극단적인 경우를 가정하여 전압-전류 관계를 도출하고, 이어서 $k^0 < \infty$인 실제 경우는 이와 어떻게 다른가를 설명하였다. 둘째, 전기화학 셀에서 전류가 닫힌 고리(closed loop)를 형성하며 흐르며, 이에 따라 셀 분극(cell polarization)이 발생하고, 셀 분극이 전기화학 셀의 성능에 큰 영향을 준다는 사실을 강조하였다.

이번에 출간되는 『전기화학 제5판』은 대학원 수준에서 한 학기 강의에 적합하도록 난이도와 분량을 조절하였다. 목차에서 *로 표시된 내용을 생략하면 학부 3~4학년 수준의 한 학기 강의도 가능할 것으로 생각된다.

출간 후 나올 수 있는 수정 사항 등은 자유아카데미 홈페이지(www.freeaca.com) 자료실에 제공할 예정이니 참고하기를 바란다.

초판부터 5판이 출판되기까지 많은 분들의 도움이 있었다. 먼저 그림을 그려 주고 내용 수정에 참여해 준 서울대학교 공과대학 화학생물공학부 에너지 변환저장 연구실 출신 여러분들에게 고마움을 전한다. 또한 편집과 교정에 참여해 주신 자유아카데미 여러분께 감사의 말씀을 전한다.

2025년 7월

저자 오승모

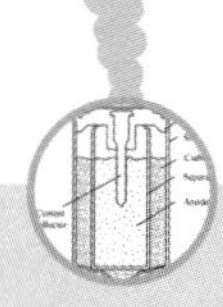

# 차례

## 1장 서론



## 2장 전극 전위



## 3장 전해질과 이온 전도

## 4장 전기화학 반응 속도



## 5장 전기화학 기기



## 6장 유체역학적 방법



## 7장 전위 계단 실험

## 8장 전위 주사 실험



## 9장 벌크 전해



## 10장 교류 임피던스법



## 11장 전해 셀

1장

# 서론
## Introduction

1-1　전기화학 반응의 특징

1-2　전기화학 반응에서 열역학과 반응 속도론

1-3　전기화학 셀의 구성과 종류

1-4　전기화학의 응용 분야

## 1-1 전기화학 반응의 특징

전기화학 반응이란 전자(electrons)가 관여된 산화(oxidation) 또는 환원(reduction) 반응을 뜻한다. 전자의 이동 측면에서 보면, 화합물이 전자를 내어놓고 이 전자가 전극으로 이동하는 반응이 **산화 반응**이고, 전자가 전극으로부터 방출되어 화합물로 이동하는 반응이 **환원 반응**이다.

$$Fe^{2+} \rightarrow Fe^{3+} + e \quad \text{(oxidation on an inert electrode)}$$
$$Ce^{4+} + e \rightarrow Ce^{3+} \quad \text{(reduction on an inert electrode)}$$

위의 전기화학 반응에서 $Ce^{4+}$가 전자(electron)를 받아 $Ce^{3+}$으로 환원되는 반응을 위해서 전자를 제공할 수 있는 고체(예를 들어, Pt, Au) 전극이 필요하다. 백금(Pt)과 금(Au)은 우수한 전자에 의한 전도성을 가지므로 전자를 내어주는 전극 역할을 할 수 있으나, 전기화학 반응($Ce^{4+} + e \rightarrow Ce^{3+}$)에는 참여하지 않는다. 즉, 전기화학 반응을 위한 자리만을 제공한다. 이러한 전극을 **비활성 전극**(inert electrode)이라 한다. 위에 나열한 2가지 전기화학 반응은 비활성 전극의 표면에서 전극에는 아무런 변화 없이 진행된다.

전기화학 반응에서는 전극과 반응물 사이에 전자가 전달되는 과정이 필요하다. 즉 [그림 1-1]에 보인 것처럼 용액에 녹아 있는 $Ce^{4+}$가 어떤 비활성 전극으로부터 전자를 받아 $Ce^{3+}$으로 환원될 때, 전자(electron)는 비활성 전극으로부터 $Ce^{4+}$로 이동해야 한다. 이런 과정을 '불균일 전하 전달'이라 한다. '불균일'의 의미는 전자가 서로 다른 상(고체와 용액) 사이에 이동한다는 것이고, 실제로는 '전자 전달'이지만 전자(electron)가 음전하

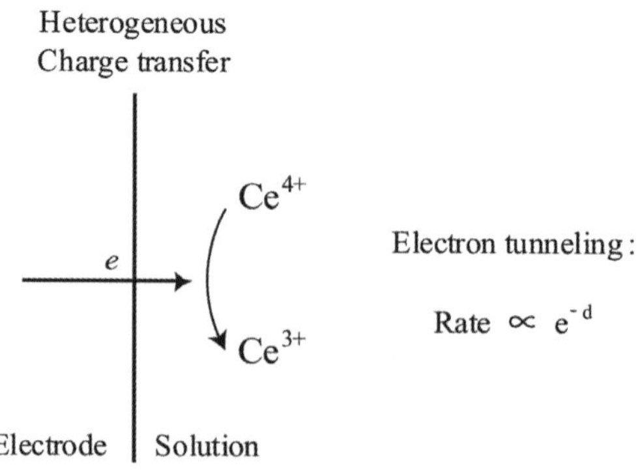


그림 1-1 터널링(tunneling)에 의한 전극과 반응물 사이 불균일 전하(전자) 전달

를 가지고 있으므로 넓은 의미로 '전하 전달'이라고 칭한다. 그러면 전하 전달은 어떤 경로를 거쳐 진행되는가? 환원 반응인 경우 전자는 고체 전극으로부터 환원되고자 하는 물질(위의 식에서 $Ce^{4+}$)로 터널링에 의해 전달되고, 산화 반응인 경우 전자는 산화되는 물질(위의 식에서 $Fe^{2+}$)에서 방출되어 터널링에 의해 비활성 전극으로 이동한다. 따라서 불균일 전하 전달 속도는 터널링 속도에 의해 결정된다.

[그림 1-1]에 보인 것처럼 터널링 속도는 거리가 증가할수록 지수함수에 의해 감소하는 특징을 갖는다. 따라서 어떤 반응물이 전극으로부터 먼 거리에 위치한다고 할 때, 터널링 속도가 무시할 만큼 작으므로 전하 전달 속도 또한 무시할 만큼 작다. 다시 말하여, 전하 전달(전자 전달)은 전극과 매우 가까운 거리에 위치하는 반응물과 전극 사이에서만 어떤 크기 이상의 속도로 진행될 수 있다. 전극으로부터 멀리 떨어져 있는 반응물은 전극 근처까지 접근해야 의미 있는 크기의 속도로 불균일 전하 전달 반응이 진행되므로, 이들이 먼 거리에서 전극 근처까지 이동하는 물질 전달 과정이 필요하다. 용액 내에서 물질 전달은 확산, 이동(migration), 그리고 기계적 대류(mechanical convection)에 의해서 가능하다. 이처럼 전기화학 반응에는 전자(electron)가 반응에 참여하고, 터널링에 의해 전자가 전달되며, 반응물의 물질 전달이 필요한 점 등 일반적인 화학 반응과는 여러 면에서 다르다. 다음에 전기화학 반응만이 갖는 특성을 나열하였다.

### (1) 전극 전위는 전극 내부에 존재하는 전자(electrons) 에너지의 표현이다.

퍼텐셜(potential)이란 용어는 화학 전위(chemical potential), 전기화학 전위(electrochemical potential), 전위(electrical potential), 전극 전위(electrode potential) 등에 다양하게 사용되는데, 앞의 두 가지는 에너지의 개념(2장에서 설명)이므로, 뒤의 두 가지와는 다르다.

물리학에서는 전위(electrical potential)를 무한대의 거리에서 단위 크기의 양전하(unit positive charge)를 어떤 상(phase)으로 가져오는 데 필요한 에너지로 정의한다. [그림 1-2]에 어떤 상(여기서는 전극)이 과량의 양전하를 가지고 있는 경우와 과량의 음전하를 가지고 있는 경우의 전위를 비교하였다. 과량의 양전하를 가지고 있는 전극으로 양전하를 가져오는 데 필요한 에너지가 더 크므로 이 전극의 전위가 음전하를 가지고 있는 전극의 전위보다 더 높다(더 양의 값을 갖는다). 그렇다면 음전하를 가지고 있는 전극 내 전자(electrons)의 에너지는 어떠한가? 전극 내부에 음전하의 양이 많을수록 전자의 에너지는 높다. 따라서 전극 전위가 낮을수록(음의 값을 가질수록) 전극은 과량의 음전하를 갖게 되고, 따라서 전극 내 전자의 에너지는 높아진다. 이처럼 전극 전위와 전극 내부 전

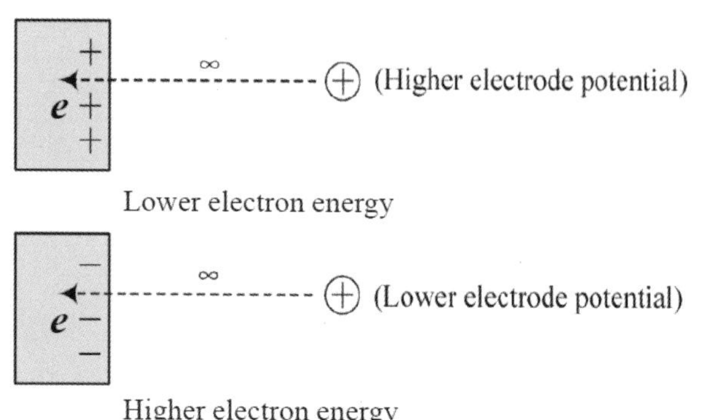


그림 1-2 전극 전위의 정의

자 에너지의 크기는 서로 반대 경향을 보인다.

전기화학이 어렵고 혼동되는 이유 중 하나는 물리학과 전기화학에서 서로 다른 전하를 중심으로 개념을 정리하기 때문이다. 물리학에서는 단위 양전하를 중심으로 개념을 정리하지만(예를 들어, 전류가 흐르는 방향을 양전하의 이동 방향으로 설명함), 전기화학에서는 전자(electrons)가 반응에 참여하므로 전자를 중심으로 개념을 전개할 필요가 있다.

[그림 1-3]에 전극 내 전하의 종류와 양, 전극 내 전자의 에너지, 그리고 전극 전위의 관계를 설명하였다. 전극에 음전하의 양이 증가할수록 전자의 에너지는 증가하고 전극 전위는 감소한다(즉, 더 음의 값을 갖는다). 이는 전극 내부에 전하의 종류와 양을 조절하면 전극 전위를 조절할 수 있음을 말하는데, 5장에서 설명할 **일정 전위기**(potentiostat)라는 장비를 사용하면 가능하다.

[그림 1-4]에 전극 내 **전자의 에너지**(electron energy)를 조절하여 전기화학 반응을 유도

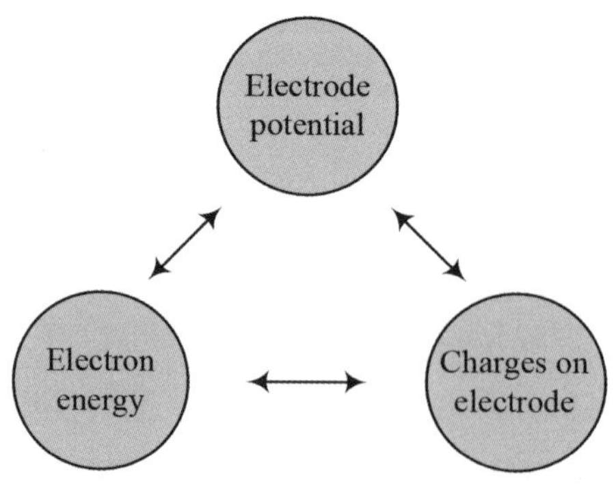


그림 1-3 전극 내 전하의 종류와 양에 따른 전극 전위의 변화, 그리고 전극 내 전자 에너지의 변화

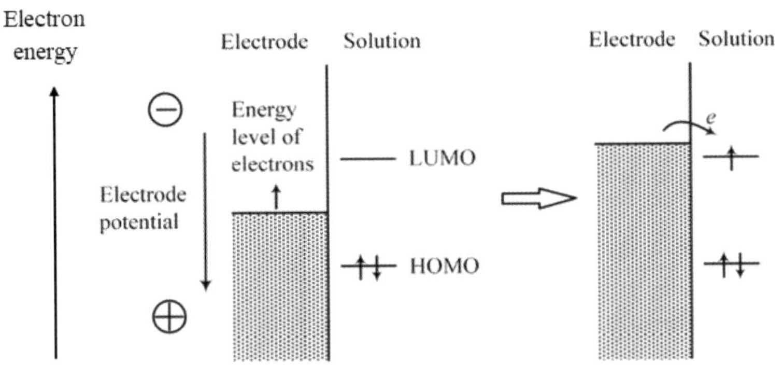


그림 1-4 전극 내 전자의 에너지(전극 전위) 변화에 따른 전기화학 환원/산화 가능성

하는 과정을 보여주고 있다. 여기서는 전자를 중심으로 설명하기 위하여, 위로 갈수록 전자의 에너지가 높게[전극 전위는 아래로 갈수록 더 큰 값(양의 값)을 갖도록] 도시하였다. 전극 내 전자의 에너지는 위에서 설명한 것처럼 일정 전위기를 이용하여 조절할 수 있다. 전극 내 전자의 에너지와 용액에 녹아 있는 어떤 화합물의 전자 에너지를 비교하면, 동일하게 전자(electrons)의 에너지를 비교하는 것이므로 전기화학 반응의 가능 여부를 판단할 수 있다. 다시 말하여, 전자는 높은 에너지 상태에서 낮은 상태로 이동하려고 하므로, 만약에 전극 내 전자의 가장 높은 에너지 준위(이를 Fermi level이라 함, 13장 참조)가 용액 내 화합물의 전자 에너지 준위보다 높다면 전자는 화합물 쪽으로 이동하는 환원 반응이 가능할 것이다. 그렇다면 화합물 내 전자(electrons)의 에너지는 무엇으로 표현할 수 있는가? 바로 **분자 오비탈**(molecular orbital)이 화합물 내 전자의 에너지를 나타낸다. 화합물은 많은 종류의 분자 오비탈을 가지고 있으며, 전자는 낮은 분자 오비탈부터 차례로 채워지게 된다. 분자 오비탈 중에서 전자가 채워진 가장 높은 분자 오비탈(**최고 점유 분자 오비탈**, highest occupied molecular orbital, HOMO)과 전자가 채워지지 않은 가장 낮은 분자 오비탈(**최저 비점유 분자 오비탈**, lowest unoccupied molecular orbital, LUMO)의 에너지 준위가 그림과 같다고 하자. 일정 전위기를 이용하여 전극 내 전자의 에너지를 증가시켜 LUMO보다 높게 되면 전자가 화합물 쪽으로 이동하는 환원 반응이 가능해진다. 반대로 전극 내 전자의 에너지를 화합물의 HOMO보다 낮게 조절하면 전자가 화합물에서 전극 쪽으로 이동하는 산화 반응이 가능해진다. 그러나 이러한 논의는 전기화학 반응이 열역학적으로 가능하다는 것을 의미할 뿐 얼마나 빠르게 진행되는지는 설명하지 못한다(1-2절 참조).

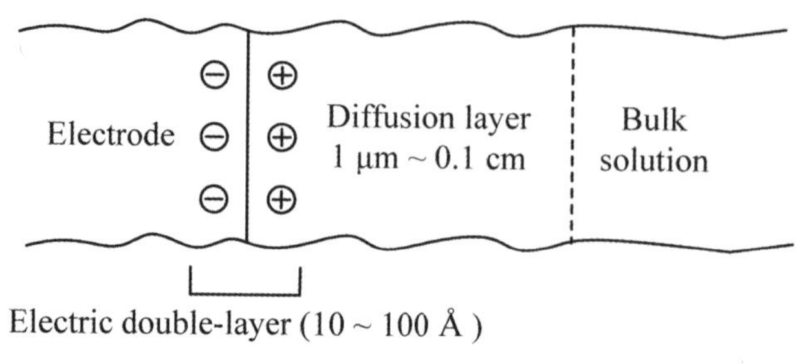


그림 1-5 교반(stirring)이 없는 조건에서 전기 이중층, 확산층 그리고 벌크 용액의 범위

### (2) 전기화학 반응은 전극 표면 근처에서만 가능하다.

일반적인 화학 반응(A + B → C)에서 반응물 A와 B가 잘 섞여 있다면 반응물이 반응기 내 어느 곳에 있더라도 모두 반응에 참여할 수 있다. 그러나 전기화학 반응에서는 전극과 가까운 거리에 존재하는 반응물만이 반응에 참여할 수 있다. 이렇게 전기화학 반응에 참여할 수 있는 반응물이 존재하는 전극 근처 용액의 범위를 **확산층**(diffusion layer)이라고 하고, 전극으로부터 더 멀리 떨어진 부분을 **벌크 용액**(bulk solution)이라고 한다([그림 1-5]). 일반적으로 확산층은 1 μm ~ 0.1 cm 정도의 두께를 갖는다. 한편, 전극이 음전하를 갖도록 전극 전위가 음의 값으로 조절되었으므로, 용액 쪽에는 전기 중성(electroneutrality) 유지를 위해 양이온이 분포하게 된다. 이렇게 서로 다른 전하가 배치된 전극과 용액의 계면을 **전기 이중층**(electric double-layer)이라고 한다.

### (3) 전기화학 반응은 여러 단계를 거쳐서 진행된다.

어떤 비활성 전극 표면에서 $FeCp_2^+ + e \rightarrow FeCp_2$와 같이 환원 반응이 진행된다고 하자. $FeCp_2^+$가 비활성 전극으로부터 전자를 받아 환원되기 위해서는 전자의 터널링 속도가 충분히 큰 전극 표면으로 이동해 와야 한다. 이것을 **물질 전달**이라고 하는데, 물질 전달에는 농도 차이에 의한 확산(diffusion), 용액을 교반하거나 펌핑하여 물질을 이동시키는 기계적 대류(mechanical convection), 전하를 갖는 이온의 경우 전기장(electric field)에 의한 이동(migration)의 세 종류로 구분할 수 있다. 전극 표면에 도달한 $FeCp_2^+$는 불균일 **전하(전자) 전달**에 의해 환원되고, 생성물인 $FeCp_2$는 벌크 용액 쪽으로 이동해 가는 과정이 계속된다([그림 1-6]).

위와 같이 물질 전달과 전하 전달로만 구성되는 간단한 전기화학 반응 이외에 흡착, 탈

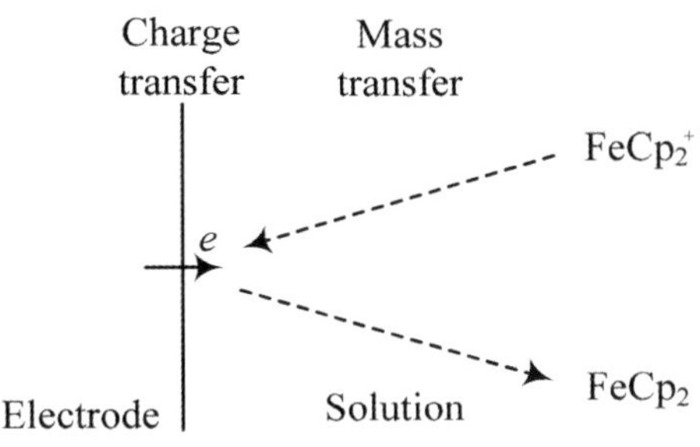


그림 1-6 전기화학 반응을 위해 연속적으로 진행되는 물질 전달과 불균일 전하 전달

착, 결정화, 상(phase) 변화와 같은 여러 복잡한 단계를 거치는 전기화학 반응도 흔하다. 또한 다음의 예처럼 전기화학 반응($E$) 후 생성물(R)이 용액 내에서 화학 반응($C$)을 거친 후 다시 전기화학 반응($E$)을 거치는 경우도 있다.

$$\mathrm{O} + ne \rightarrow \mathrm{R} \quad (E)$$
$$\mathrm{R} \xrightarrow{k} \mathrm{Y\ in\ solution} \quad (C)$$
$$\mathrm{Y} + n'e \rightarrow \mathrm{Z} \quad (E)$$

반응이 여러 단계(elementary step)를 거쳐 순차적으로 진행될 때 속도가 가장 느린 단계가 전체 반응의 속도를 결정한다. 물질 전달과 불균일 전하 전달로만 구성된 간단한 전기화학 반응에서 물질 전달이 전하 전달보다 느리면 전체 전기화학 반응의 속도가 물질 전달 속도에 의해 결정되고, 반대이면 전하 전달 속도가 결정한다.

### (4) 전류는 반응 속도의 표현이다.

어떤 전기화학 반응 O + $ne$ → R을 통하여 반응한 O의 몰수를 $N$이라고 하면, 이때 소요된 전하량($Q$)은 다음과 같다.

$$Q = nF \times N$$

이때 $n$은 반응에 참여하는 전자의 수, $F$는 패러데이 상수(Faraday constant, 9.6485 × $10^4$ C/mol)이다. 전류 $i = dQ/dt$이므로 위의 식으로부터 <식 1-1>이 유도되고, 반응 속도를 나타내는 <식 1-2>가 유도된다. <식 1-2>에서 보듯이 반응 속도와 전류($i$)는 비례 관계를 보인다. 따라서 "전류는 반응 속도의 표현이다"라고 할 수 있다.

$$전류(amperes) = \frac{dQ}{dt}(coulombs/s) = nF\frac{dN}{dt} \quad \text{<1-1>}$$

$$반응\ 속도(mol/s) = \frac{dN}{dt} = \frac{i}{nF} \quad \text{<1-2>}$$

**스스로 학습 1-1**

전자(electron) 1개의 전하량은 $1.60218 \times 10^{-19}$ C이다. 이로부터 전자 1몰(또는 당량)의 전하량을 나타내는 패러데이 상수 $F = 9.6485 \times 10^4$ C/mol임을 확인하시오.

### (5) 전류는 전기화학 셀 내에서 닫힌 고리(closed loop)를 형성하며 흐른다.

[그림 1-7]에 작동 전극, 반대 전극, 그리고 기준 전극으로 구성된 3극 전해 셀(또는 줄여서 3극 셀)을 보여주고 있다. 기준 전극에 대하여 V만큼의 전압을 작동 전극에 가하여 비활성 작동 전극 표면에서 환원 반응($FeCp_2^+ + e \rightarrow FeCp_2$)을 진행시키고자 한다. 3극 셀에서 기준 전극으로는 전류가 흐르지 못하고 작동 전극과 반대 전극 사이에서만 전류가 흐른다. 작동 전극에서 환원 반응을 위해 전자(electrons)가 필요한데, 이는 **반대 전극**에서 다른 화합물(R')의 산화에 의해 제공된다. 즉, 반대 전극에서 R'의 산화로 생성된 전자가 외부 회로와 전원 공급 장치(power supply)를 거쳐 작동 전극으로 이동된다. 반대로, 작동 전극에서 산화 반응이 진행되면 전자(electrons)가 생성되는데, 이를 누군가는 받아주어야 한다. 반대 전극이 받아서 그곳에서 환원 반응을 통해 소진한다. 이처럼 작동 전극에서 환원이 일어나면 반대 전극에서 산화 반응이 일어나야 하고, 반대로 작동 전극에서 산화 반응이 일어나면 반대 전극에서는 환원 반응이 반드시 동반되어야 한다. 반대 전극은 작동 전극에서 환원 반응에 필요한 전자를 제공하거나, 또는 작동 전극에서 산화 반응으로 생성된 전자를 받아주는 보조 역할만 한다고 하여 **보조 전극**(auxiliary electrode)이라고도 한다.

전기화학 환원 반응이 일어나는 전극을 환원 전극(cathode)이라고 하고, 산화 반응이 일어나는 전극을 산화 전극(anode)이라고 한다. 전해질 내에서도 전하가 흘러야 하는데, 용액 내에 존재하는 이온들이 이동(migration)에 의해 전하 전달을 담당한다. 이온의 이동(migration)이란 전기장 내에서 이온이 움직여서 전하를 전달하는 현상을 말한다. 소금물에서 전기가 통하는 현상도 물에 녹아 있는 이온($Na^+$와 $Cl^-$)들이 이동(migration)을 통

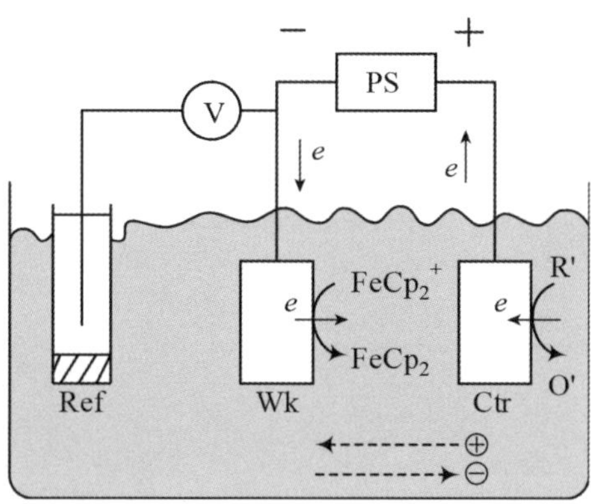


그림 1-7 작동 전극(Wk, working electrode), 반대 전극(Ctr, counter electrode) 및 기준 전극(Ref, reference electrode)으로 구성된 3극 전해 셀(electrolytic cell)

해 전하를 전달하기 때문이다. 이온이 녹아 있는 용액을 **전해질**(electrolyte)이라고 한다. [그림 1-7]에서 작동 전극이 음으로, 반대 전극이 양으로 **분극**(polarized)된 전기장이 형성되어 있다. 따라서 음이온은 작동 전극에서 반대 전극(양극) 쪽으로, 양이온은 음극(작동 전극)으로 이동(migration)하며 전하 전달에 참여한다.

전기화학 셀에서 전류는 작동 전극과 반대 전극 사이에 흐르는데, 전류의 흐름에서 중요한 특징은 **산화 전류**($i_a$)와 **환원 전류**($i_c$)의 크기는 동일($i_c = |i_a|$)해야 한다는 것이다. 또한 전해질에서 이온의 이동에 의한 전류도 이들과 동일한 값을 가져야 한다($i_c = |i_a| = i_{electrolyte}$). 이러한 원리를 고려하여 음전하를 갖는 전자와 음이온의 이동을 추적해 보면 [그림 1-8]에 나타낸 것처럼 하나의 **닫힌 고리**(closed loop)를 형성하며 시계 반대 방향으

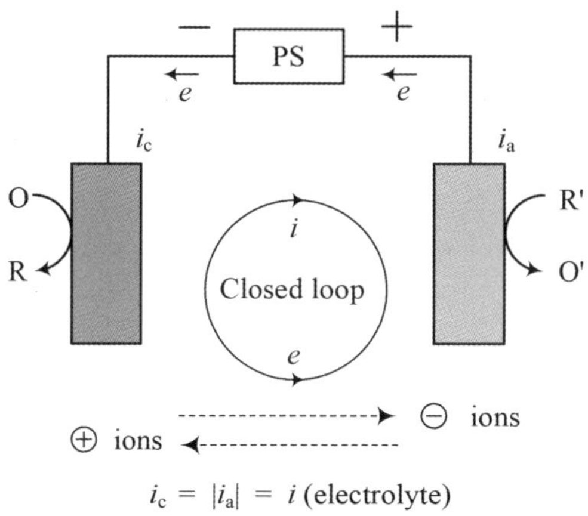


그림 1-8 산화 전극, 전해질, 환원 전극, 외부 회로로 구성된 닫힌 고리를 통한 전류의 흐름

로 흐름을 알 수 있다. 전해질 내에서 양이온이 작동 전극(음극) 쪽으로 이동하는 것은 음이온이 반대 전극(양극) 쪽으로 이동하는 것과 동일한 전하 전달 효과를 주므로 양이온도 음전하를 시계 반대 방향으로 전달하는 역할을 한다. 전자와 전류의 흐름 방향은 서로 반대이므로 전류는 시계 방향으로 흐른다. 한편, 통상적으로 $i_c$는 양의 값으로, $i_a$는 음의 값으로 표현하므로, [그림 1-8]에서 $i_a$를 절댓값으로 표시하였다.

### 예제 1-1

리튬 이온 전지에서 전지의 내부 온도가 일정 온도 이상이 되면 전류가 차단되어(shut down) 안전사고를 방지할 수 있다. 이를 닫힌 고리의 개념을 이용하여 설명하시오.

**풀이** 리튬 이온 전지 내부의 단면을 [그림 1-9]에 보여주고 있다. 양극판과 음극판 사이에 다공성 PE (polyethylene) 필름이 분리막으로 삽입되어 있다. 분리막에는 많은 기공들이 있고([그림 1-9-a] 가운데 검은 점처럼 보이는 것들), 이 기공들에 전해액이 스며들어가 이온 전도를 가능하게 한다. 충전할 때, 음극과 양극에서 각각 환원 전류($i_c$)와 산화 전류($i_a$)가 흐르고 분리막에서도 이온의 이동(migration)에 의한 전류($i_{separator}$)가 흐르는데, 닫힌 고리를 형성하며 $i_c = |i_a| = i_{separator}$의 조건을 만족하며 충전이 진행된다. 전지의 내부 온도가 여러 가지 원인에 의해 상승할 수 있다. 내부 온도가 135℃ 이상이 되면 PE 필름이 녹으며, 기공들이 파괴된다(그림 1-9-b). 기공이 파괴되면 분리막 내 이온 전도 채널이 붕괴되므로 이온 전도가 불가능하다. 즉, $i_{separator} \rightarrow 0$이 된다. 따라서 $i_c = |i_a| \rightarrow 0$이 된다. 이는 충전 과정에서 환원 반응 속도($i_c$)와 산화 반응 속도($i_a$)도 0이 됨을 의미한다. 충전 전류가 차단되어 열폭주와 같은 사고를 방지할 수 있다.

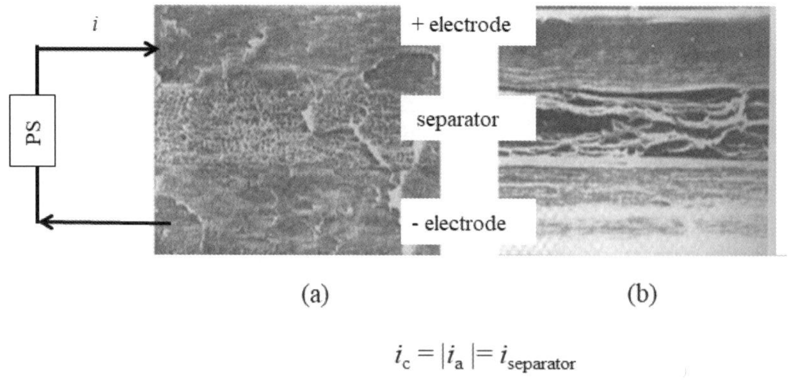


$$i_c = |i_a| = i_{separator}$$

그림 1-9 닫힌 고리의 원리에 의한 리튬 이온 전지에서 비상 시 전류의 차단(shut down)

### (6) 전하 전달 속도는 전극의 전압을 변화시켜 조절할 수 있다.

일반적인 화학 반응(A + B → C)에서 반응 속도는 $rate = k[A][B]$로 표현되며, 이때 반응 속도 상수는 $k \propto \exp(-E_A/RT)$의 관계를 보인다. 따라서 반응 속도를 높이기 위해서 반응 속도 상수($k$)를 크게 하여야 한다. 촉매를 사용하여 반응의 활성화 에너지($E_A$)를 낮추거나 온도를 증가시켜 반응 속도 상수($k$)를 증가시킬 수 있다. 또한, 반응물 A와 B의 원활한 충돌을 위해 교반하여 반응 속도를 증가시킬 수도 있다.

전기화학 반응에서 반응 속도(즉, 전류)를 높이는 방법은 위에 설명한 화학 반응의 경우와 다르다. 전체 전기화학 반응이 물질 전달과 전하 전달의 2단계로만 구성되어 있다고 가정하고 전체 반응 속도를 전하 전달이 결정하는 경우와 물질 전달이 결정하는 경우를 구분하여 설명하면 다음과 같다.

전체 전기화학 반응이 $FeCp_2^+ + e \rightarrow FeCp_2$라고 했을 때, 전하 전달 반응의 속도도 일반적인 화학 반응과 마찬가지로 속도 상수($k'$)와 전하 전달 반응에 참여하는 반응물의 농도로 표현할 수 있다(식 1-3). $[FeCp_2^+]_s$는 전자의 터널링 속도가 충분히 큰 전극 표면 근처 용액에서의 농도로 아래 첨자 s는 표면(surface)을 뜻한다. 용액에 녹아 있는 $FeCp_2^+$ 중에서 전극 표면에 도달한 것만이 전하 전달 반응에 참여함을 말하고 있다.

$$\text{Charge transfer rate} = k'\,[FeCp_2^+]_s[e] = k\,[FeCp_2^+]_s \qquad \text{<1-3>}$$

한편, 전극 내 전자의 양은 매우 크므로 반응이 진행되더라도 큰 변화 없이 일정하다고 가정할 수 있다. 따라서 <식 1-3>에 $k'\,[e] = k$로 쓸 수 있다. 전하 전달 반응을 빠른 속도로 진행하기 위해서는 전달 반응 속도 상수($k$)를 크게 하여야 한다. 속도 상수($k$)를 크게 하는 방법은 여러 가지가 있으나, 그중에 하나가 <식 1-4>에 보인 것처럼 전극의 전압($E_{appl}$)을 변화시키는 것이다(4장에서 자세히 설명한다).

$$\text{Charge transfer rate} \propto k \propto e^{\eta} \propto e^{|E_{appl}|} \qquad \text{<1-4>}$$

여기서 $\eta = |E_{appl} - E_{eq}|$를 **활성화 과전압**(activation overpotential)이라 하는데, $E_{appl}$는 작동 전극에 가해 준 전압을 뜻하고, $E_{eq}$는 전하 전달 속도가 0인 평형 상태에서의 전압, 즉 평형 전압을 말한다. 작동 전극에 가해진 전압이 평형 전압($E_{eq}$)이면 전하 전달 속도가 0이다. 이는 전하 전달 반응이 전혀 일어나고 있지 않다는 뜻이므로, 어느 정도 크기의 전하 전달 속도를 갖기 위해서는 평형 전압($E_{eq}$)보다 더 과(over)한 전압을 가해야 한다. ($E_{appl} - E_{eq}$) 값은 양 또는 음의 값을 가지므로 과전압은 절댓값으로 표현하였다. <식 1-4>에서

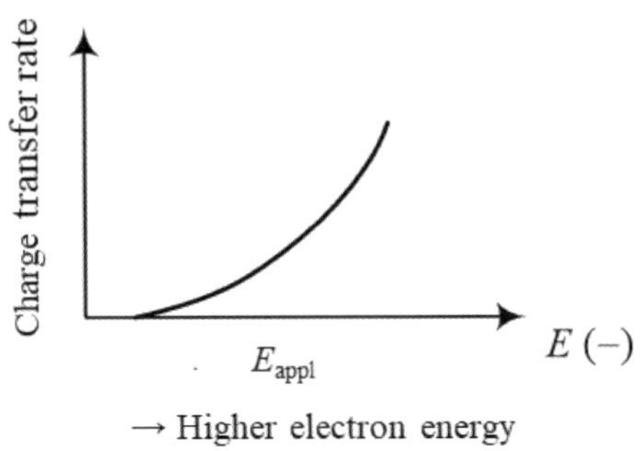


$$\text{Charge transfer rate} \propto k \propto e^{\eta} \propto e^{|E_{appl}|}$$

**그림 1-10** 전극 전압($E_{appl}$)의 지수함수에 의해 증가하는 환원 반응의 전하 전달 속도. 오른쪽으로 갈수록 전극 전압이 더 음의 값을 가지며 전극 내 전자의 에너지는 증가.

보듯이 전하 전달 속도는 전극 전압($E_{appl}$)의 지수함수에 의해 증가한다. 이런 관계를 [그림 1-10]에 도시하였다. 오른쪽으로 갈수록 전극에 가하는 전압($E_{appl}$)이 더 음의 값을 갖도록 도시하였는데, 이는 전극 전압이 더 음의 값을 가질수록 전극 내 전자의 에너지가 증가하여 전극에서 $[FeCp_2^+]_s$로 불균일 전하 전달 속도가 지수함수에 의해 증가함을 설명하기 위함이다.

### (7) 확산 속도를 전극의 전압을 변화시켜 조절할 수 있다.

위에서 전극의 전압($E_{appl}$)을 변화시켜 전하 전달 속도를 조절할 수 있음을 설명하였다. 그렇다면 전기화학 반응을 위한 또 다른 단계인 물질 전달의 속도는 어떻게 조절할 수 있는가? 전체 전기화학 반응이 $FeCp_2^+ + e \rightarrow FeCp_2$라고 했을 때, 반응물인 전자(electrons)는 전극으로부터 제공되지만 $FeCp_2^+$는 용액 내에서 물질 전달에 의해 전극 표면 근처로 접근해야 한다. 이때 전류의 크기를 결정하는 것은 전극으로부터 멀리 떨어진 벌크 용액에서 물질 전달 속도가 아니라 전극 표면 근처 용액(예를 들어, [그림 1-5]에서 확산층)에서의 물질 전달 속도이다. 전극 근처 용액에서 반응물인 $FeCp_2^+$의 기계적 대류, 이동(migration), 그리고 확산의 기여를 살펴보면 다음과 같다. 첫째, 전극 표면 근처 용액에서 어떤 물질이든지 기계적 대류에 의한 물질 전달 속도는 무시할 만큼 작다. $FeCp_2^+$의 기계적 대류는 무시할 수 있다. 둘째, 용액에 반응물인 $FeCp_2^+$ 이외에 전해질로서 많은 양의 이온이 존재한다면(전해질 이온의 농도가 반응물인 $FeCp_2^+$ 농도의 100~1000배),

과량으로 첨가된 전해질 이온들이 독점적으로 이동(migration)에 참여하므로 농도가 작은 $FeCp_2^+$가 이동에 참여할 기회는 무시할 만큼 적다. 정리하면, 전극 표면 근처 용액에서 $FeCp_2^+$의 유일한 물질 전달 방법은 확산이다.

확산 속도는 <식 1-5>로 표현된다. 여기서 $D_O$는 반응물 O의 확산 계수(diffusion coefficient)이고, $\frac{dC_O(x,t)}{dx}$는 O의 농도 기울기, $x$는 전극 표면으로부터 용액 내 어떤 지점까지 거리를 뜻한다. $x$ = 0은 전극 표면을 말한다.

$$\text{Diffusion rate} \propto D_O \left. \frac{dC_O(x,t)}{dx} \right|_{x=0} \qquad \text{<1-5>}$$

<식 1-5>에 보인 것처럼 확산 속도는 농도 기울기에 의해 결정된다. 6장에서 설명하겠지만, 어떤 반쪽 전지의 전압이 평형 전압에 머문다면, 평형 상태이므로 반응물 O의 농도는 전해 셀 안에서 위치와 상관없이 동일하다; 전극 표면과 벌크 용액에서 동일하다. 따라서, 전극 표면 근처 용액에서 농도 기울기 $\frac{dC_O(x,t)}{dx}$는 0이다. 농도 기울기가 0이라 함은 <식 1-5>에서 보듯이 O의 확산 속도가 0임을 말한다. 따라서 어느 정도 크기의 확산 속도를 갖기 위해서는 작동 전극의 전압을 평형 전압보다 과(over)하게 걸어 주어야 한다. 예를 들어, 평형 전압보다 더 음의 전압을 가하면 전극 표면($x$ = 0)에서 O의 농도는 벌크 용액의 농도보다 작아진다. 표면 농도 < 벌크 농도이므로 농도 기울기가 0보다 크다. 따라서, <식 1-5>로 표현한 확산 속도가 0보다 큰 값을 갖는다. 이처럼 전극의 전압을 조절하여 전극 표면에서 반응물의 농도를 변화시키면 농도 기울기에 변화가 생기고 궁극적으로 확산 속도의 변화를 유도할 수 있다. 따라서, 물질 전달이 전체 속도를 결정하는 조건에서, 물질 전달 방법으로 확산만이 가능한 경우, 전극의 전압을 변화시키면 확산 속도가 조절되고, 궁극적으로 전류의 크기가 조절된다. 평형 전압($E_{eq}$)과 과하게 걸어준 전압($E_{appl}$)의 차이를 $\eta = |E_{appl} - E_{eq}|$로 쓸 수 있는데 이를 농도 과전압(concentration overpotential)이라 한다.

한편, O가 이온인 경우, 용액에 전해질 이온이 없다면 전극 표면 근처에서 O의 물질 전달은 확산뿐 아니라 이동(migration)에 의해서도 가능하다. 예를 들어, 전하 전달 반응에 참여하는 O가 $FeCp_2^+$라 할 때, 과량으로 첨가하는 전해질 이온이 없으므로 $FeCp_2^+$가 혼자서 이온 전도에 참여하여 닫힌 고리를 완성해야 한다. 즉, 이동(migration)에 의한 전하 전달에 참여하여야 한다. 이동(migration) 속도는 전기장의 크기에 의해 결정되므로,

작동 전극의 전압을 변화시키면 작동 전극과 반대 전극 사이 전기장의 크기가 변하므로 이동 속도 또한 변하게 된다(4장 참조).

정리하면, 어떤 작동 전극에서 전기화학 반응이 진행될 때, 전류의 크기를 결정하는 불균일 전하 전달 속도와 물질 전달(확산과 이동) 속도 모두 작동 전극의 전압을 조절하여 변화시킬 수 있다.

### (8) 전극 전압과 전류를 동시에 조절할 수 없다.

위에 설명한 것처럼 전하 전달 속도와 확산 속도를 전극의 전압을 조절하여 변화시킬 수 있다. 즉, 전기화학 반응의 겉보기 속도인 전류를 전하 전달 속도가 결정하든지 또는 확산 속도가 결정하든지 상관없이 어떤 경우나 전극의 전압을 조절하여 전류의 크기를 변화시킬 수 있다. 전극의 전압을 조절함에 따라 전류의 크기가 결정되므로, 전류는 전압의 종속 변수이다. 다시 말하여 전압과 전류를 동시에 조절할 수 없다. 전압을 조절하여 전류의 변화를 측정하는 장치를 **일정 전위기**, 전류를 조절하여 전압의 변화를 측정하는 장치를 **일정 전류기**(galvanostat)라고 한다. 또한 공업적으로 전기분해하는 전해 셀을 작동할 때도 전압과 전류 중 하나만 조절이 가능하다. 전압을 조절하되 전압을 일정하게 고정하고 전해하는 경우를 정전압 전해(constant-voltage electrolysis)라고 하는데, 이때 전류의 크기는 가해진 전압에 의해 결정된다. 한편, 전류를 일정하게 고정하고 전해하는 경우를 정전류 전해(constant-current electrolysis)라고 하는데, 이때 전압은 가해진 전류의 크기에 의해 결정된다. 정전류 전해에서 전류가 일정하다고 함은 반응 속도를 일정하게 유지하고 반응을 유도하는 것으로서, 일반적인 화학 반응에서 찾아볼 수 없는 일이다.

## 1-2 전기화학 반응에서 열역학 thermodynamics과 반응 속도론 kinetics

[그림 1-4]에서 설명한 것처럼 전극 내 전자의 에너지가 용액에 존재하는 반응물의 LUMO보다 더 높으면 전자가 전극으로부터 반응물 쪽으로 이동하는 환원 반응이 가능하다. 이것은 열역학적 관점에서 바라본 설명으로, 열역학에서는 "환원 반응이 가능하다"는 것만을 말해 줄 뿐, "얼마나 빠르게 진행되는가?" 하는 것은 반응 속도론(kinetics) 측면에서 설명되어야 한다.

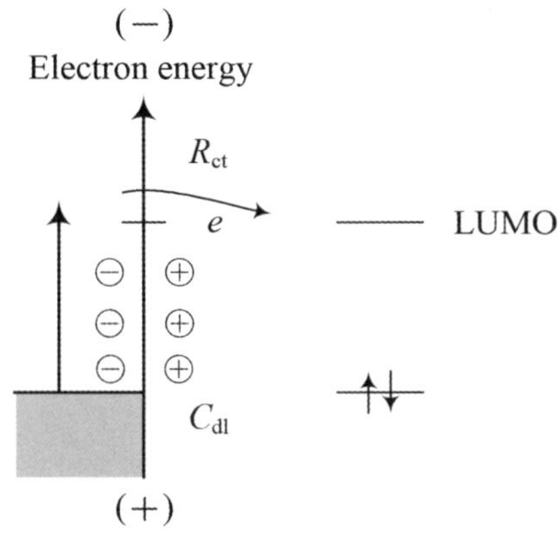


**그림 1-11** 전기 이중층 커패시턴스($C_{dl}$)와 전하 전달 저항($R_{ct}$)

[그림 1-11]에 전극 전압이 변화함에 따라 전극 내 전자의 에너지 변화와 이에 따른 전류의 흐름을 설명하였다. 초기에 전극 전압이 충분히 큰 양의 값을 가져 전극 내 전자의 에너지가 용액 내 반응물 O의 LUMO보다 낮은 상태에 있다고 하자. 이 조건에서 전자(electrons)가 전극으로부터 반응물로의 이동이 열역학적으로 불가능하다; 전자(electrons)는 높은 에너지 상태에서 낮은 에너지 상태로 이동할 수 있으나, 그 반대는 불가능하기 때문이다. 전극 전압을 음의 방향으로 변화시켜 전극 내 전자의 에너지를 서서히 증가시킨다고 하자. 전극 내 전자의 에너지가 O의 LUMO를 넘어서면 전자(electrons)가 전극으로부터 반응물 O로 이동하는 현상, 즉 환원 반응이 열역학적으로 가능하게 된다.

위의 과정에 2개의 서로 다른 특성의 전류 흐름이 있음을 알 수 있다. 전자의 에너지가 낮은 상태에서 LUMO에 도달하기까지 전자는 환원 반응에 소모되지 않고 전극의 표면에 축적되는데, 용액 쪽에는 전기 중성을 유지하기 위하여 양전하를 갖는 양이온이 축적되게 된다. 이렇게 전자와 양이온이 축적되는 전극/용액의 계면을 **전기 이중층**(electric double-layer)이라고 하고, 전하가 저장되므로 커패시터(콘덴서)와 같은 기능을 갖는다; 이를 **전기 이중층 커패시터**(electric double-layer capacitor)라 부르고, 그 크기를 **전기 이중층 커패시턴스**(electric double-layer capacitance, $C_{dl}$) 값으로 표현한다. 전극 내 전자의 에너지가 낮은 상태에서 LUMO에 도달할 때까지 전기 이중층을 채우는 전류가 흐르는데 이를 전기 이중층 **충전 전류**(charging current)라 한다.

충전 전류에 의해 전기 이중층이 다 채워지고 난 후, 전자의 에너지가 LUMO를 넘어서면 환원 반응(O + $ne$ → R)이 열역학적으로 가능하다. 환원 반응은 전자(electrons)가 이동하는 과정이므로, 저항의 개념을 도입하여 전자의 이동 속도를 논의할 수 있다; 저항이 작으면 전자의 이동이 빠르고, 반대이면 느리다. 이 저항이 불균일 전하 전달 속도를 결정하므로 **전하 전달 저항**(charge transfer resistance, $R_{ct}$)이라고 부른다. 한편, 전자의 흐름을 방해하는 $R_{ct}$를 넘어서 전류가 흐르게 되는데 이 전류를 **패러데이 전류**(faradaic current)라고 한다. 전기화학 반응(O + $ne$ → R)을 패러데이 반응이라 부르므로, 전기화학 반응에 소요된 전류를 패러데이 전류라 하는 것이다. 따라서 전기 이중층 충전 전류와 같은 **비패러데이 전류**(non-faradaic current)와 전기화학 반응에 소요된 패러데이 전류는 서로 구별된다. 위의 전류의 흐름 순서를 정리하면, 전극 내 전자의 에너지가 LUMO에 도달할 때까지 먼저 전기 이중층을 채우는 전류가 흐르고, 전자의 에너지가 LUMO보다 높아지면 이때부터 패러데이 전류가 흐른다.

이러한 전류의 흐름 순서를 [그림 1-12]와 같이 저항과 커패시터가 병렬로 연결된 **등가 회로**(equivalent circuit)로 표현할 수 있다. 이 회로를 닫고 음의 방향으로 변하는 직류 전압($V$)을 가한다고 하자. 이때 전류는 저항과 커패시터 중 어느 곳으로 먼저 흐르게 되는가? 전류는 먼저 커패시터를 채우고, 커패시터가 완전히 채워지고 난 이후 저항을 통해 흐른다. 이는 [그림 1-11]에서 설명한 전기화학 반응에서 전류의 흐름, 즉 전기 이중층 충전 전류가 먼저 흐르고 난 후, 패러데이 전류가 흐르는 것과 동일한 순서이다. [그림 1-12]는 [그림 1-11]에서 진행되는 과정을 대변한다. 이를 등가 회로라 하는데, 모든 전기화학 반응을 등가 회로로 표현할 수 있다.

패러데이 반응의 속도는 $R_{ct}$가 작을수록 빠르다. $R_{ct}$는 불균일 전하 전달 속도를 결정하는 인자, 즉 반응 속도론적 인자이다. $R_{ct} = \infty$인 경우를 이상 분극 전극(ideally polarizable electrode)이라고 한다. $R_{ct} = \infty$이면 전극 내 전자의 에너지가 LUMO보다 훨씬 더 커지더라고 전자는 반응물로 전혀 이동하지 못한다. 이렇게 되면 전자는 100% 모

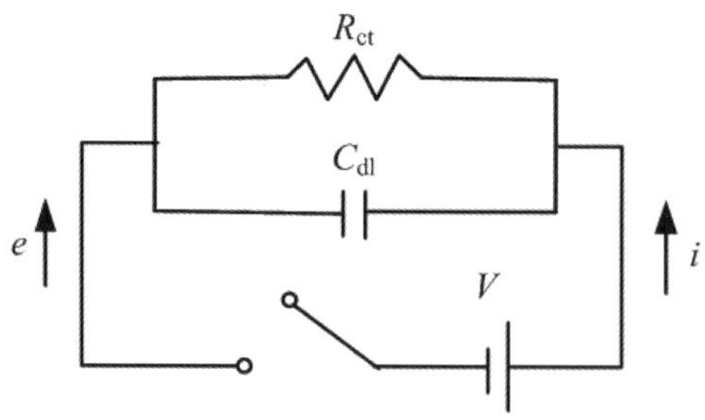


**그림 1-12** [그림 1-11]에서 전류의 흐름 순서를 나타내는 등가 회로

두 전극 내에 축적되므로 전극은 이상적으로(ideally) 분극(polarized)된다고 한다. 이때 '분극'이란 전극에 과량의 음전하 또는 양전하가 축적된 상태를 뜻하는데, 위의 경우 음전하(전자)가 전극 내에 축적되므로 "전극이 분극되었다"고 한다. 또한 '이상적'이라고 함은 전자가 패러데이 반응에 전혀 소모되지 않고 100% 모두 전극 내 축적된다는 의미이다. 반대로, $R_{ct} = 0$이면 전자의 에너지가 LUMO에 도달하자마자 100% 모두 환원 반응에 소모되므로 전극 내에 전혀 축적되지 못한다. 따라서 전극은 분극되지 않는다. 이것을 "이상적으로 분극되지 않는다"는 의미에서 **이상 비분극 전극**(ideally non-polarizable electrode)이라고 한다. 실제로 $R_{ct} = 0$이거나 $R_{ct} = \infty$인 극단적인 경우는 없다. 그러나 전하 전달 저항이 매우 크거나($R_{ct} \rightarrow \infty$) 또는 매우 작은($R_{ct} \rightarrow 0$) 경우는 있다. $R_{ct} \rightarrow \infty$인 경우 이상 분극 전극에 '가깝다'라 하고, $R_{ct} \rightarrow 0$인 경우는 이상 비분극 전극에 '가깝다'라 한다.

어떤 전극과 전해질로 구성된 시스템이 넓은 전압 범위에서 이상적으로 분극된다면 전자를 잃지 않고 모두 전기 이중층에 저장할 수 있다. 전극이 분극되면 용액 쪽에는 이온들이 정렬하여 전기 이중층을 형성하고, 여기에 전하가 저장된다. 이처럼 이상 분극에 가까운 전기화학 시스템을 이용하여 전하를 저장하는 장치를 **초고용량 커패시터**(supercapacitor, ultracapacitor, electric double-layer capacitor)라고 한다. 전기 이중층은 전극 표면에만 형성되므로 표면적이 매우 큰 물질(예; 활성 탄소)을 전극으로 이용한다. 일반적으로 전극의 단위 면적당 커패시턴스 값, $C_d = 10 \sim 40\ \mu F/cm^2$이므로 면적이 큰 전극을 사용하여 $C_{dl}(= C_d \times A$, $A$: 전극/전해질 용액 접촉 면적)을 크게 할 수 있고 이를 이용하여 많은 양의 전하를 저장할 수 있다.

### 스스로 학습 1-2

[그림 1-11]로부터 "전극의 전압을 변화시키며 패러데이 전류를 측정할 때(예를 들어, $O + ne \rightarrow R$의 환원 전류), 전기 이중층 충전 전류도 함께 흐른다, 즉, 전극의 전압이 변하면 전기 이중층 충전 전류는 반드시 흐른다"라는 사실을 확인하시오.

## 1-3 전기화학 셀의 구성과 종류

### (1) 전기화학 셀의 구성

전기화학 반응이 일어나는 반응기를 전기화학 셀(cell)이라고 하는데, 전해 셀(electrolytic cell)과 갈바니 셀(galvanic cell)로 구분된다. 두 경우 모두 2 또는 3개의 반쪽 전지로 구성되는데, 2개로 구성된 경우, 하나의 반쪽 전지에서 산화(또는 환원)가 일어나면 다른 반쪽 전지에서는 반드시 환원(또는 산화)이 동반되어야 한다. 모든 반쪽 전지에는 전자 전도성을 갖는 전극이 포함되어 있으므로(예를 들어, $Pt/Fe^{3+}$, $Fe^{2+}$ 반쪽 전지에서 Pt 전극, $Hg/Hg_2Cl_{2(s)}/Cl^-$ 반쪽 전지에서 Hg 전극), 반쪽 전지에서 산화가 일어난다고 함은 그 반쪽 전지를 구성하고 있는 전극에서 산화 반응이 일어난다는 의미이다. 예를 들어, $Pt/Fe^{3+}$, $Fe^{2+}$ 반쪽 전지에서 산화 반응($Fe^{2+} \rightarrow Fe^{3+} + e$)이 일어난다면 Pt 전극은 산화 전극(anode)이 된다. 2개의 반쪽 전지로 구성된 전기화학 셀에는 반쪽 전지마다 1개, 즉 전체 2개의 전극이 포함된다. 따라서 이를 2전극 전해 셀 또는 줄여서 2극 셀(two-electrode cell)이라고 한다. 기준 전극 역할을 하는 반쪽 전지가 추가되면 3극 셀(three-electrode cell)이 된다.

전극으로는 전자 전도성(electronic conduction)이 큰 물질이 이용된다. Pt, Au와 같은 금속, 비정질 탄소(glassy carbon), 금속 산화물(예, $PbO_2$), 또는 반도체(예, *n*-형 Si, *p*-형 Si) 등이 예이다. $Fe^{3+} + e \rightleftharpoons Fe^{2+}$ 반응이 진행되는 백금 전극과 같이 직접 전기화학 반응에 참여하지 않고, 패러데이 반응이 일어날 수 있는 자리만을 제공할 때 비활성(inert) 전극이라고 한다. $Ag^+ + e \rightleftharpoons Ag$ 반쪽 전지에서 Ag 전극의 경우 스스로 반응에 참여하므로 활성(active) 전극이다. 한편, 전자 전도성과 이온 전도성(ionic conduction)을 모두 갖는 물질을 혼합 전도체(mixed conductors)라고 하는데, 이들도 전극으로 사용될 수 있다. 예를 들어, 텅스텐 산화물 브론즈(tungsten oxide bronze, $H_xWO_3$)는 전자 전도성뿐 아니라 결정 구조 내로 이온의 이동이 원활한 이온 전도성을 갖는데, 이는 전극으로 이용된다. 페로브스카이트(perovskite) 구조를 갖는 $La_{1-x}Sr_xCoO_3$는 고온(800~1000°C)에서 전자 전도성과 $O^{2-}$ 이온 전도성을 갖는 혼합 전도체로서 고체 전해질 연료 전지(solid oxide fuel cell)의 양극으로 사용된다.

전기화학 셀에서 이온을 포함하고 있는 전해질은 이온 전도를 통해 닫힌 고리 형성의

한 축을 담당한다. 다양한 종류의 이온 전도체(ionic conductors)가 전해질로 사용된다. 예를 들어, 염(salts)이 녹아 있는 물, 염이 녹아 있는 유기 용매, 또는 염이 녹아 있는 고분자(예, poly(ethylene oxide), PEO)가 전해질로 사용된다. 또한 $Li_2CO_3/K_2CO_3$ 혼합물을 600°C 이상으로 가열하면 액체 상태의 용융염(molten salt)이 되는데, 이는 이온 전도성을 가져서 용융 탄산염 연료 전지(molten carbonate fuel cell)의 전해질로 사용된다. 또한 $Y_2O_3/ZrO_2$(yttria-stabilized zirconia, YSZ)는 고온(800~1000°C)에서 $O^{2-}$ 이온 전도성을 가져서 고체 전해질 연료 전지의 전해질로 사용된다.

전기화학 셀에서 산화 전극액(anolyte)과 환원 전극액(catholyte)의 섞임을 방지하기 위하여 분리막(separator)이 필요한 경우가 있다. 닫힌 고리를 통해서 전류가 흘러야 하므로, 분리막도 이온 전도 특성을 가져야 한다. 분리막으로 다공성 물질(예, fritted glass, filter paper, porous poly(ethylene))이 사용되는데, 이들의 기공에 스며들어 채워진 전해질 용액에 녹아 있는 이온에 의해 이온 전도가 가능하다. 이들 다공성 물질은 특정 이온에 의한 선택적 전도 특성을 갖지 못하고, 용액의 섞임을 방지하는 기능만 갖는다. 용액의 섞임 방지뿐 아니라 특정한 이온에 대한 선택적 전도 특성을 갖는 물질도 분리막으로 사용할 수 있다. 예를 들어, Nafion®이라는 고분자 막은 내부에 설폰산($-SO_3H$) 관능기를 가지고 있는데, 물에 의해 수화되면 $-SO_3^-$와 $H^+$로 해리한다. 이때 음이온($-SO_3^-$)은 고분자 사슬에 고정되어 있어 이동이 불가하나(immobile), 양이온($H^+$)은 자유롭게 이동이 가능하므로(mobile) 양이온에 의한 전도 특성을 갖는다. 또한 다른 양이온(예를 들어 $Na^+$)으로 치환도 가능하므로 양이온 교환 수지라고도 한다.

### 스스로 학습 1-3

아래에 반쪽 전지 반응식을 나열하였다. 각 반쪽 전지에서 전극 역할을 하는 물질은 무엇인가? 그 전극은 활성 전극인가 아니면 비활성 전극인가?

(a) $PbO_2(s) + 4H^+ + 2e = Pb^{2+} + 2H_2O$

(b) $Zn^{2+} + 2e = Zn(s)$

(c) $2H^+ + 2e = H_2(g)$

(d) $O_2(g) + 2H_2O + 4e = 4OH^-$

### (2) 전해 셀

대표적인 전해 셀로 소금물을 전기분해(또는 줄여서 전해)하여 염소($Cl_2$)와 NaOH를 얻는 공정을 예로 들 수 있다. 전기 에너지를 공급하여 산화 전극에서는 전기화학 산화 반응을 통하여 염소를, 환원 전극에서는 환원 반응을 통하여 $OH^-$를 얻는다(그림 1-13). 2개의 반쪽 전지로 구성되는데 염소 생성($2Cl^- \rightarrow Cl_2(g) + 2e$)이 진행되는 반쪽 전지에는 $TiO_2$, $RuO_2$와 같은 치수 안정성 산화 전극(dimensionally stable anodes, DSA)이 비활성 전극 역할을 하고, $OH^-$가 생성($2H_2O + 2e \rightarrow H_2(g) + 2OH^-$)되는 반쪽 전지에서는 Fe, Ni 등 금속이 환원 전극으로서 비활성 전극 역할을 한다.

2개 반쪽 전지에서 일어나는 반응은 다음과 같은데, 전체 반응이 자발적이지 못하므로 ($\Delta G^0 > 0$) 전기 에너지를 공급하여 반응을 유도한다.

산화 전극: $2Cl^- \rightarrow Cl_2(g) + 2e$ $\qquad E^0 = 1.36$ V (*vs.* NHE)

환원 전극: $2H_2O + 2e \rightarrow H_2(g) + 2OH^-$ $\qquad E^0 = -0.84$ V (*vs.* NHE)

전체 반응: $2H_2O + 2Cl^- \rightarrow Cl_2(g) + H_2(g) + 2OH^-$ $(\Delta G^0 > 0)$

소금물의 전기분해를 위해서 두 '전극' 사이에 전압($E_{appl}$)을 걸어 주어야 한다. "2개 반쪽 전지 사이에 전압을 걸어 주어야 한다"는 것이 더 정확한 표현이지만 통상적으로 '반쪽 전지' 대신 '전극'을 사용해 왔으므로 이 책에서도 '전극'이라 표현하였다. 이때 $E_{appl}$의 최솟값 $E^0_{cell}$ = 1.36 V − (−0.84 V) = 2.2 V로서, 산화 반응이 진행되는 반쪽 전지와 환원 반응이 진행되는 반쪽 전지의 표준 전극 전위($E^0$)로부터 계산된 값이다. 이를 **열**

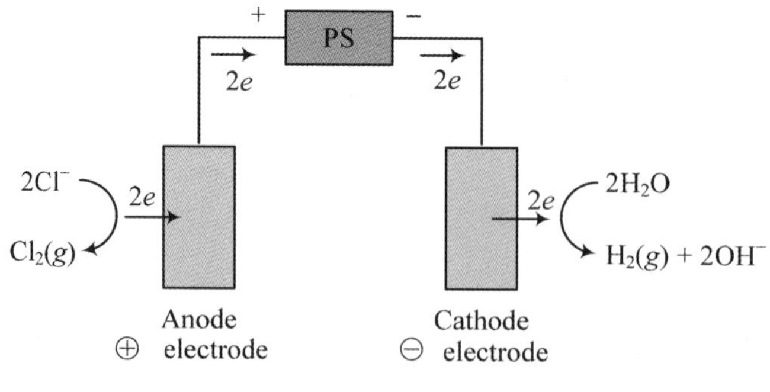


그림 1-13 소금물의 전기분해 셀에서 전극 반응

역학적 분해 전압(thermodynamic decomposition voltage)이라고 하는데, 이는 표준 상태(모든 이온의 활동도와 모든 가스의 퓨가시티가 1.0)를 가정하고, 또한 전해 전류가 0이라고 가정하여 얻은 값이다. 실제 전해는 0보다 큰 전류에서 진행되어야 한다. 전류가 0보다 커지면 셀 분극(cell polarization)이 발생하기 때문에 $E_{appl}$ > 2.2 V가 된다. 자세한 설명은 11장에서 이어진다.

### (3) 갈바니 셀

전해 셀이 전기 에너지를 공급하여 전기화학 반응을 통하여 화합물을 얻는 것이라면, 갈바니 셀(galvanic cells)은 2개의 반쪽 전지에서 각각 자발적으로 진행되는 전기화학 반응을 통하여 전기 에너지를 얻는 것이라고 할 수 있다. 연료 전지와 전지(batteries)가 대표적인 예이고, 전기 에너지를 얻는 것은 아니지만 부식 현상 또한 자발적으로 진행되므로 갈바니 셀에 속한다.

연료 전지를 예로 들어 갈바니 셀의 원리를 설명하면 다음과 같다. 수소와 산소는 어떤 경우에 폭발적으로 반응한다.

$$2H_2 + O_2 \rightarrow 2H_2O \ (\Delta G^0 = -475 \ \text{kJ/mol}) \qquad \text{<1-6>}$$

$\Delta G^0$ 값이 음이어서 반응이 자발적이기 때문이다. 그러나 $\Delta G^0$는 열역학 함수이므로 자발적이라는 것은 설명되지만, 얼마나 빨리 진행되는지는 반응 속도론(동력학)의 관점에서 설명되어야 한다. 즉, 수소와 산소가 섞여 있다고 해서 반드시 폭발이 일어나는 것은 아니고, 스파크 또는 반응의 활성화 에너지를 낮출 수 있는 조건이 갖추어질 때 반응한다.

열역학 함수는 반응의 초기 상태(반응물)와 최종 상태(생성물)에 의해 결정되고, 중간 경로에는 무관하다. 즉, 반응 경로가 다르더라도 초기 상태와 최종 상태가 동일하면 열역학 값은 동일하다. 수소와 산소가 반응할 수 있는 경로도 다양한데, 그중 하나가 전기화학 경로이다(그림 1-14). 전기화학 경로를 통하여 반응을 진행시키려면 갈바니 셀을 형성해야 하는데, 다음과 같은 2개의 반쪽 전지가 필요하다.

산화 전극: $2H_2(g) \rightarrow 4H^+ + 4e$ $\qquad E^0 = 0.0$ V (*vs.* NHE)

환원 전극: $O_2(g) + 4H^+ + 4e \rightarrow 2H_2O$ $\qquad E^0 = 1.23$ V (*vs.* NHE)

전체 반응: $2H_2(g) + O_2(g) \rightarrow 2H_2O$ $\qquad (\Delta G^0 = -475$ kJ/mol)

수소의 산화($2H_2(g) \rightarrow 4H^+ + 4e$) 반응이 일어나는 반쪽 전지에는 Pt과 같은 금속이 비

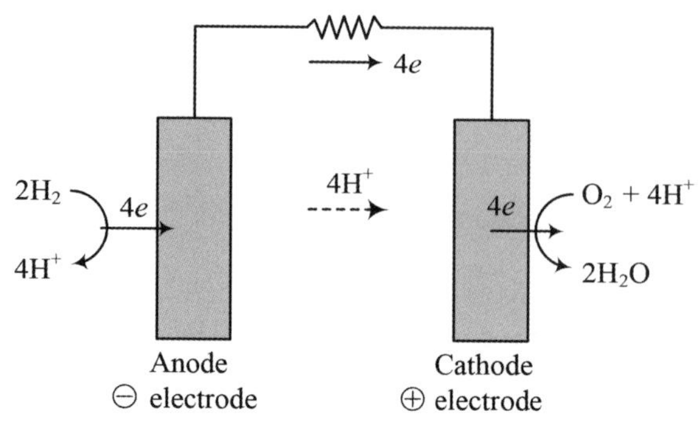


**그림 1-14** 수소/산소 연료 전지에서 전극 반응

활성 전극으로서 산화 전극 역할을 하고, 산소의 환원($O_2(g) + 4H^+ + 4e \rightarrow 2H_2O$) 반응이 일어나는 반쪽 전지에서는 Pt과 같은 금속이 비활성 전극으로서 환원 전극 역할을 한다. 수소와 산소 반응이 관여된 전극을 각각 수소 전극, 산소 전극(또는 공기 전극)이라 부르기도 하고, 수소/산소 반응에 대한 활성이 큰 전극을 사용하므로 전기 촉매(electrocatalysts)라고 부르기도 한다. 산화 전극에서는 수소로부터 $H^+$와 전자가 생성되고, 이때 생성된 전자는 외부 회로를 통하여 환원 전극으로 이동하고, $H^+$는 전해질을 통하여 환원 전극으로 이동한다. 환원 전극에서는 산소, $H^+$, 전자가 반응하여 물이 생성된다.

위 전체 반응은 수소와 산소로부터 물이 생성되는 것이므로, 즉 반응의 초기 상태와 최종 상태가 <식 1-6>과 동일하므로 열역학 함수도 동일해야 한다($\Delta G^0 = -475$ kJ/mol). 따라서 전체 반응은 전기화학 경로를 거치더라도 자발적이다. 이러한 자발적 반응을 통하여 [그림 1-14]에 보인 것처럼 외부에 전류가 흐르므로 전기 에너지를 얻게 된다. 이 갈바니 셀에서 두 반쪽 전지 사이 평형 전압 차이를 **기전력**(electromotive force)이라고 하는데, $\Delta G^0 = -475$ kJ/mol $= -nFE^0_{cell}$의 관계식으로부터 $E^0_{cell} = 1.23$ V가 유도된다. 이때 $E^0_{cell}$(= 1.23 V)을 표준 기전력(standard electromotive force)이라 하는데, 이는 표준 상태를 가정하고, 또한 작동 전류가 0인 평형 조건에서의 값이다. 이는 연료 전지로부터 얻을 수 있는 최대의 작동 전압($E_{wk}$, working voltage)이다. 실제 연료 전지의 작동은 0보다 큰 전류에서 진행된다. 전류가 0보다 크면 셀 분극(cell polarization)이 발생하기 때문에 $E_{wk} < 1.23$ V가 된다. 자세한 설명은 12장에서 이어진다.

### (4) 산화 전극/환원 전극 또는 음극/양극

앞에서 산화 반응이 일어나는 전극을 산화 전극(anode), 환원 반응이 일어나는 전극을 환원 전극(cathode)으로 정의하였다. 그러나 이러한 정의에도 불구하고 산화 전극과 환원 전극에 대한 혼란이 심하다. 특히 이차 전지(재충전이 가능한 전지)의 경우, 이차 전지를 방전할 때는 갈바니 셀이지만, 충전할 때는 전해 셀이기 때문에 동일한 전극임에도 불구하고 산화 전극이 되기도 하고 환원 전극이 되기도 한다.

[그림 1-15]와 [그림 1-16]에 흑연/$LiCoO_2$ 이차 전지의 예를 들었다. 이 이차 전지도 2개의 반쪽 전지로 구성된다. 흑연의 반응이 진행되는 반쪽 전지에서 흑연은 반응에 직접 참여하므로 활성 전극이 된다. $LiCoO_2$ 반응이 진행되는 반쪽 전지에서도 $LiCoO_2$가 반응에 직접 참여하므로 활성 전극이다. 이 전지를 충전할 때(그림 1-15), 흑연 전극은 환원 반응이 일어나므로 환원 전극(cathode)이고, $LiCoO_2$ 전극은 산화 반응이 일어나므로 산화 전극(anode)이다. 또한 전원이 흑연 전극 쪽은 음으로, $LiCoO_2$ 전극 쪽은 양으로 가해지므로 흑연 전극이 음극, $LiCoO_2$ 전극은 양극이 된다.

이 전지를 방전할 때(그림 1-16)는 흑연 전극에서 산화가 일어나므로 산화 전극이 되고, 환원이 일어나는 $LiCoO_2$ 전극은 환원 전극이 된다. 한편, 방전 과정에서 흑연 전극에 음전하인 전자의 양이 증가하고, $LiCoO_2$ 전극에서는 전자가 소모된다. 따라서 $LiCoO_2$ 전극에 비해 흑연 전극 내 전자의 양이 많고 따라서 전자의 에너지가 더 높다. 전자의 에너지가 더 높은 전극이 음극이므로 흑연 전극이 **음극**이고, $LiCoO_2$ 전극은 **양극**이 된다.

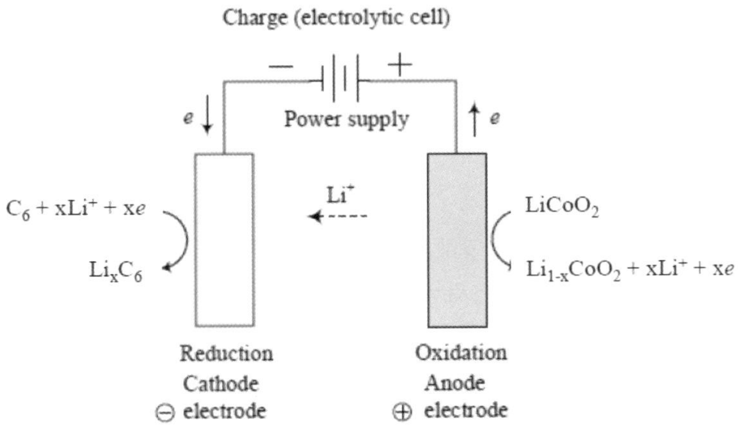


**그림 1-15** 흑연/$LiCoO_2$ 이차 전지의 충전 과정에서 전극 반응과 전극의 명칭. $C_6$는 흑연의 탄소 6각형 단위를 뜻함

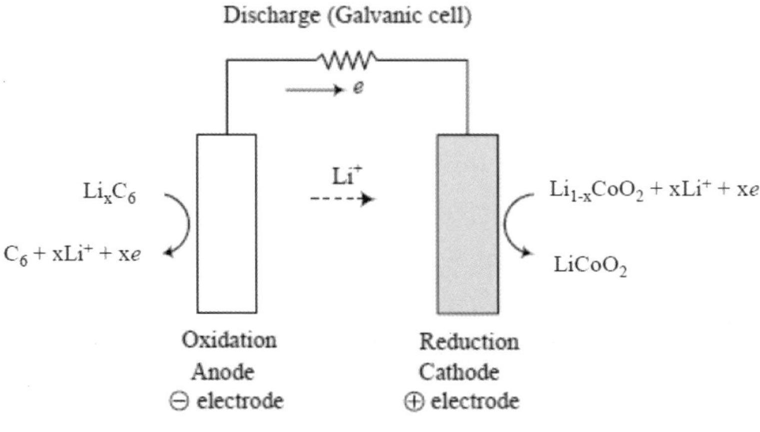


그림 1-16 흑연/$LiCoO_2$ 이차 전지의 방전 과정에서 전극 반응과 전극의 명칭. $C_6$는 흑연의 탄소 6각형 단위를 뜻함

결과적으로 두 전극은 충전과 방전에 따라 산화 전극과 환원 전극으로 교차된다. 그러나 충전과 방전에 상관없이 흑연 전극은 항상 음극이고, $LiCoO_2$ 전극은 항상 양극이므로, 이차 전지의 전극을 부를 때 음극과 양극이라고 부름으로써 혼란을 줄일 수 있다.

### 스스로 학습 1-4

리튬 이온 전지를 충전할 때, 흑연 반쪽 전지에서 반응은 $C_6 + xLi^+ + xe$이다. 이를 위해 $Li^+$은 전해질 벌크 용액에서 흑연 전극 표면으로 '용액 내 확산'뿐 아니라 흑연의 결정 구조 내부로 '고체 내 확산'이 필요함을 확인하시오.

### 예제 1-2

전기화학 셀에서 전극의 이름은 전극에서 일어나는 전기화학 반응을 기준으로 구분한다. 즉, 전기화학 산화 반응을 통해 전자를 가져가는(전자가 유입되는) 전극을 애노드(anode), 환원 반응을 위해 전자를 내어주는(방출하는) 전극을 캐쏘드(cathode)라고 정의한다. 애노드와 캐쏘드라는 용어는 X-선을 발생시키는 X-선관(X-ray tube 또는 Coolidge tube)과 속빈 음극 램프(hollow cathode lamp) 등에도 사용된다. 캐쏘드와 애노드라는 용어를 사용하는 이들 사이에 전자(electrons)의 이동 측면에서 어떤 공통점이 있는가?

풀이 X-선관의 작동 원리는 다음과 같다. 전기장 내에서 텅스텐 필라멘트(W filament)를 가열하여 전자를 발생시키고, 이를 과녁(target)인 구리에 조사하여 X-선을 발생시킨다. 이때 텅스텐 필라멘트를 캐쏘드라고 하고, 구리를 애노드라고 한다. 전자의 흐름을 보면 캐쏘드인 텅스텐 필라멘트로부터 전자가 방출되고, 애노드인 구리로는 전자가 유입된다. 전자가 방출되는 전극이 캐쏘드이고 전자가 유입되는 전극이 애노드이므로 전기화학 셀에서 정의와 동일하다. 한편, 속빈 음극 램프에서는 전기장 내에서 아르곤(argon) 가스를 $Ar^+$로 전환시킨다. 이때 생성된 $Ar^+$는 캐쏘드 표면에 코팅되어 있는 과녁 금속을 스퍼터(sputter)하여 들뜬 상태(excited state)의 금속 원자를 생성시키고, 이로부터 특정 파장의 빛이 방출된다. 여기서 캐쏘드로는 $Ar^+$가 유입되고, 애노드로는 전자가 유입된다. 양전하($Ar^+$)와 음전하(electrons)의 이동 방향은 반대이므로, 이 장치에서 캐쏘드로 $Ar^+$의 유입을, 그리고 음전하를 갖는 전자의 방출로 설명할 수 있다. 따라서 세 가지 경우 모두 전자가 방출되는 전극은 캐쏘드이고, 전자가 유입되는 전극은 애노드가 된다.

## 1-4 전기화학의 응용 분야

전기화학의 응용 분야는 다음과 같이 구분할 수 있다.

1) 전해 합성: 대규모 전해 합성으로 소금물의 전해에 의한 염소($Cl_2$)와 NaOH의 합성, 용융염 전해질에서 알루미늄의 전해 제련을 예로 들 수 있다. 플루오린($F_2$), Na, Li, Mg 등도 용융염 전해질에서 전해 합성으로 생산되고 있다. 고순도 구리 박막은 전해 정제를 통해 생산되고 있다. 또한 의약품, 농약, 식품 첨가제 등의 원료 또는 중간체도 전해 합성으로 생산되고 있다.

2) 전기화학 에너지 저장 및 변환: 이차 전지는 소형 전자제품의 전원부터 전기자동차의 전원, 에너지 저장 시스템(energy storage systems) 등 다양한 시장이 전개되고 있다. 연료 전지는 자동차의 전원, 대규모 발전 시설로 상용화되고 있으며, 초고용량 커패시터는 고출력이 필요한 분야에서 시장이 확대되고 있다.

3) 표면 처리: 반도체 집적회로의 배선에 구리의 도금(electroplating)이 이용되고, 전기이동 코팅(electrophoretic coating)은 자동차 차체의 부식 방지를 위한 표면 처리에 이용되고 있다.

4) 전기화학 분석: pH 측정기, 자동차 엔진의 산소 센서, 바이오센서(글루코스, 요소의 농도 측정) 등에 전기화학의 원리가 적용되고 있다. 전기화학 분석은 산화 또는 환원이 가능한 미량의 원소 또는 화합물의 농도 측정에 이용되고 있다.

5) 부식 방지: 교량, 항만 등 사회 기반 시설, 산업 시설의 부식은 막대한 경제적 손실뿐 아니라 안전 문제를 초래한다. 부식 방지를 위한 다양한 처방에 전기화학 원리가 이용되고 있다.

6) 환경 분야: 전기투석(electrodialysis)에 의한 중금속의 회수와 염의 정제, 전해에 의한 오염물질의 분해, 살충/소독에 이용되는 염소 또는 하이포아염소산 소듐(sodium hypochlorite) 제조 등 전기화학이 환경 분야에 기여하고 있는 예는 다양하다.

7) 생 전기화학(bio-electrochemistry): 생체 내 에너지 생성과 신경 기능에 전기화학 현상이 깊이 관여되어 있다. 예로서, 외부 에너지원인 탄수화물과 지방산 등은 세포 내 산화 과정(세포호흡, cellular respiration)을 통해 분해되며, 생성된 전자는 미토콘드리아 내막의 다양한 산화/환원 효소/복합체(redox enzyme/complex)에 의한 전자전달계(electron transport chain)를 따라 이동하고, 발생한 에너지는 내막을 사이에 둔 양성자의 농도 구배 및 막전위(membrane potential)로 변환되고 양성자 구동력(proton motive force)으로 작용하여 adenosine triphosphate(ATP) 합성 효소에 의한 생명의 필수적 화학 에너지로서 ATP를 생성하게 한다. 다른 예로, 세포막 사이 이온의 이동과 그에 따른 막 전위 생성은 신경세포 등의 활동전위/신경충격(action potential/nerve impulse)을 생성하여 생체 내 신경 작용의 필수적 요소로 작용한다. 이처럼 생체 내에 다양한 종류의 전자 전달과 이온 전달 현상들이 관여되어 있고, 이 현상을 이해하는데 전기화학의 원리와 실험 방법들이 이용되고 있다. 또한 여러 종류의 생체 물질 분석에도 전기화학 방법이 활용되고 있다.

# 1장 연습문제

**01** Cytochrome *c* 또는 ferredoxines과 같이 큰 분자 생체 물질 내부에 위치하는 산화환원 쌍(redox pairs)을 백금(Pt)과 같은 비활성 전극에서 산화 또는 환원시킬 때, 전하 전달 반응 속도는 매우 느리다. 이유를 설명하시오.

**02** 전지(batteries)에 사용되는 전극 물질은 전자 전도성을 갖거나 혼합 전도체임을 확인해 보시오. 전해질로 사용되는 물질은 이온 전도성을 갖되 전자 전도성을 가져서는 안 된다. 그 이유는?

**03** 이차 전지의 충/방전에 대한 다음 설명 중 맞는 것을 고르시오.

(a) 이차 전지를 고속 충전한다고 함은 전류가 큰 조건에서 충전함을 말한다.

(b) 이차 전지를 정전류 충전한다고 함은 고정된 속도로 충전함을 말한다.

(c) 이차 전지를 충전할 때는 전해 셀이 되고 방전할 때는 갈바니 셀이 된다.

2장

# 전극 전위
## Electrode potential

## 2-1 평형 전압

전위(electrical potential)를 단위 크기의 양전하(unit positive charge)를 무한대의 거리로부터 어떤 상(phase)으로 가져오는 데 필요한 에너지로 정의하였다. 이때 필요한 에너지를 절대적인 값으로 정의할 수 없으므로, 전위는 항상 상대적인 값(차이)으로 표현한다. 우리가 사용하는 전원이 220 V라는 것도 접지(ground)에 비해 220 V인 상대적인 값이다.

전위차가 발생하는 이유는 접촉하고 있는 두 상에 존재하는 전하의 종류와 양에 차이가 있기 때문이다. 예를 들어, 두 상(전극/전해질 용액)이 만나는 계면(interface)에서 전극에는 음전하, 전해질 용액에는 양전하가 배열한다고 하면, 음전하를 가지고 있는 전극의 전위가 양전하를 가지고 있는 용액의 전위에 비해 음의 값을 갖는다. 전하의 종류와 양의 차이는 두 상의 계면에서 발생하므로 전위차도 상의 계면(예를 들면, 고체/용액, 용액/용액)에서 발생한다. 또한 전위의 차이는 극소량(infinitesimally small)의 전하 차이에 의해서 발생한다. 한편, 계면에서 전하의 종류와 양의 차이가 시간에 따라 변하지 않아야 정확한 전위차를 정의할 수 있으므로, 전위차는 평형 상태 또는 일정 상태(steady state)에서만 정의할 수 있다.

### (1) 극소량의 전하 분리에 의한 전위차의 발생

전극과 수용액 계면의 전기 이중층에 한 개의 서로 다른 전하(즉, 한 개의 양전하와 한 개의 음전하)가 분리되어 있다고 할 때, 전기장의 세기는 다음 식에 의해 계산할 수 있다.

$$\vec{E} = \frac{\vec{F}}{q} = \frac{1}{4\pi\varepsilon\varepsilon_0}\frac{q}{r^2}$$

여기에 단위 전하의 전하량($q$ = 1.6×10$^{-19}$ C), 물의 유전 상수($\varepsilon$ = 78.5), 진공 유전율($\varepsilon_0$ = 8.85×10$^{-12}$ C$^2$ N$^{-1}$ m$^{-2}$), 그리고 전기 이중층에서 전하 간 거리($r$ = 10$^{-9}$ m)를 각각 가정하여 대입하면 **전기장의 세기**(electric field strength)는

$$\vec{E} = 2 \times 10^7 \text{ V/m}$$

가 된다. 계면에서 우리가 상상할 수 있는 것보다 매우 큰 전기장이 형성됨을 알 수 있다. 이로부터 전위차($\Delta\phi$)를 계산하면 20 mV가 된다. 이것은 계면에서 한 개의 전하가

분리되어 있다고 가정하고 계산한 값이다. 하지만, 전자 1몰(mole)이 $6.02\times10^{23}$개라는 것을 고려하면, 극소량의 전하 분리에 의해서도 전위차가 발생함을 알 수 있다.

### (2) 평형 상태에서 전위차의 발생

[그림 2-1]은 Ag 전극과 $Ag^+$를 포함하고 있는 용액의 계면에서 어떻게 전위차가 발생하는지를 보여주고 있다. 용액은 $[Ag^+] = [X^-]$의 조건을 만족하며, 총 양이온의 수와 음이온의 수가 같은 전기적 중성을 유지하고 있고, 또한 이온 분포는 균일하므로 용액 내 어느 곳에서도 전위차가 발생하지 않는다. 용액에 넣기 전에 Ag 전극에는 과량의 양전하 또는 음전하가 없다고 가정하자. Ag 전극을 용액에 넣었을 때 $Ag^+$와 Ag 전극 내에 존재하는 전자(electrons)가 다음과 같이 오른쪽 방향으로 반응한다고 하자.

$$Ag^+ + e \text{ (in Ag electrode)} \rightarrow Ag \qquad \text{<2-1>}$$

반응이 진행되면 Ag 전극에는 전자의 양이 감소하므로 양전하가 증가하게 되고, 용액에서는 음이온($X^-$)의 농도는 변하지 않으나 $Ag^+$의 농도가 감소하므로 결과적으로 $[Ag^+] < [X^-]$인 상태, 즉 음전하가 증가하게 된다. 다시 말하여, Ag 전극에는 과량의 양전하, 전극 표면 근처의 용액에는 과량의 음전하가 축적되는 전하 분리가 일어난다. 따라서 전위차가 발생하게 된다($\Delta\phi \neq 0$). 그렇다면 위 <식 2-1> 반응은 계속 오른쪽으로 진행될 것인가? 오른쪽으로 반응이 진행됨에 따라 Ag 전극에는 양전하의 양이 증가하므로 더 많은 전자를 잃어 더 많은 양전하를 갖고자 하는 경향이 줄어들게 된다. 반대로 용액에서는 반응이 진행함에 따라 음이온의 양이 증가하므로 더 이상 음전하가 증가하는 오른쪽으로의 반응 경향은 점차 줄어들게 된다. 다시 말하여, 반응이 오른쪽으로 계속 진행되지 못하고 점차 왼쪽으로의 경향이 증가하다가 결국 오른쪽과 왼쪽으로의 반응 경향이 동일한 상태에 이르게 된다. 즉, 양방향의 속도가 같은 **동적 평형**(dynamic equilibrium) 상태

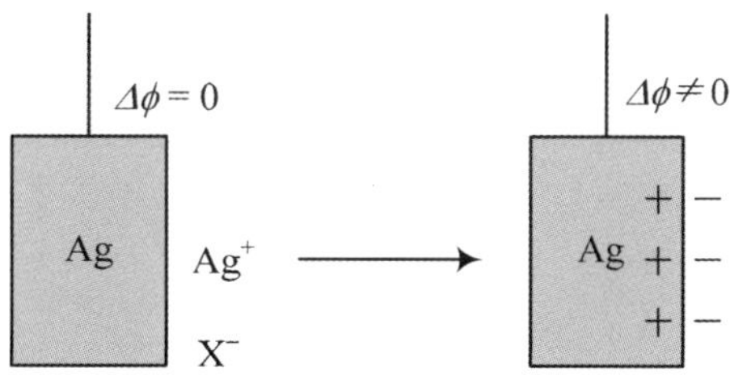


**그림 2-1** $Ag/Ag^+$ 반쪽 전지의 Ag 전극/용액 계면에서 평형 상태에서 전위차($\Delta\phi$)의 발생

에 도달하게 된다. 한쪽 반응이 다른 쪽으로의 반응에 비해 우세한 비평형 상태에서는 전하 분리의 정도가 계속 변하므로 전위차를 정의할 수 없다. 그러나 평형 상태에서는 전극/용액의 계면에서 전하 분리가 일정하게 유지되므로 전위차를 정의할 수 있다.

### (3) 화학 전위와 전기화학 전위

계면에서 전위차는 평형 상태에서 정의될 수 있으므로 평형 상태가 무엇인가를 먼저 정의해야 한다. 평형이란 반응물과 생성물의 **화학 전위**(chemical potential)가 동일한 상태를 말한다. 즉, A + B ⇌ C + D의 반응에서 A와 B의 화학 전위의 합이 C와 D의 화학 전위의 합과 같은 조건을 말한다.

화학 전위는 [그림 2-2-a]에 제시한 식에 의해 정의된다. 즉, 온도와 압력이 일정한 조건에서 "어떤 상(α)에 단위 당량의 화합물 *i*를 추가할 때 필요한 자유 에너지의 변화"라는 의미를 갖는다. 따라서 화학 전위가 크다는 것은 화합물 *i*를 추가하는 데 많은 자유 에너지가 필요하다는 것이므로, 반응은 화학 전위가 감소하는 반대 방향으로 가려고 한다. 이를 **이탈 경향**(escaping tendency)이라고 한다. A + B ⇌ C + D의 반응에서 반응물인 A와 B의 화학 전위의 합이 C와 D의 화학 전위의 합보다 크다면, 반응물 A와 B의 이탈 경향이 더 커서 반응은 A와 B가 이탈하는(농도가 감소하는) 오른쪽으로 진행한다. A와 B가 이탈함에 따라 반응물의 화학 전위는 감소하고, 대신 C와 D의 농도가 증가하므로 생성물의 화학 전위는 증가한다. 그러나 A + B → C + D 반응이 무한정 오른쪽으로 진행되지 않고 양쪽의 화학 전위가 동일한(이탈 경향이 동일한) 조건에서 동적 평형이 이루어진다.

한편, 일반적인 화학 반응과 전기화학 반응이 다른 점은, 후자의 경우 전하를 가진 물질(전자, 양이온, 음이온)이 반응에 참여한다는 것이다. 이러한 특징 때문에 전기화학 반

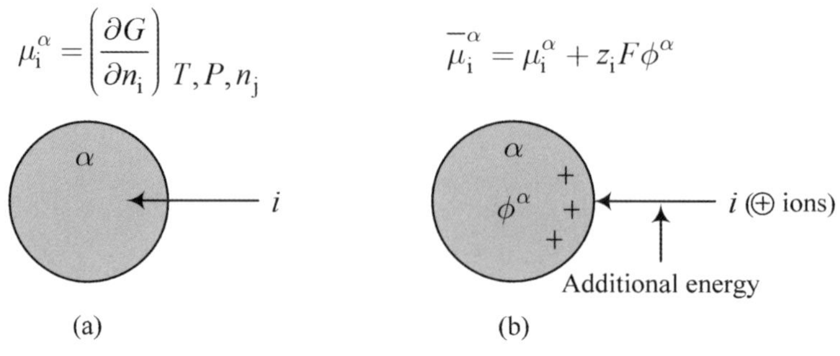


**그림 2-2** (a) 화학 전위의 정의, (b) 전기화학 전위의 정의

응에서는 화학 전위만 가지고 평형을 정의할 수 없다. 추가적인 전기 에너지의 변화를 고려하여야 한다. 예를 들어, $\alpha$상(전극)이 과량의 양전하를 가지고 있다고 하자. 여기에 양이온인 $i$를 첨가한다고 할 때, $\alpha$상 내부에 $i$의 농도 증가에 의한 자유 에너지 변화($\mu_i^\alpha$, 화학 전위)뿐만 아니라 전기적 에너지($z_iF\phi^\alpha$)의 변화도 발생한다(그림 2-2-b). 전기화학 반응에서는 화학 전위 대신 **전기화학 전위**(electrochemical potential)를 이용하여 평형 상태를 기술한다. 전기화학 반응에서 평형이란 반응물과 생성물의 전기화학 전위가 같은 상태이다. 전기화학 전위를 [그림 2-2-b]에 정의하였다. 전기 에너지는 $z_iF\phi^\alpha$인데, 여기서 $z_i$는 $i$의 전하, $F$는 패러데이 상수, 그리고 $\phi^\alpha$는 $\alpha$상(전극)의 전위이므로 $z_iF\phi^\alpha$는 에너지의 단위를 갖는다. 만약에 $i$가 전하를 갖지 않는 중성($z_i$ = 0)이거나 또는 $\alpha$상(전극)이 전하를 갖고 있지 않다면($\phi^\alpha$= 0), 전기적인 에너지의 변화가 없으므로 화학 전위로만 평형을 정의할 수 있다.

화학 전위와 전기화학 전위는 다음과 같은 특성을 갖는다.

1) 화학 전위: $\mu_i = \mu_i^0 + RT\ln a_i$

   여기서 $a_i$는 $i$의 활동도(activity)를 뜻한다. $a_i$ = 1.0인 경우 $\mu_i = \mu_i^0$가 된다. $\mu_i^0$를 표준 화학 전위(standard chemical potential)라고 한다. [그림 2-2-b]의 전기화학 전위의 정의에서 $z_i$ = 0이므로 전하를 갖지 않는 중성의 화합물 $i$의 경우 $\overline{\mu}_i^\alpha = \mu_i^\alpha$이 된다.

2) Ag 전극 내 Ag 원자처럼 전하를 갖지 않으며 활동도가 1.0인 경우(순수한 금속);

   $\overline{\mu}_i^\alpha = \mu_i^{0\alpha} + RT\ln a_i + z_iF\phi^\alpha = \mu_i^{0\alpha}$

3) 금속 내부의 전자; $\overline{\mu}_e^\alpha = \mu_e^{0\alpha} + RT\ln a_e{}^\alpha + z_eF\phi^\alpha = \mu_e^{\alpha'} - F\phi^\alpha$

   금속 내 전자의 밀도는 매우 높으므로 전자의 농도 변화는 무시할 수 있다($a_e^\alpha$는 상수). 따라서 위 식 오른쪽 첫째 항과 둘째 항이 상수이므로 이것을 합쳐 $\mu_e^{\alpha'}$로 표현한다.

### (4) 전위 결정 평형식에 따른 계면에서 전위차

전기화학 전위의 특성을 이용하여 [그림 2-1]에 보인 Ag 전극과 $Ag^+$ 용액이 동적 평형 상태에 도달했을 때, Ag 전극과 용액의 계면에서 발생하는 전위차의 크기를 정량화할 수

있다. 평형의 조건은 Ag = $Ag^+$ + $e$ 반응에서 양쪽의 전기화학 전위가 같아야 하므로,

$$\bar{\mu}^{M}_{Ag^0} = \bar{\mu}^{S}_{Ag^+} + \bar{\mu}^{M}_{e}$$

가 되고, 이것을 전기화학 전위의 특성을 고려하여 정리하면 <식 2-2>가 된다.

$$\mu^{0\,M}_{Ag^0} + RT\ln a^{M}_{Ag^0} + z_{Ag^0}F\phi^{M}$$
$$= \mu^{0\,S}_{Ag+} + RT\ln a^{S}_{Ag^+} + z_{Ag^+}F\phi^{S} + \mu^{0\,M}_{e} + RT\ln a^{M}_{e} + z_{e}F\phi^{M}$$

$$\mu^{0\,M}_{Ag^0} = \mu^{0\,S}_{Ag+} + RT\ln a^{S}_{Ag^+} + F\phi^{S} + \mu^{0'M}_{e} - F\phi^{M} \qquad \text{<2-2>}$$

여기서 $M$은 금속, $S$는 용액을 뜻한다. <식 2-2>를 다시 정리하면 전위차는 <식 2-3>과 같이 유도된다.

$$(\phi^{M} - \phi^{S}) = \Delta\phi(M,S) = \Delta\phi^{0}(M,S) + \frac{RT}{F}\ln a^{S}_{Ag^+} \qquad \text{<2-3>}$$

위 식에서 $\Delta\phi^0(M,S)$는 $Ag^+$의 활동도가 1.0인 경우의 전위차로써 상수이므로, 계면에서 전위차는 온도와 $Ag^+$의 활동도에 의해서만 결정됨을 알 수 있다. 이는 <식 2-1>에서 Ag 금속의 활동도는 1.0이고, 전극 내 전자의 양이 많아 전자의 활동도가 일정하다고 할 수 있기 때문이다. Ag = $Ag^+ + e$와 같이 전위차를 결정하는 전기화학 반응을 **전위 결정 평형식**(potential-determining equilibrium)이라고 한다. 한편, Ag 금속과 $Ag^+$, 그리고 전자(electrons)가 반응에 참여하는 시스템을 **반쪽 전지**라 하고, Ag = $Ag^+ + e$를 반쪽 전지 반응(half-cell reaction)식이라 한다. **전위 결정 평형식**과 반쪽 전지 반응식은 같은 것이다.

### (5) 반쪽 전지의 종류

전기화학 셀을 전극의 수에 따라 2극 셀과 3극 셀로 구분한다. 전기화학 셀이 2개의 전극으로 구성되는 경우 2극 셀이라 하는데, 모든 반쪽 전지에는 비활성 전극 또는 활성 전극이 포함되기 때문에 엄밀히 말하면 2개의 반쪽 전지로 구성된 것이다. 다시 말하여, 2개의 반쪽 전지로 구성되어 있으나 통상적으로 2극 셀이라 부르고 있다. 반쪽 전지는 전극의 구성과 전위 결정 평형식에 따라 다음과 같이 구분된다.

1) 금속/금속 이온으로 구성된 반쪽 전지: 예로서 위에 설명한 Ag/$Ag^+$를 들 수 있다. Ag 전극은 반응에 참여하므로 활성 전극이다.

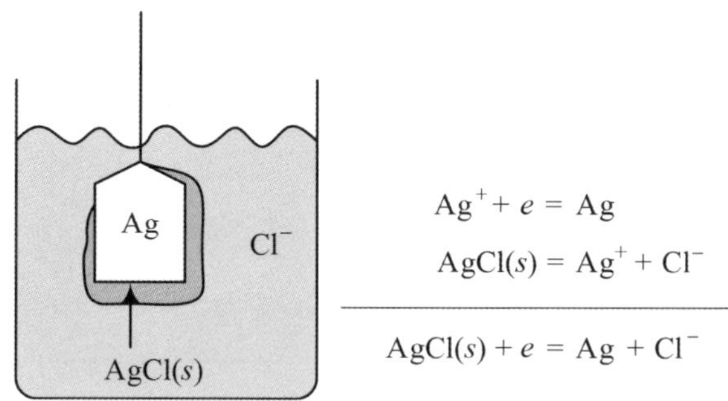


**그림 2-3** Ag/AgCl(*s*)/Cl⁻ 반쪽 전지에서 전위 결정 평형식

2) 금속/용해되지 않는 금속염/음이온으로 구성된 반쪽 전지: 대표적인 예로서 Ag/AgCl(*s*)/$Cl^-$를 들 수 있다(그림 2-3). 여기서 AgCl(*s*)은 금속인 Ag와 동일한 양이온($Ag^+$)을 포함하고 있는 용해되지 않는(insoluble) 금속염이고, $Cl^-$는 금속염(AgCl)에 포함된 음이온과 동일한 음이온이다. 이 반쪽 전지에서 Ag 전극은 반응에 참여하므로 활성 전극이다. 이 반쪽 전지의 전위 결정 평형식은

$$AgCl(s) + e = Ag(s) + Cl^-(aq)$$

이며, 이로부터 전극과 용액 사이 계면에서 전위차를 유도하면 다음과 같다.

$$\Delta\phi(M,S) = \Delta\phi^0(M,S) + \frac{RT}{F}\ln\frac{1}{a^{S}_{Cl^-}}$$

여기서도 전위차가 온도와 $Cl^-$의 활동도에 의해서만 결정되는데, 위의 전위 결정 평형식에서 AgCl(*s*)와 Ag(*s*)의 활동도는 1.0이고, 전자의 활동도는 일정하고, $Cl^-$의 활동도만이 변수이기 때문이다.

3) 비활성 전극/산화환원 쌍(redox pair)으로 구성된 반쪽 전지: 전기화학적으로 산화 또는 환원되지 않는 비활성 전극과 산화/환원이 가능한 화합물로 구성되는 반쪽 전지로써 대표적인 예로 Pt/$Fe^{2+}$, $Fe^{3+}$를 들 수 있다(그림 2-4-a). 여기서 Pt 전극은 산화 또는 환원되지 않는 비활성 전극이고, $Fe^{2+}$와 $Fe^{3+}$이 산화/환원 반응에 참여하는 산화/환원 쌍이다. 이 반쪽 전지의 전위 결정 평형식은

$$Fe^{3+}(aq) + e = Fe^{2+}(aq)$$

이며, 이로부터 전극과 용액 사이 계면에서 전위차를 유도하면 다음과 같다.

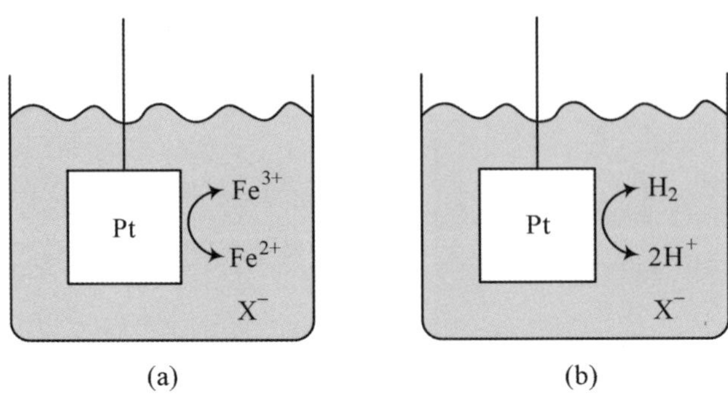


**그림 2-4** (a) 비활성 전극/산화환원 쌍으로 구성된 반쪽 전지, (b) 비활성 전극/가스/이온으로 구성된 반쪽 전지

$$\Delta\phi(M,S)=\Delta\phi^0(M,S)+\frac{RT}{F}\ln\frac{a^{S}_{Fe^{3+}}}{a^{S}_{Fe^{2+}}}$$

4) 비활성 전극/가스/이온으로 구성된 반쪽 전지: 비활성 전극에 가스와 이온이 공존하는 반쪽 전지의 대표적인 예는 Pt/$H_2$, $H^+$이다(그림 2-4-b). 여기서 이온은 가스인 $H_2$가 산화되어 생성될 수 있는 $H^+$으로 구성되어 있다. 이 반쪽 전지의 전위 결정 평형식은

$$2H^+(aq)+2e=H_2(g)$$

이며, 이로부터 전극과 용액 사이 계면에서 전위차를 유도하면 다음과 같다.

$$\Delta\phi(M,S)=\Delta\phi^0(M,S)+\frac{RT}{2F}\ln\frac{(a^{S}_{H^+})^2}{f_{H_2}}$$

전위 결정 평형식을 <식 2-4>로 일반화할 때 전위차는 <식 2-5>와 같이 표현된다. <식 2-4>의 평형 반응에 참여하는 화합물 중에서 활동도가 일정한 금속, 고체는 제외하고, 상수가 아닌 이온의 활동도와 가스의 퓨가시티(fugacity)만의 함수로 <식 2-5>를 간단하게 할 수 있다.

$$\nu_A A+\nu_B B+\cdots+ne=\nu_C C+\nu_D D+\cdots \qquad \langle 2\text{-}4\rangle$$

$$\Delta\phi(M,S)=\Delta\phi^0(M,S)+\frac{RT}{nF}\ln\frac{a_A^{\nu_A}a_B^{\nu_B}\cdots}{a_C^{\nu_C}a_D^{\nu_D}\cdots} \qquad \langle 2\text{-}5\rangle$$

### 스스로 학습 2-1

위에 나열한 4종류 이외의 반쪽 전지도 있다. 예를 들어, 전위 결정 평형식이 $PbO_2(s)$ + $4H^+(aq) + 2e = Pb^{2+}(aq) + 2H_2O$인 반쪽 전지는 위 4가지 어디에도 속하지 않는다. 이 반쪽 전지를 구성하는 $PbO_2(s)$ 전극과 수용액 사이 계면에서 전위차를 나타내는 식을 유도하시오. 반쪽 전지 반응이 4가지 경우와 어떻게 다른지 설명하시오.

## (6) 표준 전극 전위

지금까지 유도한 전위차, $\Delta\phi(M, S)$는 반쪽 전지 내부의 2개 상 계면에서 발생하는 값이다. 그렇다면 Pt/$Fe^{2+}$, $Fe^{3+}$와 같은 반쪽 전지의 전극 전위는 어떻게 측정할 수 있을까? 전위차계를 이용하여 두 단자 중 한쪽은 이 반쪽 전지의 Pt 전극에 연결하고 또 다른 단자는 전위의 기준이 되는 반쪽 전지에 연결하여 전압 차이를 측정하면 된다. [그림 2-5]에 Pt/$H_2$, $H^+$ 반쪽 전지(SHE, standard hydrogen electrode 또는 NHE, normal hydrogen electrode)를 기준 전극으로 하여 Pt/$Fe^{2+}$, $Fe^{3+}$ 반쪽 전지의 전극 전위를 측정하는 방법을 나타내었다.

[그림 2-5]처럼 Pt/$H_2$, $H^+$ 반쪽 전지와 Pt/$Fe^{2+}$, $Fe^{3+}$ 반쪽 전지로 전압 측정을 위한 전기화학 셀을 구성하였다고 하자. 전압(V) 측정을 위한 전압측정기의 내부 저항이 매우 크므로(R → ∞), 두 반쪽 전지 사이에 전자(electrons)의 흐름(즉 전류)은 무시할 수 있다. 따라서 두 반쪽 전지는 전기적으로 차단되었다고 보아도 된다. 2개 반쪽 전지를 구성하고 있는 2개 백금 전극 사이 회로를 열어도 전기적으로 차단되므로, 이를 열린 회로 상태(open-circuit condition)라고도 한다. 이렇게 차단된 상태에서 각 반쪽 전지는 상대 반쪽 전지로부터 어떤 영향도 받지 않고 독자적으로 평형 상태에 도달하게 된다. [그림 2-6]에

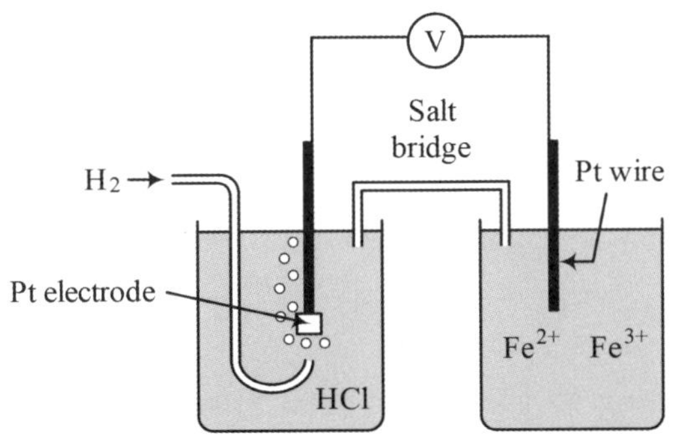


**그림 2-5** Pt/$H_2$, $H^+$ 기준 전극(NHE)에 대한 Pt/$Fe^{2+}$, $Fe^{3+}$ 반쪽 전지의 전극 전위(전압) 측정

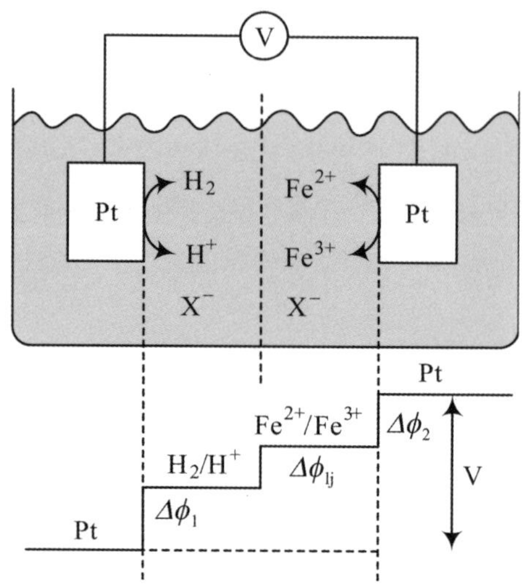


**그림 2-6** [그림 2-5]의 장치에서 여러 계면에서 전위차의 발생

서 $\Delta\phi_1$과 $\Delta\phi_2$는 각각 Pt/$H_2$, $H^+$ 반쪽 전지와 Pt/$Fe^{2+}$, $Fe^{3+}$ 반쪽 전지가 스스로 찾은 계면에서 전위차이다. 전위의 차이는 상의 계면에서 발생하므로 [그림 2-5]처럼 4곳에서 전위차가 발생한다: ① Pt/HCl 용액, ② HCl 용액/염다리 용액, ③ 염다리 용액/$Fe^{2+}$, $Fe^{3+}$ 용액, 그리고 ④ $Fe^{2+}$, $Fe^{3+}$ 용액/Pt. ②와 ③을 합하여 $\Delta\phi_{lj}$로 표현하여 [그림 2-6]에 나타내었다. $\Delta\phi_{lj}$는 두 액체의 계면에서 발생하는 **액간 접촉 전위**(liquid junction potential)를 뜻하는데, 염다리를 이용하면 최소화할 수 있다(3-4절 참조). 한편, $H_2$의 퓨가시티와 $H^+$의 활동도가 1.0이라고 가정하면(즉, 표준 상태), Pt/$H_2$, $H^+$ 반쪽 전지에서 전위차 $\Delta\phi_1 = \Delta\phi^0$ (Pt/$H_2$, $H^+$)이므로 상수가 된다. $\Delta\phi_{lj} \approx 0$(상수)이고 $\Delta\phi_1$가 일정하므로 이 둘의 합을 0이라고 정의하면, 두 Pt 전극 사이에서 측정되는 전압(V)은 Pt/$Fe^{2+}$, $Fe^{3+}$ 반쪽 전지 계면에서의 전위차($\Delta\phi_2$)가 된다.

$$V = \Delta\phi_1 + \Delta\phi_{lj} + \Delta\phi_2$$

$$V = \Delta\phi\,(Pt/H_2, H^+) + \Delta\phi_{lj} + \Delta\phi\,(Pt/Fe^{2+}, Fe^{3+})$$

$$\Delta\phi\,(Pt/H_2/H^+) + \Delta\phi_{lj} \equiv 0$$

$$V = \Delta\phi\,(Pt/Fe^{2+}, Fe^{3+})\ (vs.\ NHE)$$

이로부터 NHE 반쪽 전지를 구성하는 Pt 전극과 Pt/$Fe^{2+}$, $Fe^{3+}$ 반쪽 전지를 구성하는 Pt 전극 사이 전압 차이를 <식 2-6>으로 나타낼 수 있다.

$$V = E_{eq} = \Delta\phi\,(Pt/Fe^{2+}, Fe^{3+}) = \Delta\phi^0\,(Pt/Fe^{2+}, Fe^{3+}) + \frac{RT}{F}\ln\frac{a_{Fe^{3+}}}{a_{Fe^{2+}}}$$

$$E_{eq} = E^0\,(Pt/Fe^{2+}, Fe^{3+}) + \frac{RT}{F}\ln\frac{a_{Fe^{3+}}}{a_{Fe^{2+}}} \qquad \text{<2-6>}$$

이때, 측정된 전극 전위는 평형 상태에서 얻은 것이므로 평형 전압이며, <식 2-6>과 같이 표현된다. <식 2-6>을 **네른스트 식**(Nernst equation)이라고 하는데, $E_{eq}$는 **평형 전위**(equilibrium potential)로서 $Pt/Fe^{2+}$, $Fe^{3+}$ 반쪽 전지가 열린 회로 상태에서 외부와 전기적으로 차단된 채 독자적으로 평형에 도달하여, 전극/용액 계면에서 전하 분리에 의해 결정된 값이다. 또한 $E^0$를 **표준 전극 전위**(standard electrode potential)라고 하는데, 이것은 전위 결정 평형식에 참여하는 모든 화합물의 활동도(또는 퓨가시티)가 1.0인 경우(즉, 표준 상태)의 평형 전위이다. 즉, <식 2-6>에서 $Fe^{2+}$와 $Fe^{3+}$ 이온의 활동도가 모두 1.0이라면 $E_{eq} = E^0$ $(Pt/Fe^{2+}, Fe^{3+})$이 된다: $E^0$는 표준 전극 전위, 그리고 괄호 안의 내용은 반쪽 전지의 종류를 명시한다. 일반적인 전위 결정 평형식이 <식 2-4>로 주어질 때 네른스트 식은 <식 2-7>로 표현된다. 여기서 평형 반응에 참여하는 화합물 중에서 활동도가 일정한 금속, 고체는 제외하고 이온의 활동도와 가스의 퓨가시티만의 함수로 <식 2-7>을 간단하게 할 수 있다.

$$E_{eq} = E^0 + \frac{RT}{nF}\ln\frac{a_A^{\nu_A} a_B^{\nu_B}\cdots}{a_C^{\nu_C} a_D^{\nu_D}\cdots} \qquad \text{<2-7>}$$

[표 2-1]에는 여러 종류 반쪽 전지들의 $E^0$값을 나열하였다. 이 값은 298 K에서 열역학 함수로부터 계산된 값이며, NHE 반쪽 전지의 전위를 0.0 V라고 정의하였을 때, 이에 대한 상대적인 값이다. 한편, 네른스트 식에서 활동도 대신 농도의 함수로 평형 전위를 표현하면 <식 2-8>이 된다. $E^{0'}$를 **형식 전위**(formal potential)라고 한다. 일반적으로 O와 R의 활동도 계수(activity coefficient, $\gamma$)가 크게 다르지 않으므로($\gamma_O \approx \gamma_R$) $E^0$와 $E^{0'}$는 유사한 값을 갖는다. 따라서 <식 2-8>을 이용하여 평형 전위를 계산할 때, $E^{0'}$ 대신 [표 2-1]에 나열한 $E^0$값을 이용해도 큰 오차는 없다. <식 2-8>에서 $R$은 기체 상수(8.314 J $mol^{-1}$ $K^{-1}$), $T$는 온도, $n$은 전위 결정 평형식에서 관여한 전자의 수, $F$는 패러데이 상수 ($9.6485\times10^4$ C $mol^{-1}$)를 뜻한다.

**표 2-1 수용액에서 반쪽 전지의 표준 전극 전위(298 K) (V *vs.* NHE)**

| $E^0/V$ | | | |
|---|---|---|---|
| $Ag^+ + e = Ag$ | +0.80 | $I_2 + 2e = 2I^-$ | +0.54 |
| $Ag^{2+} + e = Ag^+$ | +1.98 | $I_3^- + 2e = 3I^-$ | +0.53 |
| $AgBr + e = Ag + Br^-$ | +0.07 | $In^+ + e = In$ | −0.13 |
| $AgCl + e = Ag + Cl^-$ | +0.22 | $In^{3+} + 2e = In^+$ | −0.44 |
| $AgI + e = Ag + I^-$ | −0.15 | $In^{3+} + 3e = In$ | −0.34 |
| $Al^{3+} + 3e = Al$ | −1.68 | $K^+ + e = K$ | −2.93 |
| $Au^+ + e = Au$ | +1.83 | $Li^+ + e = Li$ | −3.04 |
| $Au^{3+} + 3e = Au$ | +1.52 | $Mg^{2+} + 2e = Mg$ | −2.36 |
| $Ba^{2+} + 2e = Ba$ | −2.92 | $Mn^{2+} + 2e = Mn$ | −1.18 |
| $Be^{2+} + 2e = Be$ | −1.97 | $Mn^{3+} + e = Mn^{2+}$ | +1.51 |
| $Br_2 + 2e = 2Br^-$ | +1.09 | $MnO_2 + 4H^+ + 2e = Mn^{2+} + 2H_2O$ | +1.23 |
| $BrO^- + H_2O + 2e = Br^- + 2OH^-$ | +0.76 | $MnO_4^- + e = MnO_4^{2-}$ | +0.56 |
| $2HOBr + 2H^+ + 2e = Br_2 + 2H_2O$ | +1.60 | $NO_3^- + 2H^+ + e = NO_2 + H_2O$ | +0.80 |
| $Ca^{2+} + 2e = Ca$ | −2.84 | $NO_3^- + 4H^+ + 3e = NO + 2H_2O$ | +0.96 |
| $Cd(OH)_2 + 2e = Cd + 2OH^-$ | −0.82 | $NO_3^- + H_2O + 2e = NO_2^- + 2OH^-$ | +0.01 |
| $Cd^{2+} + 2e = Cd$ | −0.40 | $Na^+ + e = Na$ | −2.71 |
| $Ce^{3+} + 3e = Ce$ | −2.34 | $Ni^{2+} + 2e = Ni$ | −0.26 |
| $Ce^{4+} + e = Ce^{3+}$ | +1.72 | $Ni(OH)_2 + 2e = Ni + 2OH^-$ | −0.72 |
| $Cl_2 + 2e = 2Cl^-$ | +1.36 | $NiO_2 + 4H^+ + 2e = Ni^{2+} + 2H_2O$ | +1.59 |
| $ClO^- + H_2O + 2e = Cl^- + 2OH^-$ | +0.89 | $O_2 + 2H_2O + 4e = 4OH^-$ | +0.40 |
| $2HOCl + 2H^+ + 2e = Cl_2 + 2H_2O$ | +1.63 | $O_2 + 4H^+ + 4e = 2H_2O$ | +1.23 |
| $ClO_3^- + 2H^+ + e = ClO_2 + H_2O$ | +1.17 | $O_2 + e = O_2^-$ | −0.33 |
| $ClO_4^- + 2H^+ + 2e = ClO_3^- + H_2O$ | +1.20 | $O_2 + H_2O + 2e = HO_2^- + OH^-$ | −0.08 |
| $Co^{2+} + 2e = Co$ | −0.28 | $O_2 + H^+ + e = HO_2$ | −0.13 |
| $Co^{3+} + e = Co^{2+}$ | +1.92 | $O_2 + 2H^+ + 2e = H_2O_2$ | +0.70 |
| $Co(NH_3)_6^{3+} + e = Co(NH_3)_6^{2+}$ | +0.06 | $Pb^{2+} + 2e = Pb$ | −0.13 |
| $Cr^{2+} + 2e = Cr$ | −0.90 | $PbO_2 + 4H^+ + 2e = Pb^{2+} + 2H_2O$ | +1.70 |
| $Cr^{3+} + 3e = Cr$ | −0.74 | $PbSO_4 + 2e = Pb + SO_4^{2-}$ | −0.36 |
| $Cs^+ + e = Cs$ | −2.92 | $Pt^{2+} + 2e = Pt$ | +1.19 |
| $Cu^+ + e = Cu$ | +0.52 | $Rb^+ + e = Rb$ | −2.93 |
| $Cu^{2+} + 2e = Cu$ | +0.34 | $S + 2e = S^{2-}$ | −0.48 |
| $Cu^{2+} + e = Cu^+$ | +0.16 | $2SO_2 + 2H^+ + 4e = S_2O_3^{2-} + H_2O$ | −0.40 |
| $CuCl + e = Cu + Cl^-$ | +0.12 | $SO_2 + 4H^+ + 4e = S + 2H_2O$ | +0.50 |
| $Cu(NH_3)_4^{2+} + 2e = Cu + 4NH_3$ | −0.00 | $S_4O_6^{2-} + 2e = 2S_2O_3^{2-}$ | +0.08 |

| $E^0/V$ | | | |
|---|---|---|---|
| $F_2 + 2e = 2F^-$ | +2.87 | $2SO_4^{2-} + 4H^+ + 2e = S_2O_6^{2-} + 2H_2O$ | –0.25 |
| $Fe^{2+} + 2e = Fe$ | –0.44 | $S_2O_8^{2-} + 2e = 2SO_4^{2-}$ | +1.96 |
| $Fe^{3+} + 3e = Fe$ | –0.04 | $Sn^{2+} + 2e = Sn$ | –0.14 |
| $Fe^{3+} + e = Fe^{2+}$ | +0.77 | $Sn^{4+} + 2e = Sn^{2+}$ | +0.15 |
| $Fe(CN)_6^{3-} + e = Fe(CN)_6^{4-}$ | +0.36 | $Sr^{2+} + 2e = Sr$ | –2.89 |
| $Fe(CN)_6^{4-} + 2e = Fe + 6CN^-$ | –1.16 | $Ti^{2+} + 2e = Ti$ | –1.63 |
| $2H^+ + 2e = H_2$ | 0.00 | $Ti^{3+} + e = Ti^{2+}$ | –1.37 |
| $2H_2O + 2e = H_2 + 2OH^-$ | –0.83 | $TiO^{2+} + 2H^+ + e = Ti^{3+} + H_2O$ | +0.10 |
| $H_2O_2 + H^+ + e = OH^- + H_2O$ | +0.71 | $V^{2+} + 2e = V$ | –1.13 |
| $H_2O_2 + 2H^+ + 2e = 2H_2O$ | +1.76 | $V^{3+} + e = V^{2+}$ | –0.26 |
| $Hg^{2+} + 2e = Hg$ | +0.80 | $VO_2 + 2H^+ + 2e = V^{2+} + H_2O$ | +0.34 |
| $Hg_2Cl_2 + 2e = 2Hg + 2Cl^-$ | +0.27 | $VO_2^+ + 2H^+ + e = VO^{2+} + H_2O$ | +1.00 |
| $2Hg^{2+} + 2e = Hg_2^{2+}$ | +0.91 | $Zn^{2+} + 2e = Zn$ | –0.76 |

$$E_{eq} = E^0 + \frac{RT}{nF}\ln\frac{a_O}{a_R} = E^0 + \frac{RT}{nF}\ln\frac{\gamma_O}{\gamma_R} + \frac{RT}{nF}\ln\frac{C_O}{C_R}$$

$$E_{eq} = E^{0'} + \frac{RT}{nF}\ln\frac{C_O}{C_R} \qquad \text{<2-8>}$$

$Li/Li^+$과 $Cu/Cu^{2+}$ 반쪽 전지의 $E^0$값은 다음과 같다.

$$Li^+ + e = Li \qquad E^0 = -3.045\ \text{V}\ (vs.\ \text{NHE})$$

$$Cu^{2+} + 2e = Cu \qquad E^0 = 0.34\ \text{V}\ (vs.\ \text{NHE})$$

$Li/Li^+$ 반쪽 전지의 $E^0$값이 $Cu/Cu^{2+}$의 $E^0$값보다 더 음의 값을 갖는데, 이것은 $Li^+$과 $Cu^{2+}$의 활동도가 1.0이라고 하더라도 평형 상태에서 Li 전극 내에 전자의 양이 더 많다는 것을 의미한다. $E^0$값은 열린 회로 상태에서 얻어진 반쪽 전지의 평형 전압이므로 전자는 외부로부터 제공될 수 없다. 즉, 반쪽 전지 내부에서 자체적으로 생성된 것이다. Li 전극 내에 전자의 양이 더 많다는 것은 Cu에 비해 더 많은 양의 Li 금속이 산화되며 전자를 생성한다는 것을 말한다. 이는 Li의 산화 경향이 Cu의 산화 경향보다 더 크다는 것을 뜻한다. 따라서 [표 2-1]에서 $E^0$값이 음의 값을 가질수록 산화 경향성이 더 크고, 양의 값을 가질수록 환원 경향성이 더 크다고 할 수 있다. 그러나 $E^0$는 표준 상태에서 $E_{eq}$에

해당하므로, 표준 상태에서는 $E^0$값을 기준으로 두 반쪽 전지의 산화/환원 경향성을 비교할 수 있지만, 보통의 경우에는 $E_{eq}$ 값을 기준으로 산화/환원 경향성을 비교하여야 한다(스스로 학습 2-2 참조). 다시 말하여, 두 반쪽 전지의 산화/환원 경향성을 비교할 때, 두 반쪽 전지의 $E_{eq}$ 값을 기준으로 삼아야 하나, 특별히 표준 상태에서는 $E_{eq} = E^0$이므로, $E^0$값을 이용해서 비교해도 된다.

**스스로 학습 2-2**

$[Fe^{2+}] = [Fe^{3+}] = 0.1\ M$이고 $[Ag^+] = 10^{-5}\ M$일 때, 비활성 전극/$Fe^{2+}$, $Fe^{3+}$ 반쪽 전지와 $Ag/Ag^+$ 반쪽 전지의 $E_{eq}$를 계산하고, 이로부터 두 반쪽 전지의 산화/환원 경향성을 비교하시오. $E^0$값으로부터 예상할 수 있는 산화/환원 경향성과 다르다. 두 반쪽 전지의 산화/환원 경향성을 비교할 때, $E_{eq}$와 $E^0$ 중에서 어느 것을 기준으로 삼아야 하는지 결정하시오.

### (7) 기준 전극의 종류

지금까지 NHE를 기준 전극으로 설정하여 다른 반쪽 전지의 표준 전극 전위를 정의하였다. 그러나 NHE를 실제 사용한다고 할 때 수소 가스를 사용해야 하므로 불편하여 실용성이 없다. 따라서 통상적인 실험에서 수용액에서는 **포화 칼로멜 전극**[saturated calomel electrode, SCE; $Hg/Hg_2Cl_2(s)$, KCl(4.2 *M*, saturated)] 또는 $Ag/AgCl(s)$, KCl(4.2 *M*, saturated) 전극을 사용하며, 비수용액에서는 $Pt/FeCp_2$, $FeCp_2^+$ 또는 $Ag/Ag^+$ 반쪽 전지를 사용한다. NHE에 대한 이들 반쪽 전지들의 전극 전위를 [그림 2-7]에 제시하였다. 포화

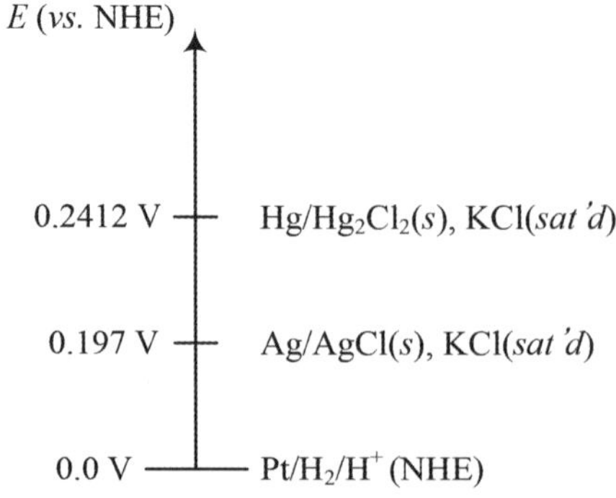


**그림 2-7** NHE에 대한 다른 반쪽 전지(기준 전극)의 상대적인 전위(전압)

칼로멜 전극의 전극 전위가 NHE에 비해 0.2412 V 더 높다. 전위 대신 전압이라는 용어를 사용하기도 하는데, 이것은 실제 두 전극 사이 전위차를 전압의 단위로 측정하기 때문이다. 이 책에서도 전위와 전압을 혼용하였다.

### 스스로 학습 2-3

[그림 2-7]에 보인 기준 전극을 포함한 모든 기준 전극은 반쪽 전지이다. 따라서 반쪽 전지 반응식(전위 결정 평형식)을 가지며, 전자 전도성을 갖는 고체 전극이 포함됨을 확인하시오.

### 스스로 학습 2-4

SCE가 금속/용해되지 않는 금속염/음이온으로 구성된 반쪽 전지에 해당하는지 확인하시오. 기준 전극으로 사용되는 반쪽 전지는 고정된(변하지 않는) 평형 전압을 가져야 기준 전극의 역할을 한다. 이 반쪽 전지에서 KCl을 물에 포화 상태로 용해(상온에서 농도가 4.2 *M*)하여 사용하는데 그 이유는 무엇인가? 참고로, 포화 상태에서는 용해도 이상의 KCl을 넣기 때문에 용해된 이온($K^+$와 $Cl^-$)과 함께 용해되지 않은 고체 상태의 KCl이 공존하여 $K^+$와 $Cl^-$의 농도가 일정하게 유지된다.

### 스스로 학습 2-5

$Cu/Cu^{2+}$ 반쪽 전지의 표준 전극 전위가 NHE에 대하여 0.34 V라면 SCE를 기준 전극으로 사용하였을 때 표준 전극 전위는 얼마인가?

### 스스로 학습 2-6

기준 전극으로 사용되는 반쪽 전지들은 이상 비분극 전극(ideally non-polarizable electrode) 특성을 가져야 한다. 전압-전류의 관계를 도시하여 그 이유를 생각해 보시오.

### 스스로 학습 2-7

NHE에 대하여 $Cu/Cu^{2+}$ 반쪽 전지의 전압을 측정하면 <식 2-8>을 이용하여 $Cu^{2+}$의 농도를 측정할 수 있다. 농도가 0.001 *M*인 $Cu^{2+}$ 용액을 분석한다고 하자. 이때 $Cu/Cu^{2+}$ 반쪽 전지에서는 $Cu^{2+} + 2e = Cu$ 반응을 거쳐 평형 상태에 도달하므로 평형 상태에서

$Cu^{2+}$의 농도는 초기 농도인 0.001 *M*과 다를 수 있으므로 측정에 오차가 발생할 수 있다. 그러나 실제 측정된 값은 0.001 *M*에 매우 근접한 값을 갖는다. 그 이유는 무엇인가?

**스스로 학습 2-8**

수소 반쪽 전지(비활성 전극/$H_2$, $H^+$)의 표준 전극 전위($E^0$)는 0.0 V(*vs.* NHE)이다. 반쪽 전지 구성을 위해 전자 전도성을 갖는 비활성 전극이 필요하다. 2개 비활성 전극 Pt와 Au 전극에서 $E^0$값은 어떻게 다른가?

### (8) 금속 착물(metal complexes)의 표준 전극 전위

[표 2-1]을 보면 다음 예와 같이 금속 이온과 리간드(ligand)가 착물(complex)을 형성할 때 $E^0$가 더 음의 값을 가짐을 알 수 있다. 리간드가 표시되지 않은 금속 이온에는 수용액에서 물이 배위되어 있다고 가정한 것이다. 즉, $Co^{3+}$이라 표시하였지만, 실제로 수용액에서 $H_2O$가 배위된 $Co(H_2O)_n^{3+}$ 상태로 존재한다. 간단하게 나타내기 위하여 $Co^{3+}$이라 표현하는 것이다. 착물을 형성할 때 $E^0$값이 더 음의 값을 가지므로 반쪽 전지 반응에서 환원 경향성이 줄어들고 대신 산화 경향성이 커진다.

$$Co^{3+} + e = Co^{2+} \qquad E^0 = 1.92\ \text{V}\ (vs.\ \text{NHE})$$
$$Co(NH_3)_6^{3+} + e = Co(NH_3)_6^{2+} \qquad E^0 = 0.06\ \text{V}\ (vs.\ \text{NHE})\ (E^0_{\text{complex}})$$
$$Au^{3+} + 3e = Au \qquad E^0 = 1.50\ \text{V}\ (vs.\ \text{NHE})$$
$$AuCl_4^- + 3e = Au + 4Cl^- \qquad E^0 = 1.00\ \text{V}\ (vs.\ \text{NHE})\ (E^0_{\text{complex}})$$

어떤 금속 이온에 물이 배위되어 있는 경우의 표준 전극 전위($E^0$)와 강한 착물을 형성할 수 있는 리간드가 배위되어 있는 경우 표준 전극 전위($E^0_{\text{complex}}$)의 관계를 다음과 같이 유도할 수 있다. $Au^{3+}$에 $Cl^-$가 배위 결합한다면, 이때 평형 상수 $K_f$(formation constant)는 다음과 같다.

$$Au^{3+} + 4Cl^- = AuCl_4^-$$
$$K_f = \frac{a_{AuCl_4^-}}{a_{Au^{3+}}a_{Cl^-}^4}$$

물이 배위되어 있는 경우의 네른스트 식은 다음과 같다. 여기에 $Au^{3+}$의 활동도와 $K_f$와의 관계를 대입하면 <식 2-9>가 유도된다.

$$E_{eq} = E^0 + \frac{RT}{3F}\ln a_{Au^{3+}} = E^0 + \frac{RT}{3F}\ln\left(\frac{a_{AuCl_4^-}}{K_f a_{Cl^-}^4}\right)$$

$$= E^0 + \frac{RT}{3F}\ln\left(\frac{1}{K_f}\right) + \frac{RT}{3F}\ln\left(\frac{a_{AuCl_4^-}}{a_{Cl^-}^4}\right)$$

<2-9>

<식 2-9>의 오른쪽 앞의 두 개 항을 묶으면 <식 2-10>이 되고, 이로부터 <식 2-11>이 유도된다.

$$E^0_{complex} = E^0 + \frac{RT}{3F}\ln\left(\frac{1}{K_f}\right)$$

<2-10>

$$E_{eq} = E^0_{complex} + \frac{RT}{3F}\ln\left(\frac{a_{AuCl_4^-}}{a_{Cl^-}^4}\right)$$

<2-11>

전위 결정 평형식($AuCl_4^- + 3e = Au + 4Cl^-$)으로부터 네른스트 식을 유도해도 <식 2-11>과 동일하다. <식 2-10>으로부터 $K_f$가 클수록, 즉 금속 이온과 리간드 사이에서 착물 형성을 잘할수록 $E^0_{complex}$는 더 음의 값을 가짐을 알 수 있다.

**폴라로그래피**(polarography)에서는 수은 전극을 이용하여 미량의 화합물을 분석한다. 수용액에서 수은 전극을 사용할 수 있는 전압의 범위가 0.0 V ~ −1.2 V(*vs.* SCE)이다. 왜냐하면 0.0 V보다 더 양의 전압에서는 수은 자체가 산화되고, −1.2 V보다 더 음의 전압에서는 수소의 발생이 심하기 때문이다(그림 2-8). 폴라로그래피를 이용하여 $Cu^{2+}$의 환원 전류를 측정하여 $Cu^{2+}$의 농도를 측정한다고 하자. $Cu^{2+}$ 환원 반응의 **반파장 전위**

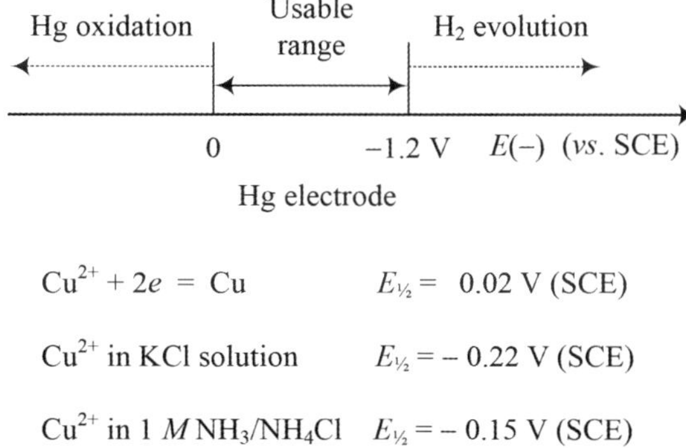


**그림 2-8** 수은 전극의 사용이 가능한 전압 범위에서 $Cu^{2+}$의 환원 반응을 유도하기 위한 리간드의 변화

(half-wave potential, $E_{1/2}$, $E^0$와 유사한 값을 가짐)는 0.02 V(*vs*. SCE)로서, 수은 전극이 산화될 수 있는 전압 범위에 속해서 수은 전극의 산화 전류와 $Cu^{2+}$의 환원 전류가 겹치므로 $Cu^{2+}$의 농도 측정에 오차가 발생한다. 그러나 $Cu^{2+}$와 착물을 형성할 수 있는 조건($Cl^-$와 $NH_3$와 같은 리간드가 추가된 경우)에서는 $E_{1/2}$ 값이 음의 값으로 이동하여 0.0 V(*vs*. SCE)보다 더 음의 값을 갖는다. 이때는 수은의 산화 전류에 의한 방해 없이 $Cu^{2+}$의 환원 전류를 측정할 수 있다.

### (9) 표준 전극 전위를 이용한 열역학 값의 유도

수용액에서 <식 2-12> 반응이 평형을 이루고 있다고 하자. 이때 평형 상수($K_{eq}$)는 열역학 값이므로 초기 상태(반응물)와 최종 상태(생성물)가 동일하면 반응 경로에 무관하게 일정하다. 따라서 이 반응이 전기화학 경로를 거치더라도, 초기 상태와 최종 상태가 동일하면 열역학 값인 평형 상수를 구할 수 있다. 이 과정을 [그림 2-9]에 나타내었다.

$$Fe^{2+}{}_{(aq)} + Ce^{4+}{}_{(aq)} \underset{K_{eq}}{=} Fe^{3+}{}_{(aq)} + Ce^{3+}{}_{(aq)} \quad \text{<2-12>}$$

[그림 2-9]에 2개의 반쪽 전지로 구성된 전기화학 셀(**완전지**, full-cell이라고 함)을 나타내었다. 전기화학 셀의 구성은 다음과 같이 표현한다. 두 상의 계면은 하나의 막대로 표시하고, 분리막은 두 개의 막대로 표시하며, 괄호 안에는 이온의 활동도를 표시한다.

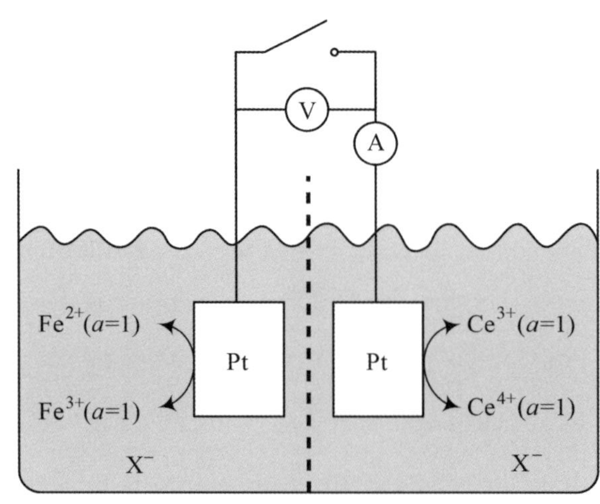


**그림 2-9** 2개의 반쪽 전지로 구성된 전기화학 셀

$$\text{Pt} \mid \text{Fe}^{2+}(a=1),\ \ \text{Fe}^{3+}(a=1) \parallel \text{Ce}^{3+}(a=1),\ \ \text{Ce}^{4+}(a=1) \mid \text{Pt}$$

전기화학 셀은 두 개의 반쪽 전지로 구성되며, **표준 기전력**(standard electromotive force, $E^0_{cell}$)을 다음과 같이 정의한다.

$$E^0_{cell} = E^0_{RHS} - E^0_{LHS}, \quad \Delta G^0 = -nFE^0_{cell}$$

전기화학 셀에서 산화 반응성이 큰($E^0$가 더 음의 값을 갖는) 반쪽 전지를 왼쪽(LHS, left-hand side)에 놓고 환원 반응성이 큰($E^0$가 더 양의 값을 갖는) 반쪽 전지를 오른쪽(RHS, right-hand side)에 놓으면, 위 식으로부터 항상 $E^0_{cell} > 0$이 되므로 $\Delta G^0 < 0$이 되어 전체 반응(2개 반쪽 전지에서 각각 진행되는 산화와 환원 반응)은 자발적으로 진행된다. 여기서 $E^0_{RHS}$와 $E^0_{LHS}$는 반쪽 전지에서 평형 전압을 말하는데, 표준 상태를 가정하므로 반쪽 전지의 표준 전극 전위에 해당한다.

[그림 2-9]에서 두 반쪽 전지를 연결하고 있는 스위치가 열려 있고(open-circuit), 전압 측정기(V)의 내부 저항이 매우 크므로(R → ∞) 2개 Pt 전극 사이에 전류가 흐르지 못한다. 따라서 2개의 반쪽 전지는 전기적으로 분리된 채, 독자적으로 평형 상태에 도달하게 된다; 이는 [그림 2-1]에 보인 $Ag/Ag^+$ 반쪽 전지가 외부와 차단된 채 스스로 평형을 찾아가는 것과 같은 과정이다. [그림 2-9]에서 모든 이온의 활동도가 1.0이므로 왼쪽 반쪽 전지의 $E_{eq} = E^0$ ($Pt/Fe^{2+}$, $Fe^{3+}$) = 0.77 V(vs. NHE)이고, 오른쪽 반쪽 전지의 $E_{eq} = E^0$ ($Pt/Ce^{3+}$, $Ce^{4+}$) = 1.72 V(vs. NHE)가 된다. 스위치를 닫으면(closed-circuit) 어떤 일이 벌어질까? 왼쪽 반쪽 전지는 오른쪽 반쪽 전지에 비해 산화 반응성이 크므로($E_{eq}$가 더 음의 값인 0.77 V *vs.* NHE) 산화 반응이 진행되고, 이때 생성된 전자는 닫힌 회로를 통해 오른쪽 반쪽 전지로 이동된다. 오른쪽 반쪽 전지는 왼쪽 반쪽 전지에 비해 환원 반응성이 더 크므로($E_{eq}$가 더 양의 값인 1.72 V *vs.* NHE), 회로를 통해 전달된 전자를 받아 환원 반응에 사용한다. 전체적으로 산화 경향이 큰 반쪽 전지에서 산화 반응이, 환원 경향이 큰 반쪽 전지에서 환원 반응이 짝을 이루며 모두 자발적으로 진행된다. 전체 반응이 자발적으로 진행되는 것은 전체 반응의 $\Delta G^0 < 0$임으로도 확인할 수 있다. 이처럼 $E_{eq}$가 서로 다른 2개의 반쪽 전지로 구성되어, 하나의 반쪽 전지에서 산화 반응이, 다른 반쪽 전지에서 환원 반응이 짝을 이루며 전체 반응이 자발적으로 진행되는 전기화학 셀을 **갈바니 셀**(Galvanic cell)이라고 한다.

왼쪽(LHS): $Fe^{2+} \rightarrow Fe^{3+} + e \qquad E^0 = 0.77$ V (*vs.* NHE)

오른쪽(RHS): $Ce^{4+} + e \rightarrow Ce^{3+}$ $\quad E^0 = 1.72$ V (*vs.* NHE)

전체 반응(Overall): $Fe^{2+} + Ce^{4+} \rightarrow Fe^{3+} + Ce^{3+}$ $\quad (\Delta G^0 < 0)$

[그림 2-9]에서 초기에 모든 이온의 활동도가 1.0이라고 가정하였으므로 2개 반쪽 전지의 평형 전압은 스위치가 열려 있는 상태에서 각각의 표준 전극 전위값을 가지며, 따라서 2개 반쪽 전지 사이 평형 전압의 차이는 표준 기전력($E^0_{cell}$ = 0.95 V)에 해당한다. 그러나 위 자발적인 반응들이 진행되면 이온의 활동도가 변하므로 두 반쪽 전지의 평형 전압도 계속 변화한다. <식 2-13>에 의해 왼쪽 반쪽 전지에서 산화 반응이 진행됨에 따라 $a_{Fe^{3+}}/a_{Fe^{2+}}$값이 증가하므로 네른스트 식으로부터 유도된 평형 전압인 $E_{LHS}$가 증가한다. 반면에, 오른쪽 반쪽 전지에서 환원 반응이 진행됨에 따라 $a_{Ce^{4+}}/a_{Ce^{3+}}$값이 감소하므로 평형 전압인 $E_{RHS}$는 감소한다.

$$E_{LHS} = E^0(Fe^{2+}, Fe^{3+}) + \frac{RT}{F}\ln\frac{a_{Fe^{3+}}}{a_{Fe^{2+}}},\ E_{RHS} = E^0(Ce^{3+}, Ce^{4+}) + \frac{RT}{F}\ln\frac{a_{Ce^{4+}}}{a_{Ce^{3+}}} \qquad \text{<2-13>}$$

그렇다면 2개 반쪽 전지에서 자발적인 산화와 환원 반응은 언제까지 지속될 것인가? 초기 스위치가 열려 있는 상태에서는 $E_{LHS}\,[= E^0_{LHS} = E^0\,(Fe^{2+},\ Fe^{3+})] < E_{RHS}\,[= E^0_{RHS} = E^0(Ce^{3+},\ Ce^{4+})]$이었으나, 반응이 진행됨에 따라 $E_{LHS}$는 증가하고 $E_{RHS}$는 감소하므로 $E_{LHS} = E_{RHS}$ 조건에 접근하게 된다. 즉, 회로가 닫힌 상태이므로 2개 반쪽 전지는 전기적으로 연결되어 전자의 이동이 원활하여 결국 2개 반쪽 전지는 $E_{LHS} = E_{RHS}$인 상태에 도달하게 된다. 이 상태에서 2개 반쪽 전지의 전압이 같으므로 산화/환원 경향성도 같다. 또한 두 반쪽 전지 모두에서 평형 상태에 도달하므로, 전체 전기화학 셀에서도 평형에 도달하게 된다. 이렇게 전기화학 경로를 통해 도달한 평형 상태에서 왼쪽과 오른쪽 반쪽 전지 반응을 합한 전체 반응의 반응식($Fe^{2+} + Ce^{4+} = Fe^{3+} + Ce^{3+}$)은 <식 2-12>에 나타낸 수용액 내에서 평형을 이루었을 때의 초기 상태와 최종 상태와 동일하다. 따라서 전기화학 경로를 거치더라도 열역학 값인 평형 상수($K_{eq}$)를 구할 수 있다. 평형 상태에서 $E_{LHS} = E_{RHS}$이므로 기전력 $E_{cell} = E_{RHS} - E_{LHS} = 0$이 된다. <식 2-13>에서 $E_{RHS} = E_{LHS}$이면 <식 2-14>가 유도된다. 여기에 전체 반응의 평형 상수($K_{eq}$)를 대입하면 <식 2-15>가 유도된다.

$$E_{cell} = (E^0_{RHS} - E^0_{LHS}) + \frac{RT}{F}\ln\left(\frac{a_{Ce^{4+}}a_{Fe^{2+}}}{a_{Ce^{3+}}a_{Fe^{3+}}}\right) = 0 \qquad \text{<2-14>}$$

$$K_{eq} = \frac{a_{Fe^{3+}} a_{Ce^{3+}}}{a_{Ce^{4+}} a_{Fe^{2+}}}$$

$$E^0_{RHS} - E^0_{LHS} = \frac{RT}{nF} \ln K_{eq} \qquad \text{<2-15>}$$

한편, 표준 기전력($E^0_{cell}$)과 자유 에너지 차이($\Delta G^0$)와의 관계로부터 <식 2-16>이 유도된다.

$$E^0_{cell} = E^0_{RHS} - E^0_{LHS} = -\frac{\Delta G^0}{nF}$$

$$\Delta G^0 = -RT \ln K_{eq} = -nF\,(E^0_{RHS} - E^0_{LHS}) \qquad \text{<2-16>}$$

<식 2-16>이 의미하는 것은 전기화학 셀을 구성하는 2개 반쪽 전지의 표준 전극 전위 값($E^0_{RHS}$와 $E^0_{LHS}$)으로부터 열역학 함수인 전체 반응의 평형 상수($K_{eq}$)를 구할 수 있다는 것이다.

**? 예제 2-1**

기전력(electromotive force)과 열역학적 분해 전압(thermodynamic decomposition potential)의 차이는 무엇인가?

**풀이** 전기화학 셀을 전해 셀과 갈바니 셀로 구분한다. 전기화학 셀은 2개의 반쪽 전지로 구성되는데, 2개 반쪽 전지가 갖는 평형 전압의 차이($E_{cell} = E^a_{eq} - E^c_{eq}$)를 구할 수 있다. 전해 셀(electrolytic cell)에서는 $E_{cell}$을 열역학적 분해 전압이라고 하는데, 전해를 위해 필요한 최소 전압이다. 갈바니 셀(galvanic cell)에서는 $E_{cell}$을 기전력이라고 하는데, 갈바니 셀의 최대 작동 전압에 해당한다. 특별히 표준 상태에서는 $E^0_{cell} = E^{0a}_{eq} - E^{0c}_{eq}$로 표현되는데, $E^{0a}_{eq}$와 $E^{0c}_{eq}$는 각각 표준 상태에서 산화 반응과 환원 반응이 일어나는 반쪽 전지의 평형 전압을 뜻한다. 윗 첨자 $^0$는 표준 상태임을 말한다. 표준 상태는 특별한 경우에만 해당하므로 표준 상태가 아닌 경우가 더 흔하다. 따라서 $E^0_{cell}$ 보다는 $E_{cell}$로 표현하는 것이 더 일반적이다.

**? 예제 2-2**

다음의 두 반쪽 전지를 이용하여 $AgCl(s) = Ag^+ + Cl^-$ 반응의 평형 상수인 용해도곱(solubility product, $K_{sp}$)이 $1.74 \times 10^{-10}$임을 보이시오.

풀이 이를 위해 먼저 2개의 반쪽 전지를 선정해야 하는데, 2개 반쪽 전지 반응을 합한 전체 반응이 AgCl($s$)의 용해 반응과 같아야 한다.

LHS: $AgCl(s) + e = Ag + Cl^-$   $E^0 = 0.22$ V ($vs.$ NHE)

RHS: $Ag^+ + e = Ag$   $E^0 = 0.799$ V ($vs.$ NHE)

위와 같이 2개 반쪽 전지를 선택하고 표준 전극 전위(표준 상태에서 평형 전압)가 더 음의 값을 갖는 반쪽 전지를 왼쪽에 놓고, 양의 값을 갖는 것을 오른쪽에 놓으면 왼쪽에서는 산화, 오른쪽에서는 환원이 자발적으로 진행된다. 이때 전체 반응은 $AgCl_{(s)}$ 용해 반응과 반대이다.

LHS: $Ag + Cl^- \rightarrow AgCl(s) + e$

RHS: $Ag^+ + e \rightarrow Ag$

전체 반응: $Ag^+ + Cl^- \rightarrow AgCl(s)$

위 2개 반쪽 전지로 구성된 전기화학 셀의 스위치를 닫으면 2개 반쪽 전지에서 산화와 환원이 자발적으로 진행되며, 평형 전압은 <식 2-17>과 같이 변한다.

$$E_{RHS} = E^0_{RHS} + \frac{RT}{F}\ln a_{Ag^+}, \quad E_{LHS} = E^0_{LHS} + \frac{RT}{F}\ln\frac{1}{a_{Cl^-}} \qquad \text{<2-17>}$$

이후 $E_{RHS} = E_{LHS}$인 평형 상태에 도달하면 <식 2-18>이 성립한다. $E^0_{RHS}$와 $E^0_{LHS}$를 [표 2-1]에서 구하여 <식 2-18>에 대입하면 $K_{sp}$를 구할 수 있다.

$$E_{cell} = E_{RHS} - E_{LHS} = (E^0_{RHS} - E^0_{LHS}) + \frac{RT}{F}\ln(a_{Ag^+}a_{Cl^-}) = 0 \qquad \text{<2-18>}$$

$$K_{sp} = a_{Ag^+}a_{Cl^-} = 1.74 \times 10^{-10}\,(25°C)$$

## 2-2 혼성 전위mixed potential

[그림 2-10]에 보인 것처럼 25°C에서 NHE 기준 전극에 대하여 $Zn/Zn^{2+}$ 반쪽 전지의 평형 전압을 측정하면 $Zn^{2+}$의 활동도가 1.0이므로 평형 전압은 표준 전극 전위인 −0.76 V가 되어야 한다. 그러나 실제 이보다 더 양의 값을 가지며, 이런 경향은 수용액의 pH가 감소함에 따라 더 심하다. 이러한 이유를 갈바니 셀의 형성으로 설명할 수 있다.

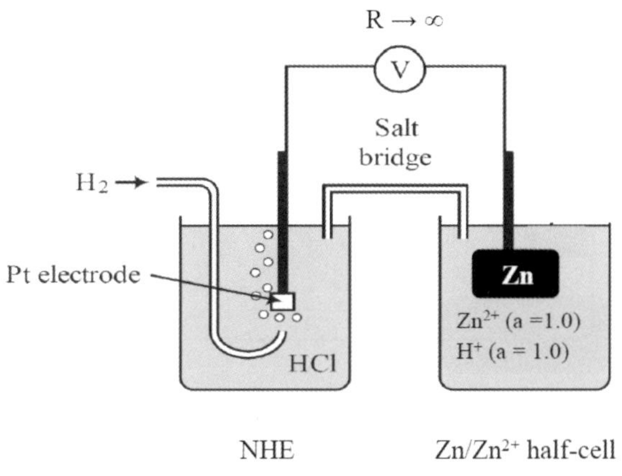


그림 2-10 NHE 기준 전극에 대한 $Zn/Zn^{2+}$ 반쪽 전지의 평형 전압 측정

묽은 황산 용액에 Zn 입자를 떨어뜨리면 수소($H_2$) 가스가 발생하며 Zn은 용해하는 현상이 발생한다. 이를 다음의 2개 반쪽 전지가 관여한 갈바니 셀의 형성으로 설명할 수 있다. 다음 2개 반쪽 전지가 구성되며 이들의 표준 전극 전위($E^0$)는 다음과 같다.

$$Zn^{2+} + 2e = Zn \qquad E^0 = -0.76 \text{ V } (vs. \text{ NHE})$$

$$2H^+ + 2e = H_2 \qquad E^0 = 0.0 \text{ V } (vs. \text{ NHE})$$

수소 반쪽 전지 반응은 비활성 전극 역할을 하는 Zn 표면에서 진행된다. [그림 2-11]에서 1개의 Zn 입자 오른쪽 부분은 $Zn/Zn^{2+}$ 반쪽 전지가 되고, 왼쪽 부분은 $Zn/H_2$, $H^+$ 반쪽 전지가 된다. 반쪽 전지의 상대적인 산화 경향을 반쪽 전지의 $E^0$값으로부터 유추해 보면($E_{eq}$을 이용하여 비교하여야 하나, 이온들의 농도를 정확히 모르므로 $E^0$값을 이용하였음), $Zn/Zn^{2+}$ 반쪽 전지의 $E^0$가 더 음의 값을 가지므로 $Zn/H_2$, $H^+$ 반쪽 전지에 비해 산화 경향성이 더 크다. $Zn/Zn^{2+}$ 반쪽 전지에서 산화 반응이 일어나면 Zn이 용출되며 ($Zn \rightarrow Zn^{2+} + 2e$) 전자(electrons)가 생성된다. Zn은 전자 전도성이 크므로 발생한 전자는 $Zn/H_2$, $H^+$ 반쪽 전지 쪽으로 이동하고, 환원 경향성이 더 큰 그곳에서 환원 반응에 쓰이며 수소 가스를 발생시킨다($2H^+ + 2e \rightarrow H_2$). 2개 반쪽 전지에서 반응을 합한 전체 반응($Zn + 2H^+ \rightarrow Zn^{2+} + H_2$) 자발적으로 진행된다. 위의 설명을 정리하여 보면, 묽은 황산 용액에 떨어진 Zn 입자에서 갈바니 셀을 형성함을 알 수 있다. 갈바니 셀을 구성하기 위해서는 4가지가 필요하다: ① 산화 전극(anode)을 포함하는 반쪽 전지, ② 환원 전극(cathode)을 포함하는 반쪽 전지, ③ 전자(electrons)의 이동 경로를 제공하는 외부 회

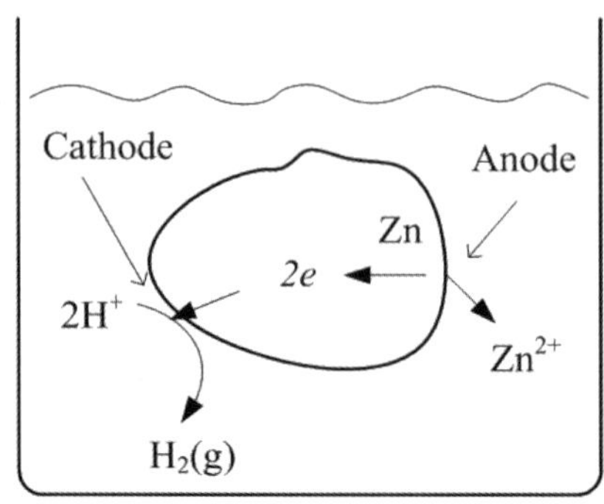


그림 2-11 묽은 황산 용액에 던져진 Zn 입자에서 Zn 용해와 수소 발생이 함께 일어나는 갈바니 셀의 형성

로, ④ 이온 전도가 가능한 전해질. 묽은 황산 용액은 충분한 양의 이온이 있어서 이온 전도를 담당하며 전류의 흐름($i_{electrolyte}$)을 가능하게 하므로, 닫힌 고리 형성의 한 축을 담당한다.

[그림 2-10]에 보여준 Zn 전극은 묽은 황산에 던져진 Zn 입자와 동일한 조건에 놓여 있다. 즉, 2개 반쪽 전지 사이 전압측정기(V)는 내부 저항이 매우 크므로(R → ∞) 2개 반쪽 전지 사이에 전류가 흐를 수 없으므로(open-circuit condition), Zn 전극은 NHE와 전기적으로 차단되어 있다. 묽은 황산에 던져진 Zn 입자와 동일한 조건이므로, Zn 전극은 자체적으로 갈바니 셀을 형성하며 평형 상태에 도달한다. 즉, Zn 전극의 한쪽 부분은 $Zn/Zn^{2+}$ 반쪽 전지가 되고, 다른 쪽은 $Zn/H_2$, $H^+$ 반쪽 전지가 된다.

갈바니 셀에서 닫힌 고리를 형성하며 전류는 $i_c = |i_a| = i_{separator}$의 조건을 만족하며 흐른다. [그림 2-12]에 전압에 따른 수소 발생과 Zn 용출의 전류 곡선을 보여주고 있다. 2

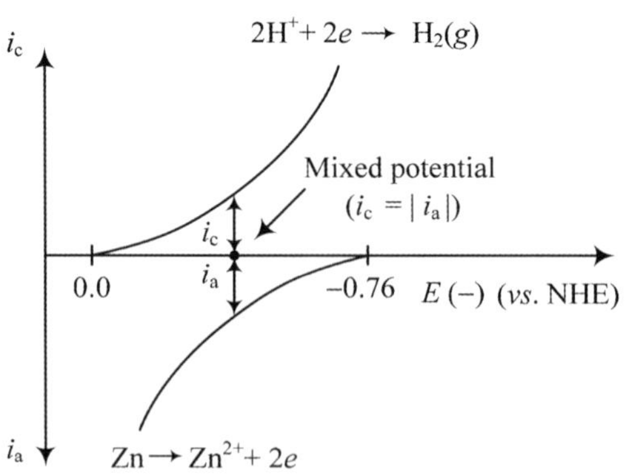


그림 2-12 Zn의 용출과 수소 발생이 동시에 일어나는 갈바니 셀에서 혼성 전위의 발생

개 반쪽 전지 반응 모두 전하 전달이 전체 속도를 결정한다는 가정하에 전류가 전압의 지수함수에 의해 변하도록 그렸다. 수소 발생의 환원 전류는 [그림 4-4]에서 설명할 $i_{net}$이다. 수소의 산화($H_2(g)$ → $2H^+$ + $2e$)는 일어나지 않으므로 그림에서 지웠다. $Zn/Zn^{2+}$ 반쪽 전지에서 환원 반응($Zn^{2+}$ + $2e$ → Zn)도 실제 일어나지 않으므로 지웠다. $H^+$의 활동도를 1.0으로, $H_2$의 퓨가시티를 1.0으로 가정하였으므로 Zn/$H_2$, $H^+$ 반쪽 전지의 평형 전압은 0.0 V(*vs*. NHE)이고, $Zn^{2+}$의 활동도도 1.0이라고 가정하였으므로 $Zn/Zn^{2+}$ 반쪽 전지의 평형 전압은 −0.76 V이다. 이들 평형 전압을 전류 값이 0인 $x$ 축에 나타내었다. $i_c = | i_a |$ 조건을 만족해야 하므로, 수소 발생 전류($i_c$)가 Zn의 용출 전류($i_a$)와 같아야 한다. 따라서 이 조건을 만족하는 조건에서 전압이 결정된다(그림 2-12). 이를 **혼성 전위**(mixed potential) 또는 금속의 부식과 관계가 있으므로 **부식 전위**(corrosion potential, $E_{corr}$)라고 한다. [그림 2-12]에서 보듯이 혼성 전위는 2개 반쪽 전지 평형 전압의 사이에 형성된다: $-0.76\ V < E_{corr} < 0.0\ V$.

### 스스로 학습 2-9

[그림 2-10]의 Zn 전극을 작동 전극으로 사용하여 전기화학 셀을 구성한 후, 이 Zn 전극의 전압을 [그림 2-12]에 보인 혼성 전위를 중심으로 양의 방향과 음의 방향으로 각각 변화시킬 때 실제 검출되는 겉보기 전류($i_{net} = i_c - | i_a |$)는 각각 어떤 전기화학 반응에 의한 것인가?

우리가 사용하는 알칼라인(alkaline) 전지에서 음극으로 Zn 분말을, 양극으로 $MnO_2$를 사용한다. 전해액으로 산성 수용액을 사용하면 위의 설명대로 Zn 음극은 스스로 용출되고(양극과 무관하게 음극 자체가 자가 방전되는 현상임), 이와 함께 Zn 음극에서 수소가 발생한다. 이에 따라 전지 내 압력이 증가하여 전해액이 누출되는 문제가 발생할 수 있다. 따라서 알칼라인 전지의 전해액으로 강한 알칼리성의 KOH 수용액을 사용한다. 알칼라인 전지라고 부르는 이유이다. 전해액의 pH가 증가하면 Zn/$H_2$, $H^+$ 반쪽 전지의 $E_{eq}$은 <식 2-19>와 [그림 2-13]에 직선으로 보인 것처럼 더 음의 값을 갖게 된다. 이때 $H_2$의 퓨가시티는 1.0으로 가정하였고, $R$ = 8.314 J/mol K, $F$ = 96,485 C/mol, $T$ = 298 K를 대입하여 계산하였다.

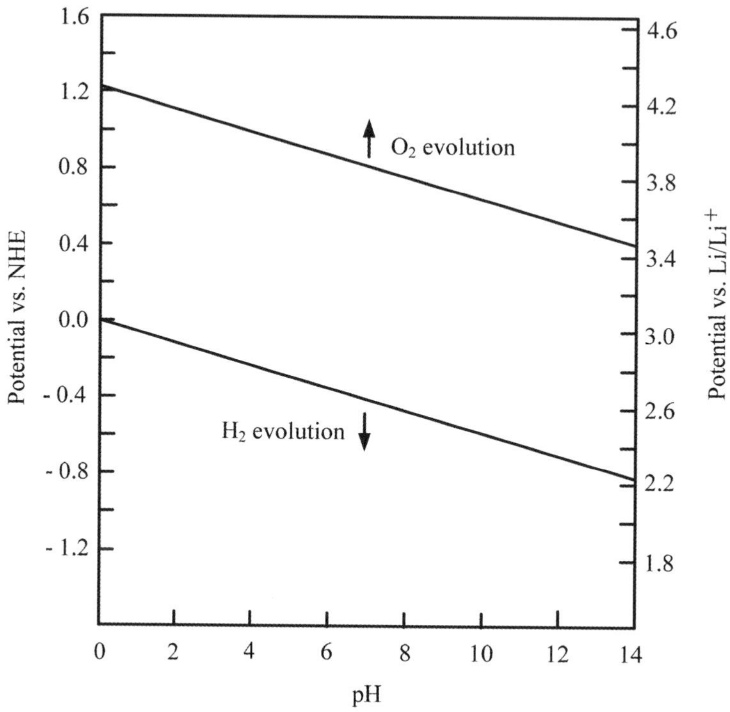


**그림 2-13** 수용액의 pH에 따른 수소 반쪽 전지와 산소 반쪽 전지 평형 전압($E_{eq}$)의 변화

$$2H^+ + 2e = H_2$$

$$\begin{aligned} E_{eq} &= E^0 + \frac{RT}{2F}\ln\frac{a_{H^+}^2}{f_{H_2}} = \text{Constant} + \frac{2.3RT}{F}\log a_{H^+} \\ &= \text{Constant} + 0.059\ \text{V} \times \log a_{H^+} = (0-0.059\times\text{pH})\ \text{V}\ (vs.\ \text{NHE}) \end{aligned} \quad \text{<2-19>}$$

### 스스로 학습 2-10

다음에 주어진 산소 반쪽 전지(비활성 전극/$H_2O$, $O_2$, $H^+$)의 전위결정 평형식으로부터 이 반쪽 전지의 평형 전압이 pH에 따라 [그림 2-13]처럼 변함을 확인하시오. 표준 상태를 가정하시오.

$$O_2 + 4H^+ + 4e = 2H_2O$$

## 스스로 학습 2-11

수용액의 pH = 7.0이라고 가정하고, [그림 2-13]으로부터 수소 반쪽 전지에서 수소 발생이 열역학적으로 가능한 전압 범위와 산소 반쪽 전지에서 물($H_2O$)의 산화로 산소 발생이 열역학적으로 가능한 전압 범위를 제시하시오.

$Zn/H_2$, $H^+$ 반쪽 전지의 $E_{eq}$가 pH에 따라 음의 방향으로 변화함을 [그림 2-14]의 $x$ 축에 나타내었다. 그림에서 보듯이 $i_c = |i_a|$ 조건을 만족하는 혼성 전위도 음의 방향으로 이동한다([그림 2-14]의 $x$ 축에 큰 점으로 표시). 또한 pH가 증가함에 따라 수소 발생 속도(환원 전류, $i_c$)가 감소하므로, Zn의 용출 속도(산화 전류, $i_a$)도 같이 감소한다. 알칼라인 전지에서 전해액으로 pH가 높은 KOH 수용액을 사용하는 이유이다; 수소 발생에 따른 전지의 부피 팽창/전해액의 누액뿐 아니라 음극으로 사용하는 Zn의 자가 방전율을 낮출 수 있다. 그러나 알카라인 전해액(pH = 14)을 사용하더라도 미량의 수소 발생과 Zn 음극의 자가 방전은 완전히 억제할 수 없다. 수소 발생을 더 억제하기 위하여 Zn 전극에 수은을 첨가하면, [그림 2-11]에서 Zn 입자의 표면이 수은으로 덮이게 되고, 전해액과의 접촉은 Zn 표면이 아니라 수은 표면이 된다. 수소 발생은 Zn 표면이 아니라 수은 표면에서 진행된다. [표 11-2]에 여러 비활성 금속 전극에서 얻은 수소 발생 반응의 교환 전류 밀도가 비교되어 있다. 교환 전류($i_0$)는 표준 속도 상수($k^0$)와 비례 관계를 보인다. Zn 전극에 비해 수은 전극에서 수소 발생 반응의 교환 전류(즉, $k^0$)가 더 작다. 이는 수소 발생 속도가 더 느림을 말한다. 이에 따라 Zn의 자가 방전 속도도 감소한다. 즉, 닫힌 회로에서 $i_c$가 감소하므로 $i_c$

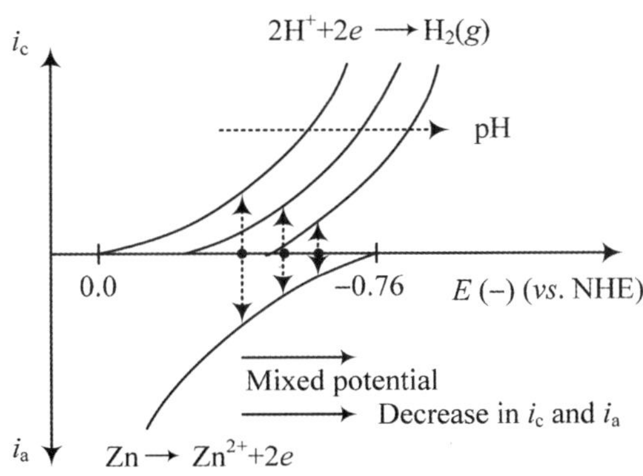


그림 2-14 수용액의 pH에 따른 Zn 용출/$H_{2(g)}$ 발생 속도(전류) 및 혼성 전위의 변화

$= |i_a|$ 조건을 맞추기 위해 $i_a$도 감소한다. 과거의 알칼라인 전지에는 수은을 Zn 입자 표면에 코팅하여 사용하였다. 그러나 수은의 공해 문제로 수은을 첨가하지 않은 **무수은 (mercury-free) 전지**가 개발되었는데, 이 전지에는 순수한 아연 금속 분말 대신 아연 합금을 음극으로 사용하였다. 이때 아연 합금은 수소 발생 반응의 $k^0$가 매우 작거나, 또는 Zn의 용출이 억제되도록 조성이 설계되었다.

## *2-3 Pourbaix 도표와 부식corrosion

### (1) Pourbaix 도표를 이용한 부식의 열역학적 예측

$Pt/Fe^{2+}$, $Fe^{3+}$ 반쪽 전지의 표준 전극 전위는 0.77 V(*vs*. NHE)로서 이는 $Fe^{2+}$와 $Fe^{3+}$의 활동도가 모두 1.0인 경우의 평형 전압($E_{eq}$)이다. Pt 전극의 전압이 $E_{eq}$인 경우, 산화 반응($Fe^{2+} \rightarrow Fe^{3+} + e$)과 환원 반응($Fe^{3+} + e \rightarrow Fe^{2+}$)의 속도가 동일하여(산화 전류와 환원 전류의 크기가 동일하여) 겉보기에 측정되는 전류($i_{net} = i_c - |i_a|$)는 0을 보인다. 전하 전달이 전체 속도를 결정한다는 가정하에서, 전압이 음의 방향으로 증가할수록 환원 전류($i_c$)는 지수함수에 의해 커지고 산화 전류($i_a$)는 지수함수에 의해 감소하여 순수하게 환원 전류($i_{net} \approx i_c$)만 흐르게 된다. 반대로 전압이 양의 방향으로 증가할수록 산화 전류는 지수함수에 의해 커지고 환원 전류는 감소하여 순수하게 산화 전류($i_{net} \approx i_a$)만 흐르게 된다. 이 설명은 전기화학 반응의 종류(산화 또는 환원 반응)가 전압이란 변수에 의해 결정됨을 말한다. 한편, $Pt/H_2$, $H^+$ 반쪽 전지의 경우 전극 반응($2H^+ + 2e = H_2$)에 $H^+$이 관여하므로 이 반쪽 전지의 평형 전압($E_{eq}$)은 [그림 2-13]에 보인 것처럼 용액의 pH에 따라 달라진다. 용액의 pH에 따라 평형 전압($E_{eq}$)이 변하므로, 결국 pH가 전기화학 반응의 종류(산화 또는 환원 반응)를 결정하는 인자로 작용한다. 이렇게 전기화학 산화 또는 환원 반응의 가능성이 두 가지 변수(전압과 용액의 pH)에 의해 어떻게 달라지는지 보여주는 그림을 Pourbaix 도표라고 한다. 이 도표는 열역학의 관점에서 작성된 것이므로 동력학 값인 전류의 크기는 설명하지 못하고 오직 반응의 가능성만을 말해 준다.

[그림 2-15]에 수용액에서 철(Fe)에 대한 Pourbaix 도표를 나타내었다. 수용액에서 Fe은 다양한 화학종이 가능하고 이들 간에 다음과 같은 전기화학 평형뿐 아니라 화학 평형

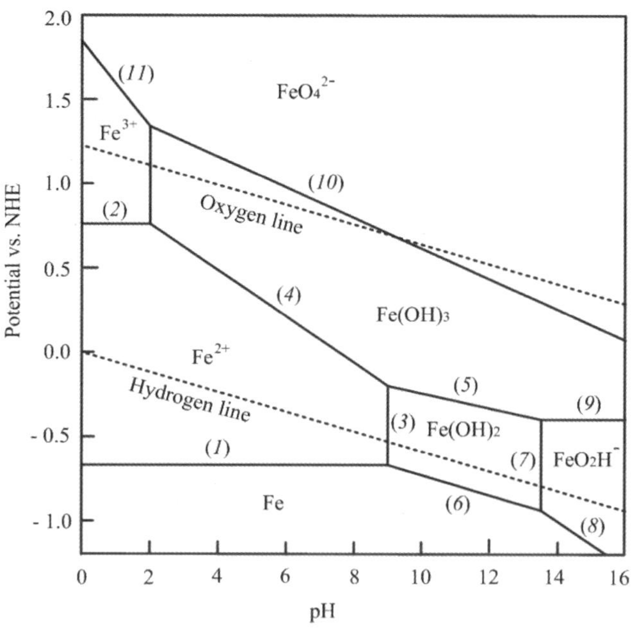


**그림 2-15** 25℃ 수용액에서 철(Fe)의 Pourbaix 도표. 철 이온의 활동도를 $10^{-6}$으로 가정함.

이 가능하다. 아래 평형식에서 (3)과 (7)만이 화학 평형이고 나머지는 전기화학 평형이다.

(1) $Fe^{2+} + 2e = Fe$

(2) $Fe^{3+} + e = Fe^{2+}$

(3) $Fe(OH)_2 + 2H^+ = Fe^{2+} + 2H_2O$

(4) $Fe(OH)_3 + 3H^+ + e = Fe^{2+} + 3H_2O$

(5) $Fe(OH)_3 + H^+ + e = Fe(OH)_2 + H_2O$

(6) $Fe(OH)_2 + 2H^+ + 2e = Fe + 2H_2O$

(7) $FeO_2H^- + H_2O = Fe(OH)_2 + OH^-$

(8) $FeO_2H^- + H_2O + 2e = Fe + 3OH^-$

(9) $Fe(OH)_3 + e = FeO_2H^- + H_2O$

(10) $FeO_4^{2-} + 5H^+ + 3e = Fe(OH)_3 + H_2O$

(11) $FeO_4^{2-} + 8H^+ + 3e = Fe^{3+} + 4H_2O$

[그림 2-15]에서 산소선(oxygen line)과 수소선(hydrogen line)은 [그림 2-13]에 보인 산소 반쪽 전지와 수소 반쪽 전지의 pH에 따른 평형 전압의 변화를 복사한 것이다. 그림에서, (1) $Fe^{2+} + 2e = Fe$와 같이 $H^+$ 또는 $OH^-$가 반응에 참여하지 않는 반응에서는 $E_{eq}$

이 pH에 무관하게 일정하여 수평선으로 나타난다. 이때 수평선의 전압값은 $Fe^{2+}$의 활동도에 의해 결정되는데, 그림에서는 $Fe^{2+}$의 활동도를 $10^{-6}$이라고 가정하고 그린 것이다. 이렇게 $E_{eq}$이 결정되면 이후 산화 또는 환원 반응의 가능성을 결정하는 인자는 오직 가해지는 전압이다. 한편, 그림에서 수직선은 전압에 무관하고 대신 pH에 의해 결정되는 반응이다. (3) $Fe(OH)_2 + 2H^+ = Fe^{2+} + 2H_2O$ 반응이 대표적인 예로서 전압과 무관한 화학 반응이고 $H^+$이 반응에 참여하므로 pH에 따라 평형 상수가 달라진다. 마지막으로 기울기를 가진 선들은 2가지 변수(전압과 pH) 모두에 의해 영향받는 반응들이다. (4) $Fe(OH)_3 + 3H^+ + e = Fe^{2+} + 3H_2O$ 반응을 예로 들면, $E_{eq}$이 $Fe^{2+}$의 활동도뿐 아니라 pH에 의해서도 변한다. 따라서 이 반응이 왼쪽으로 또는 오른쪽으로의 진행 여부를 결정할 인자로 용액의 pH가 추가된다.

[그림 2-15]는 수용액에서 철(Fe)의 부식 가능성이 pH와 전압에 따라 어떻게 달라지는지 보여주고 있다. 철의 부식 반응은 $Fe \rightarrow Fe^{2+} + 2e$ 또는 $Fe \rightarrow Fe^{3+} + 3e$으로 반드시 전기화학 환원 반응이 동반되어 갈바니 셀이 구성되어야 한다. 수용액에서 가능한 동반 반응은 pH에 따라 다음과 같이 달라진다.

산성 조건에서는

$$2H^+ + 2e \rightarrow H_2 \text{ (수소 발생)}$$
$$\text{또는 } O_2 + 4H^+ + 4e \rightarrow 2H_2O \text{ (산소 환원)}$$

알칼리 조건에서는

$$2H_2O + 4e \rightarrow H_2 + 2OH^- \text{ (수소 발생)}$$
$$\text{또는 } O_2 + 2H_2O + 4e \rightarrow 4OH^- \text{ (산소 환원)}$$

위에 열거한 4가지 반쪽 전지 반응 모두 용액의 pH에 따라 $E_{eq}$이 변하고 따라서 철의 부식과 짝을 이룰 수 있는 환원 반응이 가능한 전압도 pH에 따라 변한다.

[그림 2-15]는 열역학 관점에서 다음의 가능성을 설명한다. 첫째, 주어진 전압과 pH에 따라 어떤 철 화합물이 열역학적으로 안정한가를 말해 준다. 예를 들어, 전압이 −0.5 V인 경우, $pH < 9$이면 $Fe^{2+}$가 가장 안정하고, 수용액의 pH가 9~13.5이면 $Fe(OH)_2(s)$가 가장 안정한 화합물이다. 둘째, 전압과 pH에 따라 철의 부식이 열역학적으로 가능한지 여부를 말해준다. 예를 들어, $pH < 9$ 영역에서 (1)번 수평선이 수소선과 산소선보다 더 음의 위치에 놓여 있다. 평형 전압이 더 음의 값을 갖는 반쪽 전지는 산화 경향이 크고, 반

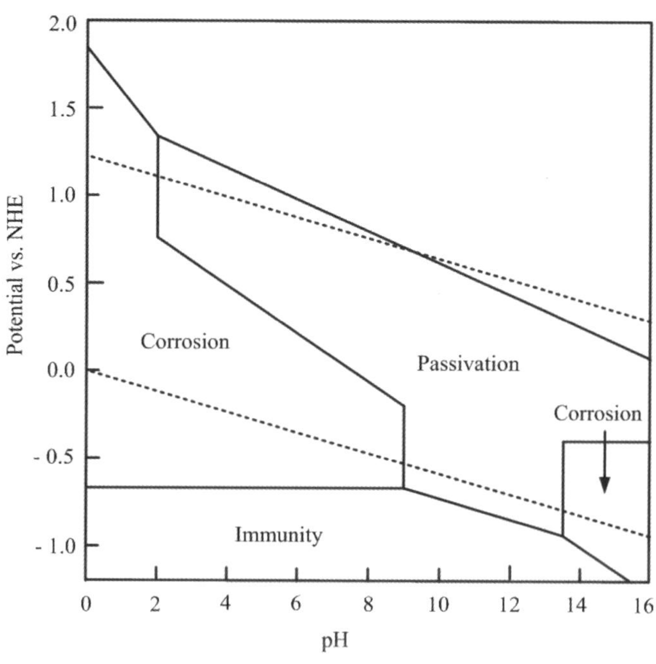


**그림 2-16** 철(Fe)의 Pourbaix 도표로부터 유추한 전압과 pH에 따라 가능한 반응의 종류를 나타낸 도표

대로 평형 전압이 더 양의 값을 갖는 반쪽 전지는 환원 경향이 더 크다는 사실로부터, 주어진 조건에서 산화 반응인 철의 부식(Fe → $Fe^{2+}$ + 2*e*)이 환원 반응인 수소 발생 또는 산소 환원 모두와 짝을 이룰 수 있음을 말한다. 즉, 주어진 조건에서 철의 부식이 열역학적으로 가능함을 알 수 있다. 셋째, [그림 2-16]에 보인 것처럼 전압과 pH에 따라 철(Fe)에서 일어날 수 있는 반응이 어떤 것인지 설명한다. 예를 들어, 전압이 −1.0 V이고 pH = 7인 조건에서 철은 부식되지 않는다(immunity). 전압이 −0.5 V이고 pH = 11인 조건에서는 철은 용출(부식)되어 $Fe^{2+}$이 생성되지만 곧바로 $OH^-$와 반응하여 용해도가 낮은 $Fe(OH)_{2(s)}$로 전환된다. 이렇게 생성된 불용성 물질은 철의 표면에 침전되어 부동화 막을 형성하여 더 이상의 부식을 억제한다(passivation).

### 스스로 학습 2-12

[그림 2-15]와 [그림 2-16]에서 완벽한 부동화 막을 형성하기 위하여 $Fe(OH)_2(s)$와 $Fe(OH)_3(s)$는 어떤 요구 조건을 갖추어야 하는가?

Pourbaix 도표는 다음과 같은 한계를 가지며, 따라서 해석의 오류를 범하는 경우가 흔하다. 첫째, 25°C 수용액에서 모든 이온의 활동도를 $10^{-6}$이라고 가정하고 계산한 것이므로 실제 조건과 차이가 있을 수 있다. 둘째, 동력학 요인에 의해 실제 반응이 일어나는 조건은 다를 수 있다. 따라서 Pourbaix 도표로부터 금속의 부식에 대한 대략적인 예측만이 가능할 뿐이다.

## (2) 부식 방지

다양한 화학 및 전기화학 방법들이 부식 억제에 이용되고 있다. [그림 2-15]를 보면, 산소($O_2$)가 없는 pH = 8인 수용액에 철 시편이 들어 있다고 할 때, 철의 부식 전위($E_{corr}$, corrosion potential)는 pH = 8에서 수소선의 전압(−0.47 V)과 (1)번 선(−0.62 V) 사이의 값을 갖는다; 실제 $E_{corr}$은 환원 반응(수소 발생)과 산화 반응($Fe \rightarrow Fe^{2+} + 2e$)의 동력학 인자인 전류의 크기에 의해 결정된다. $E_{corr}$도 평형 전압의 일종으로 겉보기 산화 또는 환원 전류를 결정하는 기준이 되며, 철 시편의 전압을 $E_{corr}$(−0.47 ~ −0.62 V)보다 더 음의 값을 갖도록 조절하면 철의 부식을 억제할 수 있다. 이를 음극화 보호(cathodic protection)라고 하는데 2가지 방법이 이용된다.

첫째, 부식 방지를 원하는 철 구조물에 철보다 더 산화 경향이 큰 금속(예, Zn, Mg, Al 합금, 이를 희생 양극(sacrificial anode)이라 함)을 전기적으로 접촉시키는 방법이다. 희생 양극의 작동 원리를 [그림 2-12]에 보인 Zn의 부식을 이용하여 설명할 수 있다. 희생 양극의 산화 경향이 Zn의 그것보다 더 크다면 $E^0$가 더 음의 값을 갖고, [그림 2-12]에서 희생 양극 반쪽 전지의 $E_{eq}$이 Zn 반쪽 전지의 $E_{eq}$보다 더 음의 값을 갖게 될 것이다. [그림 2-12]에서 수소 발생 전류 곡선은 그대로 두고, Zn의 산화 전류 곡선과 희생 양극의 산화 전류 곡선을 겹쳐 그려서 $E_{corr}$을 비교해 보면 희생 양극의 경우 더 음의 값을 가짐을 알 수 있다. 철 구조물에 철보다 산화 경향이 더 큰 금속을 희생 양극으로 사용할 때도 동일한 원리가 적용된다. 이때 희생 양극의 용출(산화)과 수소 발생(환원)이 짝을 이루어 갈바니 셀을 구성한다. 철 구조물은 희생 양극과 전기적으로 접촉하고 있으므로, 철 구조물에도 더 음의 값(희생 양극에 의해 결정된)을 갖는 $E_{corr}$이 형성된다. 즉, 희생 양극이 없는 경우보다 더 음의 값을 갖는 $E_{corr}$이 철 구조물에 가해지므로 부식 억제가 가능하게 된다. 실제로 송유관이나 선박 등 철 구조물에 Zn를 희생 양극으로 사용하고 있다. 또 다른 음극화 보호 방법은 전해 셀을 구성하여 비활성 양극에서 전기화학 산화와 철 구조물 음극에서 환원을 유도하는 방법이 있다. 철 구조물의 전압을 $E_{corr}$보다 더 음의 값을 갖도록 철 구조물 음극에서 일어나는 환원 반응의 종류를 선택한다.

한편, Fe와 같이 부동화가 가능한 금속의 경우, 이 금속 시편의 전압을 양의 방향으로 조절하여 부동화 영역까지 이동시킬 수 있다면 부동화 피막의 역할로 부식을 억제할 수 있다(그림 2-16). 이를 양극화 보호(anodic protection)라고 하는데 다양한 방법을 생각할 수 있다. 예로서, 비활성 음극과 철 구조물 양극으로 전해 셀을 구성하여 철 구조물의 전압이 부동화 영역에 진입하게 한다. 또한 철 구조물을 강한 산화제(예, 아질산염(nitrite), 크로뮴산염(chromate))와 접촉하는 방법이 있다. 철이 산화되어 전자(electrons)를 방출하므로 전압은 더 양의 값을 가져 부동화 영역에 진입할 수 있다.

[그림 2-16]으로부터 또 다른 부식 억제 방법을 생각할 수 있는데, 이는 수용액의 pH를 높이는 것이다. pH가 증가하면 부식 영역에서 부동화 영역으로 이동이 가능하다.

위에 설명한 몇 가지 예 이외에도 부식을 방지하는 방법은 다양하다. 부식 경향이 작은 금속을 도금하는 방법, 산화 처리(anodizing)를 통해 산화물 피막을 입히는 방법 등도 있다. 한편, 다양한 종류의 부식 억제제(corrosion inhibitors)가 사용되는데, 이들은 금속 표면에 흡착되어 금속의 용출을 억제하거나(amines, carbonyl, sulfur 화합물) 또는 동반되는 환원 반응을 억제하는(예, P, As, Sb 화합물) 역할을 한다.

### 스스로 학습 2-13

Al 반쪽 전지의 $E^0 = -1.68$ V(vs. NHE)으로 매우 큰 음의 값을 가져 산화 경향성이 매우 크다. 그러나 부식에 대한 저항이 매우 크다. 이유는 무엇인가?

# 2장 연습문제

**01** 다음 반쪽 전지에서 전위 결정 평형식을 제시하고, 이로부터 반쪽 전지의 평형 전압을 나타내는 네른스트 식을 유도하시오.

(a) $Ag/AgCl(s)/Cl^-$
(b) $Pt/Cr_2O_7^{2-}$, $Cr^{3+}$
(c) $Fe_2O_3/FeO$
(d) $IO_3^-/I_2$
(e) $MnO_2/Li_xMnO_2$
(f) $SiO_2/Si$ in acidic medium

**02** 다음에 주어진 두 개의 표준 전극 전위값으로부터 다음 반쪽 전지의 표준 전극 전위를 구하시오.

$CuI + e = Cu + I^-$ $E^0 = ?$

$Cu^{2+} + 2e = Cu$ $E^0 = 0.34$ V (*vs.* NHE)

$Cu^{2+} + I^- + e = CuI$ $E^0 = 0.86$ V (*vs.* NHE)

**03** 비활성 전극/산화환원 쌍으로 구성된 반쪽 전지($Pt/Co^{2+}$, $Co^{3+}$)의 전위 결정 평형식이 $Co^{3+}(aq) + e = Co^{2+}(aq)$이다. 이 반쪽 전지의 표준 전극 전위 $E^0 = 1.92$ V(*vs.* NHE)이다. 어떤 중성 리간드 L이 $Co^{3+}$ 및 $Co^{2+}$와 강하게 착물을 형성하고, 이때 평형 상수(formation constant, $K_f$)는 다음과 같다고 하자.

$Co^{3+} + 6L = CoL_6^{3+}$ $K_f' = 2.0 \times 10^{19}$

$Co^{2+} + 6L = CoL_6^{2+}$ $K_f'' = 2.0 \times 10^5$

(a) 착물들로 구성된 반쪽 전지($Pt/CoL_6^{2+}$, $CoL_6^{3+}$)의 표준 전극 전위($E^0_{complex}$)를 계산하시오.

(b) $Co^{2+}(aq)$와 $CoL_6^{2+}$의 상대적인 산화 경향을 비교하시오.

**04** $Fe^{3+}/Fe^{2+}$ 산화환원 쌍(redox pair)의 형식 전위($E^{0'}$)를 pH = 0인 세 종류 산에서 측정하여 다음과 같은 값을 얻었다.

HCl ; 0.52 V (*vs.* SCE)

$H_2SO_4$; 0.04 V (*vs.* SCE)

$H_3PO_4$; 0.44 V (*vs.* NHE)

어떤 산에서 $Fe^{3+}$가 가장 강한 산화력을 갖는가? 어떤 산에서 $Fe^{3+}$가 가장 강한 착물을 형성하는가?

**05** 다음 전기화학 셀에서 두 Cd 전극 사이의 전압을 측정해 보니 25℃에서 −0.41 V였다. $Cd^{2+}$와 $CN^-$가 $Cd(CN)_4^{2-}$를 형성한다면 착물 형성의 평형 상수($K_f$, formation constant)는 얼마인가? 분리막 사이의 액간 접촉 전위는 무시하시오.

Cd | $Cd^{2+}$(0.01 *M*) || $Cd^{2+}$ (0.01 *M*), $CN^-$(0.1 *M*) | Cd

**06** 특별한 리간드가 없는 수용액에서 $Cu^{2+}/Cu^+$과 $Cu^+/Cu$ 반쪽 전지의 표준 전극 전위는 각각 0.17 V와 0.52 V(*vs.* NHE)이고, 아세토나이트릴(acetonitrile) 용액에서는 1.19 V와 −0.38 V(*vs.* NHE)였다.

(a) 두 용액에서 $2Cu^+ = Cu^{2+} + Cu$ 반응의 평형 상수($K_{eq}$)를 구하시오.

(b) 위 계산으로부터 $Cu^+$의 안정성이 두 용액에서 어떻게 다른지 설명하시오.

**07** pH = 0.0인 수용액에 $Cu^{2+}$(0.01 *M*)와 $Sn^{2+}$(0.01 *M*)가 녹아 있다고 하자.

(a) 비활성 백금(Pt) 전극의 전압을 1.6 V(*vs.* NHE)로부터 점차 음의 값으로 변화시킨다고 할 때, Cu와 Sn의 도금이 시작될 수 있는 전압을 계산하시오.

$$Cu^{2+} + 2e = Cu \qquad E^{0'} = 0.34\ V(vs.\ NHE)$$

$$Sn^{2+} + 2e = Sn \qquad E^{0'} = -0.14\ V(vs.\ NHE)$$

(b) pH = 14인 수용액에서 같은 방법으로 백금 전극의 전압을 1.6 V(*vs.* NHE)로부터 점차 음의 값으로 변화시킨다고 할 때 Cu의 도금, Sn의 도금, 수소 발생이 어떤 순서로 일어나는가? 이로부터 Sn의 공업적인 도금 공정에서 수용액의 pH를 높게 조절해야 하는 이유를 설명하시오.

3장

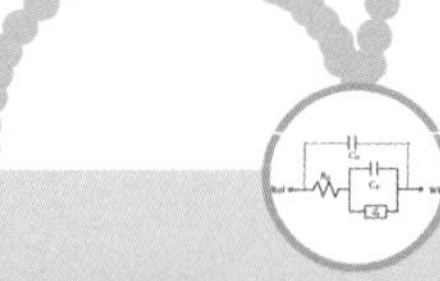

# 전해질과 이온 전도

## Electrolytes and ion conduction

염(salts)이 녹아 있는 용액을 **전해질**(electrolytes) 또는 **지지 전해질**(supporting electrolytes)이라고 한다. 전해질 내에서 이온은 **이온-이온 상호작용**(ion-ion interac- tions)과 **이온-용매 상호작용**(ion-solvent interactions)에 의해 이온의 활동도 계수(activity coefficient)와 몰 전도도(molar conductivity)가 변한다. 전해질 내에서 어떤 이온 j의 활동도(activity)는

$$a_j = \gamma_j c_j$$

이며, 이때 $\gamma_j$는 활동도 계수이고, $c_j$는 이온의 농도이다. 활동도 계수($\gamma_j$)는 무한 희석하였을 때 1.0의 값을 가지나, 이온 농도가 증가함에 따라 감소하다가 다시 증가하는 경향을 보인다. 한편, 몰 전도도($\Lambda$)도 무한 희석하였을 때 최댓값을 보이고, 이온 농도가 증가함에 따라 점차 감소한다. 여기서 활동도 계수는 이온 1몰당 활동도($\gamma_j = a_j/c_j$)이고, 몰 전도도 또한 이온 1몰당 전도도($\Lambda = \kappa/c$)를 뜻하므로, 두 값 모두 이온 1몰당(또는 개념상 이온 1개당) 가지는 특성(또는 능력)이란 의미를 갖는다. 따라서 이온의 농도 증가에 따라 활동도 계수($\gamma_j$)와 몰 전도도($\Lambda$)가 감소하는 것은 이온 농도가 증가함에 따라 이온 한 개의 특성(또는 능력)이 감소한다는 것을 의미한다. 즉, 가상적으로 이온 한 개가 녹아 있는(무한 희석된) 전해질에서 그 이온은 한 개의 능력을 모두 다 발휘하지만($\gamma_j = 1.0$), 이온의 농도가 증가함에 따라 이온 한 개당 능력이 점차 감소함($\gamma_j < 1.0$)을 의미한다. 그렇다면 왜 이온의 농도가 증가하면 이온 한 개당 능력이 떨어지는가? 이는 이온-이온 상호작용과 이온-용매 상호작용 때문이다.

## 3-1 이온-이온 또는 이온-용매 상호 작용

[그림 3-1]에 이온-이온 상호작용에 의해 이온의 **활동도 계수**(activity coefficient)가 감소하는 이유를 설명하는 가상적인 실험(thought experiment)을 보여주고 있다. 전해질에는 양이온과 음이온이 전기적 중성을 유지하며 녹아 있으므로 이온-이온 상호작용이 있다. 만약에 이온들의 전하가 없어졌다고 가정하면 이온-이온 상호작용도 없다.

이러한 과정에서 자유 에너지의 변화를 계산해 보면 다음과 같다. 이온들이 전하를 가지고 있을 때 화학 전위는 <식 3-1>로 표현된다.

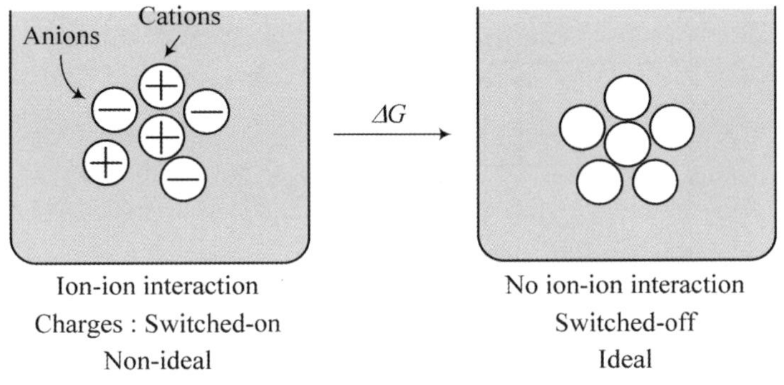


**그림 3-1** 이온-이온 상호작용이 있는 조건에서 없는 조건으로 변화할 때 자유 에너지($\Delta G$)의 변화

$$\mu_j = \mu_j^0 + RT\ln a_j = \mu_j^0 + RT\ln c_j + RT\ln\gamma_j \qquad \text{<3-1>}$$

한편, 전하를 제거한 이상 전해질(ideal electrolyte)에서는 $\gamma_j = 1.0$으로 정의되므로 화학 전위는 <식 3-2>가 된다.

$$\mu_j = \mu_j^0 + RT\ln c_j \qquad \text{<3-2>}$$

따라서 이온 – 이온 상호작용이 있는 실제 전해질로부터 상호작용이 없는 이상 전해질로 변화할 때 자유 에너지의 변화는 <식 3-3>으로 계산된다.

$$\begin{aligned} \Delta G &= [\text{이상 전해질의 자유 에너지}] - [\text{실제 전해질의 자유 에너지}] \\ &= [\mu_j^0 + RT\ln c_j] - [\mu_j^0 + RT\ln c_j + RT\ln\gamma_j] \\ &= -RT\ln\gamma_j \end{aligned} \qquad \text{<3-3>}$$

[그림 3-2]에서 이온 농도가 증가함에 따라($\gamma_j$가 감소함에 따라) 위 가상 실험에서 $\Delta G$ 값이 어떻게 변하는지 보여주고 있다. 이온 농도가 증가함에 따라 $\Delta G$ 값이 증가한다. 무한 희석 시 이상적인 전해질의 자유 에너지는 일정하므로, 이온 농도가 증가함에 따라 $\Delta G$가 증가한다는 것은 초기 상태인 실제 전해질(이온들이 전하를 가지고 있음)의 자유 에너지가 더 작음을 의미하고, 이는 그만큼 이온들이 안정화됨(stabilized)을 말해 준다: 즉, 이온 농도가 증가할수록 이온들은 더 안정화된다. 이렇게 이온–이온 상호작용에 의해 안정화되는 이유는 양이온 주위에 음이온이 위치하므로 정전기적 인력이 작용하기 때문이다. 동일한 이온들끼리, 즉 양이온과 양이온의 상호작용에 의한 비안정화(de-stabilized)를 예상할 수 있으나, [그림 3-3-a]에 보인 것처럼 양이온 주위에 양이온보다는 음이온이 더

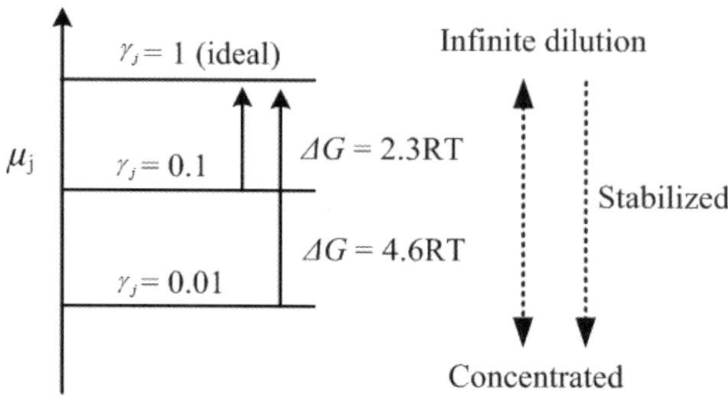


**그림 3-2** [그림 3-1]의 가상 실험에서 이온 농도에 따른 자유 에너지 변화($\Delta G$)의 차이

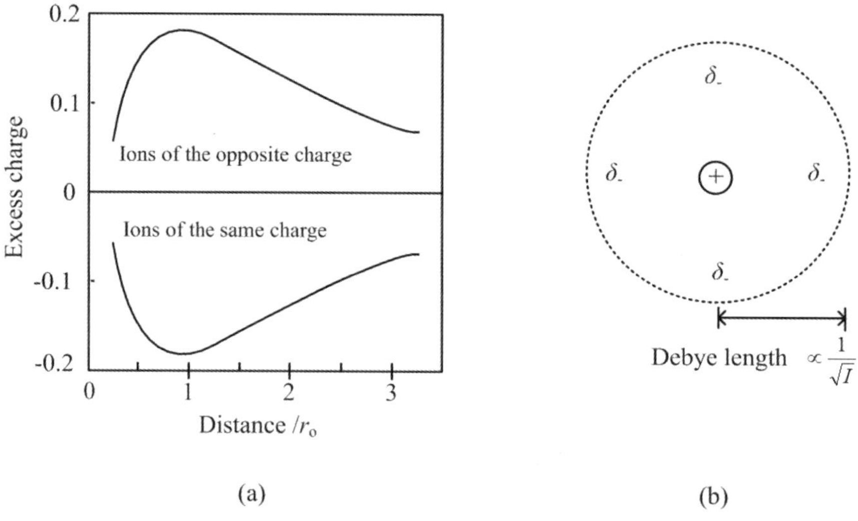


**그림 3-3** (a) 이온 주위에 반대 이온과 동일 이온의 분포, (b) 이온 분위기(ionic atmosphere)와 데바이 길이(Debye length)

많이 분포하므로, 양이온–음이온 상호작용에 의한 안정화가 양이온–양이온 상호작용에 의한 비안정화보다 더 우세하다.

### (1) 데바이-휘켈(Debye-Hückel) 이론

전해질 내 이온-이온 상호작용에 의해 이온의 활동도 계수가 감소하는 것을 **데바이-휘켈 이론**으로 설명할 수 있다. 1 : 1 전해질(양이온과 음이온의 전하가 모두 1인 경우, 예를 들어 $Na^+$과 $Cl^-$)을 예로 들어 이 이론을 설명하면 다음과 같다.

어떤 특정한 양이온(전하는 +1)을 지정해 보자. 이 양이온 주위에는 전기적 중성을 만족하기 위하여 음이온이 분포하게 된다. 이때 음이온들은 지정한 양이온 이외에 자신 주위의 다른 양이온과도 전기적 중성을 유지하고 있으므로, −1보다 작은 전하($\delta_-$)를 가지고 이 지정된 양이온과 상호작용을 한다고 할 수 있다. 전하가 +1인 양이온을 가운데 두고 전체 음전하 $\Sigma\delta_- = -1$이 되도록 여러 개의 음이온이 3차원 공 모양으로 분포하고 있을 때, 공 모양의 3차원 공간 영역을 **이온 분위기**(ionic atmosphere)라 하고, 가장 먼 거리에 위치한 음이온까지의 거리를 **데바이 길이**(Debye length)라고 한다(그림 3-3-b).

데바이 길이는 $I^{1/2}$에 반비례하는데, $I$는 <식 3-4>에 정의된 **이온 세기**(ionic strength)를 의미하고, $z_j$는 이온의 전하를 뜻한다.

$$I = \frac{1}{2}\sum_j c_j z_j^2 \qquad \text{<3-4>}$$

<식 3-4>에 의해 이온의 농도($c_j$)가 증가하면 이온 세기($I$)가 증가하고, 데바이 길이가 $I^{-1/2}$에 의해 감소한다. 무한 희석된 전해질에서 양이온과 음이온 사이의 거리는 무한대로 크다고 할 수 있다. 따라서 지정된 양이온에 대하여 전기적 중성을 만족하는 음이온이 분포된 영역(데바이 길이)은 무한대로 크다. 그러나 이온 농도가 증가할수록 지정된 양이온 주위의 더 가까운 거리에 분포한 음이온만으로도 전기적 중성($\Sigma\delta_- = -1$)을 만족할 수 있기 때문에 데바이 길이가 점차 감소한다. 여기서 중요한 사실은 데바이 길이가 감소하면 양이온과 음이온 사이의 거리도 감소하여 정전기적 인력이 증가하고, 이온들은 그만큼 더 안정화된다. 따라서 이온의 농도가 증가하면 이온이 더 안정화되고, 이런 안정화의 결과가 활동도 계수($\gamma_j$)의 감소로 나타나게 되는 것이다. 이러한 관계를 **데바이–휘켈 한계식**(Debye-Hückel limiting law, DHL)으로 설명하는데, <식 3-5>처럼 $\log_{10}\gamma_j$는 $I^{1/2}$에 직선적으로 비례하며 감소한다. 즉, 이온 농도가 증가함에 따라 이온 세기가 증가하고, 따라서 활동도 계수가 감소함을 말해 준다. 여기에는 이온 농도의 증가에 따른 데바이 길이의 감소, 그리고 정전기적 인력의 증가에 따른 이온들의 안정화란 사실이 내재되어 있다. <식 3-5>를 한계식이라고 하는데, 그 이유는 이 식이 $10^{-2}$ $M$ 이하의 한정된 농도 범위(이온 세기가 작은 영역)에서만 실제 값(Real)에 근접하기 때문이다(그림 3-4).

$$\log_{10}\gamma_j = -Az_j^2\sqrt{I} \qquad \text{<3-5>}$$

DHL이 이렇게 희석된 조건에서만 실험값과 일치하는 이유는 이 식의 유도 과정에서

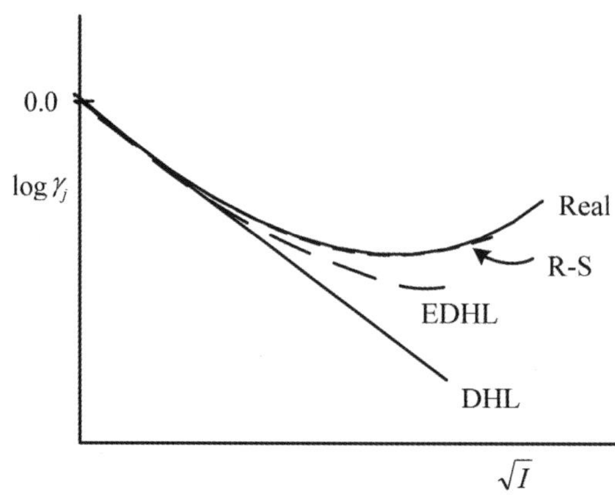


**그림 3-4** 이온 세기(ionic strength)에 따른 활동도 계수(activity coefficient)의 변화, 실제와 여러 이론식의 비교

여러 가지 가정을 하였기 때문이다. 이온을 반지름이 0인 점전하(point charge)로 가정하였는데, 실제 이온의 반지름은 0이 아니며, 또한 용액 내에서 용매화된 상태로 존재하기 때문에 이온의 크기를 무시할 수 없다(표 3-1). 이렇게 실제와 다른 가정을 하였기 때문에 이론식이 실제 값과 차이를 보일 수밖에 없다. 이온의 크기를 고려한 **확장 데바이-휘켈 이론**(extended Debye-Hückel law, EDHL)에서는 <식 3-6>처럼 용매화된(여기서는 수화된) 이온 크기(solvated ion size)와 관계된 *a* 파라미터를 추가하였다. 여기서 *A*와 *B*는 상수이다. 이렇게 이온의 크기를 실제와 가깝게 가정하였으므로, 이 식은 더 큰 이온 세기 범위에서도 실제 값에 근접한다(그림 3-4).

$$\log_{10} \gamma_j = \frac{-Az_j^2 \sqrt{I}}{1 + Ba\sqrt{I}} \quad \text{<3-6>}$$

[그림 3-4]를 보면 실제 전해질에서는 이온 세기가 매우 큰 영역에서 활동도 계수가 다

**표 3-1** $Li^+$, $Na^+$, $K^+$ 이온의 결정학적 반지름, 수화된 반지름, 수화 수

| | $Li^+$ | $Na^+$ | $K^+$ |
|---|---|---|---|
| Crystal radius[a]/Å | 0.60 | 0.95 | 1.33 |
| Hydrated radius[b]/Å | 2.4 | 1.8 | 1.3 |
| Hydration number | 2-22 | 2-13 | 1-6 |

[a] From x-ray diffraction analysis, [b] Using Stokes' law

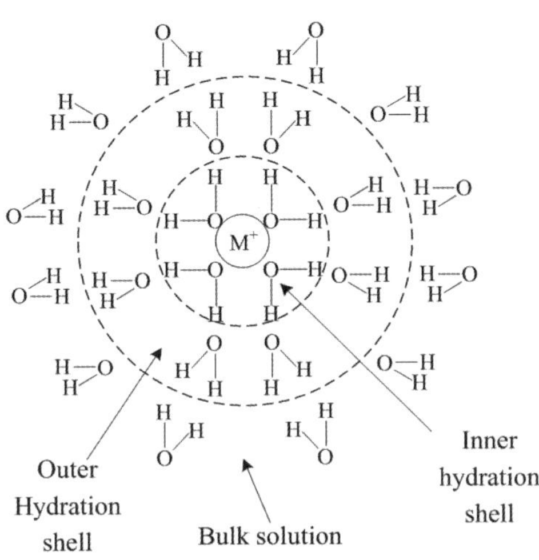


**그림 3-5** 수용액에서 이온–용매(물) 상호작용을 나타내는 이온 주위 물 분자의 정렬

시 증가한다. 따라서 EDHL과 차이를 보인다. 이러한 차이를 보완하기 위하여 이온–용매 상호작용을 더 고려하여 **로빈슨–스톡스**(Robinson-Stokes, R-S) 식이 유도되었다. 용매가 물인 경우, [그림 3-5]와 같이 이온은 물에 의해 수화(hydrated)된다. 이때 이온($M^+$)과 근접한 거리에 위치하는 물 분자는 **이온–이중극자 상호작용**(ion-dipole interaction)에 의해 이온과 비교적 강하게 결합된 상태로 정렬되어 있다. 이를 **내부 용매화층**(inner solvation shell)이라고 하는데, 이온이 이동할 때 이들 물 분자도 함께 이동한다고 가정한다. 이온과 거리가 먼 쪽에 위치하는 물 분자는 이온–이중극자 상호작용이 비교적 약하므로 부분적으로 정렬된다. 이를 **외곽 용매화층**(outer solvation shell)이라고 한다. [표 3-1]에 나타내었듯이 $Li^+$, $Na^+$, $K^+$ 중에서 $Li^+$의 결정학적 이온 반지름이 가장 작지만 가장 많은 물 분자에 의해 수화되므로 수화된 크기(hydrated radius)는 가장 크다.

이온–이온 상호작용에 의해 정전기적으로 이온이 안정화되는 것과 마찬가지로, 안정화되는 정도는 상대적으로 작지만 이온–용매 상호작용, 즉 이온–이중극자 상호작용에 의해서도 이온이 안정화된다. 용매가 물인 경우의 예를 들어보자. 이온 농도가 작은 범위에서는 모든 이온들은 최대 수화수(hydration number)에 해당하는 물 분자에 의해 수화된다. 그러나 특정 농도 이상에서는 물 분자의 숫자가 모자라므로 최대 수화수로 수화되지 못하게 된다. 다시 말하여 용매인 물 분자의 수는 제한되어 있으므로, 이온의 농도가 증가함에 따라 이온 1개당 수화수가 점차 감소하게 된다. 이온 1개당 수화수의 감소는 이온–이중극자 상호작용의 감소를 뜻하므로 안정화의 정도도 점차 감소하게 된다. [그림

3-4]에서 보듯이 이온 세기가 큰 영역에서 활동도 계수가 오히려 증가한다. 여기서, 활동도 계수($\gamma_j$)는 이온 1몰당 활동도($\gamma_j = a_j/c_j$)를 뜻하는데(또는 이온 1개당, 이온 전체를 고려한 평균값이라 할 수 있음), 위처럼 이온 농도가 특정한 한 값을 넘어 증가할수록 이온 1개당 수화수가 감소하므로, 이온 1개당 이온–이중극자 상호작용도 감소한다. 따라서 이온 1개당 안정화되는 정도가 감소하고, 이는 이온 1개당 활동도(즉, 활동도 계수)의 증가로 나타나게 된다. 이 현상을 이론적으로 고려한 것이 로빈슨–스톡스(Robinson-Stokes, R-S) 식으로, EDHL에 $cI$를 추가하였다(식 3-7). 여기서 $c$는 상수이다. [그림 3-4]에서 보듯이 R-S 식은 이온 세기가 큰 영역에서도 실제 전해질의 활동도 계수에 근접하고 있다.

$$\log_{10} \gamma_j = \frac{-Az_j^2\sqrt{I}}{1+Ba\sqrt{I}} + cI \qquad \text{<3-7>}$$

**스스로 학습 3-1**

1:1 수용액 전해질에서 양이온과 음이온의 최대 수화수(hydration number)를 10이라 가정하고, 활동도 계수가 감소하다가 다시 증가하기 시작하는 이온의 농도를 계산해 보시오.

### (2) 평균 활동도 계수

실제 전해질에는 한 종류의 이온만이 존재할 수 없고 항상 전기중성을 유지하며 반대 이온과 함께 존재한다. 따라서 실제 전해질에서는 한 종류 이온의 활동도 계수를 뜻하는 $\gamma_j$ 대신 $\gamma_\pm$(평균 활동도 계수, mean activity coefficient)를 정의해야 한다. NaCl 용액에서 $\gamma_\pm$를 다음과 같이 유도할 수 있다. $Na^+$와 $Cl^-$의 화학 전위는 <식 3-8>과 같고, 이들의 합은 <식 3-9>가 된다.

$$\mu_{Na^+} = \mu^0_{Na^+} + RT\ln c_{Na^+} + RT\ln \gamma_{Na^+}$$

$$\mu_{Cl^-} = \mu^0_{Cl^-} + RT\ln c_{Cl^-} + RT\ln \gamma_{Cl^-} \qquad \text{<3-8>}$$

$$\mu_{Na^+} + \mu_{Cl^-} = (\mu^0_{Na^+} + \mu^0_{Cl^-}) + RT\ln c_{Na^+}c_{Cl^-} + RT\ln \gamma_{Na^+}\gamma_{Cl^-} \qquad \text{<3-9>}$$

이로부터 $\mu_\pm$를 다음과 같이 정의하면 **평균 활동도 계수**(mean activity coefficient)는 <식 3-10>과 같이 유도된다.

$$\mu_{\pm} \equiv \frac{1}{2}(\mu_{Na^+} + \mu_{Cl^-}) = \frac{1}{2}(\mu^0_{Na^+} + \mu^0_{Cl^-}) + RT\ln\sqrt{c_{Na^+}c_{Cl^-}} + RT\ln\sqrt{\gamma_{Na^+}\gamma_{Cl^-}}$$
$$= \mu^0_{\pm} + RT\ln c_{\pm} + RT\ln\gamma_{\pm}$$

$$\gamma_{\pm} = \sqrt{\gamma_{Na^+}\gamma_{Cl^-}} \qquad \text{<3-10>}$$

이를 일반적인 전해질에 적용하면 <식 3-11>이 된다.

$$M_aX_b \rightarrow aM^{z+} + bX^{z-}$$
$$az^+ = bz^-$$
$$\gamma_{\pm} = (\gamma_+^a\gamma_-^b)^{\frac{1}{a+b}} \qquad \text{<3-11>}$$

**스스로 학습 3-2**

수용액에서 $Al_2(SO_4)_3$의 평균 활동도 계수를 양이온과 음이온의 활동도 계수($\gamma_+$와 $\gamma_-$)로 표현하시오.

### (3) 데바이-휘켈 한계식(DHL)의 이용

어떤 염이 용매에 녹을 때 용해도곱($K_{sp}$, solubility product)은 <식 3-12>로 표현되고, 이로부터 <식 3-13>이 유도된다. 여기에 <식 3-14>를 대입하여 정리하면 <식 3-15>가 된다. 이 식의 관계를 [그림 3-6]에 도시하였는데, 이온 세기가 증가함에 따라 **자유 이온**(free ion)의 농도가 증가함을 보여주고 있다. 전해질에서 이온 농도가 큰 경우 양이온-음이온 짝(ion pair)을 형성할 수 있다. 자유 이온이란 이온 짝과는 달리 완전히 해리하여 자유로운 상태로 존재하는 이온을 의미한다.

$$MX(s) \leftrightarrow M^{z+} + X^{z-}$$
$$K_{sp} = a_{M^{z+}}a_{X^{z-}} = \gamma_{M^{z+}}[M^{z+}]\ \gamma_{X^{z-}}[X^{z-}] = \gamma_{\pm}^2[M^{z+}][X^{z-}] \qquad \text{<3-12>}$$
$$[M^{z+}] = [X^{z-}] = c\ (\text{free ion})$$
$$\log K_{sp} = 2\log\gamma_{\pm} + 2\log c \qquad \text{<3-13>}$$
$$\log\gamma_{\pm} = -A|z^+z^-|\sqrt{I} \qquad \text{<3-14>}$$

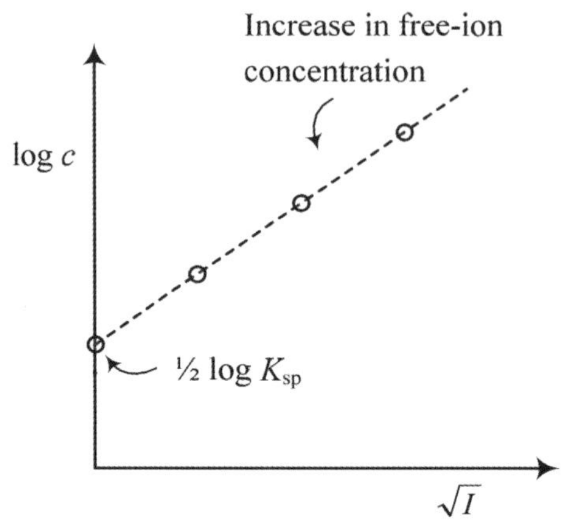


그림 3-6 이온 세기($I$)에 따른 자유 이온 농도($c$)의 변화

$$\log K_{sp} = -2Az^2\sqrt{I} + 2\log c$$

$$\log c = \frac{1}{2}\log K_{sp} + Az^2\sqrt{I} \qquad \text{<3-15>}$$

AgCl은 물에 잘 녹지 않는다. 그러나 $KNO_3$를 첨가하면 더 많은 양의 AgCl이 용해하는데, 이를 **염용**(salting-in) 현상이라고 한다. 이러한 현상이 가능한 이유는 [그림 3-6]에 보인 것처럼 $KNO_3$를 첨가하면 용액 내 전체 이온의 농도가 증가하므로, 이온 세기가 증가하여 자유 이온($Ag^+$와 $Cl^-$)의 농도가 증가하기 때문이다. 이를 다르게 설명하면, 이온 세기가 증가하면 데바이 길이가 짧아지고 이온($Ag^+$와 $Cl^-$)들은 더 안정화되므로, 다음의 평형 반응에서 오른쪽으로 반응이 우세해지기 때문이다.

$$AgCl_{(s)} = Ag^+_{(aq)} + Cl^-_{(aq)}$$

## 3-2 이온의 이동과 이온 전도도

구리 선이 전기를 잘 통하는 것처럼 소금물도 전기를 잘 통한다. 구리 선은 전자의 이동에 의해 전기를 통하는 데 반해 소금물에서는 이온들이 전기 전도에 참여한다. 소금물과 같은 전해질에서 **이온 전도도**($\kappa$)는 <식 3-16>으로 정의된다. 즉, [그림 3-7]에 제시한 이

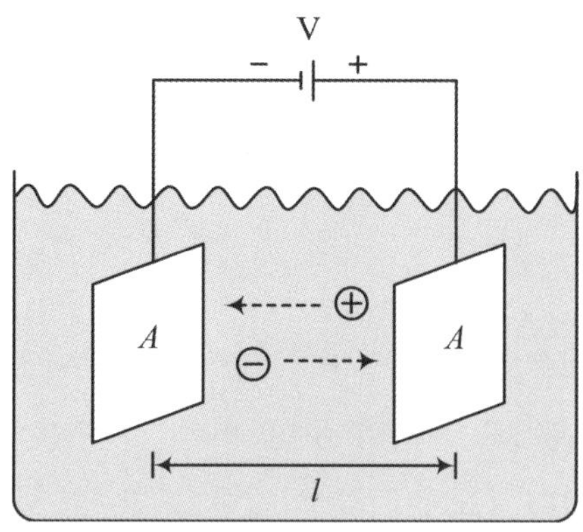


그림 3-7 이온의 이동(migration) 현상과 이온 전도도(ionic conductivity) 측정 장치

온 전도도 측정 장치에서, 일정한 거리를 두고 있는 동일한 면적의 두 개 전극 사이에 전압($V$)을 걸었을 때, 전기장($E$)과 전류 밀도($I$)의 비로 정의한다. 이때 전해질에 녹아 있는 자유 이온들은 종류와 상관없이 모두 전도에 참여하므로, 각 이온들의 전도도 기여를 모두 합한 것으로 이온 전도도가 정의된다. 여기서 $u_j$는 이온의 **이동도**(mobility)를 뜻한다. 전도도의 단위는 $\Omega^{-1}$ $m^{-1}$ 또는 S $m^{-1}$이다. 이때 1 S(siemens) = 1 $\Omega^{-1}$이다.

$$\kappa \equiv \frac{I}{E} = \frac{i/A}{V/l} = \frac{1}{R} \cdot \frac{l}{A} = \sum_j |z_j| F c_j u_j \qquad \text{<3-16>}$$

<식 3-16>으로부터 <식 3-17>이 유도되는데, 이는 전해질 용액의 저항을 나타내는 식이다. <식 3-17>에서 보듯이 전해질 용액의 저항을 줄이기 위해서는 두 전극 사이의 거리($l$)를 짧게 하고, 전극의 면적($A$)과 이온 전도도($\kappa$)는 크게 해야 한다. <식 3-16>에서 보듯이 자유 이온의 농도($c_j$)와 이온의 이동도($u_j$)가 크면 용액의 이온 전도도($\kappa$)가 증가하고, 따라서 전해질 저항($R_{solution}$)은 감소한다.

$$R_{solution} = \frac{l}{\kappa_{solution}\ A} \qquad \text{<3-17>}$$

전해질에 녹아 있는 자유 이온들은 모두 전도에 참여하므로, 여러 이온 중에서 특정한 이온이 전도에 기여하는 정도를 **운반율**(transport number 또는 transference number)이라고 하고, 이를 <식 3-18>과 같이 정의한다. NaCl 수용액과 같은 1 : 1 전해질에서 양이온의 운반율은 <식 3-19>와 같이 양이온과 음이온의 이동도(mobility)를 이용하여 계산할 수 있다.

$$t_i = \frac{|z_i| F c_i u_i}{\sum_j |z_j| F c_j u_j} \qquad \text{<3-18>}$$

$$t_+ = \frac{u_+}{u_+ + u_-} \qquad \text{<3-19>}$$

[표 3-2]에 수용액에서 이온의 농도에 따른 양이온의 운반율을 나열하였다. 무한 희석된 경우($C_{eq}$ = 0.00)의 값은 [표 3-3]의 무한 희석 시 이온의 이동도 값으로부터 <식 3-19>를 이용하여 계산하였다. [표 3-2]의 $t_+$ 값을 보면 양이온의 운반율이 이온 농도에 의해 크게 변하지 않음을 알 수 있다. HCl 수용액의 경우 $H^+$의 운반율이 0.83 정도이므로 $Cl^-$의 운반율은 0.17 근처의 값을 갖는다. 이로부터 수화된 $H^+$의 이동도가 $Cl^-$의 그것에 비해 4배 이상 큼을 알 수 있다.

**스스로 학습 3-3**

무한 희석된 $CaCl_2$ 수용액에서 $t_+$값을 구하시오.

[그림 3-7]의 장치를 이용하여 전해질 용액의 이온 전도도를 측정할 수 있다. <식 3-17>에서 $l/A$ 값(셀 상수, cell constant)은 전도도 측정 장치가 가지고 있는 고유한 값이므로 저항($R$)을 측정하여 이온 전도도($\kappa$)를 구할 수 있다. 측정의 순서는 먼저, 이온 전도도가 이미 알려진 특정 농도의 KCl 전해질에서 저항을 측정하여 셀 상수를 구한 다음, 동일한 장치를 이용하여 측정하고자 하는 전해질 용액의 저항을 구한다. 셀 상수를 이미

**표 3-2** 수용액에서 농도에 따른 양이온의 운반율($t_+$) (25 ℃)

| | Concentration, $C_{eq}$[a] | | | | |
|---|---|---|---|---|---|
| Electrolyte | 0.00 | 0.01 | 0.05 | 0.1 | 0.2 |
| HCl | 0.8208 | 0.8251 | 0.8292 | 0.8314 | 0.8337 |
| NaCl | 0.3962 | 0.3918 | 0.3876 | 0.3854 | 0.3821 |
| KCl | 0.4906 | 0.4902 | 0.4899 | 0.4898 | 0.4894 |
| $NH_4Cl$ | 0.4903 | 0.4907 | 0.4905 | 0.4907 | 0.4911 |
| $KNO_3$ | 0.5072 | 0.5084 | 0.5093 | 0.5103 | 0.5120 |
| $Na_2SO_4$ | 0.3857 | 0.3848 | 0.3829 | 0.3828 | 0.3828 |
| $K_2SO_4$ | 0.4795 | 0.4829 | 0.4870 | 0.4890 | 0.4910 |

[a] Moles of positive (or negative) charge per liter.

표 3-3 무한 희석된 수용액에서 이온의 특성 (25 °C)

| | $\lambda_0{}^a$, cm² $\Omega^{-1}$ equiv$^{-1}$ | $u^b$, cm² sec$^{-1}$ V$^{-1}$ |
|---|---|---|
| $H^+$ | 349.82 | $3.625 \times 10^{-3}$ |
| $K^+$ | 73.52 | $7.619 \times 10^{-4}$ |
| $Na^+$ | 50.11 | $5.193 \times 10^{-4}$ |
| $Li^+$ | 38.69 | $4.010 \times 10^{-4}$ |
| $NH_4{}^+$ | 73.4 | $7.61 \times 10^{-4}$ |
| $1/2Ca^{2+}$ | 59.50 | $6.166 \times 10^{-4}$ |
| $OH^-$ | 198 | $2.05 \times 10^{-3}$ |
| $Cl^-$ | 76.34 | $7.912 \times 10^{-4}$ |
| $Br^-$ | 78.4 | $8.13 \times 10^{-4}$ |
| $I^-$ | 76.85 | $7.96 \times 10^{-4}$ |
| $NO_3{}^-$ | 71.44 | $7.404 \times 10^{-4}$ |
| $OAc^-$ | 40.9 | $4.24 \times 10^{-4}$ |
| $ClO_4{}^-$ | 68.0 | $7.05 \times 10^{-4}$ |
| $1/2SO_4{}^{2-}$ | 79.8 | $8.27 \times 10^{-4}$ |
| $HCO_3{}^-$ | 44.48 | $4.610 \times 10^{-4}$ |
| $1/3Fe(CN)_6{}^{3-}$ | 101.0 | $1.047 \times 10^{-3}$ |
| $1/4Fe(CN)_6{}^{4-}$ | 110.5 | $1.145 \times 10^{-3}$ |

[a] Equivalent ionic conductivity from D.A. MacInnes, "The Principles of Electrochemistry", Dover, New York, 1961, p. 342.

[b] Calculated from $\lambda_0$.

구했으므로 <식 3-17>에 저항값을 대입하면 이온 전도도가 계산된다.

[그림 3-8]은 전해질의 농도에 따른 이온 전도도($\kappa$)의 변화를 보여주고 있다. 일반적으로 전해질 농도가 작은 영역에서는 전해질의 농도 증가에 따라 자유 이온의 농도($c_j$)가 증가하므로 <식 3-16>에 의해 이온 전도도가 증가한다. 이후 특정 농도에서 최댓값을 보이다가 감소하는 경향을 보인다. 감소의 원인은 <식 3-16>에서 이온의 이동도($u_j$)가 감소

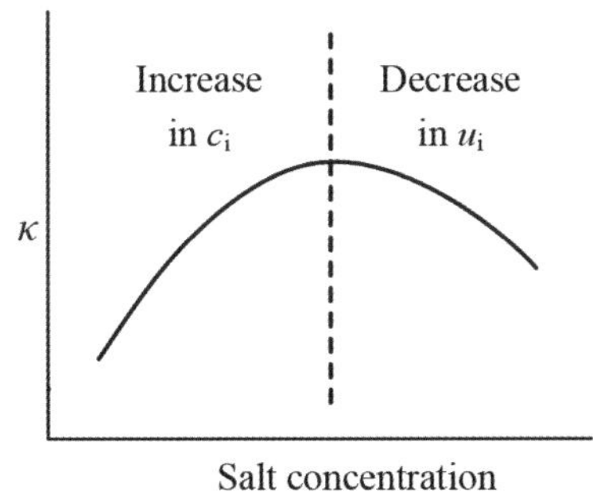


그림 3-8 전해질 농도에 따른 이온 전도도의 변화

하기 때문이다.

전해질 농도가 증가함에 따라 이온의 이동도($u_j$)가 감소하는 현상을 이완 효과와 전기이동 효과로 설명할 수 있다. [그림 3-9]에 나타내었듯이 이온 전도도 측정을 위하여 외부에 전기장($E_{external}$)을 걸었을 때, 양이온은 음극 쪽으로 이동하게 된다. 이때 양이온 주위에 이온 분위기를 형성하고 있는 음이온은 반대 방향인 양극 쪽으로 이동하려고 하므로, 이온 분위기 안에서 양이온과 음이온은 서로 상대방의 이동을 억제하게 된다. 이는 마치 양이온은 양극 쪽으로 음이온은 음극 쪽으로 이동을 유도하는 전기장($E_{relaxation}$)이 형성되는 것과 같다. 여기서 중요한 사실은, 이온 농도가 증가함에 따라 데바이 길이가 짧아지고, 정전기적인 상호작용에 의해 $E_{relaxation}$이 증가하기 때문에 전해질 농도가 증가함에 따라 이온의 이동도가 감소하게 된다. 이를 **이완 효과**(relaxation effect)라고 한다. 한편, 이온의 이동도는 <식 3-20>과 같이 전기장($E$)과 이온의 표류 속도($v_j$, drift velocity)의 비로 정의된다. 이때 전해질의 점도($\eta$)가 클수록 이동도가 감소하는데, 이는 소금물이 보통 물보다 점도가 큰 것처럼, 용해되는 염의 농도가 클수록 전해질의 점도가 증가하기 때문이다. <식 3-20>에 제시한 것처럼 전해질의 점도와 이온의 이동도는 반비례한다. 이를 **전기이동 효과**(electrophoretic effect)라고 한다. 한편, 이온의 이동도($u_j$)와 확산 계수($D_j$) 간에는 <식 3-21>과 같은 정비례 관계를 보이는데, 이를 **아인슈타인 관계**(Einstein relation)라고 한다.

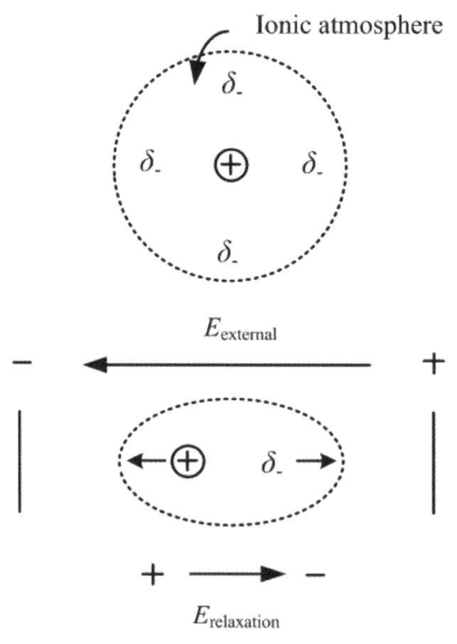


**그림 3-9** 이완 효과에 의한 이온의 이동도(mobility) 감소

**표 3-4 리튬 이온 전지에 사용되는 유기 용매의 물리화학적 성질**

| Solvent | Dielectric constant (ε)[a] | Viscosity (η/cP)[a] | Freezing point (°C) | Boiling point (°C) |
|---|---|---|---|---|
| Ethylene carbonate (EC) | 95.3 | 1.9 | 36.4 | 238 |
| Propylene carbonate (PC) | 64.9 | 2.5 | −54.5 | 242 |
| Dimethyl carbonate (DMC) | 3.12 | 0.59 | 3.0 | 90 |
| Diethyl carbonate (DEC) | 2.82 | 0.75 | −43.0 | 127 |

[a] 25 °C

$$u_j \equiv \frac{v_j}{E} = \frac{|z_j|e}{6\pi\eta r}$$ <3-20>

$$u_j = \frac{|z_j|F}{\mathrm{RT}} D_j$$ <3-21>

리튬 이온 전지에 사용되는 전해질은 리튬염($LiPF_6$)을 유전 상수($\varepsilon$)가 큰 용매와 점도가 낮은 용매의 혼합 용액에 용해하여 사용한다. [표 3-4]에는 여러 유기 용매의 유전 상수($\varepsilon$)와 점도($\eta$)를 나열하였다. 고리 카보네이트(cyclic carbonate)인 PC와 EC의 유전 상수가 선형 카보네이트(linear carbonate)인 DMC와 DEC에 비해 크므로, 리튬염($LiPF_6$)의 용해가 유리하여 자유 이온의 농도($c_j$)를 크게 할 수 있다. 그러나 이들의 점도가 크므로 이온의 이동도($u_j$) 면에서 불리하다. 이 문제를 보완하기 위하여 일반적으로 유전 상수가 큰 용매(예: EC)와 점도가 낮은 용매(예: DEC)를 혼합하여 사용한다.

## 3-3 몰 전도도 molar conductivity

앞에서 설명한 것처럼 이온 전도도($\kappa$)를 이온의 농도($c$)로 나눈 **몰 전도도**(식 3-22)는 이온의 농도가 증가함에 따라 감소한다. 이는 콜라우쉬(Kohlrausch)에 의해 경험식으로 제안되었다(식 3-23). 이 식에서 $\Lambda^0$는 무한 희석 시 몰 전도도를 뜻하고, $s$는 상수, $c$는 전해질의 농도이다. 이런 현상을 몰 전도도는 이온 1개당(또는 1몰당) 전하를 전달할 수 있는 능력이라는 개념으로 설명할 수 있다. 즉, 무한 희석 시에는 이온 한 개가 한 개의 전도 능력을 보이지만, 이온 농도가 증가함에 따라 앞에서 설명한 이완 효과와 전기이동 효과 등에 의해 이동도가 감소하여 이온 한 개에 해당하는 전도 특성을 보이지 못하기 때문이다.

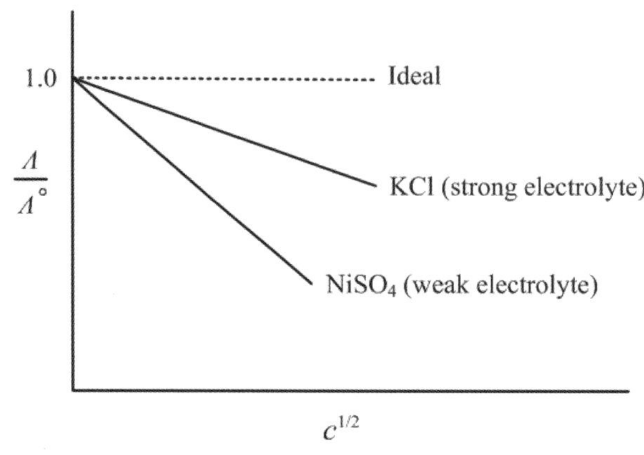


그림 3-10 강전해질과 약전해질에서 전해질 농도에 따른 몰 전도도의 변화

$$\Lambda = \frac{\kappa}{c} \qquad \text{<3-22>}$$

$$\Lambda = \Lambda^0 - sc^{\frac{1}{2}} \qquad \text{<3-23>}$$

전해질은 용매(예를 들어 물)에 매우 잘 녹아서 염이 100 % 해리(dissociation)하는 **강전해질**(strong electrolytes)과 그렇지 못한 **약전해질**(weak electrolytes)로 구분할 수 있다. [그림 3-10]에 전해질 농도에 따른 이들의 몰 전도도를 보여주고 있다. 이상적인 전해질이란 이온 농도에 무관하게 일정한 몰 전도도를 보이는 것으로 실제 존재한다고 할 수 없다. 즉, 이온 농도가 증가하더라도 무한 희석 시 이온 한 개가 보이는 전도 능력을 그대로 갖는 경우이므로, 이완 효과와 전기이동 효과가 전혀 없는 경우이다. 강전해질과 약전해질 모두 **콜라우쉬 경험식**(식 3-23)에서 제안한 것처럼 전해질의 농도가 증가함에 따라 몰 전도도가 감소함을 볼 수 있다. 강전해질은 이완 효과와 전기이동 효과에 의해 전해질의 농도가 증가함에 따라 몰 전도도가 감소한다. 약전해질의 경우 전해질 농도에 따른 몰 전도도의 감소가 훨씬 큰데, 이는 이완 효과와 전기이동 효과뿐 아니라 이온들이 쉽게 **이온쌍**(ion pair)을 형성하여 전도에 참여하는 자유 이온의 농도가 작아지기 때문이다. 즉, 전해질의 농도가 증가하면 이온쌍 형성이 많아지므로 이온 1개당 전도 특성이 감소하게 된다.

**? 예제 3-1**

약전해질인 아세트산(acetic acid)의 해리도(degree of dissociation)를 몰 전도도를 측정하여 계산할 수 있는 방법은?

**풀이** 아세트산이 물에 녹을 때 평형 상수는 <식 3-24>와 같다. $c$는 아세트산(HOAc)의 초기 농도이고, α는 해리도를 뜻한다. 한편, 무한 희석 시에는 100% 해리된다는 가정이 가능하므로 해리도는 <식 3-25>와 같이 표현할 수 있다. <식 3-25>에서 $\Lambda$는 완전히 해리되지 않은 아세트산의 몰 전도도를 뜻한다. 무한 희석 시 모든 이온의 전도에 대한 기여는 동일하므로 <식 3-26>이 성립한다. 따라서 강전해질인 HCl, NaOAc, 그리고 NaCl의 무한 희석 시 값으로부터 $\Lambda^0$(HOAc)를 계산하여 구할 수 있다. 실제로 측정한 아세트산의 몰 전도도($\Lambda$)와 <식 3-26>으로부터 구한 $\Lambda^0$(HOAc) 값을 <식 3-25>에 대입하면 해리도를 구할 수 있다.

$$\mathrm{HOAc} + \mathrm{H_2O} = \mathrm{H_3O^+} + \mathrm{OAc^-}$$

$$K_c = \frac{(c\alpha)^2}{c(1-\alpha)} = \frac{\alpha^2 c}{1-\alpha} \qquad \text{<3-24>}$$

$$\alpha = \frac{\Lambda}{\Lambda^0} \qquad \text{<3-25>}$$

$$\Lambda^0(\mathrm{HOAc}) = \Lambda^0(\mathrm{HCl}) + \Lambda^0(\mathrm{NaOAc}) - \Lambda^0(\mathrm{NaCl}) \qquad \text{<3-26>}$$

## 3-4 확산 전위diffusion potential

제2장에서 전위의 차이는 계면에서 극소량의 전하 분리에 의해 발생하며, 전하 분리의 정도가 변하지 않는 평형 상태에서만 전위 차이가 정의될 수 있다고 하였다. 그러나 평형 상태는 아니지만 전하 분리의 정도가 시간에 따라 변하지 않는다면(**일정 상태**(steady state)라고 함) 전위 차이를 측정할 수 있다.

[그림 3-11]에 두 개의 점선으로 표시한 분리막을 사이에 두고 한쪽에는 $\mathrm{Hg/Hg_2Cl_{2(}}_{s)}$ 전극이 0.1 $M$ HCl 수용액에 들어 있고, 다른 쪽에는 같은 전극이 0.1 $M$ KCl 용액에 들어 있다. 전압측정기의 내부저항이 매우 크므로 (R → ∞), 2개의 $\mathrm{Hg/Hg_2Cl_{2(}}_{s)}$, $\mathrm{Cl^-}$ 반쪽 전지는 전기적으로 서로 차단된 상태에서 각자의 평형 전압에 도달하게 된다. 양쪽 $\mathrm{Cl^-}$의 농도가 동일하므로 평형 전압은 2개 반쪽 전지에서 동일하다. 따라서, [그림 3-11]에 보인 2개 반쪽 전지 사이 전압의 차이를 측정한다면 $V$ = 0.0 V가 되어야 한다. 그러나 25°C에서 실험적으로 측정한 $V$ = 27 mV이다. 이를 어떻게 설명할 수 있을까?

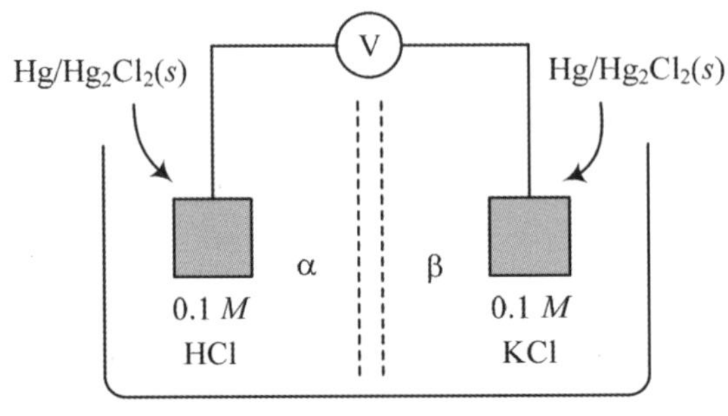


그림 3-11 전해질이 서로 다른 2개의 SCE 전극 사이 전위차의 발생

[그림 3-12]와 같이 서로 다른 용액이 분리막을 사이에 두고 위치하므로 액체와 액체의 계면이 존재하게 된다. 이때 계면을 사이에 두고 전하 분리가 일어난다면 전위 차이($\Delta\phi$)가 발생할 수 있다. 초기에 α 상에는 0.1 *M*의 $H^+$이 존재하나 β 상에는 존재하지 않으므로 $H^+$은 α 상에서 β 상으로 확산해 갈 것이다. 한편, $K^+$은 β 상에만 존재하므로 α 상으로 확산해 갈 것이다. 이때 이동도(mobility)가 더 큰 $H^+$의 확산 속도가 $K^+$의 그것보다 더 크다. [표 3-3]을 보면 $H^+$의 이동도가 $K^+$의 그것보다 4.8배 크다. <식 3-21>에 의해 이동도가 4.8배 크므로 확산 계수도 4.8배만큼 크다. 확산 속도에 차이가 있으므로 α 상은 β 상에 비해 상대적으로 음이온이 많아지고, 반대로 β 상은 양이온이 많아지는 전하 분리가 발생하게 된다. 이러한 전하 분리는 분리막을 사이에 두고 전기장(electric field)이 형성됨을 의미한다. 이때 전기장은 $H^+$의 확산 방향과 반대 방향으로 $H^+$의 이동(migration)을 유도하고, $K^+$의 확산 방향과 동일한 방향으로 $K^+$의 이동을 유도하므로 전체적으로 $H^+$이 α 상에서 β 상으로 넘어가는 속도는 점차 감소하고, $K^+$이 β 상에서 α 상으로 넘어가는 속도는 증가하게 된다. 즉, 확산과 이동(migration)에 의해 두 이온이 경계를 넘어가는 속도가 조절되어 결국 일정한 값으로 수렴하고, 두 이온이 경계를 넘어가는

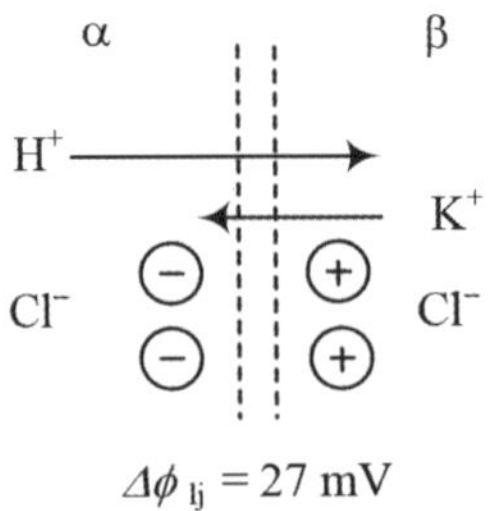


그림 3-12 용액과 용액의 경계면에서 확산 전위의 발생

속도가 일정하게 되어 양이온과 음이온에 의한 전하 분리가 시간에 따라 변하지 않는 **일정 상태**에 도달한다. 이때 전하의 분리된 정도가 일정하게 유지되므로 전위 차이($\Delta\phi$)를 정의할 수 있다. 이때 발생하는 전위의 차이를 **액간 접촉 전위**($E_{lj}$, liquid junction potential)라고 하고, 이온들의 확산에 의해 발생하므로 **확산 전위**(diffusion potential)라고도 한다. 그러나 위에 설명한 일정 상태에서 어떤 이온(예를 들어 $H^+$)의 농도가 두 액체 상(α와 β)에서 동일하지 않으므로 이는 평형 상태와는 다르다. 평형 상태는 이동이 가능한(mobile) 모든 이온의 농도가 두 상에 걸쳐 동일한 경우이다.

액간 접촉 전위는 다음의 **헨더슨 식**(Henderson equation)에 의해 계산할 수 있다.

$$E_{lj} = (\phi^{\beta} - \phi^{\alpha}) = \frac{\sum_j \frac{|z_j| u_j}{z_j}[c_j(\beta) - c_j(\alpha)]}{\sum_j |z_j| u_j [c_j(\beta) - c_j(\alpha)]} \frac{RT}{F} \ln \frac{\sum_j |z_j| u_j c_j(\alpha)}{\sum_j |z_j| u_j c_j(\beta)} \quad \text{<3-27>}$$

**예제 3-2**

[표 3-3]의 무한 희석 시 이온의 이동도를 이용하여 [그림 3-12]에서 $\Delta\phi_{lj}$ = 27 mV임을 확인하시오.

**풀이** 헨더슨 식을 이용하여 $E_{lj}$ (= $\Delta\phi_{lj}$)를 계산하기 위하여 두 상에 존재하는 이온의 농도뿐 아니라 이온의 이동도 값도 필요하다. 그러나 이온의 이동도는 농도에 따라 변하므로 어떤 농도에 해당하는 이동도를 취해야 하는지 어려움이 있다. 그러나 [표 3-3]에 나열한 무한 희석 시 이온의 이동도($u$)를 이용하여 대략적인 액간 접촉 전위를 계산할 수 있다.

액간 접촉 전위를 최소화하기 위하여 **염다리**(salt bridge)를 사용한다. [그림 3-13-a]처럼 두 용액 사이에 KCl 포화 용액을 채운 염다리를 연결한다. 이때 두 개의 새로운 용액/용액의 계면이 발생한다(그림 3-13-b). 두 계면에서 헨더슨 식을 이용하여 액간 접촉 전위를 계산하면 $\Delta\phi_1$ = 4.2 mV, $\Delta\phi_2$= −1.8 mV가 되고, 따라서 $E_{lj}$ = $\Delta\phi_{lj}$ = 2.4 mV가 된다. 염다리가 없는 경우에 비해 액간 접촉 전위가 크게 감소하였음을 알 수 있다.

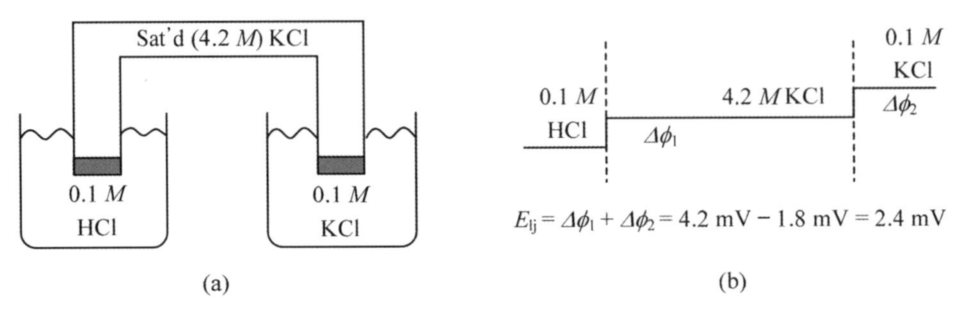


그림 3-13 염다리(salt bridge)를 이용한 액간 접촉 전위의 최소화

**스스로 학습 3-4**

염다리에는 반드시 포화된 $KNO_3$ 아니면 KCl 용액을 채워 사용한다. 왜 $KNO_3$ 아니면 KCl 용액인가? 이유를 [표 3-3]의 무한 희석 시 이동도 값을 <식 3-27>의 헨더슨 식에 대입하여 유추해 보시오.

## 3-5 도난 전위 Donnan potential

전위 차이는 계면에서 전하 분리의 정도가 변하지 않으면 정의할 수 있음을 위에서 보여 주었다. 또 다른 예가 도난 전위이다. [그림 3-14]처럼 경계면을 사이에 두고 KCl과 NaCl 수용액이 접하고 있다고 하자. 어느 순간 α 상과 β 상 사이의 경계를 제거하면 이온들은 이동이 가능(mobile)하므로 쉽게 이동하여, 결국에는 평형 상태에 도달하고 이온

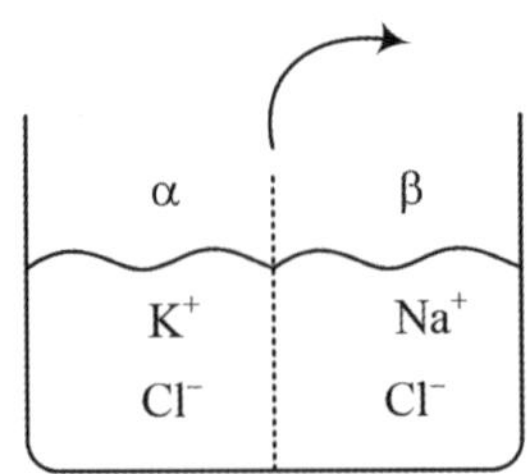


그림 3-14 KCl과 NaCl 수용액 경계를 제거하였을 때의 이온 분포

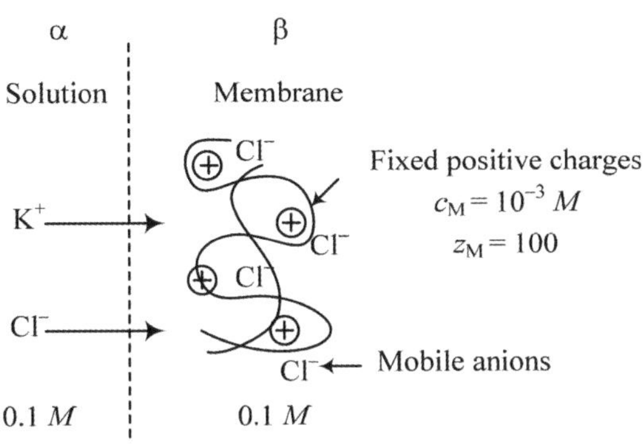


**그림 3-15** 평형 상태에서 고정된(immobile) 이온에 의한 도난 전위의 발생

각자의 농도는 용액 내 어느 곳에서나 동일하게 될 것이다. 따라서 용액 내 전위 차이가 발생하는 곳도 없게 된다.

[그림 3-15]와 같이 β 상에는 사슬에 양이온이 고정되어 있는(immobile) 고분자 막이 존재하고, α 상에는 이동이 가능한(mobile) $K^+$와 $Cl^-$가 존재한다고 하자. β 상에는 전하 중성을 위하여 $Cl^-$가 공존해야 한다. 이때 이온의 농도는 α와 β 상 전체의 부피로 환산한 값이다. 어느 순간 두 상의 경계(점선으로 표시)를 제거한다고 하면, 이동이 가능한 이온들은 확산에 의해 상의 경계면을 넘을 것이다. $Cl^-$는 양쪽 농도가 동일하므로 확산 현상이 없다. 다음과 같은 가상 실험을 해 보자. $K^+$는 α 상에만 존재하므로 경계가 없어지면 두 상에서 동일한 농도(0.05 *M*)가 될 때까지 β 상으로 확산할 것이다. $K^+$가 이동하면 α 상에서 전기 중성을 위하여 0.05 *M*의 $Cl^-$만 남고 0.05 *M*은 β 상으로 이동해야 한다. 이 결과 α 상에는 0.05 *M*의 $Cl^-$가, β 상에는 0.15 *M*의 $Cl^-$가 존재하게 된다. 평형 상태에서 두 상에서 $Cl^-$가 서로 다른 농도를 가질 수 없다. 따라서 위와 같은 가상 실험은 실제로 일어날 수 없다. 이와 같이 평형 상태이지만 특정 이온의 농도가 두 상에서 서로 다르다면 두 상 사이에 전위차($\Delta\phi$)가 발생한다. 이를 **도난 전위**(Donnan potential)라고 한다. 도난 전위는 위에 설명한 것과 같이, 두 개의 상 중 하나의 상에 고정된 전하를 가지고 있는 경우에 발생할 수 있다. [그림 3-15]에 보인 고분자 막에서 음이온($Cl^-$)은 이동이 가능하나, 양이온이 고정되어 있다. 또한 발리노마이신(valinomycin)과 같이 고정된 전하가 없는 중성의 물질이더라도 특정 이온을 선호할 때 두 상 사이에 그 특정 이온의 농도 차이가 발생할 수 있으므로 도난 전위가 발생한다.

도난 전위는 평형 상태에서 발생하므로 평형의 조건, 즉 "두 상에서 특정한 이온의 전기화학 전위(electrochemical potential)는 같다"는 조건으로부터 도난 전위를 유도할 수 있다. <식 3-28>은 이 평형 조건을 설명하고 있다. 이 평형 조건에서 $K^+$의 표준 화학 전위는 상수이므로 양변에서 상쇄된다. 두 상에서 $K^+$의 활동도가 서로 다르면($a_{K^+}^{\alpha} \neq a_{K^+}^{\beta}$) 전위 차이($\phi^{\alpha} \neq \phi^{\beta}$)가 발생할 수밖에 없고, 전위 차이는 <식 3-29>와 같이 표현된다. 평형 상태에서 두 상 사이에 $Cl^-$의 농도 차이가 있다면 같은 이유로 <식 3-30>과 같은 전위 차이가 발생한다.

$$\bar{\mu}_{K^+}^{\alpha} = \bar{\mu}_{K^+}^{\beta}$$

$$\mu_{K^+}^{0} + RT\ln a_{K^+}^{\alpha} + F\phi^{\alpha} = \mu_{K^+}^{0} + RT\ln a_{K^+}^{\beta} + F\phi^{\beta} \qquad \text{<3-28>}$$

$$\Delta\phi = (\phi^{\beta} - \phi^{\alpha}) = \frac{RT}{F}\ln\frac{a_{K^+}^{\alpha}}{a_{K^+}^{\beta}} \qquad \text{<3-29>}$$

$$\bar{\mu}_{Cl^-}^{\alpha} = \bar{\mu}_{Cl^-}^{\beta}$$

$$\Delta\phi = (\phi^{\beta} - \phi^{\alpha}) = \frac{RT}{F}\ln\frac{a_{Cl^-}^{\beta}}{a_{Cl^-}^{\alpha}} \qquad \text{<3-30>}$$

<식 3-29>와 <식 3-30>에서 $\Delta\phi$는 동일한 값을 가져야 하므로 <식 3-31>이 유도되고, <식 3-32>를 만족한다면 <식 3-33>이 유도된다.

$$\frac{a_{K^+}^{\alpha}}{a_{K^+}^{\beta}} = \frac{a_{Cl^-}^{\beta}}{a_{Cl^-}^{\alpha}}$$

$$a_{K^+}^{\alpha}a_{Cl^-}^{\alpha} = a_{K^+}^{\beta}a_{Cl^-}^{\beta} \qquad \text{<3-31>}$$

$$\gamma_{K^+} = \gamma_{Cl^-} = 1 \qquad \text{<3-32>}$$

$$c_{K^+}^{\alpha}c_{Cl^-}^{\alpha} = c_{K^+}^{\beta}c_{Cl^-}^{\beta} \qquad \text{<3-33>}$$

한편, 전기 중성을 위해서 $\alpha$ 상에서는 <식 3-34>, $\beta$ 상에서는 <식 3-35>와 같은 전기적 중성 유지 조건을 만족하여야 한다. 여기서 $z_M$과 $c_M$은 각각 고분자 1몰당 고정된 양이온의 수와 고분자의 몰수를 뜻한다.

$$c_{K^+}^{\alpha} = c_{Cl^-}^{\alpha} \qquad \text{<3-34>}$$

$$c^{\beta}_{K^+} + z_M c_M = c^{\beta}_{Cl^-}$$ <3-35>

**예제 3-3**

[그림 3-15]에서 $z_M = 100$, $c_M = 10^{-3}$ $M$일 때 도난 전위를 계산하시오.

**풀이** 평형 조건인 <식 3-33>, 전기 중성 조건인 <식 3-34>와 <식 3-35>, 그리고 초기 조건인 $c^{\alpha}_{K^+} + c^{\beta}_{K^+} = 0.1$ $M$을 이용하여 해를 구하면 $c^{\beta}_{K^+} = 0.033$ $M$, $c^{\alpha}_{K^+} = c^{\alpha}_{Cl^-} = 0.067$ $M$, $c^{\beta}_{Cl^-} = 0.133$ $M$이 된다. α와 β 상에서 $K^+$와 $Cl^-$의 농도를 <식 3-29> 또는 <식 3-30>에 대입하면 도난 전위는 17.8 mV로 계산된다. 위 계산으로부터 평형 상태임에도 불구하고 α와 β 상에서 $K^+$와 $Cl^-$의 농도가 같지 않음을 알 수 있다. 그러나 α와 β 상에서 각각 전기 중성 조건을 만족하고 있다.

## 3-6 이온 선택성 전극 ion-selective electrodes

[그림 3-16]은 $H^+$의 농도(활동도)를 측정하는 pH 측정기(pH meter)의 구성을 보여주고 있다. 기준 전극으로는 SCE가 사용되고, SCE와 샘플 용액(test solution) 사이에는 분리막이 두 용액 사이 물리적 섞임을 방지하고 있다. 이 분리막은 다공성 물질로 모든 이온의 이동이 가능하다. 한편, 지시 전극(indicator electrode)으로는 Ag/AgCl($s$) 전극이 사용되

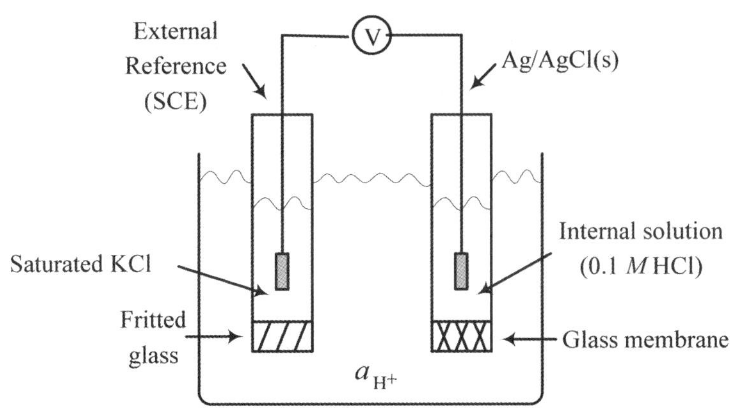


그림 3-16 pH 측정기의 구성

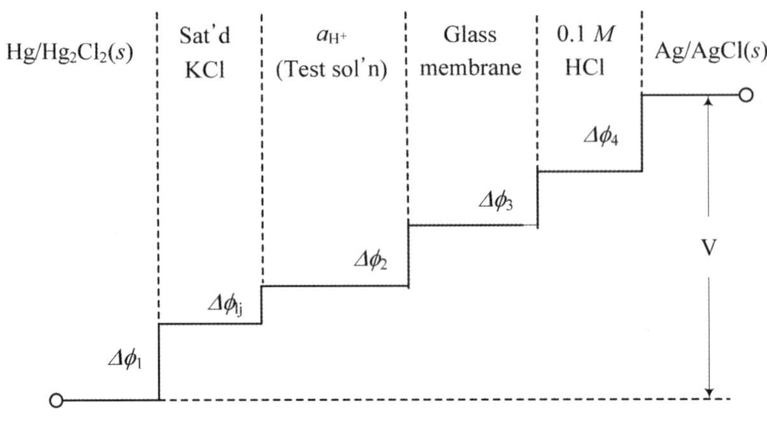


그림 3-17 pH 측정기 내부에 형성된 5개의 계면과 각 계면에서 전위 차이의 발생

고 있고, 이 전극의 전압을 일정하게 유지하기 위하여 0.1 *M* HCl이 내부 용액(internal solution)으로 채워져 있다. 샘플 용액과 내부 용액 사이에는 **유리막**(glass membrane)이 있다. 이 유리막은 $Na_2O$-CaO-$SiO_2$의 조성을 갖는데, $Na^+$는 이동이 가능하나 $O^{2-}$는 유리막의 내부에 고정되어(fixed, immobile) 있다. 따라서 $Na^+$는 쉽게 막으로부터 나오고, 대신 다른 양이온이 막의 내부로 들어가는 이온 교환이 가능하다.

위 pH 측정기에는 전위 차이가 발생할 수 있는 다섯 개의 계면이 존재한다(그림 3-17). SCE를 포함하는 반쪽 전지에서 $Cl^-$의 농도가 일정하므로 $\Delta\phi_1$은 일정한 값을 갖는다. $\Delta\phi_{1j}$은 일정하고 KCl 수용액이 관여하므로 매우 작은 값을 갖는다. $\Delta\phi_4$도 $Cl^-$의 농도가 0.1 *M*로 고정되어 있으므로 상수이다. 따라서 두 전극 사이의 전압(*V*)을 측정한다고 할 때, 일정한 값을 갖는 전위 차이를 제외하면 유리막을 사이에 두고 있는 $\Delta\phi_2$와 $\Delta\phi_3$만이 변수가 된다. 따라서 측정되는 전압(*V*)의 크기는 일정한 값에 $\Delta\phi_2$와 $\Delta\phi_3$가 더해진 값이 된다. [그림 3-18]에는 $\Delta\phi_2$와 $\Delta\phi_3$가 발생하는 유리막과 샘플 용액(α), 그리고 유리막과 내부 용액(β)과의 계면을 확대하여 보여주고 있다. 유리막의 또 다른 특징은 수용액과 접촉하면 그 접촉 부분이 수화(hydrated)된다는 것이다. 따라서 유리막도 수화된 상(m'과 m")과 그렇지 않은 상(m)으로 구분된다.

위에서 설명한 대로 pH 측정기를 통해 측정되는 전압(V)은 다른 항들이 상수이므로 $\Delta\phi_2$과 $\Delta\phi_3$에 의해서만 결정되고, 이를 좀 더 세분화하면 [그림 3-18]과 같이 4개의 계면에서 전위 차이의 합이 된다. 이를 **막전위**($E_m$, membrane potential)라고 하고, <식 3-36>으로 표현된다. 막전위가 측정하고자 하는 전압(*V*)의 크기를 결정한다.

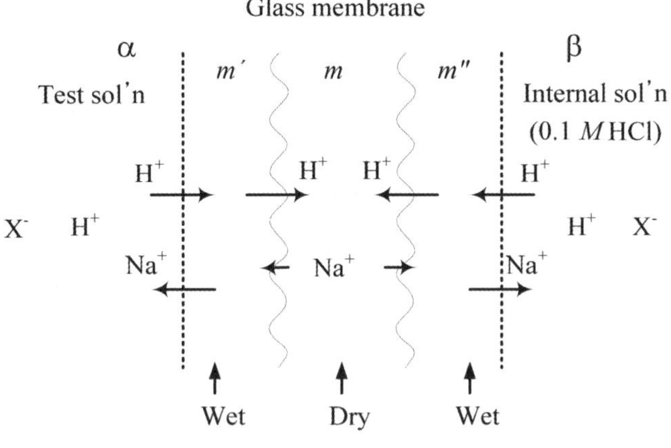


그림 3-18 유리막에서 막전위(membrane potential, $E_m$)의 발생

$$V = \text{Constant} + E_m$$

$$E_m = (\phi^{\beta} - \phi^{m''}) + (\phi^{m''} - \phi^{m}) + (\phi^{m} - \phi^{m'}) + (\phi^{m'} - \phi^{\alpha}) \quad \text{<3-36>}$$

(Donnan) (Diffusion) (Diffusion) (Donnan)

[그림 3-18]에 제시한 4개 계면의 특징을 살펴보면 다음과 같다. β와 m" 상의 계면에서는 이동이 가능한 $H^+$와 $Na^+$, 그리고 막에 고정된 $O^{2-}$가 존재하므로 도난 전위가 발생한다(그림 3-15 참조). $\beta$와 m" 상에서 $H^+$의 전기화학 전위가 같다는 평형 조건을 이용하여 도난 전위를 유도하면 <식 3-37>이 된다. $\alpha$와 m' 상의 계면에서도 도난 전위가 발생하며, <식 3-38>과 같이 유도된다.

$$\bar{\mu}_{H^+}^{\beta} = \bar{\mu}_{H^+}^{m''}$$

$$\mu_{H^+}^{0} + RT\ln a_{H^+}^{\beta} + z_{H^+}F\phi^{\beta} = \mu_{H^+}^{0} + RT\ln a_{H^+}^{m''} + z_{H^+}F\phi^{m''}$$

$$\phi^{\beta} - \phi^{m''} = \frac{RT}{F}\ln\frac{a_{H^+}^{m''}}{a_{H^+}^{\beta}} \quad \text{<3-37>}$$

$$\phi^{m'} - \phi^{\alpha} = \frac{RT}{F}\ln\frac{a_{H^+}^{\alpha}}{a_{H^+}^{m'}} \quad \text{<3-38>}$$

m, m′ 그리고 m″ 상의 내부에는 동일한 농도의 $O^{2-}$가 고정되어 있다. 따라서 $O^{2-}$ 의 확산 현상은 없으나 $H^+$와 $Na^+$의 농도는 m과 m′의 계면과 m과 m″ 계면을 사이에 두고 차이가 있으므로 이들 이온의 확산이 가능하다(그림 3-12 참조). 따라서 두 이온의 이동

도 차이에 의해 <식 3-39>와 <식 3-40>과 같이 확산 전위가 발생한다. 위의 4개 계면에서 전위 차이를 모두 합한 막전위($E_m$)는 <식 3-41>과 같이 정리된다.

$$\phi^{m} - \phi^{m'} = \frac{RT}{F}\ln\frac{u_{H^+}a_{H^+}^{m'} + u_{Na^+}a_{Na^+}^{m'}}{u_{Na^+}a_{Na^+}^{m}} \tag{3-39}$$

$$\phi^{m''} - \phi^{m} = \frac{RT}{F}\ln\frac{u_{Na^+}a_{Na^+}^{m}}{u_{Na^+}a_{Na^+}^{m''} + u_{H^+}a_{H^+}^{m''}} \tag{3-40}$$

$$E_m = \frac{RT}{F}\ln\frac{a_{H^+}^{\alpha}a_{H^+}^{m''}}{a_{H^+}^{\beta}a_{H^+}^{m'}} + \frac{RT}{F}\ln\frac{\left(\frac{u_{Na^+}}{u_{H^+}}\right)a_{Na^+}^{m'} + a_{H^+}^{m'}}{\left(\frac{u_{Na^+}}{u_{H^+}}\right)a_{Na^+}^{m''} + a_{H^+}^{m''}} \tag{3-41}$$

한편, α와 m′의 계면, 그리고 β와 m″의 계면에서는 이온 교환을 통하여 평형 상태에 도달하게 된다. 이때 평형 상수는 <식 3-42>와 같으며, 이로부터 **전위 선택성 상수**(potentiometric selectivity constant)를 <식 3-43>과 같이 정의할 수 있다.

$$Na^+(\alpha) + H^+(m') \rightleftharpoons H^+(\alpha) + Na^+(m')$$
$$Na^+(\beta) + H^+(m'') \rightleftharpoons H^+(\beta) + Na^+(m'')$$

$$K_{H^+,\ Na^+} = \frac{a_{Na^+}^{m'}a_{H^+}^{\alpha}}{a_{H^+}^{m'}a_{Na^+}^{\alpha}} \tag{3-42}$$

$$k_{H^+,\ Na^+}^{pot} = K_{H^+,\ Na^+}\left(\frac{u_{Na^+}}{u_{H^+}}\right) \tag{3-43}$$

<식 3-41>에 <식 3-42>와 <식 3-43>에서 각각 정의한 평형 상수와 전위 선택성 상수를 대입하면 최종적으로 <식 3-44>가 유도된다.

$$E_m = \frac{RT}{F}\ln\frac{a_{H^+}^{\alpha} + k_{H^+,Na^+}^{pot}a_{Na^+}^{\alpha}}{a_{H^+}^{\beta} + k_{H^+,Na^+}^{pot}a_{Na^+}^{\beta}} = \text{constant} + \frac{RT}{F}\ln\left(a_{H^+}^{\alpha} + k_{H^+,Na^+}^{pot}a_{Na^+}^{\alpha}\right) \tag{3-44}$$

<식 3-44>가 의미하는 것은 pH를 측정할 때 측정되는 전압($V$)은 막전위 $E_m$에 의해 결정되고, $E_m$은 샘플 용액에서 $H^+$의 활동도, $Na^+$의 활동도, 그리고 전위 선택성 상수에 의해 결정된다는 것이다. 만약에 전위 선택성 상수가 큰 값을 갖는다면 샘플 용액에 소량의 $Na^+$가 존재하더라도 pH 측정에 오차가 발생한다. 이를 **알칼리 오차**(alkali error)라고 한

다. 따라서 성능이 좋은 pH 측정기라면 전위 선택성 상수가 매우 작은 값을 갖는 유리막을 사용해야 한다. 이럴 때 샘플 용액에 미량의 $Na^+$가 존재하더라도 측정되는 pH는 $H^+$의 활동도에 의해서만 결정되므로 우수한 pH 측정기라고 할 수 있다.

<식 3-43>으로 정의된 전위 선택성 상수는 이온 교환 반응의 평형 상수에 비례한다. 이 값이 작을수록 유리막의 성능이 우수하다고 할 수 있는데, 이를 위해 평형 상수도 작은 값을 가져야 한다. 또한 평형 상수가 작은 값을 가지기 위해서는 <식 3-42>로부터 알 수 있듯이 평형 상태에서 $H^+(\alpha)$와 $Na^+(m')$의 농도(활동도)는 작고, $Na^+(\alpha)$와 $H^+(m')$의 농도는 커야 한다. 평형 상태에서 이러한 조건에 접근하기 위해서는 유리막이 쉽게 $Na^+$를 내어주고 대신 $H^+$를 받아들이는, 즉 두 이온 간의 이온 교환이 잘 이루어져야 한다. pH 측정기에 이용되고 있는 유리막의 전위 선택성 상수는 $10^{-11}$ 정도로 매우 작은 값을 갖는다. 따라서 pH 측정에 알칼리 오차가 크지 않다. 여기서 $k^{pot}_{H^+,Na^+}$값의 의미는 유리막이 앞에 제시된 이온($H^+$)에 대한 뒤에 표시된 이온($Na^+$)의 선호도를 뜻한다고 할 수 있다. 즉, 이 유리막은 $H^+$과 비교하여 $Na^+$에 대한 선호도가 $10^{-11}$배라는 의미, 다시 말해 $Na^+$에 비해 $H^+$의 이온 교환 선호도가 $10^{11}$배 크다는 의미이다. 이 유리막은 다른 이온들보다 $H^+$에 대한 선호도가 매우 높아 샘플 용액에 다른 이온들이 공존하더라도 $H^+$만을 선택적으로 이온 교환하는 특징을 갖는다.

이렇게 특정 이온에 대한 선호도가 큰 막을 **이온 선택성 막**(ion-selective membrane)이라고 하고, 이를 사용한 전극을 **이온 선택성 전극**(ion-selective electrode)이라고 한다. 이온 선택성 막에는 고체 상태 막과 액체 또는 고분자 막이 있다. $EuF_2$가 도핑된 고체 상태의 $LaF_3$ 막은 $F^-$에 대한 우수한 선택성을 가지므로 $F^-$의 농도를 측정하는 전극으로 사용된다. 많은 종류의 이온 선택성 막은 내부에 고정된 전하를 가지고 있으나, 일부는 중성인 경우도 있다. 대표적인 예가 **발리노마이신**이다. 이는 원형의 구조를 이루고 있으며, 산소 원자가 $K^+$와 결합할 수 있는 킬레이트제(chelating agent) 역할을 하여 $K^+$이 선택적으로 결합된다. 따라서 이는 $K^+$ 선택성 막이라고 할 수 있고, $K^+$ 분석을 위한 이온 선택성 전극 물질로 사용된다(그림 3-19).

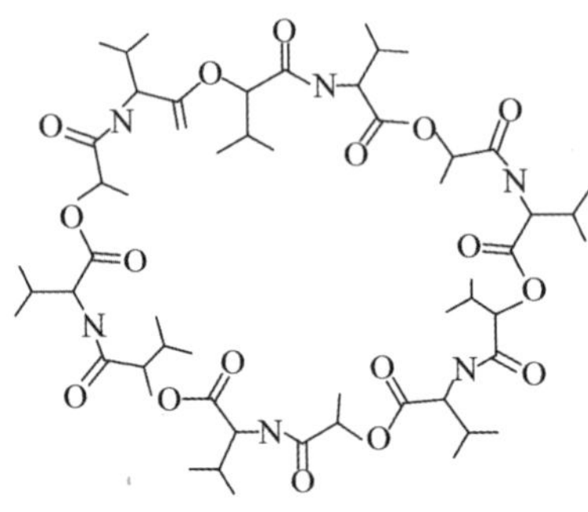


그림 3-19 발리노마이신(valinomycin)의 분자 구조

## 3-7 전기화학 센서

전기화학 센서는 크게 전압계 센서(potentiometric sensor)와 전류 센서(amperometric sensor)로 구분할 수 있다. 전자는 pH 측정기와 같이 기준 전극에 대하여 지시 전극의 전압을 측정하는 방법이고, 후자는 전류를 측정하는 방법이다.

[그림 3-20]에 $NH_4^+$ 이온 선택성 전극을 이용한 요소 분석을 위한 전압계 센서의 구조를 보여주고 있다. 외부 뚜껑에 부착된 막에 요소를 분해시킬 수 있는 요소 분해효소(urease)를 고정하였다. 요소 분해효소에 의해 요소로부터 생성된 $NH_4^+$를 $NH_4^+$ 이온 선택성 전극을 이용하여 측정한다.

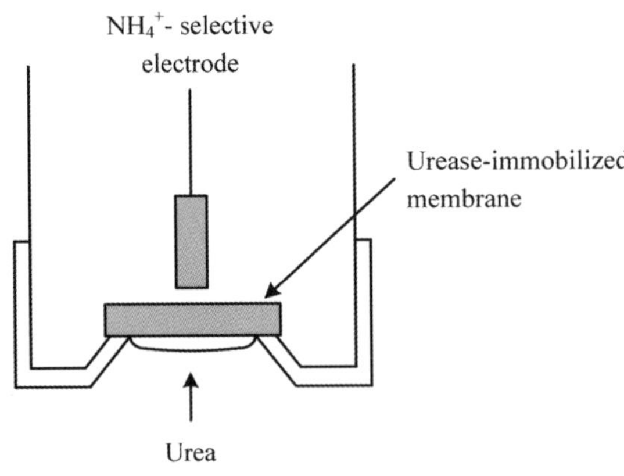


그림 3-20 전압계 요소 센서(potentiometric urea sensor)의 구조

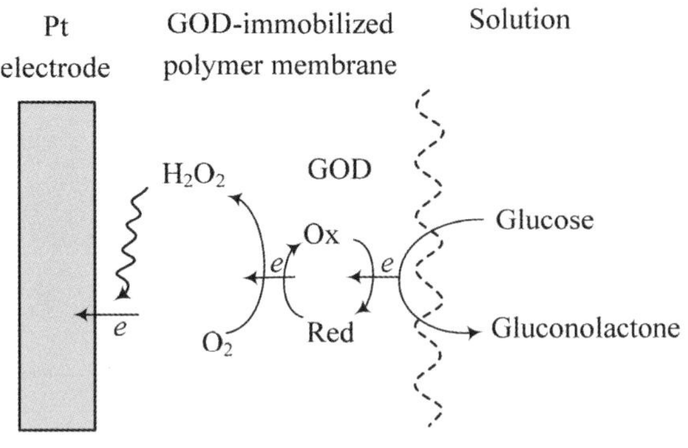


그림 3-21 글루코스 전류 센서의 작동 원리

$$\text{Urea} \xrightarrow{\text{Urease} + 2H_2O} 2NH_4^{\ +} + CO_3^{\ 2-}$$

[그림 3-21]은 당뇨병 환자들이 사용하는 글루코스 센서의 작동 원리를 보여주고 있다. 백금(Pt) 전극 위에 글루코스를 산화시킬 수 있는 GOD(glucose oxidase)를 고정한 막이 코팅되어 있다. 글루코스가 산화되면 GOD 내부의 산화환원 쌍이 환원되고, 이는 다시 산소에 의해 산화되면서 과산화 수소를 생성시킨다. 백금 전극에 전압을 걸어 과산화 수소를 산화시키는데, 이때 흐르는 산화 전류를 측정하여 글루코스의 농도를 측정한다. 따라서 이는 전류 센서이다.

## 3-8 전기 이중층electric double-layer의 구조

전극의 전위를 변화시켜 전극 내부의 전자 에너지를 조절할 수 있으며, 이때 전극 내에는 과량의 전하가 축적된다. 금속 전극의 전위를 조절하여 표면에 음전하가 축적된다면 용액 쪽에는 전기 중성을 위하여 같은 양의 양전하가 배열한다.

$$\sigma^{M} = -\sigma^{S}$$

이때 M과 S는 각각 금속과 용액을 뜻하며 $\sigma$는 전하 밀도(charge density, 단위 면적당 전하)를 의미한다. 전극 전위를 음의 방향으로 변화시키면 $\sigma^{M}$은 음의 값을 가지며 증가하고, 반대로 전극 전위를 양의 방향으로 조절하면 $\sigma^{M}$도 양의 값을 갖는다. 따라서 $\sigma^{M} = 0$인 전

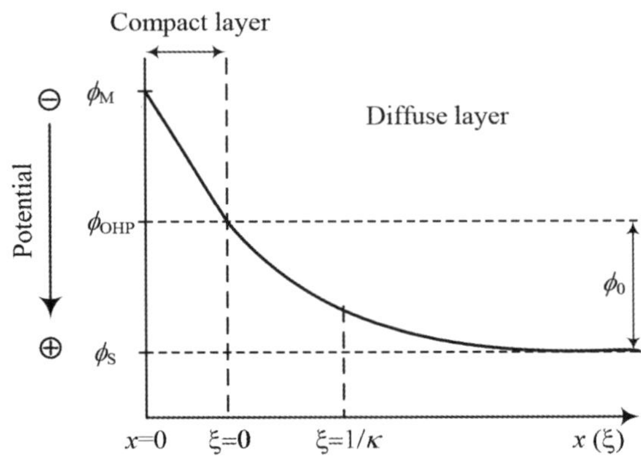


**그림 3-22** 전극/용액 계면의 용액 쪽 공간 전하 영역에서 전위(electric potential)의 분포

극 전위를 예상할 수 있는데, 이를 **영전하 전위**(potential of zero charge, $E_z$)라고 한다.

전극의 전압이 영전하 전위가 아닌 경우(전극이 분극된 경우, 1-2절 참조), 전극/용액의 계면에 전하 분리가 일어나며 계면에서 정전기적 인력에 의해 음전하와 양전하는 강하게 결합한다. 그러나 열에너지에 의해 결합의 정도가 완화될 수 있다. 따라서 전극과 용액 내 전하들은 계면을 중심으로 양쪽으로 일정한 범위 안에 배열하게 된다. 이렇게 전하가 배열된 영역을 **공간 전하 영역**(space charge region)이라고 하는데, 이것의 두께는 온도, 전하 운반체(charge carrier, 전자 또는 이온)의 밀도 등에 의해 결정된다. 온도가 높으면 열에너지에 의한 정전기적 인력의 이완이 심해지므로 공간 전하 영역이 넓어진다. 전하 운반체의 밀도가 감소할수록 공간 전하 영역이 넓어지는데, 이것은 이온의 농도가 감소할수록 데바이 길이가 증가하는 것과 동일한 현상이다. 금속의 경우 전하 운반체인 자유 전자의 밀도가 매우 높으므로 공간 전하 영역이 수 Å 정도로 매우 얇다. 그러나 전해질 용액 내 전하 운반체인 이온의 농도가 금속 내 자유 전자의 양에 비해 매우 적으므로, 전해질 용액 내 이온들이 분포하고 있는 공간 전하 영역의 두께는 대략 10~1000 Å이 된다. 따라서 공간 전하 영역에서 전위의 변화를 나타날 때, [그림 3-22]처럼 금속 내의 공간 전하 영역을 무시하고 전해질 쪽 공간 전하 영역만을 고려한다.

### 스스로 학습 3-5

실리콘(Si)에 인(P)를 1 ppm 도핑한 *n*-형 반도체 전극의 경우, 주 전하 운반체(major charge carrier)인 전자(electrons)의 농도가 실온에서 $5 \times 10^{16}$개/$cm^3$이다. 0.1 *M* 농도의 염이 용해된 전해질에서 이온의 농도(단위: 개/$cm^3$)를 계산하시오. 위의 *n*-형 반도체 전극과 0.1 *M* 전해질이 계면을 형성하고 있다고 할 때, 전하 운반체의 밀도를 고려하여 상대적인 공간 전하 영역의 두께를 비교하시오. [그림 3-22]와 같은 전위의 분포를 어떻게 그려야 할지 생각해 보시오(그림 13-4 참조).

전기화학 반응에서 전하 전달은 전극의 표면 근처에서만 일어난다. 즉, 전극 표면 근처에 접근한 화합물만이 전자를 주거나 받을 수 있다. 따라서 전극 표면 근처의 전기 이중층의 구조에 따라 전하 전달 속도가 영향을 받을 수 있다. 예를 들어, 어떤 화합물이 전극 표면에 흡착됨에 따라 전하 전달이 진행되는 반응점(reaction sites)이 막힐 수도 있고, 반대로 흡착된 물질이 전하 전달의 촉매 역할을 할 수도 있다. 이렇게 전기 이중층의 구조가 전하 전달 속도에 큰 영향을 미치지만, 전기 이중층에 대한 자세한 정보를 얻기 힘들다. 고체와 가스 계면의 구조와 반응 특성은 표면 분석 장비들을 이용하여 비교적 자세히 알 수 있다. 그러나 고체와 액체의 계면 특성을 조사할 수 있는 실험 장비가 최근에 개발되어 사용되고 있지만 아직도 제한적이다. 따라서 전기 이중층의 구조에 대해서는 이론적 접근이 주류를 이루어 왔고, 여러 이론을 종합한 것이 **구이-채프만-스턴(Gouy-Chapman-Stern) 모형**이다.

[그림 3-23]에 전극 전위가 영전하 전위($E_z$)보다 음의 값을 갖는 경우 전기 이중층의 구조를 설명하였다. 이 모형에 의하면 전극 표면은 강한 전기장($10^5$~$10^7$ V/cm)에 의해 분극(polarized)되어 있고, 또한 물 분자가 덮여 있다. 한편, 특별하게 수은(Hg) 전극에서는 전극 표면에 과량의 음전하가 축적됨에도 불구하고 음이온이 수은 전극 표면에 흡착될 수 있다. 이렇게 정전기적 반발력을 극복하고 흡착되므로 이를 **특이성 흡착**(specific adsorption)이라고 한다. 이렇게 특이성 흡착된 음이온의 중심을 따라 형성된 면을 **내부 헬름홀츠 평면**(inner Helmholtz plane, IHP)이라고 한다. 한편, 전극 표면에 과량의 음전하가 축적되어 있으므로 용액 쪽에는 음이온보다 더 많은 양이온이 분포하게 된다. 그러나 양이온은 전극 표면 근처에만 존재하는 것이 아니고 열 운동에 의해 전극으로부터 어떤 거리, 즉 위에 설명한 공간 전하 영역 내에 분포하게 된다. 이온은 용매화(여기서는 수화)

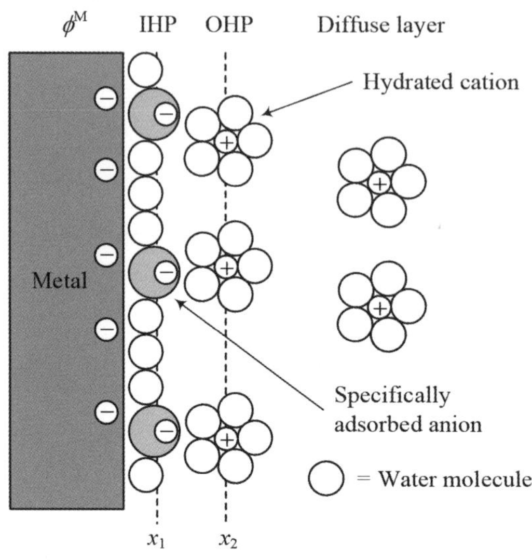


그림 3-23 음이온이 특이성 흡착(specific adsorption)한 경우 전기 이중층 모형

되어 있으므로 이 수화된 이온이 전극 표면에 가장 가깝게 접근한다고 하더라도 이 이온의 중심과 전극 사이의 거리는 물 분자 1~2개 정도의 지름에 해당한다. 이를 **외부 헬름홀츠 평면**(outer Helmholtz plane, OHP)이라고 한다. IHP와 OHP를 합하여 **조밀 이중층**(compact layer 또는 Helmholtz layer 또는 Stern layer)이라고 한다.

OHP 바깥 영역에는 음이온보다 더 많은 양이온이 분포하게 되는데, 전극 표면의 음전하와의 정전기적 인력에 의해 전극과 거리가 가까울수록 더 많은 양이온이 배열하고, 거리가 멀어질수록 양이온의 양은 감소한다. 이렇게 과량의 양이온이 배치하고 있는 전극 근처의 범위를 **확산층**(diffuse layer)이라고 한다(동일하게 '확산층'이란 용어를 사용하지만 [그림 1-5]에서 설명한 확산층(diffusion layer)과는 다른 개념임). 확산층의 형성은 데바이-휘켈 이론에서 설명하는 이온 분위기 형성과 동일한 현상이다. 이온 세기가 증가할수록 데바이 길이가 짧아지는 것처럼 전해질 내 이온 세기가 증가할수록 확산층의 두께도 얇아진다.

전극과 용액의 계면에 전하의 분포가 다르므로 전위 차이가 발생한다. [그림 3-22]에 용액 쪽 공간 전하 영역에서의 전위 분포를 보여주고 있다(금속 전극 내 공간 전하 영역이 매우 얇으므로 여기에서의 전위 분포를 무시하였다). 이는 조밀 이중층에서 전위가 직선적으로 변한다는 헬름홀츠-페린(Helmholtz-Perrin) 모형과 전극 표면에서 용액으로 갈수록 전위가 지수함수에 의해 변한다는 구이-채프만(Gouy-Chapman) 모형을 종합한 구이-채프만-스턴(Gouy-Chapman-Stern) 모형에 의한 전위 분포이다. 확산층 내에서 전위의 분포는 **푸아송 식**(Poisson equation)을 따르는데, 이를 설명하면 다음과 같다. OHP에서 전위($\phi_{OHP}$)와 벌크 용액의 전위($\phi_S$) 사이의 차이를 다음과 같이 $\phi_0$으로 정의하면 확산층 내부에서 전위 $\phi(\xi)$는 <식 3-45>의 관계를 보인다.

$$\phi_0 = \phi_S - \phi_{OHP}$$

$$\tanh\{ze\phi(\xi)/4kT\} = -\tanh(ze\phi_0/4kT)e^{-\kappa\xi} \qquad \text{<3-45>}$$

이때 $\xi = x - x_2$로, $\xi$는 OHP로부터 벌크 용액으로 거리를 뜻한다. $\kappa$는 <식 3-46>으로 표현되는데, $n^0$는 벌크 용액에서 어떤 이온의 농도, $z$는 그 이온의 전하, $e$는 단위 전하량, $\varepsilon$는 매질의 유전 상수, $\varepsilon_0$는 진공 유전율을 뜻한다.

$$\kappa = \left(\frac{2n^o z^2 e^2}{\varepsilon\varepsilon_o kT}\right)^{1/2} \qquad \text{<3-46>}$$

<식 3-45>에서 $\phi_0$가 충분히 작다면, $(ze\phi_0/4kT) < 0.5$, $\tanh\{ze\phi(\xi)/4kT\} \approx -ze\phi(\xi)/4kT$가 되므로 <식 3-47>이 유도된다.

$$\phi(\xi) = -\phi_0 e^{-\kappa\xi} \qquad \text{<3-47>}$$

<식 3-47>에 의하면 OHP에서 출발한 확산층 내에서 전위는 지수함수에 의해 변한다. 이때, $\phi_0$를 **제타 전위**(zeta potential)라고 한다. $\xi = 1/\kappa$에서는 $\phi(\xi) = -\phi_0 e^{-1}$가 되는데, 이는 확산층의 두께를 대변하는 값이다. 확산층의 두께는 용액 내 이온 세기에 의해 결정된다. 이온 세기가 작으면 $\kappa$가 작으므로 확산층은 더 넓게 발달하고, 이온 세기가 클수록 확산층의 두께는 감소한다.

전기 이중층은 전도체인 전극뿐 아니라 부도체인 일반적인 고체 표면에서도 형성될 수 있다. 예를 들어, 고체 입자가 자체적으로 표면에 전하를 갖거나 또는 이온이 표면에 흡착되면 표면에 전하를 갖는다. 이렇게 되면 용액 내에는 전기 중성을 위하여 반대 이온이 분포해야 한다. 반대 이온은 전극–용액의 계면과 마찬가지로 조밀 이중층과 확산층을 형성한다. 콜로이드 입자 표면에 음이온이 강하게 흡착되는 경우가 흔하다. 이때, 콜로이드 입자 표면 근처 용액에는 음이온보다 더 많은 양의 양이온이 배열하여 전기 이중층을 형성하고, 이들 과량의 양이온은 공간 전하 영역 안에서 [그림 3-23]처럼 배열한다.

# 3장 연습문제

**01** $10^{-4}$ $M$과 $5\times10^{-4}$ $M$ 농도 NaCl 용액의 전도도가 각각 $1.26\times10^{-3}$ S/m과 $6.2\times10^{-3}$ S/m이라면 무한 희석 시 NaCl 용액의 전도도는?

**02** (a) 25 °C에서 0.1 $M$ KCl 수용액의 이온 전도도($\kappa$)가 1.16 S/m이고, 전도도 측정 장치에서 측정된 저항이 25.0 Ω이라면 이 전도도 측정 장치의 셀 상수는?

(b) 동일한 전도도 측정 장치를 이용하여 0.2 $M$ NaCl 수용액의 저항을 측정한 결과 16.6 Ω을 얻었다면 이 NaCl 용액의 이온 전도도는?

(c) 동일한 전도도 측정 장치를 이용하여 측정한 0.01 $M$ 아세트산(acetic acid)의 저항이 2,000 Ω이라면 이 아세트산 용액의 몰 전도도는?

(d) 무한 희석된 HCl, 아세트산 소듐(sodium acetate, NaOAc), 그리고 NaCl 용액의 몰 전도도가 각각 42.6, 9.1, 12.6 mS $m^2$/mol이라면 아세트산 용액의 무한 희석 시 몰 전도도는?

(e) 위로부터 0.01 $M$ 아세트산의 해리도(α)를 계산하시오(예제 3-1 참조).

**03** 어떤 식물 세포막에 $Na^+$, $Cl^-$와 $H_2O$의 투과는 가능하나 단백질의 투과는 불가능하다고 하자. 또한 세포막의 외부에는 0.05 $M$ NaCl 수용액이 존재하고, 내부에는 0.001 $M$의 단백질($P$)이 존재한다고 가정하자. 이 단백질은 $P^{z+}$로 이온화되고, z = 20이며, 반대 이온은 $Cl^-$이다. 이로부터 평형 상태에서 세포막과 외부 용액 사이에 발생하는 도난 전위를 계산하시오. 모든 이온의 활동도 계수는 1.0이라고 가정하시오.

**04** 0.1 $M$ NaCl을 포함하는 용액의 전압을 pH 측정기로 측정하였을 때, pH = 8.0에

서 −0.45 V, pH = 10.0에서 −0.57 V, pH = 13.0에서 −0.69 V였다. <식 3-44>를 이용하여 여기에 사용된 유리막의 전위 선택성 상수를 계산하시오.

**05** 다음의 세 개로 나누어진 셀에서 Hittorf 방법에 의해 이온의 운반율(transference number)을 측정할 수 있다.

L C R

(음극) Ag | $AgNO_3$ (0.1 *M*) || $AgNO_3$ (0.1 *M*) || $AgNO_3$ (0.1 *M*) | Ag (양극)

이때 ||는 분리막으로 용액의 물리적인 섞임을 방지하지만 이온의 이동이 가능하다. 세 개 방에서 $AgNO_3$ 수용액의 부피는 모두 25 mL이다. 외부에 전원을 연결하여 96.5 C의 전하를 흘려주어 음극에서는 Ag의 전착을 양극에서는 Ag의 용출을 유도하였다.

(a) 음극에 전착된 Ag의 무게(g)는?

(b) $Ag^+$의 운반율이 1.0이라면 전해 후 세 개 방에서 $Ag^+$의 농도는 각각 얼마인가?

(c) $Ag^+$의 운반율이 0.0이라면 전해 후 세 개 방에서 $Ag^+$의 농도는 각각 얼마인가?

(d) 전해 후 양극 쪽(*R*)에서 측정된 $Ag^+$의 농도가 0.121 *M*이었다. 이로부터 양이온($Ag^+$)과 음이온($NO_3^-$)의 운반율을 각각 계산하시오.

**06** AgBr은 혼합 전도성을 갖는 고체(mixed-conducting solid)이다. 즉, 전자와 $Ag^+$에 의한 전도가 모두 가능하다. AgBr 막을 두 개의 Ag 전극(각각 무게는 1.00 g) 사이에 삽입시킨 셀(Ag/AgBr/Ag)을 제작하였다. 200 mA의 전류를 10분 동안 흘려 주고 난 후 환원 전극의 무게를 측정하여 보니 1.12 g이었다. 이로부터 전체 전하량 중 몇 %가 전자에 의한 전도의 결과인지 계산하시오.

**07** Quinhydrone은 quinone($Q$)과 hydroquinone($H_2Q$)의 혼합물(몰비가 1 : 1)인데, 이는 백금 전극에서 다음과 같이 가역적으로 반응한다.

$$Q + 2H^+ + 2e = H_2Q \quad E^0 = 0.458 \text{ V } (vs. \text{ SCE})$$

어떤 수용액의 pH를 측정하기 위하여 다음과 같이 SCE 기준 전극과 백금 지시 전극으로 구성된 셀을 구성하였다.

$$\text{SCE} \mid \text{quinhydrone (saturated)}, \ H^+ \ \text{(unknown)} \mid \text{Pt}$$

(a) 용액의 pH를 변화시키며 두 전극 사이 전압을 측정하고, pH에 따른 전압을 도시하였을 때 그 기울기는?

(b) 측정된 전압이 0.3 V라면 용액의 pH는? 액간 접촉 전위는 무시하시오.

**08** D. C. Grahame 등(*Chem. Rev.*, **41**, 441, 1947)은 수은 전극과 NaF 수용액 전해질 사이 계면에서 NaF의 농도와 전극 전압에 따른 $C_d$의 변화를 조사하였다. [그림 3-24]에 제시된 전기 이중층에서 커패시턴스 값($C_d$)은 $C_{OHP}$와 $C_{diffuse}$가 직렬 연결되므로 다음 식으로 주어진다.

$$1/C_d = 1/C_{OHP} + 1/C_{diffuse}$$

또한 일반적으로 커패시턴스 값은 $C_d = \varepsilon\varepsilon_0/d$와 같이 평면 간의 거리($d$)에 반비례한다(ε: 매질의 유전 상수, $\varepsilon_0$: 진공 유전율). 특이성 흡착 음이온이 없다고 가정하면 $C_{OHP}$는 전해질 내 이온 농도와 무관한 값을 가지나, 전극의 분극 상태에 따라 다른 값을 갖는다. 즉, 그림처럼 전극이 음으로 분극되면 양이온이 OHP를

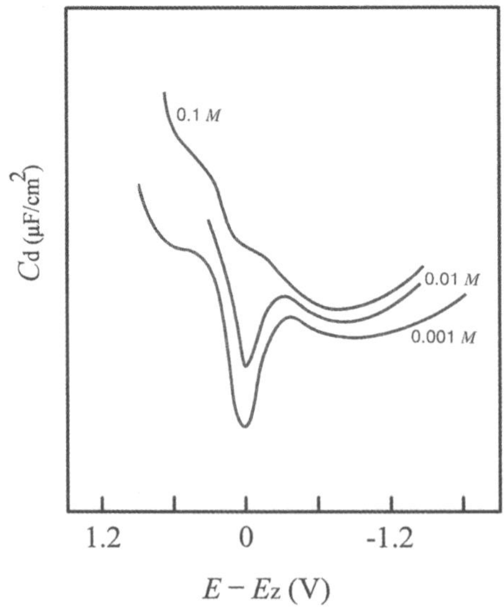


그림 3-24 NaF의 농도와 전극의 분극에 따른 $C_d$의 변화

형성하고, 반대로 양으로 분극되면 음이온이 OHP를 형성한다. 한편, $C_{diffuse}$는 전해질의 농도에 의존하고(Debye-Hűckel 이론), 또한 전극의 전압에 따라 다른 값을 갖는다. 주어진 조건에서 $C_{OHP}$와 $C_{diffuse}$ 중에서 어느 것이 더 작은가를 결정하고, 또한 $C_d = \varepsilon\varepsilon_0/d$임을 고려하여 [그림 3-24]에 나타난 다음 현상을 설명하시오.

(a) NaF의 농도가 매우 낮을 때(0.001 *M*), 전극의 전압이 영전하 전위($E_z$)에 접근하면(분극의 정도가 작으면) $C_d$가 최솟값을 갖는다.

(b) NaF의 농도가 증가함에 따라 $E_z$에서 $C_d$가 최솟값을 갖는 형태가 사라진다.

(c) NaF의 농도가 0.1 *M*로 큰 경우 전극이 양으로 분극될 때 $C_d$ 값이 음으로 분극될 때 그것보다 더 크다. 힌트: 수화된 $Na^+$의 크기가 수화된 $F^-$의 그것보다 크다.

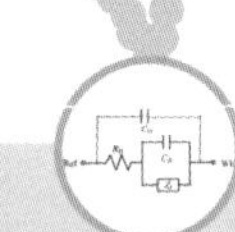

4장

# 전기화학 반응 속도

## Electrochemical kinetics

4–1 전하 전달 속도

4–2 표준 속도 상수($k^0$)의 크기에 영향받는 여러 가지 전기화학 현상

4–3 물질 전달 속도

어떤 화합물 O가 전기화학 반응을 통하여 환원된다고 할 때, O는 먼저 벌크 용액으로부터 전자의 터널링 속도가 충분히 큰 전극 표면으로 이동해 와야 한다. 전극 표면에 도달한 O는 불균일 전하 전달(heterogeneous charge transfer)에 의해 환원된다. 물질 전달과 전하 전달의 두 단계로 구성된 전기화학 반응에서 반응 속도인 전류는 두 단계 중에서 더 느린 단계(속도 결정 단계)에 의해 결정된다. 즉, 전하 전달이 더 느리다면 전체 반응의 속도(전류)는 전하 전달 속도에 의해 결정되고(charge transfer limited), 반대로 물질 전달이 더 느리다면 물질 전달 속도에 의해 결정된다(mass transfer limited).

전하 전달 속도는 전극에 가한 전압의 지수함수에 의해 변한다. 즉, 전하 전달 단계가 환원 반응이라면 전극에 가해진 전압이 음으로 갈수록 전하 전달 속도가 지수함수에 의해 증가하고, 따라서 전체 전기화학 반응의 속도인 환원 전류도 전압의 지수함수에 의해 증가한다. 반대로 산화 반응인 경우, 전극의 전압이 양으로 갈수록 전하 전달 속도가 지수함수에 의해 증가하여 산화 전류가 전압의 지수함수에 의해 증가한다.

어떤 전기화학 반응 $O + ne \rightarrow R$이 진행되려면 전하 전달 과정에서 $n$개의 전자가 전극으로부터 O로 전달되어야 한다. 이때 $n$개의 전자가 한 단계에서 한꺼번에 모두 전달될 수는 없다. 전하 전달 과정에서 전자는 한 단계(elementary step)에서 한 개씩 전달된다고 간주한다. 따라서 $n$개의 전자가 전달되기 위해서는 한 개의 전자가 전달되는 $n$개 단계가 연속적으로 이어져야 한다.

4-1절에서는 먼저 한 개의 전자가 전달되는 전하 전달 단계에서 전극에 가해준 전압에 따라 전하 전달 속도가 어떻게 변하는지를 설명하고(4-1-2절 ~ 4-1-6절), 이후 여러 개의 전자가 관여하는 반응에서 전체 전하 전달 속도가 전압에 따라 어떻게 변하는지 설명한다(4-1-7절). 또한 전하 전달 속도를 대변하는 표준 속도 상수($k^0$)의 크기에 영향받는 여러 전기화학 현상을 소개한다(4-2절).

4-3절에서는 물질 전달이 전체 전기화학 반응의 속도를 결정할 때, 물질 전달 속도와 전류와의 관계를 설명한다. 또한 통상적으로 전기화학 셀에 추가하는 전해질의 역할에 관하여 설명한다.

## 4-1 전하 전달 속도charge transfer rate

### (1) 화학 반응 속도론

일반적인 화학 반응($A + B \rightleftarrows C + D$)에서 정반응(forward reaction)과 역반응(backward reaction)의 속도는 다음과 같이 표현된다. 평형 상태에서 양방향의 속도가 동일하므로 $v_{net} = 0$이다.

$$v_f = k_f C_A C_B, \qquad v_b = k_b C_C C_D$$
$$v_{net} = v_f - v_b = k_f C_A C_B - k_b C_C C_D$$

이때 $k_f$와 $k_b$는 각각 정반응과 역반응의 반응 속도 상수이고, 이는 **활성화물 이론**(activated complex theory)에 의하면 [그림 4-1]에 제시한 것처럼 활성화 에너지를 대변하는 $\Delta G^{\ddagger}$와 <식 4-1>과 같은 관계를 보인다.

$$k_f = A_f\ e^{-\Delta G_f^{\ddagger}/RT},\ k_b = A_b\ e^{-\Delta G_b^{\ddagger}/RT} \qquad \text{<4-1>}$$

따라서 일반적인 화학 반응에서는 촉매를 사용하여 활성화 에너지($\Delta G^{\ddagger}$)를 낮추거나 온도($T$)를 올려 반응 속도 상수를 증가시킬 수 있다.

### (2) 1개 전자가 관여하는 전하 전달 속도

어떤 전기화학 반응 $O + e = R$의 전체 속도가 전하 전달 속도에 의해 결정된다고 할 때,

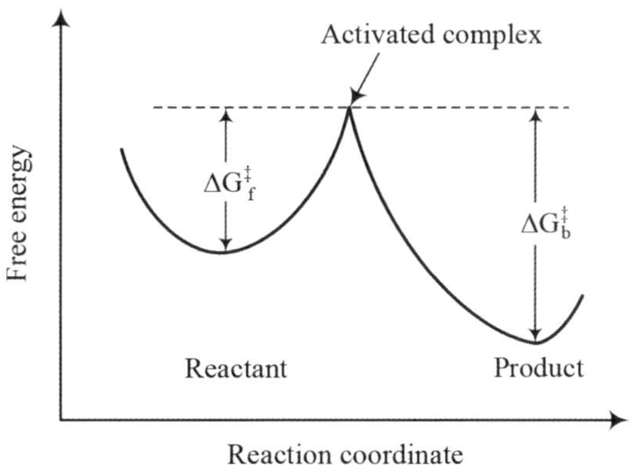


**그림 4-1** 화학 반응에서 반응경로에 따른 자유 에너지의 변화와 활성화 자유 에너지

정반응의 전하 전달 속도($v_f$)와 역반응의 전하 전달 속도($v_b$), 그리고 $i_{net}$는 <식 4-2>와 같이 표현된다. 이때 $v_f$를 나타내는 식에서 반응물 중 하나인 전극 내 전자($e$)의 양은 충분해서 반응이 진행되더라도 농도는 변하지 않는다는 가정이 가능하므로, 이 상수를 포함한 $k_f$로 표시하였다(1-1-6절 참조). 전하 전달 단계가 전체 속도를 결정하므로 전류 값($i_c$, $i_a$, 그리고 $i_{net}$)은 전하 전달 속도를 뜻함과 동시에 전체 전기화학 반응의 속도를 뜻하기도 한다.

$$v_f = k_f C_O(0,t) = \frac{i_c}{FA},\quad v_b = k_b C_R(0,t) = \frac{i_a}{FA},\quad v_{net} = v_f - v_b = \frac{i_{net}}{FA}$$

$$i_{net} = i_c - i_a = FA\,[k_f C_O(0,t)\ -\ k_b C_R(0,t)] \qquad \text{<4-2>}$$

전하 전달 반응($O_{surf}$ + $e$ = $R_{surf}$)이 진행됨에 따라 용액 내에서 O와 R의 농도는 시간($t$)과 위치에 따라 변한다. 일차원 공간($x$)에서 O와 R의 농도 분포를 표시하면 $C_O(x, t)$와 $C_R(x, t)$가 되는데, 이때 $x$는 전극으로부터 거리를 뜻한다. 따라서 <식 4-2>에서 $C_O(0, t)$와 $C_R(0, t)$는 전극 표면($x = 0$)에서 시간에 따른 $O_{surf}$와 $R_{surf}$의 농도를 뜻한다. 이는 전극 표면에 존재하는 $O_{surf}$ 또는 $R_{surf}$만이 전하 전달 반응에 참여할 수 있기 때문이다.

전하 전달 과정에서 정반응과 역반응의 반응 속도 상수는 <식 4-3>으로 표현된다.

$$k_f = k^0\ e^{-\alpha F(E-E^{0'})/RT},\quad k_b = k^0\ e^{(1-\alpha)F(E-E^{0'})/RT} \qquad \text{<4-3>}$$

여기서 $k^0$는 **표준 속도 상수**(standard rate constant), α는 **대칭 인자**(symmetry factor), 그리고 $E$는 전극에 가한 전압을 뜻한다. 이 식으로부터 전하 전달 속도 상수($k_f$와 $k_b$)가 전극에 가해준 전압($E$)의 지수함수에 의해 변화함을 알 수 있다. 전극의 전압을 변화시키면, 전하 전달 반응 속도 상수가 변하고(식 4-3) 따라서 반응 속도인 전류가 변함을 의미한다(식 4-2). 이를 활성화물 이론을 이용하여 설명할 수 있다. <식 4-1>과 <식 4-3>을 비교해 보면 지수함수의 지수 사이에 활성화 자유 에너지(<식 4-1>에서 $\Delta G^{\ddagger}$)와 전극에 가하는 전압(<식 4-3>에서 $E$)과 상관관계를 보인다. 이는 전압에 의해 활성화 자유 에너지($\Delta G^{\ddagger}$)가 변할 수 있음을 시사한다.

[그림 4-2]에 보인 것처럼 $E = E^{0'}$인 조건에서는 정반응과 역반응의 **활성화 자유 에너지**(free energy of activation)가 동일($\Delta G_f^{\ddagger} = \Delta G_b^{\ddagger}$)하므로 양방향의 반응 속도 상수가 동일하다($k_f = k_b$). <식 4-3>으로부터도 $E = E^{0'}$인 조건에서는 $k_f = k_b$임을 알 수 있다. 전극 전위를 더 양의 값($E > E^{0'}$)으로 변화시키면 전하 전달 반응의 속도 상수 $k_f$와 $k_b$가 변하는데, 이를 [그림 4-3]에서 설명하고 있다.

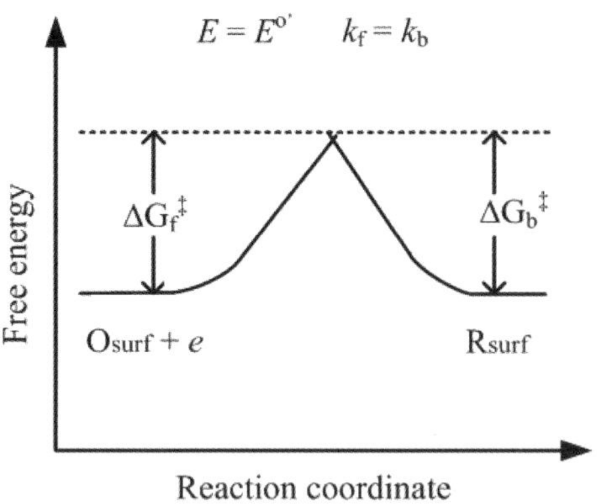


**그림 4-2** $E = E^{0'}$인 경우 전하 전달 과정에서 정반응과 역반응의 활성화 자유 에너지

'전극 전위는 전극 내 전자 에너지의 표현'(1-1-(1)절 참조)이므로, 전극 전위를 양의 방향으로 변화시키면 전자($e$)의 에너지가 감소한다. 이때 전자의 자유 에너지 감소량은 $F(E - E^{0'})$이다. 전하량 × 전압 = 에너지이고 전하량은 $n$F이나 $n$ = 1이므로 이렇게 표현된다. 이렇게 전극 전위를 양의 값으로 변화시켰을 때 전하 전달 과정의 정반응과 역반응의 활성화 에너지는 [그림 4-3]에 보여 준 것처럼 <식 4-4>에 의해 변화한다. 즉, 정반응의 활성화 자유 에너지 $\Delta G_c^‡$는 증가하고, 역반응의 활성화 자유 에너지 $\Delta G_a^‡$는 감소한다. 따라서 $k_f$와 $k_b$는 <식 4-5>와 <식 4-6>으로 표현된다. 표준 속도 상수($k^0$)를 <식 4-7>과 같이 정의하면 <식 4-5>와 <식 4-6>은 <식 4-3>과 같아진다. <식 4-3>이 의미하는 것은 전극 전위를 양의 방향으로 변화시키면 $(E - E^{0'})$가 증가하므로 전하 전달 과정에서 $k_f$는 감소하는 대신, $k_b$는 증가한다는 것이다. 이는 우리가 쉽게 예측할 수 있는 사실, 즉 전극 전위가 양의 값을 가질수록 산화 전

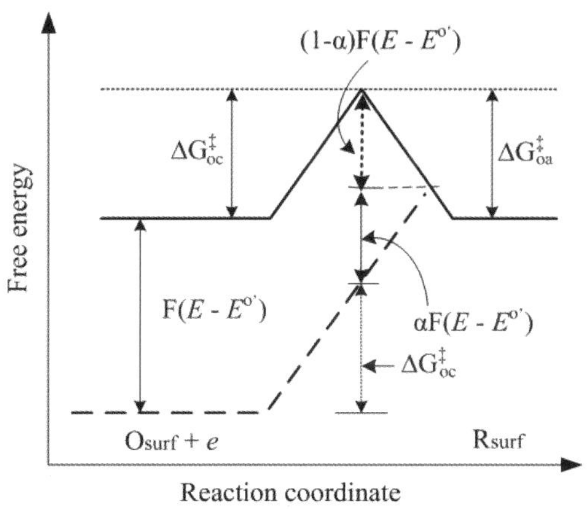


**그림 4-3** 전하 전달 반응에서 전압의 변화에 따른 정반응과 역반응의 활성화 자유 에너지 변화

류가 증가하고($k_b$가 증가), 환원 전류는 감소($k_f$가 감소)한다는 것과 일치한다. 또한 전극 전위가 음의 값을 가질수록 환원 반응에 해당하는 전하 전달 속도 상수($k_f$)가 증가하고, 산화 반응의 전하 전달 속도 상수($k_b$)는 감소함을 <식 4-3>으로부터 알 수 있다. 이처럼 전하 전달 반응의 속도 상수가 전압에 의해 변화하는 것은 아주 간단한 사실, 즉 반응물인 전자의 에너지가 전극 전위에 의해 변하기 때문이다(전극 전위는 전자 에너지의 표현).

$$\Delta G_c^{\ddagger} = \Delta G_{0c}^{\ddagger} + \alpha F(E - E^{0'}),\ \ \Delta G_a^{\ddagger} = \Delta G_{0a}^{\ddagger} - (1-\alpha)F(E - E^{0'}) \quad \text{<4-4>}$$

$$k_f = A_f e^{-\Delta G_c^{\ddagger}/RT} = A_f e^{-\Delta G_{0c}^{\ddagger}/RT} e^{-\alpha F(E-E^{0'})/RT} \quad \text{<4-5>}$$

$$k_b = A_b e^{-\Delta G_a^{\ddagger}/RT} = A_b e^{-\Delta G_{0a}^{\ddagger}/RT} e^{(1-\alpha)F(E-E^{0'})/RT} \quad \text{<4-6>}$$

$$k^0 = A_f\ e^{-\Delta G_{0c}^{\ddagger}/RT} = A_b\ e^{-\Delta G_{0a}^{\ddagger}/RT} \quad \text{<4-7>}$$

**? 예제 4-1**

[그림 4-3]에서 전극 전위를 조절함으로써 전자의 에너지를 변화시켜 전하 전달 과정에서 정반응과 역반응의 반응 속도 상수(결과적으로 전류)를 조절할 수 있었다. 그렇다면 또 다른 반응물인 $O_{surf}$의 자유 에너지를 변화시켜 반응 속도를 조절할 수는 없는가?

**풀이** 전기 도금 공정에서 도금층의 질(quality)을 높이기 위하여 도금 반응의 속도, 즉 전류를 낮게 조절한다. 이를 위해 도금액에는 금속 이온과 강한 착물을 형성할 수 있는 리간드를 첨가한다. 대표적인 구리의 도금액은 $Cu(CN)_2$ 40~50%, KCN 20~30%, $K_2CO_3$ 10%로 구성되어 있다. $CN^-$는 구리와 강한 착물을 형성한다. 일반적으로 금속 이온과 리간드 사이 착물 형성을 잘 할수록 그 착물의 자유 에너지가 낮다(더 안정하다). $Cu^{2+}$에 물이 배위된 것에 비해 $CN^-$가 배위된 상태($Cu(CN)_2$)의 자유 에너지가 더 낮으므로, [그림 4-3]의 반응물 중에서 전자($e$)가 아닌 $O_{surf}$의 자유 에너지가 낮아진다. 따라서 전압을 양의 방향으로 조절하여 전자($e$)의 에너지를 낮춘 것과 같은 효과를 내며, 환원 반응의 활성화 에너지를 증가시킨다. 즉, 구리의 환원 반응 속도가 감소하고 도금층의 질이 좋아진다(11-6절 참조).

<식 4-2>와 <식 4-3>을 이용하여 $i_{net}$를 다음과 같이 다시 정리할 수 있다. <식 4-8>의 오른쪽 첫째 항은 환원 과정의 전하 전달 속도(전하 전달이 전체 속도를 결정하므로 결과적으로 환원 전류)를, 그리고 둘째 항은 산화 과정의 전하 전달 속도(결과적으로 산화 전류)를 뜻한다.

$$i_{net} = i_c - i_a = FA\,[k_f C_O(0,t) \; - \; k_b C_R(0,t)]$$
$$= FAk^0[C_O(0,t)\; e^{-\alpha F(E-E^{0'})/RT} - C_R(0,t)\; e^{(1-\alpha)F(E-E^{0'})/RT}\,] \qquad \text{<4-8>}$$

평형 상태에서 $i_{net}$ = 0이므로 $i_c$ = $|i_a|$이다. 그러나 $i_{net}$ = 0이라고 하여 전류가 전혀 흐르지 않는 것은 아니다. 실제로는 양방향으로 동일한 크기의 전류가 흐르는데, 이를 **교환 전류**(exchange current, $i_0$)라고 한다. 평형 상태에서 $i_0$ = $i_c$ = $|i_a|$이므로 교환 전류를 다음과 같이 유도할 수 있다. 평형 상태($E$ = $E_{eq}$)에서 $i_c$ = $i_0$이므로 <식 4-9>가 유도된다.

$$i_0 = i_c = FAk^0 C_O^* e^{-\alpha F(E_{eq}-E^{0'})/RT} \qquad \text{<4-9>}$$

또한 평형 상태에서는 표면 농도와 벌크 농도가 동일하므로 <식 4-10>이 성립하고, 평형 전압은 <식 4-11>로 표현되므로 <식 4-9>로부터 <식 4-12>가 유도된다.

$$C_O(0,t) = C_O^*, \;\; C_R(0,t) = C_R^* \qquad \text{<4-10>}$$

$$E_{eq} = E^{0'} + \frac{RT}{F}\ln\frac{C_O^*}{C_R^*} \qquad \text{<4-11>}$$

$$\frac{C_O^*}{C_R^*} = e^{F(E_{eq}-E^{0'})/RT}, \quad \left(\frac{C_O^*}{C_R^*}\right)^{-\alpha} = e^{-\alpha F(E_{eq}-E^{0'})/RT}$$

$$i_0 = FAk^0 C_O^{*(1-\alpha)} C_R^{*\alpha} \qquad \text{<4-12>}$$

<식 4-12>에서 교환 전류($i_0$)가 표준 속도 상수($k^0$)와 전극 면적($A$)에 정비례함을 알 수 있다. <식 4-12>로부터 <식 4-13>이 유도되고, 이를 이용하여 대칭 인자를 실험적으로 구할 수 있다. 즉, $C_O^*$를 고정하고 $C_R^*$를 변화시키며 $i_0$를 구하면 α를 구할 수 있다.

$$\left(\frac{\partial \ln i_0}{\partial \ln C_O^*}\right)_{C_R^*} = 1-\alpha, \quad \left(\frac{\partial \ln i_0}{\partial \ln C_R^*}\right)_{C_O^*} = \alpha \qquad \text{<4-13>}$$

한편, 표준 속도 상수($k^0$)는 <식 4-7>에 제시한 것처럼 전극 전위의 함수가 아니므로 전압과는 상관없는 전하 전달 반응의 고유한 특성을 나타내는 값이다. 이 값이 크다는 것은 $\Delta G_0^{\ddagger}$가 작다는 것이고, 이는 가해 주는 전극 전위와 상관없이 전하 전달 반응이 원천적으로 빠르다는 것을 의미한다. 수은 전극에서 수소 발생 반응의 $R_{ct}$가 매우 커서 넓은 과전압 범위에서 수소 발생 전류가 무시할 만큼 작다라고 한 것도 결국은 특정한 전극/특정한 전기화학 반응으로 구성된 반쪽 전지에서 반응의 속도 특성을 나타내는 $k^0$가 매우 작음을 뜻하는 것이다. 다른 시스템(Pt 전극/수소 발생 반응)에서는 $R_{ct}$가 매우 작은데 이는 $k^0$가 매우 큼을 의미하는 것이다. 한편, 실제 측정되는 전류의 크기가 $k^0$뿐 아니라 다른 인자에 의해서도 영향받음을 <식 4-8>로부터 알 수 있다. 즉 환원 전류는 $k^0$뿐 아니라 전극 면적($A$), O의 표면 농도(즉, 벌크 농도, 물질 전달은 매우 빠르다고 가정하므로, $C_O(0, t) = C_O^*$이므로), 대칭 인자(α), 전극에 가해지는 전압($E$), 그리고 온도($T$)에 의해 변할 수 있음을 <식 4-8>이 보여주고 있다.

전기화학 반응에서도 반응 속도를 높이기 위하여 **전기 촉매**를 사용하는 경우가 있다. 전기 촉매는 $\Delta G_0^\ddagger$를 낮추어 전하 전달 반응을 원천적으로 빠르게 한다. 다시 말하여 어떤 시스템의 $k^0$를 증가시키는 역할을 한다. 그러나 전기 촉매를 사용하더라도 전류의 크기는 위에 열거한 것처럼 전극에 가해지는 전압($E$), 전극 면적($A$), $C_O^*$, 대칭 인자(α), 그리고 온도($T$)에 의해서도 영향을 받는다.

<식 4-8>과 <식 4-12>로부터 $i_{net}$를 다시 정리하면 전류를 **과전압**($\eta = E - E_{eq}$)의 함수로 표현할 수 있다.

$$i_{net} = i_0\left[\frac{C_O(0,t)}{C_O^*}e^{-\alpha F(E-E_{eq})/RT} - \frac{C_R(0,t)}{C_R^*}e^{(1-\alpha)F(E-E_{eq})/RT}\right] \quad \text{<4-14>}$$

위 식에서 괄호 속 앞의 항은 O의 환원 전류($i_c$)를, 뒤의 항은 R의 산화 전류($i_a$)를 뜻한다. 농도의 비로 표현된 항은 물질 전달 속도를, 그리고 과전압의 지수함수로 주어진 항은 전하 전달 속도를 각각 대변한다.

### (3) 버틀러–볼머 식 Butler–Volmer equation

전기화학 반응에서 물질 전달 속도가 커서 전체 속도를 전하 전달이 결정한다고 하면, <식 4-14>에서 $C_O(0, t) \approx C_O^*$ 또한 $C_R(0, t) \approx C_R^*$이 성립된다. 즉, 물질 전달 속도가 크므로 O 또는 R의 표면 농도($C_{O/R}(0, t)$)는 벌크 농도($C_{O/R}^*$)와 동일하다고 간주해도 되기 때문이다. 따라서 <식 4-14>는 <식 4-15>로 다시 정리된다.

$$i_{net} = i_0[e^{-\alpha F\eta/RT} - e^{(1-\alpha)F\eta/RT}] \quad \text{<4-15>}$$

이를 **버틀러–볼머 식**(Butler-Volmer equation)이라고 하는데, 이는 전하 전달 과정이 전체 속도를 결정하는 경우 가하는 전압에 따라 전류가 어떻게 변하는지를 보여 주는 식이다. 이때 전류는 전하 전달 속도를 대변한다. $\eta = E - E_{eq}$이므로, 전극 전위를 음의 값으로 변화시키면 괄호 안 앞의 항(환원 반응을 위한 전하 전달 속도, 결과적으로 환원 전류)은 지수함수에 의해 증가하고, 뒤의 항(산화 전류)은 지수함수에 의해 감소한다. 반대로 전극 전위를 양의 값으로 변화시키면 $\eta$가 양의 값을 가지므로 환원 반응을 위한 전하 전달 속도는 지수함수에 의해 감소하고, 대신 산화 전류가 지수함수에 의해 증가한다. 이렇게 전류가 전압에 의해 변하는 것은 전압의 변화에 따라 전하 전달 단계에서 반응 속도 상수가 변하기 때문이다(식 4-3). 여기서 과전압($\eta$)은 전하 전달 속도와 관계가 있으므로 **활성화 과전압**(activation overpotential)이라 한다.

### ? 예제 4-2

어떤 비활성 전극 표면에서 진행되는 전기화학 반응(O + $e$ = R)에서 전하 전달이 전체 속도를 결정한다고 가정하고, 다음 조건에서 버틀러-볼머 식을 이용하여 전압과 전류의 관계를 그리시오; A = 0.1 cm$^2$, $E^{0'}$ = −0.15 V (*vs.* SCE), $k^0 = 10^{-4}$ cm/s, $T$ = 298 K, $\alpha$ = 0.5, $C_O^*$= 5.0 mM, $C_R^*$ = 1.0 mM

**풀이** 버틀러-볼머 식을 이용하여 전압에 따른 전류를 모사하기 위해서 먼저 평형 전압($E_{eq}$)과 교환 전류($i_0$)를 알아야 한다. 평형 전압($E_{eq}$)을 계산하면 다음과 같다.

$$E_{eq} = E^{0'} + \frac{RT}{F} \ln \frac{C_O^*}{C_R^*}$$
$$= (-0.15 \text{ V}) + \frac{(8.314 \text{ J/mol}\cdot\text{K})(298\text{K})}{(9.65 \times 10^4 \text{ C/mol})} \ln \frac{(5\times10^{-3}\text{M})}{(10^{-3}\text{M})} = -0.11 \text{ V}$$

주어진 조건에서 $i_0$는 다음과 같이 계산된다.

$$i_0 = FAk^0 C_O^{*(1-\alpha)} C_R^{*\alpha}$$
$$= (9.65\times10^4 \text{ C/mol})\times(0.1\text{ cm}^2)\times(10^{-4}\text{ cm/s})$$
$$\times(5\times10^{-6}\text{ mol/cm}^3)^{0.5}\times(1\times10^{-6}\text{ mol/cm}^3)^{0.5}$$
$$= 2.2\ \mu\text{A}$$

위 계산에서 각 변수를 cgs 단위로 표현하고 농도의 단위를 반드시 mol/cm$^3$로 사용하여야 전류가 암페어(amperes)의 단위를 갖게 된다.

$$\left(\frac{C}{mol}\right)\ (cm^2)\ \left(\frac{cm}{s}\right)\ \left(\frac{mol}{cm^3}\right)^{0.5}\ \left(\frac{mol}{cm^3}\right)^{0.5} = \frac{C}{s} = \text{Amperes}$$

---

[그림 4-4]에 위에서 계산한 $E_{eq}$와 $i_0$로부터 버틀러-볼머 식을 이용하여 전압에 따른 $i_c$와 $i_a$를 모사하여 그렸다. 전극 전위가 음의 값을 가질수록 환원 전류($i_c$)는 지수함수에 의해 증가하고(위 점선), 산화 전류($i_a$)는 지수함수에 의해 감소한다(아래 점선). 반대로 전극 전위가 양의 값을 가질수록 산화 전류($i_a$)는 지수함수에 의해 증가하고, 환원 전류($i_c$)는 지수함수에 의해 감소한다. 평형 전압에서는 $i_c = |i_a| = i_0$를 만족하고 있다. $i_{net}$를 실선으로 표시하였는데, 이 $i_{net}$가 전극 전위를 변화시킴에 따라 실제로 측정되는 전류이다. 점선으로 표시된 $i_c$와 $i_a$는 실제로 검출되지 않는 '*보이지 않는(invisible) 전류*'이고 이들의 차이인 $i_{net}$가 실제로 검출되는 전류이다.

[그림 4-4]에서 평형 전압은 비활성 전극/R, O로 구성된 반쪽 전지의 평형 상태에서 전압이며, 이는 실제로 환원 또는 산화 전류가 검출 여부를 가늠하는 기준이 된다. 즉, [그림 4-4]에서 실선으로 표시한 $i_{net}$를 보면 전극의 전압을 반쪽 전지의 평형 전압보다 더 음의 값으로 이동되면 순수한 환원 전류가 얻어지고(오른쪽 실선), 반대로 더 양의 값

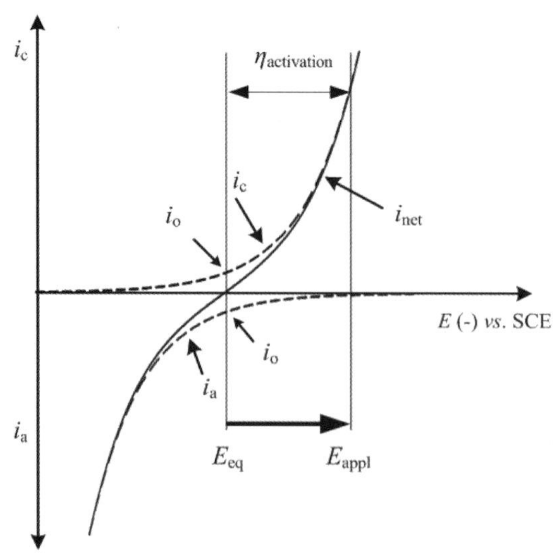


**그림 4-4** 버틀러-볼머 식에 따른 전하 전달 속도를 대변하는 $i_c$, $i_a$, $i_{net}$ 그리고 활성화 과전압의 정의

으로 조절하면 순수하게 산화 전류가 얻어진다(왼쪽 실선). 평형 전압에서 $i_{net}$ = 0인데, 이는 산화 전류($i_a$)와 환원 전류($i_c$)가 동일하여 실제로 검출되는 전류의 크기가 0이기 때문이다. 따라서 순수한 환원 전류($i_{net}$)를 얻기 위해서는 전극의 전압을 $E_{eq}$보다 더 음의 값으로 조절해야 하고, 순수한 산화 전류를 얻기 위해서는 전극의 전압을 $E_{eq}$보다 더 양의 값으로 조절해야 한다. 이처럼 실제로 전류를 얻기 위해서 $i_{net}$ = 0인 $E_{eq}$보다 더 과(over)하게 전극의 전압을 조절해야 하므로 이를 과전압이라고 한다. 특별히 전하 전달이 전체 속도를 결정하므로 **활성화 과전압**이라고 한다. [그림 4-4]에 환원 반응의 과전압을 표시하였는데, 환원 반응의 과전압은 환원 전류가 증가하면 같이 증가한다. 즉, 더 큰 환원 전류를 얻기 위해서는 과전압이 더 커야 한다는 의미이고, 이는 전압을 $E_{eq}$보다 더 과하게 음의 값으로 조절해야 한다는 의미이다.

[그림 4-4]에 나타낸 전류는 전하 전달 속도를 대변하는 값이므로, 위에 기술한 내용을 다시 설명해 보면 다음과 같다. 반쪽 전지의 $E_{eq}$에서 환원 반응을 위한 전하 전달 속도와 산화 반응의 전하 전달 속도가 같으므로 겉으로 보이는 전하 전달 속도는 0이다. 따라서 활성화 과전압($\eta_{activation}$)은 전하 전달 속도가 0인 조건에서 벗어나 환원 반응이거나 산화 반응을 위한 전하 전달이 어떤 속도를 가지고 실제로 일어날 수 있도록 전극에 과하게 가하는 전압이다. 전극의 전압을 $E_{eq}$보다 더 음의 값으로 변화시키면 환원 반응의 전하 전달 속도가 지수함수에 의해 증가하고, 산화 반응의 전하 전달 속도는 지수함수에 의해 감소한다. 따라서 $E_{eq}$에서 보였던 전하 전달 속도가 0인 상태에서 벗어나 '환원 반응의 전하 전달 속도 > 산화 반응의 전하 전달 속도'인 상태에 이르며 결과적으로 환원 반응의 전하 전달이 어떤 속도를 가지고 진행되는 것이 겉으로 나타나게 된다.

**스스로 학습 4-1**

예제 4-2에서 구한 $E_{eq}$과 $i_0$ 값을 <식 4-15>에 적용하여 전극의 전압을 −0.3 V(*vs.* SCE)로 조절하였을 때, $i_c$, $i_a$, 그리고 $i_{net}$를 계산하시오.

### (4) 전기화학 가역성

화학 반응에서 가역적이라고 함은 반응이 가역적으로 일어난다는 의미이지만 **전기화학 가역성**(electrochemical reversibility)은 이러한 화학적 의미의 가역성에 또 다른 개념, 즉 $k^0$가 매우 크다는 의미가 추가된다.

[그림 4-4]에서 보면 활성화 과전압이 작은 영역에서는 환원 반응의 전하 전달(윗쪽 점선, $i_c$)과 산화 반응의 전하 전달(아래쪽 점선, $i_a$)이 동시에 일어난다. 활성화 과전압이 음의 방향 또는 양이 방향으로 매우 크면 환원과 산화 중 하나만이 검출된다. 예를 들어, 활성화 과전압이 음의 방향으로 커지면 환원 반응의 전하 전달 속도가 지수함수에 의해 증가하는데, 산화 반응의 전하 전달 속도는 지수함수에 의해 감소하다가 0에 접근한다. 다시 말해, $i_a \to 0$이므로 $i_{net} \approx i_c$가 된다. 즉 전류가 한 방향으로만, 즉 환원 전류만 흐른다. 활성화 과전압이 양의 방향으로 매우 크면 환원 반응의 전하 전달 속도 $i_c \to 0$이므로 $i_{net} \approx i_a$로 산화 전류만 흐른다. 따라서 [그림 4-4]의 전압-전류 도시를 3가지 영역으로 구분할 수 있다: ① 활성화 과전압이 양과 음의 방향으로 작은 영역; 이 영역에서는 환원 전류와 산화 전류가 동시에 흐른다. ② 활성화 과전압이 음의 방향으로 매우 큰 영역; 여기서는 $i_a \to 0$이므로 환원 전류만이 검출된다. ③ 활성화 과전압이 양의 방향으로 매우 큰 영역; 여기서는 $i_c \to 0$이므로 산화 전류만이 검출된다.

[그림 4-5]에 표준 속도 상수($k^0$)의 크기에 따라 ① 환원 전류와 산화 전류가 동시에 흐르는 활성화 과전압의 범위를 나타내었다. 그림에서 보듯이 $k^0$가 매우 크면 환원 전류와

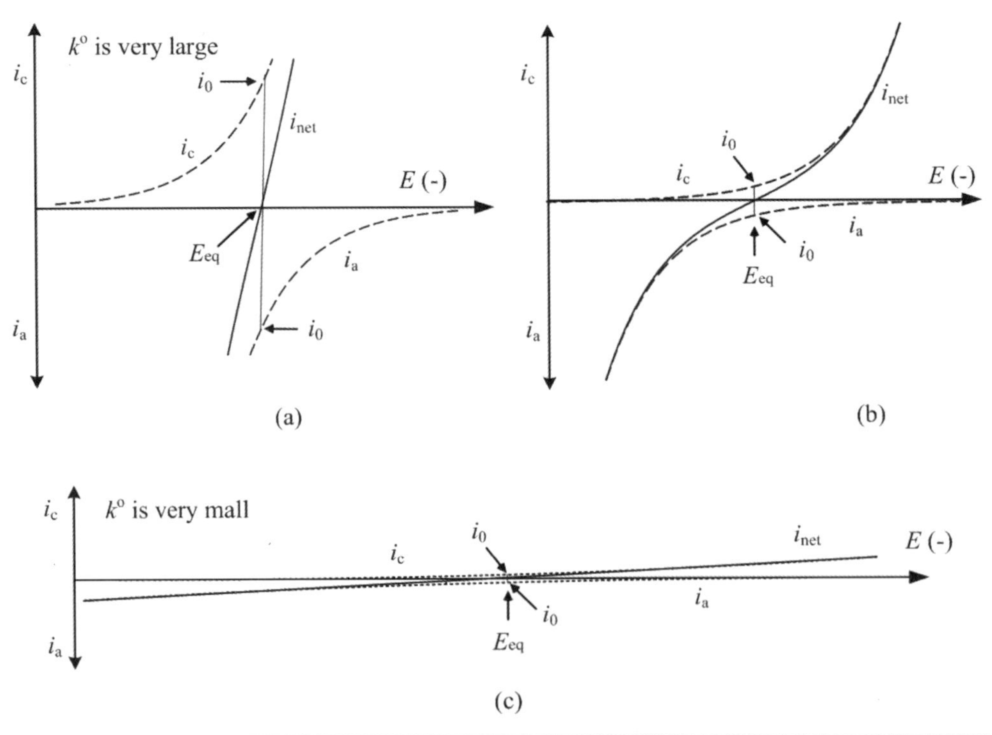


그림 4-5 표준 속도 상수($k^0$)의 크기에 따른 전기화학 가역성

산화 전류가 동시에 흐르는 영역이 매우 넓다(그림 4-5-a). $k^0$가 감소함에 따라 동시에 흐르는 영역이 점점 좁아진다. 이로부터 전기화학 가역성을 정의하면 다음과 같다. <식 4-12>에서 전극 면적($A$)과 대칭 인자($\alpha$), 그리고 O와 R의 벌크 농도가 동일하다고 가정할 때, $k^0$가 크면 $i_0$도 비례하여 크다. <식 4-15>에 의하면 $i_0$가 크면 $i_c$와 $i_a$도 크다. 다시 말해, [그림 4-5-a]에서 보듯이 매우 넓은 활성화 과전압 범위에서 보이지는 않지만 $i_c$와 $i_a$가 동시에 흐른다. $i_c$와 $i_a$가 동시에 흐르는데, 이들은 서로 반대 방향으로 흐르는 전류이므로 가역적이라 표현한다. 따라서, 전기화학 가역성이란 "매우 넓은 활성화 과전압 범위에서 반대 방향의 전류가 동시에 흐르는 조건, 즉 $k^0$가 매우 큰 경우"를 말한다. 반대로 $k^0$가 매우 작다면 활성화 과전압이 조금만 크더라도 전류 $i_{net} \approx i_c$ 또는 $i_{net} \approx i_a$로 전류는 한 방향의 전류에 의해서만 결정된다(그림 4-5-c). 따라서 전기화학 비가역성이란 "서로 반대 방향의 전류가 동시에 흐르는 활성화 과전압의 범위가 매우 좁은 조건, 즉 $k^0$가 매우 작은 경우"를 말한다. 이처럼 전기화학 가역성은 정반응과 역반응이 화학적으로 가역적이라는 개념에 더하여, 전하 전달 속도가 원천적으로 매우 크다는, 즉 $k^0$가 매우 크다는 의미가 추가된다. [그림 4-5]에서 $k^0$가 감소할수록 전류가 가역적으로 흐르는 활성화 과전압의 범위가 점차 좁아짐을 볼 수 있다.

전기화학 가역적인 경우 <식 4-8>에서 $k^0$가 매우 크므로 <식 4-16>을 만족하며, 따라서 <식 4-8>의 괄호 안의 값이 0이 된다. 이로부터 <식 4-17>이 유도되는데, 이는 다름 아닌 네른스트 식이다. 전기화학적으로 가역적인($k^0$가 매우 큰) 반응을 네른스트 식을 만족한다고 하여 **네른스티안**(nernstian)이라고 부른다. 한편, 전기화학적으로 가역적이라 말하기도 하고, 가역적인 전하 전달이라 하기도 한다.

$$\frac{i_{net}}{FAk^0} \approx 0 \qquad \text{<4-16>}$$

$$E = E^{0'} + \frac{RT}{F} \ln \frac{C_O(0,t)}{C_R(0,t)} \qquad \text{<4-17>}$$

전기화학적으로 가역적이어서 <식 4-17>의 네른스트 식을 만족한다고 함은 전극 전위($E$)가 변함에 따라 전극 표면에서 전하 전달 반응에 의해 $O_{surf} + e \rightleftarrows R_{surf}$ 반응이 일어나 표면 농도인 $C_O(0, t)$와 $C_R(0, t)$가 <식 4-17>로부터 예측(계산)되는 값과 동일하다는 것이다. 따라서 $k^0$가 커서 전하 전달 반응이 빠르면 전압이 아무리 빨리 변화하더라도 표면 농도가 네른스트 식에서 계산된 값을 가질 것이다. 실제로 전기화학적으로 가역성을

**표 4-1** O + $e$ = R 반쪽 전지 반응에서 전극에 가해준 전압에 따른 O와 R 표면 농도의 변화[a]

| $E$ (mV) | $C_O(0, t)$ / $C_R(0, t)$ |
|---|---|
| $E^{0'}$ | 1 |
| $E^{0'}$ − 28.5 | 1/3 |
| $E^{0'}$ − 118 | $10^{-2}$ |
| $E^{0'}$ − 236 | $10^{-4}$ |
| $E^{0'}$ + 28.5 | 3 |
| $E^{0'}$ + 118 | $10^{2}$ |
| $E^{0'}$ + 236 | $10^{4}$ |

[a]Temp. = 298 K, R = 8.314 J/mol K

갖는다는 것은 최대한 빠르게 전압을 변화시키더라도 전압과 $C_O(0, t)/C_R(0, t)$의 관계, 즉 네른스트 식을 만족하는 경우를 말하고, 전기화학적으로 비가역적이라고 함은 아무리 전압을 느리게 변화시키더라도 전하 전달 속도가 느려서($k^0$가 작아서) 네른스트 식을 만족하지 못하는 경우라 할 수 있다. [표 4-1]에는 전극 전위가 변화함에 따라 $C_O(0, t)/C_R(0, t)$의 비가 얼마나 크게 변하는지를 보여 주고 있다. 전극 전위를 472 mV 변화시킬 때 표면 농도의 비는 $10^8$배 변화함을 알 수 있다. 따라서 네른스티안은 전압의 변화가 아무리 빠르더라도 이 정도의 표면 농도 변화가 가능할 정도로 전하 전달 반응($O_{surf}$ + $e$ ⇄ $R_{surf}$) 속도가 빠른 경우를 말한다.

### 스스로 학습 4-2

<식 4-12>와 <식 4-15>로부터 알 수 있듯이 전류의 크기는 적어도 4가지 변수에 의해 결정된다: ① 반쪽 전지 반응의 고유한 특성인 $k^0$(전압과는 무관함), ② 전극의 면적($A$), ③ 가해 주는 전압($E$), 그리고 ④ 반응물의 농도.

수소 발생과 산화($2H^+ + 2e = H_2(g)$) 전류가 수은(Hg) 전극에서는 매우 작으나, 백금(Pt) 전극에서는 매우 크다. 위에 3가지 변수 중 어떤 것에 차이를 보이는 것인가? 어떤 경우가 전기화학 가역성에 근접한다고 할 수 있나? 전기 촉매를 사용하면 어떤 변수를 변화시킬 수 있나? 수은(Hg) 비활성 전극에서 수소 발생($2H^+ + 2e \rightarrow H_2(g)$) 전류가 매우 작지만 활성화 과전압이 음의 방향으로 매우 크면 어느 정도 크기의 환원 전류가 검출된다. 어떤 변수에 의한 것인가? 백금(Pt) 전극에서 $H_2$의 산화($H_2(g) \rightarrow 2H^+ + 2e$)를 시킬 때, $H_2(g)$가 수용액에 용해된 상태에서는 산화 전류가 매우 작다. 어떤 변수에 의한 것인가?

## (5) 전기화학 가역성/비가역성과 전하 전달/물질 전달

활성화 과전압이 음의 방향으로 증가하면 환원 반응의 전하 전달 속도는 지수함수에 의해 증가하는 반면, 산화 반응의 전하 전달 속도는 지수함수에 의해 감소하고, 이 2개 전하 전달 속도의 차이가 실제 검출되는 전류($i_{net}$)로 나타난다. 활성화 과전압의 크기에 따라 변하는 전하 전달 속도를 물질 전달 속도와 비교하면 어떤 것이 전체 속도를 결정하는지 알 수 있다. [그림 4-6]에 물질 전달 속도가 일정하다고 가정하고, 활성화 과전압에 따라 변하는 전하 전달 속도와 비교하였다. 활성화 과전압이 작은 영역에서는 전하 전달 속도가 더 느리므로 전하 전달이 전체 속도를 결정한다. 그러나 활성화 과전압이 증가함에 따라 전하 전달 속도가 지수함수에 의해 증가하므로, 어느 순간 전하 전달 속도가 물질 전달 속도를 능가하게 되고 이때부터는 물질 전달이 전체 속도를 결정하게 된다. 물질 전달 속도가 일정하다고 가정하였으므로 [그림 4-6]에서 전류는 일정하다($i_{l,c}$와 $i_{l,a}$).

어떤 반쪽 전지 반응의 전하 전달 과정에서 표준 속도 상수($k^0$)가 매우 큰 경우를 전기화학적으로 가역적이라 하고 네른스티안이라고 부른다. 네른스티안인 경우 전하 전달 속도가 매우 크니 전체 속도를 물질 전달이 결정하는가? 다시 말하면 "네른스티안인 경우 항상 물질 전달이 전체 속도를 결정하는가?"라는 질문을 할 수 있다. 이에 대한 답을 [그림 4-7]에서 찾을 수 있다. [그림 4-7]에 $k^0$의 크기가 다른 4가지 경우 전하 전달 속도를 나타내었다. 물질 전달 속도는 일정하다고 가정하였다. 곡선은 [그림 4-4]의 실선에 해당하며 환원 반응의 전하 전달 속도만을 그렸다. $k^0 = \infty$인 경우 전하 전달 속도는 활성화

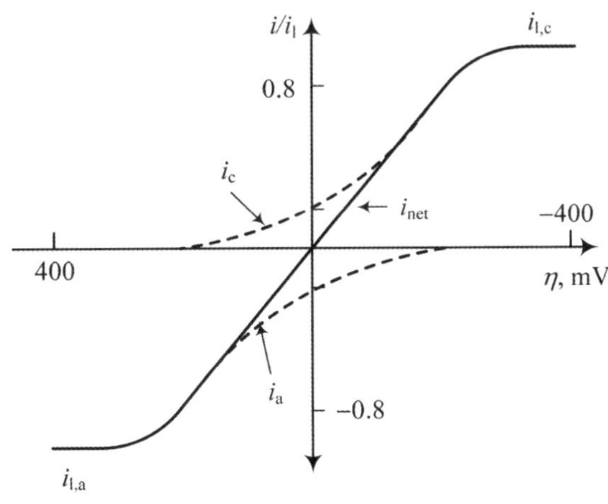


**그림 4-6** 활성화 과전압이 작은 영역에서 전하 전달에 의한 속도(전류) 결정과 활성화 과전압이 큰 영역에서 물질 전달에 의한 속도(전류) 결정

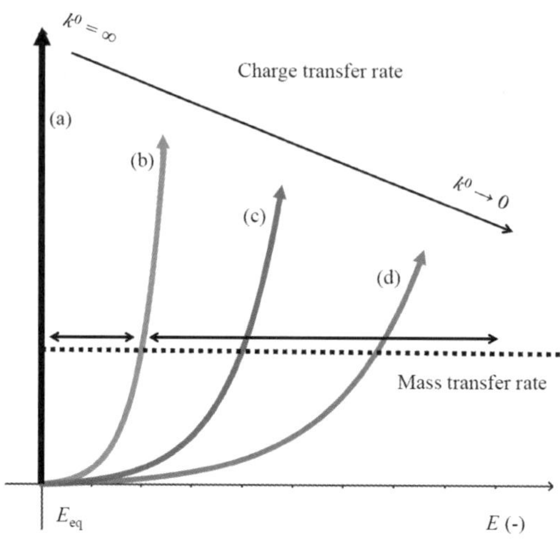


**그림 4-7** 활성화 과전압이 작은 영역에서 전하 전달의 전체 속도(전류) 결정과 활성화 과전압이 큰 영역에서 물질 전달에 의한 전체 속도(전류) 결정

과전압이 0인 지점(즉, $E_{eq}$)에서 y-축 방향으로 ∞로 크다(a). $k^0 < \infty$인 경우, $k^0$가 감소함에 따라 지수함수에 의한 증가의 정도가 줄어들므로 그림에서 (b), (c), (d) 순서로 전하 전달 속도가 감소한다. 물질 전달 속도와 4가지 경우의 전하 전달 속도를 비교해 보면 다음과 같다. $k^0 = \infty$인 경우는 모든 과전압 영역에서 물질 전달 속도가 더 느려 전체 속도를 결정한다. $k^0 < \infty$인 (b)의 경우, 활성화 과전압이 작은 영역에서는 전하 전달이, 큰 영역에서는 물질 전달이 전체 속도를 결정한다. $k^0$가 감소함에 따라 전하 전달이 속도를 결정하는 활성화 과전압 영역이 넓어지지만, 활성화 과전압이 계속 증가하다 보면 어느 지점 이상에서는 물질 전달이 속도를 결정한다.

"전기화학적으로 가역성을 보이면(네른스티안이면) 항상 물질 전달이 전체 속도를 결정하는가?"라는 질문에 대한 답은 다음과 같다. 네른스티안이면 $k^0$가 매우 커서 전하 전달이 매우 빠르다. 그러나 모든 전압 영역에서 전하 전달이 물질 전달보다 빠른 것은 아니다. 활성화 과전압이 매우 작은 영역에서는 전하 전달이 더 느릴 수도 있다. 반대로, $k^0$가 매우 작은 경우, 전하 전달 속도가 매우 작지만 모든 전압 영역에서 물질 전달보다 느린 것은 아니다. 활성화 과전압이 매우 큰 영역에서는 전하 전달이 물질 전달 속도를 능가할 수 있다. 정리하면, 전기화학 가역성 여부는 $k^0$가 결정한다. 그러나 속도 결정 단계는 $k^0$와 활성화 과전압의 크기에 의해 결정된다. $k^0$가 작을수록 전하 전달이 속도를 결정하는 활성화 과전압 범위가 더 넓어진다. 어떤 경우든 물질 전달이 속도를 결정하는 현상이 나타나지만, $k^0$가 작을수록 이 현상이 나타나기 위해서 더 큰 활성화 과전압이 필요하다.

### (6) 타펠 도시

버틀러-볼머 식을 만족하는 경우, 과전압이 작은 영역에서 측정되는 $i_{net}$는 [그림 4-4] 또는 [그림 4-8]에 보인 것처럼 전압에 직선적으로 비례한다. 이런 이유는 $x$ 값이 충분히 작을 경우

$$e^x = 1 + x + \frac{x^2}{2} + \frac{x^3}{6} + \dots, \quad e^x \cong 1 + x$$

의 관계로부터 $|\eta| < (118/n)$ mV이면 버틀러-볼머식이 <식 4-18>로 전환되기 때문이다.

$$i = i_0 \frac{F}{RT}(-\eta) \qquad \text{<4-18>}$$

<식 4-18>에서 전류와 활성화 과전압은 직선적으로 비례하고 있다. 따라서 [그림 4-8]에서 기울기는 저항의 역에 해당한다($i = V/R$). 이렇게 전압과 전류가 옴의 법칙($V = iR$)에 의한 직선성을 보이므로 활성화 과전압이 작은 영역을 **옴 영역**(ohmic region)이라 한다. 여기서 저항은 전하 전달과 관련되어 있으므로 **전하 전달 저항**($R_{ct}$)이라 한다. 이로부터 <식 4-19>가 성립한다. $R_{ct}$가 $i_0$와 반비례 관계를 보이므로 $k^0$와도 반비례 관계를 보인

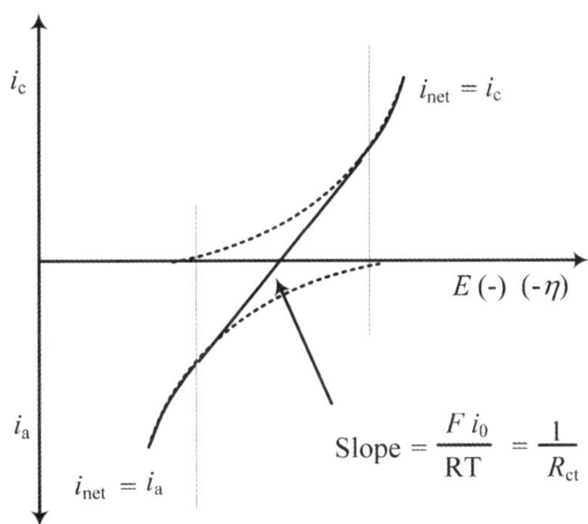


**그림 4-8** 버틀러-볼머 식에 따른 전하 전달 속도를 대변하는 $i_c$, $i_a$, $i_{net}$ 그리고 활성화 과전압이 작은 영역(ohmic region)에서 과전압과 전류($i_{net}$)의 직선적 비례 관계

다. 전기화학 가역성을 보이는 경우 $k^0 \rightarrow \infty$이므로 $R_{ct} \rightarrow 0$이고, 반대로 전기화학적으로 비가역적인 경우 $k^0 \rightarrow 0$이므로 $R_{ct} \rightarrow \infty$이다. 또한 앞의 경우는 **이상 비분극 전극**(ideally non-polarizable electrode)에, 뒤의 경우는 **이상 분극 전극**(ideally polarizable electrode)에 근접한다고 할 수 있다. [그림 4-8]에서 보듯이 $R_{ct}$ 값이 작으면 직선의 기울기가 증가하는데, [그림 4-4]로부터 유추할 수 있듯이 기울기가 증가할수록 특정 전류에서 활성화 과전압이 감소한다. 즉, $R_{ct}$가 작을수록 활성화 과전압이 감소한다. $R_{ct}$와 교환 전류($i_0$)가 반비례하므로 $i_0$를 크게 할 수 있으면 활성화 과전압을 줄일 수 있다. <식 4-12>에서 예측할 수 있듯이 전극 면적($A$)은 크게 하고, $k^0$를 크게 하기 위하여 전극을 개선하거나 전기 촉매를 사용하는 등 전하 전달 속도 특성을 향상시킬 수 있는 방법이 동원되면 $i_0$가 커지고, 따라서 활성화 과전압도 감소한다. 반응물의 농도($C_O^*$와 $C_R^*$)를 크게 하는 것도 또 다른 방법이다.

$$R_{ct} = \frac{RT}{i_0 F} \qquad \text{<4-19>}$$

[그림 4-4] 또는 [그림 4-8]에서 보듯이 활성화 과전압이 큰 영역 ($|\eta| > (118/n)$ mV)에서는 $i_{net} \approx i_a$ 또는 $i_{net} \approx i_c$가 된다. 활성화 과전압이 음의 값으로 큰 경우($\eta << 0$) 버틀러-볼머 식은 <식 4-20>으로 변형되고, 이로부터 <식 4-21>이 유도된다.

$$i_{net} \cong i_c = i_0 e^{-\alpha F\eta/RT} \qquad \text{<4-20>}$$

$$\log|i_{net}| = \log i_0 - \frac{\alpha F\eta}{2.303RT} \qquad \text{<4-21>}$$

한편 활성화 과전압이 양의 값으로 큰 경우($\eta >> 0$) <식 4-22>가 유도된다.

$$\log|i_{net}| = \log i_0 + \frac{(1-\alpha)F\eta}{2.303RT} \qquad \text{<4-22>}$$

[그림 4-9]에 전류의 log 값을 활성화 과전압에 대하여 그렸다. 이를 **타펠 도시**(Tafel plot)라고 한다. <식 4-21>과 <식 4-22>로부터 예측할 수 있듯이 log $|i_{net}|$이 활성화 과전압에 직선적으로 비례하는데, 이를 **타펠 특성**(Tafel behavior)이라고 한다. 또한 log $|i_{net}|$과 과전압 사이의 직선적 비례관계를 갖는 전압 범위($i_{net} \approx i_a$ 또는 $i_{net} \approx i_c$인 범위)를 **타펠 영역**(Tafel region)이라고 하여 옴 영역과 구별한다. 타펠 도시에서 절편으로부터 $i_0$를 구

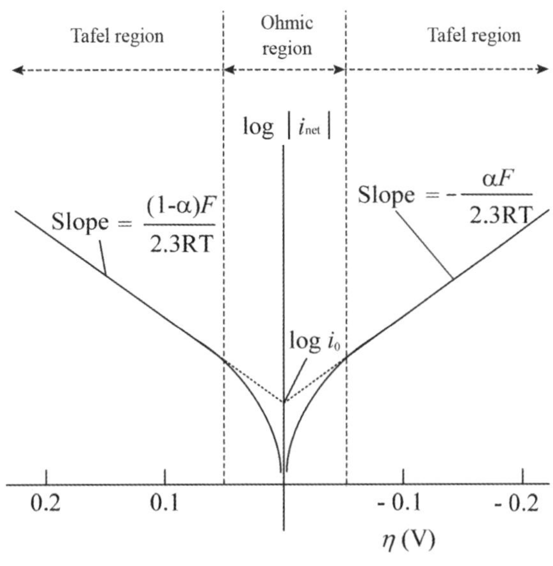


**그림 4-9** 버틀러-볼머 식을 만족하는 전기화학 반응에서 활성화 과전압이 큰 영역(Tafel region)에서 과전압과 전류(log $i_{net}$)의 직선 관계(Tafel plot)

하고, 이를 <식 4-12>에 대입하여 $k^0$를, 그리고 <식 4-19>에 대입하여 $R_{ct}$를 구할 수 있다. 기울기로부터는 α 값을 구할 수 있다.

타펠 도시는 전하 전달이 전체 속도를 결정한다는 조건에서 얻어진 것이다. 따라서 $k^0 = \infty$인 경우 타펠 도시를 얻을 수 없다. $k^0$가 감소할수록 전하 전달이 속도를 결정하는 전압 범위가 평형 전압을 중심으로 양쪽으로 더 넓어지므로(그림 4-7 참조) [그림 4-9]에서 직선을 보이는 전압 범위가 양쪽으로 더 넓어진다. 따라서, 기울기와 절편 값에 대한 신뢰도가 커진다.

### (7) 한 개 이상의 전자가 관여하는multi-electron 전하 전달 속도

어떤 전기화학 반응 O + *ne* = R을 위한 전하 전달 과정을 상정할 때는 *n*개의 전자가 동시에 전달되지 않고, 단계별로 한 개의 전자가 전달된다고 간주한다. 예를 들어, 2개 전자가 관여하는 $Fe^{2+} + 2e = Fe$ 반응은 다음과 같이 화학 반응(*C*)과 2개의 한 개 전자(one-electron) 전기화학 반응(*E*)을 통하여 전하 전달이 진행된다.

$$Fe^{2+}(aq) + H_2O = FeOH^+(aq) + H^+(aq) \quad (C)$$

$$FeOH^+(aq) + e = FeOH(surface) \quad (E)$$

$$FeOH(surface) + H^+(aq) + e = Fe(s) + H_2O \ (E)$$

이러한 전기화학 반응에서 전하 전달이 속도를 결정하는 경우 버틀러-볼머 식을 유도하면 다음과 같다.

전체 반응은 $n$개의 전자가 관여하는 A + $ne$ = Z이고, 모든 단일 단계(elementary step)가 1개 전자 반응이라고 하고, 이들 중 하나의 단계(R + $e$ → S)가 속도 결정 단계이고, 이 단계가 $\nu$번 반복된다고 가정하면 <식 4-23>이 유도된다.

$$\begin{array}{c}
A + e = B \text{ [step 1]} \\
B + e = C \text{ [step 2]} \\
\bullet \quad \bullet \\
\bullet \quad \bullet \\
P + e = R \text{ [step } \gamma_c \text{]} \\
\nu (R + e \rightarrow S) \text{ [rds repeated } \nu \text{ times]} \\
S + e = T \\
\bullet \quad \bullet \\
\bullet \quad \bullet \\
Y + e = Z \text{ [step n]}
\end{array}$$

$$i = i_0 [\, e^{-\alpha_c F\eta/RT} - e^{\alpha_a F\eta/RT} \,] \qquad \text{<4-23>}$$

여기서 $\alpha_c$와 $\alpha_a$는 다음과 같은 관계를 보인다.

$$\alpha_c = \frac{\gamma_c}{\nu} + \alpha, \ \ \alpha_a = \frac{n - \gamma_c}{\nu} - \alpha, \ \ \alpha_c + \alpha_a = \frac{n}{\nu}$$

이때, $\gamma_c$는 속도 결정 단계 이전에 전하 전달에 참여한 전자의 수이고, $\alpha$는 속도 결정 단계에서 대칭 인자이며, $\nu$는 속도 결정 단계가 반복되는 수(stoichiometric number)를 뜻한다. <식 4-23>으로부터 타펠 도시를 그리면 환원 반응과 산화 반응의 기울기는 각각 다음과 같은 값을 갖는다.

환원 반응의 기울기: $\dfrac{-\alpha_c F}{2.3RT}$

산화 반응의 기울기: $\dfrac{\alpha_a F}{2.3RT}$

여러 개의 전자가 관여하는 전하 전달 과정의 버틀러-볼머 식이 <식 4-23>이므로 <식 4-15>로 나타낸 버틀러-볼머 식은 특별하게 $n$ = 1인 경우에 해당된다.

### 스스로 학습 4-3

$n$ = 1이면 <식 4-23>과 <식 4-15>가 같아짐을 증명하시오.

### 스스로 학습 4-4

다음과 같이 산성 용액에서 수소($H_2$)는 금속 전극 표면에 흡착된 수소 원자 2개가 결합하여 생성된다.

$$M(s) + H_3O^+(aq) + e \rightarrow M\text{-}H(surface) + H_2O \text{ (slow)}$$
$$2M\text{-}H(surface) \rightarrow 2M(s) + H_2 \text{ (fast)}$$

여기서 M(s)는 전극 표면의 금속 원자, M-H(*surface*)는 흡착된 수소 원자를 뜻한다. 속도 결정 단계가 2번($v = 2$) 반복됨을 확인하시오.

### 스스로 학습 4-5

위에 제시한 $Fe^{2+} + 2e = Fe$ 반응에 대한 타펠 도시를 실험적으로 얻은 결과, 환원 반응의 기울기가 $-(40\ mV)^{-1}$이고, 산화 반응의 기울기가 $(120\ mV)^{-1}$이었다. 3단계 반응 중에서 어느 단계가 전체 속도를 결정하는가? $\alpha = 0.5$라 가정하시오.

## 4-2 표준 속도 상수($k^0$)의 크기에 영향받는 여러 가지 전기화학 현상

표준 속도 상수($k^0$)는 반쪽 전지 반응에서 전하 전달 속도가 얼마나 빠른지를 나타내는 동력학적 인자로서 시스템 고유의 전하 전달 특성을 대변한다. 여러 가지 전기화학 현상이 $k^0$의 크기에 의해 영향받는다.

### (1) 이상 분극 전극/이상 비분극 전극

[그림 4-10]에 수은(Hg) 전극과 KCl/$H_2O$ 전해질로 구성된 시스템에서 3종류 반쪽 전지

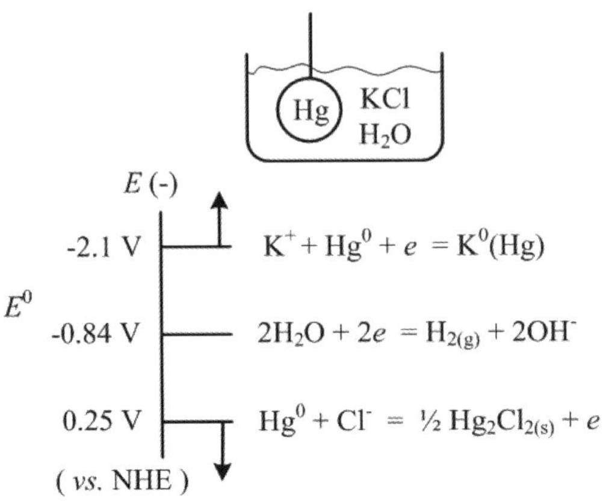


**그림 4-10** 수은 전극과 KCl 수용액으로 구성된 전기화학 시스템에서의 반쪽 전지와 반쪽 전지 반응

의 표준 전극 전위를 나타내었다. 표준 상태를 가정하면 $E_{eq} = E^0$이다. Hg 전극이 비활성 전극 역할을 하는 $2H_2O + 2e = H_2 + 2OH^-$ 반쪽 전지의 $E_{eq} = -0.84$ V(vs. NHE)이다. 수은 전극의 전압 $E_{appl} < -0.84$ V이면 순수하게 환원 전류가, 반대로 $E_{appl} > -0.84$ V이면 순수하게 산화 전류가 검출될 수 있다([그림 4-4]에서 실선으로 나타낸 $i_{net}$). 그러나 실제로 [그림 4-11]에 보인 것처럼 −0.84 V와 −2.1 V 사이에서 수소 발생을 유도하는 환원 전류는 무시할 만큼 작고, 전위가 −2.1 V보다 더 음의 값을 가질 때 포타슘의 아말감[$K^0$(Hg)] 생성 반응이 일어나 환원 전류가 크게 흐른다. 즉, $E_{appl} < -0.84$ V에서 수소 발생($2H_2O + 2e = H_2 + 2OH^-$)을 유도하는 환원 전류가 열역학적으로 가능하지만, 이 반응의 속도가 매우 느리므로($k^0$가 매우 작으므로) 환원 전류는 무시할 만큼 작다. $E_{appl} > -0.84$ V에서 산화 전류($H_2 + 2OH^- \rightarrow 2H_2O + 2e$)가 가능하나 수소($H_2$)가 존재하지

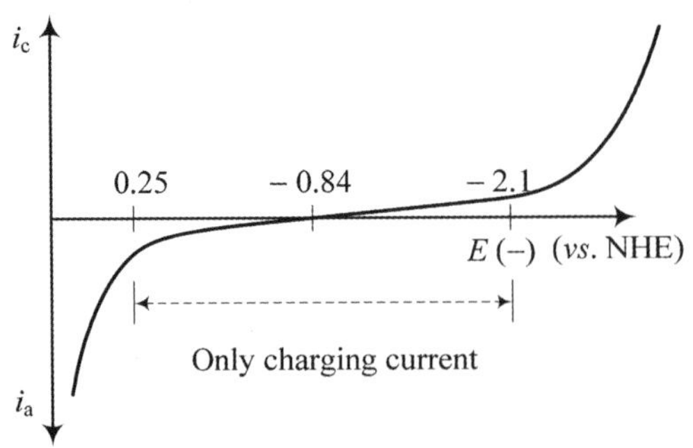


**그림 4-11** 수은(Hg) 전극과 KCl 수용액으로 구성된 시스템에서 수은 전극의 전압 변화에 따라 측정되는 전류($i_{net}$). 0.25 ~ −2.1 V 범위에서 패러데이 전류는 무시할 만큼 작고 전기 이중층 충전 전류가 대부분임을 보이고 있음.

않으므로 반응이 일어날 수 없다. 설령 수소가 존재하더라도 수은 전극에서 이 반응의 $k^0$가 매우 작아서 산화 전류는 무시할 만큼 작다. $E_{appl}$ > 0.25 V이면 $Hg_2Cl_{2(s)}$가 생성되는 산화 반응이 일어나 큰 산화 전류를 보인다. 정리하면, 0.25 V와 −2.1 V 사이에서 열역학적으로는 가능한 전기화학 반응이 반응 속도론적인 이유로 매우 느리게 진행되므로 패러데이 전류가 무시할 만큼 적다. 그러나 전극의 전압이 변하면 항상 전기 이중층을 채우는 전류가 흘러야 하므로 비패러데이 전류는 흐른다. [그림 4-11]에 0.25 V와 −2.1 V 사이에서 패러데이 전류의 크기가 무시할 만큼 작으므로, 검출된 전류는 전기 이중층 충전 전류라 할 수 있다. [그림 4-10]에 보인 수은(Hg) 전극과 KCl/$H_2O$ 전해질로 구성된 시스템이 0.25 V와 −2.1 V 사이에서 $k^0 \rightarrow 0$ ($R_{ct} \rightarrow \infty$)을 보이므로 이상 분극 전극에 "가깝다"라고 할 수 있다. 수은(Hg)을 Pt 전극으로 바꾸면 수소의 발생과 산화 반응의 $k^0 \rightarrow \infty$ ($R_{ct} \rightarrow 0$)이다. 이때는 이상 비분극 전극에 "가깝다"라고 할 수 있다.

### (2) 산화 전압과 환원 전압

다음과 같은 질문을 생각해 보자. "화합물 *A*는 몇 볼트에서 환원되는가?" 이 질문을 상세히 풀어보면, 3극 셀을 이용하여 기준 전극 대비 작동 전극의 전압을 충분히 양의 값에서부터 출발하여 음의 방향으로 변화시킬 때, "어떤 전압에서 *A*의 환원 전류가 검출되느냐?"라는 것일 것이다. 이 질문에 대한 답은 2가지가 있다. 하나는 열역학으로부터 예측되는 전압이고, 다른 하나는 동력학이 고려된 실제로 측정되는 전압이다.

[그림 4-12]에 Pt/$H_2$, $H^+$ 반쪽 전지를 구성하고 있는 Pt 전극의 전압에 따른 산화/환원 전류를 보여주고 있다. 이 그림은 버틀러-볼머 식을 이용하여 모사한 전류로, 위에 있는 점선은 수소 발생($2H^+ + 2e \rightarrow H_2$) 전류($i_c$)가 전압의 지수함수에 의해 증가하는 그림이고, 아래 점선은 반대 반응($H_2 \rightarrow 2H^+ + 2e$)에 의한 전류($i_a$)가 지수함수에 의해 증가하는 그림이다. 실선이 실제로 검출되는 전류($i_{net}$)이다([그림 4-4] 참조). 점선으로 표시된 전류는 실제 검출되는 전류가 아니므로 무시하고, 전압의 변화에 따른 실선을 추적해 보자. Pt 전극의 전압을 초기 양의 값(예를 들어 1.0 V)에서 출발하여 음의 방향으로 변화시키다 보면 $E_{eq}$ = 0 V를 지나면서 $H_2$가 발생하는 환원 전류가 흐르기 시작한다. 반대로 초기 전압(예를 들어 -1.0 V)에서 출발하여 전압을 양의 방향으로 변화시키면 $E_{eq}$ = 0 V를 지나면서 $H^+$가 생성되는 산화 전류가 검출된다. 흔히, 이렇게 환원 전류가 흐르기 시작하는 전압을 **환원 전압**($E_{re}$, reduction potential), 산화 전류가 시작되는 전압을 **산화 전압**($E_{ox}$, oxidation potential)이라 부른다. 그렇다면 Pt 전극에서 수소 발생과 산화의 $E_{re}$과 $E_{ox}$가

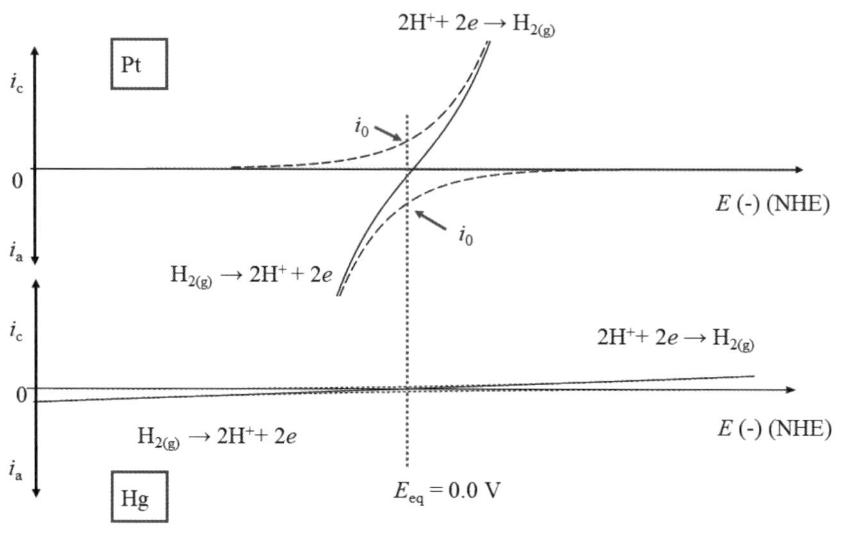


**그림 4-12** Pt/$H_2$, $H^+$ 반쪽 전지와 Hg/$H^2$, $H^+$ 반쪽 전지에서 전하 전달 속도를 대변하는 산화/환원 전류의 차이

각각 어떤 값을 갖는가? 이에 대한 답을 구하기 전에 [그림 4-12]에 보인 Hg/$H_2$, $H^+$ 반쪽 전지에서 전압에 따른 산화/환원 전류 특성을 먼저 설명하는 것이 필요하다. Hg 전극에서 수소 발생과 수소의 산화 반응은 매우 작은 $k^0$ 값을 갖는다. 따라서 그림에서 보듯이 점선으로 표시한 환원 전류($i_c$)와 산화 전류($i_a$)가 매우 작고, 실선으로 표시한 $i_{net}$도 매우 작다. 그렇다면 Hg 전극에서 $E_{re}$은 어떤 값을 갖는가? $E_{re}$은 환원 전류가 나타나기 시작하는 전압이라 정의하였으나, 얼마나 큰 환원 전류가 나타나야 검출된다고 하는지에 대한 정의는 없다. 예를 들어 환원 전류($i_{net}$)의 크기가 1 mA일 때 환원 전류가 나타나는 것으로 간주한다면 환원 전류의 크기가 1 mA를 보이는 전압이 $E_{re}$가 된다. 그러나 기준이 되는 환원 전류의 크기가 1 mA 또는 1 μA와 같이 정의되지 못하였기 때문에 $E_{re}$를 정량적으로 말할 수 없고 대신 정성적으로 추론할 수밖에 없다.

어떤 반쪽 전지의 $E_{eq}$는 순수하게 환원 전류가 시작되고, 또한 순수하게 산화 전류가 검출되기 시작하는 전압이다. 따라서 $E_{eq}$는 $E_{re}$이며 동시에 $E_{ox}$이다. 평형 전압이므로 이는 열역학적으로 예측되는 값이다. 열역학적이라는 의미는 "$E_{eq}$부터 환원 전류가 검출될 수 있다"라는 가능성만을 말하고 전류가 얼마나 큰지에 대해서는 설명하지 못하기 때문이다. 반응 속도론적 차이로 전류의 크기는 전극의 종류에 따라 크게 변한다. [그림 4-12]의 실선을 보면, 수소 발생을 위한 $E_{re}$가 Pt 전극에서는 $E_{eq}$와 가깝지만, Hg 전극에서 $E_{re}$

표 4-2 Pt와 Hg 전극에서 $H_2$ 발생을 위한 환원 전압($E_{re}$)과 $H^+$ 생성을 위한 산화 전압($E_{ox}$)

| | Pt | Hg |
|---|---|---|
| Thermodynamically predicted $E_{re}$ | $E_{eq}$ = 0.00 V (vs. NHE) | $E_{eq}$ = 0.0 V |
| Thermodynamically predicted $E_{ox}$ | $E_{eq}$ = 0.0 V | $E_{eq}$ = 0.0 V |
| Practically observed $E_{re}$ | $\approx E_{eq}$ | $\ll E_{eq}$ |
| Practically observed $E_{ox}$ | $\approx E_{eq}$ | $\gg E_{eq}$ |

$<< E_{eq}$이다. 이에 대한 설명을 [표 4-2]에 정리하였다. 열역학적으로 예측되는 $E_{re}$와 $E_{ox}$는 전극에 상관없이 주어진 반쪽 전지의 $E_{eq}$이다. 그러나 동력학이 관여된 실제로 관측되는 $E_{re}$와 $E_{ox}$는 전극의 종류에 따라 변한다. Pt 전극에서 실제로 관측되는 $E_{re}$와 $E_{ox}$는 $E_{eq}$와 가깝다. 그러나 Hg 전극에서 실제로 측정되는 $E_{re} << E_{eq}$이고 $E_{ox} >> E_{eq}$이다.

EC(ethylene carbonate)는 리튬 이온 전지의 용매로 사용되는데, 환원 분해되어 흑연 음극 표면에 보호 피막을 형성한다. EC의 $E^0$ = 1.36 V (vs. $Li/Li^+$)로 알려져 있다. 따라서 열역학적으로 예측되는 EC의 $E_{re}$ = 1.36 V이나, 실제로 흑연 전극에서 측정되는 $E_{re}$ = 0.6 ~ 0.8 V이다. 흑연 전극에서 EC 환원 반응의 $k^0$가 크지 못하기 때문이다.

### 스스로 학습 4-6

위에 설명한 것처럼 흑연 전극에서 EC(ethylene carbonate)의 실제로 관측되는 $E_{re}$ = 0.6 ~ 0.8 V이다. 다른 음극, 예를 들어 Si에서 $E_{re}$는 어떤 값을 가질까?

### 예제 4-3

소금물(pH = 4)의 전기분해 공정에서 **치수 안정성 산화 전극**(dimensionally stable anodes, DSA)에서 염소가 발생한다. 경쟁 반응은 산소 발생이다. 염소 반쪽 전지와 산소 반쪽 전지의 평형 전압은 각각 다음과 같다.

$$Cl_2 + 2e = 2Cl^- \qquad E_{eq} = +1.31\ (vs.\ \text{NHE})$$

$$O_2 + 4H^+ + 4e = 2H_2O \qquad E_{eq} = +0.99\ (vs.\ \text{NHE})$$

2개 평형 전압을 비교하면, 열역학적으로 예측되는 산화 전압($E_{ox}$)은 산소 반쪽 전지가 더 작다. 이는 열역학 예측으로는 산소 발생이 염소 발생에 우선함을 말한다. 그러나 실제로 DSA로부터 생성되는 가스는 염소이다. 이를 동력학을 고려하여 설명하시오.

**풀이** 어떤 전기화학 반응이 충분한 속도로 진행되기 위해서는 3가지 조건이 충족되어야 한다. ① 열역학 조건: 산화 반응이 일어나기 위해서는 전극에 가해준 전압($E_{app}$)이 반쪽 전지의 평형 전압($E_{eq}$)보다 더 양의 값을 가져야 한다. 염소 반쪽 전지의 경우 $E_{app}$ > 1.31 V, 그리고 산소 반쪽 전지는 $E_{app}$ > 0.99 V이면 염소와 산소 발생이 가능함이 열역학적으로 예측된다: 1.31 V와 0.99 V는 각각 열역학적으로 예측되는 산화 전압($E_{ox}$)이다. 그러나 얼마나 빠른 속도로 진행되는가는 알 수 없다. 다음의 2가지 조건을 만족하여야 충분히 큰 속도로 진행된다. ② 반응물의 농도가 커야 한다. <식 4-12>와 <식 4-15>에서 보듯이 환원 또는 산화 반응을 위한 전하 전달 속도는 반응물의 농도에 비례한다. 염소 반쪽 전지 반응과 산소 반쪽 전지 반응의 반응물인 $Cl^-$와 $H_2O$의 농도는 충분히 크다. ③ 반응물의 농도가 크더라도 전하 전달 반응의 표준 속도 상수($k^0$)가 무시할 만큼 작다면 전류는 검출되지 않는다. [그림 4-13]에 DSA에서 염소 발생과 산소 발생 반응의 $k^0$를 고려하여 그린 전압-전류 곡선을 제시하였다. DSA에서 염소 발생의 $k^0$가 매우 크고 또한 반응물인 $Cl^-$의 농도도 크므로 [그림 4-13]에 보인 것처럼 매우 큰 $i_{net}$가 예상된다 (실선). 그러나 반응물인 $H_2O$의 농도가 매우 큼에도 불구하고 DSA 비활성 전극에서 산소 발생의 $k^0$가 매우 작으므로 그림처럼 $i_{net}$가 매우 작다. 염소 반쪽 전지에서 동력학이 고려된 실제 측정되는 $E_{ox} \approx E_{eq}$ (1.31 V)이나 산소 반쪽 전지에서는 $E_{ox} >> E_{eq}$ (0.99 V)이다. 셀을 작동할 때 DSA의 전압이 1.5 V라고 가정했을 때 염소 발생의 전류는 매우 크나 산소 발생의 전류는 매우 작다. 고순도의 염소 생산이 가능하다.

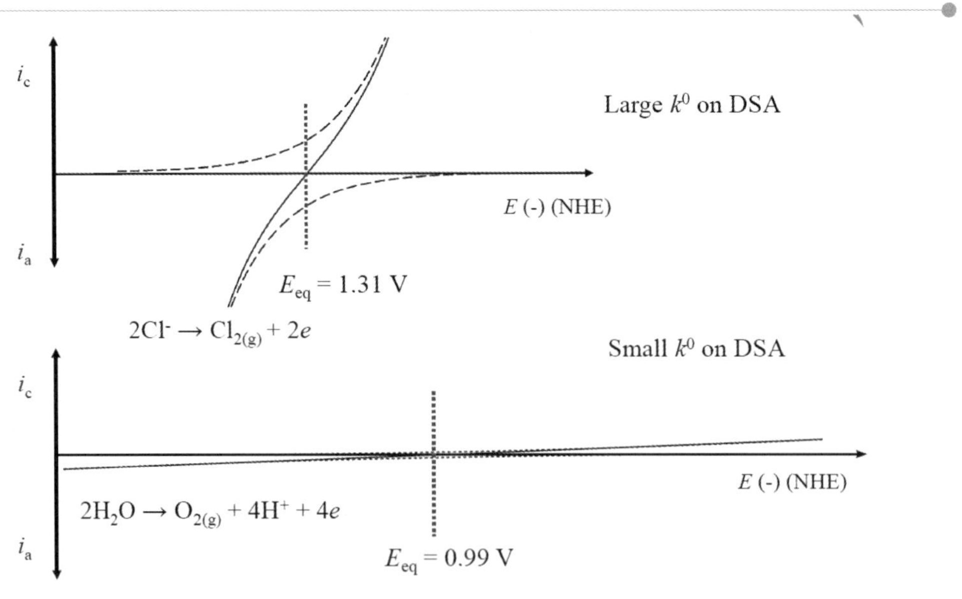


**그림 4-13** DSA에서 염소 발생과 산소 발생 반응에 대한 열역학에서 예측하는 $E_{ox}$와 동력학이 고려된 실제 $E_{ox}$

### (3) 갈바니 셀 형성에 따른 혼성 전위의 발생

2장 2절에서 $Zn/Zn^{2+}$ 반쪽 전지와 $Zn/H_2$, $H^+$ 반쪽 전지가 짝을 이루어 Zn의 용해와 수소 발생이 병행되는 갈바니 셀을 형성하며 측정되는 평형 전압은 혼성 전위임을 설명하였다. 갈바니 셀 형성과 혼성 전위의 발생에는 3가지 조건이 충족되어야 한다.

① 갈바니 셀의 형성이 열역학적으로 가능해야 한다. $Zn/Zn^{2+}$ 반쪽 전지와 $Zn/H_2$, $H^+$ 반쪽 전지의 예처럼, 2개 반쪽 전지의 $E_{eq}$에 차이가 있어야 한다. 평형 전압을 갈바니 셀 형성 가능성의 기준으로 삼았기에 '열역학적'이라 하였다. 표준 상태에서 $E_{eq}$에 해당하는 $E^0$값을 가지고 비교해 보면 $Zn/Zn^{2+}$ 반쪽 전지의 $E^0 = -0.76$ V (vs. NHE)이고, $Zn/H_2$, $H^+$ 반쪽 전지의 $E^0 = 0.0$ V (vs. NHE)이므로 $Zn/Zn^{2+}$ 반쪽 전지의 산화 경향성이 커서 외부 회로와 이온 전도를 담당한 전해질이 갖추어지면 산화 전극이 되고, $Zn/H_2$, $H^+$ 반쪽 전지의 Zn 전극은 환원 전극이 된다. [표 2-1]에는 여러 반쪽 전지들의 $E^0$값을 나열하였다. 표준 상태를 가정하였을 때 $Zn/Zn^{2+}$ 반쪽 전지의 평형 전압($E^0 = -0.76$ V vs. NHE)보다 더 양의 $E^0$을 갖는 반쪽 전지는 어떤 것이든지 $Zn/Zn^{2+}$ 반쪽 전지와 갈바니 셀을 형성할 수 있으므로 혼성 전위가 발생할 수 있다. 그러나 열역학은 가능성만을 제시할 뿐 다음의 2가지 조건을 더 충족시켜야만 실제로 혼성 전위가 관찰된다.

② 더 양의 $E^0$값을 갖는 반쪽 전지에서 반응에 참여할 반응물의 농도가 커야 한다. [그림 4-14-a]에 보인 것처럼, $Zn/Fe^{3+}$, $Fe^{2+}$ 반쪽 전지의 $E^0 = 0.77$ V (vs. NHE)로서 열역학 측면에서 $Zn/Zn^{2+}$ 반쪽 전지와 짝을 이루어 갈바니 셀을 형성할 수 있다. 이때 $Zn/Zn^{2+}$ 반쪽 전지에서 반응이 산화 반응($Zn \rightarrow Zn^{2+} + 2e$)이므로 $Zn/Fe^{3+}$, $Fe^{2+}$ 반쪽 전지에서 환원 반응($Fe^{3+} + e \rightarrow Fe^{2+}$)이 짝을 이루어야 한다. $Fe^{3+}$의 농도가 크다면 [그림 4-14-a]에 보인 것처럼 환원($Fe^{3+} + e \rightarrow Fe^{2+}$) 전류가 커서 산화 반응($Zn \rightarrow Zn^{2+} + 2e$)과 짝을 이루어 혼성 전위를 형성할 것이다. 그러나 $[Fe^{3+}] = 0$이면 환원 전류의 크기도 0이므로 혼성 전위가 발생할 수 없다. $Fe^{3+}$의 농도 증가할수록 환원 전류($Fe^{3+} + e \rightarrow Fe^{2+}$)가 커지고 혼성 전위는 더 양의 값(그림 4-14-a에서 전압의 왼쪽 방향)을 가질 것이다.

③ 갈바니 셀의 형성이 열역학적으로 가능하고 반응에 참여하는 반응물의 농도도 크다 하더라도 갈바니 셀 형성에 참여하는 전하 전달 반응의 $k^0$값이 커야 혼성 전위가 발생한다. $Zn \rightarrow Zn^{2+} + 2e$ 반응의 $k^0$는 매우 크다. 또한 비활성 전극 역할을 하는 Zn

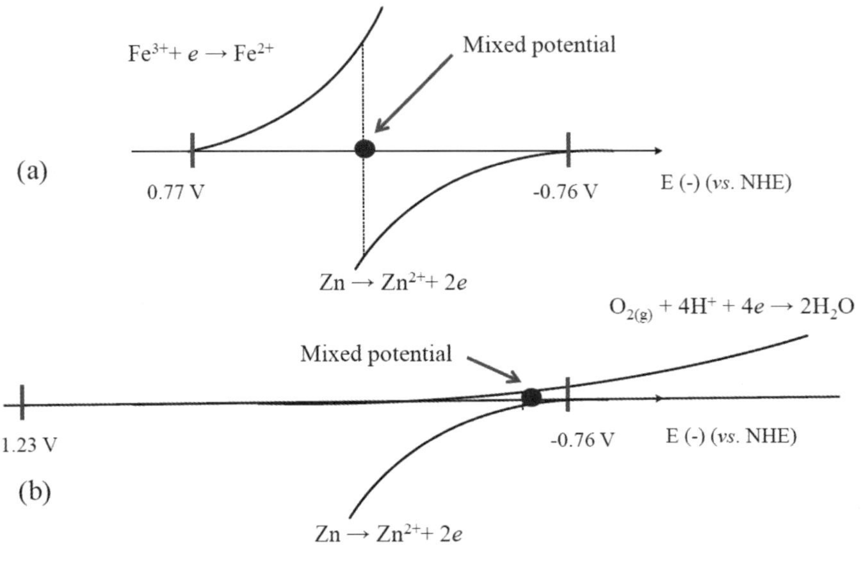


**그림 4-14** $Zn/Zn^{2+}$ 반쪽 전지와 짝을 이루어 갈바니 셀을 형성하고 혼성 전위를 보일 수 있는 $Zn/Fe^{2+}$, $Fe^{3+}$ 반쪽 전지(a)와 그렇지 못한 $Zn/H_2O$, $O_2$, $H^+$ 반쪽 전지(b)

표면에서 $Fe^{3+} + e \rightarrow Fe^{2+}$ 반응의 $k^0$도 크다. 따라서 [그림 4-14-a]에서 보듯이 충분히 큰 산화/환원 전류가 흐르며 혼성 전위를 형성한다. 만약에 Zn 전극에서 $Fe^{3+} + e \rightarrow Fe^{2+}$ 반응의 $k^0$가 무시할 만큼 작다고 가정해 보자. 환원 전류($Fe^{3+} + e \rightarrow Fe^{2+}$)의 크기를 무시할 수 있으므로 혼성 전위가 형성되지 않는다. $k^0$가 증가할수록 환원 전류도 커져서 혼성 전위는 −0.76 V보다 더 양의 값(그림 4-14-a에서 전압의 왼쪽 방향)을 가질 것이다.

[그림 4-14-b]에 보인 것처럼 $Zn/H_2O$, $O_2(g)$, $H^+$ 반쪽 전지의 $E^0$ = 1.23 V vs. NHE)로서 $Zn/Zn^{2+}$ 반쪽 전지의 $E^0$(= −0.76 V vs. NHE)보다 더 양의 값을 가지므로 Zn의 용출($Zn \rightarrow Zn^{2+} + 2e$)과 $O_2$의 환원($O_2(g) + 4H^+ + 4e \rightarrow 2H_2O$)이 짝을 이루어 갈바니 셀을 형성할 수 있음을 열역학적으로 예측 가능하다. 그러나 그림처럼 $O_2$의 환원 전류는 매우 작다. 두 가지 이유를 들 수 있다. 첫째, 일반적으로 용액에 가스의 용해도가 낮기 때문이다. 즉, 환원($O_2(g) + 4H^+ + 4e \rightarrow 2H_2O$)의 반응물인 $O_2(g)$ 용해도가 수용액에서 매우 작기 때문에 환원 전류 또한 매우 작다. 둘째, 비활성 전극인 Zn 표면에서 $O_2$ 환원($O_2(g) + 4H^+ + 4e \rightarrow 2H_2O$) 반응의 $k^0$가 매우 작기 때문이다. 산화/환원 전류의 크기는 매우 작고, 따라서 혼성 전위도 $Zn/Zn^{2+}$ 반쪽 전지의 $E^0$ (= −0.76 V vs. NHE)에 매우

근접한 값을 가질 것이다. 이처럼 [표 2-1]로부터 수많은 갈바니 셀 형성 가능성을 열역학적으로 예측할 수 있지만, 실제로는 반응물의 농도와 반응 속도론적 특성($k^0$값) 때문에 제한된 수의 갈바니 셀만이 가능하다.

**스스로 학습 4-7**

전하 전달 반응의 표준 속도 상수($k^0$), 교환 전류($i_0$), 전하 전달 저항($R_{ct}$), 그리고 활성화 과전압($\eta_{activation}$) 사이의 관계를 정리해 보시오.

**스스로 학습 4-8**

전극과 전기화학 반응으로 구성된 전기화학 시스템(즉, 반쪽 전지)에서 전하 전달 반응의 원천적인 특성을 나타내는 인자로, 활성화 과전압, $i_0$ 또는 $R_{ct}$보다는 $k^0$를 사용하는 것이 더 바람직하다. 이유를 생각해 보시오.

## 4-3 물질 전달 속도mass transfer rate

작동 전극에서 어떤 전기화학 환원 반응 O + $ne$ → R이 진행된다고 할 때, 반대 전극에서는 산화 반응이 진행되어야 한다. 또한 닫힌 고리를 형성해야 하므로 $|i_a| = i_c$의 조건을 만족해야 한다. 만약 O의 물질 전달 속도가 전하 전달 속도보다 느리다면 전류는 O의 물질 전달 속도에 의해 결정된다. 이때 물질 전달 속도가 전류($i_c = |i_a|$)와 동일해야 한다. 용액 내에서 물질 전달 속도와 전류 사이에 상관관계가 있음을 <식 4-24>로부터 설명할 수 있다. <식 4-24>의 왼쪽 항은 **물질 전달 속도**(flux), 그리고 오른쪽 항은 전류를 뜻한다. 양쪽의 단위가 일치함을 볼 수 있다. 이 식이 의미하는 것은, O의 물질 전달이 전체 속도를 결정한다는 가정을 하였으므로, 전하 전달 속도가 빨라서 전극으로 유입된 O는 모두 O + $ne$ → R 반응을 통하여 환원 전류를 발생시키고, 따라서 환원 전류가 O의 물질 전달 속도(flux)를 대변한다는 것이다.

$$J_O = \frac{i_c}{nFA},\quad \left(\frac{\text{mol}}{\text{cm}^2\,\text{s}}\right) = \left(\frac{\text{C/s}}{\text{C/mol}\cdot\text{cm}^2}\right) \qquad \text{<4-24>}$$

물질 전달 속도는 유량(flux, $J_i$, 단위: mol $cm^{-2}$ $s^{-1}$)으로 표현되며, 이는 전극의 단위 면적당, 단위 시간당 이동되는 물질의 몰수이므로 속도를 뜻한다. 일차원 공간에서 어떤 이온 $i$의 유량은 다음과 같이 표현된다.

$$J_i(x) = -D_i \frac{dC_i(x)}{dx} - \frac{z_i F}{RT} D_i C_i \frac{d\phi(x)}{dx} + C_i v(x) \qquad \text{<4-25>}$$

오른쪽의 첫째 항은 확산, 둘째 항은 이동, 셋째 항은 대류에 의한 유량을 뜻한다. 아인슈타인 관계(<식 3-21>)로부터 둘째 항을 이온의 이동도의 함수로 표현할 수도 있다.

**스스로 학습 4-9**

<식 4-25>로부터 이동(migration) 속도가 전극의 전압에 의해 변함을 확인하시오.

### (1) 확산

일차원 공간에서 **확산**에 의한 물질 전달 속도는 <식 4-26>으로 표현된다. 이때 오른쪽에 음의 부호를 갖는 것은 겉보기에 확산이 농도 기울기와 반대 방향으로 진행되기 때문이다.

$$J_i(x) = -D_i \frac{dC_i(x)}{dx} \qquad \text{<4-26>}$$

이렇게 확산이 농도가 높은 쪽에서 낮은 쪽으로 진행되는 것은 겉으로 보이는 현상(phenomenological description)이고, 이를 미세적 관점(microscopic description)에서 보면 확산은 **무작정 걷기 모형**(random-walk model 또는 drunken sailor model)으로 설명할 수 있다. 즉, [그림 4-15-a]에 보인 것처럼 일차원 공간에서 두 지점 $A$와 $B$에서 농도 차이가 있다고 하더라도 물질은 농도의 크기와 상관없이 양쪽으로 이동할 수 있는 확률이 동일하다. 이는 마치 술에 취한 선원이 앞으로 걸어갈 확률과 뒤로 갈 확률이 동일한 것과 같다. 그렇다면 왜 겉보기에 농도가 높은 쪽에서 낮은 쪽으로 이동하는가? [그림 4-15-a]에서 A 지점의 농도가 50이고 B 지점의 농도가 100이라 하자. 무작정 걷기 모형

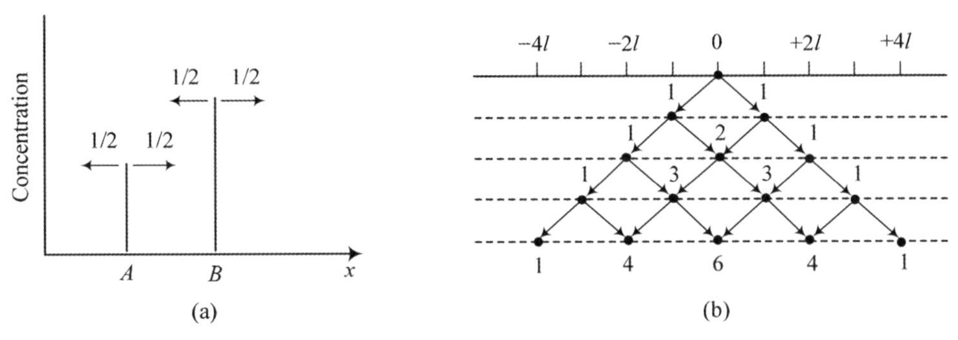


**그림 4-15** (a) 미세적 관점에서 본 확산 현상, (b) 일차원 무작정 걷기 모형에 의한 확률 분포

에 의하면 A 지점에서 좌우로 25씩 이동하고 B 지점에서는 좌우로 50씩 이동한다. A와 B 사이에서 물질의 이동을 보면, 25가 B 방향으로 이동하고 50이 A 방향으로 이동하므로 결과적으로 25가 B에서 A로 이동하게 된다. 즉 양방향으로 이동 확률이 동일하다고 하더라도 농도가 높은 B 에서 농도가 작은 A로 25만큼 이동하는 것처럼 보인다.

그렇다면 일차원 공간에서 술에 취한 선원이 계속하여 걷는다고 할 때, 일정한 시간이 지난 후 어느 지점에 있을까? [그림 4-15-b]에는 선원의 보폭이 $l$이고, 한 발을 걷는 시간이 $t$, 앞과 뒤로 갈 확률이 각각 50%라고 가정하고 일정 시간이 지난 후, 선원의 위치를 나타낸 분포도를 보여 주고 있다. 4번 걸음을 옮겼을 때 이 선원은 출발점을 중심으로 1 : 4 : 6 : 4 : 1의 확률을 가지고 서 있다. 즉, <식 4-27>과 같은 가우스(Gaussian) 분포를 갖게 된다. 이를 용액 내에서 물질의 확산과 연계하여 설명하면, 농도가 $N_0$인 물질이 일차원 공간에서 앞과 뒤로 확산한다고 할 때, 일정 시간이 경과한 후 위치에 따른 농도 분포, $N(x, t)$는 가우스 분포를 갖는다는 것이다.

$$\frac{N(x,t)}{N_0} = \frac{\Delta x}{2\sqrt{\pi Dt}} \exp\left(\frac{-x^2}{4Dt}\right) \qquad \text{<4-27>}$$

그렇다면 술에 취한 선원이 걸음을 옮긴 후 일정 시간이 지난 후 그의 위치를 어떻게 표현할 수 있을까? 가우스 분포에서 서 있는 거리의 평균을 구하면 0이 되므로 전혀 이동하지 않았다는 결과가 된다. 그러나 제곱 평균근(root-mean-square, $\overline{\Delta}$)은 0이 아니고, 거리의 단위를 가지므로 선원의 위치를 나타내는 값으로 이용할 수 있다. <식 4-28>을 **아인슈타인-스몰루초우스키 식**(Einstein-Smoluchowski equation)이라 한다. 확산 계수($D$)가 클수록, 시간($t$)이 증가할수록 확산하여 이동한 거리($\overline{\Delta}$)가 증가함을 알 수 있다.

$$\overline{\Delta} = \sqrt{2Dt} \qquad \text{<4-28>}$$

**예제 4-4**

수용액에서 물질의 확산 계수($D$)는 대략 $10^{-5}$ ~ $10^{-6}$ $cm^2/s$의 값을 갖는다. $D = 10^{-5}$ $cm^2/s$라 가정하고 1초, 1분, 그리고 1시간 동안 확산한 거리를 <식 4-28>을 이용하여 계산하시오. (a) 이 결과로부터 공업적인 전해(electrolysis)를 할 때 전해 속도를 증가시키기 위해 물질 이동 측면에서 어떤 조치가 필요한지 생각해 보시오. (b) 실험실에서 수행되는 전압-전류(voltammetry) 실험은 보통의 경우 1분 이내에 진행된다. 따라서 전기화학 반응에 참여하는 물질의 확산을 일차원 확산(one-dimensional diffusion)으로 간주할 수 있다. 이것이 가능한 이유를 설명하시오.

**풀이** 확산 거리($\overline{\Delta}$) = $4.5 \times 10^{-3}$ cm (1초), $3.5 \times 10^{-2}$ cm (1분), 그리고 $2.7 \times 10^{-1}$ cm (1시간).

(a) 위 계산에 의하면 공업적인 전해를 할 때 교반이 없다면, 반응물은 1시간 동안 불과 2.7 mm밖에 확산하지 못한다. 따라서 전해 속도를 증가시키기 위해서 교반 또는 펌핑과 같은 기계적 대류가 필요하다.

(b) 평면 소형전극(planar microelectrode)를 이용하여 교반 없이 전압-전류(voltammetry) 실험을 한다고 할 때 실험을 진행하는 시간은 대략 1분 이내이다. 위 계산에 의하면 반응물은 1분 동안 $3.5 \times 10^{-2}$ cm 이동한다. 즉, 실험을 1분 동안 진행한다면 전극 표면으로부터 $3.5 \times 10^{-2}$ cm 범위 안에 있는 반응물만이 반응에 참여할 수 있다는 뜻이다. 이렇게 전극 표면으로부터 매우 가까운 범위 안에 있는 물질이 확산할 때 3차원 확산을 무시할 수 있다. 일차원 확산을 가정하여도 된다. 6장, 7장 그리고 8장에서 자세한 설명이 이어진다.

### (2) 확산 전류와 이동 전류

전기화학 반응에서 물질 전달이 속도를 결정하고 대류에 의한 물질 전달은 없다고 가정하면, 확산과 이동(migration)만이 물질 전달에 참여한다. 따라서 O의 환원 전류는 $i = i_d + i_m$로 표현된다. 이는 O의 확산 속도와 이동 속도가 O의 환원 전류를 결정하므로, <식 4-29>와 같이 O의 확산과 이동 속도가 각각 확산 전류($i_d$)와 이동 전류($i_m$)로 표현되기 때문이다.

$$i_{total} = i_d + i_m$$

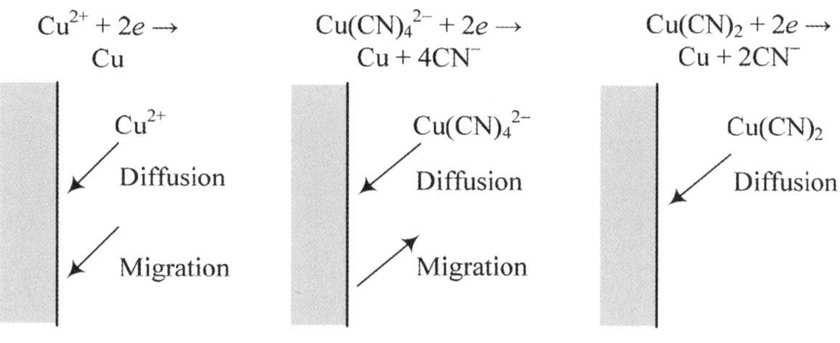


**그림 4-16** 구리 화합물의 종류(양이온, 음이온, 중성)에 따른 이동 전류(migration current)의 기여

$$J_{\mathrm{d}} = \frac{i_{\mathrm{d}}}{nFA}, \quad J_{\mathrm{m}} = \frac{i_{\mathrm{m}}}{nFA} \qquad \text{<4-29>}$$

[그림 4-16]에 보인 것처럼 구리의 환원을 위하여 전극에 충분히 큰 음의 전압을 가했다고 하자. 이 전압에서 구리 화합물의 표면 농도가 0이라고 하면, 구리 화합물은 전극 쪽으로 확산하여 들어간다. 그러나 구리 화합물의 이동(migration)은 [그림 4-16]에 설명한 것처럼 구리 화합물의 전하에 따라 방향이 달라진다. 구리 화합물이 양이온($Cu^{2+}$)이라면 전극이 음으로 분극되어 있으므로 이동에 의해 전극 쪽으로 움직이며, 따라서 전체 유량(flux)은 확산과 이동의 합이 된다. 음이온($Cu(CN)_4^{2-}$)인 경우에 이동은 확산과 반대 방향으로 진행되므로 전극 쪽으로의 유량은 확산과 이동의 차이로 나타나게 된다. 중성($Cu(CN)_2$)인 경우 이동에 의한 물질 전달은 없다.

환원 반응에 참여하는 O가 이온이라면 전기장 내에서 O의 이동(migration)을 무시할 수 없으므로 O의 환원 전류($i_{\mathrm{total}} = i_{\mathrm{d}} + i_{\mathrm{m}}$)에 O의 이동에 의한 기여($i_{\mathrm{m}}$)를 무시할 수 없다. 그러나 다음의 4-3-3절에서 설명하듯이 O가 이온임에도 불구하고 O의 이동(migration)에 의한 기여($i_{\mathrm{m}}$)를 무시할 수 있는 경우가 있다. 이런 경우 O의 확산에 의한 물질 전달만이 가능하므로 O의 환원 전류($i = i_{\mathrm{d}}$)는 <식 4-30>과 같이 확산 속도에 의해 결정된다.

$$\text{Rate} = -J_{\mathrm{O}}(0,t) = \frac{i_{\mathrm{d}}}{nFA} = D_{\mathrm{O}} \left. \frac{dC_{\mathrm{O}}(x,t)}{dx} \right|_{x=0} \qquad \text{<4-30>}$$

즉, 환원 전류는 O의 확산에 의한 유량으로만 표현되고, 이는 O의 확산 계수($D_{\mathrm{O}}$)와 전극 표면($x = 0$)에서 O의 농도 기울기에 의해 결정된다. **확산 전류($i_{\mathrm{d}}$)**라고 하는 이유는 전류가 O의 확산 속도에 의해 결정되기 때문이다. 확산이 전체 속도를 결정할 경우 전해

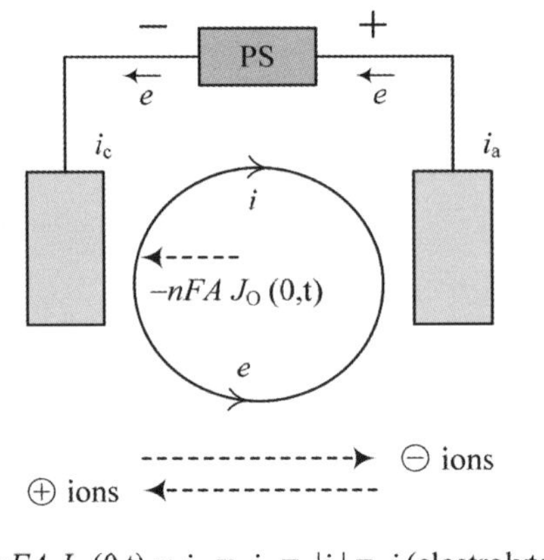


그림 4-17 O의 확산이 전체 속도를 결정할 경우 O의 확산 속도와 닫힌 고리를 통하여 흐르는 전류들과의 관계

셀에서 닫힌 고리를 형성하는 전자와 이온의 움직임을 [그림 4-17]에 나타내었다. 환원 전류($i_c$)는 O의 확산 속도에 의해 결정되므로 O의 확산 전류($i_d$)와 동일하고, 닫힌 고리 형성을 위해 반대 전극에서 동일한 크기의 산화 전류($i_a$)가 흐르고, 전해질에서도 동일한 크기의 전류가 이온의 이동(migration)에 의해 흘러야 한다.

## (3) 지지 전해질의 역할

그렇다면 O가 이온임에도 불구하고 어떻게 O의 이동(migration)을 무시할 수 있을까? [그림 4-18]에 보인 것처럼 HCl($10^{-3}$ $M$) 수용액에서 들어 있는 두 개의 Pt 전극에서 각각 $H^+$의 환원과 $Cl^-$의 산화가 진행한다고 하자. 이때 단위 시간당 10개의 전자가 소요된다고 하면 닫힌 고리의 형성을 위해 전해질에서도 10개의 전하가 이동(migration)되어야 한다. 전해질에는 $H^+$과 $Cl^-$만이 존재하므로 이온 전도에 이들 이온만이 참여한다. HCl 수용액에서 양이온 운반율($t_+$)이 0.8이므로 필요한 10개의 전하 중 8개는 $H^+$가, 2개는 $Cl^-$가 담당하게 된다(표 3-2 참조). 이때, $H^+$가 환원 전극 쪽으로 이동하는 것은 $Cl^-$가 산화 전극 쪽으로 이동하는 것과 동일한 효과를 주므로 전해질 내에서 10개의 음전하가 시계 반대 방향으로 이동하며 닫힌 고리를 형성한다고 할 수 있다. 한편, $H^+$의 환원을 위해서 10개의 $H^+$이 전극 쪽으로 전달되어야 한다. 8개는 이동(migration)에 의해서 전달되므로 나머지 2개는 확산에 의해 전달된다. 또한 $Cl^-$의 산화에 필요한 10개의 $Cl^-$가 산화 전극 쪽으로 전달되어야 하는데, 2개의 $Cl^-$는 이동에 의해 전달되므로 나머지 8개는 확산에 의해

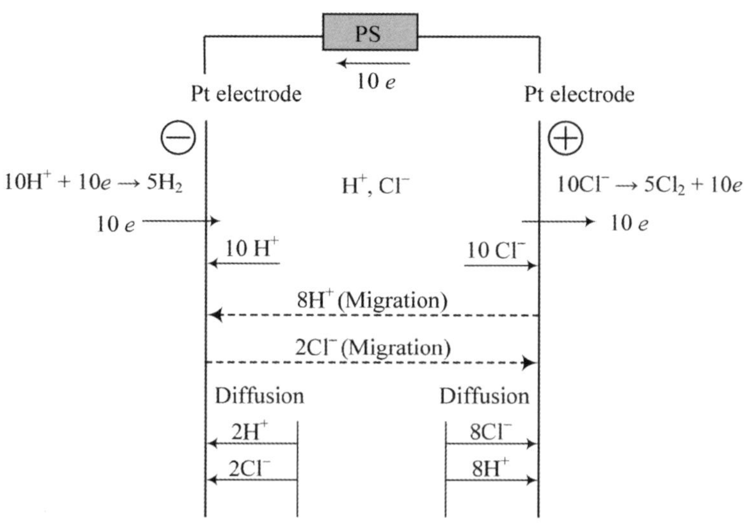


**그림 4-18** 닫힌 고리를 형성하며 진행되는 $H^+$의 환원/$Cl^-$의 산화 반응에서 반응물($H^+$과 $Cl^-$)의 확산과 이동에 의한 기여(추가적인 지지 전해질 없는 경우)

전달되어야 한다. 즉, 이 경우 이온인 O와 R의 물질 전달에 이동(migration)이 상당히 기여한다.

용액에 과량의 $KNO_3$가 추가로 용해되어 있다고 하자(그림 4-19). 이때, 용액에서 이동에 의해 10개의 전하 전달에 참여할 수 있는 이온은 $H^+$, $Cl^-$, $K^+$, $NO_3^-$인데, $KNO_3$의 농도가 HCl에 비해 100배 크므로 대부분의 이온 전도를 $K^+$와 $NO_3^-$가 담당하게 된다. $KNO_3$ 수용액에서 $t_+$가 0.5이므로 두 이온이 5개씩 전하 전달에 참여한다(표 3-2 참조). 용액 내에서 이동(migration)에 의해 전달되어야 할 10개의 전하를 전기화학 반응에 참여하지 않는 $K^+$와 $NO_3^-$가 담당한다. 결과적으로 전하 전달 반응에 참여할 10개의 $H^+$ 와 10개의 $Cl^-$는 모두 확산에 의해 전달된다. 즉, 전기화학 반응에 참여하는 O와 R이 이온인 경우라도 전기화학 반응에 참여하지 않는 이온이 과량 존재할 경우 O와 R의 이동(migration)을 무시할 수 있다. 전기화학 반응을 위한 O와 R은 확산에 의해서만 전달된다. 따라서 O의 환원 전류는 <식 4-30>에 의해 결정된다.

전기화학 셀에서 이온을 포함하는 용액을 지지 전해질(supporting electrolytes, 또는 간단히 전해질)이라고 하는데, 이들의 역할을 2가지로 정리할 수 있다. 첫째, 용액의 저항($R_{solution}$)을 감소시켜 전기화학 셀에서 $iR$ 전압 강하를 줄여주고, 궁극적으로 셀 분극을 줄여준다. 둘째, 전기화학 반응에 참여하는 물질(O 또는 R)이 이온인 경우, 이들보다 더 큰 농도로 셀에 첨가되어서 O 또는 R의 이동(migration)에 의한 기여를 제거한다. 이럴

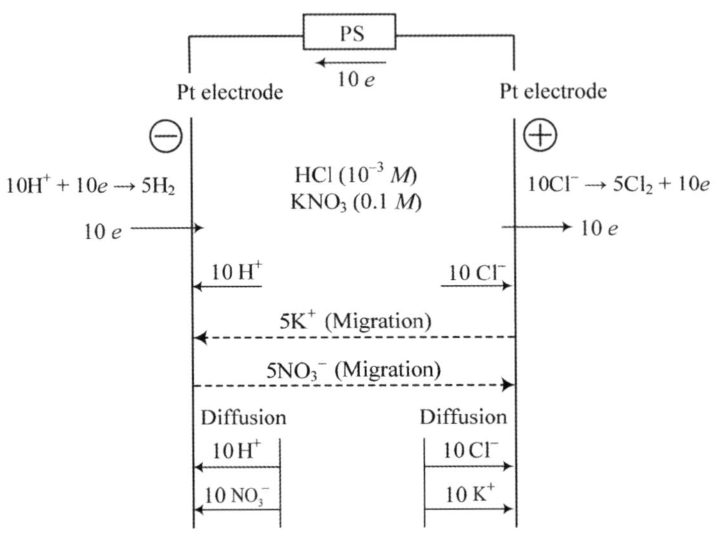


**그림 4-19** 닫힌 고리를 형성하며 진행되는 $H^+$의 환원/$Cl^-$의 산화 반응에서 반응물($H^+$와 $Cl^-$)의 확산과 이동의 기여(과량의 $KNO_3$를 지지 전해질로 첨가하였을 때)

경우, <식 4-30>처럼 O의 확산 속도가 O의 환원 전류에 해당하므로(물질 전달이 속도를 결정할 경우) 전극 근처에서 O의 농도 기울기를 계산 또는 예측할 수 있으면 전류의 크기를 알 수 있다. 이후 6~8장에서 이렇게 전극 근처 O의 농도 기울기로부터 전류를 계산 또는 예측할 수 있음을 보일 것이다.

### 스스로 학습 4-10

리튬 이온 전지에서 충/방전을 위해 $Li^+$의 물질 전달이 필요하다. 예를 들어, 충전할 때 흑연 반쪽 전지에서 반응은 $C_6 + xLi^+ + xe$인데, 이를 위해 $Li^+$은 전해질 벌크 용액에서 흑연 전극 표면으로 물질 전달이 필요하다. 다음을 확인하시오.

(a) $Li^+$의 물질 전달에 확산과 이동(migration)이 모두 기여한다.

(b) $Li^+$의 이동(migration) 속도가 충전과 방전 과정에서 변한다.

# 4장 연습문제

**01** [예제 4-2]와 [그림 4-4]에서 전하 전달이 속도를 결정하는 경우, 환원 전류가 10.0 μA가 되기 위하여 전극에 가해야 하는 전압은?

**02** 교반이 있는 조건에서 다음과 같이 전압에 따른 환원 전류를 얻었다. 전극의 면적은 0.1 $cm^2$이고, O와 R의 농도는 모두 0.01 $M$이고, $n = 1$이다. 이로부터 $i_0$, $\alpha$, $k^0$, $R_{ct}$를 구하시오.

| $\eta$ (V) | −0.1 | −0.12 | −0.15 | −0.5 | −0.6 |
|---|---|---|---|---|---|
| $i$ (A) | $4.6 \times 10^{-5}$ | $6.3 \times 10^{-5}$ | $1.1 \times 10^{-4}$ | $9.7 \times 10^{-4}$ | $9.7 \times 10^{-4}$ |

**03** $M^+ + e = M$ 반응의 교환 전류 밀도($I_0$)를 $M^+$의 농도를 변화하며 다음과 같이 구하였다. 이로부터 α 값을 구하시오.

| $C_{M+}$, $10^{-3}$ $M$ | 1.0 | 0.5 | 0.25 | 0.1 |
|---|---|---|---|---|
| $I_0$, $A/m^2$ | 5.4 | 3.7 | 2.6 | 1.6 |

**04** $Pt/Fe(CN)_6^{3-}$ (2.0 m$M$), $Fe(CN)_6^{4-}$ (2.0 m$M$), NaCl (1.0 $M$) 반쪽 전지에서 $Fe(CN)_6^{3-} + e = Fe(CN)_6^{4-}$ 반응의 교환 전류($i_0$)를 측정한 결과 2.0 mA이었다. 이때 전극 면적은 1.0 $cm^2$이고, 대칭 인자(α)는 0.5이다. 이로부터 $k^0$와 $R_{ct}$ 값을 계산하시오.

**05** NHE에 대하여 $Ag/Ag^+$ 반쪽 전지에 0.7 V의 전압을 가했다고 하자. 이때 $Ag^+$의 농도에 따라 은이 용출되거나 도금이 일어날 수 있다. 도금이 일어날 수 있는 $Ag^+$의 최소 농도는 얼마인가?

06 금속의 부식은 전기화학 산화 반응이므로 반드시 전기화학 환원 반응이 짝을 이루어 갈바니 셀을 구성해야 한다. [표 2-1]을 참조하여 철(Fe)의 부식($Fe \rightarrow Fe^{2+} + 2e$)과 어떤 전기화학 환원 반응이 짝을 이룰 수 있을지 생각해 보시오. 이렇게 짝을 이루는 환원 반응을 억제할 수 있으면 금속의 부식도 억제할 수 있음을 확인하시오. 전기화학 환원 반응이 짝을 이루어 철(Fe)의 부식을 유도하기 위해 만족해야 하는 3가지 조건을 설명하시오: ① 열역학 조건(2개 반쪽 전지의 평형 전압이 갖추어야 할 조건), ② 환원 반응을 위한 반응물의 농도, ③ 짝을 이루는 환원 반응의 $k^0$ 크기.

07 1.0 $M$의 $Cu^+$를 포함하는 전해액에서 20 A의 전류로 구리를 전기 도금할 때 다음의 조건에서 도금에 필요한 전압을 계산하시오.

(a) 황산 전해액에서 $Cu/Cu^+$ 반쪽 전지의 $E^{0'}$ = 522 mV (*vs*. NHE), $i_0$ = 1.0 A, 타펠 도시에서 기울기의 절댓값이 $(120\ \text{mV})^{-1}$인 경우

(b) 위 황산 전해액에 5.0 $M$의 $CN^-$를 추가하여 구리 이온이 $Cu(CN)_4^{3-}$ 형태로 존재하며($k_f = 10^{20}$), $i_0$ = 0.1 A, 타펠 기울기의 절댓값이 $(120\ \text{mV})^{-1}$인 경우

08 구리의 용출과 전착이 다음의 2단계로 진행된다고 가정하고, 아래 결과로부터 속도 결정 단계를 결정하시오.

$$Cu^{2+} + e = Cu^+$$
$$Cu^+ + e = Cu$$

| $\eta$(V) | 환원 전류 밀도(A/m$^2$) | $\eta$(V) | 산화 전류 밀도(A/m$^2$) |
|---|---|---|---|
| −0.10 | 6.8 | 0.01 | −1.0 |
| −0.09 | 5.6 | 0.03 | −5.1 |
| −0.07 | 3.8 | 0.05 | −17.4 |
| −0.05 | 2.6 | 0.07 | −56.0 |
| −0.03 | 1.6 | 0.09 | −178.0 |
| −0.01 | 0.7 | 0.10 | −316.1 |

09 지름이 2.0 mm인 길이가 긴 실린더형 튜브에서 어떤 물질이 확산한다고 하자.

농도 기울기가 5.0 $M$/m인 평면에서 1초에 $0.025\times10^{-9}$ mol만큼 이동한다면 이 물질의 확산 계수는?

10 산소의 발생과 환원($O_2 + 4H^+ + 4e = 2H_2O$)은 4개의 전자가 관여한다. 산화 반응과 환원 반응의 타펠 기울기가 각각 $(38\ \text{mV})^{-1}$와 $-(118\ \text{mV})^{-1}$였다.

(a) 4개의 한 개 전자(one-electron) 환원 반응 중에서 속도 결정 단계는?

(b) $\alpha = 0.5$라 가정하고 $v$ 값을 구하시오. 이렇게 구한 $v$ 값이 갖는 의미를 설명하시오.

5장

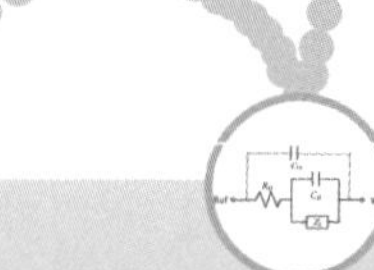

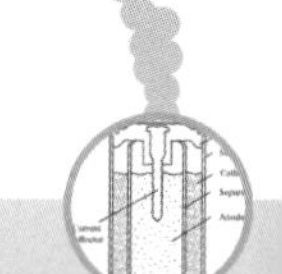

# 전기화학 기기

## Electrochemical instrumentations

전기화학 셀에서 전압을 조절하여 전류의 변화를 측정하는 장치를 **일정 전위기**(potentiostat)라고 하고, 반대로 전류를 조절하여 전압의 변화를 측정하는 장치를 **일정 전류기**(galvanostat)라고 한다. 2개의 반쪽 전지로 구성된 셀에서는 일정 전위기를 이용하여 반대 전극을 기준으로 작동 전극의 전압을 조절하고, 두 전극 사이에 흐르는 전류를 측정한다. 일정 전류기를 이용할 때는 두 전극 사이의 전류를 조절하여 2개 반쪽 전지 사이의 전압을 측정한다. 3개의 반쪽 전지로 구성된 셀에서는 기준 전극에 대하여 작동 전극의 전압을 조절한다. 이때 전류는 작동 전극과 반대 전극 사이에서 전해질을 통하여 흐르지만 기준 전극으로는 전류가 흐르지 않는다. 한편, 일정 전류기를 이용할 경우, 작동 전극과 반대 전극 사이에 전류를 임의로 조절하여 가하고, 기준 전극에 대한 작동 전극의 전압을 측정한다. 일정 전위기와 일정 전류기는 연산 증폭기를 활용한 회로로 구성된다.

연산 증폭기를 활용한 회로는 일정 전위기나 일정 전류기 외에도 전류 → 전압 변환기, 그리고 더하기, 빼기, 나누기, 미분, 적분 등과 같은 아날로그 방법의 수학적 연산에 이용된다. 또한 DAC(digital-to-analog converter)와 ADC(analog-to-digital converter) 등에도 이용된다.

## 5-1 연산 증폭기OP amp의 작동 원리

**연산 증폭기**(OP amp, operational amplifier)는 칩 형태로 제작되며, 많은 수의 저항, 커패시터, 트랜지스터 등을 조합한 집적 회로로 구성되어 있다. 연산 증폭기를 [그림 5-1]처럼 표시한다. 입력으로는 **반전 입력**(inverting input)과 **비반전 입력**(non-inverting input)이 있으며, 출력 단자(output)가 있다. 한편, 작동을 위해 직류 +(10 ~ 15) V, −(10 ~ 15) V를 공급해 주어야 하는데, 이를 **전원 공급기**(power supply)라고 한다. 출력 전압($e_o$)의 크기는 전원 공급기에서 제공하는 전압의 범위(예: −15 ~ +15 V)의 값을 가지는데, 이때 출력 전압의 크기와 파형은 두 종류의 입력(반전 입력과 비반전 입력)에 의해 결정된다. 출력 전압은 <식 5-2>처럼 반전 입력의 전압($e_-$)과 비반전 입력 전압($e_+$)의 차이($e_s$)에 **열린 고리 이득**(open-loop gain, $A$)의 곱으로 표현된다. 모든 전압은 접지(ground)를 기준으로 표시한 값이다.

$$e_s = e_- - e_+ \quad \text{<5-1>}$$

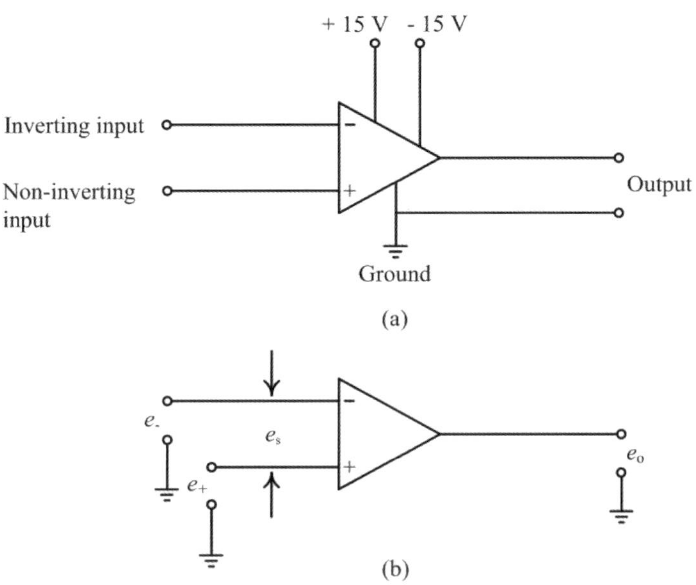


**그림 5-1** 연산 증폭기(OP amp, operational amplifier)의 구성과 입력 및 출력

$$e_0 = -Ae_s = -A(e_- - e_+) \qquad \text{<5-2>}$$

연산 증폭기는 다음과 같은 작동 특성을 갖는다.

① 열린 고리 이득($A$)은 $10^5$ ~ $10^7$의 매우 큰 값을 갖는다. 전원 공급기가 $-15$ V와 +15 V일 경우 최대 출력 전압은 $-15$ ~ +15 V 범위의 값을 갖는다. 출력이 최대 15 V라고 하고 $A$를 $10^6$이라고 가정하면 15 V = $-10^6 \times e_s$가 되므로 $e_s = -15$ $\mu$V가 된다. 이는 매우 작은 값으로 $e_s \approx 0.0$ V라고 해도 무방하다. 즉, 연산 증폭기는 두 입력 사이 전압 차이가 없는 조건($e_s = e_- - e_+ \approx 0.0$ V), 다시 말하여 두 종류 입력이 동일한 조건($e_- \approx e_+$)을 유지하며 작동된다. 2개 입력의 전압 차이가 있더라도($e_- \neq e_+$), 전류 되먹임(current feedback) 또는 전압 되먹임(voltage feedback) 방법으로 이 조건($e_- \approx e_+$)을 만족시키며 작동된다.

② 입력 임피던스(input impedance)는 $10^5$ ~ $10^{13}$ Ω으로 매우 크다. 이는 연산 증폭기 안으로 들어가는 전류를 무시해도 된다는 의미이다.

③ 출력 임피던스(output impedance)는 0 Ω에 가깝게 매우 작다. 이는 연산 증폭기에서 밖으로 나가는 출력 전류는 0이 아니라는 의미를 갖는다.

④ 입력으로 직류뿐 아니라 고주파 교류도 가능하다.

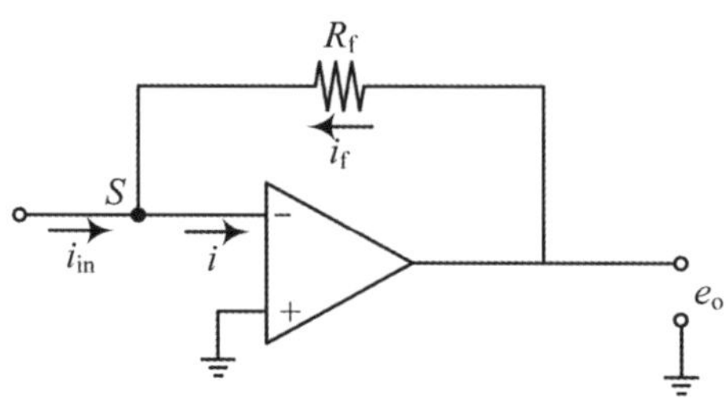


그림 5-2 전류-전압 변환기(i/V converter 또는 current follower)

### (1) 전류 되먹임에 의한 작동

**전류 되먹임**에 의한 작동의 예를 [그림 5-2]에 제시하였다. 이 회로에서 입력 전류($i_{in}$)가 흐른다고 할 때, S에서 전류는 **키르히호프**(Kirchhoff) 법에 의해 <식 5-3>을 만족해야 한다. 이때 S로 입력되는 전류는 양(+)으로, S로부터 출력되는 전류는 음(−)으로 표시한다. 입력 임피던스가 매우 커서 연산 증폭기로 들어가는 전류($i$)는 0이라 할 수 있으므로, <식 5-3>에서 $i_f = -i_{in}$이 되고, 따라서 <식 5-4>가 유도된다. <식 5-4>에서 출력 전압($e_o$)은 입력 전류($i_{in}$)와 되먹임 저항($R_f$)의 곱이 된다. 이를 **전류-전압 변환기**($i/V$ converter 또는 current follower)라고 하는데, 입력인 전류를 전압으로 바꾸는 회로이다.

$$\sum i = 0$$

$$i_{in} - i + i_f = 0 \qquad \text{<5-3>}$$

$$\frac{e_o - e_S}{R_f} = -i_{in}$$

$$e_o\left(1 + \frac{1}{A}\right) = -i_{in}R_f$$

$$e_o = -i_{in}R_f \qquad \text{<5-4>}$$

[그림 5-3]의 회로에는 전압($e_i$)이 입력되고 있다. 이때도 키르히호프 법에 의해 <식 5-5>가 성립되고, 이를 풀어 정리하면 <식 5-6>이 된다. 출력 전압은 입력 전압과 $R_f$/R$_i$의 곱에 의해 결정되는데, $R_f/R_i$ 값이 100이라면 출력 전압은 부호가 바뀌면서 입력 전압의 100배가 된다. 이를 **계수기**(scaler)라 한다. $R_f/R_i = 1$이면 출력 전압은 입력 전압의 부호만 바뀐 것이므로 **전환기**(inverter)라 한다.

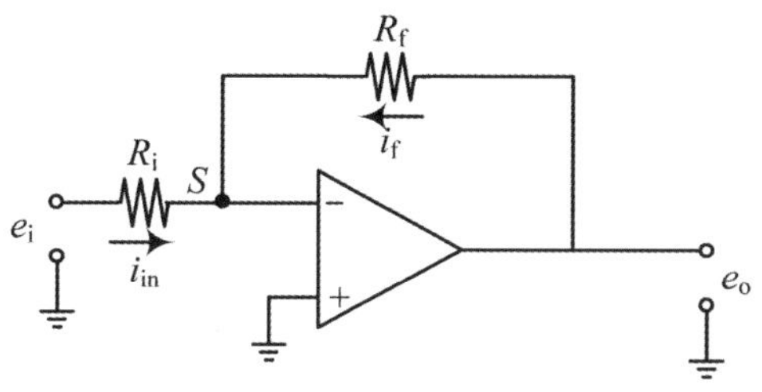


**그림 5-3** 계수기 또는 전환기

$$i_{in} = -\ i_f \qquad \text{<5-5>}$$

$$\frac{e_i - e_S}{R_i} = -\left(\frac{e_o - e_S}{R_f}\right)$$

$$e_o = -e_i\left(\frac{R_f}{R_i}\right) \qquad \text{<5-6>}$$

한편, $S$를 **합침점**(summing point) 또는 **가상 접지**(virtual ground)라고 한다. 이는 비반전 입력이 접지($e_+ = 0$ V)이므로 연산 증폭기 작동을 위해 반전 입력(즉, S 지점의 전압)도 접지가 되어야 하기 때문이다($e_S = e_- = e_+ = 0$ V).

[그림 5-4]의 회로에는 입력이 3개의 전압으로 구성되어 있는데, 이는 [그림 5-3]의 회로에 2개의 입력이 추가된 형태이다. 이때 출력은 <식 5-7>처럼 3개 입력 전압의 합으로 주어진다. 따라서 이를 **합산기**(adder)라고 한다.

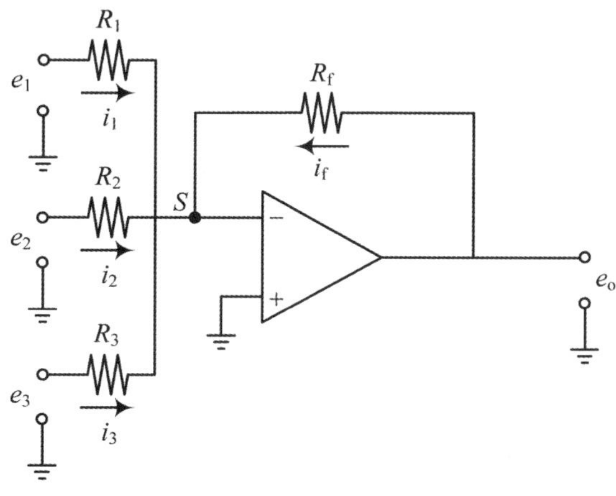


**그림 5-4** 합산기

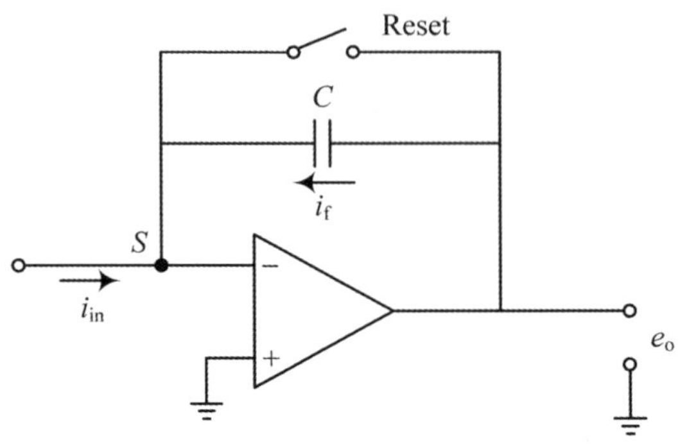


그림 5-5 전류 적분기(current integrator)

$$i_f = -(i_1 + i_2 + i_3)$$

$$\frac{e_o}{R_f} = -\left(\frac{e_1}{R_1} + \frac{e_2}{R_2} + \frac{e_3}{R_3}\right)$$

$$e_o = -\left[e_1\left(\frac{R_f}{R_1}\right) + e_2\left(\frac{R_f}{R_2}\right) + e_3\left(\frac{R_f}{R_3}\right)\right] \quad \text{<5-7>}$$

연산 증폭기를 활용하면 아날로그 방법으로 수학적 연산이 가능하다. 더하기의 예를 나타낸 것이 [그림 5-4]이다. 즉, <식 5-7>에서 $R_f = R_1 = R_2 = R_3$이면 출력 전압($e_o$)은 3개 입력 전압의 합이다. 또한 빼기, 나누기, 미분, 적분 등도 가능하다. 전류를 적분하는 회로를 [그림 5-5]에 제시하였다. 이 회로에서 <식 5-8>을 만족하므로 <식 5-9>가 유도된다. 이 회로는 입력인 전류를 일정 시간 동안 적분하여 전압의 값으로 변환시킨다.

$$C\frac{de_o}{dt} = -i_{in} \quad \text{<5-8>}$$

$$e_o = -\frac{1}{C}\int i_{in}\,dt \quad \text{<5-9>}$$

### (2) 전압 되먹임에 의한 작동

전압 되먹임에 의해 $e_- = e_+$의 조건을 만족시키며 작동되는 예로 [그림 5-6]에 제시한 전압 follower를 들 수 있다. $e_- = e_o$이고 $e_+ = e_i$이므로 <식 5-10>과 <식 5-11>이 유도된다. 출력 전압은 바로 입력 전압이다. 이는 어떤 전압($e_i$)을 측정 장치의 $iR$ 전압 강하 없이 정

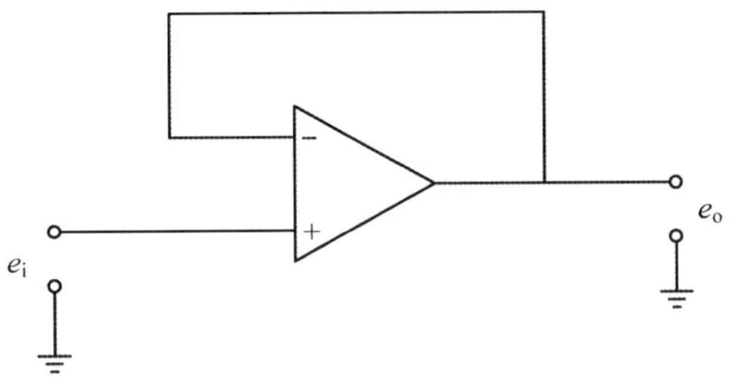


그림 5-6 전압(voltage) follower

밀하게 측정하거나, 오차 없이 전압값($e_i$)을 취해 추가적인 연산을 하는 데 사용된다.

$$e_o = -A(e_o - e_i)$$

$$e_o = \frac{e_i}{(1 + 1/A)} \qquad \text{<5-10>}$$

$$e_o \approx e_i \qquad \text{<5-11>}$$

전압 되먹임에 의한 작동의 다른 예를 [그림 5-7]에 제시하였다. 이 회로에서 비반전 입력의 전압이 접지이므로($e_+ = 0$), 반전 입력 $e_- = 0$이 되어야 한다. 따라서 $e_- = e_A + e_i = 0$이어야 하므로, $e_A = -e_i$, 즉 $e_A$가 입력인 $e_i$와 크기는 같으나 반대 부호를 가져야 한다. $e_A$는 $-e_i$가 되어야 하므로, $e_i$를 변화시켜 $A$ 지점의 전압($e_A$)을 조절할 수 있다. 즉 $e_i$ = 1.0 V이면 $e_A$ = −1.0 V가 된다. $e_i$에 의해 $e_A$가 결정되므로 [그림 5-7]의 회로에

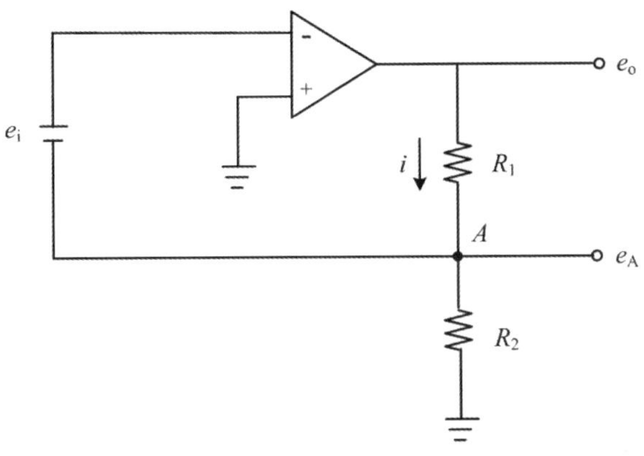


그림 5-7 *A* 지점의 전압을 조절할 수 있는 회로

서 전류의 크기는 <식 5-12>에 의해 결정된다. 즉, $A$ 지점과 접지 사이 전류의 크기는 $A$ 지점과 접지 사이의 전압($e_A = -e_i$)을 저항($R_2$)으로 나눈 값이다.

$$i = -e_i/R_2 \qquad \text{<5-12>}$$

**스스로 학습 5-1**

[그림 5-7]의 회로에서 $e_i$를 변화시켜 $A$ 지점의 전압($e_A$)을 조절할 수 있다. $e_i = V_p \sin\omega t$ ($f = \omega/2\pi = 60$ Hz, $V_p = 2.0$ V)일때 $e_A$의 파형을 그려 보시오.

## 5-2 일정 전위기potentiostat

[그림 5-7]의 회로에서 $A$ 지점의 전압을 입력인 $e_i$를 변화시켜 조절할 수 있음을 보여 주었다. 같은 회로를 3극 셀에 적용하면 [그림 5-8]에 제시한 것처럼 접지인 작동 전극($e_{wk} = 0$ V)에 대하여 기준 전극의 전압($e_{ref}$)을 $-e_i$가 되도록 조절할 수 있다. 즉, [그림 5-7]에서 $e_A$가 [그림 5-8]에서 기준 전극의 전압($e_{ref}$)에 해당한다. 위 설명에서 "작동 전극에 대하여 기준 전극의 전압을 조절한다"고 하였는데, 전압은 상대적인 것이므로 이는 "기준 전극에 대해 작동 전극의 전압을 조절하는 것"과 동일한 효과를 얻을 수 있다. 이 회

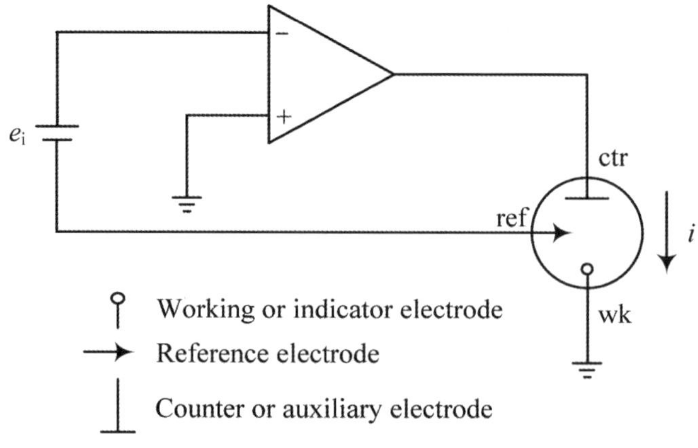


**그림 5-8** 일정 전위기(potentiostat)에서 기준 전극에 대한 작동 전극의 전압 조절, 그리고 반대 전극과 작동 전극 사이 전류의 흐름

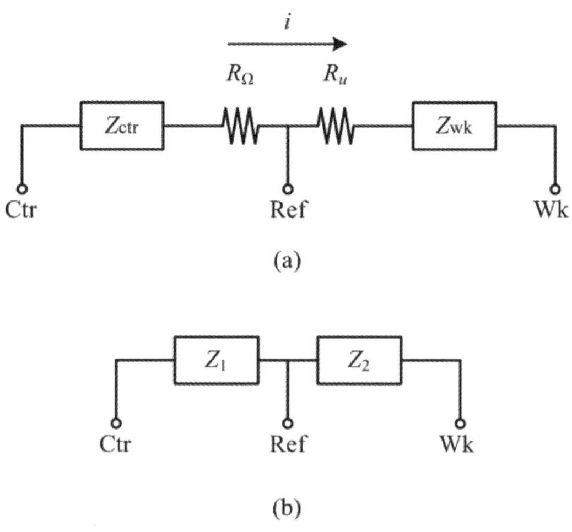


**그림 5-9 3극 셀의 임피던스 등가 회로**

로를 이용하면 작동 전극의 전압을 기준 전극에 대하여 $e_i$가 되도록 조절할 수 있다.

$$e_{wk}(vs.\ \text{ref}) = e_i$$

[그림 5-9-a]에 3극 셀의 등가 회로를 보여 주고 있다. 반대 전극과 작동 전극에서 $R_{ct}$와 $C_{dl}$이 병렬로 연결된 회로(그림 1-12 참조)를 임피던스($Z_{ctr}$와 $Z_{wk}$)로 표시하였고, 전해질 내 기준 전극의 위치에 따라 전해질 저항이 $R_\Omega$과 $R_u$로 나누어짐을 보여 주고 있다. 이 회로를 더 간단히 표현하면 [그림 5-9-b]와 같다. 이를 [그림 5-7]과 연계하여 보면, $e_o$는 반대 전극의 전압, $e_A$는 기준 전극의 전압, 접지는 작동 전극에 해당한다. 또한 $R_1$과 $R_2$는 각각 $Z_1$과 $Z_2$에 해당한다. 반대 전극의 전압 $e_o$는 <식 5-13>으로 표현되고, 전류의 크기는 <식 5-14>에 의해 결정되므로 접지인 작동 전극에 대한 반대 전극의 전압은 <식 5-15>로 주어진다.

$$e_o = i(Z_1 + Z_2) \quad \text{<5-13>}$$

$$i = -e_i/Z_2 \quad \text{<5-14>}$$

$$e_o = -e_i\left(\frac{Z_1 + Z_2}{Z_2}\right) \quad \text{<5-15>}$$

3극 셀의 작동 특성은 다음과 같다. 첫째, 위에 설명한 것처럼 작동 전극을 접지에 놓고 기준 전극의 전압을 조절하는 회로를 이용하지만, 이는 기준 전극에 대해 작동 전극의 전압을 조절하는 것과 동일한 효과를 준다. 둘째, 전류는 작동 전극과 반대 전극 사이에서만 흐른다. 기준 전극으로 전류의 흐름은 없다. 만약에 기준 전극으로 전류가 흐른다면 기준 전극의 평형 전압이 변하여 기준 전극의 역할을 할 수 없다. 셋째, 작동 전극과 반대 전극 사이에 흐르는 전류의 크기는 작동 전극과 기준 전극 사이 전압 차이($e_A = -e_i$)와 임피던스($Z_2$)에 의해서 결정된다(식 5-14). 이는 전류가 $Z_1$과는 상관없이 $Z_2$(즉, $R_u$ 그리고 작동 전극의 $R_{ct}$와 $C_{dl}$)에 의해서만 결정됨을 의미한다. 즉, 반대 전극은 전류의 크기를 결정하는데 아무런 영향을 주지 못한다. 단지 작동 전극의 전기화학 반응과 반대 반응을 통하여 전자를 공급하거나 소모하는 보조적인 역할만을 한다. 따라서 반대 전극을 **보조 전극**(auxiliary electrode)이라고도 한다. 넷째, 작동 전극과 기준 전극 사이의 특성에 의해 결정되는 전류(식 5-14)와 같은 크기의 전류가 반대 전극에서도 흘러야 하므로(닫힌 고리를 형성해야 하므로), 반대 전극이 전류의 크기를 결정하는 경우가 발생하지 않도록 작동 전극보다 더 넓은 면적을 갖는 반대 전극을 사용해야 한다. 전류-전압법 실험에서는 3극 셀을 이용하여 기준 전극 대비 작동 전극의 전압을 정밀하게 조절하여 작동 전극과 반대 전극 사이에 흐르는 전류를 측정한다. 이때 측정된 전류는 [그림 5-9-b]에 표시한 $Z_2$에 의해 결정되므로, 측정된 전류로부터 $Z_2$를 구성하고 있는 전기화학 인자($R_u$와 작동 전극의 $R_{ct}$와 $C_{dl}$)를 구할 수 있다. 이때 만약에 반대 전극의 면적이 작동 전극에 비해 작다면, 닫힌 고리를 형성하며 흐르는 전류가 반대 전극의 특성(그림 5-9-b에서 $Z_1$)에 의해 결정될 수 있다. 이는 전류-전압법 실험의 목적(작동 전극에서 $R_{ct}$와 $C_{dl}$을 구하는 것)에 어긋나는 것이다. 작동 전극에 비해 더 큰 면적의 반대 전극을 사용하여 이러한 문제를 방지할 수 있다. 다섯째, 반대 전극의 전압은 <식 5-13>처럼 전류와 $Z_1$과 $Z_2$의 합에 의해 결정되고, 기준 전극과 작동 전극 사이에 가해진 전압($e_i$)과는 <식 5-15>의 관계를 보인다. 여기서 $e_i$를 **조절 전압**(control voltage)이라고 하고, 일정 전위기로 조절할 수 있는 작동 전극과 기준 전극 사이 전압 범위를 뜻한다. 한편, 반대 전극의 전압($e_o$)을 **컴플라이언스 전압**(compliance voltage)이라고 하는데, 이는 작동 전극에 대한 반대 전극의 전압으로 두 전극 사이에 전류가 흐를 때 허용될 수 있는 전압을 의미한다. 상용화된 일정 전위기의 조절 전압과 컴플라이언스 전압은 장치에 따라 서로 다르다.

### 스스로 학습 5-2

2극 셀과 3극 셀에서 전류는 작동 전극과 반대 전극 사이에 흐른다. 작동 전극에서 환원

전류가 흐른다면 반대 전극에서는 산화 전류가 흘러야 한다. 이때 전류는 닫힌 고리를 통해 흐르며, 환원 전류($i_c$)와 산화 전류($i_a$)의 크기는 동일($i_c = |i_a|$)해야 한다. 반대 전극의 면적이 작동 전극의 그것에 비해 작다면 $|i_a| < i_c$가 될 수 있음을 확인하시오. 이럴 경우, 전류의 크기는 [그림 5-9]의 $Z_1$에 의해 결정되므로 측정된 전류로부터 $Z_2$와 관계된 전기화학 인자를 구할 때 오류가 발생할 수 있다. 이를 설명하시오.

### 스스로 학습 5-3

전기화학 셀에서 전해질의 저항이 크거나 큰 전류가 흐르는 실험을 할 때, 컴플라이언스 전압이 큰 일정 전위기를 사용해야 한다. 이유를 설명하시오.

실제 상용화된 일정 전위기는 [그림 5-11]에 제시한 합산기 형태의 회로를 이용한다. 만약 [그림 5-10]에 나타낸 파형을 입력으로 제공한다고 할 때, 이 파형은 세 개 파형의 합이므로 합산기 회로를 이용하여 $e_1$, $e_2$, $e_3$에 각각의 파형을 입력으로 제공한다. 즉, <식 5-16>에서 모든 저항이 동일한 값을 갖는다면 <식 5-17>이 되며, 이는 기준 전극에 대한 작동 전극의 전압이 세 가지 파형의 합으로 조절됨을 말하고 있다.

$$-i_{\text{ref}} = i_1 + i_2 + i_3$$

$$-e_{\text{ref}} = e_1\left(\frac{R_{\text{ref}}}{R_1}\right) + e_2\left(\frac{R_{\text{ref}}}{R_2}\right) + e_3\left(\frac{R_{\text{ref}}}{R_3}\right) \quad \text{<5-16>}$$

$$e_{\text{wk}}(vs.\ \text{ref}) = e_1 + e_2 + e_3 \quad \text{<5-17>}$$

한편 [그림 5-11]의 회로에서 접지인 작동 전극에 대하여 기준 전극의 전압을 조절하고 있지만, 이는 기준 전극에 대하여 작동 전극의 전압을 조절하는 것과 동일한 것이다.

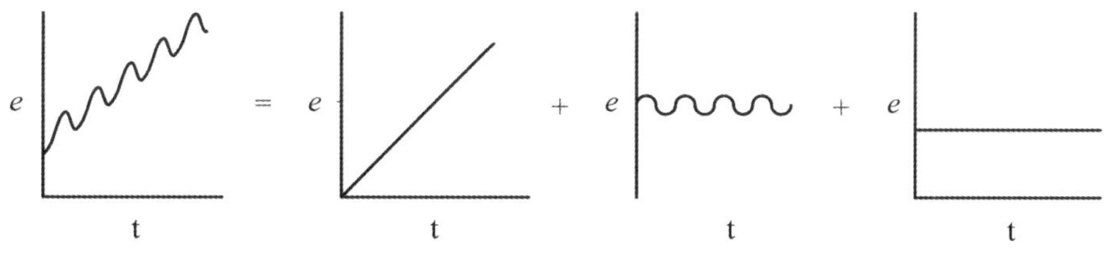


그림 5-10 복잡한 파형의 합성

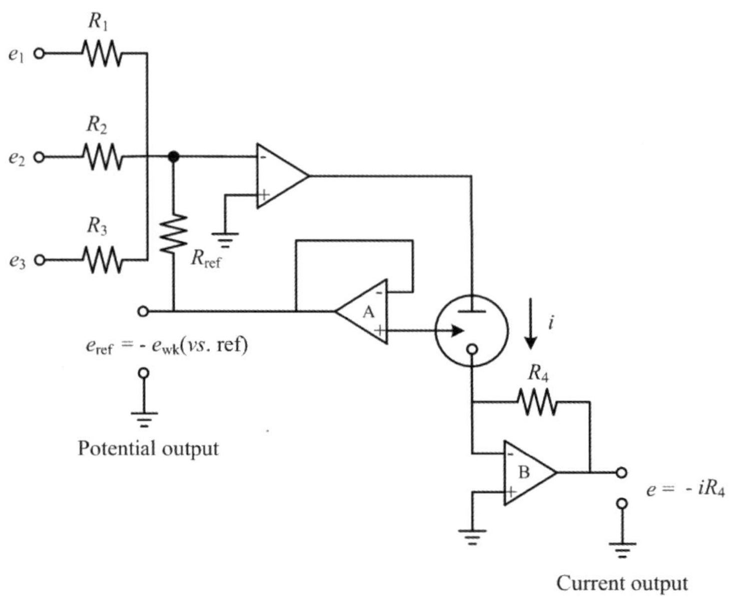


그림 5-11 합산기형 일정 전위기(potentiostat)

그림에서 접지에 대하여 기준 전극에 가해진 전압은 전압 follower를 통하여 읽으며, 반대 전극과 작동 전극 사이에 흐르는 전류는 전류 - 전압 전환기($i/V$ converter)를 이용하여 전압의 값($e = -iR_4$)으로 읽는다.

**스스로 학습 5-4**

[그림 5-11]의 일정 전위기 회로에서 연산 증폭기 A와 B의 역할은 무엇인가?

## 5-3 일정 전류기galvanostat

**일정 전류기**(galvanostat)는 반대 전극과 작동 전극 사이에 흐르는 전류의 크기를 조절하여 기준 전극에 대한 작동 전극의 전압 변화를 읽는 장치를 말한다. [그림 5-12]에 일정 전류기 회로를 보여 주고 있다. 합침 점($S$)을 중심으로 키르히호프 법에 의해 전류는 <식

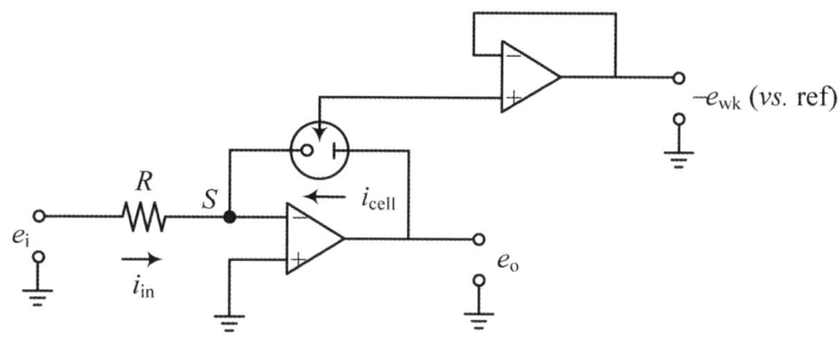


그림 5-12 일정 전류기 회로

5-18>의 관계를 보이므로 반대 전극과 작동 전극 사이에 흐르는 전류의 크기($i_{cell}$)를 $e_i$를 변화하여 조절할 수 있다. 한편, 작동 전극은 가상 접지 상태에 있으므로, 이 작동 전극에 대한 기준 전극의 전압을 읽는다. 이는 기준 전극에 대하여 작동 전극의 전압 변화를 읽는 것과 동일한 것이다.

$$i_{cell} = -i_{in} = \frac{-e_i}{R}$$

<5-18>

## 5-4 전해질 저항에 의한 $iR_u$

[그림 5-13]에 3극 셀에서 일어나는 전기화학 반응과 전해질 저항을 등가 회로로 나타내었다. 전해질 내 기준 전극이 위치하므로 전해질의 저항은 기준 전극과 작동 전극 사이 전해질 저항인 $R_u$와 기준 전극과 반대 전극 사이 전해질 저항인 $R_\Omega$으로 나누어진다. 작동 전극을 접지로 하여($e_{wk}$ = 0 V) 기준 전극의 전압을 $e_1 + e_2 + e_3$의 합으로 조절한다고 할 때, 이는 기준 전극에 비해 작동 전극의 전압을 $-(e_1 + e_2 + e_3)$로 조절하는 것과 같은 효과이다. 이때 작동 전극에 실제로 가해지는 전압($e_{true}$)은 전압 강하에 의한 $iR_u$만큼 더 작은 값이 된다. 따라서 $e_{true}$는 다음 식으로 주어진다.

$$e_{true}\ (vs.\ \text{ref}) = |e_1 + e_2 + e_3| - |iR_u|$$

<5-19>

전기화학 반응에서 전류는 전압에 의해 민감하게 변한다. 즉, 전하 전달이 전체 속도를

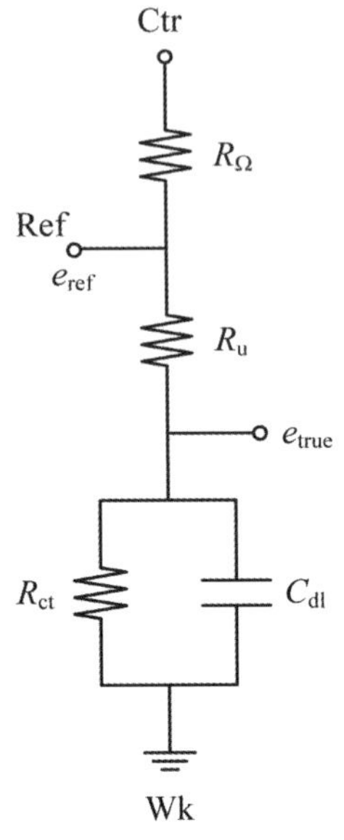


그림 5-13 3극 셀의 등가 회로: 반대 전극의 *RC* 병열 회로는 생략하였음.

결정할 경우, 전류는 전압의 지수함수에 의해 변한다. 따라서 위와 같이 겉보기 전압($e_{ref}$)과 실제 전압($e_{true}$)에 차이가 나면 정확한 전압과 전류의 관계를 얻기 어렵다. <식 5-19>에서 보듯이 $iR_u$값이 클수록 두 전압의 차이가 크다. $R_u$를 **보상되지 않는 저항**(uncompensated resistance)이라고 하며, 이 문제를 해결하기 위해 **루긴 모세관**(Luggin capillary)을 이용하여 용액 내에서 기준 전극을 작동 전극에 최대한 가깝게 위치시켜 $R_u$를 최소화한다. 한편, 일정 전위기는 **되먹임 보상**(positive feedback compensation)이라고 하여, 자동적으로 $iR_u$만큼의 전압 강하를 보상해 주는 기능을 가지고 있다.

## 5-5 2극 셀과 3극 셀

전기화학 셀은 크게 2극 셀과 3극 셀로 구분된다. [그림 5-14-a]의 2극 셀에서 전압을 조절하여 전류를 측정할 수 있는데, 이때 기준 전극이 없으므로 반대 전극이 기준 전극의 역할을 한다. 반대 전극으로 전류가 흐르므로 반대 전극의 전압은 일정한 값으로 고정되지 못한다. 따라서 반대 전극을 기준으로 조절되는 작동 전극의 전압에도 정확도가 떨어

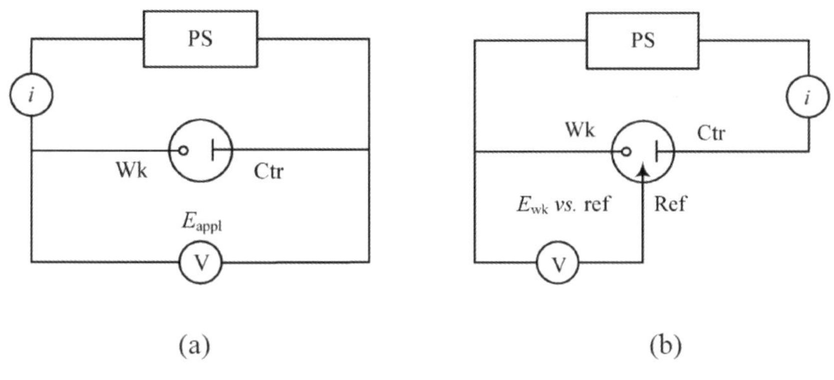


**그림 5-14** 2극 셀과 3극 셀에서 전압(전류) 조절과 전류(전압) 측정

진다. 전기화학 반응에서는 전류의 크기가 전압에 민감하게 변한다. 전류를 조절하여 전압을 측정할 때도, 전압의 크기가 전류에 민감하게 변한다. 따라서 2극 셀은 전압-전류 관계가 정밀히 조절되어야 하는 경우가 아닌 대부분의 공업적인 전해 공정(예를 들어, 소금물의 전기분해, 전기 도금)에 사용된다. 2개의 전극으로 구성되어 장치가 간단하고 설치비가 저렴하다는 장점이 있다. 전해 셀에서 마주 보는 2개 전극 사이 거리는 2차원 평면 어느 곳에서나 일정해야 한다. 또한 $R_{solution}$을 최소화하기 위하여 2개 전극 사이 거리를 최소화하여야 한다. 2개 전극 사이 좁은 공간에 기준 전극을 설치하는 것이 쉽지 않다. 이차 전지도 2극 셀이다. 만약에 기준 전극을 도입한다면 기준 전극이 차지하는 부피 때문에 부피당 에너지 밀도가 줄어드는 문제가 있다.

[그림 5-14-b]의 3극 셀에서 일정 전위기를 이용하여 작동 전극의 전압($V$)을 기준 전극에 대하여 정밀하게 조절하고, 작동 전극과 반대 전극 사이에 흐르는 전류($i$)를 측정한다. 기준 전극으로 전류가 흐르지 않으므로 기준 전극의 전압이 일정하게 유지된다. 즉, 전압의 명확한 기준이 된다. 기준 전극에 대하여 작동 전극의 전압 조절이 정확하므로 전압-전류의 관계에 정확도가 필요한 용도에 3극 셀을 사용한다. 전기화학 반응의 메커니즘 조사, 분석, 기타 전기화학 파라미터를 구하고자 할 때, 정밀한 전압-전류 관계가 필요하다. 이러한 이유로 실험실에서 수행하는 다양한 종류의 전류-전압법 실험(6 ~ 10장에서 소개할 예정임)에서는 3극 셀을 사용한다. 일정 전류기를 이용하여 3극 셀에서 작동 전극과 반대 전극 사이에 전류를 조절하여 가하고, 기준 전극에 대한 작동 전극의 전압을 측정한다. 여기서도 기준 전극이 정확한 전압의 기준이 되므로 정밀한 전류-전압 관계를 얻을 수 있다.

실험실에서 3극 셀을 이용하여 전압-전류법 실험(6~10장)을 수행할 때 모든 관심은 작동 전극에 집중된다. 반대 전극에서 일어나는 전기화학 반응은 관심의 밖이다. 작동 전극에서 전기화학 반응을 진행시키고, 그 결과를 이용하여 반응 메커니즘 조사, 전기화학 파라미터 측정, 정량 분석을 하고자 하는 것이 전압-전류법 실험의 목적이다. 3극 셀에서 일정 전위기를 이용하여 기준 전극 대비 작동 전극의 전압을 조절한다. 이때 전류의 크기는 <5-14>처럼 $Z_1$과는 상관없이 $Z_2$(즉, $R_u$ 그리고 작동 전극의 $R_{ct}$와 $C_{dl}$)에 의해서만 결정된다. 만약 전류의 크기가 $Z_1$(즉, $R_\Omega$ 그리고 반대 전극의 $R_{ct}$와 $C_{dl}$)에 의해 결정된다고 생각해 보자. 우리의 관심은 작동 전극에서 일어나는 반응인데 전류의 크기가 반대 전극에서 일어나는 반응에 의해 결정된다는 모순에 봉착하게 된다. 전류의 크기가 $Z_1$에 의해 결정되지 않도록 작동 전극보다 더 큰 면적의 반대 전극을 사용해야 하는 이유이다.

# 5장 연습문제

01 연산 증폭기를 이용한 전압 적분기(voltage integrator) 회로를 그리시오. 순환 전압-전류법(cyclic voltammetry)에 필요한 삼각형 모양의 전압을 얻기 위하여 어떤 입력이 필요한가?

02 다음 연산 증폭기를 이용한 회로에서

(a) 출력 전압($e_o$)과 입력 전압($e_i$)과의 관계를 유도하시오.

(b) $R_1 = R_2 = 0\ \Omega$인 경우와 $R_1 \neq R_2 \neq 0\ \Omega$ 경우의 $e_o$ 값을 비교하여, 주어진 회로가 "voltage follower with gain"이라 불리는 이유를 설명하시오.

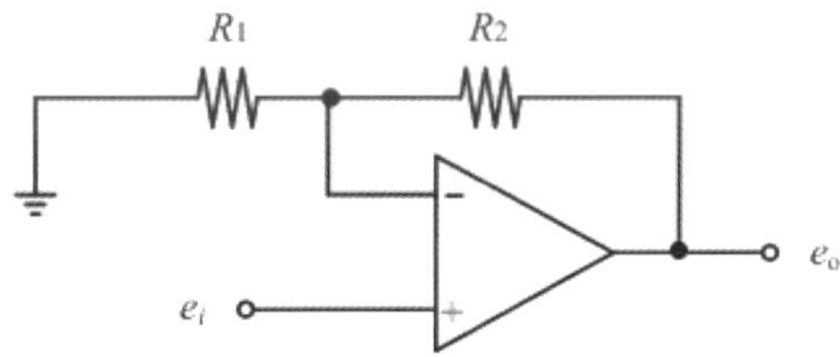


03 다음 회로에서 입력($e_i$)이 교류 전압($e_i = V_p \sin\omega t$)이고, $f = \omega/2\pi = 60$ Hz, $V_p = 2.0$ V, 전원 공급기는 +10 V/−10 V이고, 열린 고리 이득($A$)은 $10^6$이다. $e_{ref} = 0.0$ V일 때 출력($e_o$)은 어떤 파형을 갖는지 정밀하게 그리시오.

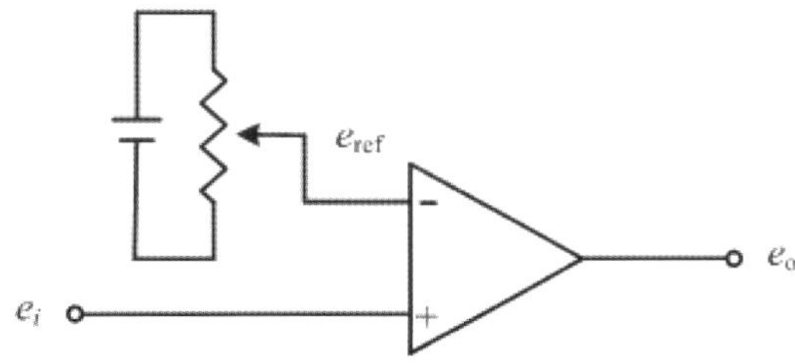

**04** [그림 5-11]의 합산기형 일정 전위기에서 보상되지 않는 저항($R_u$) 문제가 발생할 수 있는데, 이를 되먹임 보상을 통해 $iR_u$ 만큼의 전압 강하를 입력 전압에 추가(보상)하는 방법으로 해결할 수 있다. 즉, [그림 5-11] 회로에서 $e_1$, $e_2$, $e_3$에 $iR_u$ 만큼 크기의 $e_4$를 추가한다. 이를 [그림 5-11]에 추가하여 그려 보시오.

6장

# 유체역학적 방법

## Hydrodynamic methods

전기화학 실험 방법에는 여러 종류가 있으며, 이는 전기화학 반응에서 전하 전달 또는 물질 전달과 관련된 전기화학 인자(parameters)를 구하거나, 농도 측정 또는 반응 메커니즘을 조사하는 데 이용된다. 이러한 실험에서는 공업적인 전해 공정과 달리 매우 작은 면적의 전극을 사용하고, 작동 전극의 정확한 전압 조절을 위하여 3극 셀을 이용한다. 우리가 원하는 전기화학 반응을 작동 전극에서 진행시키고 반대 전극은 보조 역할을 한다. 닫힌 고리를 통해 흐르는 전류가 반대 전극에 의해 좌우되지 않도록 반대 전극의 면적은 작동 전극의 면적보다 더 크게 제작하여 사용한다.

**유체역학적 방법**에서는 원통 모양의 작동 전극을 일정한 속도로 회전시켜 기계적인 대류에 의해 물질 전달을 유도한다. 작동 전극으로 회전 원판 전극(rotating disk electrode, RDE) 또는 회전 고리-원판 전극(rotating ring-disk electrode, RRDE)을 사용한다. 두 경우 모두 전극의 면적이 작아서(< 1.0 cm$^2$) 실험 도중에 반응물이 산화 또는 환원되는 양이 적다. 즉, 반응물인 산화 또는 환원이 가능한 물질의 초기 농도($C_O^*$와 $C_R^*$)에 변화가 없다는 가정을 할 수 있다. 또한 지지 전해질을 사용하므로 O 또는 R이 이온이라고 할지라도 이들의 이동(migration)에 의한 물질 전달은 무시할 수 있다. 즉, 물질 전달은 확산과 대류만이 가능하다. 또한 원판 전극(disk electrode)과 고리 전극(ring electrode) 모두 작은 면적의 평면 전극(planar electrode)이며, 전극의 면적에 비해 네른스트 확산층의 두께가 매우 얇기 때문에 전극 표면 근처 용액에서 전극의 수직 방향으로 **선형 확산**(linear diffusion)만이 가능하다는 가정을 한다.

6-1절에서는 전하 전달 반응의 표준 속도 상수 $k^0 = \infty$ ($R_{ct} = 0$)임을 가정하고 전압에 따른 전류 특성을 설명한다. 실제로 $k^0 = \infty$인 경우는 없으므로 이를 극단적인 경우라 할 수 있다. 극단적인 경우에 대해 전압에 따른 전류 특성을 살펴보고, 이후에 이러한 극단적인 경우에서 벗어남에 따라($k^0$가 $\infty$보다 작아짐에 따라) 전압/전류 특성이 어떻게 변화하는지 설명해 나갈 것이다. 표준 속도 상수($k^0$)가 작을수록, 극단적인 조건에서 유도한 전압-전류 특성으로부터 더 많이 벗어나는 특성을 보일 것임을 예측할 수 있다. 6-2절에서는 RRDE를 이용하여 전기화학 반응 메커니즘을 조사하는 예를 제시할 것이며, 6-3절에서는 농도 과전압을 설명할 것이다.

# 6-1 회전 원판 전극RDE, rotating disk electrode 실험법

## (1) RDE 실험에서 물질 전달

[그림 6-1]에 RDE 실험에 사용되는 전극의 모양을 보여 주고 있다. 원통의 아래에 설치된 원판(disk)이 작동 전극의 역할을 한다. RDE를 용액 내에서 회전시키면 회전 속도가 매우 크지 않은 범위에서 용액은 **층류**(laminar flow) 특성을 유지하며 전극의 표면 쪽으로 기계적 대류에 의해 이동한다. 층류를 유지하는 조건에서 물질 전달은 원판 전극의 수직 방향으로 일차원적으로 일어나므로, 전극으로부터의 거리를 $x$라고 하였을 때 기계적 대류는 [그림 6-2]처럼 진행된다. 이때 $\omega$는 회전 각진동수인데, 흔히 rps(revolutions per second)

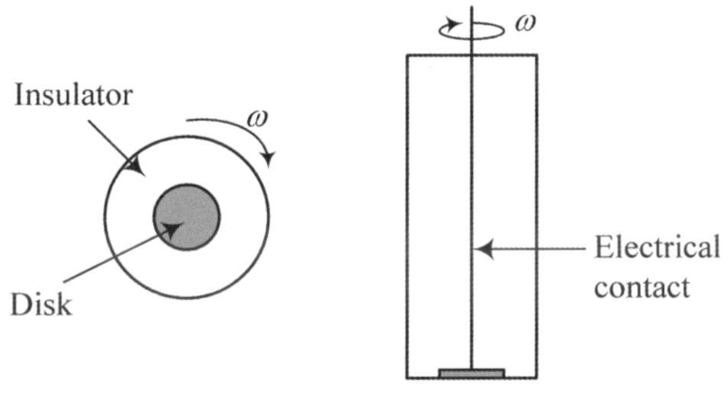


그림 6-1 회전 원판 전극(RDE)의 구조

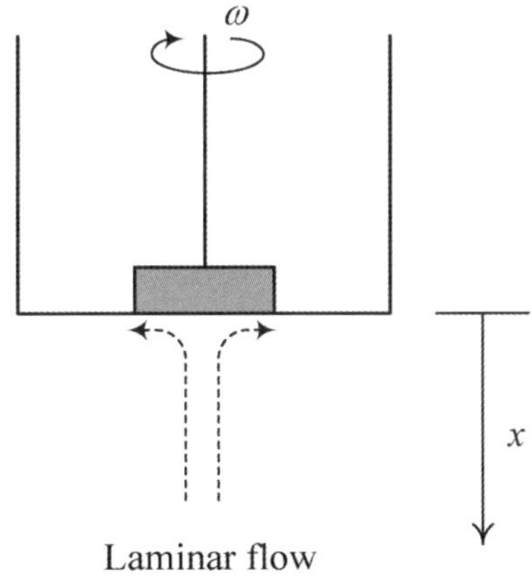


그림 6-2 회전 원판 전극의 회전에 의한 기계적 대류(mechanical convection)

으로 표현하는 회전 속도에 $2\pi$를 곱한 값이다. 이동(migration)에 의한 물질 전달이 없으므로 물질 전달 속도(flux)는 <식 6-1>과 같이 확산과 대류의 합이다.

$$J_\mathrm{i}(x) = -D_\mathrm{i}\frac{dC_\mathrm{i}(x)}{dx} + C_\mathrm{i}v(x) \qquad \text{<6-1>}$$

여기서 $v(x)$는 $x$-축 방향으로 산화 또는 환원이 가능한 물질 $i$의 기계적 대류에 의한 이동 속도인데 다음과 같은 관계를 보인다.

$$v(x) \propto \omega^{3/2}\ x^2$$

위에서 보듯이 $x \to 0$이면 $v(x)$는 무시할 수 있으므로, <식 6-1>에서 $x$가 작은 전극 표면 근처에서는 기계적 대류에 의한 물질 전달은 무시할 수 있다. 즉, 확산만이 가능하다. 그러나 $x$가 큰 벌크 용액에서는 $v(x)$가 크므로 확산보다는 기계적 대류에 의한 물질 전달이 주류를 이룬다. 이러한 사실을 [그림 6-3]에 나타내었다. $x$가 작은 영역에서 $v(x) \to 0$이므로 기계적 대류가 없는 조건과 같다. 이렇게 확산만이 물질 전달에 참여하는 전극 표면 근처 용액의 범위를 **네른스트 확산층**(Nernst diffusion layer)이라고 하며, 확산층의 두께($\delta$)는 <식 6-2>와 같이 주어진다. $v$를 **동적 점성도**(kinematic viscosity)라고 하는데, 수용액에서 대략 0.01 $cm^2/s$의 값을 갖는다. 네른스트 확산 층의 두께가 매우 얇으므로 이 안에서 전극 면의 수직 방향으로 선형 확산을 가정할 수 있다. 다시 말하면, 전극으로부터 거리가 먼 용액에서 기계적인 대류에 의해 물질 전달이 이루어지더라도, 전극 표면 근처에서는 일차원 확산만이 유일한 물질 전달 수단이다.

$$\delta = \frac{1.61\,D_\mathrm{i}^{1/3}v^{1/6}}{\omega^{1/2}} \qquad \text{<6-2>}$$

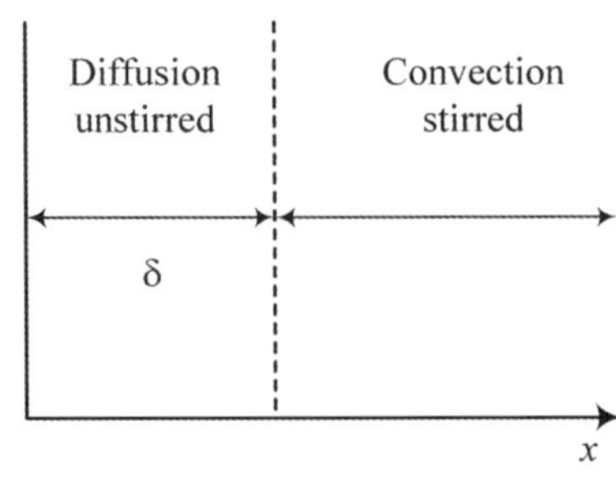


**그림 6-3** 회전 원판 전극의 회전에 의한 네른스트 확산층의 형성

### (2) 극단적인 경우($k^0$ = ∞) RDE 실험에서 전압/전류 특성

불균일 전하 전달의 표준 속도 상수 $k^0$ = ∞를 가정하면 2가지 특성을 예상할 수 있다. ① 해당 전기화학 반응은 네른스티안이다. 즉, 전하 전달 속도가 매우(∞) 크므로 전압을 변화시킬 때 전극 표면에서 반응이 무한대(∞)로 빠르게 진행되고, 그 결과 표면 농도는 <식 6-3>의 네른스트 식에서 계산되는 값을 가지게 된다.

$$E = E^{0'} + \frac{RT}{F} \ln \frac{C_O(0,t)}{C_R(0,t)} \qquad \text{<6-3>}$$

② 모든 전압 영역에서 물질 전달이 전체 속도를 결정한다. [그림 4-7]에서 설명하였듯이, $k^0$ = ∞이면 $R_{ct}$ = 0이다. 저항이 0이므로 전류($i$)와 전압($V$)의 도시에서 전류는 기울기를 갖지 않고 ∞ 크기의 값을 갖는다. 이는 과전압이 극히 작은 영역에서도 전하 전달 속도가 무한대(∞)로 크기 때문에 물질 전달이 전체 속도를 결정하게 됨을 말한다. 다시 말하여, 모든 전압 범위에서 전극 표면 근처($x$ = 0)에서의 확산 속도가 전류의 크기를 결정한다. 따라서 <식 6-4>에 나타내었듯이 확산 계수($D_O$)와 전극 표면 근처($x$ = 0)에서 O의 농도 기울기를 알 수 있으면 전류의 크기를 구할 수 있다. 이때 전류($i$)를 확산 속도가 결정하므로 확산 전류($i_d$)라 한다.

$$\text{Rate} = \frac{i}{nFA} = D_O \left.\frac{dC_O(x,t)}{dx}\right|_{x=0} \qquad \text{<6-4>}$$

[그림 6-3]에 나타낸 네른스트 확산층 안에서 농도 기울기는 다음과 같이 주어진다.

$$\frac{C_O^* - C_O(0,t)}{\delta}$$

이때, $C_O^*$는 실험이 진행되더라도 변하지 않으므로(작동 전극의 면적이 작아서 실험이 진행되더라도 O + ne → R 반응에 의한 O의 농도 감소가 극히 작으므로) $\delta$와 표면 농도($C_O(0, t)$)만이 변수가 된다. 전극의 회전 속도를 일정하게 유지한다면 $\delta$는 고정되므로 $C_O(0, t)$만이 유일한 변수가 된다. 극단적인 경우($k^0$ = ∞, $R_{ct}$ = 0) 경우, 네른스티안이므로 $C_O(0, t)$는 네른스트 식(식 6-3)에 의해 결정된다.

O + $e$ = R의 전기화학 반응에서 O와 R의 초기 농도가 $C_O^*$ = $C_R^*$라고 가정하고, 전압에 따른 $C_O(0, t)$와 $C_R(0, t)$의 변화를 [그림 6-4]에 나타내었다. 또한 전극 표면 근처 네

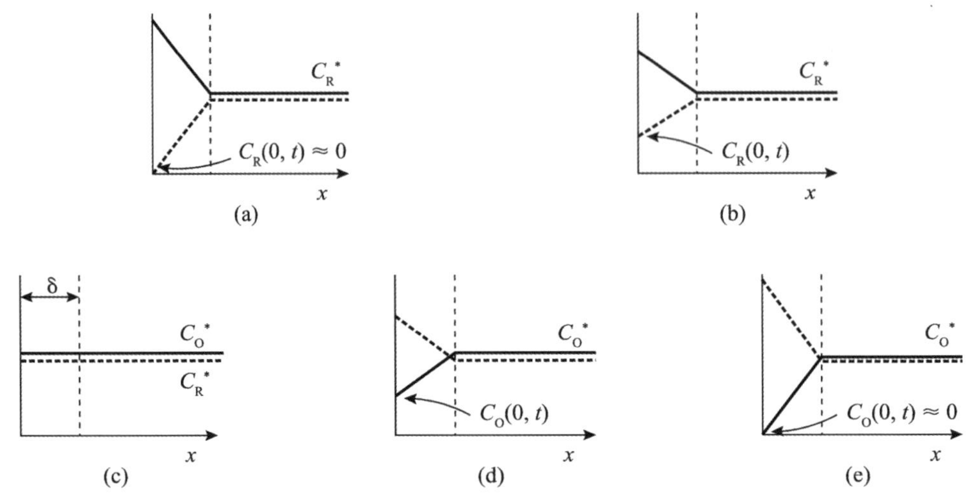


**그림 6-4** RDE의 회전과 함께 전압의 변화를 주었을 때 용액 내 O와 R의 농도 분포 변화. 실선: O의 농도 분포, 점선: R의 농도 분포

른스트 확산층 안에서 O와 R의 농도 기울기로부터 예측되는 전류의 변화를 [그림 6-5]에 나타내었다. [그림 6-4]에 RDE 전극의 회전 속도가 고정되었다고 가정하여 **네른스트 확산층**($\delta$)의 두께는 일정하게 그렸고, $C_O(x, t)$는 실선으로, $C_R(x, t)$는 점선으로 그렸다. O + $e$ = R인 전기화학 반응에서 전극 전압에 따른 $C_O(0, t)/C_R(0, t)$ 값은 [표 4-1]에 있다. 가해준 전압 $E = E^{0'}$인 경우 $C_O(0, t)/C_R(0, t) = 1$이며, 또한 전압이 평형 전압($E_{eq}$)에 해당하므로 $C_O(0, t) = C_O^*$이다: 평형 상태에서 전해 셀 내부 용액의 모든 지점에서 농도는 동일하므로, 표면 농도와 벌크 농도가 같을 것이다. 이를 [그림 6-4-c]에 나타내었다. 네른스트 확산층($\delta$) 안에서 O의 농도 기울기가 0이므로 <식 6-4>에 의해 환원 전류($i_c$)도 0이다. 한편, 이 조건에서 $C_R(0, t) = C_R^*$이므로, R의 농도 기울기도 0이고, 따라서 <식 6-4>로부터 산화 전류($i_a$)도 0임을 예상할 수 있다. 가해준 전압이 평형 전압보다 더 음의 값을 갖는 $E = E^{0'} - 28.5$ mV인 경우, $C_O(0, t)/C_R(0, t) = 1/3$이고 (d), $E = E^{0'} - 118$ mV이면 $C_O(0, t)/C_R(0, t) = 10^{-2}$이므로 $C_O(0, t) \approx 0$이 된다(e). 전극 전압이 더 음의 값을 갖더라도 $C_O(0, t) \approx 0$이 유지된다. $C_O(0, t)$는 가해주는 전압에 따라 변하나 $C_O^*$는 일정하므로 [그림 6-4]에 보인 것처럼 전압이 음의 값으로 갈수록 확산층 안에서 O의 농도 기울기가 증가하다가 $C_O(0, t)$가 0에 도달한 이후부터 기울기의 변화는 없다. 따라서 <식 6-4>에 의해 [그림 6-5]에 나타낸 것과 같이 환원 전류($i_c$)의 변화를 예측할 수 있다. 환원 전류가 점차 증가하다가 일정한 값을 유지하게 되는데, 이 일정한 전류를 **한계 전류**

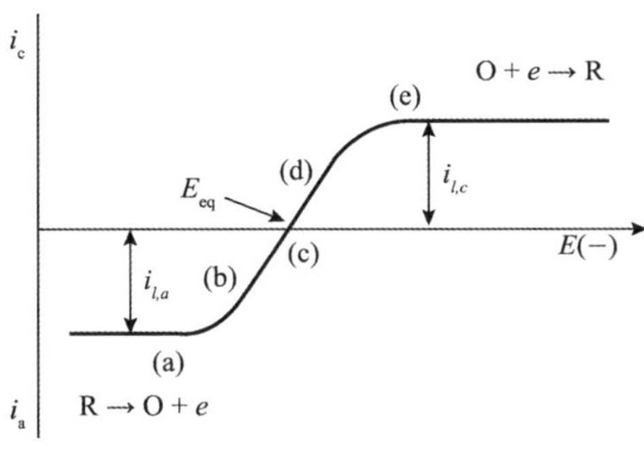


**그림 6-5** 극단적인 조건($k^0 = \infty$)을 가정하였을 때 RDE 실험에서 전압과 전류 관계

(limiting current)라고 한다. 한계 전류($i_{l,c}$)가 일정한 값을 보이는 이유는 $C_O(0, t) = 0$이 된 이후부터 전압이 더 큰 음의 값으로 변하더라도 농도 기울기의 변화가 없기 때문이다.

산화 전류($i_a$)도 유사한 모양을 보인다. 즉, $E = E^{0'} + 28.5$ mV이면 $C_O(0, t)/C_R(0, t) = 3$이고(b), $E = E^{0'} + 118$ mV이면 $C_O(0, t)/C_R(0, t) = 10^2$이므로 $C_R(0, t) \approx 0$이 된다(a). 전극 전압이 이보다 더 양의 값을 갖더라도 $C_R(0, t) \approx 0$이 유지된다. [그림 6-4]에 보인 것처럼 전압이 더 양의 값을 가질수록 확산층 안에서 R의 농도 기울기가 증가하다가 $C_R(0, t)$가 0에 도달한 이후부터 기울기의 변화는 없다. 따라서 [그림 6-5]에 나타낸 것과 같이 산화 전류도 점차 증가하다가 **한계 전류($i_{l,a}$)**를 보인다.

### 스스로 학습 6-1

[그림 6-5]와 [그림 4-6]에서 한계 전류를 보이지 않는 중간 영역의 전압 범위에서 전압에 따른 전류의 모양이 유사해 보이나, 실제 전혀 다른 의미를 갖는다. 어떻게 다른지 설명하시오.

[그림 6-6-a]에는 RDE의 회전 속도가 증가함에 따라 네른스트 확산층 안에서 O의 농도 기울기가 어떻게 변하는지 보여 주고 있다. 실선으로 표시한 것처럼 회전 속도가 증가하면($\omega_2 > \omega_1$) <식 6-2>에 의해 네른스트 확산층이 감소하므로($\delta_2 < \delta_1$) 농도 기울기가 더 커진다. 따라서 [그림 6-6-b]처럼 확산 전류의 크기도 증가한다.

한편, 확산과 기계적 대류가 모두 가능한 조건임에도 전류의 크기가 확산(식 6-4)에 의해서만 결정되는 것이 이해하기 어려울 수 있다. 그러나 기계적 대류에 의해 확산층의 두

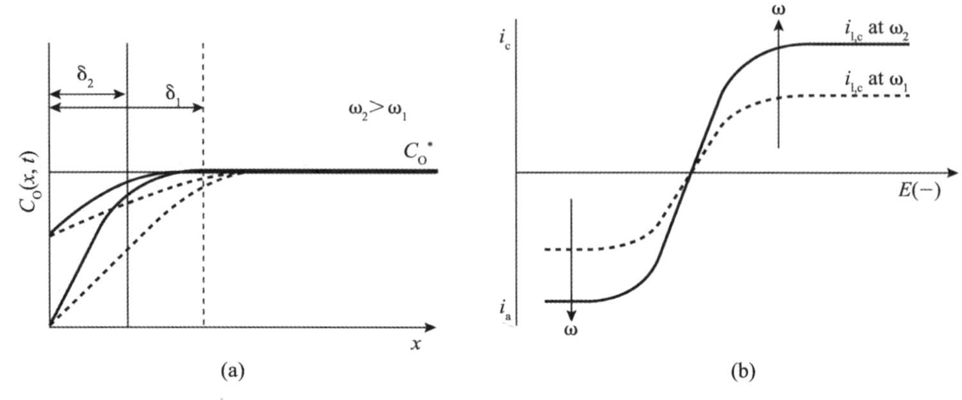


그림 6-6 (a) RDE 회전 속도에 따른 네른스트 확산층의 두께와 농도 분포
(b) RDE 회전 속도에 따른 전류의 크기

께가 조절되므로 대류도 전류의 크기에 직접적인 영향을 주는 것이다. 다시 말해, 교반 속도($\omega$)가 증가하면 $\delta$가 감소하고, 따라서 네른스트 확산층 내에서 확산에 의한 물질 전달 속도를 증가시키므로 용액의 교반 속도를 늘려 전류(여기서 확산 전류)의 크기를 증가시킬 수 있다.

위에서 전압에 따른 전류의 변화를 농도 기울기의 변화로부터 정성적으로 예측하였는데, 이를 정량화하면 다음과 같다. 전류가 확산 속도에 의해 결정되므로 전류는 <식 6-5>를 따른다. 전극의 전압이 충분히 음의 값을 갖는 과전압이 큰 영역에서는 $C_O(0, t) \approx 0$이므로 <식 6-6>이 유도된다. 이때 $C_O^*$는 변하지 않고, 전극의 회전 속도가 일정하므로 $\delta$ 또한 상수이다. 따라서 <식 6-6>처럼 전류 값은 일정하다. 이를 한계 전류라 한다. 여기에 네른스트 확산층의 두께를 결정하는 <식 6-2>를 대입하면 <식 6-7>이 된다. 이를 레비치 식(Levich equation)이라고 한다.

$$\frac{i_c}{nFA} = D_O \frac{dC_O(x,t)}{dx}\bigg|_{x=0} = D_O \frac{C_O^* - C_O(0,t)}{\delta} \qquad \text{<6-5>}$$

$$i_{l,c} = \frac{nFAD_O C_O^*}{\delta} \qquad \text{<6-6>}$$

$$i_{l,c} = \frac{0.62nFAD_O^{2/3} C_O^* \omega^{1/2}}{\nu^{1/6}} \qquad \text{<6-7>}$$

[그림 6-5]에서, 전류가 S자 모양으로 변화하는 농도 과전압이 작은 영역에서도 물질 전달이 속도를 결정하므로 전류는 <식 6-5>에 의해 결정된다. 그러나 이때는 $C_O(0, t) \approx 0$이 아니므

로 전압에 따른 $C_O(0, t)$를 구한 다음, 이를 <식 6-8>에 대입하여 전류 값을 얻을 수 있다.

$$i = nFAD_O \frac{C_O^* - C_O(0,t)}{\delta} \qquad \text{<6-8>}$$

한편 <식 6-9>를 정의하면 <식 6-8>은 <식 6-10>으로 다시 정리할 수 있다.

$$k_O = \frac{nFAD_O}{\delta} \qquad \text{<6-9>}$$

$$i = k_O\ [C_O^* - C_O(0,t)] = i_{l,c} - k_O\ C_O(0,t) \qquad \text{<6-10>}$$

<식 6-10>으로부터 <식 6-11> 왼쪽의 관계가 성립한다. 또한 유사하게 $k_R$을 정의하여 <식 6-11> 오른쪽의 관계를 유도할 수 있다. 네른스티안이므로 전압에 따른 O와 R의 표면 농도를 결정하는 <식 6-3>에 <식 6-11>에 유도된 $C_O(0, t)$와 $C_R(0, t)$를 각각 대입하면 <식 6-12>가 얻어진다.

$$C_O(0,t) = \frac{i_{l,c} - i}{k_O}, \quad C_R(0,t) = \frac{i - i_{l,a}}{k_R} \qquad \text{<6-11>}$$

$$E = E^{0'} + \frac{RT}{nF} \ln \frac{k_R}{k_O} + \frac{RT}{nF} \ln \left( \frac{i_{l,c} - i}{i - i_{l,a}} \right) = E_{1/2} + \frac{RT}{nF} \ln \left( \frac{i_{l,c} - i}{i - i_{l,a}} \right) \qquad \text{<6-12>}$$

여기서 $E_{1/2}$를 **반파장 전위**(half-wave potential)라고 하는데, 이는 전류가

$$i = \frac{i_{l,c} + |\, i_{l,a} \,|}{2}$$

인 지점의 전압을 뜻한다. <식 6-12>의 관계로부터 $\ln\ [(i_{l,c} - i)/(i - i_{l,a})]$를 $(E - E_{1/2})$에 대해 도시하면 기울기는 $nF/RT$가 된다. 어떤 전기화학 반응이 극단적인 경우에 해당된다면 실험적으로 얻어진 기울기가 모든 전압 범위에서 이론값인 $nF/RT$가 될 것이다.

### (3) 극단적인 경우에서 벗어날 때($k^0$ < ∞) RDE 실험에서 전압/전류 특성

[그림 6-7]은 극단적인 경우로부터 벗어남에 따라 전압/전류 특성이 어떻게 변화하는지 보여 주고 있다. 실선은 [그림 6-5]를 복사한 것으로 극단적인 경우($k^0 = \infty$)에 해당한다. $k^0 < \infty$이면, 과전압이 작은 영역에서는 전하 전달이 전체 속도를 결정하므로(그림 4-7 참

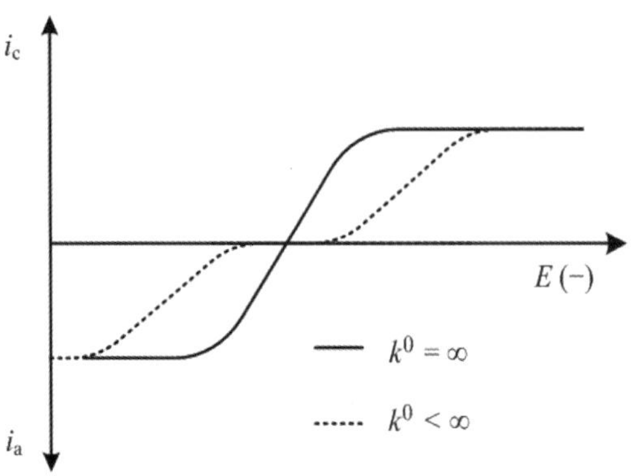


**그림 6-7** $k^0$의 크기에 따른 전압과 전류 관계의 변화; 실선은 극단적인($k^0 = \infty$)인 경우, 점선은 $k^0 < \infty$인 경우

조) 전류가 극단적인 경우와 다르게 나타난다. 따라서 위에 설명한 ln $[(i_{l,c} - i)/(i - i_{l,a})]$를 $(E - E_{1/2})$에 대해 도시한 그림에서 과전압이 작은 영역에서 기울기가 이론값($nF/RT$)으로부터 벗어난다. 그러나 과전압이 큰 영역에서는 아직도 물질 전달이 전체 속도를 결정하므로 이론값($nF/RT$)에 해당하는 기울기를 갖는다.

다음과 같은 추가 설명이 필요하다. ① 극단적인 경우에서 더 많이 벗어날수록($k^0$가 감소할수록) 전하 전달 속도가 물질 전달 속도를 능가하기 위해 더 큰 활성화 과전압이 필요하므로(그림 4-7 참조), 결과적으로 전하 전달이 속도를 결정하는 과전압 범위가 더 넓어진다. 즉, [그림 6-7]에서 $k^0$가 감소할수록 환원 반응에 해당하는 점선은 더 오른쪽으로, 산화 반응에 해당하는 점선은 더 왼쪽으로 이동해 간다. ② $k^0$의 크기에 상관없이 항상 한계 전류를 보인다. 그러나 $k^0$가 감소함에 따라 한계 전류가 나타나는 과전압 영역은 환원 반응의 경우 더 오른쪽으로, 산화 반응인 경우 더 왼쪽으로 이동한다. ③ 과전압이 작은 영역에서 전류는 전하 전달 속도가 결정하므로 버틀러-볼머 식에 의해 변한다. 따라서, 이 영역에서 전류는 [그림 4-4]의 실선과 같이 변화한다. 한편, 중간 정도의 과전압 영역에서는 물질 전달 속도와 전하 전달 속도가 유사하므로 전류가 어느 것에 의해 결정되는지 특정할 수 없다. 정리하면, [그림 6-7]에서 실선으로 나타낸 전류는 모든 전압 영역에서 확산 속도를 대변한다. 점선으로 나타낸 전류는, 과전압이 작은 영역에서는 전하 전달 속도를, 그리고 과전압이 큰 영역에서는 물질 전달(확산) 속도를 대변한다.

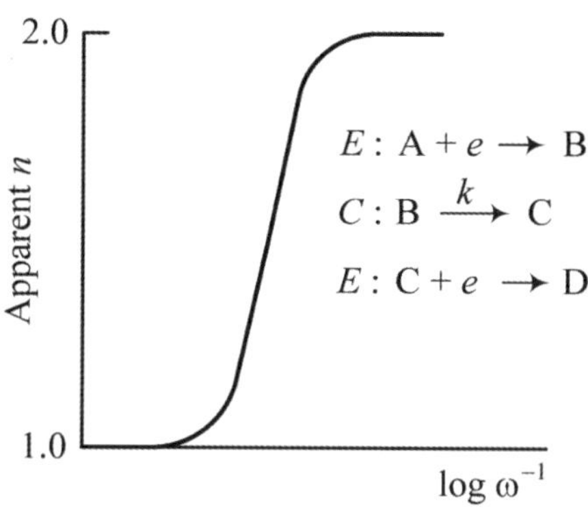


그림 6-8 ECE형 전기화학 반응에서 RDE 회전 속도에 따른 겉보기 *n* 값의 변화

### (4) RDE 실험에 의한 반응 메커니즘 조사

RDE 실험은 전기화학 반응의 메커니즘을 조사하는 데 이용될 수 있다. [그림 6-8]에 ECE형 전기화학 반응의 예를 보여 주고 있다. 전극의 회전 속도($\omega$)가 빠른 경우 겉보기 $n$값이 1에 근접하나 회전 속도가 감소함에 따라 $n = 2$로 접근하고 있다. 이로부터 이 반응이 ECE형임을 알 수 있다. 즉, 화합물 A가 환원되어 B가 되고, B는 용액에서 화학 반응에 의해 C로 전환되고, C가 다시 환원되어 D가 되는 반응에서, 회전 속도가 느리다면 원판 전극을 거쳐 가는 물질 이동 속도가 느리므로 A에서 D가 되는 일련의 반응이 원판 전극에서 연속적으로 일어난다. 따라서 겉보기는 2개 전자에 의한 환원 반응처럼 보인다. 반대로 회전 속도가 매우 빠르면 생성된 B가 빠른 속도로 원판 전극을 스쳐 지나가므로 1개 전자에 의한 환원 반응처럼 보이게 된다.

## 6-2 회전 고리-원판 전극RRDE, rotating ring-disk electrode 실험

[그림 6-9]에는 RRDE의 구조와 이를 회전시킬 때 용액 내에서 물질 전달 경로를 보여 주고 있다. 원판 전극의 바깥에 고리 모양의 전극이 있다. 원판과 고리 전극의 전압은 이중 일정 전위기(bipotentiostat)를 이용하여 별도로 조절한다.

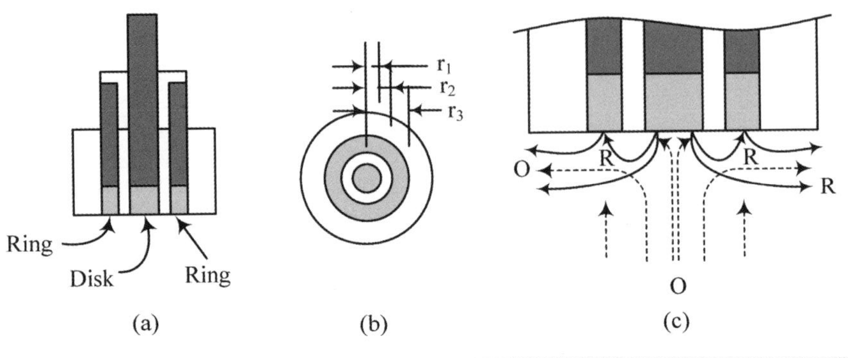


그림 6-9 회전 고리-원판 전극(RRDE)의 구조와 물질 전달 경로

RRDE 전극을 회전시키면 전극 면의 수직 방향으로 일차원 기계적 대류가 일어난다. 여기서 특징은 원판에서 전기화학 반응을 통하여 생성된 R의 일부가 용액을 거쳐 고리 전극에 도달한다는 것이다. 따라서 원판 전극에서 생성된 R을 고리 전극에서 다시 산화시켜 R의 양을 측정할 수 있다. 이를 **수집 실험**(collection experiment)이라고 한다. **수집 효율**(collection efficiency)은 <식 6-13>으로 주어지는데, 이는 원판 전극에서 생성된 R 중에서 고리 전극에서 다시 산화되는 분율을 뜻한다. <식 6-13>의 오른쪽 변에 - 부호가 있는 이유는 환원 전류를 양의 값으로, 산화 전류를 음의 값으로 표시하기 때문이다.

$$N = \frac{-i_R}{i_D} \tag{6-13}$$

W. J. Albery 등(*Trans. Faraday Soc.*, **64**, 2831, 1968)은 RRDE를 이용하여 회전 속도($\omega$)에 따른 수집 효율($N$)을 측정하여 $Br_2$와 아니솔(anisole)의 반응속도 상수를 구하였다($k = 3.2 \times 10^4$/M s). 다음의 EC형 전기화학 반응에서 원판 전극에서 산화되어 생성된 $Br_2$가 용액에서 화학 반응에 의해 아니솔과 반응한다고 하면, 고리 전극에 도달하여 $Br^-$로 다시 환원되는 $Br_2$의 양은 원판 전극에서 생성된 것에 비해 적을 수밖에 없다.

$$Br^- \rightarrow 1/2\,Br_2 + e \quad (E)$$

$$Br_2 + \text{Anisole} \xrightarrow{k} \text{HBr} + \text{Brominated anisole} \quad (C)$$

그러나 전극의 회전 속도가 클수록 물질 이동 속도가 빠르므로 $Br_2$가 원판 전극과 고리 전극 사이 용액에 머무는 시간이 감소한다. 따라서 고리 전극에 도달하는 $Br_2$의 양이 증가한다. 이 현상을 [그림 6-10]에서 보여 주고 있다. 회전 속도가 증가함에 따라 $N$이 증

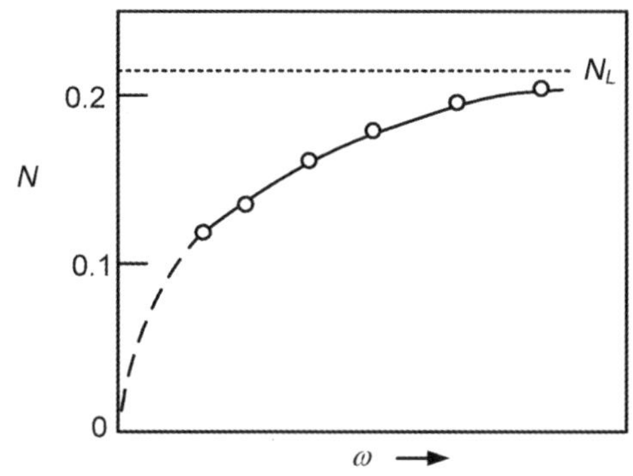


그림 6-10 아니솔이 존재하는 용액에서 RRDE의 회전 속도를 변화시켰을 때 $Br_2$의 수집 효율

가하여 $N_L$ 값에 접근함을 볼 수 있다. $N$이 증가하는 것은 원판 전극에서 생성된 $Br_2$ 중에서 아니솔과 반응하지 않고 고리 전극에 도달하여 $Br^-$로 환원되는 양이 증가함을 말한다. $N_L$을 **한계 수집 효율**(limiting collection efficiency)이라고 한다. 이는 생성된 $Br_2$ 중에서 고리 전극에 도달하는 양이 최대인 경우, 즉 원판 전극에서 생성된 $Br_2$가 고리 전극에 도달하는 동안 아니솔과의 반응이 없는 경우의 값이다. 일반적으로 $N_L < 1.0$의 값을 갖는다. 이는 원판 전극에서 생성된 화합물이 고리 전극에 도달하는 동안 화학 반응으로 전혀 소모되지 않더라도 전량 모두 고리 전극에 도달하지 못함을 뜻한다. $N_L = 0.2$라면 화학 반응으로 전혀 소모되지 않더라도 20 %만이 고리 전극에 도달한다. [그림 6-9-c]에 보인 것처럼 생성된 R 중에서 일부는 고리 전극에 도달하지 못하고 지나간다. 따라서 $N_L$ 값은 전기화학 반응의 종류와는 상관없이 전극의 구조([그림 6-9-b]에서 $r_1$, $r_2$, $r_3$)에 의해서만 결정된다.

RRDE를 이용한 수집 실험의 또 다른 예를 [그림 6-11]에 제시하였다. 중성 또는 알칼리성 수용액에서 산소는 2개 전자에 의해 과산화 수소로 환원되거나, 4개 전자에 의해 물로 환원되는데, 두 반응이 일어나는 전압 범위가 서로 다르다. 그림에서 원판 전극의 전압을 음의 방향으로 일정한 속도로 변화시켰을 때, 원판 전극에서 환원 전류는 [그림 6-11]의 위와 같이 나타나고 있다. 고리 전극의 전압을 과산화 수소가 산화될 수 있는 영역에 고정하고 산화 전류를 측정한 결과, 아래 그림처럼 과산화 수소의 산화가 중간 전압 영역에서 검출되었다. 이로써 2개 전자에 의한 과산화 수소의 생성이 중간 전압 영역에서 일어남을 알 수 있다. 실제로 4개 전자에 의한 산소의 환원은 전압이 더 음의 값을 가지는 영역에서 진행된다.

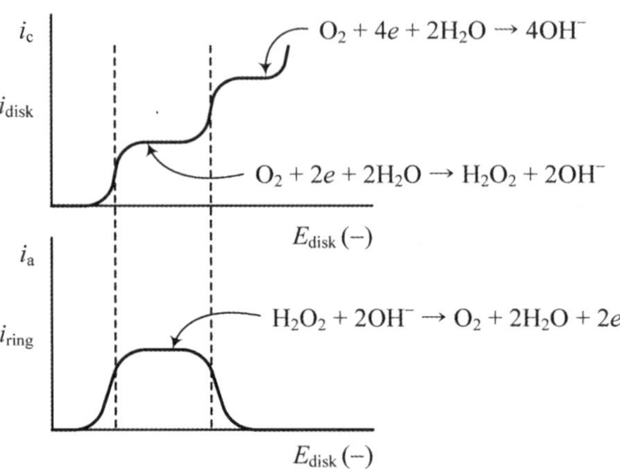


**그림 6-11** 전압에 따른 산소 환원 반응의 종류와 이를 확인하기 위한 RRDE 실험
(R. N. Adams, *Electrochemistry at Solid Electrodes*, Marcel Dekker, New York, 1969)

RDE와 RRDE 실험에서 유체는 층류 특성을 유지해야 선형 물질 전달이 가능하다. 일반적으로 수용액에서 회전 속도가 100 ~ 10,000 rpm 범위에서는 층류를 유지하나 그 이상이면 난류(turbulence)가 발생한다. 난류가 발생하면 기계적 대류가 선형에서 벗어나므로 전류 값이 변한다. 또한 원판 전극의 면이 축 방향과 수직이 되지 못하거나 전극이 회전하는 동안 세차 운동(precession)을 하면 낮은 회전 속도에서도 난류가 발생할 수 있다. 이런 경우 전류 측정에 오차가 발생한다.

## 6-3 농도 과전압 concentration overpotential

[그림 6-5]를 보면, 평형 전압에서 측정되는 전류는 0이다. 이는 평형 전압에서 확산 속도가 0임을 말한다. 그렇다면 어떻게 하여 확산 속도를 0보다 크게 하여 전류의 크기를 0보다 크게 할 수 있는가? 여기에 대한 답은 전압을 평형 전압보다 더 과하게 음의 방향 또는 양의 방향으로 걸어 주는 것이다. 이는 과전압이 필요함을 말하며, 이를 **농도 과전압**(concentration overpotential)이라고 한다. 확산 속도를 결정하는 네른스트 확산층 안에서 농도 기울기를 보면 [그림 6-4-c]에 보인 것처럼, $E_{appl} = E_{eq}$일 때 $C_O(0, t) = C_O^*$이므로 O의 농도 기울기가 0이고, 따라서 확산 속도도 0이다. 확산 속도를 0보다 크게 하기 위

해서는 O의 농도 기울기를 0보다 크게 해야 한다. 이는 전극의 전압을 $E_{eq}$보다 더 음의 값으로 변화시킬 때 가능하다(그림 6-4-d와 6-4-e). 즉 전극 전압이 더 음의 값을 가질수록 O의 표면 농도가 작아지므로 농도 기울기가 증가한다. 농도 기울기가 커지므로 O의 확산 속도가 커지고 따라서 O의 환원 전류가 커진다. 이로부터 농도 과전압의 의미를 다시 정리하면, $E_{appl} = E_{eq}$일 때 확산 속도가 0이지만, '확산 속도가 0보다 클 수 있도록 $E_{eq}$보다 더 가해주는 전압'이라 할 수 있다. 농도 과전압이 증가할수록 확산 속도가 증가함을 말하며, 이런 현상을 보이는 이유는 전극 표면 근처에서는 오직 확산만이 유일한 물질 전달 방법이기 때문이다. 다시 말하여, 벌크 용액에서 대류에 의한 물질 전달 속도는 전압과 무관하지만, 표면 농도가 전압에 의해 결정되고 이 표면 농도의 변화는 확산 속도에 영향을 주어, 결국 전류의 크기에 영향을 주는 것이다.

농도 과전압을 O + $ne$ = R 전기화학 반응($k^0$ = ∞인 극단적인 경우를 가정)에서 R이 녹지 않아서 이의 활동도가 1.0인 경우의 예를 들어 설명하면 다음과 같다. <식 6-6>과 <식 6-8>로부터 <식 6-14>가 유도되고, 네른스트 식에 대입하면 <식 6-15>가 유도된다.

$$\frac{C_O(0,t)}{C_O^*} = 1 - \frac{i}{i_{l,c}}, \quad C_O(0,t) = C_O^*\left(\frac{i_{l,c} - i}{i_{l,c}}\right) \qquad \text{<6-14>}$$

$$E = E^{0'} + \frac{RT}{nF}\ln C_O^* + \frac{RT}{nF}\ln\left(\frac{i_{l,c} - i}{i_{l,c}}\right) \qquad \text{<6-15>}$$

<식 6-15>에서 평형 상태에서는 $i$ = 0이므로 오른쪽 앞의 두 항은 평형 전압($E_{eq}$)이 된다. 농도 과전압이 양의 값을 갖도록 <식 6-16>으로 정의하면 <식 6-15>로부터 <식

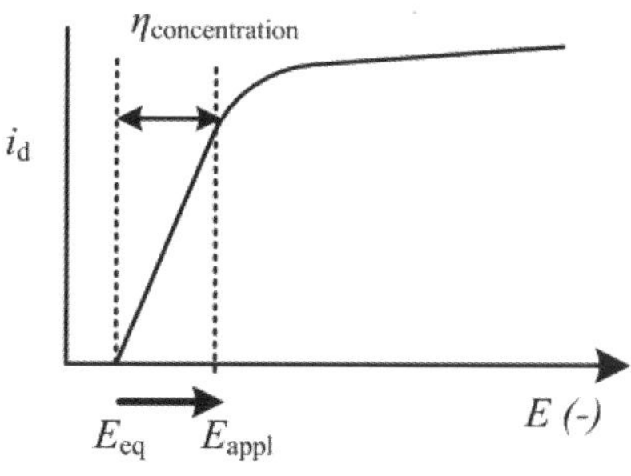


**그림 6-12** $k^0$ = ∞($R_{ct}$ = 0)인 경우 전류와 전압과의 관계 및 농도 과전압: [그림 6-5]를 복사한 것이나 실제로 전기 이중층 충전 전류가 흐르므로 한계 전류가 약간의 기울기를 가지고 증가하도록 그렸음. $y$-축의 확산 전류($i_d$)는 확산 속도를 대변함.

6-17>이 유도된다. [그림 6-12]를 보면 <식 6-17>에서 예측할 수 있듯이 전류가 증가할수록 $\eta_{concentration}$이 증가하고 $i = i_{l,c}$이면 $\eta_{concentration} \rightarrow \infty$이 된다.

$$\eta_{conc} = E_{eq} - E \qquad \text{<6-16>}$$

$$\eta_{conc} = \frac{RT}{nF} \ln\left(\frac{i_{l,c}}{i_{l,c} - i}\right) \qquad \text{<6-17>}$$

<식 6-17>을 지수함수로 정리하면 <식 6-18>이 된다. 지수함수를 멱급수(power series)로 확장하고 $\eta_{conc}$이 작다고 가정하면 <식 6-19>가 유도된다. <식 6-19>로부터 농도 과전압이 작은 영역에서는 [그림 6-12]처럼 전류($i$)가 농도 과전압에 직선적으로 비례함을 알 수 있다. 따라서 옴의 법칙을 이용하여 저항($R$)의 개념을 도입할 수 있다. <식 6-19>로부터 $V = i \times R$의 관계를 고려하면 <식 6-20>이 유도된다. 이때 저항은 물질 전달과 관계있으므로 **물질 전달 저항**(mass transfer resistance, $R_{mt}$)이라고 한다. 이것은 <식 4-19>로 나타낸 전하 전달 저항($R_{ct}$)과 대비되는 개념으로, 물질 전달이 전체 속도를 결정하는 경우 전류의 크기를 결정하는 인자이다.

$$1 - \frac{i}{i_{l,c}} = e^{-nF\eta_{conc}/RT} \qquad \text{<6-18>}$$

$$\eta_{conc} = \frac{RTi}{nFi_{l,c}} \qquad \text{<6-19>}$$

$$R_{mt} = \frac{RT}{nFi_{l,c}} \qquad \text{<6-20>}$$

[그림 6-12]에서 농도 과전압이 작은 영역에서 전류와 전압이 직선적 관계를 보이며, 직선의 기울기는 $1/R_{mt}$에 해당한다. 여기서 $R_{mt}$가 작을수록 기울기는 더 커지고 결국에는 농도 과전압이 감소하게 된다. 다음과 같은 방법으로 농도 과전압을 최소화할 수 있다. 물질 전달 저항($R_{mt}$)이 작을수록 농도 과전압이 감소하므로 이를 위해 한계 전류($i_{l,c}$)가 커야 한다(식 6-20). 한계 전류가 <식 6-7>로 표현되므로 농도 과전압을 줄이기 위해 O의 농도를 크게, 전극 면적을 크게, 회전 속도를 크게 또는 다른 기계적 대류 속도를 크게 하여야 한다.

<식 4-19>에서 $R_{ct}$가 교환 전류($i_0$)에 반비례하듯이 $R_{mt}$는 한계 전류($i_{l,c}$)에 반비례한다. 전하 전달 과정에서 교환 전류($i_0$)는 표준 속도 상수($k^0$)에 비례하므로 어떤 전하 전달 반응의 고유한 특성을 말한다. 이 값이 크면 "그 전하 전달은 원천적으로 빠르다"고 한다.

물질 전달 과정에서도 한계 전류($i_{l,c}$)가 크면 "그 물질 전달은 원천적으로 빠르다"라고 한다. 즉, 물질 전달 과정에서 한계 전류($i_{l,c}$)가 크다는 것은 <식 6-6>에서 보듯이 O의 확산계수가 크거나, O의 농도가 크거나, 전극 면적이 크거나, 회전 속도가 커서 물질 전달이 원래 빠를 수 있는 조건을 갖추었다는 것이다. 교환 전류($i_0$)와 한계 전류($i_{l,c}$)가 전압과는 무관한 고유한 값이라는 점에서 일대일 상관관계가 있다. 전하 전달 속도는 버틀러-볼머 식(식 4-15)에서 볼 수 있듯이 전하 전달의 고유한 특성인 $k^0$(또는 $i_0$)뿐 아니라 전극에 가하는 전압에 의해서도 변할 수 있다. <식 6-19>를 다시 정리하면, 물질 전달이 전체 속도(전류)를 결정하는 경우에도, 전류($i$)는 물질 전달의 고유한 특성($i_{l,c}$, 한계 전류)과 전극 전압($\eta_{conc}$)에 의해 변함을 알 수 있다.

# 6장 연습문제

**01** RDE의 회전 속도가 10,000 rpm(revolutions per minute)일 때 $\omega(= 2\pi \times$ 회전 속도)를 계산하시오. 힌트: rpm을 rps(revolutions per second)로 전환하여 계산하여야 한다.

**02** RDE 실험을 통하여 $Ce^{4+}$의 환원 반응($Ce^{4+} + e \rightarrow Ce^{3+}$, $E^0$ = 1.61 V *vs.* NHE)을 수행하였고 다음과 같은 전압-전류의 관계를 얻었다. 원판 전극의 반지름은 4 mm이고, 회전 속도는 3000 rpm, 전해질의 동적 점성도(ν)는 0.95 $cm^2$/sec이었다.

| $E$/V | $i$/μA | $E$/V | $i$/μA |
|---|---|---|---|
| 0.40 | 895 | 0.80 | 449 |
| 0.45 | 895 | 0.85 | 331 |
| 0.50 | 892 | 0.90 | 232 |
| 0.55 | 889 | 0.95 | 151 |
| 0.60 | 833 | 1.00 | 94.8 |
| 0.65 | 745 | 1.05 | 58.0 |
| 0.70 | 669 | 1.08 | 39.5 |
| 0.75 | 566 | 1.09 | 28.3 |

(a) $Ce^{4+}$와 $Ce^{3+}$의 농도가 각각 5 m*M*과 0.1 m*M*이라고 가정하고 평형 전압을 계산하시오.

(b) $Ce^{4+}$의 확산 계수를 계산하시오.

(c) 타펠 도시를 스케치하고, 이로부터 α와 $i_0$을 계산하시오.

7장

# 전위 계단 실험

## Potential step methods

**전위 계단 실험**(potential step methods)은 3극 셀을 이용하며, 작동 전극의 전압을 전기화학 반응이 불가능한 영역에서 어느 순간 가능한 영역으로 스텝(step)을 주고, 통상적으로 1분 이내의 시간 동안 스텝 전압을 유지하며 시간에 따라 전류 또는 전하량을 측정한다. 앞의 경우를 **시간전류법**(chronoamperometry), 뒤의 경우를 **시간전하법**(chronocoulometry)이라고 한다. 일반적으로 작은 면적의(<1.0 $cm^2$) 전극을 사용하므로 실험 과정 중에 초기 벌크 농도($C_O^*$와 $C_R^*$)의 변화는 없다는 가정을 한다. 또한 지지 전해질을 사용하므로 O와 R이 이온인 경우에도 이들의 이동(migration)을 무시한다. 또한 교반이 없어 물질 전달은 오직 확산에 의해서만 가능하다. 작은 면적의 평면 전극(planar electrode)을 사용할 경우, [그림 7-1]에 보인 것처럼 확산층 내부에서 전극의 수직 방향으로 **선형 확산**(linear diffusion)만이 가능하다는 가정을 한다. 스텝 전압에 머무는 시간이 짧아 $(2Dt)^{1/2}$의 속도로 확장하는 확산층의 두께(1 $\mu$m ~ 0.1 cm)가 전극의 면적(< 1.0 $cm^2$)에 비해 작기 때문이다(예제 4-4 참조).

전위 계단 실험을 통하여 어떤 화합물 O를 환원시켜 전류 또는 전하량을 측정한다고 하자. 이때 O의 환원이 불가능하도록 충분히 양의 값을 갖는 초기 전압($E_1$)에서 O의 환원이 가능한 전압($E_2$)으로 스텝을 준다(그림 7-2-a). 이때 전기화학 반응의 표준 속도상수($k^0$)와 $E_2$에 의해 전체 속도를 결정하는 인자(전하 전달 또는 물질 전달 중에서)가 결정된다. 예를 들어, 극단적인 경우라면($k^0 = \infty$) 모든 전압 영역에서 물질 전달이 전체 속도를 결정하므로, $E_2$가 어떤 값을 가지더라도 $E_2$에서는 물질 전달이 속도를 결정한다. $k^0 < \infty$인 일반적인 경우, $E_2$가 충분히 큰 음의 값을 가져서 전하 전달 속도가 물질 전달 속도를 능가하면 물질 전달이 속도를 결정한다(그림 4-7 참조). $E_2$가 충분히 큰 경우, $E_1$과 $E_2$ 사이 전압의 폭이 크다고 하여 **대진폭 전위 계단**(large-amplitude potential step) 실험이라고 한다. 이때, 스텝 전압 $E_2$에서 물질 전달이 속도를 결정하고, 전극 표면 근처에서 확산만이 가능한 조건에서 실험이 진행되므로 측정되는 전류는 확산 전류이다.

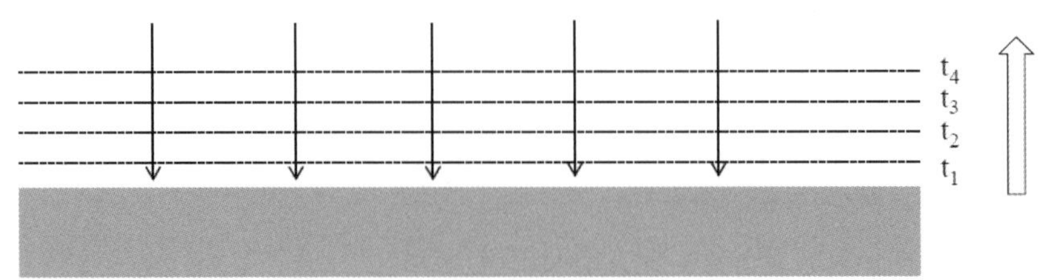


**그림 7-1** 평면 소형 전극에서 전위 계단 이후 반응물의 일차원 확산과 시간에 따른 확산층의 확장

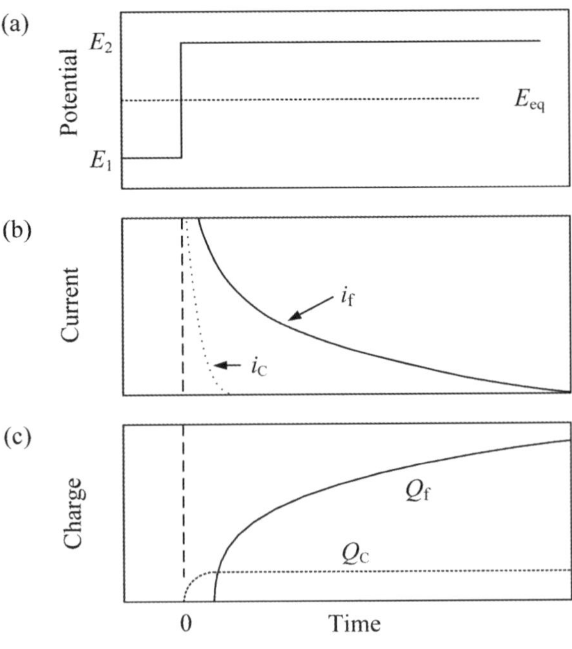


**그림 7-2** (a) 전위 계단 실험에서 전압의 변화, (b) 전위의 스텝 직후 충전 전류($i_C$, charging current)와 패러데이 전류($i_f$, faradaic current)의 변화, (c) 충전 전류와 패러데이 전류를 적분하여 얻은 전하량

7-1절에서는 대진폭 전위 계단 실험을 통해 얻어지는 확산 전류와 전하량의 변화를 설명한다. 7-2절에서는 7-1절에서 설명한 전위 계단 실험의 한계를 설명하고, 7-3절에서는 구형 확산도 가능한 평면 초소형 전극에서 전위 계단 실험을 설명한다. 7-4절에서는 ($E_2$ − $E_1$)이 충분히 크지 않은데도 불구하고 $E_2$에서 물질 전달이 전체 속도를 결정하는 경우 $E_2$의 크기에 따른 전류의 변화를 설명한다. 이를 **소진폭 전위 계단 실험**(small-amplitude potential step experiments)이라 한다.

## 7-1 대진폭 전위 계단 실험: 시간 전류법과 시간 전하법

전해액에 O만 존재하는 경우 대진폭 전위 계단 실험을 통하여 $E_2$에서 O + $ne$ → R 반응을 시킨다고 하자. [그림 7-2-a]에서 설명한 것처럼 작동 전극에 전압의 스텝을 주기 전

$E_1$에서 O의 환원이 불가능하므로 전극 표면에서 O의 농도는 벌크 용액의 농도인 $C_O^*$와 같다(그림 7-3). 충분히 큰 음의 값을 갖는 $E_2$로 스텝을 주면 전극 표면에서 O의 농도 $C_O(0, t) = 0$이 되고 스텝을 유지하는 동안에도 0을 유지한다. 벌크 용액에서의 농도 $C_O^*$가 $C_O(0, t) = 0$보다 크므로 O는 확산에 의해 전극 쪽으로 이동하고, R로 환원된다. $E_2$에서 $C_O(0, t) = 0$인 조건이 유지되므로 O는 계속하여 전극 쪽으로 확산하여 들어오고, 들어온 O는 R로 전환된다. 이는 O가 확산하여 들어오는 속도만큼 전극 표면 근처 확산층(diffusion layer)이 벌크 용액 쪽으로 $(2D_Ot)^{1/2}$의 속도로 확장됨을 의미한다([그림 7-1]과 [그림 7-3]). 스텝 전압($E_2$)이 유지되는 동안 전극 표면 근처의 확산층에서 시간에 따라 O의 농도 기울기는 점차 감소한다. 따라서 <식 7-1>에 의해 결정되는 전류는 <식 7-2>처럼 $t^{-1/2}$에 비례하며 감소한다. 이를 [그림 7-2-b]에서 $i_f$로 표시하였다. 패러데이 반응에 의한 전류이므로 패러데이 전류라고 명시한 것이다. <식 7-2>에 제시한 전류가 O의 확산에 의한 것이므로 **확산 전류**($i_d$)라고 하고, **코트렐 식**(Cottrell equation)이라고 한다. 이렇게 전위의 스텝을 주고 시간에 따라 전류를 측정하는 실험을 **시간 전류법**(chronoamperometry)이라고 한다.

$$\text{Rate} = \frac{i_d}{nFA} = D_O \frac{dC_O(x,t)}{dx}\bigg|_{x=0} \qquad \text{<7-1>}$$

$$i_d = \frac{nFAD_O^{1/2}C_O^*}{\sqrt{\pi t}} \qquad \text{<7-2>}$$

한편 작동 전극의 전압이 $E_1 \rightarrow E_2$로 변하므로 [그림 7-2-b]와 같이 전기 이중층 충전 전류(double-layer charging current, $i_C$)가 흐르는데, 패러데이 전류보다 먼저 흐른다([그

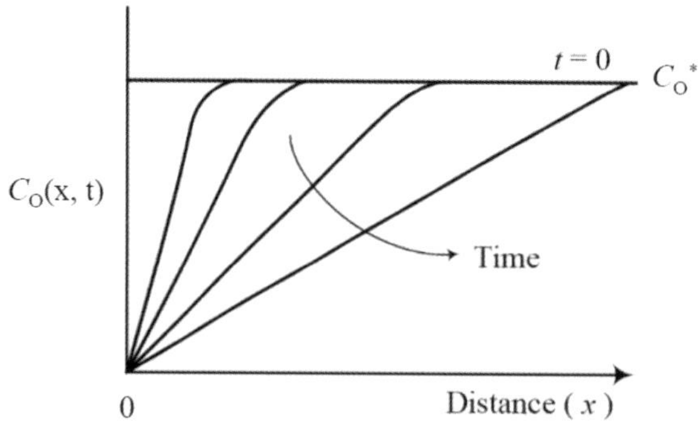


**그림 7-3** 전위 계단 실험에서 스텝 이후 스텝 전압($E_2$)에서 시간의 경과에 따른 O의 농도 기울기 변화

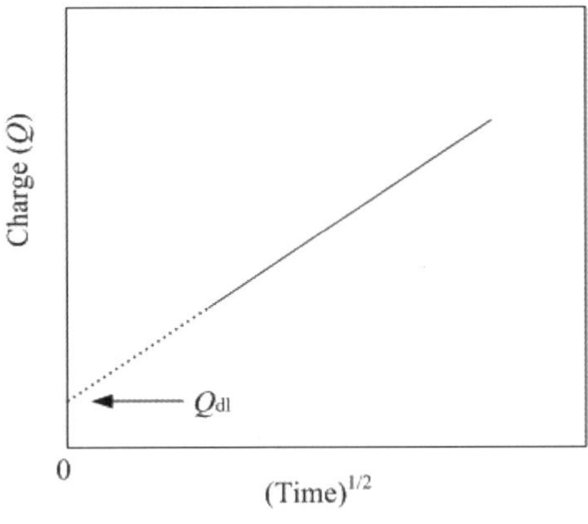


**그림 7-4 앤슨 도시**

림 1-11]과 [그림 1-12] 참조). 확산 전류(패러데이 전류)를 적분하면 <식 7-3>에 의해 확산 전류에 의한 전하량을 계산할 수 있다. 이를 **시간 전하법**(chronocoulometry)이라고 한다. 전하량($Q$)을 $t^{1/2}$에 대해 도시한 것을 **앤슨 도시**(Anson plot)라고 한다(그림 7-4). <식 7-4>와 같은 기울기를 갖는 직선이 얻어지게 되는데, 이 기울기로부터 $n$, $A$, $C_O^*$를 알면 확산 계수($D_O$)를 구할 수 있다. [그림 7-4]에서 점선 영역은 충전 전류에 의한 것으로 원래 직선을 보이지 않는다. 그림에서는 단순히 $y$-축의 절편을 구하기 위하여 실선을 $y$-축까지 연결한 것이다. 실선 부분이 패러데이 전류로부터 얻은 것으로, 이 실선의 기울기로부터 확산 계수를 계산한다.

$$Q = \int_0^t i_d dt = \frac{2nFAD_O^{1/2}C_O^*}{\sqrt{\pi}}\ t^{1/2} \qquad \text{<7-3>}$$

$$\frac{2nFAD_O^{1/2}C_O^*}{\sqrt{\pi}} \qquad \text{<7-4>}$$

시간 전하법에서 실제로 측정되는 전하량은 패러데이 전류($i_f = i_d$)와 충전 전류($i_C$) 모두를 적분한 값이다(식 7-5).

$$Q = \int_0^t i_f dt + \int_0^t i_C dt = \frac{2nFAD_O^{1/2}C_O^*}{\sqrt{\pi}}\ t^{1/2} + Q_{dl} \qquad \text{<7-5>}$$

따라서 앤슨 도시(Anson plot)를 하면 [그림 7-4]처럼 직선의 기울기와 절편을 갖게 되는데, 이 절편값으로부터 $Q_{dl}$을 계산할 수 있다.

**스스로 학습 7-1**

전위 계단 실험을 통해 O + $e$ → R 반응을 진행시키고 얻은 앤슨 도시(Anson plot)의 기울기가 $1.2 \times 10^{-5}$ C/sec$^{1/2}$이었다. 이로부터 O의 확산 계수($D_O$)를 계산하시오: $A$ = 0.02 cm$^2$, $C_O^*$ = 1.0 mM.

**예제 7-1**

다른 전기화학 방법(예를 들어, RDE 실험 또는 linear sweep voltammetry)으로 얻은 패러데이 전류로부터도 확산 계수를 구할 수 있으나, 이런 방법들과는 달리 앤슨 도시로부터 구한 $D_O$ 값은 전기 이중층 충전 전류의 방해 없이 구한 것이어서 정확도가 상대적으로 높다. 이를 설명하시오.

**풀이** 확산 전류($i_d$), 즉 패러데이 전류를 얻으면 이로부터 확산 계수를 구할 수 있다. 패러데이 전류는 여러 종류의 전압-전류법을 이용하여 얻을 수 있다. 즉, 3극 셀을 이용하여 작동 전극에 전압을 가하고 확산이 전체 속도를 결정하는 조건에서 패러데이 전류를 얻고, 이렇게 얻어진 전류 값으로부터 관계된 식을 이용하여 확산 계수를 구할 수 있다. RDE 실험, LSV(linear sweep voltammetry), CV(cyclic voltammetry) 실험에서는 작동 전극의 전압을 연속적으로 변화시키며 패러데이 전류를 얻는다. 이때 전압이 변하므로 전기 이중층 충전 전류도 동시에 흐른다. 얻어진 전류는 순수한 패러데이 전류가 아니다. 그러나 전위 계단 실험에서는 충전 전류가 먼저 흐르고 난 후, 패러데이 전류가 흐르므로 얻어진 확산 전류는 순수한 패러데이 전류이다. 이로부터 앤슨 도시를 그리고, 기울기로부터 충전 전류의 방해 없이 확산 계수를 구할 수 있다.

전압의 스텝을 준 후, 전극 표면 근처 용액에서 농도 기울기의 변화로부터 정성적으로 전류가 시간에 따라 감소함을 설명하였다. 코트렐 식을 정량적으로 유도할 수 있다. 선형 확산에 의한 전류가 <식 7-1>로 주어지므로 전극으로부터 거리/시간에 따른 O의 농도, $C_O(x, t)$를 구하면 확산 전류를 계산할 수 있다. 이를 위해 <식 7-6>으로 표현되는 **픽의 제2법칙**(Fick's second law)을 풀어야 한다. 그러나 이 식은 편미분 방정식(PDE, partial differential equation)이므로 **라플라스 변환**(Laplace transformation)에 의해 ODE(ordinary differential equation)로 전환하여 해를 구한 후, 이를 다시 역변환(inverse transformation)하여 $C_O(x, t)$를 구한다.

$$\frac{dC_O(x,t)}{dt} = D_O \frac{d^2 C_O(x,t)}{dx^2}$$ <7-6>

<식 7-6>의 확산 식을 풀기 위하여 다음과 같은 **경계 조건**(boundary conditions)을 적용한다. <식 7-7>은 **초기 경계 조건**(initial boundary condition)으로 전위의 스텝 직전($t$ = 0)에 O의 농도는 위치($x$)에 상관없이 일정($C_O^*$)하고, 초기에 R은 존재하지 않음을 뜻한다. <식 7-8>은 **준무한대 경계 조건**(semi-infinite boundary condition)으로, 전극으로부터 떨어진($x \rightarrow \infty$) 벌크 용액에서 O의 농도는 위치($x$)와 시간($t$)에 상관없이 일정하며($C_O^*$), R은 존재하지 않음을 의미한다. <식 7-9>는 **표면 조건**(surface condition)으로, $E_2$가 충분히 큰 음의 값을 가지므로(large-amplitude 000000potential step) 스텝 이후 O의 표면 농도는 시간에 무관하게 0임을 뜻한다.

$$C_O(x,0) = C_O^*, \ \ C_R(x, \ 0) = 0$$ <7-7>

$$\lim_{x\to\infty} C_O(x,t) = C_O^*, \ \ \lim_{x\to\infty} C_R(x, \ t) = 0$$ <7-8>

$$C_O(0,t) = 0 \ (t > 0)$$ <7-9>

라플라스 변환은 <식 7-10>으로 정의된다.

$$L\{F(t)\} \equiv \int_0^\infty e^{-st} F(t)dt = f(s) = \overline{F}(s) \ (\text{for } \ s > 0)$$ <7-10>

<식 7-6>의 왼쪽 항을 라플라스 변환하고 <식 7-7>의 관계를 고려하면 <식 7-11>이 유도된다.

$$L\left\{\frac{dF(t)}{dt}\right\} = \int_0^\infty e^{-st} \frac{dF(t)}{dt} dt = \left[e^{-st} F(t)\right]_0^\infty + s\int_0^\infty e^{-st} F(t)dt = -F(0) + sf(s)$$

$$L\left\{\frac{dC_O(x,t)}{dt}\right\} = -C_O(x,0) + s\overline{C}_O(x,s) = s\overline{C}_O(x,s) - C_O^*$$ <7-11>

마찬가지로 <식 7-6>의 오른쪽 항을 라플라스 변환하여 두 식을 정리하면 <식 7-12>와 <식 7-13>이 된다.

$$s\overline{C}_O(x,s) - C_O^* = D_O \frac{d^2 \overline{C}_O(x,s)}{dx^2}$$ <7-12>

$$\frac{d^2\overline{C}_O(x,s)}{dx^2} - \frac{s}{D_O}\overline{C}_O(x,s) = -\frac{C_O^*}{D_O} \qquad \text{<7-13>}$$

<식 7-13>의 해는 다음과 같다.

$$\overline{C}_O(x,s) = \frac{C_O^*}{s} + A'(s)\ \exp\left[-\left(\frac{s}{D_O}\right)^{1/2} x\right] + B'(s)\ \exp\left[\left(\frac{s}{D_O}\right)^{1/2} x\right] \qquad \text{<7-14>}$$

준무한대 경계 조건으로부터 [표 7-1] 첫째 줄의 변환을 적용하면 <식 7-15>가 얻어지므로 <식 7-14>는 <식 7-16>이 된다.

$$\lim_{x\to\infty}\overline{C}_O(x,s) = \frac{C_O^*}{s} \qquad \text{<7-15>}$$

$$\overline{C}_O(x,s) = \frac{C_O^*}{s} + A(s)e^{-\sqrt{s/D_O}\ x} \qquad \text{<7-16>}$$

표면 조건으로부터 <식 7-17>이 얻어지므로 <식 7-16>은 ODE의 최종 해인 <식 7-18>이 된다.

$$\overline{C}_O(0,s) = 0,\quad A(s) = -\frac{C_O^*}{s} \qquad \text{<7-17>}$$

$$\overline{C}_O(x,s) = \frac{C_O^*}{s} - \frac{C_O^*}{s}e^{-\sqrt{s/D_O}\ x} \qquad \text{<7-18>}$$

ODE의 해인 <식 7-18>을 [표 7-1] 마지막 줄의 관계를 이용하여 역변환하면 <식 7-19>와 <식 7-20>과 같이 목표로 하였던 $C_O(x, t)$를 얻을 수 있다. 여기서 *erf*는 오차 함수

**표 7-1** 대표적인 함수의 라플라스 변환

| $F(t)$ | $f(s)$ |
|---|---|
| $A$ (constant) | $A/s$ |
| $e^{-at}$ | $1/(s + a)$ |
| $\sin at$ | $a/(s^2 + a^2)$ |
| $\cos at$ | $s/(s^2 + a^2)$ |
| $t$ | $1/s^2$ |
| $(\pi t)^{-1/2}$ | $1/s^{1/2}$ |
| $\mathrm{erfc}[x/2(kt)^{1/2}]$ | $e^{-\beta x}/s$, where $\beta = (s/k)^{1/2}$ |

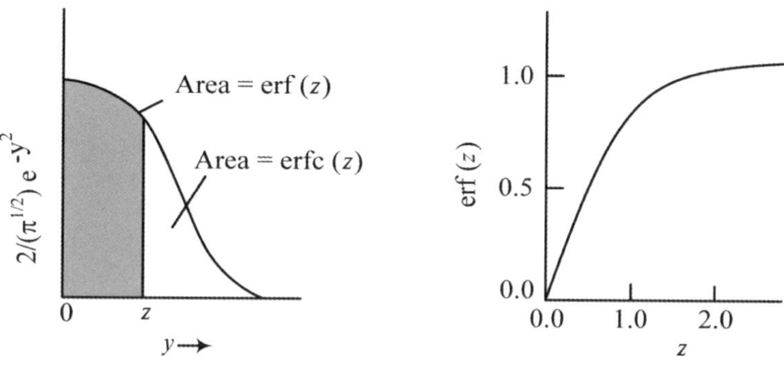


그림 7-5 오차 함수

(error function)이며, 이는 <식 7-21>로 정의된다(그림 7-5).

$$C_O(x,t) = C_O^* \left\{1 - erfc\left[\frac{x}{2(D_O t)^{1/2}}\right]\right\} \tag{7-19}$$

$$C_O(x,t) = C_O^* \ erf\left[\frac{x}{2(D_O t)^{1/2}}\right] \tag{7-20}$$

$$erf(z) \equiv \frac{2}{\pi^{1/2}} \int_0^z e^{-y^2} dy \tag{7-21}$$

<식 7-20>에서 $D_O = 10^{-5}$ $cm^2/s$라고 가정하고 $C_O(x, t)$를 모사하여 [그림 7-6]에 도시하였다. 전위 계단 후 시간과 위치에 따른 O의 농도 분포는 [그림 7-3]에서 정성적으로 예

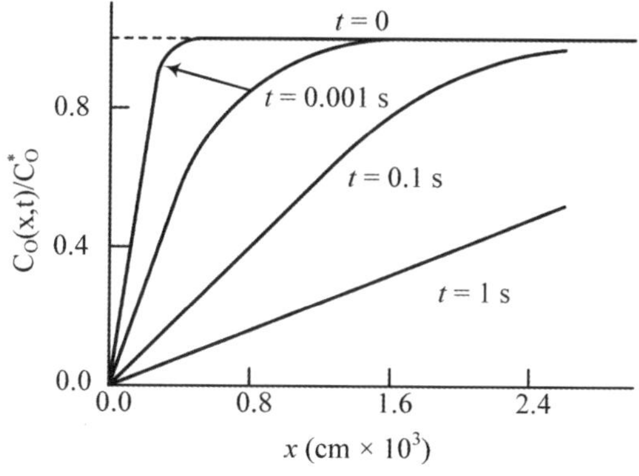


그림 7-6 전위 계단 실험에서 스텝 전압($E_2$)에서 시간의 경과에 따른 O의 농도 분포 모사($D_O = 10^{-5}$ $cm^2/s$라 가정)

측한 것과 유사함을 알 수 있다.

한편, 전류는 <식 7-22>로 표현되므로 이를 라플라스 변환하면 <식 7-23>이 된다.

$$-J_O(0,t) = \frac{i(t)}{nFA} = D_O\left[\frac{dC_O(x,t)}{dx}\right]_{x=0} \quad \text{<7-22>}$$

$$\frac{\bar{i}(s)}{nFA} = D_O\left[\frac{d\bar{C}_O(x,s)}{dx}\right]_{x=0} \quad \text{<7-23>}$$

<식 7-18>을 $x$에 대하여 미분하고, $x = 0$인 조건을 고려하면 <식 7-23>은 <식 7-24>가 된다. 이를 [표 7-1]의 관계를 이용하여 역변환하여 최종적으로 시간에 따른 확산 전류를 <식 7-25>와 같이 얻을 수 있다. 이는 바로 코트렐 식이다.

$$\bar{i}(s) = \frac{nFAD_O^{1/2}C_O^*}{\sqrt{s}} \quad \text{<7-24>}$$

$$i(t) = i_d(t) = \frac{nFAD_O^{1/2}C_O^*}{\sqrt{\pi t}} \quad \text{<7-25>}$$

## 7-2 전위 계단 실험의 한계

전위 계단 실험은 다음과 같은 한계를 갖는다.

첫째, 전기 이중층을 충전하는 데 걸리는 시간(charging time)이 문제가 된다. 즉, 스텝 직후에 충전 전류가 먼저 흐르므로 코트렐 식에 의한 확산 전류는 충전 전류가 끝난 이후에만 측정할 수 있다. 확산 전류가 [그림 7-3]과 같이 농도 기울기의 변화에 의해 결정되는데, 지금까지 고려하지 않았던 자연 대류(thermal convection)는 [그림 7-3]에 보인 농도 기울기를 왜곡시킬 수 있다. 즉, 자연 대류에 의해 농도 기울기가 흐트러지는데 이런 현상은 스텝 전압에 머무는 시간이 길어질수록 심해진다. 이런 자연 대류에 의한 영향을 배제하기 위하여 스텝 시간을 10 ~ 30초 이내로 제한하여야 한다. 즉, 전위 계단 실험을 10 ~ 30초 이내에 끝내야 한다. 여기서 전기 이중층을 채우는 데 걸리는 시간이 길어지면 패러데이 전류를 측정할 수 있는 시간 범위가 좁아진다. 즉, 실험을 20초 동안 진행한다고 할 때, 전기 이중층을 충전하는 시간이 10초라면 자연 대류의 방해 없이 패러데이 전류를 측정할 수 있는 시간이 10초밖에 안 된다. 충전 시간을 5초로 줄이면 패러데이 전류를 얻을 수 있는 시간이 15초로 증가한다. 이처럼 확산 전류를 측정할 수 있는 시간 범위를 늘릴 수 있으면, 앤슨 도시에서 기울기가 직선적으로 변하는 시간 영역([그림 7-4]에서 실선으로 표시)이 넓어져 기울기 값에 대한 신뢰도가 증가한다. 결론적으로, 전기 이중층 충전 시간을 최소화하는 것이 앤슨 도시로부터 얻을 수 있는 결과(예를 들어, $D_O$)의 신뢰도를 높이는 방법이다.

[그림 7-7-a]는 전위 계단 직후 전기 이중층을 충전할 때 셀의 등가 회로를 보여 주고 있다. 이는 [그림 5-13]의 등가 회로에서 패러데이 반응이 진행되기 이전이므로 $R_{ct}$를 제거한 것이다. 이 등가 회로에서 작동 전극과 기준 전극 사이에 전위의 스텝을 주면 충전 전류($i_C$)는 <식 7-26>과 같이 변한다.

$$E = E_{R_u} + E_{C_{dl}} = i_C R_u + \frac{q}{C_{dl}}$$

$$i_C = \frac{E}{R_u} - \frac{q}{R_u C_{dl}} = \frac{dq}{dt}$$

$$q = EC_{dl}[1 - e^{-t/R_u C_{dl}}]$$

$$i_C = \frac{dq}{dt} = \frac{E}{R_u} e^{-t/R_u C_{dl}} \quad \text{<7-26>}$$

여기서 $\tau = R_u C_{dl}$로서 시간의 단위를 가지므로 **시간 상수**(time constant)라고 한다. <식 7-26>이 의미하는 것은 $\tau$ (= $R_u C_{dl}$)가 작을수록 충전 시간이 줄어든다는 것이다. 따라서 전위 계단 실험에서 신뢰성 있는 결과를 얻기 위해서는 시간 상수를 최소화해야 하며, 이를 위해 $R_u$ 또는 $C_{dl}$을 줄여야 한다. $R_u$를 줄이기 위해서는 전해질 저항을 줄이고 기준 전극과 작동 전극 사이의 거리를 짧게 해야 한다. 한편, 면적($A$)이 작은 작동 전극을 사용하면 $C_{dl}$(= $C_d \times A$)를 줄일 수 있다. 즉, 전극의 단위 면적당 전기 이중층 커패시턴스 값, $C_d$ = 10 ~ 40 $\mu$F/cm$^2$이므로 면적이 작을수록 $C_{dl}$ 값도 감소한다. 그러나 전극 면적이 작을수록 전해질 저항($R_u$)이 증가하므로 전극 면적은 두 가지 측면을 고려하여 최적화할 필요가 있다.

둘째, **오름 시간**(rising time)의 문제이다. 전위의 스텝이 [그림 7-7-b]에 실선으로 나타낸 이상적인 계단 모양으로 변하는 것이 바람직하나 실제로는 그렇지 못하기 때문에 발

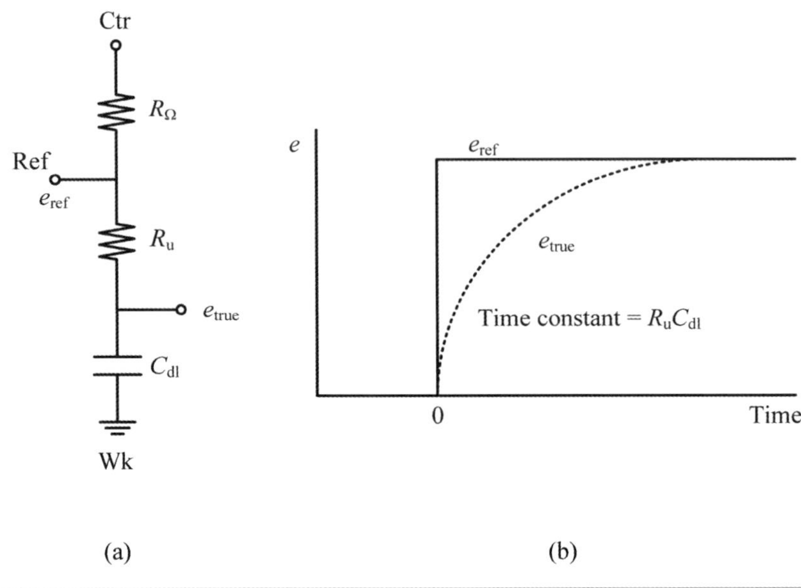


**그림 7-7** (a) 전위 계단 직후 충전 전류가 흐를 때 3극 셀의 등가 회로, (b) 전위 계단 직후 $e_{true}$의 변화

생하는 문제이다. 실제로 전압의 모양은 <식 7-27>로부터 예상할 수 있듯이 [그림 7-7-b]의 점선처럼 곡선을 보이며, 일정 시간이 경과한 후에 $e_{ref}$에 도달한다. 전압-전류 실험에서 전류가 전압에 매우 민감하게 변한다는 점을 고려할 때, 전압이 이상적인 계단 형태에서 벗어나면 전류가 예상 값으로부터 벗어날 수밖에 없다. 전압이 곡선을 보이며 $e_{ref}$에 도달하는 시간을 오름 시간이라고 한다. <식 7-27>로부터 알 수 있듯이, 시간 상수가 작을수록 곡선 형태의 전압이 이상적인 계단 모양에 접근하고 결과적으로 오름 시간이 짧아진다. 즉, 시간 상수가 작을수록 측정되는 전류가 전기화학 시스템이 가지고 있는 실제 값에 가까워진다.

$$e_{R_u} = i_C R_u = Ee^{-t/\tau}$$

$$e_{true} = e_{ref} - e_{R_u} = e_{ref}(1 - e^{-t/\tau}) \qquad \text{<7-27>}$$

셋째, 컴플라이언스(compliance) 전압이 큰 일정 전위기를 사용해야 한다. 즉, 충전 전류로 인하여 전류의 크기는 스텝 직후에 가장 크다. 이 전류가 작동 전극과 반대 전극 사이에 흘러야 하므로 두 전극 사이에 전압 차이도 크다(식 5-13). 용액 저항이 큰 유기 전해질을 사용하는 경우 또는 전극의 면적이 커서 충전 전류가 큰 경우 컴플라이언스 전압이 큰 일정 전위기를 사용해야 원하는 실험을 진행할 수 있다.

**예제 7-2**

전위 계단 실험을 통해 전극/전해액 계면의 접촉 면적을 측정할 수 있는지 생각해 보시오.

**풀이** $Q_{dl}$은 전기 이중층 커패시터에 저장되는 전하량을 의미한다. 이에 대한 등가 회로는 전하 전달 반응이 일어나기 전이므로 [그림 1-12]에서 $R_{ct}$가 제외된 것이 된다. $Q_{dl} = C_{dl} \times V$ 인데, $C_{dl} = C_d \times A$이고 $V = E_2 - E_1$이다; 여기에서 일반적으로 단위 면적당 커패시턴스 값 $C_d$ = 10 ~ 40 μF/cm$^2$, $A$; 전극/전해액 접촉 면적, $E_2$; 스텝 전압, $E_1$; 초기 전압이다.

앤슨 도시의 $y$-축 절편으로부터 $Q_{dl}$을 구하고, $C_d$ = 25 μF/cm$^2$라 가정하고 $V = E_2 - E_1$를 적용하면 대략적인 $A$를 구할 수 있다. 그러나 이 방법은 전극 면적($A$)이 매우 작을 때만 적용할 수 있다. 전극 면적이 크면 충전 시간과 오름 시간 문제가 심각하여 적용이 어렵다.

## *7-3 평면 초소형 전극planar ultra microelectrode에서 대진폭 전위 계단 실험

평면 초소형 전극(planar ultra microelectrode, UME)에서 확산은 일반적인 평면 소형 전극(planar microelectrode)과는 다른 양상을 보인다. [그림 7-8]에 평면 초소형 전극(UME)

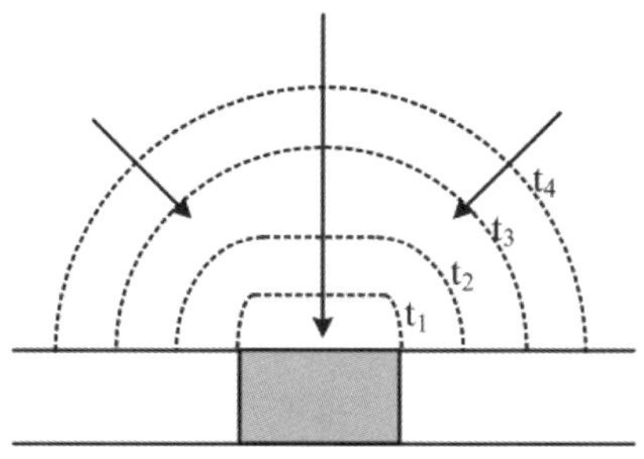


**그림 7-8** 평면 초소형 전극(ultra microelectrode, UME)에서 전위 계단 이후 시간에 따른 확산층의 확장; 초기 선형 확산에서 후기 구형 확산으로 변화.

에서 전위 계단 이후 시간에 따라 확산층이 어떻게 확장되어 가는지를 보여 주고 있다. [그림 7-1]에 보인 평면 소형 전극의 경우 전극의 면적에 비해 확산층이 1 μm 내지 0.1 cm 정도로 얇으므로 전극 수직 방향의 확산이 지배적이라고 할 수 있다(예제 4-4 참조). 이때 시간이 지남에 따라 전극 표면 근처 용액에서 반응물의 농도 기울기가 감소하므로 확산 속도(flux)도 감소하여 전류가 감소한다([그림 7-3]과 코트렐 식). 평면 초소형 전극(UME)의 경우는 전위의 스텝 직후 초기에는 **선형 확산**이 지배적이지만 시간이 지남에 따라 **구형 확산**(spherical diffusion)으로 바뀐다. 구형 확산인 경우 선형 확산에 비해 단위 면적당 유량(flux)이 커서, 농도 기울기 감소로 인한 전류의 감소를 유량 증가로 보상하므로 단위 면적당 전류는 선형 확산이 지배적인 평면 소형 전극에 비해 더 큰 값을 갖는다. 한편, 공(ball) 모양의 수은 전극에서 전위 계단 실험을 할 때도 스텝 직후는 선형 확산이 지배적이지만, 시간이 지남에 따라 구형 확산으로 변한다. 선형 확산에서 구형 확산으로 변형하는 양상이 동일하므로, 평면 초소형 전극임에도 불구하고 다음과 같이 구형 전극에 적용되는 경계 조건을 적용할 수 있다.

구형 전극(spherical electrode)에서 픽의 제2법칙(Fick's second law)은 <식 7-28>로 표현된다. 여기에서 $r$은 구형 전극에서 방사 거리(radial distance), $r_0$은 구형 전극의 반경을 뜻한다. 초기 경계 조건인 <식 7-29>, 준무한대 경계 조건인 <식 7-30>, 표면 조건인 <식 7-31>을 이용하여 <식 7-28>을 풀면 그 해는 <식 7-32>와 같이 된다.

$$\frac{\partial C_{\mathrm{O}}(r,t)}{\partial t} = D_{\mathrm{O}}\left\{\frac{\partial^2 C_{\mathrm{O}}(r,t)}{\partial r^2} + \frac{2}{r}\frac{\partial C_{\mathrm{O}}(r,t)}{\partial r}\right\} \tag{7-28}$$

$$C_{\mathrm{O}}(r,0) = C_{\mathrm{O}}^*, \quad (r > r_0) \tag{7-29}$$

$$\lim_{r\to\infty} C_{\mathrm{O}}(r,t) = C_{\mathrm{O}}^* \tag{7-30}$$

$$C_{\mathrm{O}}(r_0,t) = 0 \ (t > 0) \tag{7-31}$$

$$i_{\mathrm{d}}(t) = nFAD_{\mathrm{O}}C_{\mathrm{O}}^*\left[\frac{1}{(\pi D_{\mathrm{O}}t)^{1/2}} + \frac{1}{r_0}\right] \tag{7-32}$$

코트렐 식을 이용하여 <식 7-32>를 <식 7-33>으로 다시 정리할 수 있다. <식 7-33>과 <식 7-25>로부터 알 수 있듯이 구형 전극에서 확산 전류 $i_{\mathrm{d}}$(spherical electrode)는, 스텝 시간이 짧은 범위에서 선형 확산이 지배적이고, 이 범위 안에서 스텝 시간이 길어지면 전류는 0으로 수렴한다(식 7-34). 그러나 구형 확산에 의해 물질 전달이 이루어지면 <식

7-35>처럼 $t \rightarrow \infty$일 때 $i_d = 0$이 아닌 일정한 값($i_{ss}$)으로 수렴한다.

$$i_d \text{ (spherical electrode)} = i_d \text{ (linear)} + \frac{nFAD_O C_O^*}{r_0} \qquad \text{<7-33>}$$

$$\lim_{t \to \infty} i_d \text{ (linear)} = 0 \qquad \text{<7-34>}$$

$$\lim_{t \to \infty} i_d \text{ (spherical electrode)} = \frac{nFAD_O C_O^*}{r_0} = 4\pi nFD_O C_O^* r_0 = i_{ss} \qquad \text{<7-35>}$$

**평면 초소형 전극**(UME)에서도 전위 계단 실험을 통한 확산 전류는 <식 7-33>과 동일하다. 즉 <식 7-36>으로 다시 쓸 수 있다. 여기서 $r_o$는 UME의 반지름이다.

$$i_d \text{ (UME)} = i_d \text{ (linear)} + \frac{nFAD_O C_O^*}{r_0} \qquad \text{<7-36>}$$

[그림 7-9]에 반지름($r_o$)이 서로 다른 원판 전극(disk electrode)을 이용하여 측정한 확산 전류 밀도(전류/전극 면적, $i_{ss}/A$)의 크기와 모양을 보여 주고 있다. 반지름이 10 mm인 경우 전류는 코트렐 식에 의해 시간에 따라 $t^{-1/2}$에 비례하여 지속적으로 감소하나, 반지름이 1 $\mu$m인 경우 전류는 짧은 시간 내에 일정 상태(steady-state)에 도달한다. 반지름이 감소함에 따라 더 짧은 시간 내에 일정 상태에 도달하고(식 7-36), 일정 상태에서 전류의 크기는 <식 7-35>에서 전류를 전극 면적으로 나눈 값($i_{ss}/A$)으로부터 예상할 수 있듯이,

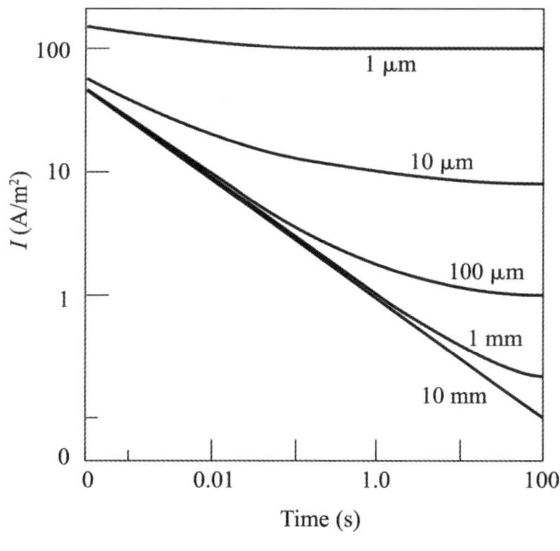


**그림 7-9** 원판 전극의 반지름에 따른 확산 전류($i_d$)의 크기와 모양

전극의 반지름이 감소함에 따라 증가함을 볼 수 있다. 즉, 초소형 전극을 사용함으로써 충전 시간 문제와 오름 시간 문제를 완화할 수 있을 뿐만 아니라 짧은 시간 내에 일정 상태 전류를 측정할 수 있다. 이 일정 상태 전류 값으로부터 확산과 관계된 물질 전달 인자를 구할 수 있다.

**스스로 학습 7-2**

볼(ball) 모양의 구형 전극에서 구형 확산을 생각할 수 있으나, 전위의 스텝 직후에는 선형 확산이 지배적이다. 다시 말하여, UME에서처럼 전위 스텝 직후는 선형 확산이 지배적이나 시간이 지날수록 구형 확산으로 변한다. 이를 확인해 보시오.

**스스로 학습 7-3**

UME를 이용하여 대진폭 전위 계단 실험을 할 때, 전류가 0.1초 내에 일정 상태에 도달하려면 UME의 반지름($r_o$)은 얼마나 작아야 하는가? <식 7-32> 또는 <식 7-36>에서 확산 계수는 $10^{-5}$ $cm^2/sec$라고 가정하시오.

## *7-4 소진폭 전위 계단small-amplitude potential step 실험

선형 확산만이 가능한 평면 전극(UME가 아님)에서 전위 계단 실험을 통하여 $E_1$에서 $E_2$로 전위 스텝을 주어 네른스티안인 어떤 전기화학 반응(O + $n$e = R)의 환원을 유도하고자 한다. 이때 $E_1$은 고정하고 $E_2$를 임의로 조절하되, 모든 $E_2$에서 물질 전달이 전체 속도를 결정한다고 하자. <식 7-6>을 풀기 위한 경계조건으로 <식 7-7>과 <식 7-8>이 여기에도 적용되며 flux balance는 다음과 같다.

$$D_O\left(\frac{dC_O(x,\ t)}{dx}\right)_{x=0} + D_R\left(\frac{dC_R(x,\ t)}{dx}\right)_{x=0} = 0 \qquad \text{<7-37>}$$

네른스트 식(식 4-17)을 <식 7-38>과 같이 다시 정리하고, **라플라스 변환**과 역변환을 통하여 해를 구하면 확산 전류는 <식 7-39>와 같이 유도된다.

$$\theta = \frac{C_O(0,\ t)}{C_R(0,\ t)} = e^{nF(E-E^{0'})/RT} \quad \text{<7-38>}$$

$$i(t) = \frac{nFAD_O^{1/2}C_O^*}{\pi^{1/2}t^{1/2}(1+p\theta)} \quad \text{<7-39>}$$

$$p = \left(\frac{D_O}{D_R}\right)^{1/2} \quad \text{<7-40>}$$

<식 7-38>에서 $E_2$가 매우 큰 음의 값을 가지면 $\theta \rightarrow 0$이 되고, <식 7-39>에서 $\theta \rightarrow 0$이면 코트렐 식(식 7-2)과 동일해진다. 즉, <식 7-39>는 전체 속도를 물질 전달이 결정하는 범위에서 $E_2$를 변화시킬 때 얻어지는 확산 전류를 나타내는데, $E_2$가 매우 큰 음의 값을 가지면 대진폭 전위 계단 실험 조건이므로 코트렐 식과 동일해짐을 의미한다. 또한 $E_2$가 매우 크지 않으면 $\theta > 0$이 되는데, 이 경우 확산 전류의 모양은 $\theta = 0$인 경우(코트렐 식)와 유사하나 전류의 크기가 작음을 <식 7-39>로부터 알 수 있다.

# 7장 연습문제

01 [그림 7-7-a]의 모조 셀(dummy cell)에 전위를 0.0 V에서 $e_{ref}$으로 스텝을 가할 때, $R_u$ = 5 $\Omega$, $R_\Omega$ = 20 $\Omega$, $e_{ref}$ = 1.0 V, $C_{dl}$ = 20 $\mu$F이라고 가정하고 커패시터를 95 % 채우는 데 필요한 시간을 계산하시오. 이 전위 계단 실험을 수행하기 위하여 일정 전위기가 가져야 하는 최소 컴플라이언스 전압을 계산하시오.

02 어떤 전기화학 반응에서 전극 면적, $n$, 또는 농도($C_O^*$)를 모르더라도 동일한 전극을 사용하여 RDE 실험으로부터 한계 전류를 구하고, 전위 계단 실험을 통하여 시간에 따른 전류 값을 구하면 확산 계수를 계산할 수 있다. 이것이 가능한 이유를 설명하시오.

*03 전위 계단 실험을 통하여 네른스티안인 어떤 전기화학 반응(O + $e$ → R)을 진행하고자 한다. 초기에 전해질에 O만 존재하는 조건에서 [그림 7-10]처럼 초기 전압($E_1 \gg E^{0'}$)에서 5개의 서로 다른 $E_2$로 스텝을 주며 확산 전류를 얻었다.

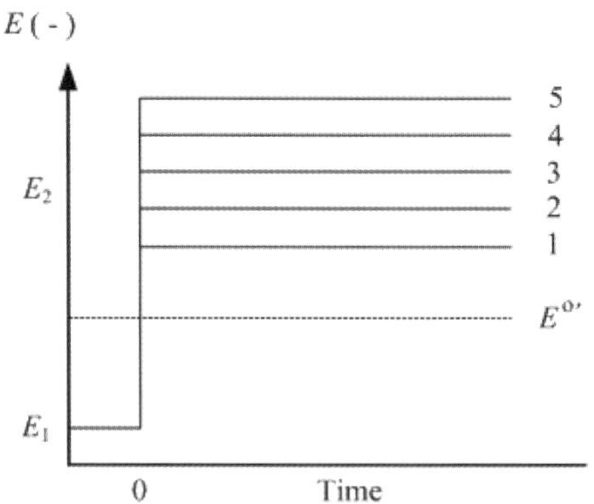


그림 7-10 전위 계단 실험에서 전압의 변화. 고정된 $E_1$에서 5개의 서로 다른 $E_2$로 전위의 스텝을 줌.

(a) 그림에서 $E_2$(= 5)의 전압이 충분히 큰 음의 값을 가질 때($E_2 - E^{0'} \ll -118$ mV) 시간에 따른 확산 전류, $i(t)$를 스케치하시오.

(b) 그림에서 5보다 더 음의 값을 갖는 $E_2$로 스텝을 주었을 때 예상되는 $i(t)$를 스케치하고, (a)에서 얻은 것과 비교하시오.

(c) 그림에서 $E_2$가 5에서 1로 변화할 때, 예상되는 $i(t)$의 변화를 각각 스케치하고, 변화하는 이유를 설명하시오.

8장

# 전위 주사 실험

## Potential sweep methods

8–1 선형 주사 전압–전류법

8–2 순환 전압–전류법

8–3 CV 실험에 의한 반응 메커니즘 조사

8–4 화합물이 전극 표면에 흡착되거나 고정되어 있을 때의 CV

*8–5 평면 초소형 전극에서 전위 주사 실험

**전위 주사 실험**(potential sweep methods)은 3극 셀을 사용하여 기준 전극을 기준으로 작동 전극의 전압을 시간에 따라 직선적으로 변화시키며 작동 전극과 반대 전극 사이에 흐르는 전류를 측정한다. 초기 전압에서 최종 전압까지 한 번의 전압 변화를 주는 경우를 **선형 주사 전압–전류법**(linear sweep voltammetry, LSV)이라 하고, 전환 전압에 도달한 이후 다시 초기 전압으로 되돌아오게 조절하는 방법을 **순환 전압–전류법**(cyclic voltammetry, CV)이라고 한다. 일반적으로 작은 면적(< 1.0 $cm^2$)의 전극을 사용하므로 실험 도중에 산화 또는 환원이 가능한 화합물의 농도($C_O^*$와 $C_R^*$) 변화는 없다는 가정을 하고, 또한 지지 전해질을 사용하므로 O와 R이 이온인 경우에도 이들의 이동(migration)을 무시한다. 또한 교반을 하지 않으므로 물질 전달은 확산에 의해서만 가능하며, 작은 면적의 평면 전극(planar electrode)을 사용하므로 확산층 내부에서 전극의 수직 방향으로 선형 확산만이 가능하다는 가정을 할 수 있다(예제 4-4 참조). 이 방법은 전기화학 반응의 전하 전달 또는 물질 전달과 관련된 인자를 구하고, 반응 메커니즘을 조사하는 데 가장 흔히 사용되고 있다.

## 8-1 선형 주사 전압-전류법 LSV, linear sweep voltammetry

작동 전극의 전압을 초기 전압($E_i$)으로부터 일정한 속도($v$)로 변화시키며($E = E_i - vt$) 전류를 측정한다. 이때 $v$를 **주사 속도**(scan rate)라고 하고, 일반적으로 1 mV/s ~ 1 V/s 범위에서 조절한다.

### (1) 극단적인 경우($k^0 = \infty$)의 LSV

어떤 전기화학 반응(O + $n$e = R)의 $k^0 = \infty$라면 2가지 가정이 가능하다. ① $C_O(0, t)$와 $C_R(0, t)$가 작동 전극에 가해지는 전압에 따라 네른스트 식에 의해 결정된다. 즉, 네른스티안이다. ② 모든 전압 영역에서 전체 반응 속도를 물질 전달이 결정한다([그림 4-7] 참조). 전극 표면 근처 용액에서 확산만이 유일한 물질 전달 수단이므로 전류는 확산 속도에 의해 결정된다.

작동 전극의 전압을 [그림 8-1]처럼 변화시킨다고 할 때 확산층 내 O의 농도 분포는

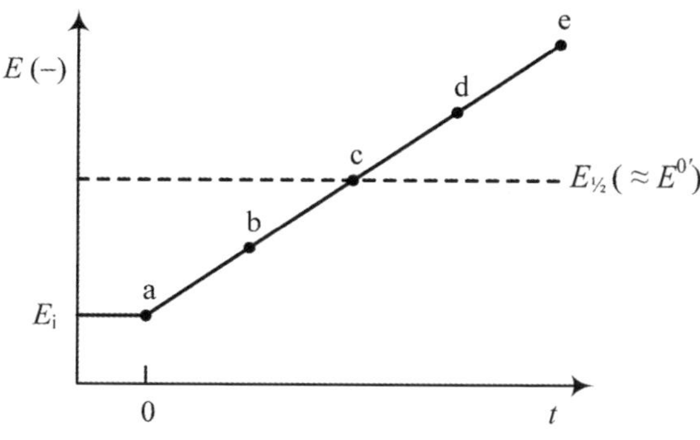


그림 8-1 LSV 실험에서 시간에 따른 전압의 변화

다음 두 가지 변수에 의해 결정된다. 작동 전극의 전압이 (a)로부터 (e)까지 시간에 따라 변하므로 [그림 8-2]에 보인 것처럼 표면 농도 $C_O(0, t)$가 시간(전압)에 따라 감소할 뿐 아니라 확산층도 시간에 따라 $l = (2D_Ot)^{1/2}$의 속도로 벌크 용액 쪽으로 확장된다. 따라서 확산층 내 농도 기울기는 초기에 점차 커지다가, 최고의 기울기를 가진 다음 다시 감소한다. 농도 기울기에 비례하여 확산 전류가 결정되므로 최고의 기울기를 갖는 전압에서 최대 전류를 보이게 된다([그림 8-2]에서 (d)에 해당). 극단적인 경우($k^0 = \infty$), 25 °C에서 가장 큰 기울기를 갖는 전압은 $E_{pc} = E_{1/2} - (28.5/n)$ mV임을 다음에 설명한다.

확산만이 가능한 조건에서 확산 전류는 다음 픽의 제2 법칙을 풀어야 한다.

$$\frac{dC_O(x,\ t)}{dt} = D_O \frac{d^2C_O(x,\ t)}{dx^2}, \quad \frac{dC_R(x,\ t)}{dt} = D_R \frac{d^2C_R(x,\ t)}{dx^2} \qquad \text{<8-1>}$$

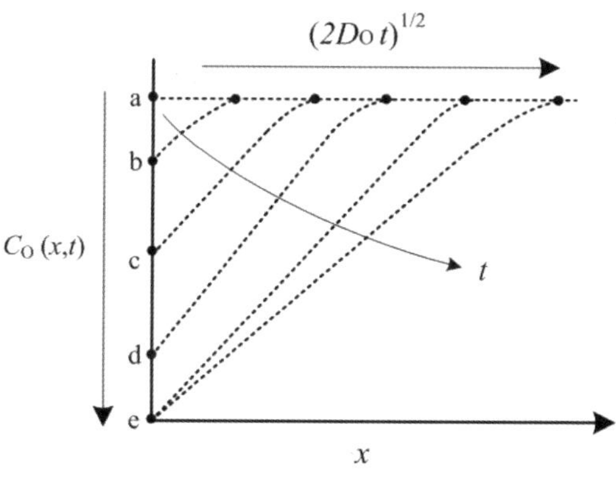


그림 8-2 LSV 실험에서 시간에 따른 확산층 내에서 O의 농도 분포 변화: O의 표면 농도가 감소함과 동시에 확산층도 확장되고 있음.

초기에 용액에 O만이 존재하고, 작동 전극의 초기 전압($E_i$)에서 환원 반응은 진행되지 않는다고 하면, 다음과 같은 초기 조건이 성립한다.

$$C_O(x,\ 0) = C_O^*, \quad C_R(x,\ 0) = 0 \qquad \text{<8-2>}$$

$$\lim_{x\to\infty} C_O(x,\ t) = C_O^*, \quad \lim_{x\to\infty} C_R(x,\ t) = 0 \qquad \text{<8-3>}$$

여기에 다음의 flux balance를 만족해야 하며

$$D_O\left(\frac{dC_O(x,\ t)}{dx}\right)_{x=0} + D_R\left(\frac{dC_R(x,\ t)}{dx}\right)_{x=0} = 0 \qquad \text{<8-4>}$$

네른스티안이므로 네른스트 식(식 6-3)으로부터 다음과 같이 $\theta$를 정의할 수 있다.

$$\theta = \frac{C_O(0,\ t)}{C_R(0,\ t)} = e^{nF(E-E^{0'})/\mathrm{RT}} \qquad \text{<8-5>}$$

이때 <식 8-6>처럼 작동 전극의 전압이 초기 전압($E_i$)으로부터 $t = \lambda$까지 일정한 속도($\nu$)로 음의 방향으로 변하므로 <식 8-5>는 <식 8-7>로 변형된다.

$$E(t) = E_i - vt \ \ (0 < t \le \lambda) \qquad \text{<8-6>}$$

$$\frac{C_O(0,\ t)}{C_R(0,\ t)} = e^{nF(E(t)-E^{0'})/\mathrm{RT}} = e^{nF(E_i-vt-E^{0'})/\mathrm{RT}} \qquad \text{<8-7>}$$

위 조건들을 적용하여 라플라스 변환과 역변환을 통해 해를 구하면 확산 전류는 <식 8-8>로 얻어진다.

$$i = nFAC_O^*(\pi D_O\sigma)^{1/2}\chi(\sigma t) \qquad \text{<8-8>}$$

$$\sigma = \left(\frac{nF}{RT}\right)v \qquad \text{<8-9>}$$

$$\sigma t = \frac{nF}{RT}[E_i - E(t)] \qquad \text{<8-10>}$$

수치해석을 통해 얻어진 $\pi^{1/2}\chi(\sigma t)$ 값은 전압이 변화함에 따라 [그림 8-3]과 같이 점차 증가하다 최고치를 보인 후 다시 감소하는 모양을 보인다.

[그림 8-3]에서 $n(E - E_{1/2}) = -28.5$ mV에서 $\pi^{1/2}\chi(\sigma t)$ 값은 최대치인 0.4463을 가지므로, $\pi^{1/2}\chi(\sigma t)$를 <식 8-8>에 대입하여 얻은 전류 값도 $E_{1/2}$보다 $28.5/n$ mV만큼 더 음의 값

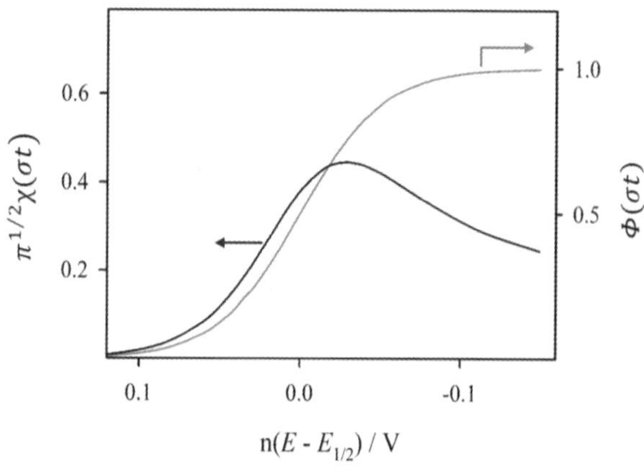


**그림 8-3** 극단적인 경우($k^0 = \infty$) 전압에 따른 $\pi^{1/2}\chi(\sigma t)$(평면 전극)와 $\Phi(\sigma t)$(구형 보정)의 변화

을 갖는 전압에서 최대치를 보이게 된다(그림 8-4-a). 이를 [그림 8-2]에 보인 확산층 내에서 O의 농도 기울기로부터 설명하면 다음과 같다. 시간에 지남에 따라 전압이 음의 값으로 변하고, O의 농도 기울기가 점차 증가하다가 전압이 반파장 전위($E_{1/2}$)보다 (28.5/$n$) mV 더 음의 값을 갖는 전압($E = E_{1/2} - (28.5/n)$ mV)에서 최대 기울기를 가지므로 전류도 이 전압에서 최대가 된다. 최대 전류(peak current)를 보이는 전압을 최대 전압(peak potential)이라 한다. 한편, 실제 반파장 전위($E_{1/2}$)는 형식 전위($E^{0'}$)와 유사한 값을 갖는다. [그림 8-2]에서 $C_O(0, t) = 0$이 된 이후(e), 농도 기울기가 확산층의 확장에 의해서만 감소하는데 이는 전위 계단 실험에서 일어나는 현상과 동일하다. 따라서 전압이 (e)보다 더 음의 값을 갖는 영역에서 전류는 코트렐 식에 의해 $t^{-1/2}$에 의해 감소한다(식 7-2).

<식 8-8>에 $\pi^{1/2}\chi(\sigma t) = 0.4463$인 최대치를 대입하면 <식 8-11>과 같이 최대 전류(peak

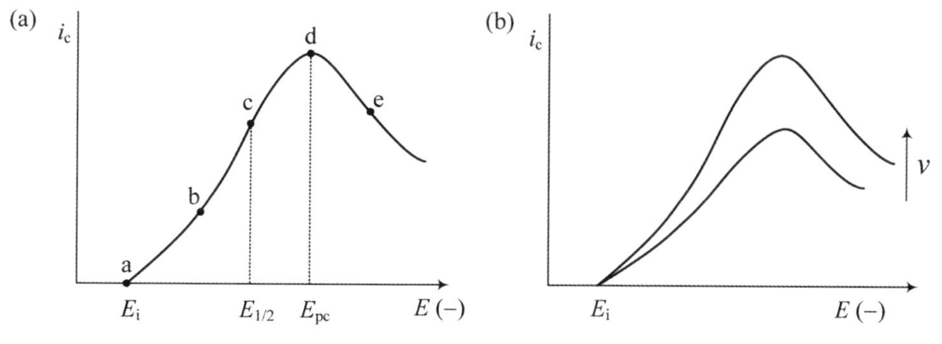


**그림 8-4** (a) [그림 8-3]에 보인 전압에 따른 $\pi^{1/2}\chi(\sigma t)$를 〈식 8-8〉에 대입하여 얻은 LSV 그림. (b) LSV 실험에서 주사 속도에 따른 전류의 크기

current)가 얻어진다. 이때 계수($2.69 \times 10^5$)는 $R$ = 8.314 J/mol K, T = 298 K이고, $A$; $cm^2$, $D_O$; $cm^2/s$, $C_O^*$; $mol/cm^3$, $v$; V/s, $i_{pc}$; amperes의 단위를 사용할 때 얻어지는 값이다.

$$i_{pc} = 0.4463\, n^{3/2} \left( \frac{F^3}{RT} \right)^{1/2} A\, D_O^{1/2} C_O^* v^{1/2} = (2.69 \times 10^5) n^{3/2} A\, D_O^{1/2} C_O^*\, v^{1/2} \qquad \text{<8-11>}$$

<식 8-11>로부터 최대 전류와 주사 속도 사이에는 $i_{pc} \propto v^{1/2}$의 관계가 있음을 알 수 있다. 이를 [그림 8-4-b]에 보여 주고 있다. 즉, 최대 전류($i_{pc}$)를 비롯한 전류 값은 주사 속도의 제곱근에 의해 증가한다. 이를 [그림 8-2]를 이용하여 설명할 수 있다. 확산층은 $l = (2D_Ot)^{1/2}$의 속도로 확장된다. 예를 들어, 주사 속도가 1.0 V/s과 2.0 V/s의 경우를 비교해 보면, 확장 속도는 주사 속도와 상관없이 주어진 시간 동안 같은 크기로 확장되지만, 전압은 주어진 시간 동안 2배 차이로 변한다. 따라서 주사 속도가 큰 경우, 작동 전극의 전압이 2배 더 빠르게 음의 방향으로 변하므로 $C_O(0, t)$가 더 빠르게 감소한다. 따라서 확산층 내 O의 농도 기울기는 더 커지고, 전류도 더 큰 값을 갖게 된다.

전위 주사 실험에서 작동 전극의 전압이 변하므로 전기 이중층 충전 전류도 연속적으로 흐른다. 따라서 실제 측정되는 전류는 패러데이 전류와 전기 이중층 충전 전류의 합이 된다. **전기 이중층 충전 전류**는 <식 8-12>처럼 주사 속도($v$)에 직선적으로 비례한다. 이때 $C_d$는 단위 면적당 전기 이중층 커패시턴스(단위: $F/cm^2$)를 뜻한다.

$$Q = AC_dE$$

$$i_C(\text{charging current}) = \frac{dQ}{dt} = AC_d \frac{dE}{dt} = AC_d v \qquad \text{<8-12>}$$

전기화학 반응의 $n$ 값과 전극의 면적($A$)을 미리 알고 있으면 $C_O^*$로부터 <식 8-11>을 이용하여 $D_O$를 구할 수 있고, 반대의 경우도 가능하다. 그러나 실제 측정되는 전류는 <식 8-11>로 주어지는 패러데이 전류와 <식 8-12>에 의한 충전 전류의 합이므로, 충전 전류의 크기를 줄여야 <식 8-11>을 이용하여 $C_O^*$ 또는 $D_O$를 정확히 구할 수 있다(예제 7-1 참조). 충전 전류와 패러데이 전류의 비는 <식 8-13>처럼 유도된다. <식 8-13>에서 보듯이 충전 전류에 의한 방해를 줄이기 위해서 주사 속도는 작게, 분석하고자 하는 O의 농도는 크게 하는 것이 유리하다.

$$\frac{i_C}{i_{pc}} = \frac{C_d v^{1/2}}{(2.69 \times 10^5)\, n^{3/2} D_O^{1/2} C_O^*} \qquad \text{<8-13>}$$

### 스스로 학습 8-1

<식 8-13>을 이용하여 다음의 조건에서 $i_C/i_{pc}$를 계산하시오. $C_d$ = 20 $\mu$F/cm$^2$, $v$ = 200 mV/s, $D_O$ = $10^{-5}$ cm$^2$/s, $C_O^*$ = 0.1 mM, $n$ =1. $C_O^*$를 10배로 늘렸을 때 $i_C/i_{pc}$ 값은?

### (2) 극단적인 경우에서 벗어날 때($k^0$ 〈 ∞)의 LSV

전하 전달 특성이 극단적인 경우에서 벗어날 때 LSV 모양을 [그림 8-2]로부터 유추할 수 있다. $k^0 < \infty$이면 다음 2가지를 예상할 수 있다. ① 전하 전달 반응이 $k^0 = \infty$인 경우에 비해 더 느리므로 가해지는 전압이 더 음의 값을 가져야 O의 표면 농도가 네른스트 식에서 계산되는 값에 도달한다. 예를 들어, $k^0 = \infty$인 경우 어떤 전압($E_1$)에서 $C_O(0,t)/C_R(0,t) \approx 0$이어서 $C_O(0,t) \approx 0$이 된다고 하자. $k^0 < \infty$이면 전하 전달 반응 속도($O_{surf} + e \rightarrow R_{surf}$)가 더 느리므로, $C_O(0,t)/C_R(0,t) \approx 0$이 되기 위해서 더 음의 전압($E_2$)이 가해져야 한다. 동일한 이유로 최대 기울기를 갖는 전압도 더 음의 값을 가지므로 $k^0$가 감소할수록 최대 전압($E_{pc}$)이 음의 방향으로 이동한다. ② [그림 8-2]에서 O의 농도 기울기는 $[C_O^* - C_O(0,t)]/\Delta x$에 의해 결정된다. 이때 $C_O^*$는 일정하다고 가정하고, $C_O(0,t)$는 시간에 따라 감소하고, $\Delta x$는 $(2D_Ot)^{1/2}$의 속도로 벌크 용액 쪽으로 확장된다. 위에 설명한 것처럼 $k^0 < \infty$이면 $E_2$가 더 음의 값을 가지므로 주사 속도($v$)가 동일할 때 $E_2$에 도달하는 데 걸리는 시간이 더 길어진다. 따라서 위에 설명한 $E_1$과 $E_2$에서 $C_O(0,t) \approx 0$이지만 $E_2$에 도달하기까지 더 많은 시간이 소요되므로, 그 사이 $\Delta x$가 더 커진다. 따라서 [그림 8-2]에서 $e$에 도달 시점에서 기울기가 더 완만해진다. 동일한 이유로 [그림 8-2]에 나타낸 모든 기울기가 $k^0$가 감소함에 따라 더 완만해지므로 최대 전류를 비롯한 모든 전류의 크기가 감소한다. ①과 ②를 종합하면, $k^0$가 감소할수록 최대 전압은 더 음의 값으로 이동하고 최대 전류는 감소한다.

### (3) LSV를 이용한 혼합물의 분석

용액 내에 환원이 가능한 화합물 O와 O′가 공존하고, 이들의 환원 전위가 유사하다면 환원 전류는 이들의 합으로 얻어진다([그림 8-5]에서 실선). 이 경우 먼저 환원되는 O의 최대 전류($i_{pc}$)를 측정하는 데는 문제가 없으나 O′의 그것은 O의 환원 전류와 겹치므로 측정할 수 없다. 이러한 문제는 [그림 8-6]에 제시한 방법을 이용하면 해결할 수 있다. 즉,

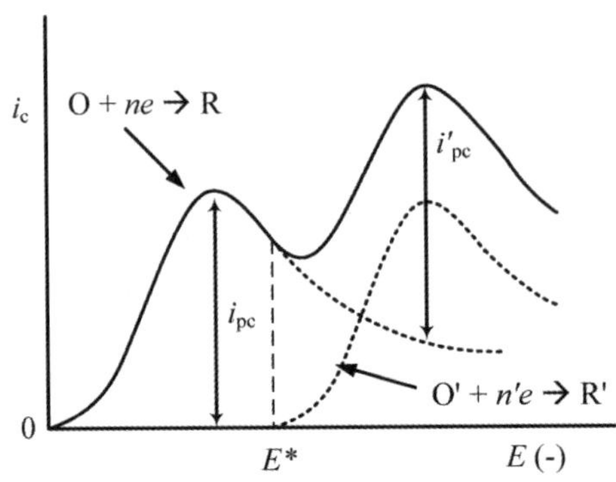


**그림 8-5** 환원이 가능한 두 종류의 화합물(O와 O')이 공존할 때, O와 O' 각각의 환원 전류(점선)와 전체 환원 전류(실선)

전압을 변화시키다가 어떤 전압($E^*$)에서 고정하는데, $E^*$에서 O′의 환원 반응을 무시할 수 있고, $E^*$가 [그림 8-2]에서 (e)에 해당한다면 $E^*$에서 O의 환원 전류는 코트렐 식에 의해 시간에 따라 $t^{-1/2}$에 의해 감소한다. 이러한 이유는 $E^*$에서 O의 표면 농도는 0이고 전압이 $E^*$보다 더 음의 값을 갖더라도 O의 표면 농도는 0이므로, 전압을 $E^*$에 고정하더라도 O의 농도 분포 측면에서 전압을 더 음의 값으로 변화시킨 것과 같은 효과를 얻기 때문이다. [그림 8-6]의 실험 1처럼 전압을 음의 방향으로 변화시키다가 $E^*$에 고정하여 O′ 환원 전류와 겹침이 없이 코트렐식에 의해 감소하는 O의 환원 전류만을 측정하고(점선), 다음에 실험 2처럼 전압을 전체 영역에서 정지 없이 변화시켜 전체 전류를 측정하면(실선),

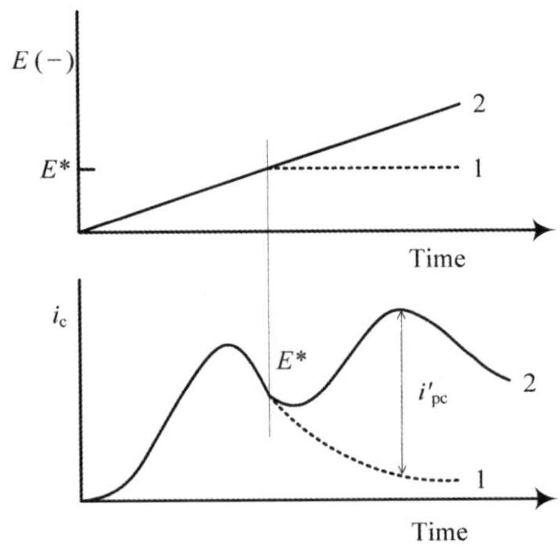


**그림 8-6** 환원이 가능한 두 종류의 화합물(O와 O')이 공존할 때 O'의 최대 전류($i'_{pc}$)를 측정하기 위한 실험 방법

실험 1에서 구한 바탕 선을 이용하여 O′의 최대 전류($i'_{pc}$)를 구할 수 있다.

## 8-2 순환 전압-전류법CV, cyclic voltammetry

CV 실험은 전환 전압($E_\lambda$)에서 다시 초기 전압($E_i$)으로 돌아온다는 것을 제외하고는 LSV와 동일하다(그림 8-7). 초기 전압($E_i$)에서 시작하여 $t = \lambda$까지 선형 주사를 한 후, 전환 전압(switching potential, $E_\lambda$)에서 주사의 방향을 바꾸어 초기로 돌아오므로, 시간에 따른 전압의 변화는 다음 식과 같다.

$$E(t) = E_i - v\lambda + v(t - \lambda) = E_i - 2v\lambda + vt \quad (t > \lambda) \qquad \text{<8-14>}$$

### (1) 극단적인 경우($k^0 = \infty$)의 CV

[그림 8-7]처럼 (a) ~ (h)로 작동 전극의 전압이 변할 때, 전극 근처 용액 내 O 또는 R의 농도 분포 변화를 고려하여 전류의 변화를 예측할 수 있다. 이때 극단적인 경우($k^0 = \infty$) 전기화학 반응이 네른스티안이며, 모든 전압에서 물질 전달이 전체 속도를 결정한다는 가정이 가능하다([그림 4-7] 참조). 초기에 O만이 용액에 존재하며, $n = 1$이라고 가정하여 다음을 설명한다. (a)에서는 전압이 $E^{0'}$보다 충분히 양의 값을 가져서 O의 환원이 불가능하므로 표면 농도는 벌크 농도와 같다(그림 8-8). (b)에서는 $E = E^{0'}$이므로 $C_O(0, t)/C_R(0, t) = 1$이 되어 $C_O(0, t) = 1/2C_O^*$이다. $E = E^{0'}(\approx E_{1/2}) - 28.5$ mV인 (c)에서 최대의 기울기를 갖는다. (d)에서는 $E \ll E^{0'}$이므로 $C_O(0, t) = 0$이나, 확산층이 넓어졌으므로

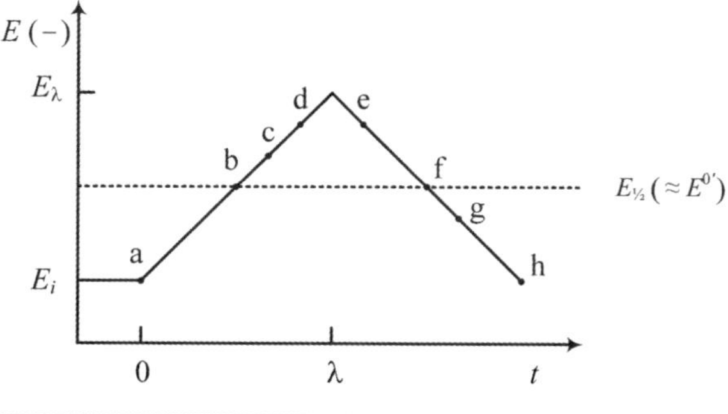


그림 8-7 순환 전압-전류법에서 시간에 따른 전압의 변화

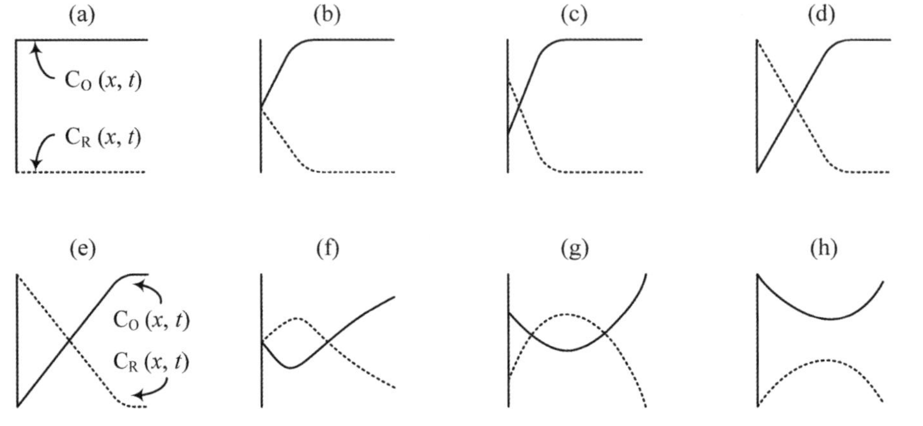


**그림 8-8** [그림 8-7]의 전압 변화에 따른 용액 내 O와 R의 농도 분포

O의 농도 기울기는 (c)에서보다 작다. (e)에서도 $C_O(0, t) = 0$이나, 확산층이 더 넓어졌으므로 기울기는 (d)에서보다 더 작다.

한편, 전압이 (e)에서 (h)로 갈수록 환원 반응보다는 R의 산화 반응이 점차 우세해진다. O의 환원으로 생성된 R은 확산층 내에서 [그림 8-8]에 점선으로 표시한 것처럼 그 양이 증가하며, 또한 벌크 용액 쪽으로 확산해 나간다. (a)에서는 R이 존재하지 않으나 (b)에서 (e)에 이를 때까지 R이 생성되어 확산층 내에 쌓이게 된다. 전압이 양의 방향으로 이동함에 따라 O의 환원 반응보다는 R의 산화 반응이 더 우세해진다. (f)에서는 $C_O(0, t)/C_R(0, t) = 1$이고, (g)에서 R의 최대 기울기를 가진 다음, (h)로 이동함에 따라 R의 농도 기울기는 점차 감소한다. 또한 R이 벌크 용액 쪽으로 더 확산해 나간다.

[그림 8-8]에서 예측한 O와 R의 확산층 내에서 농도 기울기 변화로부터 전류를 그려보면 [그림 8-9]와 같다. 역방향 주사에서 전류의 모양은 전환 전압($E_\lambda$)에 따라 근소하게 달라질 수 있는데, 통상적으로 $E_\lambda$가 최대 전압($E_{pc}$)보다 $35/n$ mV 더 음의 값을 가지면, 역방향의 전류 변화 모양이 정방향의 그것과 동일하다고 간주한다. 다시 말하여, 정방향 주사에서 전류가 증가하다가 최댓값을 보이고 다시 감소하는 것처럼 역방향 주사에서도 전류가 증가하다가 최댓값을 보이고 다시 감소하는 패턴이 동일하다. 정방향 주사에서는 O의 최대 기울기를 갖는 (c)에서 가장 큰 환원 전류를 보이고, 역방향 주사에서는 R의 최대 기울기를 갖는 (g)에서 산화 전류의 크기가 가장 크다. 최대 전류($i_{pc}$와 $i_{pa}$)를 보이는 전압을 **최대 전압**($E_{pc}$와 $E_{pa}$)이라고 한다.

전위 주사 실험(LSV와 CV)에서 시간에 따라 전압이 변하므로 전기 이중층 충전 전류

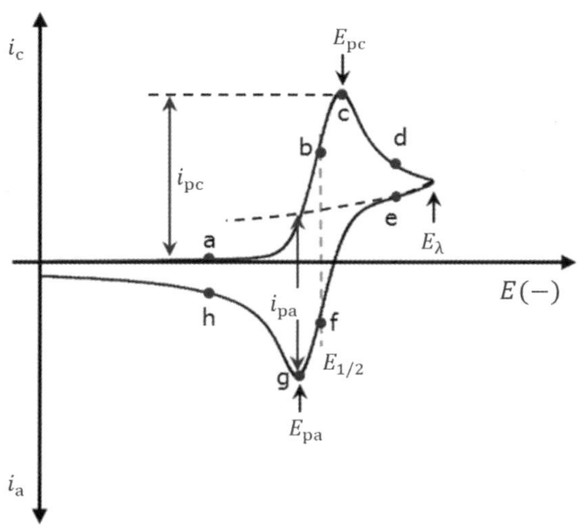


**그림 8-9** [그림 8-8]의 확산층 내 O와 R의 농도 기울기로부터 예측하여 그린 CV 그림: 극단적인 경우($(k^0 = \infty)$에 해당함.

가 동시에 흐른다. 따라서 [그림 8-4]와 [그림 8-9]에서 최대 전류는 패러데이 전류와 충전 전류가 합해진 값이다. 최대 전류를 측정하기 위해서는 바탕 선을 결정해야 하는데, 정방향의 바탕 선은 전류 값이 0인 선을 잡으면 되나, 역방향의 바탕 선을 결정하기는 쉽지 않다. 다음의 방법이 이용될 수 있다. [그림 8-8]에 보인 것처럼 정방향 주사에서 최대 전압을 지난 이후, 전압이 [그림 8-8]의 (d)를 지나면 전류는 코트렐 식에 의해 $t^{-1/2}$에 의해 감소한다. 따라서 전류의 변화를 $E_\lambda$보다 더 음의 값을 갖는 영역까지 유추하여($t^{-1/2}$에 의해 변하도록) 그릴 수 있다. 다음에 $E_\lambda$를 중심으로 $E_\lambda$보다 더 음의 영역에서 유추하여 그린 전류의 거울상(mirror image)을 취해([그림 8-10]에서 $E_\lambda$보다 더 양의 값을 갖는 영역에 그린 $t^{-1/2}$에 의해 변화하는 점선), $i_{pa}$ 결정을 위한 바탕 선으로 삼을 수 있다. 한편 <식 8-15>를 이용하여 $i_{pa}$를 구할 수 있는데, 여기서 $(i_{pa})_0$와 $(i_{sp})_0$은 [그림 8-10]에 정의하였다. <식 8-15>가 적용되기 위해서 전기화학 반응은 네른스티안이어야 하고, 물질 전달이 전체 속도를 결정하며, $E_\lambda < E_{pc} - 35/n$ mV의 조건을 만족하여야 한다.

$$\frac{i_{pa}}{i_{pc}} = \frac{(i_{pa})_0}{i_{pc}} + \frac{0.485(i_{sp})_0}{i_{pc}} + 0.086 \qquad \text{<8-15>}$$

위에 설명한 것처럼 전위 주사 실험은 충전 전류의 간섭, 바탕 선 결정의 어려움 등 한계를 가진다. 따라서 LSV나 CV 실험을 통해 최대 전류를 측정하여 농도, 반응속도 상수

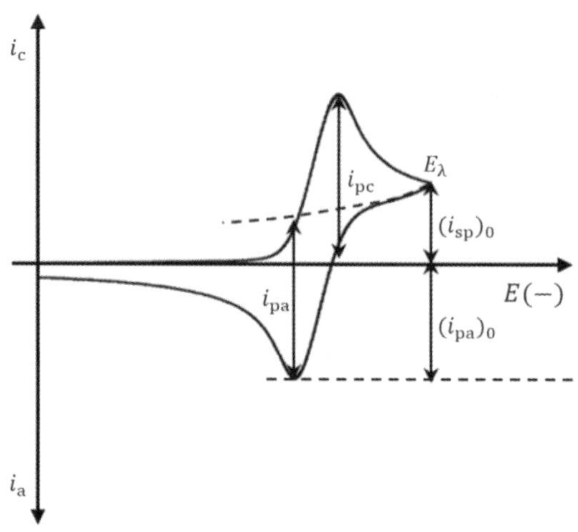


**그림 8-10** CV 그림에서 역방향 바탕 선과 최대 전류($i_{pa}$)의 결정

등 전기화학 인자를 결정하는 정량적 목적보다는 반응 메커니즘 등 반응을 진단하는 정성적인 목적에 활용하는 경우가 더 흔하다.

극단적인 경우($k^0 = \infty$) 정방향의 최대 전압($E_{pc}$)은 $E_{pc} = E_{1/2} - (28.5/n)$ mV이다. $E_\lambda$가 최대 전압($E_{pc}$)보다 $35/n$ mV 더 음의 값을 갖는다면 <식 8-16>이 성립한다.

$$E_{pa} = E_{1/2} + \frac{28.5}{n}\ \text{mV} \qquad \text{<8-16>}$$

주사 속도에 따른 CV 그림을 [그림 8-11]에 제시하였다. 정반응과 역반응의 최대 전류

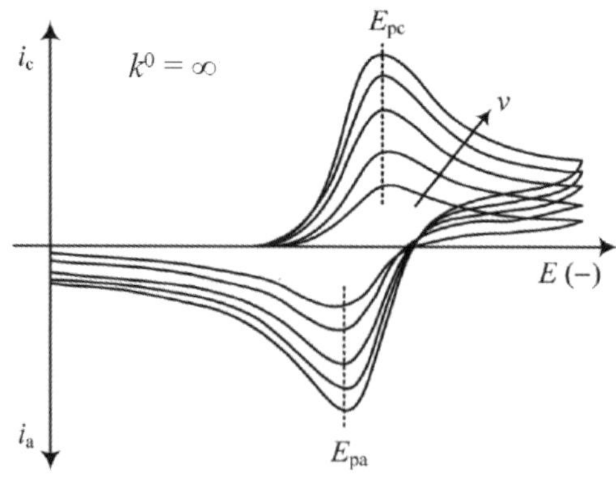


**그림 8-11** 극단적인 경우($k^0 = \infty$) 주사 속도에 따른 CV의 변화

가 동일하고($i_{pc} = i_{pa}$), 최대 전압 $E_{pc}$와 $E_{pa}$가 주사 속도에 무관하게 일정하며, 따라서 최대 전압의 차이($\Delta E_p = E_{pa} - E_{pc} = (57/n)$ mV)도 주사 속도에 무관한 특징을 보인다. 또한 최대 전류와 주사 속도 간에는 $i_p \propto \nu^{1/2}$의 관계를 보인다.

CV 실험이 진행되는 동안 O의 환원으로 생성된 R이 확산층 내에 축적된다. 그러나 벌크 용액에 R이 존재하지 않으면 생성된 R은 벌크 용액 쪽으로 확산하여 나가게 된다. 따라서 O의 환원으로 생성된 모든 R이 다시 산화되지 못하므로 O의 환원에 쓰인 전하량에 비해 R의 산화에 의한 전하량이 작게 된다. 환원과 산화에 쓰인 전하량을 비교하였을 때 $Q_r < Q_f$가 된다.

### (2) 극단적인 경우에서 벗어날 때($k^0 < \infty$)의 CV

LSV 실험에서 $k^0$가 극단적인 경우에서 벗어나 감소할수록 최대 전압이 음으로 이동하고 최대 전류가 감소함을 알았다. 이를 바탕으로 CV 실험에서 전압-전류 특성을 예측할 수 있다. 정방향의 최대 전압은 더 음(→)의 값으로 이동하고 역방향의 최대 전압은 더 양(←)의 값으로 이동한다. 따라서 $k^0$가 감소할수록 $\Delta E_p > (57/n)$ mV로 점차 증가한다([그림 8-12]의 점선). [그림 8-12]의 점선을 따라가 보면, 양방향 스캔 모두에서 전류가 최댓값을 보인 후 감소한다. 이런 전류의 변화 모양은 전류가 물질 전달(확산)에 의해 결정됨을 대변하는 것이다. $k^0$가 감소함에 따라 이런 양상을 보이는 전압이 양쪽으로 더 많이 이동하여 나타나는데, 이는 $k^0$가 감소함에 따라 물질 전달이 전체 속도를 결정하는 과전압 영역이 양쪽으로 더 많이 이동하기 때문이다(그림 4-7 참조). 한편, $k^0$가 감소함에 따라 전하 전달이 전체 속도를 결정하는 전압 영역이 평형 전압을 중심으로 양쪽으로 더

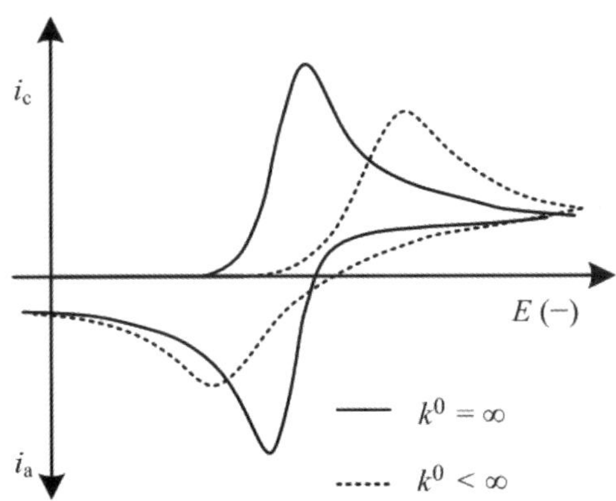


그림 8-12 극단적인 경우($k^0 = \infty$)와 극단적인 경우에서 벗어날 때($k^0 < \infty$) CV 그림의 변화

넓어지는데, 이 영역에서 전류는 전하 전달 속도가 결정하므로 버틀러-볼머 식에 의해 변한다. 따라서, 이 영역에서 전류는 [그림 4-4]의 실선과 같이 변화한다. 그러나 중간 정도의 과전압 영역에서는 물질 전달 속도와 전하 전달 속도가 유사하므로 전류가 어느 것에 의해 결정되는지 특정할 수 없다.

한편, $k^0$가 감소할수록 정방향의 최대 전류($i_{pc}$)와 역방향의 최대 전류($i_{pa}$)는 감소한다. 그러나 $k^0$가 매우 작으면 역방향의 전류가 아예 나타나지 않을 수 있다. [그림 8-12]에서 보듯이, $k^0$가 감소할수록 정방향의 최대 전압이 더 음의 값을 가지므로 전환 전압도 더 음의 값을 갖도록 실험이 진행되어야 한다. 전환 전압까지 갔다가 다시 돌아오는 데 더 많은 시간이 소요되므로 전극 표면 근처에서 생성되어 축적된 R 중에서 더 많은 양이 확산해 나가버리기 때문에 R의 산화에 의한 역방향 전류가 감소하게 된다. 즉, $k^0 = \infty$인 경우 $i_{pa}/i_{pc} = 1.0$이지만 $k^0$가 감소함에 따라 이 값은 점차 감소하여 $i_{pa}/i_{pc} \approx 0$이 될 수도 있다.

## 8-3 CV 실험에 의한 반응 메커니즘 조사

CV 실험법을 이용하여 전기화학 반응의 메커니즘을 조사할 수 있다. EC형 반응의 예를 [그림 8-13]에 제시하였다. EC형 반응의 특징은 역반응의 최대 전류가 정반응의 그것에

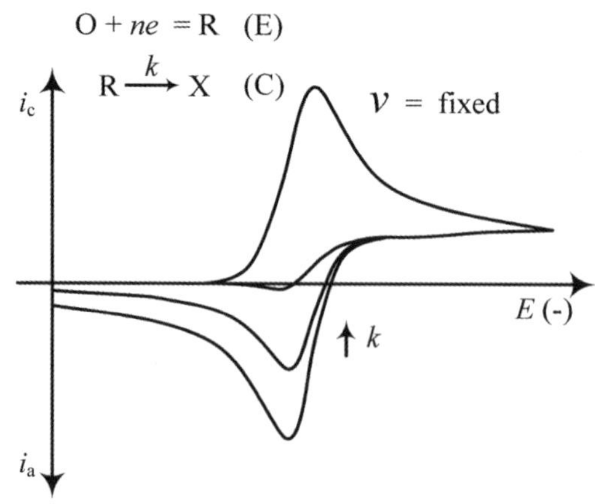


**그림 8-13** EC 형 반응에서 화학 반응의 반응 속도 상수($k$)에 따른 역방향 전류의 크기

비해 작으며($i_{pa}/i_{pc} < 1.0$), 이런 현상이 주사 속도가 작을수록 심하다는 것이다. 이는 O의 환원 반응으로 생성된 R이 용액 안에서 화학 반응을 통해 다른 화합물(X)로 전환되기 때문에 다시 산화되는 R의 양이 줄어들기 때문이다. 주사 속도가 느릴수록 심해지는 이유는 전환 전압에 도달하였다가 초기 전압으로 돌아오는 데 더 많은 시간이 소요되므로 그 사이 화학 반응을 통해 R이 더 많이 소모되기 때문이다. [그림 8-13]에는 주사 속도($v$)가 일정한 조건에서 화학 반응의 속도에 따른 역반응의 전류 크기를 보여 주고 있다. 화학 반응의 속도 상수($k$)가 클수록 R의 산화 전류가 작아짐을 볼 수 있다. 따라서 속도 상수($k$)가 매우 크면, 역방향의 전류가 아예 나타나지 않을 수도 있다($i_{pa}/i_{pc} \approx 0$).

J. Bacon 등(*J. Am. Chem. Soc.*, **90**, 6596, 1968)은 CV를 이용하여 아닐린(aniline)의 전기화학 산화 반응을 조사하였다(그림 8-14). 아닐린의 산화를 위해 작동 전극의 전압을 양의 방향으로 변화시킬 때, 첫 번째 정방향 주사에서(실선) (a) 근처(0.9 V *vs*. SCE)에서 산화 전류가 나타났다. 전압이 음의 값으로 돌아올 때, 0.9 V 근처에서 환원 전류가 보이지 않고 대신 (b)와 (c) 지점에서 환원 전류가 검출되었다. 전압을 다시 양의 방향으로 변화시키면(점선), (d)와 (e)에서 산화 전류가 검출되고 (a) 지점에서도 산화 전류가 검출되었다. 다시 전압이 음의 값으로 돌아올 때(점선), 0.9 V 근처에서 이번에도 환원 전류가 보이지 않고 (b)와 (c) 지점에서는 환원 전류가 증가하였다. 이 결과를 바탕으로 아닐린의 전기화학 산화 반응 메커니즘을 유추할 수 있다(그림 8-15). 즉, 첫 번째 정방향 주사에서 아닐린(A로 표시하자)은 0.9 V 근처에서 산화되지만, 이때 생성된 화합물($A^{\cdot +}$로 표시하자)이 불안정하여 화학 반응을 통해 다른 화합물로 전환된다면 0.9 V 근처에서 환원 전

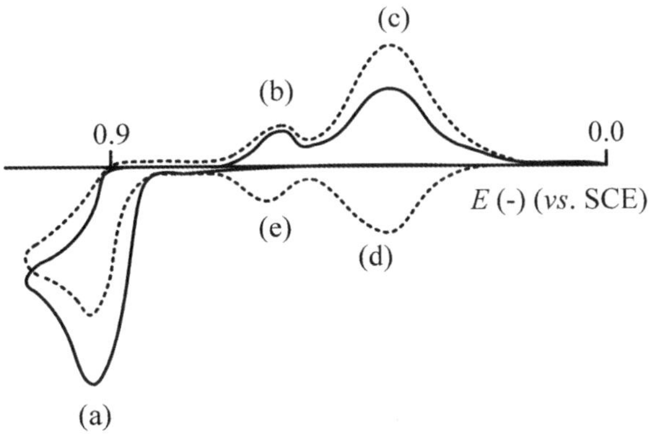


**그림 8-14** 아닐린의 전기화학 산화 반응 메커니즘 조사를 위한 CV 그림. 0.0 V에서 출발하여 양의 방향으로 전위 주사를 한 다음 다시 0.0 V로 돌아오고(실선), 동일하게 다시 전위 주사를 한(점선) 그림

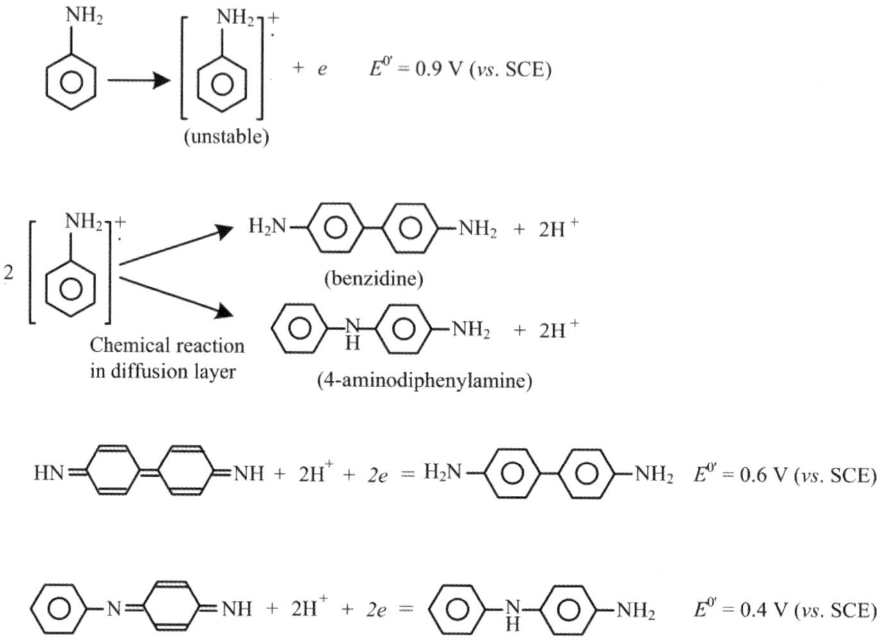

$NH_2$ → $[NH_2]^{\cdot +}$ (unstable) + $e$ $E^{0'}$ = 0.9 V (*vs.* SCE)

2 $[NH_2]^{\cdot +}$ → $H_2N$–(benzidine)–$NH_2$ + $2H^+$

Chemical reaction in diffusion layer

→ (4-aminodiphenylamine) $NH_2$ + $2H^+$

HN= =NH + $2H^+$ + $2e$ = $H_2N$– –$NH_2$ $E^{0'}$ = 0.6 V (*vs.* SCE)

–N= =NH + $2H^+$ + $2e$ = –N(H)– –$NH_2$ $E^{0'}$ = 0.4 V (*vs.* SCE)

**그림 8–15** 아닐린의 전기화학 산화에 의한 이량체 생성 및 이들의 산화/환원

류($A\cdot^{+}$ + $e$ → A)가 검출되지 않는다. 이때 생성된 다른 화합물은 (b)와 (c)에서 환원되고, 환원된 물질은 두 번째 정방향 주사에서 (d)와 (e)에서 산화된다. 아닐린의 전기 화학 산화 생성물($A\cdot^{+}$)이 양이온 라디칼이므로 이는 빠르게 benzidine 또는 4-amino diphenylamine으로 이량체화(dimerization)할 것이란 예측이 가능하다. 이를 증명하기 위하여 별도의 전해 셀에 benzidine만을 넣고 CV 그림을 얻었다. 전압을 0.0 V에서 출발하여 양의 방향으로 주사하였을 때 benzidine은 (e)와 동일한 전압에서 2-전자 반응에 의해 산화되어 다이이민(diimine, [그림 8-15]에서 $E^{0'}$= 0.6 V인 반쪽 전지의 산화 상태 물질, 즉 benzidine이 산화되어 생성된 화합물)으로 전환되었고, 이때 생성된 다이이민은 용액 내에서 화학적으로 안정하여 전압이 0.0 V로 돌아올 때 (b)와 동일한 전압에서 환원되어 benzidine으로 전환됨을 확인하였다. 또한 별도의 전해 셀에 4-aminodiphenylamine만을 넣고 CV 그림을 얻었다. 그 결과 4-aminodiphenylamine은 (d)에서 2-전자 반응에 의해 산화되어 다이이민(diimine, [그림 8-15]에서 $E^{0'}$= 0.4 V인 반쪽 전지의 산화 상태 물질, 즉 4-aminodiphenylamine이 산화되어 생성된 화합물)으로 전환되고, 이때 생성된 다이이민도 화학적으로 안정하여 전압이 0.0 V로 돌아올 때 (c)에서 환원되어 다시 4-aminodiphenylamine으로 전환됨을 확인하였다.

이로부터 [그림 8-14]의 CV 그림을 다음과 같이 설명할 수 있다. 즉, 아닐린은 첫 번째 양의 방향 전위 주사에서 0.9 V 근처에서 산화된다. 이때 생성된 아닐린의 양이온 라디칼은 불안정하여 용액 내에서 benzidine과 4-aminodiphenylamine으로 이량체화된다. 그런데 특이하게도 benzidine과 4-aminodiphenylamine의 형식 전압($E^{0'}$ = 0.6 V 그리고 0.4 V *vs.* SCE)이 아닐린의 그것($E^{0'}$ = 0.9 V *vs.* SCE)보다 더 음의 값을 가져 아닐린보다 산화 경향이 크다. 아닐린이 산화되는 전압(0.9 V 근처)에서 모두 산화되어 각각 다른 형태의 다이이민으로 전환됨을 뜻한다. 정리하면, 아닐린(A)이 0.9 V 근처에서 산화되고, 생성된 ($A\cdot^{+}$)는 곧바로 화학 반응을 통해 benzidine과 4-aminodiphenylamine의 이량체로 전환되고 이들 이량체도 곧바로 전기화학 산화 반응을 통해 다이이민으로 산화된다. (a) 지점에서 검출되는 매우 큰 산화 전류는 아닐린의 산화 전류와 두 종류 이량체의 산화 전류가 합쳐진 것이다.

전기화학 반응의 종류에 따라 CV 그림이 서로 다르므로 반응의 종류를 예측할 수 있다. [그림 8-16]에는 백금 전극 표면에서 $Ni^{2+}$의 환원(plating) 과정을 보여 주고 있다. 전압을 음의 방향으로 변화시킬 때 $Ni^{2+}$의 환원 전류가 흐르는데, 이 환원 전류의 모양이 일반적인 CV 그림과 다르다. 즉, 전환 전압으로 갈 때보다 전환 전압을 거쳐 초기 전압으로 돌아올 때 환원 전류의 크기가 더 크다. 이는 백금 전극 표면에서는 $Ni^{2+}$의 환원이 어려우나(표준 속도 상수 $k^0$가 작으나), 일단 Ni이 도금된 이후(즉, 전환 전압에 도달하였다가 다시 돌아올 때)에는 $Ni^{2+}$의 환원이 Ni 표면에서 진행되므로 도금 반응이 더 쉬워지기($k^0$가 크기) 때문이다. 즉, $Ni^{2+}$의 도금을 위한 전하 전달 속도가 Pt 표면보다는 Ni 표

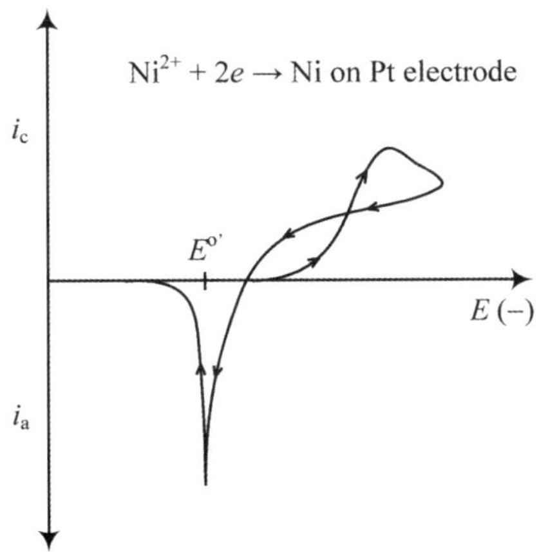


**그림 8-16** Pt 전극에 $Ni^{2+}$의 도금과 용출 과정을 보여 주는 CV 그림

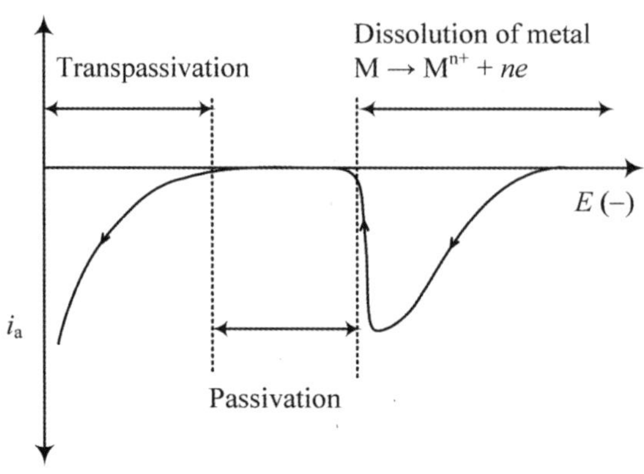


그림 8-17 금속(예: Cr)의 부동화 현상을 보여 주는 LSV 그림

면에서 더 빠르기 때문이다. 형식 전위 근처에서 산화 전류는 Ni의 용출에 의한 것이다.

금속의 산화 특성을 나타내는 LSV 그림을 [그림 8-17]에 보여 주고 있다. 전압이 양의 방향으로 이동함에 따라 산화 전류가 흐르나, 이후 전류의 크기가 매우 작아졌다가 다시 증가하고 있다. 산화 전류의 크기가 작아지는 이유는, 금속이 산화(용출)된 후 산화물 또는 수산화물로 전환되어 금속 표면에 석출되기 때문에(이를 **부동화**, passivation이라 함) 더 이상의 전기화학 반응이 진행되지 못하기 때문이다. 전압이 더 양의 값을 가지면 금속의 표면을 덮어 산화를 방지하던 산화물 피막이 분해되어(transpassivation), 금속의 용출이 다시 시작되고, 또한 물의 산화에 의한 산소 발생이 심해지기 때문이다.

## 8-4 화합물이 전극 표면에 흡착되거나 고정되어 있을 때의 CV

어떤 화합물 O가 용액 내에 존재하지 않고 전극 표면에 흡착되었거나 고정되어 있다면 O의 물질 전달이 필요 없으므로 네른스티안인 경우도 반응속도는 전하 전달 속도인 <식 8-17>에 의해 결정된다.

$$\text{Rate} = \frac{i}{nFA} = kC_O(0,t) = -\frac{dC_O(0,t)}{dt} \qquad \text{<8-17>}$$

이때 흡착된 O의 농도가 $C_O^*$라면 반응이 진행되면서 $C_O^* = C_O(0, t) + C_R(0, t)$의 조건

을 만족한다. 네른스티안이라고 가정하면 <식 8-18>를 만족하여야 하고, 이로부터 <식 8-19>가 유도된다.

$$E = E^{0'} + \frac{RT}{nF} \ln \frac{C_O(0,t)}{C_R(0,t)} \qquad \text{<8-18>}$$

$$C_R(0,t) = C_O^* - C_O(0,t)$$

$$E = E^{0'} + \frac{RT}{nF} \ln \left\{ \frac{C_O(0,t)}{C_O^* - C_O(0,t)} \right\} \qquad \text{<8-19>}$$

위 식으로부터 $C_O(0, t)$를 나타내는 <식 8-20>이 유도된다.

$$\frac{C_O(0,t)}{C_O^* - C_O(0,t)} = \exp\left[ \frac{nF(E - E^{0'})}{RT} \right]$$

$$C_O(0,t) = \frac{C_O^* \exp\left[ \frac{nF(E - E^{0'})}{RT} \right]}{1 + \exp\left[ \frac{nF(E - E^{0'})}{RT} \right]} \qquad \text{<8-20>}$$

한편, 전류는 <식 8-21>로 주어지고, 주사 속도는 $v = -dE/dt$이므로 <식 8-22>가 유도된다.

$$i = -\ nFA \frac{dC_O(0,t)}{dt} = -\ nFA \frac{dC_O(0,t)}{dE} \frac{dE}{dt} \qquad \text{<8-21>}$$

$$i = nFA \frac{dC_O(0,t)}{dE} v = \frac{n^2 F^2 A\, v\, C_O^*}{RT} \frac{\exp\left[ \frac{nF(E - E^{0'})}{RT} \right]}{\left\{ 1 + \exp\left[ \frac{nF(E - E^{0'})}{RT} \right] \right\}^2} \qquad \text{<8-22>}$$

$$i_{pc} = \frac{n^2 F^2 A\, v\, C_O^*}{4RT} \qquad \text{<8-23>}$$

<식 8-22>에서 $E = E^{0'}$인 경우 전류의 최댓값을 보이는데, 이 조건을 대입하면 최대 전류는 <식 8-23>으로 얻어진다. 최대 전류가 주사 속도에 정비례($i_{pc} \propto v$)함을 알 수 있다. O가 벌크 용액으로부터 확산에 의해 이동하여 환원될 때 $i_{pc} \propto v^{1/2}$인 것과 비교되며, 이러한 최대 전류와 주사 속도의 관계로부터 화합물이 전극 표면에 흡착 또는 고정되었는지, 아니면 용액에서 전극 표면으로 확산 과정을 거치는지를 판단할 수 있다. 한편 <식 8-22>로부터 예상할 수 있듯이, 전류는 $E^{0'}$을 중심으로 전압에 대해 대칭이다. 또한 $E_{pc} = E_{pa} = E^{0'}$이고, $i_{pc} = i_{pa}$이다(그림 8-18).

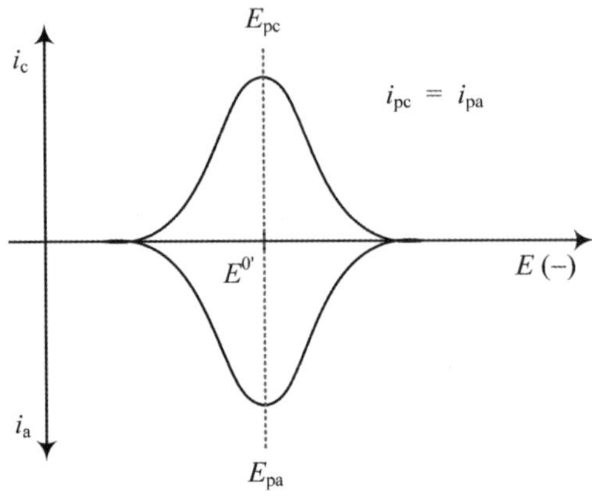


**그림 8-18** 전극 표면에 흡착 또는 고정된 화합물의 CV 그림

[그림 8-19]에 NADH(nicotinamide adenine dinucleotide)의 전기화학 산화 반응 특성을 보여 주는 CV 그림을 제시하였다. 이 반응은 유리성 탄소 전극(glassy carbon electrode)에서 표준 속도 상수($k^0$)가 작아서 형식 전위($E^{0'}$ = −0.5 V)보다 1.0 V 더 양의 값을 갖는 전압(0.5 V)에서 비로소 산화 전류가 나타난다. 이는 열역학으로 예측하는 산화 전압($E_{ox}$)이 −0.5 V이지만, 동력학이 고려된 실제 측정되는 산화 전압($E_{ox}$)이 0.5 V임을 말한다. 또한 주어진 전류 조건에서 과전압이 대략 1.0 V임을 말한다. [그림 8-19-a]에서 대응이 되는 환원 전류가 나타나지 않는 것도 $k^0$가 작은 특성을 말해 준다. [그림

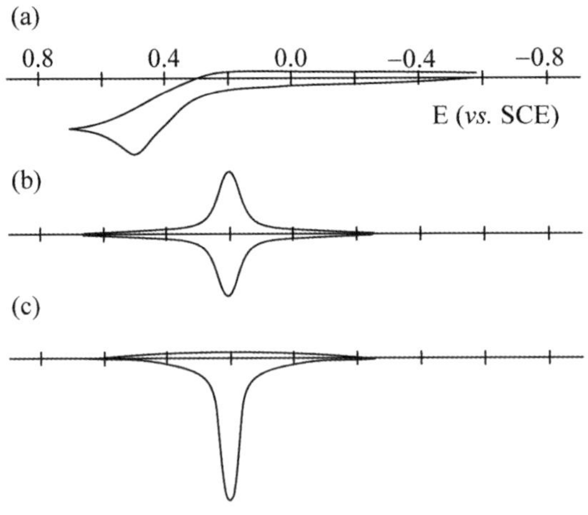


**그림 8-19** (a) 유리성 탄소 전극에서 NADH의 CV 그림, (b) 유리성 탄소 전극에 코팅된 *o*-quinoline 작용기를 포함하는 고분자의 CV 그림, (c) 위 (b) 전극을 작동 전극으로 사용하여 얻은 NADH의 CV 그림

8-19-b]는 *o*-quinoline 작용기를 포함하는 고분자를 유리성 탄소 전극에 얇게 코팅하여 얻은 CV 그림이다. *o*-quinoline/*o*-quinoline hydroxide 반쪽 전지의 형식 전위인 $E^{0'}=0.2$ V(*vs*. SCE)를 중심으로 대칭적인 CV 그림이 얻어졌다. 이는 전기화학 산화/환원 반응에 참여하는 *o*-quinoline 작용기가 전극 표면에 고정되어 물질 전달이 필요 없기 때문이다.

*o*-quinoline 고분자가 코팅된 유리성 탄소 전극을 작동 전극으로 사용한 전해 셀에 미량의 NADH를 넣고 CV 그림을 얻었다. [그림 8-19-c]와 같이 모양이 대칭적이며, 0.2 V에서 산화 전류는 증가하였으나 환원 전류는 감소하였다. 이를 *o*-quinoline 작용기가 NADH의 산화 반응에 매개체 역할을 하였기 때문으로 설명할 수 있다. 즉, [그림 8-20-a]에 설명한 것처럼 *o*-quinoline 고분자가 코팅된 전극으로 NADH가 확산하여 들어오면 *o*-quinoline 작용기가 *o*-quinoline hydroxide로 환원되며, NADH를 $NAD^+$로 산화시킨다. *o*-quinoline hydroxide($M_R$)는 유리성 탄소 전극에 의해 산화되어 *o*-quinoline($M_O$)으로 다시 전환되고, *o*-quinoline 작용기는 또다시 NADH의 산화 반응에 참여한다. 이런 과정을 통하여 NADH가 *o*-quinoline 작용기가 산화/환원되는 0.2 V에서 지속적으로 산화되므로 0.2 V에서 산화 전류가 증가한다. 한편, *o*-quinoline($M_O$)은 NADH가 없다면 유리성 탄소 전극에서 다시 *o*-quinoline hydroxide($M_R$)로 환원되겠지만(그림 8-19-b), NADH와 반응으로 농도가 낮아진다. 따라서 유리성 탄소 전극에서 *o*-quinoline($M_O$)의 환원 전류가 감소한다(그림 8-19-c).

*o*-quinoline 작용기가 NADH의 전기화학 산화 반응에 매개체 역할을 하기 위해서는 NADH와 *o*-quinoline 사이에서 전자 전달 속도가 빠르고 또한 두 화합물의 반응이 열역학적으로 자발적이어야 한다. 실제로 NADH와 유리성 탄소 전극 사이에서 전하 전달은 매우 느리나, NADH와 *o*-quinoline 사이에서 전하 전달은 매우 빠르다. *o*-quinoline hydroxide와 유리성 탄소 전극 사이에서도 전하 전달 속도가 빨라서 *o*-quinoline hydroxide가 쉽게 *o*-quinoline으로 전환된다. <식 8-24>로 나타낸 NADH와 *o*-quinoline 사이의 전자 전달 반응은 열역학적으로 자발적이다.

$$\text{NADH} + o\text{-quinoline} + \text{H}^+ \rightarrow \text{NAD}^+ + o\text{-quinoline hydroxide} \qquad \langle 8\text{-}24\rangle$$

두 반쪽 전지의 형식 전위(표준 상태에서 평형 전압)를 비교하면 이 반응이 자발적임을 알 수 있다.

$$\text{NAD}^+ + \text{H}^+ + 2e = \text{NADH} \quad E^{0'} = -0.5 \text{ V } (vs. \text{ SCE})$$

$$o\text{-quinoline} + 2\text{H}^+ + 2e = o\text{-quinoline hydroxide} \quad E^{0'} = 0.2 \text{ V } (vs. \text{ SCE})$$

즉, NADH/NAD$^+$ 산화환원 쌍(반쪽 전지를 구성하는 O와 R로 구성된 짝)의 형식 전위가 *o*-quinoline/*o*-quinoline hydroxide 반쪽 전지의 그것보다 더 음의 값을 가지므로 산화 반응성이 더 크다. 반대로 *o*-quinoline/*o*-quinoline hydroxide 쌍의 형식 전위가 NADH/NAD$^+$ 쌍의 그것보다 더 양의 값을 가지므로 환원 반응성이 더 크다. 따라서 산화 반응성이 큰 NADH와 환원 반응성이 큰 *o*-quinoline이 만나면 NADH가 NAD$^+$로 산화되고, *o*-quinoline이 *o*-quinoline hydroxide로 환원되는 <식 8-24> 반응이 자발적으로 진행된다. 즉, 이 반응이 열역학적으로 가능하고, 또한 동력학적으로 빠르기 때문에 *o*-quinoline/*o*-quinoline hydroxide 쌍이 NADH의 전기화학 산화 반응을 빠른 속도로 매개할 수 있다. 이러한 반응을 통해서 NADH의 HOMO(highest occupied molecular orbital)에 배치되었던 전자(electrons)가 *o*-quinoline으로 전달되고, *o*-quinoline hydroxide의 HOMO에 배치되었던 전자가 전극으로 이동하는 전자 전달 반응이 진행된다(그림 8-20-b).

위와 같이 전자 전달 매개체가 관여하는 반응을 EC'(C'은 촉매(catalytic) 반응을 뜻함)라고 하고, 위의 예처럼 과전압이 큰 전기화학 반응에서 과전압을 줄이는 데 사용되고 있다. [그림 8-20]에 보인 것처럼 매개체인 $M_O/M_R$이 NADH 산화 반응에 촉매 역할을 하여 NADH 산화 반응의 과전압을 줄여 주고 있다. 주어진 전류 조건에서 NADH 산화 반응의 과전압이 유리성 탄소 전극에서 1.0 V였으나, 매개체가 코팅된 전극에서는 0.7 V로 감소함을 알 수 있다. 전자 전달 매개체를 용액에 녹여 사용할 때보다 위의 예처럼 전극 표면에 고정하여 사용하면 반응 후 매개체를 분리할 필요가 없다. 이와 같이 전극의 표면에 전기화학적으로 산화 또는 환원이 가능한 물질(산화환원 쌍, redox pairs)을 고정하여

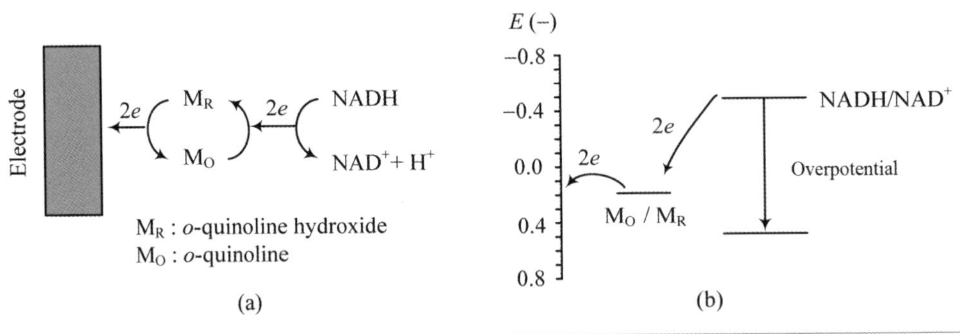


**그림 8-20** (a) *o*-quinoline 작용기를 포함하는 고분자가 코팅된 유리성 탄소 전극에서 NADH 산화 반응의 경로, (b) *o*-quinoline($M_O$)/*o*-quinoline hydroxide($M_R$) 쌍에 의한 NADH 산화 반응의 매개 과정에서 전자 전달

전극의 성능을 개선할 수 있는데, 이렇게 성능이 개선된 전극을 **개질 전극**(modified electrodes)이라고 한다.

### 스스로 학습 8-2

NADH가 비활성 전극인 유리성 탄소 표면에서 산화될 때 전하(전자) 전달 속도는 매우 느리나, NADH와 *o*-quinoline 사이 전하(전자) 전달 속도는 매우 빠르다. 이유를 설명하시오.

### 스스로 학습 8-3

[그림 8-20-b]에서 $M_O/M_R$ 산화환원 쌍의 형식 전위(즉, $M_O/M_R$ 반쪽 전지의 표준 상태에서 평형 전압)가 $NADH/NAD^+$ 쌍의 형식 전위보다 더 음의 값을 갖는다면 NADH 산화 반응의 전자 전달 매개 반응이 가능한가?

### 스스로 학습 8-4

만약에 *o*-quinoline과 NADH 사이의 전하(전자) 전달 속도가 느리다면 [그림 8-19-c]의 CV 그림이 어떻게 변할까?

## *8-5 평면 초소형 전극planar ultra microelectrode에서 전위 주사 실험

7-3절에서 **평면 초소형 전극**(planar ultra microelectrode, UME)을 이용한 전위 계단 실험을 설명하였다. UME에서 확산은 초기에 **선형 확산**이 지배적이지만 시간이 지남에 따라 **구형 확산**으로 전환된다. 어떤 전기화학 반응 O + *ne* = R이 네른스티안이고, 모든 전압 범위에서 물질 전달이 전체 속도를 결정한다는 가정을 하고, 7-3절의 경계 조건을 이용하여 UME에서 전압-전류의 관계를 도출하면 다음과 같다.

$$i_d(\mathrm{UME}) = i_d(\mathrm{linear}) + \frac{nFAD_OC_O^*}{r_0}\Phi(\sigma t) \qquad \text{<8-25>}$$

이때 $r_0$는 UME의 반지름이고, $i_d$(linear)와 $\sigma$는 각각 <식 8-8>과 <식 8-9>로 표현되었다.

전압에 따른 $\pi^{1/2}\chi(\sigma t)$와 $\Phi(\sigma t)$의 변화를 [그림 8-3]에 보였다. <식 8-8>과 <식 8-9>로부터 <식 8-25>의 오른쪽 첫째 항 $i_d$(linear)는 주사 속도에 의해 $v^{1/2}$에 비례하나, 둘째 항은 주사 속도와 무관한 대신 UME 반지름에 반비례함을 알 수 있다. 이로부터 UME의 반지름($r_0$)과 주사 속도($v$)에 따른 LSV의 전류 모양을 예측할 수 있다. $r_0$와 $v$가 모두 크면, $i_d(\text{UME}) \approx i_d(\text{linear})$가 되어 전류는 [그림 8-4]의 모양이 된다. 반대로 $r_0$와 $v$가 모두 작으면 <식 8-26>이 성립한다.

$$i_d(\text{UME}) = \frac{nFAD_OC_O^*}{r_0}\Phi(\sigma t) \qquad \text{<8-26>}$$

따라서 전류는 $\Phi(\sigma t)$의 변화 형태, 즉 [그림 8-3]처럼 최대 전류가 없는 모양을 갖는다. 또한 <식 8-26>의 오른쪽 항은 주사 속도와는 무관한 값을 가지므로 전류의 크기가 주사 속도와 무관하다.

UME를 이용하여 CV 그림을 얻을 때, $r_0$와 $v$가 모두 크면, $i_d(\text{UME}) \approx i_d(\text{linear})$가 되어 전류는 [그림 8-9]의 모양을 갖는다. 반대로 $r_0$와 $v$가 모두 작으면 정방향 주사에서 [그림 8-3]에서 $\Phi(\sigma t)$가 변화하는 것처럼 최대 전류가 없는 모양을 갖는다. 역방향의 주사에서는 정방향 전류와 겹치는 전류가 얻어지는데, 이는 $r_0$가 작아서 선형 확산보다 구형 확산이 더 우세하고(선형 확산보다 구형 확산에서 물질의 이동 경로가 더 넓으므로 물질 전달 속도(flux)가 더 크다), $v$가 작으므로 전환 전압까지 갔다가 돌아오는 데 걸리는 시간이 더 크기 때문에 전극 근처에서 생성된 R(초기에 R은 없다는 가정을 하였음)이 벌크 용액 쪽으로 모두 확산하여 나갔기 때문에 산화 전류가 검출되지 않기 때문이다. 즉, 구형 확산에 의해 더 빠른 속도로 더 오랜 시간 동안 R이 확산하여 나갔기 때문에 전극 근처 용액에 존재하는 R의 양이 매우 적기 때문이다. 정리하면, UME의 반지름($r_0$)이 일정하다고 할 때, 주사 속도가 빠르면 일반적인 CV 그림(그림 8-9)을 보인다. 이때 주사 속도와 최대 전류는 $i_p \propto v^{1/2}$의 관계를 보인다. 주사 속도가 작으면 <그림 8-3>의 $\Phi(\sigma t)$처럼 최대 전류가 없으며 또한 역방향 전류가 정방향 전류와 겹치는 모양이 나타나게 된다. 이때 전류의 크기는 주사 속도와 무관하게 일정하다.

# 8장 연습문제

**01** ECE형 반응에 대한 다음 문제에 답하시오.

$A + e = B \qquad E^0 = -0.5\ V\ (vs.\ SCE)$

$B \rightarrow C$

$C + e = D \qquad E^0 = -1.0\ V\ (vs.\ SCE)$

(a) 0.0 ~ −1.5 V 범위에서 주사 속도가 다른 두 경우의 CV 그림을 스케치하고, 4개 전류(A와 B의 환원/산화, C와 D의 환원/산화)의 크기가 주사 속도에 따라 어떻게 변할지 예측해 보시오. 화합물 A, C, D는 화학적으로 안정하고, 두 종류의 전기화학 반응은 네른스티안이라고 가정하시오.

(b) 전극의 회전 속도를 변화하며 RDE 실험을 0.0 ~ −1.5 V 범위에서 수행하여 $n$ 값을 구하였다. 실제 측정되는 $n$ 값($n_{apparent}$)이 회전 속도에 따라 어떻게 변하는지 예측해 보시오.

(c) RRDE 실험에서 원판 전극의 전압을 0.0 V에서 −0.6 V로 변화시키고, 고리 전극의 전압은 0.0 V로 고정하였을 때, $N = (-i_R/i_D)$이 회전 속도에 따라 어떻게 변하는지 예측해 보시오.

**02** [그림 8-21]에는 어떤 비활성 전극을 작동 전극으로 이용하여 $Fe^{3+}$-porphyrin 화합물을 전해질에 녹여 아르곤(a)과 공기(b) 분위기에서 각각 측정한 CV 그림을 보여 주고 있다. 아르곤 기류에서 보통의 CV 모양을 보이나, 공기 중에서 환원 전류는 증가하고 산화 전류가 감소하는 현상을 볼 수 있다. 이를 설명하시오.

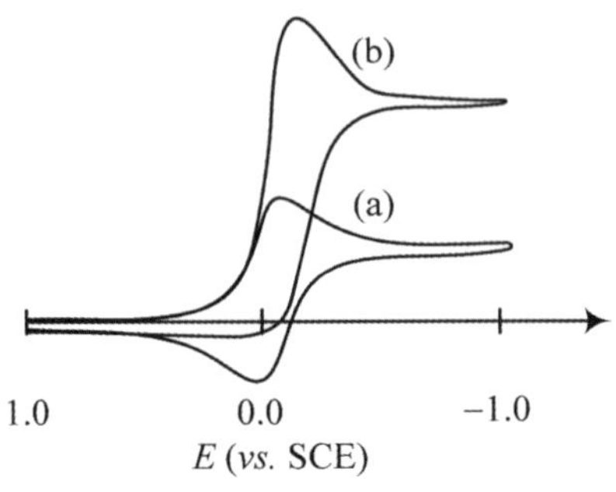


**그림 8-21** 비활성 전극에서 얻은 $Fe^{3+}$–porphyrin 화합물의 CV 그림. (a) 아르곤 (b) 공기

**03** R. S. Nicholson 등(*Anal. Chem.*, **36**, 706, 1964)은 다양한 전기화학 반응에서 주사 속도에 따라 최대 전류의 비($i_{pa}/i_{pc}$)가 어떻게 변화하는지 예측하였다(그림 8-22). 전기화학 반응의 종류에 따라 주사 속도와 무관하게 $i_{pa}/i_{pc}$ = 1.0인 경우가 있고(*a*), 또한 주사 속도가 증가함에 따라 $i_{pa}/i_{pc}$가 증가(b, c) 또는 감소하는(d) 경우도 있다. 다음 전기화학 반응은 어떤 형태의 변화를 보이는지 결정하시오.

(1) O + $e$ ⇄ R (nernstian)

(2) O + $e$ ⇄ R, R → Z (EC mechanism)

(3) O + $e$ ⇄ R, R ⇄ Z (EC mechanism)

(4) O + $e$ ⇄ R, R + Z → O (EC′ mechanism, catalytic regeneration)

(5) Z ⇄ O, O + $e$ ⇄ R (Preceding chemical reaction)

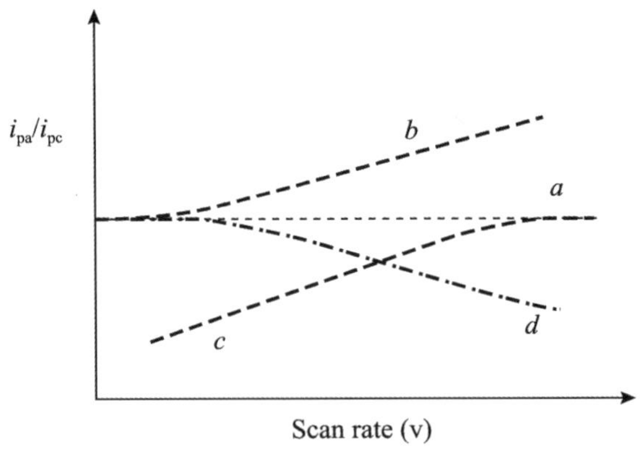


**그림 8-22** CV 실험에서 주사 속도에 따른 최대 전류의 비. 모든 전기화학 반응은 네른스티안이라 가정함. 전압을 먼저 음의 방향으로 주사하고 전환 전압에서 초기 전압으로 돌아오게 조절함.

*04 J. Heinze 등(*Ber. Bunsenges. Phys. Chem.*, **90**, 1043, 1986)은 $FeCp_2$가 녹아있는 전해질 용액에서 Pt 초소형 평면 전극(UME)을 이용하여 주사 속도를 변화시키며 CV 그림을 얻었다(그림 8-23).

(a) 주사 속도가 빠른 경우(iii) 일반적인 CV 모양을 보이지만 주사 속도가 감소함에 따라 환원 전류가 사라진다. 이를 설명하시오.

(b) 주사 속도가 0.01 V/s인 경우 전류의 크기와 모양이 0.1 V/s인 경우와 어떤 차이가 있는가?

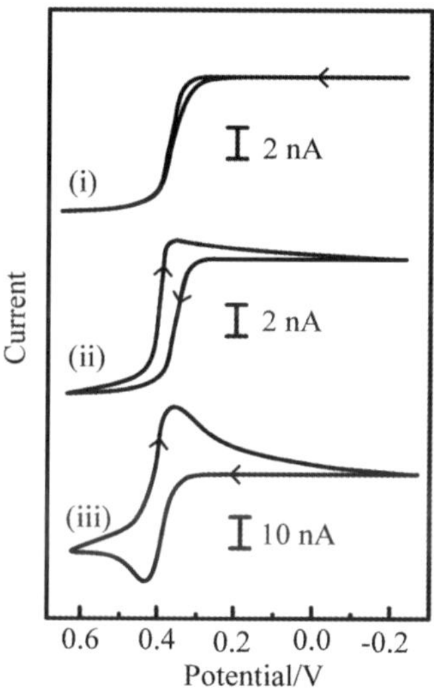


**그림 8-23** 지름이 6 μm인 평면 초소형 전극(UME)에서 주사 속도에 따른 $FeCp_2$의 CV 그림: (i) 0.1 V/s, (ii) 1.0 V/s, (iii) 10 V/s.
전위는 −0.3 V에서 출발하여 양의 방향으로 주사하였다가 전환 전압(0.6 V)에서 처음으로 돌아옴.

9장

# 벌크 전해

## Bulk electrolysis

6 ~ 8장에 설명한 전기화학 실험에서는 작은 면적의 전극을 작동 전극으로 사용하므로 실험 도중에 산화 또는 환원이 가능한 화합물의 농도($C_O^*$와 $C_R^*$) 변화는 없다는 가정을 하였다. 이들의 목표는 전기화학 반응의 전하 전달 또는 물질 전달과 관련된 인자를 구하거나, 반응 메커니즘을 조사하는 데 있었다. 이와는 다르게, **벌크 전해**(bulk electrolysis)에서는 전해 셀 내에 존재하는 반응물 모두를 전기화학 반응을 통해 산화 또는 환원하여 그때 흐른 전하량을 측정하고, 이 전하량으로부터 $n$값 또는 $C_O^*$, $C_R^*$ 측정을 목표로 한다. 따라서 작동 전극은 금속 가제(gauze), 포일(foil), 고인 수은(mercury pool)과 같이 표면적이 매우 큰 것을 사용한다. 또한 물질 전달을 촉진하기 위하여 교반하고, 환원(산화)된 물질이 반대 전극으로 이동하여 다시 산화(환원)되는 것을 방지하기 위하여 분리막을 사용한다. 작동 전극의 전압을 조절하며 전해를 하는 방법(controlled-voltage electrolysis)과 전류를 조절(controlled-current electrolysis)하는 두 가지 방법이 있다. 전류의 크기를 일정하게 유지하며 전해 과정 중 전압의 변화를 측정하는 방법을 정전류 시간전위차법(constant-current chronopotentiometry)이라고 한다. 전류의 흐름 방향을 변화하며(예를 들어 먼저 환원 전류를 흘리다가 산화 전류로 전환) 전압을 측정하는 방법을 순환 시간전위차법(cyclic chronopotentiometry)이라고 하는데, 이는 이차 전지의 정전류 충방전 실험과 동일한 것이다.

전기화학 반응을 진행하며 동시에 분광학적인 방법(spectroscopy)을 이용하여 용액 내 화합물을 분석하는 방법을 **분광전기화학**(spectroelectrochemistry)이라고 한다. 이때 전기화학 셀은 매우 얇아서 전자기파(electromagnetic radiations)를 투과할 수 있어야 하므로, 이를 **얇은층 셀**(thin-layer cells 또는 optically transparent thin layer cells)이라고 한다. 한편, 공업적인 전해도 전해 셀 내 존재하는 반응물을 모두 전기화학적으로 산화 또는 환원시키고자 하므로 벌크 전해라고 할 수 있으나, 여기에서는 $n$ 값 또는 $C_O^*$, $C_R^*$ 측정이 아니고 화합물의 합성이란 점에서 그 목적이 다르다.

## 9-1 전위 조절 전해 controlled-voltage bulk electrolysis

1.0 $M$ $H_2SO_4$ 수용액에 미지 농도의 $Fe^{2+}$가 용해되어 있고, 벌크 전해를 통하여 $Fe^{2+} \rightarrow Fe^{3+} + e$ 반응을 진행하여 전하량을 구하고, 이로부터 $Fe^{2+}$ 시료의 농도를 측정한다고 하

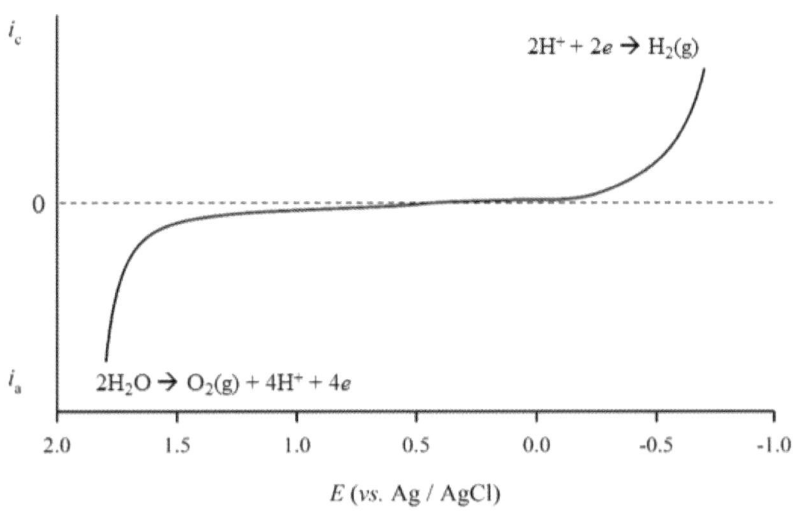


**그림 9-1** Pt 작동 전극을 이용하여 1.0 *M* $H_2SO_4$ 수용액에서 얻은 전압-전류 곡선

자. [그림 9-1]은 지지 전해질로 사용한 1.0 *M* $H_2SO_4$ 수용액의 i-V 곡선이다. 약 − 0.2 V 이하의 전압에서 수소 발생 환원 전류가 나타나고, 1.5 V 이상의 전압에서 산소 발생 산화 전류가 나타나고 있다. 이 그림으로부터 알 수 있는 것은, 1.0 *M* $H_2SO_4$ 수용액을 지지 전해질로 사용하여 여기에 어떤 화합물(예를 들어, $Fe^{2+}$ 화합물)을 용해하여 산화 또는 환원 반응을 통해 벌크 전해할 때 사용 가능한 전압 범위가 대략 1.5 V ~ −0.2 V임을 말해준다. 즉, 정전압 벌크 전해를 할 때, 전압을 1.5 V ~ −0.2 V 사이에서 조절하여야 부반응(물의 분해에 의한 수소 발생과 산소 발생) 없이 전해가 가능하고, 정전류 벌크 전해를 할 때도 전압이 1.5 V ~ −0.2 V 사이에서 결정되도록 전류의 크기를 조절해야 함을 말한다. 1.5 V ~ −0.2 V 범위에서 어떤 화합물을 산화 또는 환원시켜 부반응의 방해 없이 벌크 전해가 가능하다. 이렇게 지지 전해질 자체의 산화/환원 반응이 없는 전압 범위를 **전기화학 안정창**(electrochemical stability window, 또는 전위창)이라 한다.

### 스스로 학습 9-1

[그림 2-13]에 보인 수용액의 pH에 따른 수소 반쪽 전지와 산소 반쪽 전지 평형 전압($E_{eq}$)으로부터 예측한 전위창과 [그림 9-1]에 보인 1.0 *M* $H_2SO_4$ 수용액(pH = 0)의 전위창을 비교하고, 차이가 나는 이유를 설명하시오.

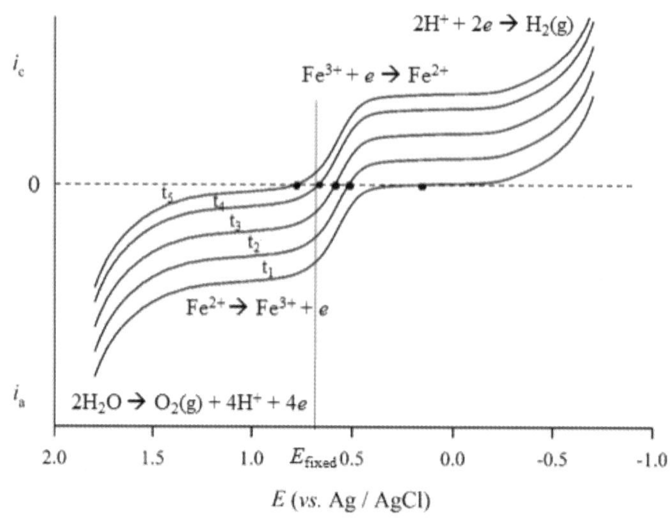


**그림 9-2** 1.0 $M$ $H_2SO_4$ 수용액에 용해된 $Fe^{2+}$ 시료의 정전압($E_{fixed}$) 벌크 전해가 진행됨에 따라 변하는 $Fe^{2+}$와 $Fe^{3+}$의 농도와 이에 따른 i–V 곡선의 변화

[그림 9-2]는 1.0 $M$ $H_2SO_4$ 수용액에 녹아있는 $Fe^{2+}$를 산화시키는 벌크 전해할 때 시간 경과에 따른 $Fe^{2+}$와 $Fe^{3+}$의 농도 변화와 이에 따른 전압과 전류의 관계를 예상하여 그린 그림이다. 즉, 초기에 $Fe^{2+}$만 존재하는 전해 셀에서 전해($Fe^{2+} \rightarrow Fe^{3+} + e$)가 진행됨에 따라 $Fe^{2+}$의 농도는 감소하고, $Fe^{3+}$의 농도는 증가한다. 용액을 일정한 속도로 교반한다는 가정하에 물질 전달 속도가 일정하여 전류의 모양이 RDE 실험에서처럼 한계 전류를 보인다. 전해를 시작하기 전 $t_1$에서 산화 한계 전류($i_{l,a}$, $Fe^{2+} \rightarrow Fe^{3+} + e$)는 상당한 크기를 보이나 환원 한계 전류($i_{l,c}$, $Fe^{3+} + e \rightarrow Fe^{2+}$)는 0이다. 전해가 진행되면 $Fe^{2+}$ 농도는 감소하므로 산화 한계 전류($i_{l,a}$)도 감소한다. 반대로 $Fe^{3+}$의 농도가 증가하므로 환원 한계 전류($i_{l,c}$)도 증가한다. 벌크 전해가 종료되면 $Fe^{2+}$의 농도는 0이 되므로 산화 한계 전류는 0이 되어야 한다. 물 분해에 의한 수소 발생과 산소 발생이 가능한데, 이들의 한계 전류는 매우 크므로 생략하였다.

벌크 전해를 통해서 어떤 전기화학 산화 반응($R \rightarrow O + ne$)을 진행하여 전체 전하량 $Q = nFC_R^*V$ ($V$는 전해질 용액의 부피)를 측정한 후, $C_R^*$을 아는 경우 $n$ 값을, 반대로 $n$ 값을 아는 경우 $C_R^*$을 결정할 수 있다. 이때 특징적인 2가지 현상이 발생한다. 첫째, 전해가 진행됨에 따라 R의 농도가 감소하므로 산화 한계 전류($i_{l,a}$)도 점차 감소한다. 둘째, 전해가 진행됨에 따라 평형 전압($E_{eq}$)이 양의 방향으로 이동한다. 산화 반응이 진행되므로 R의 농도는 감소하나 O의 농도는 증가한다. 따라서 네른스트 식에 의해 평형 전압이 증가한다. R의 초기 농도 $C_R^*(0)$와 전해가 진행됨에 따라 변화하는 O와 R의 농도가 <식 9-1>과 <식 9-2>로 주어지므로 전해에 따른 평형 전압이 <식 9-3>으로 유도된다. 이때 $x$는 전해의 정도(fraction of electrolysis)를 나타낸다. 전해가 진행됨에 따라 평형 전압이 양의 방향으로 이동함을 알 수 있다. [그림 9-2]에 전해가 진행됨에 따라($t_1 \rightarrow t_5$) 평형 전압이 양의 방향으로 이동함을 굵은 점으로 표시하였다. 평형 전압이므로 전류의 크기가 0인 $x$-축에 나타내었다.

$$E_{eq} = E^{0'} + \frac{RT}{nF} \ln \frac{C_O^*(t)}{C_R^*(t)}$$

$$C_R^*(0) = C_R^*(t) + C_O^*(t) \qquad \text{<9-1>}$$

$$C_O^*(t) = x\, C_R^*(0), \quad C_R^*(t) = (1-x)\, C_R^*(0) \qquad \text{<9-2>}$$

$$E_{eq} = E^{0'} + \frac{RT}{nF} \ln \frac{x}{1-x} \qquad \text{<9-3>}$$

벌크 전해가 진행됨에 따라 예상되는 전압-전류 관계(그림 9-2)를 이용하여 전압을 $E_{fixed}$에 고정하고 벌크 전해할 때 얻어지는 전류의 변화를 예상해 보면 다음과 같다. 산화 반응이 진행됨에 따라 R의 농도가 감소하므로 산화 전류가 감소하고 또한 평형 전압이 양의 방향으로 이동한다고 하였다. 전해를 $t_1$에서 시작하여 $t_2$에 도달하였을 때 $E_{eq}$(전류의 크기가 0인 $x$-축 상 굵은 점)와 작동 전극에 가해진 전압 $E_{fixed}$를 비교해 보면 $E_{fixed} > E_{eq}$이다. 어떤 반쪽 전지의 평형 전압보다 가해진 전압이 더 양의 값을 가지면 순수하게 산화 전류가 흐를 수 있고, 반대로 더 음의 값을 가지면 순수하게 환원 전류가 흐를 수 있다는 사실로부터, $t_2$인 시점에서 순수하게 산화 전류($Fe^{2+} \rightarrow Fe^{3+} + e$)가 흐를 수 있음을 알 수 있다. 전해 시간이 $t_3$와 $t_4$인 경우도 $E_{fixed} > E_{eq}$이므로 순수하게 산화 전류가 흐른다. 그러나 전해가 계속 진행되어 $t_5$에 도달하면 상황이 바뀐다. 즉, $E_{fixed} < E_{eq}$이 된다. 이때부터는 산화 전류가 아니라 순수하게 환원 전류($Fe^{3+} + e \rightarrow Fe^{2+}$)가 흐르게 된다. 산화 전류만을 선별하여 전하량($Q$)을 취할 수 있으나, $t_5$에서 한계 전류에 해당하는 만큼의 $Fe^{2+}$는 산화되지 못하므로 측정된 산화 전하량은 실제보다 적게 된다. $Fe^{2+}$ 시료의 농도 측정을 목표로 한다고 할 때, $Fe^{2+}$ 시료의 농도는 실제보다 작은 값으로 측정된다. 이러한 문제를 해결하기 위해서 $E_{fixed}$는 부반응이 없는 전압 범위 내에서 최대한 양의 값을 갖도록 설정할 필요가 있다.

[그림 9-2]에서 예상할 수 있듯이 전위 조절 전해 방법에서 이론적으로 100% 전해는

불가능하다. $E_{fixed}$를 최대한 양의 값을 갖도록 설정할지라도 반응하지 못하는 $Fe^{2+}$가 남기 때문이다. 그러함에도 불구하고 $n$ 값 측정에는 큰 문제 없이 활용될 수 있다. 산화 전류($Fe^{2+} \rightarrow Fe^{3+} + e$)로부터 전하량 $Q = nFC_R^*V$을 얻고 이로부터 $n$ 값을 구한다고 하자. 미반응한 $Fe^{2+}$가 있어 $Q$가 실제로 얻어져야 하는 값보다 작아서 $n$ = 0.8 ~ 0.9가 계산된다고 하더라도, $n$은 정수이어야 하므로 $n$ = 1이라고 결론 내릴 수 있기 때문이다.

**스스로 학습 9-2**

<식 9-3>으로부터 99%의 전해를 위하여 $E_{fixed}$는 $E^{0'}$에 비해 얼마나 더 양의 값을 가져야 하는지 계산하시오.

정전압(전압을 $E_{fixed}$로 고정) 전해가 진행되면 [그림 9-2]에 보인 것처럼 산화 전류가 감소하는데, 이를 정량적으로 설명하면 다음과 같다. 측정되는 전류는 한계 전류($i_l$)이므로 <식 9-4>로 표현된다. 이때 R의 농도와 몰수는 <식 9-5>의 관계를 보이므로 <식 9-6>이 유도된다.

$$i_l(t) = \frac{nFAD_R C_R^*(t)}{\delta} = -nF\left[\frac{dN_R(t)}{dt}\right] \qquad \text{<9-4>}$$

$$C_R^*(t) = \frac{N_R(t)}{V} \qquad \text{<9-5>}$$

$$i_l(t) = -nFV\ \frac{dC_R^*(t)}{dt} = \frac{nFAD_R C_R^*(t)}{\delta} \qquad \text{<9-6>}$$

<식 9-6>을 다시 정리하면 <식 9-7>이 얻어진다. <식 9-8>과 같이 얻어지는 $C_R^*(t)$를 <식 9-6>에 대입하면 <식 9-9>가 유도되는데, 이로부터 한계 전류가 시간의 지수함수에 의해 감소함을 알 수 있다(그림 9-3). 여기서 $p$ 값이 클수록 전류의 감소 속도가 크므로 $p$ 값을 크게 하여 전해 시간을 단축할 수 있다. <식 9-7>에서 보듯이 면적($A$)이 큰 전극을 사용하고, 부피($V$)가 작은 셀을 사용하고, 교반 속도를 크게 하여 네른스트 확산층의 두께($\delta$)를 작게 하면 전해 시간을 단축할 수 있다.

$$\frac{dC_R^*(t)}{dt} = -\left(\frac{AD_R}{V\delta}\right)C_R^*(t) = -pC_R^*(t) \qquad \text{<9-7>}$$

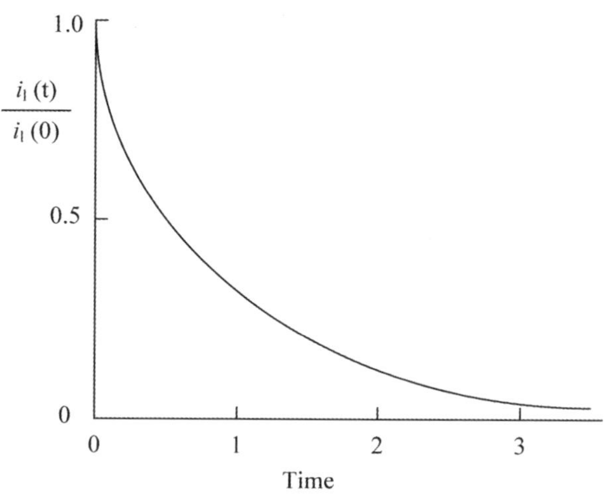


그림 9-3 정전압 벌크 전해에서 시간에 따른 전류의 변화

$$C_R^*(t) = C_R^*(0)\exp[-pt] \qquad \text{<9-8>}$$

$$i_l(t) = \frac{nFA\ D_R C_R^*(0)}{\delta}\ \exp[-pt] = i_l(0)\exp[-pt] \qquad \text{<9-9>}$$

한편 <식 9-9>에 의해 얻어진 전류를 시간에 대해 적분하면 전하량을 계산할 수 있다. 전해가 100 % 진행된다는 가정하에 셀의 부피($V$)를 알고 있으므로 <식 9-10>을 이용하여 $n$ 값을 알면 $C_R^*(0)$를 측정하고, 반대로 $C_R^*(0)$을 알면 $n$ 값을 측정할 수 있다.

$$Q = \int_0^t i_l(t)dt = nF\,C_R^*(0)\ V \qquad \text{<9-10>}$$

### 스스로 학습 9-3

<식 9-8>에서 $p = 10^{-2}\ \text{sec}^{-1}$이라고 할 때 99.9 % 전해에 필요한 시간을 계산하시오.

## 9-2 전류 조절 전해controlled-current bulk electrolysis

[그림 9-4]에 전류를 고정하고($i_{fixed}$) 벌크 전해할 때 전압의 변화를 보여 주고 있다. 벌크 전해가 진행됨에 따라 예상되는 $Fe^{2+}$와 $Fe^{3+}$의 농도 변화, 이에 따른 산화 전류와 환원 전류 크기 변화는 [그림 9-2]에 보인 것과 동일하다. 전해의 초기($t_1$)에는 $Fe^{2+}$의 농도가 크므로 이 농도로부터 예상되는 한계 전류($i_{l,a}$)가 $i_{fixed}$보다 크다(<식 6-7> 참조). 따라서 산화 전류는 모두 $Fe^{2+}$의 산화에 쓰이며 작동 전극의 전압은 $E_1$에 머문다. 전해가 진행됨에 따라 $Fe^{2+}$의 농도는 지속적으로 감소하므로 산화 한계 전류도 감소한다. 일정 시간이 지난 후, 한계 전류가 설정된 $i_{fixed}$보다 작게 되면($t_4$) 작동 전극의 전압은 $E_4$로 이동하고, $E_4$에서 물의 산화(산소 발생)가 가능하므로, 가해지는 전류는 $Fe^{2+}$의 산화뿐 아니라 부반응인 물의 산화에도 소요된다. 시간에 따른 전압의 변화를 [그림 9-5-a]에 도시하였다. 한편, $t_4$부터 물의 산화가 병행되므로 전류의 효율(current efficiency, 전체 전류 중 $Fe^{2+}$의 산화에 쓰인 분율)은 100 % 이하가 된다(그림 9-5-b). 이렇게 되면 전하량($Q = nFC_R^*V$ ($C_R^*$은 $Fe^{2+}$의 농도)으로부터 구한 $Fe^{2+}$의 농도에 오차가 발생한다. [그림 9-4]에서 예측해 볼 수 있듯이 $i_{fixed}$가 작을수록 부반응인 물의 산화가 더 늦게 시작되므로 물의 산화에 쓰인 전하량도 감소하고, 따라서 전류 효율도 증가한다. $i_{fixed}$를 작게 조절하면 $Fe^{2+}$의 농

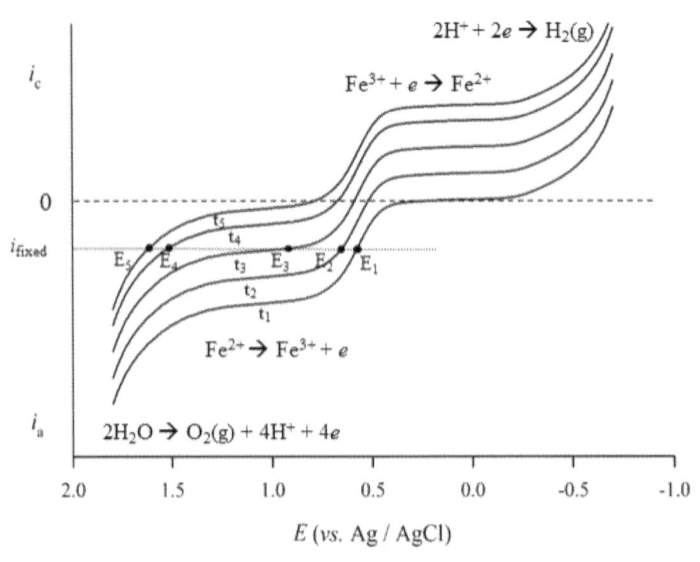


**그림 9-4** 전류를 고정하고($i_{fixed}$) 벌크 전해($Fe^{2+}$의 산화)할 때 시간에 따른 전압의 변화($E_1$ → $E_5$)

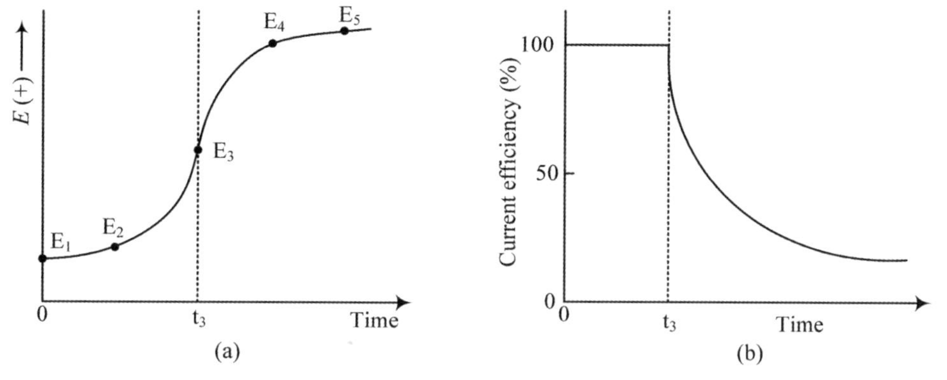


그림 9-5 (a) 전류를 고정하고 벌크 전해할 때 작동 전극 전압의 변화 (b) 전류 효율(current efficiency)의 변화

도 측정에 오차를 줄일 수 있으나 전해 시간이 길어지는 문제가 있다.

위와 같은 문제는 **전자 매개체**(electron mediator) 역할을 하는 산화환원 쌍을 첨가하여 해결할 수 있다. $Fe^{2+}$의 정전류 벌크 전해에 매개체로서 $Ce^{3+}$를 과량 사용한 경우의 예를 들면 다음과 같다. [그림 9-6]에 도시한 것처럼 일정 시간이 지난 후 $Fe^{2+}$의 농도가 감소하여 이의 한계 전류가 $i_{fixed}$보다 작게 되면($t_4$) 전압이 $E_4$로 이동한다. $E_4$에서는 $Fe^{2+}$뿐 아니라 $Ce^{3+}$의 산화 반응($Ce^{3+} \rightarrow Ce^{4+} + e$)도 가능하므로, $Fe^{2+}$와 $Ce^{3+}$의 산화가 동시에 진

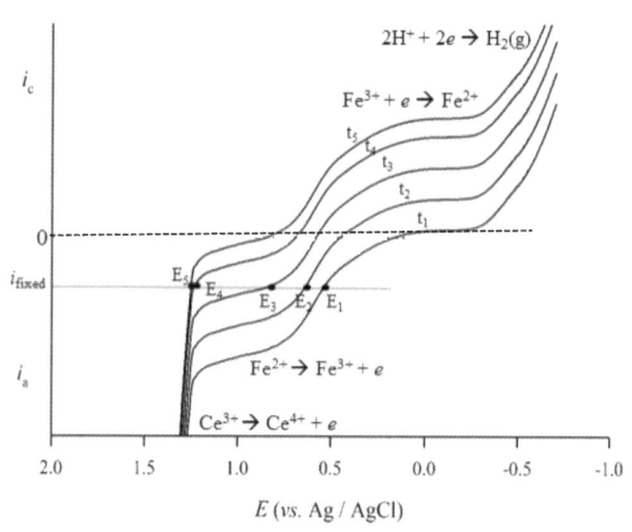


그림 9-6 전자 매개체($Ce^{3+}$)를 첨가하였을 때 정전류 전해($Fe^{2+}$의 산화)에서 시간에 따른 전압의 변화

행된다. [그림 9-6]에서 보듯이 $Ce^{3+}$의 산화 반응은 대략 1.3 V(*vs*. Ag/AgCl) 이상에서 가능하고, [그림 9-4]에서 보듯이 물의 산화는 1.5 V 이상에서 일어나므로, $E_4$에서 물의 산화는 불가능하다. $E_4$에서 $Fe^{2+}$의 산화와 $Ce^{3+}$의 산화가 동시에 진행되므로, $Fe^{2+}$의 산화가 목표인 벌크 전해에서 $Ce^{3+}$의 산화는 부반응이며 따라서 전류 효율이 100% 이하가 될 것으로 쉽게 생각할 수 있다. 그러나 $Ce^{3+}$의 산화 반응으로 생성된 $Ce^{4+}$가 <식 9-11>과 같이 용액 내에서 $Fe^{2+}$를 $Fe^{3+}$로 산화시키는 데 사용되므로, $Ce^{3+}$의 산화 반응에 쓰인 전류도 결국은 $Fe^{2+}$의 산화에 쓰인 것이 된다. 따라서 전류 효율은 100%가 된다. 측정된 $Q$ 값으로부터 $Q = nFC_R^*V$($C_R^*$은 $Fe^{2+}$의 농도) 관계를 이용하여 $Fe^{2+}$의 농도를 오차 없이 측정할 수 있다. 또한 $i_{fixed}$가 크더라도 농도 측정에 아무런 문제가 없다. 이때 전류 값을 고정하고 전해하므로 $Q$ 값을 얻기 위해서는 $Fe^{2+}$의 농도가 0이 되는 데 걸리는 시간을 별도로 측정하여야 한다.

$$Ce^{4+} + Fe^{2+} \rightarrow Ce^{3+} + Fe^{3+} \quad (\Delta G^0 < 0) \qquad \text{<9-11>}$$

<식 9-11>의 반응은 용액 내에서 자발적으로 진행된다. 즉, <식 9-11>의 반응이 전기화학 경로를 거쳐 진행하더라도 반응물과 생성물이 동일하여 동일한 열역학 값($\Delta G^0$ <0)을 가지므로 반응이 자발적이다. 전기화학 경로를 위해 2개 반쪽 전지가 필요하다. 비활성 전극/$Ce^{3+}$, $Ce^{4+}$ 반쪽 전지의 표준 상태 평형 전압($E^0$ = 1.72 V *vs*. NHE)이 비활성 전극/$Fe^{2+}$, $Fe^{3+}$ 반쪽 전지의 그것($E^0$ = 0.77 V *vs*. NHE)에 비해 더 양의 값을 가지므로 환원 경향이 더 크다. 따라서 $Ce^{4+}$의 환원과 $Fe^{2+}$의 산화가 짝을 이루며 전체 반응이 자발적으로 진행된다.

## 9-3 시간전위차법chronopotentiometry

시간전위차법(chronopotentiometry)이란 전류를 변화시키며 시간에 따라 변하는 전압을 측정하는 방법을 말한다. [그림 9-7-a]처럼 일정한 전류를 가하였을 때 그 응답으로 전압이 변한다. 이는 [그림 9-4]에서 전류를 고정하고 $Fe^{2+}$의 산화 반응을 진행할 때 전압이 $E_1$에서 $E_3$로 변하는 것과 동일한 현상이다. 전압과 전류를 동시에 조절할 수 없으므로 전류를 조절하면 전압이 종속 변수가 됨을 설명하고 있다. 일정 시간이 지난 후 전압이 $E_4$를

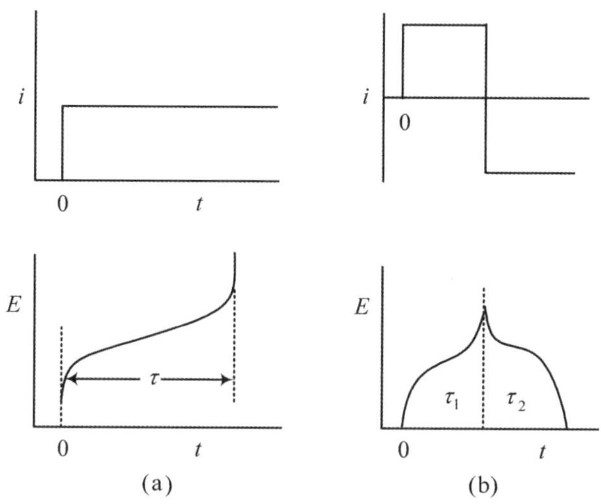


그림 9–7 2종류 시간전위차법(chronopotentiometry)

거쳐 $E_5$로 이동하며 물의 산화 반응이 시작되는 것처럼 $\tau$ 이후에 또 다른 전기화학 반응이 이어진다. 이는 이차 전지를 충전할 때 충전 반응이 끝나면 다른 반응(과충전 반응)이 이어지는 것과 동일한 현상이다. [그림 9-7-b]에는 일정 시간 동안 산화 전류를 가하고 환원 전류로 바꿀 때 시간에 따른 전압의 변화를 보여 주고 있다. 이는 이차 전지의 **정전류 충방전**(galvanostatic charge-discharge) 실험에서 얻어지는 전압의 변화와 동일한 것이다. 예를 들어, 어떤 반쪽 전지를 $\tau_1$ 동안 충전하고 $\tau_2$ 동안 방전한다고 할 때 [그림 9-7-b]와 같은 전압의 변화를 얻을 수 있으며, 부반응이 없다면 가해 주는 전류가 일정하므로 $\tau_1$과 $\tau_2$로부터 그 반쪽 전지의 충전된 용량(charged capacity)과 방전된 용량(discharged capacity)을 계산할 수 있다.

### 예제 9–1

리튬 이차 전지의 양극 재료로 사용되고 있는 $LiCoO_2$ 반쪽 전지 반응은 다음과 같다.

$$Li_{1-x}CoO_2 + xLi^+ + xe = LiCoO_2$$

정전류 조건에서 방전할 때 이 반쪽 전지의 평형 전압이 점차 감소함을 확인하시오.

**풀이** 실제 반쪽 전지 반응은 다음과 같이 쓸 수 있다. 여기서 < >는 $Li^+$가 저장될 수 있는 자리($Li^+$ storage sites)를 나타내고 $<Li^+>$은 $Li^+$가 차지한 저장 자리를 뜻한다.

$$< > + Li^+_{electrolyte} + e = <Li^+>$$

이 반쪽 전지 반응식(전위 결정 평형식)으로부터 네른스트 식을 유도하면 다음과 같다. $y$는 $Li^+$ 저장 자리 중에서 $Li^+$가 차지한 자리의 분율을 말한다.

$$E_{eq} = E^0 + \frac{RT}{F}\ln\frac{a_{Li^+}a_{<\ >}}{a_{<Li^+>}} = E^0 + \frac{RT}{F}\ln a_{Li^+} + \frac{RT}{F}\ln\frac{a_{<\ >}}{a_{<Li^+>}}$$

$$= E^0 + \frac{RT}{F}\ln a_{Li^+} + \frac{RT}{F}\ln\frac{1-y}{y}$$

$a_{Li^+}$는 전해질에 녹아있는 $Li^+$의 활동도로서 방전이 되더라도 크게 변하지 않는다. 따라서 $y$가 증가함에 따라(방전됨에 따라) 평형 전압이 감소한다.

[그림 9-2]에서 용액 내 존재하는 $Fe^{2+}$가 산화될 때에도 평형 전압이 변화하였다. $LiCoO_2$ 반쪽 전지에서 방전 반응과 용액 내 $Fe^{2+}$ 산화 반응과 같이 반응이 진행됨에 따라 평형 전압이 변하는 경우를 단일상 반응(single-phase reaction)이라 한다. '단일상'이라 함은 반응이 상(phase)의 변화 없이 원래의 상을 유지하며 진행된다는 의미로서 2상 반응(two-phase reaction)과 구별된다. 리튬 이차 전지 양극 재료인 $LiFePO_4$가 2상 반응을 통해 충/방전되는 대표적인 예이다: $LiFePO_4 \leftrightarrow FePO_4 + Li^+ + e$. 즉, $LiFePO_4$는 전혀 다른 상인 $FePO_4$로 전환되며 충전된다. 2상 반응을 통해 충/방전될 때 평형 전압이 일정한 값을 보인다는 점에서 단일상 반응과 구별된다(12장 참조).

## *9-4 분광 전기화학 spectroelectrochemistry

전기화학 반응을 진행할 때 전해 셀 내 화합물의 종류와 양을 분광학적 방법을 이용하여 제자리(*in-situ*)로 측정할 수 있다면 전기화학 방법으로부터 얻을 수 없는 정보도 알 수 있다.

[그림 9-8]에는 자외선–가시광선 흡수 분광법(ultraviolet-visible absorption spectroscopy) 또는 적외선 흡수 분광법(infrared absorption spectroscopy)을 활용할 때 사용되는 전기화학 셀의 구조를 보여 주고 있다. 작동 전극은 전자기파(자외선-가시광선, 적외선)가 투과되어야 하므로 미세한 격자 모양의 금속망(mini grid)을 사용하고 있다. 이는 금속망의 틈새로 전자기파가 투과될 수 있기 때문이다. 셀의 내부에 전자기파가 지나가지 않는 영역에 반대 전극, 또는 필요한 경우 기준 전극을 설치한다. 한편, 전자기파를 흡수하지 않는 물질로 셀을 제작해야 하는데, 유리(가시광선 영역을 사용할 때), 수정(quartz, 자외선

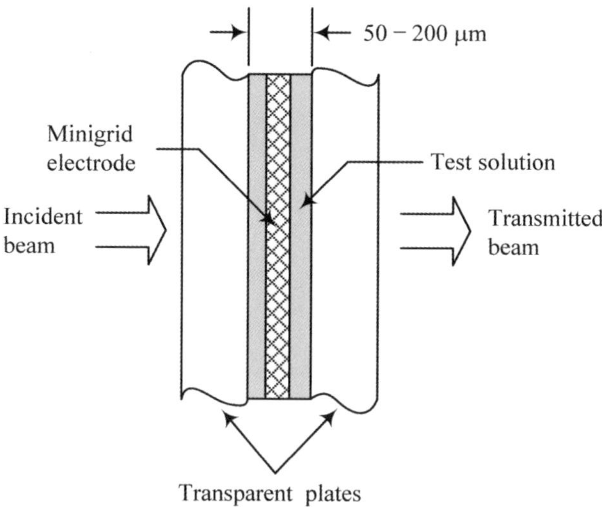


**그림 9-8** 얇은층 분광전기화학 셀(thin-layer spectroelectrochemical cell)의 구조

영역을 사용할 때), 또는 저마늄(Ge, 적외선 영역을 사용할 때)을 사용한다. 금속망 이외에 백금, 금(Au)과 같은 금속, 또는 $SnO_2$-$In_2O_3$(indium tin oxide, ITO)를 박막 형태로 유리, 수정 또는 저마늄 판 위에 증착한 것을 작동 전극으로 사용할 수 있다. 금속을 5000 Å 이하의 두께로 증착하면 전자기파의 일부가 흡수되나 많은 양이 투과되므로, 전극의 역할을 하며 전자기파를 투과시키는 2가지 요구 조건을 만족시킨다. ITO 박막은 전기 전도도가 높으므로 전극으로 사용할 수 있고, 또한 투명하므로 가시광선 영역에서 사용할 수 있다. [그림 9-8]에 보인 것처럼 분석하고자 하는 용액(test solution)을 매우 얇은 공간 내에 투입하므로 이를 **얇은층 셀**(thin-layer cell)이라고도 한다.

전기화학 실험을 위하여 [그림 9-9]와 같이 작동 전극에 연속적으로 전압의 스텝을 주

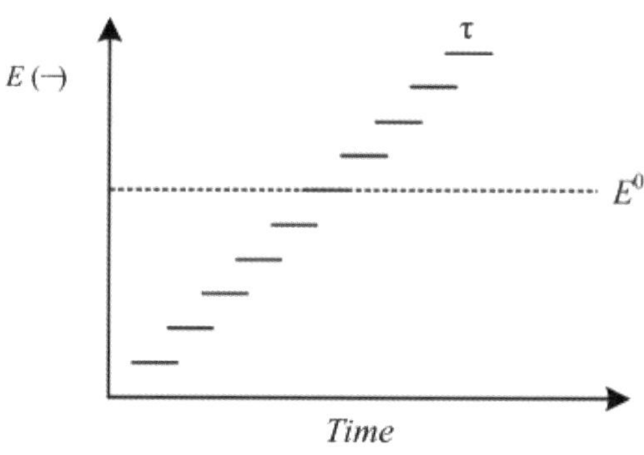


**그림 9-9** 얇은층 분광전기화학 실험에서 전압의 변화

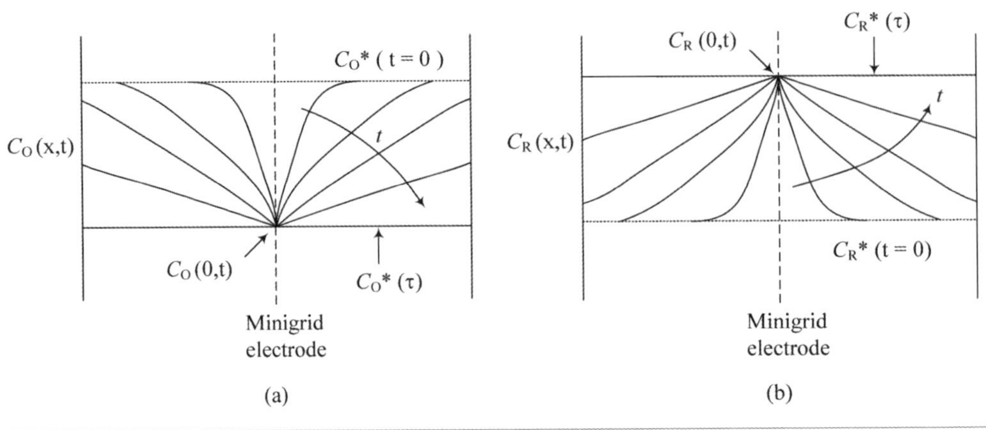


**그림 9-10** 얇은층 분광전기화학 셀을 이용하여 O의 환원 반응을 진행할 때 셀 내에서 시간에 따른 O와 R의 벌크 농도 변화

는데, 각 스텝에서 일정 시간($\tau$)이 지난 후 분광학을 이용하여 셀 내부의 화합물을 분석한다. 전압의 스텝을 주었을때 얇은층 셀 내부 용액에서 O와 R의 농도 분포 변화를 [그림 9-10]에 보여 주고 있다. O + $n$e = R은 네른스티안이고, 스텝 전에 O와 R의 농도가 그림의 점선과 같다고 하자[$C_O^*(t = 0)$과 $C_R^*(t = 0)$]. 스텝을 주면 O와 R의 표면 농도 $C_O(0, t)$와 $C_R(0, t)$가 네른스트 식에 의해 결정되고, 스텝을 유지하는 동안($\tau$) 전압의 변화가 없으므로 이 표면 농도를 유지한다. O의 경우 전극 표면 농도에 비해 벌크 용액에서 농도가 크므로 O는 전극 쪽으로 확산해 들어와 R로 환원되므로, 시간이 지남에 따라 O의 확산층이 $l = (2D_Ot)^{1/2}$의 속도로 확장된다. 이러한 현상이 금속망 전극을 중심으로 양쪽 용액에서 동시에 진행된다. 이때 셀의 두께가 매우 얇으므로 짧은 시간($\tau$) 내에 <식 9-13>처럼 벌크 용액의 농도가 표면 농도와 같아진다. R의 경우 초기에 벌크 농도가 표면 농도보다 작지만, O가 환원되며 계속하여 R이 생성되므로 짧은 시간($\tau$) 내에 벌크 농도가 표면 농도와 같아진다. 따라서 <식 9-12>를 <식 9-14>로 다시 쓸 수 있다.

스텝 이후 $\tau$만큼 시간이 지나면 셀 내부에 O와 R의 농도가 위치와 상관없이 일정하므로 분광학을 이용하여 이들의 농도를 분석할 수 있다. 연속되는 전압의 스텝에서도 네른스트 식에 의해 O와 R의 표면 농도가 결정되면 짧은 시간 내에 셀 내부 벌크 용액의 농도가 표면 농도와 동일해진다. 분광학을 이용하여 셀 내부 O와 R의 벌크 농도를 측정하지만, 이는 <식 9-12>와 같이 네른스트 식에 의해 결정되는 O와 R의 표면 농도를 측정하는 것과 같다. 전압에 따른 O와 R의 표면 농도를 구하는 것이 되므로, <식 9-12>을 이용하여 전기화학 반응의 $n$ 값과 $E^{0'}$를 구할 수 있다.

$$E = E^{0'} + \frac{RT}{nF} \ln \frac{C_O(0,t)}{C_R(0,t)} \quad \text{<9-12>}$$

$$C_O(0,t) = C_O^*(\tau), \quad C_R(0,t) = C_R^*(\tau) \quad \text{<9-13>}$$

$$E = E^{0'} + \frac{RT}{nF} \ln \frac{C_O{}^*(\tau)}{C_R{}^*(\tau)} \quad \text{<9-14>}$$

### 스스로 학습 9-4

[그림 9-10]에 보인 것처럼 전압의 스텝 시간(τ)이 충분히 길면 얇은층 셀 내부 O와 R의 농도 기울기가 0이 된다. 즉, 셀 내부에서 O와 R의 농도는 어느 곳에서나 동일하다. $\tau$가 충분히 길지 않으면 [그림 9-10]에 보인 것처럼 O와 R의 농도는 기울기를 갖는다. 이때 UV-VIS 분광기로 Beer's law를 이용하여 O와 R의 농도를 측정한다고 할 때 어떤 문제가 생길까?

### 스스로 학습 9-5

[그림 9-8]의 얇은층 셀에서 금속망 전극과 유리판 사이의 간격이 0.1 mm일 때, 전위 스텝을 준 후 표면 농도와 벌크 농도가 같아지는 데 걸리는 시간을 계산해 보시오. O와 R의 확산 계수는 모두 $5 \times 10^{-6}$ $cm^2$/sec라고 가정하시오.

[그림 9-11-a]에 어떤 반쪽 전지(O + *ne* = R)의 *n*값과 $E^{0'}$를 UV-VIS 분광기를 이용하여 측정한 예를 보여 주고 있다. O는 500 nm에서, 그리고 R은 420 nm에서 가장 큰 흡수(absorption)를 보인다. 스텝 전압을 0 mV(*vs.* Ag/AgCl)에서 −400 mV까지 변화시키며 스펙트럼을 얻었다. 0 ~ 100 mV 범위에서는 동일한 스펙트럼이 얻어졌는데, 이 전압 범위에서 환원 반응이 진행되지 못하므로 O의 농도는 최대가 된다. 따라서 500 nm에서 최대의 흡수($A_3$)를 보인다. 전압이 음의 값으로 이동함에 따라 얇은층 셀 내부에서 O의 농도는 감소하고 R의 농도가 증가하므로 500 nm에서 흡수는 점차 줄어들고, 420 nm에서 흡수는 증가한다. −300 ~ −400 mV 범위에서는 스펙트럼의 변화가 없었는데, O가 모두 R로 환원되었기 때문이다. 이때 500 nm에서 측정된 흡수($A_1$)는 O에 의한 것이 아니므로 배경(background) 흡수라고 할 수 있다. 스펙트럼이 변하는 100 ~ −300 mV 범

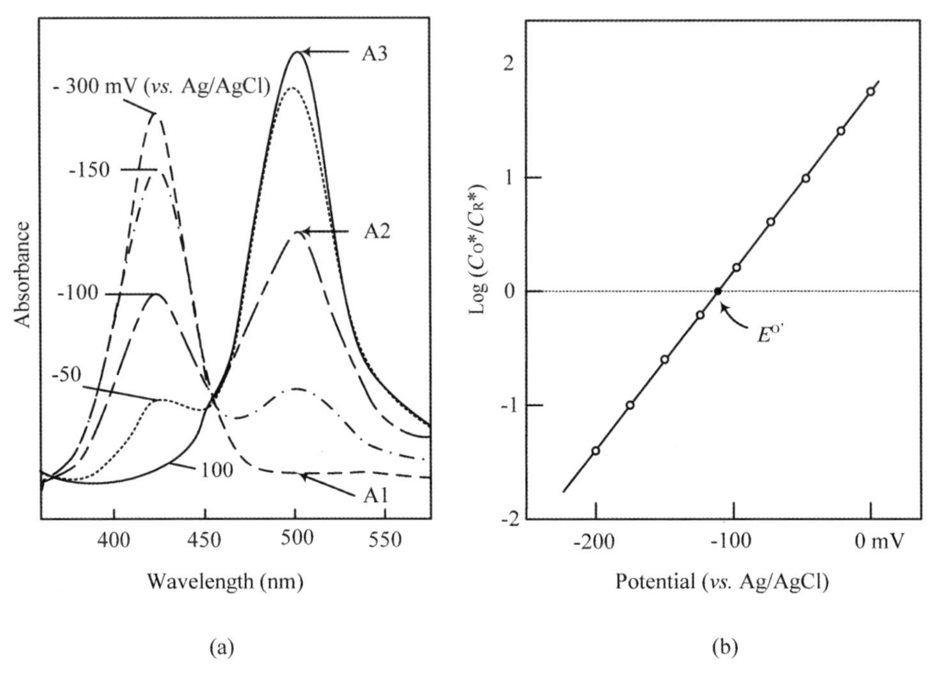


**그림 9-11** (a) 전압의 변화에 따른 UV-VIS 스펙트럼의 변화, (b) 500 nm 흡수로부터 얻은 네른스트 도시(nernstian plot)

위에서 O와 R이 공존하므로, 500 nm에서 흡수를 $A_2$라고 하면 $(A_2-A_1)$은 설정된 전압 ($E$)에서 O의 농도에, 그리고 $(A_3-A_2)$은 R의 농도에 비례하게 된다.

$$\frac{C_O^*(E)}{C_R^*(E)} = \frac{A_2 - A_1}{A_3 - A_2} \quad \text{<9-15>}$$

[그림 9-11-b]에 스텝 전압을 변화하며 500 nm에서 흡수($A_1$, $A_3$, 그리고 전압의 변화에 따른 $A_2$)를 측정한 후, <식 9-15>에 대입하여 얻은 O와 R의 농도비를 도시하였다. $x$-축에 나타낸 전압과 $y$-축에 나타낸 농도비는 네른스트 식의 관계를 보이므로 절편으로부터 $E^{0'} = -108$ mV, 기울기로부터 $n = 0.98(\sim1.0)$을 얻을 수 있다.

### 스스로 학습 9-6

네른스트 식으로부터 [그림 9-11-b]의 절편과 기울기가 어떻게 주어지는지 유도하시오.

# 9장 연습문제

01 다음 전기화학 실험 중에서 코트렐 식이 적용되지 않는 것은?

(a) 순환 전압－전류법(cyclic voltammetry)

(b) 시간 전하법(chronocoulometry)

(c) 벌크 전해(bulk electrolysis)

(d) 회전 원판 전극(rotating disk electrode) 실험

02 어떤 반쪽 전지(O + *ne* = R)의 $n = 1$이고 $E^{0'} = 0.2$ V(*vs.* SCE)이다. 0.1 *M*의 O를 포함하는 250 $cm^3$ 부피의 용액을 면적이 250 $cm^2$인 전극을 이용하여 일정 전압에서 벌크 전해를 한다고 하자.

(a) 99% 전해를 위해 가해야 할 전압은?

(b) 위에서 계산한 전압에서 전해를 할 때 초기 전류가 50 A였다면 99 % 전해에 필요한 시간은?

03 아스코브산(ascorbic acid, $A + 2H^+ + 2e = AH_2$, $E^{0'} = -0.4$ V *vs.* SCE)을 백금 전극에서 산화시킬 때, 주어진 전류에서 1.0 V 정도의 과전압이 요구된다고 하자. 다음의 두 가지 산화/환원 쌍 중에서 어느 것을 전자 매개체로 사용하여 과전압을 줄일 수 있는지 결정하시오.

$Fe(bpy)_3^{2+/3+}$ $E^{0'} = 0.8$ V (*vs.* SCE)

$Co(CN)_6^{3-/4-}$ $E^{0'} = -0.8$ V (*vs.* SCE)

*04 Cytochrome *c*나 ferredoxins과 같은 생체 물질은 분자 내부에 전기화학적으로 산화환원이 가능한 산화환원 쌍을 포함하고 있다. 그러나 비활성 전극에서 이들의 전하 전달 속도가 매우 느리기 때문에 전자 매개체(electron mediator)를 이용하

여 전극과 생체 물질 사이 전자를 매개하여 전기화학 반응을 진행시킬 수 있다. UV-VIS 분광전기화학법을 이용하여 cytochrome $c$의 내부에 존재하는 산화환원 쌍으로 구성된 반쪽 전지의 $E^{0'}$와 $n$ 값을 측정하였다. 2,6-dichloroindophenol([그림 9-12-a])을 전자 매개체로 사용하였고, cytochrome $c$ 내부 산화환원 쌍의 농도비($C_O^*/C_R^*$)를 550 nm에서 흡수로부터 계산하였다.

(a) 생체 물질의 전하 전달 반응이 비활성 전극 표면에서 느린 이유는?

(b) 매개체와 생체 물질 사이 전자 전달 반응($M_{red} + B_{ox} \rightarrow M_{ox} + B_{red}$)이 열역학적으로 자발적이어야 한다. '자발적'이란 의미를 설명하시오. $M$은 전자 매개체를, $B$는 생체 물질 내부의 산화환원 쌍을 뜻한다.

(c) [그림 9-12-b]로부터 cytochrome $c$ 내부 산화환원 쌍으로 구성된 반쪽 전지의 $E^{0'}$과 $n$ 값을 구하시오.

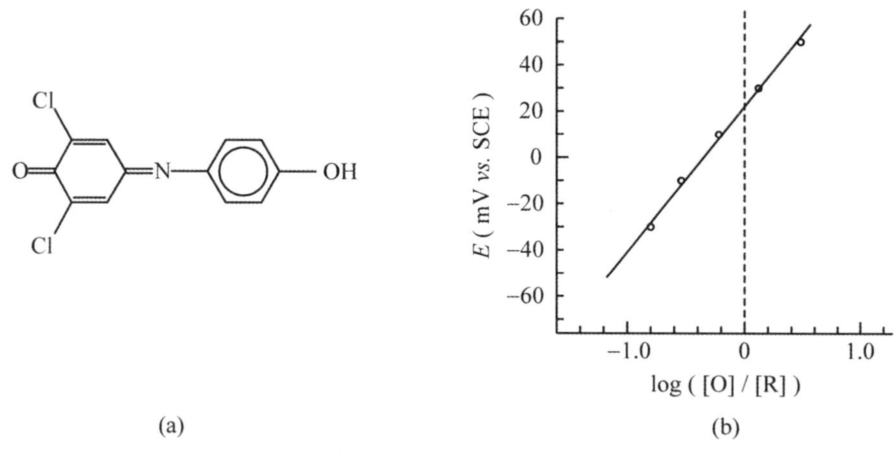


**그림 9-12** (a) 2,6-dichloroindophenol의 구조식, (b) Cytochrome $c$ 내부 산화환원 쌍에 대하여 550 nm 흡수로부터 얻은 네른스트 도시(nernstian plot)

10장

# 교류 임피던스법

## AC impedance method

모든 전기화학 시스템은 저항(resistor), 커패시터(capacitor) 그리고 인덕터(inductor)의 조합으로 구성되는 등가 회로로 표현할 수 있다. 이들은 일반 명사로서 그 크기를 각각 리지스턴스(resistance, $R$), 커패시턴스(capacitance, $C$), 그리고 인덕턴스(inductance, $L$)로 나타낸다. 저항은 전류의 흐름을 억제하는데, 억제하는 정도를 리지스턴스(resistance)로 표현한다. 커패시터와 인덕터도 전류의 흐름을 억제할 수 있다. 이들의 전류 흐름 억제 정도를 각각 **용량성 리액턴스**(capacitive reactance)와 **유도 리액턴스**(inductive reactance)라고 한다. 저항, 커패시터 그리고 인덕터로 구성된 회로에서 이들이 각각 발현하는 리지스턴스, 용량성 리액턴스, 그리고 유도 리액턴스 전체의 합을 **임피던스**(impedance)라고 한다. 저항은 직류 전압을 가하던지 교류 전압을 가하던지 상관없이 일정한 크기의 리지스턴스를 보인다. 그러나 용량성 리액턴스와 유도 리액턴스의 크기는 가하는 교류 전압의 주파수에 따라 변한다.

**교류 임피던스 법**을 전기화학 시스템에 활용하면 등가 회로를 구성하고 있는 $R$, $C$, $L$ 값을 구할 수 있다. 즉, 작동 전극에 넓은 범위의 주파수를 갖는 교류 전압을 차례로 가하고, 측정되는 교류 전류로부터 임피던스를 구하여 작동 전극에서 일어나는 전기화학 인자(parameters)를 구할 수 있다. 이때 전하 전달과 관계된 전기화학 인자(예를 들어 $R_{ct}$)와 물질 전달과 관계된 전기화학 인자(예를 들어 $D_O$)를 동시에 구할 수 있는 특징(장점)이 있다.

## 10-1 임피던스impedance

저항은 가하는 전압이 직류 또는 교류에 상관없이 일정한 크기의 리지스턴스($R$)를 보인다. 커패시턴스의 크기가 $C$인 커패시터에 교류 전압을 가하면 교류 전류는 $i = e/X_C$에 의해 결정된다. 이때 영어 소문자로 표시한 $i$와 $e$는 시간에 따라 변하므로 순간 전압과 순간 전류를 뜻한다. 저항 역할을 하는 $X_C$를 **용량성 리액턴스**라 하는데, 이는 <식 10-1>로 표현된다.

$$X_C = \frac{1}{\omega C} = \frac{1}{2\pi f C} \qquad \text{<10-1>}$$

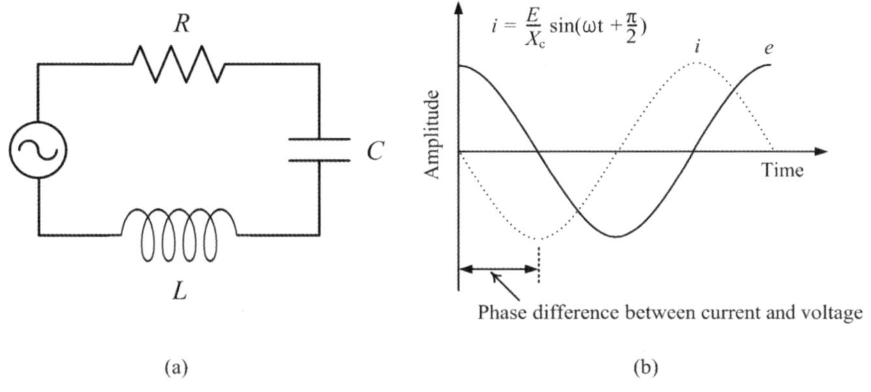


**그림 10-1** (a) 교류 전압을 가하였을 때 전류의 흐름을 억제하는 저항, 커패시터, 그리고 인덕터, (b) 커패시터에 교류 전압을 가할 때 전류의 크기와 위상 차이

여기서 $\omega(= 2\pi f)$는 각 진동수(단위: radian/s)로서, Hz의 단위를 갖는 주파수($f$)에 $2\pi$를 곱한 값이다. 위 식으로부터 $X_C$는 주파수($f$)가 감소할수록 증가하며, 직류 전압을 가할 경우($f = 0$), $X_C = \infty$가 됨을 알 수 있다. 즉, 직류 전압을 가할 때 커패시터에 전하가 완전히 채워지면 더 이상 전류가 흐르지 못하여 저항이 무한대로 큼을 의미한다. 한편, 코일(inductor)에 교류 전압을 가하면 **유도 리액턴스**($X_L = \omega L = 2\pi fL$)가 발생하는데, 주파수가 증가할수록 $X_L$이 증가하고 직류 전압($f = 0$)을 가할 경우에 $X_L = 0$이다. [그림 10-1-a]와 같이 어떤 회로에 저항, 커패시터, 인덕터가 직렬로 연결되어 있다면 <식 10-2>와 같이 전체 임피던스가 결정된다. 전기화학 실험에서 사용하는 주파수 범위가 크지 않으므로 보통 $X_L$의 기여를 무시한다. 따라서 이 경우 전체 임피던스는 <식 10-3>으로 간단해진다.

$$Z = \sqrt{R^2 + (X_L - X_C)^2} \quad \text{<10-2>}$$

$$Z = \sqrt{R^2 + X_C^2} \quad \text{<10-3>}$$

저항에 교류 전압 $e = E\sin\omega t$를 가할 때 전류는 <식 10-4>처럼 변한다. 이때 $E$와 $I$는 각각 전압과 전류의 최댓값을 말한다.

$$i = \frac{e}{R} = \frac{E}{R}\sin\omega t = I\sin\omega t \quad \text{<10-4>}$$

한편, 커패시터에 교류 전압을 가할 때 전류는 <식 10-5>처럼 변한다.

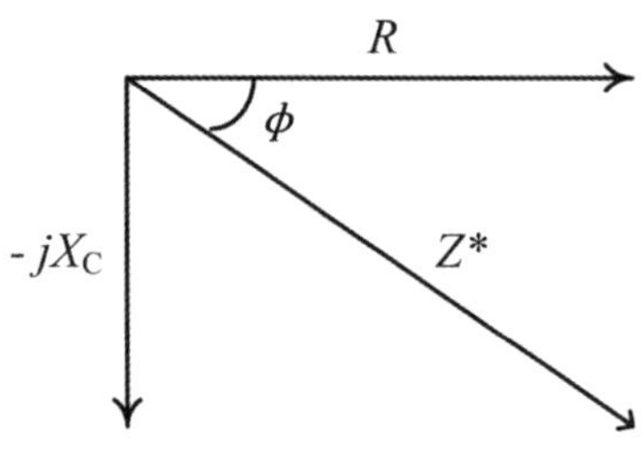


**그림 10-2** 실수 부분($R$)과 허수 부분($X_C$)의 벡터 합으로 표시되는 전체 임피던스($Z^*$)

$$i = \frac{dq}{dt} = C\frac{de}{dt} = \omega CE\cos\omega t$$
$$= \omega CE\sin\left(\omega t + \frac{\pi}{2}\right) = \frac{E}{X_C}\sin\left(\omega t + \frac{\pi}{2}\right) \qquad \text{<10-5>}$$

<식 10-4>와 <식 10-5>를 비교하면, $X_C$가 $R$과 같은 위치에 있어 $X_C$가 리지스턴스($R$)와 같은 역할을 함을 알 수 있다. 또한 두 식을 비교하였을 때, 커패시터에 흐르는 전류는 전압과 $\pi$/2만큼 위상 차이(phase difference)가 있음을 알 수 있다. 따라서 저항과 커패시터가 직렬로 연결된 회로에 교류 전압을 가할 경우, 두 임피던스($X_C$와 $R$) 사이에 $\pi$/2만큼의 위상 차이가 발생한다(그림 10-1-b). 이를 복소수 함수로 표현하면 <식 10-6>과 같다. 즉, [그림 10-2]에 나타낸 것처럼 실수 부분(real part)에 $R$을, 허수 부분(imaginary part)에 $X_C$를 나타내면 전체 임피던스($Z^*$)는 두 벡터(vector)의 합이 된다.

$$Z^* = R - jX_C \qquad \text{<10-6>}$$

한편, 전체 임피던스는 <식 10-7>로 주어지고, 위상 차이($\phi$)는 <식 10-8>과 같은 관계를 보인다. 전체 임피던스($Z$)와 $\phi$는 모두 $\omega$, 즉 주파수($f$)에 따라 변한다.

$$Z = \sqrt{R^2 + {X_C}^2} = \sqrt{R^2 + \left(\frac{1}{\omega C}\right)^2} \qquad \text{<10-7>}$$

$$\tan\phi = \frac{X_C}{R} = \frac{1}{\omega RC} \qquad \text{<10-8>}$$

## 10-2 임피던스 도시impedance plot

임피던스를 복소수 함수로 표현할 때 <식 10-6>처럼 실수 부분과 허수 부분을 가지므로 이를 [그림 10-3]처럼 실수 부분($Z_{Re}$)을 $x$-축에, 허수 부분($Z_{Im}$)을 $y$-축에 이차원으로 도시한다. 이를 나이퀴스트 도시(Nyquist plot)라고 한다.

[그림 10-3-a]는 저항에 주파수를 변화하며 교류 전압을 가하고, 측정된 교류 전류로부터 구한 임피던스 값의 변화를 보여 주고 있다. 저항의 임피던스는 $\omega$에 무관하게 일정하며, 허수 부분이 없으므로 $Z_{Re}$축에 한 점으로 나타난다. 커패시터에 교류 전압을 가할 경우 임피던스 값이 <식 10-1>에 의해 $\omega$가 증가할수록 감소하며, 허수 부분만 가지므로 $Z_{Im}$축 상에서 점차 감소하는 모양을 보인다(그림 10-3-b).

저항과 커패시터가 직렬로 연결된 회로의 경우 저항에 의한 임피던스를 $Z_{Re}$ 축에, 커패시터에 의한 임피던스를 $Z_{Im}$ 축에 나타내면, 전체 임피던스는 [그림 10-4]처럼 두 벡터의 합으로 나타난다. 그림에서 각 진동수가 작은 경우($\omega''$), 저항의 임피던스는 $Z'_{Re}$이고 커패시터의 임피던스는 $Z''_{Im}$이므로 전체 임피던스는 두 벡터의 합이다. 각 진동수가 큰 경우($\omega'$), 저항의 임피던스는 $Z'_{Re}$로 변하지 않으나 커패시터의 임피던스는 $Z'_{Im}$로 감소하므로, 두 벡터의 합인 전체 임피던스도 감소한다. 따라서 저항과 커패시터가 직렬로 연결된 회로에서 $\omega$가 증가함에 따라 전체 임피던스는 [그림 10-4]처럼 $Z_{Im}$축에 평행한 선을 따라 내려오는 모양을 갖는다. $\omega$가 증가함에 따라 $\phi$도 감소한다.

[그림 10-5-a]는 저항과 커패시터가 병렬로 연결된 회로의 임피던스가 $\omega$에 따라 어떻게 변하는지 보여 주고 있다. 병렬 회로의 어드미턴스(admittance)가 <식 10-9>와 같이 표현되므로, 이를 임피던스로 전환하면 <식 10-10>이 된다.

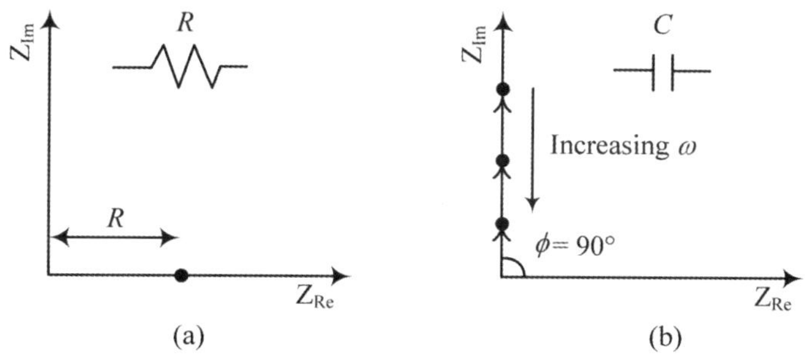


그림 10-3 저항과 커패시터의 임피던스 도시(Nyquist plot)

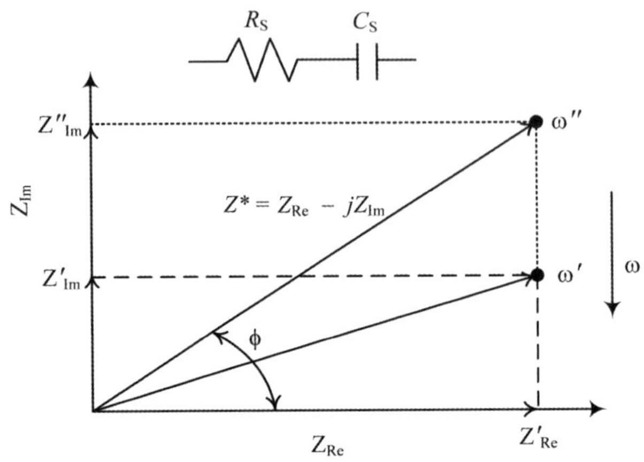


**그림 10–4** *RC* 직렬 회로에서 각 진동수($\omega = 2\pi f$)에 따른 나이퀴스트 도시

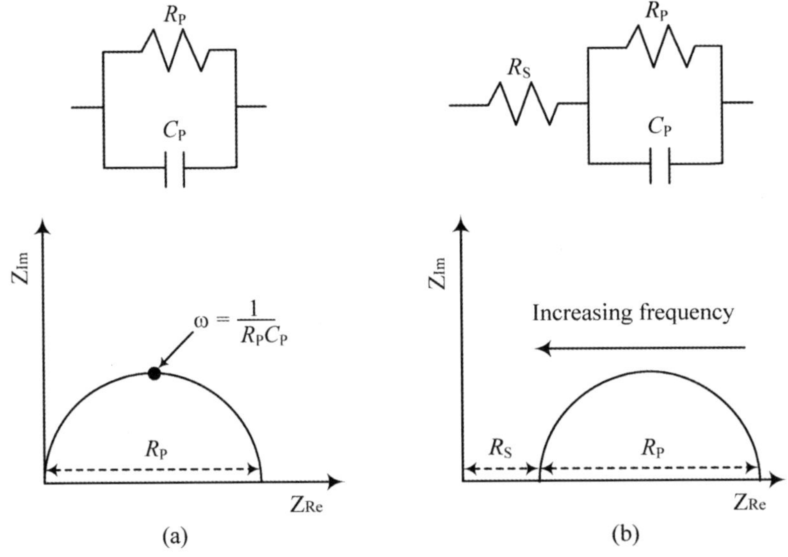


**그림 10–5** *RC* 병렬 회로의 각진동수($\omega = 2\pi f$)에 따른 임피던스의 변화(나이퀴스트 도시)

$$A^* = \frac{1}{R_P} + j\omega C_P \qquad \text{<10-9>}$$

$$Z^* = \frac{1}{A^*} = \frac{1}{\dfrac{1}{R_P} + j\omega C_P} = \frac{R_P}{1 + j\omega C_P R_P} = \frac{R_P(1 - j\omega C_P R_P)}{1 + (\omega R_P C_P)^2}$$

$$= \frac{R_P}{1 + (\omega R_P C_P)^2} - j\,\frac{\omega C_P R_P^2}{1 + (\omega R_P C_P)^2} \qquad \text{<10-10>}$$

<식 10-10>에서 전체 임피던스 $Z^* = Z_{Re} - jZ_{Im}$이므로 $Z_{Re}$과 $Z_{Im}$는 각각 <식 10-11>과 <식 10-12>와 같이 얻어진다.

$$Z_{Re} = \frac{R_P}{1+(\omega R_P C_P)^2} \qquad \text{<10-11>}$$

$$Z_{Im} = \frac{\omega C_P R_P^2}{1+(\omega R_P C_P)^2} \qquad \text{<10-12>}$$

<식 10-11>과 <식 10-12>에 주어진 $Z_{Re}$과 $Z_{Im}$ 사이의 관계식을 도출한 후, $Z_{Re}$을 $x$-축으로, 그리고 $Z_{Im}$를 $y$-축으로 하여 이차원 공간에 임피던스 결과를 도시(Nyquist plot)할 수 있다. $Z_{Re}$과 $Z_{Im}$ 사이에는 <식 10-13>이 성립하므로 이를 다시 정리하면 <식 10-14>가 된다. <식 10-14>는 $(x-a)^2+(y-b)^2=c^2$과 같은 원의 공식이므로 $Z_{Re}$과 $Z_{Im}$는 원점이 $(R_P/2,\ 0)$이고 반지름이 $R_P/2$인 원의 관계를 보인다. 따라서 $\omega$에 따른 전체 임피던스는 [그림 10-5-a]와 같이 반원(semi-circle)으로 나타난다.

$$Z_{Im} = Z_{Re}\omega R_P C_P \qquad \text{<10-13>}$$

$$Z_{Im}^2 = Z_{Re}^2 \omega^2 R_P^2 C_P^2 = Z_{Re}^2\left(\frac{R_P}{Z_{Re}} - 1\right)$$

$$Z_{Im}^2 = Z_{Re}R_P - Z_{Re}^2$$

$$Z_{Im}^2 - Z_{Re}R_P + Z_{Re}^2 = 0$$

$$\left(Z_{Re} - \frac{R_P}{2}\right)^2 + Z_{Im}^2 = \left(\frac{R_P}{2}\right)^2 \qquad \text{<10-14>}$$

반원에서 $Z_{Im}$의 최댓값은 <식 10-15>와 같이 얻어지므로 이를 <식 10-13>에 대입하면 <식 10-16>이 얻어진다. 즉, 반원의 정점을 보이는 각 진동수가 $\omega$라면 이는 $R_P \times C_P$의 역수에 해당한다.

$$Z_{Im} = Z_{Re} = \frac{R_P}{2} \qquad \text{<10-15>}$$

$$\omega C_P R_P = 1,\quad \omega = \frac{1}{R_P C_P} \qquad \text{<10-16>}$$

한편, 저항과 커패시터가 병렬로 연결된 회로에서 [그림 10-5-a]와 같은 나이퀴스트 도시를 얻었다면 반원의 지름으로부터 $R_P$ 값을 구할 수 있다. 반원의 정점을 보이는 각 진동수 $\omega$ 값은 알고 있으므로, 위에서 얻은 $R_P$ 값을 <식 10-16>에 대입하면 $C_P$ 값을 구할 수 있다. [그림 10-5-b]는 $R_P$와 $C_P$의 병렬 회로에 다른 저항 $R_S$가 추가로 직렬 연결된 회로의 $\omega$에 따른 임피던스 변화를 보여 주고 있다. 저항이 $Z_{Re}$ 축에 $\omega$에 무관하게 나타나므로(그림 10-3-a), 반원에 $R_S$가 추가된 형태의 모양을 갖게 된다.

### 스스로 학습 10-1

[그림 10-6-a]에서 $R_1C_1 > R_2C_2$라면, 나이퀴스트 도시의 모양은? 이로부터 $R_1$, $C_1$, $R_2$, 그리고 $C_2$를 어떻게 구할 수 있는가?

### 스스로 학습 10-2

[그림 10-6-b]에 나타낸 회로에 해당하는 나이퀴스트 도시를 그리시오.

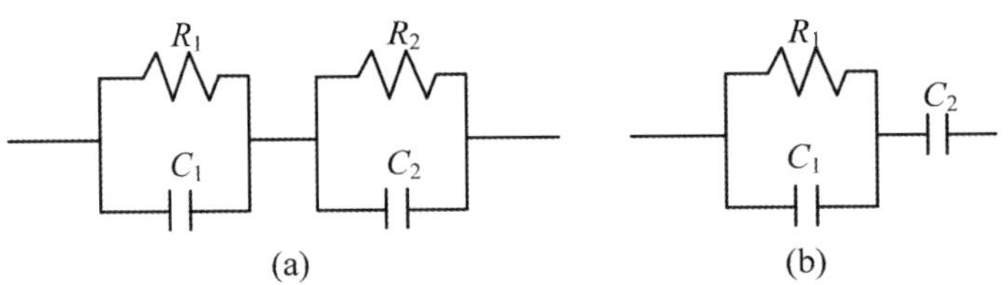


**그림 10-6** (a) $R_1$과 $C_1$이 병렬 연결되고 $R_2$과 $C_2$가 병렬 연결되고, 두 병렬 회로가 직렬로 연결된 회로, (b) $R_1$과 $C_1$이 병렬 연결되고 여기에 $C_2$가 직렬 연결된 회로

### 예제 10-1

전기화학 셀에서 $C_{dl}$의 크기는 대략 $10^{-4}$ F 정도인 데 비해, 강유전체(ferroelectric materials)의 커패시턴스 값은 $10^{-9} \sim 10^{-10}$ F 정도로 매우 작다. (a) 이러한 차이로 인해 강유전체 연구를 위해서는 매우 큰 주파수(> 10 MHz) 범위에서 임피던스를 측정하여야 하나, 보통의 전기화학 반응 조사를 위해서는 비교적 낮은 주파수(< 10 MHz) 범위에서 측정하여도 된다. 이유는? (b) <식 10-3>에 보인 것처럼 전기화학 셀에서 전체 임피던스에 대한 인덕터($L$)의 기여를 무시할 수 있으나, 강유전체의 임피던스 도시에서는 인덕터

의 기여를 무시할 수 없다. 이유는?

풀이 (a) [그림 10-5]와 같은 임피던스 스펙트럼으로부터 셀을 구성하는 $R$, $C$, 그리고 $L$ 값을 구할 수 있다. <식 10-16>에서 보듯이 커패시턴스 값($C$)이 작으면 반원의 정점에 해당하는 각진동수($\omega$)가 크다. 따라서 강유전체 연구에서 [그림 10-5]와 같은 반원을 얻기 위해서는 매우 큰 $\omega$ 범위에서 임피던스를 측정하여야 한다. 그러나 전기화학 반응을 조사할 때는 비교적 낮은 주파수 범위에서도 반원을 얻을 수 있다.

(b) 강유전체 연구를 위해서 매우 큰 $\omega$ 범위에서 임피던스를 측정해야 한다. <식 10-1>처럼 $\omega$가 증가할수록 $X_C$는 감소하나, $X_L(= \omega L)$은 증가한다. 즉, 고주파 영역에서 인덕터의 기여를 무시할 수 없다.

## 10-3 전기화학 반응의 임피던스

교류 임피던스 법을 이용하여 전기화학 반응과 관계된 여러 인자를 구할 수 있다. 전기화학 반응이 일어나는 작동 전극의 등가 회로를 [그림 10-7]에 나타내었다. 여기서 $R_u$은 작동 전극과 기준 전극 사이 전해질 저항을 뜻하고, $Z_f$는 패러데이 반응의 임피던스를 뜻한다. 여기서 [그림 1-12]와 [그림 10-7-a]에 보인 등가 회로를 비교함으로써 임피던스 방법의 장점을 설명할 수 있다. [그림 1-12]는 작동 전극/용액 계면의 등가 회로이므로 여기에 작동 전극과 기준 전극 사이 용액의 저항($R_u$)을 추가하여 [그림 10-7-a]와 같이 등가 회

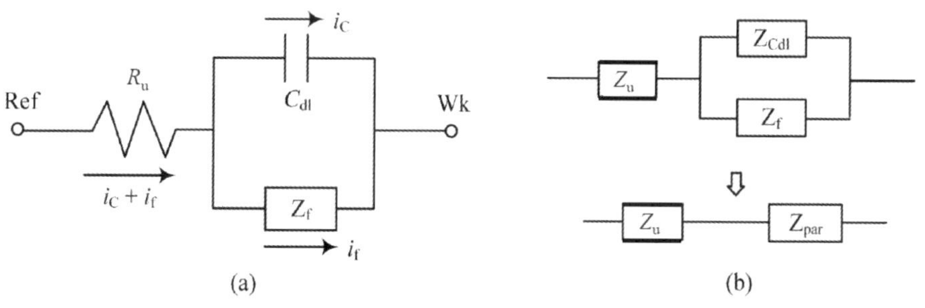


**그림 10-7** (a) 3극 셀에서 기준 전극과 작동 전극 사이에서 전류의 흐름을 설명하는 등가 회로, (b) 임피던스 등가 회로

로를 완성하였다. 여기서 [그림 1-12]에 나타낸 $R_{ct}$ 대신에 [그림 10-7-a]에는 $Z_f$로 표시하였다. 어떤 패러데이 반응이 진행되기 위해서는 물질 전달과 전하 전달의 단계를 거쳐야 한다. [그림 1-12]의 등가 회로는 물질 전달보다 느린 전하 전달이 전체 속도를 결정한다는 가정하에 그린 등가 회로이다. 임피던스 방법에서는 패러데이 반응을 위해 필요한 물질 전달과 전하 전달 인자들에 의해 전체 임피던스 값이 결정되므로 2개 과정을 합한 $Z_f$로 표시한 것이다. 뒤에 주파수에 따른 임피던스 값으로부터 물질 전달과 전하 전달에 관여한 인자들을 모두 구하는 방법을 설명할 것이다.

통상적인 임피던스 실험 방법은 다음과 같다. 먼저 작동 전극과 기준 전극 사이에 <식 10-17>과 같은 교류 전압을 가하고, <식 10-18>로 표현되는 교류 전류를 측정한 후 이를 <식 10-19>에 대입하여 주파수에 따른 임피던스($Z^*$)를 구한다. 이렇게 얻어진 임피던스 데이터를 이용하여 나이퀴스트 도시를 얻는다. 이후 적합하다고 생각되는 등가 회로 후보를 이용하여 나이퀴스트 도시를 피팅(fitting)하는데, 만족할 만한 피팅 결과를 주는 등가 회로를 최종적으로 선정하고 이로부터 여러 전기화학 인자들을 구한다. 일반적으로 측정이 가능한 주파수 범위가 $10^{-3}$ Hz ~ 10 MHz이나, 임피던스 측정기(impedance analyzer)에 따라 주파수 범위가 더 넓어질 수도 있다. 이때 $E_{dc}$로 평형 전압($E_{eq}$) 또는 임의의 값을 선택할 수 있다. 교류 전압의 진폭(amplitude) $\Delta E$ = 5 ~ 50 mV 정도의 범위에서 조절한다.

$$e = E_{dc} + \Delta E \sin \omega t \qquad \text{<10-17>}$$

$$i = I_{dc} + \Delta I \sin(\omega t + \phi) \qquad \text{<10-18>}$$

$$Z^* = \frac{\Delta E}{\Delta I} \qquad \text{<10-19>}$$

[그림 10-7-a]에 표시한 패러데이 임피던스($Z_f$)는 [그림 10-8]처럼 $R_S$와 $C_S$가 직렬로 연결된 회로로 세분화할 수 있다. $R_S$는 <식 10-20>의 관계를 보인다. 이때 $\sigma$는 물질 전달과 관계되는 함수로서 <식 10-21>로 표현된다.

$$R_S = R_{ct} + \frac{\sigma}{\omega^{1/2}} = R_{ct} + \frac{1}{\omega C_S} \qquad \text{<10-20>}$$

$$\sigma = \frac{RT}{n^2 F^2 A\sqrt{2}} \left( \frac{1}{D_O^{1/2} C_O^*} + \frac{1}{D_R^{1/2} C_R^*} \right) \qquad \text{<10-21>}$$

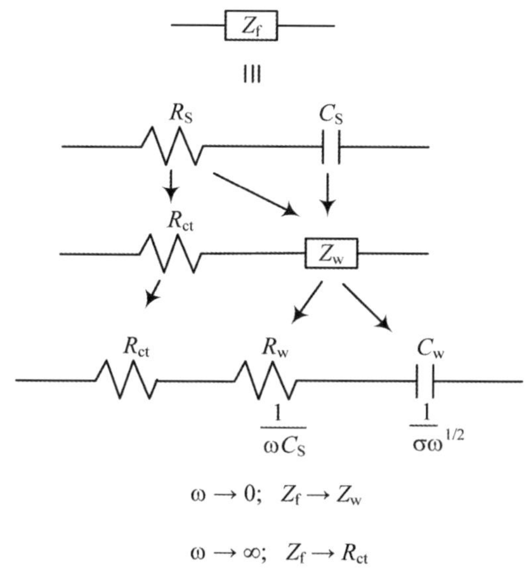


**그림 10-8** 패러데이 임피던스($Z_f$)의 세분화

한편, $C_S$는 <식 10-22>로 표현되고, <식 10-23>의 관계를 이용하여 <식 10-24>로 전환할 수 있다.

$$C_S = \frac{1}{\sigma\omega^{1/2}} \quad \text{<10-22>}$$

$$\sigma = \frac{1}{\omega^{1/2} C_S} \quad \text{<10-23>}$$

$$\frac{\sigma}{\omega^{1/2}} = \frac{1}{\omega C_S} \quad \text{<10-24>}$$

[그림 10-8]에서 $Z_f$를 세분화하면 최종적으로 $Z_f = R_{ct} + Z_W(= R_W + C_W)$이 얻어진다. 다음과 같이 $Z_W$는 물질 전달과 관계있는 $\sigma$의 함수로 표현되며, 이를 **와버그 임피던스**(Warburg impedance)라고 한다.

$$Z_W = R_W + C_W = \frac{1}{\omega\, C_S} + \frac{1}{\sigma\omega^{1/2}} = \frac{\sigma}{\omega^{1/2}} + \frac{1}{\sigma\omega^{1/2}}$$

$Z_f = R_{ct} + Z_W$인데 $R_{ct}$는 $\omega$에 무관한 값이나, $Z_W$의 크기는 $\omega$에 따라 변한다. $\omega \to 0$인 경우 $Z_W \to \infty$이 되어 $Z_W >> R_{ct}$가 되므로 $Z_f \simeq Z_W$라 할 수 있다. 반대로 $\omega \to \infty$인 경

우에는 $Z_W \to 0$이 되어 $Z_W << R_{ct}$이므로 $Z_f \simeq R_{ct}$라 할 수 있다. 따라서 넓은 범위의 주파수에서 $Z_f$를 얻었을 때, 저주파수 영역에서 $Z_f$는 $Z_W$를 의미하고, 반대로 주파수가 큰 영역에서 $Z_f$는 $R_{ct}$에 해당된다.

[그림 10-7-a]의 등가 회로를 [그림 10-7-b]의 임피던스 회로로 전환할 수 있다. 전체 임피던스는 $Z = Z_u + Z_{par}$가 되는데, $Z_{par}$은 <식 10-25>로 주어지고, $Z_f$와 $Z_{Cdl}$은 <식 10-26>과 <식 10-27>로 표현되므로 $Z_{par}$은 <식 10-28>로 정리된다. 이때 $B = \omega R_S C_S$이다.

$$\frac{1}{Z_{par}} = \frac{1}{Z_{C_{dl}}} + \frac{1}{Z_f} \quad \text{<10-25>}$$

$$Z_f = R_S - \frac{j}{\omega C_S} \quad \text{<10-26>}$$

$$Z_{C_{dl}} = \frac{-j}{\omega C_{dl}} \quad \text{<10-27>}$$

$$\frac{1}{Z_{par}} = \frac{(1+B)^2 R_S[B^2 - j\omega R_S\{C_S + (1+B^2)C_{dl}\}]}{B^4 + \omega^2 R_S^2 C_S^2 \left\{1 + (1+B^2)\dfrac{C_{dl}}{C_S}\right\}^2} \quad \text{<10-28>}$$

전체 임피던스가 $Z = Z_u + Z_{par}$이므로 <식 10-28>로 주어지는 $Z_{par}$에 $Z_u$을 추가하여 전체 임피던스를 유도할 수 있다. 전체 임피던스가 $Z^* = Z_{Re} - jZ_{Im}$이므로, 이로부터 $Z_{Re}$과 $Z_{Im}$를 분리하여 <식 10-29>와 <식 10-30>으로 정리할 수 있다.

$$Z_{Re} = Z_u + \frac{R_{ct} + \dfrac{\sigma}{\omega^{1/2}}}{(C_{dl}\sigma\omega^{1/2} + 1)^2 + \omega^2 C_{dl}^2 \left(R_{ct} + \dfrac{\sigma}{\omega^{1/2}}\right)^2} \quad \text{<10-29>}$$

$$Z_{Im} = \frac{\omega C_{dl}\left(R_{ct} + \dfrac{\sigma}{\omega^{1/2}}\right)^2 + \dfrac{\sigma}{\omega^{1/2}}(\omega^{1/2} C_{dl}\sigma + 1)}{(C_{dl}\sigma\omega^{1/2} + 1)^2 + \omega^2 C_{dl}^2 \left(R_{ct} + \dfrac{\sigma}{\omega^{1/2}}\right)^2} \quad \text{<10-30>}$$

<식 10-29>와 <식 10-30>으로 주어진 $Z_{Re}$과 $Z_{Im}$ 사이의 관계식을 유도하여, $x$-축에 $Z_{Re}$ 부분을, $y$-축에 $Z_{Im}$ 부분을 도시하면 나이퀴스트 도시를 얻을 수 있다.

주파수 영역을 나누어 나이퀴스트 도시를 얻어 보면 다음과 같다. $\omega \to 0$이면 <식

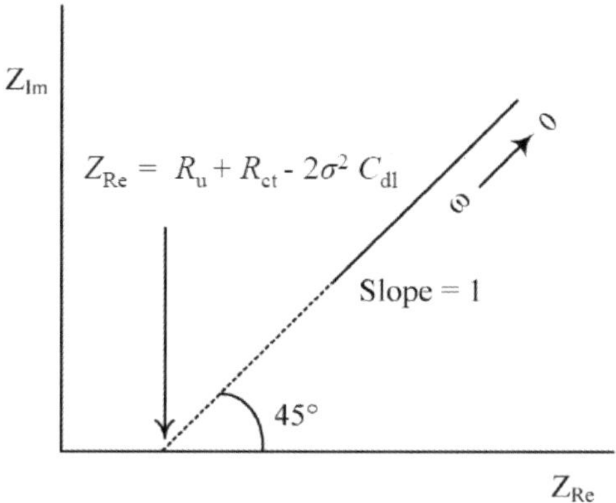


그림 10-9 [그림 10-7]에 나타낸 전기화학 셀의 저주파 영역에서 임피던스 도시

10-29>와 <식 10-30>은 <식 10-31>로 간단해지고, 이때 $Z_{Re}$과 $Z_{Im}$은 <식 10-32>의 관계를 보인다. 이를 [그림 10-9]에 도시하였다. 주파수가 작은 영역에서 $Z_{Im}$과 $Z_{Re}$ 사이에 직선 관계가 성립하고(45°), $Z_{Re}$축의 절편은 $R_u + R_{ct} - 2\sigma^2 C_{dl}$이 된다.

$$Z_{Re} = R_u + R_{ct} + \frac{\sigma}{\omega^{1/2}}, \quad Z_{Im} = 2\sigma^2 C_{dl} + \frac{\sigma}{\omega^{1/2}} \qquad \text{<10-31>}$$

$$Z_{Im} = Z_{Re} + 2\sigma^2 C_{dl} - R_u - R_{ct} \qquad \text{<10-32>}$$

한편, [그림 10-8]에 보인 것처럼 $Z_f = R_S + C_S$이고, $\omega \rightarrow \infty$이면 <식 10-20>으로부터 $R_S = R_{ct}$가 되고, <식 10-22>로부터 $C_S = 0$이 되므로, $Z_f = R_{ct}$가 된다. 따라서 [그림 10-7-a]의 등가 회로가 [그림 10-10-a]와 같이 간단해진다. 이 회로에서 $Z_{Re}$과 $Z_{Im}$는 <식 10-33>으로 유도되고, $Z_{Re}$과 $Z_{Im}$ 사이에는 <식 10-34>가 성립한다. 원점이 ($R_u + R_{ct}/2$, 0)이고 반지름이 $R_{ct}/2$인 원의 관계를 보이므로 [그림 10-10-b]에 보인 것처럼 임피던스는

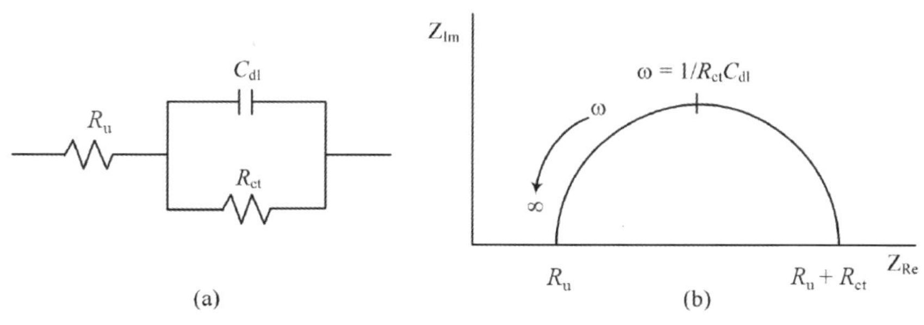


그림 10-10 (a) 고주파 영역에서 [그림 10-7-a] 등가 회로의 간단화, (b) 임피던스 도시

반원으로 나타나게 된다. 이때 반원에서 $Z_{Im}$가 최댓값을 갖는 주파수는 <식 10-35>와 같다.

$$Z_{Re} = Z_u + \frac{R_{ct}}{1+\omega^2 R_{ct}^2 C_{dl}^2}, \quad Z_{Im} = \frac{\omega R_{ct}^2 C_{dl}}{1+\omega^2 R_{ct}^2 C_{dl}^2} \tag{10-33}$$

$$\left(Z_{Re} - R_u - \frac{R_{ct}}{2}\right)^2 + Z_{Im}^2 = \left(\frac{R_{ct}}{2}\right)^2 \tag{10-34}$$

$$\omega = \frac{1}{R_{ct} C_{dl}} \tag{10-35}$$

[그림 10-11]에 저주파에서 나타나는 임피던스(그림 10-9)와 고주파에서 나타나는 임피던스(그림 10-10-b)를 합쳐서 그렸다. 저주파 영역에서 45° 각도를 가지고 $\omega$가 증가함에 따라 임피던스가 감소하고, $\omega$가 큰 영역에서는 반원이 나타나고 있다. $Z_{Re}$ 축의 값으로부터 여러 종류의 저항 값을 구할 수 있고, <식 10-35>를 이용하여 $C_{dl}$을 구할 수 있다. 한편, 저주파 영역에 나타나는 직선의 $Z_{Re}$ 축 절편으로부터 $\sigma$, 즉 물질 전달 인자인 확산 계수를 계산할 수 있다(식 10-21).

교류 임피던스 법은 다른 전기화학 실험법에 비해 여러 가지 장점이 있다. 첫째, [그림 10-11]에 보인 것처럼 넓은 범위의 주파수에서 임피던스를 얻어 전기화학 반응의 전하 전달과 물질 전달 인자를 동시에 구할 수 있다. 둘째, 임피던스 값이 주파수에 따라 변하는 특성을 이용하여 각 반응의 속도를 예측할 수 있다. 예를 들어, 어떤 전기화학 반응의 전하 전달 속도가 물질 전달 속도보다 빠르다면 전하 전달과 관계된 임피던스 신호는 물질 전달의 그것보다 더 고주파에서 나타나게 된다. 즉, [스스로 학습 10-1]과 [그림

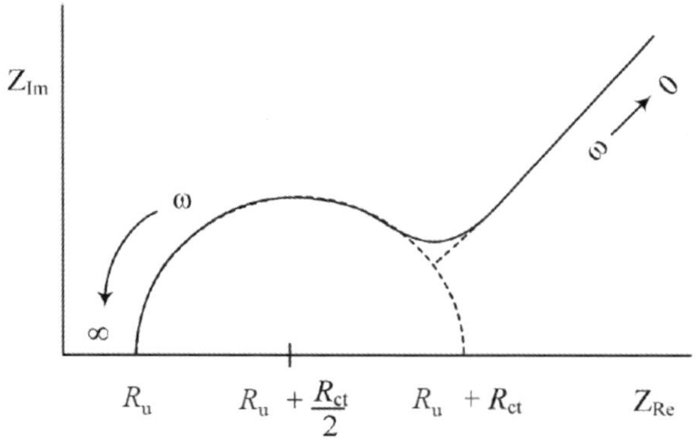


**그림 10-11** [그림 10-9]과 [그림 10-10-b]를 합친 전기화학 셀의 임피던스 도시

10-12]에 제시한 것처럼 전기화학 반응이 여러 단계를 거쳐 진행된다고 할 때, 각 과정의 속도와 일치하는 주파수 영역에서 그에 해당하는 임피던스 신호가 나타나므로 각 과정의 속도를 예측할 수 있고, 또한 관계된 전기화학 인자를 구할 수 있다. 셋째, 다른 전기화학 실험 방법에 비해 전극의 변형을 최소화하며 전기화학 인자를 구할 수 있다. 즉, CV 실험에서는 비교적 넓은 범위의 전압을 작동 전극에 가하므로 작동 전극 자체가 산화 또는 환원될 수 있다. 그러나 임피던스 법에서는 평형 전압을 중심으로 ±(5~50) mV의 전압 변화만을 주기 때문에 작동 전극의 변형이 적다. 그러나 주파수가 매우 낮은 영역에서는 측정 시간이 길어서 측정 과정 중 전극이나 용액에 변화가 발생할 수 있다. 이런 경우 임피던스 결과의 신뢰도가 떨어진다.

**스스로 학습 10-3**

주파수가 $10^{-2}$ Hz라면 교류 전압 1사이클을 가하는 데 필요한 시간은?

# 10장 연습문제

01 [그림 10-12]의 나이퀴스트 도시로부터 전기화학 시스템의 등가 회로를 스케치하고, 이 등가 회로를 구성하고 있는 전기화학 인자들을 구하시오.

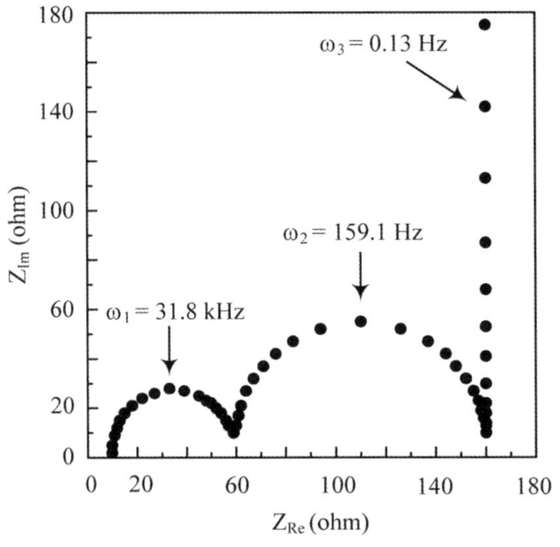


그림 10-12 전기화학 시스템의 임피던스 도시

02 다음과 같은 전기화학 시스템의 등가 회로와 예상되는 나이퀴스트 도시를그리시오.

(a) Hg/KCl 수용액 /기준 전극 (그림 4-10 참조)

(b) Li 금속/$LiClO_4$ in acetonitrile /기준 전극

03 어떤 전기화학 반응의 $R_{ct}$가 [그림 10-11]에 주어진 반응에 비해 크다면 동일한 주파수 범위에서 임피던스를 측정하였을 때 나이퀴스트 도시는 어떻게 달라지는가?

**04** 어떤 전기화학 반응의 $R_{ct}$가 [그림 10-11]에 주어진 반응에 비해 매우 작다면 반원이 나타나지 않을 수 있다. 반원을 얻기 위해 어떤 방법이 가능한가?

**05** J. H. Sluyters 등(*Rec. Trav. Chim. Pays-Bas*, **79**, 1101, 1960)은 $Zn^{2+} + 2e = Zn(Hg)$와 $Hg_2^{2+} + 2e = Hg$ 반응에 대한 임피던스 측정 후 나이퀴스트 도시를 얻었다. Hg를 작동 전극으로 사용하였고, 교류 주파수 20 Hz ~ 20 kHz 범위에서 측정하였다. [그림 10-13] 내부의 숫자는 주파수를 뜻하며 kHz의 단위를 갖는다.

(1) 두 종류 전기화학 반응 모두 물질 전달과 전하 전달 과정을 거친다고 할 때, 주어진 주파수 범위에서 (a)와 (b) 반응은 각각 어떤 단계가 더 느린 단계인가?

(2) [그림 10-13-a]에서 $C_{dl}$을 구하시오.

(3) 이 측정에서 최대 주파수는 20 kHz이다. 주파수 범위를 무한대로 확대하였을 때 예상되는 나이퀴스트 도시를 각각 그리시오.

(4) [그림 10-13-a]에서 $C^*_{Zn^{2+}} = C^*_{Zn(Hg)} = 8 \times 10^{-3}$ $M$이었다. $Zn^{2+} + 2e = Zn(Hg)$ 반응의 표준 속도 상수($k^0$)를 구하시오. 전극의 면적(A)은 1 $cm^2$였다.

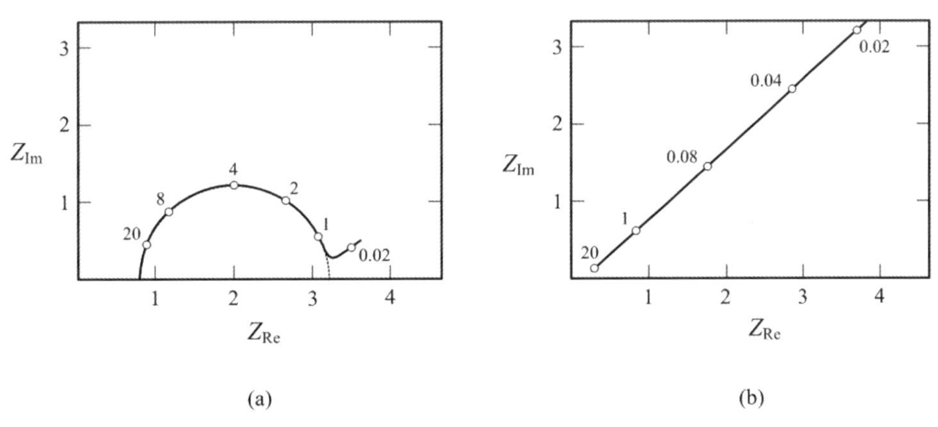


**그림 10-13** 2종류 전기화학 반응에 대한 나이퀴스트 도시. (a) $Zn^{2+} + 2e = Zn(Hg)$, (b) $Hg_2^{2+} + 2e = Hg$.

**06** [그림 10-14]에 기준 전극/용액/작동 전극으로 구성된 커패시터의 커패시턴스($C_u$)를 포함한 등가 회로를 보이고 있다.

(a) 일반적으로 $C_u << C_{dl}$인 이유를 설명하시오(연습문제 3-8 참조).

(b) 예상되는 나이퀴스트 도시를 그려 보시오.

(c) 보통 [그림 10-7-a]처럼 $C_u$을 무시하고 등가 회로를 구성하는 이유는?

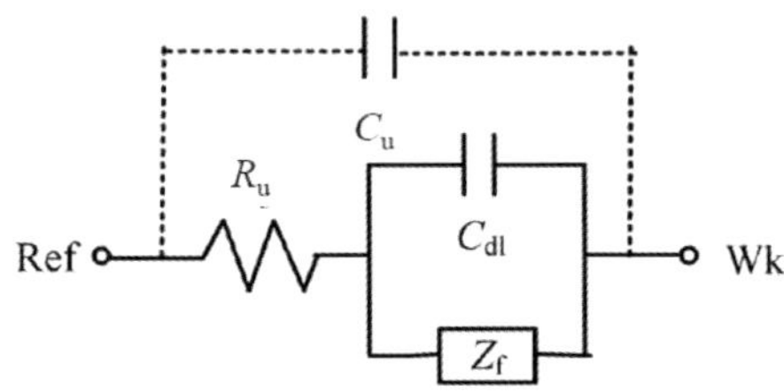


그림 10-14 [그림 10-7-a]를 보완하기 위하여 기준 전극/용액/작동 전극으로 구성된 커패시터의 커패시턴스($C_u$)를 포함한 등가 회로

11장

# 전해 셀
## Electrolytic cells

11–1 전해 셀에서 셀 분극
11–2 전해 셀의 설계 방법
11–3 소금물의 전기분해
11–4 전해제련
11–5 전해정제
11–6 전기도금과 무전해 도금
11–7 산화처리
11–8 전기이동 코팅
11–9 전해가공
11–10 전기투석
11–11 전해합성
11–12 직접 전해와 간접 전해

전해 공정에서는 전기 에너지를 공급하여 반응물을 산화 또는 환원하여 원하는 생성물을 합성한다. 대표적인 공정으로 소금물을 전기분해(또는 전해)하여 염소와 NaOH를 얻는 공정, 알루미늄(Al) 제련 등을 들 수 있다. 금속 공업과 관련하여, 광물로부터 전해를 통하여 금속을 얻는 전해제련(electrowinning), 불순물을 포함하고 있는 금속으로부터 불순물을 제거하여 고순도의 금속을 얻는 전해정제(electrorefining), 전기도금, 금속 표면의 산화처리(anodizing), 전기이동 코팅(electrophoretic coating), 전해가공(electrochemical machining) 등의 공정도 있다. 한편, $KMnO_4$, $MnO_2$, $H_2O_2$ 등 무기물 또는 아디포나이트릴(adiponitrile), 비타민 *C*의 중간체, 플루오린 화합물 등의 유기 전해 합성(organic electrosynthesis), 전기투석(electrodialysis)에 의해 이온을 제거하는 공정도 상용화되어 있다.

전해 공정에서 전해에 필요한 전기 에너지는 $Q \times E_{appl}$이다. 에너지 사용을 줄이기 위해서는 소모된 전하량 $Q$가 부반응에 소모되지 않도록 원하는 전기화학 반응의 선택성(쿨롱 효율, coulombic efficiency)을 높이고, 전해 전압($E_{appl}$)을 최소화할 필요가 있다. 쿨롱 효율($\sigma$)이란 전해에 사용된 전체 전하량(electric charges) 중에서 목표로 하는 전기화학 반응에 사용된 분율을 말한다. 즉, 아연의 전해제련에서 목표로 하는 전기화학 반응이 $Zn^{2+} + 2e \rightarrow Zn$인데, 모든 전하가 $Zn^{2+}$의 환원에 사용된다면 쿨롱 효율은 1.0이다. 그러나 일부 전하가 부반응인 $2H_2O + 2e \rightarrow H_2 + OH^-$에 소모된다면 쿨롱 효율은 최대값인 1.0보다 작다.

전해에 필요한 전기 에너지를 절약하기 위해서 전해를 위해 가해 주는 전압($E_{appl}$)을 줄여야 한다. 전 세계적으로 소금물의 전기분해와 알루미늄 제련과 같은 전해 공정에 들어가는 전기 에너지가 막대하다는 점을 고려할 때, $E_{appl}$를 1% 줄일 수 있으면 전기 에너지 사용을 1% 줄일 수 있다. 그렇다면 전해를 위해 가해 주는 전압($E_{appl}$)을 어떻게 최소화할 수 있을까? $E_{appl} = E_{cell}$ + 셀 분극(cell polarization)이므로 셀 분극을 줄이는 것이다.

## 11-1 전해 셀에서 셀 분극

소금물의 전기분해 셀을 이용하여 셀 분극을 설명한다. 소금물의 전해 셀은 2개의 반쪽 전지로 구성된다. 하나는 DSA/$Cl_2(g)$, $Cl^-$ 반쪽 전지이며 $2Cl^- \rightarrow Cl_2(g) + 2e$의 산화 반응이 진행된다. DSA(dimensionally stable anode)는 **치수 안정성 산화 전극**을 말한다. 또 다른 하나는 수소 반쪽 전지인데, 비활성 금속 전극에서 $2H_2O + 2e \rightarrow H_2(g) + 2OH^-$의 환원 반응이 일어난다. 전해를 위해 2개 반쪽 전지 사이에 걸어주어야 하는 전압 $E_{appl}$ = $E_{cell}$ + 셀 분극에 의해 결정되는데, $E_{cell} = E^a_{eq} - E^c_{eq}$와 같이 2개 반쪽 전지 평형 전압의 차이이다. $E_{cell}$을 **열역학적 분해 전압**(thermodynamic decomposition voltage)이라 하는데, '열역학적'이라 함은 열역학 값인 평형 전압의 차이로 주어지기 때문이다. 뒤에 설명하겠지만, 전류가 0이면 셀 분극도 0이다. 따라서 전류가 0일 때 셀 분극이 0이므로 $E_{appl}$ = $E_{cell}$이 된다. 이로부터 $E_{cell}$을 '전류가 0인 조건에서 전해할 때 2개 반쪽 전지 사이에 걸어주어야 하는 전압'이라고 할 수 있다. 전류가 0인 조건이란 2개 반쪽 전지 모두가 평형 상태에 있음을 말한다. 실제 전해는 전류가 0보다 커야 하므로 셀 분극이 0보다 크다. 따라서 전해 전압은 $E_{appl} > E_{cell}$이다. 이러한 이유로 $E_{cell}$을 전해를 위해 필요한 최소 전압이라고 한다.

셀 분극이 생기는 이유를 2가지로 요약할 수 있다. 첫 번째, 전류가 흐르기 위해서 과전압이 필요하기 때문이다. 물질 전달과 전하 전달로만 구성된 전기화학 반응을 생각해 보자. [그림 6-4-c]에서 설명하였듯이 평형 전압에서 물질 전달(확산) 속도가 0이다. 또한 [그림 4-4]에서 설명하였듯이 평형 전압에서 전하 전달 속도가 0이다. 확산 속도가 0이고 전하 전달 속도가 0이라고 함은 전류가 0이란 의미이므로 전해가 전혀 진행되지 못한다는 의미이다. 실제로 어떤 크기의 전류로 전해하기 위해서는 확산 속도를 0보다 크게 하고 전하 전달 속도도 0보다 크게 하여야 한다. 확산 속도를 0보다 크게 하기 위해서는 농도 과전압이 필요하다. 전하 전달 속도를 0보다 크게 하기 위해서는 활성화 과전압이 필요하다. 2종류 과전압은 전극 반응을 위해 필요한 것이므로, 2개 반쪽 전지 모두에서 2종류 과전압이 필요하다. 염소 반쪽 전지에서 산화 반응이 일어나므로 산화 전류가 0보다 크려면 **산화 전극 과전압**($\eta_a$, anodic overpotential)이 필요하다. 수소 반쪽 전지에서 환원 반응이 일어나므로 환원 전류가 0보다 크려면 **환원 전극 과전압**($\eta_c$, cathodic overpotential)이 필요하다. 산화 전극 과전압($\eta_a$)에는 산화 반응 속도를 늘리기 위한 활성화 과전압과 농도 과전압이 필요하고, 환원 전극 과전압($\eta_c$)에도 마찬가지이다.

활성화 과전압과 농도 과전압의 기여는 전류의 크기에 따라 다르다. [예제 11-1]에서 설명하듯이, 전류가 작은 조건에서는 활성화 과전압이 농도 과전압에 비해 크고, 전류가 큰 조건에서는 그 반대이다. 따라서 전해를 할 때, 전류가 작은 조건에서 나타나는 과전압은 음극의 활성화 과전압과 양극 활성화 과전압의 합이다. 전류가 큰 조건에서 나타나는 과전압은 2개 전극에서 농도 과전압의 합이다. 염소 반쪽 전지에서 어떤 크기의 산화 전류가 흐른다면 DSA의 전압은 $E^a = E^a_{eq} + \eta_a$가 된다. DSA에 가해지는 전압($E^a$)이 평형 전압($E^a_{eq}$)보다 $\eta_a$만큼 더 커야 함을 말한다. 전류는 닫힌 고리를 형성하며 흘러야 하므로, 산화 전류와 같은 크기의 환원 전류가 수소 반쪽 전지를 구성하고 있는 금속 전극에 흘러야 한다. 금속 전극에 가해지는 전압은 $E^c = E^c_{eq} - \eta_c$가 된다. 평형 전압($E^c_{eq}$)보다 $\eta_c$만큼 더 음의 값을 갖는 전압($E^c$)이 금속 전극에 가해짐을 말한다. 어떤 크기의 전류가 흐를 때 DSA와 금속 환원 전극에 가해져야 하는 전압이 각각 $E^a$와 $E^c$이므로 $E_{appl} = (E^a - E^c)$가 된다.

셀 분극이 생기는 또 다른 이유를 "전류는 닫힌 고리를 형성하며 같은 크기의 전류가 고리를 통하여 흘러야 한다"라는 사실로부터 찾을 수 있다. 전류가 닫힌 고리를 따라 흐를 때, 여러 종류의 저항들이 전류의 흐름을 방해한다(그림 11-1). 저항에는 $R_{circuit}$, $R_{solution}$, $R_{separator}$ 등이 있다. 전류가 흐르면 $iR$ 전압 강하가 발생한다. 따라서 $E_{appl}$는 $(E^a - E^c)$에 $iR$ 전압 강하가 더해진 <식 11-1>이 되어야 한다. <식 11-1>에서 $E^a$와 $E^c$는 위에 설명한 것처럼 전류가 흐를 때 산화 전극과 환원 전극의 전압을 뜻하고, $iR_{total}$은 $iR$ 전압 강하를 뜻한다. $R_{total}$은 모든 저항의 합을 말한다. 한편, $E^a = E^a_{eq} + \eta_a$이고 $E^c = E^c_{eq} - \eta_c$이므로 <식 11-2>가 유도된다. $E_{cell} = E^a_{eq} - E^c_{eq}$이므로 최종적으로 <식 11-3>이 유도된다. 또한 셀 분극 = $\eta_a + \eta_c + iR_{total}$이라고 정의하면 <식 11-4>가 유도된다. 1-2절에서 어떤 전극에 과량의 음 또는 양전하가 축적된 상태를 '분극'이라 하였는데, 이는 하나의 전극에서 일어나는 현상을 말한다. 동일하게 '분극'이란 단어를 사용하지만, 여기에서 말하는 '셀 분극'은 2개의 반쪽 전지로 구성된 전기화학 셀에서 일어나는 현상이다.

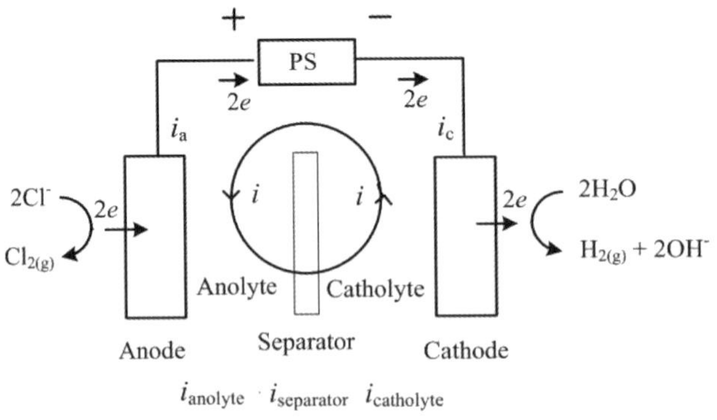


**그림 11-1** 소금물의 전기분해 셀에서 닫힌 고리를 통한 전류의 흐름과 이에 따른 셀 분극의 발생

$$E_{appl} = (E^a - E^c) + iR_{total} \quad \text{<11-1>}$$

$$E_{appl} = (E^a_{eq} + \eta_a) - (E^c_{eq} - \eta_c) + iR_{total}$$

$$E_{appl} = (E^a_{eq} - E^c_{eq}) + \eta_a + \eta_c + iR_{total} \quad \text{<11-2>}$$

$$E_{appl} = E_{cell} + \eta_a + \eta_c + iR_{total} \quad \text{<11-3>}$$

$$E_{appl} = E_{cell} + \text{cell polarization} \quad \text{<11-4>}$$

산화 전극 과전압($\eta_a$)과 환원 전극 과전압($\eta_c$)에는 각각의 전극 반응을 위한 활성화 과전압과 농도 과전압이 발생한다. [그림 11-2-a]를 보면 전류가 증가함에 따라 활성화 과전압이 증가한다. 농도 과전압도 증가한다(그림 11-2-b). 전류 크기에 따라 2종류 과전압 모두 커지므로, 전류가 증가하면 산화 전극 과전압($\eta_a$)과 환원 전극 과전압($\eta_c$)도 증가한다. 당연히 $iR_{total}$ 값도 전류가 증가할수록 커진다. 셀 분극을 결정하는 $\eta_a$, $\eta_c$, $iR_{total}$이 전류에 따라 커지므로, 전해의 속도(전류)를 빠르게 할 때 더 큰 셀 분극이 발생하고, 따라서 두 반쪽 전지 전극 사이에 더 큰 전압($E_{appl}$)을 가해야 한다. 전해를 더 빠른 속도로 진행하고 싶으면 더 큰 전압($E_{appl}$)을 걸어주어야 한다.

<식 11-3>을 [그림 11-1]의 실제 전해 셀을 이용하여 유도해 보면 다음과 같다. 닫힌 고리 안에서 전류의 흐름을 염소 반쪽 전지에서 출발하여 시계 반대 방향으로 진행하며 셀 분극에 기여하는 과전압과 $iR$ 전압 강하가 어떻게 발생하는지 살펴보자. [그림 11-3]에 나타낸 것처럼 먼저 외부 도선과 산화 전극 자체의 저항에 의한 $iR$ 전압 강하($iR^a_{circuit}$, 윗첨자 $^a$는 anode를 뜻함)가 발생하고, 이어서 산화 반응을 위한 과전압($\eta_a$)이 추가되어 양극 전압이 $E^a = E^a_{eq} + \eta_a$가 된다. 다음에 산화 전극 액(anolyte, 분리막을 경계로 산화

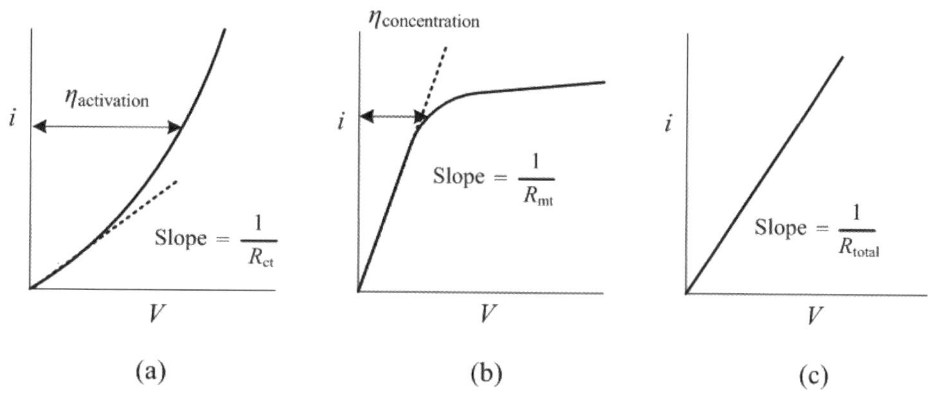


**그림 11-2** 활성화 과전압(a), 농도 과전압(b), 그리고 $iR_{total}$ 전압 강하(c)를 설명하는 전류($i$)와 전압($V$)의 관계. (a)는 [그림 4-4], (b)는 [그림 6-12]를 발췌하여 그린 것임.

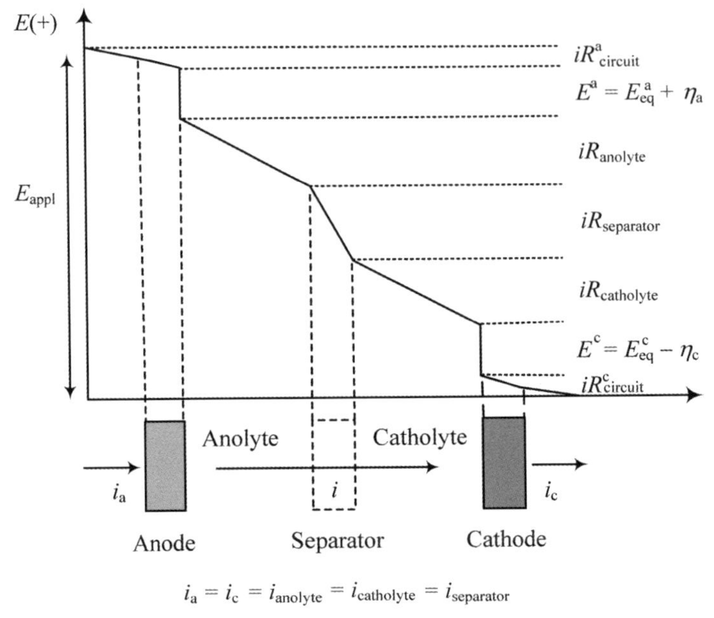


**그림 11-3** 분리막이 포함된 전해 셀에서 전해 전압($E_{appl}$)을 결정하는 $iR$ 전압 강하와 과전압

전극 쪽 전해질)의 저항에 의한 $iR$ 강하($iR_{anolyte}$), 분리막 저항에 의한 $iR_{separator}$, 환원 전극 액(catholyte)의 저항에 의한 $iR_{catholyte}$, 환원 전극에서 과전압($\eta_c$), 환원 전극의 저항과 회로 저항에 의한 $iR$ 강하($iR^{c}_{circuit}$, 위 첨자 $^{c}$는 cathode를 뜻함)가 발생한다. $iR$ 강하와 과전압을 모두 합하면 <식 11-3>이 된다.

소금물의 전기분해와 같은 전해 셀에서 전기 에너지 사용을 줄일 수 있는 방법 중 하나가 $E_{appl}$를 줄이는 것이다. $E_{appl}$를 줄이기 위해서는 2개 반쪽 전지에서 일어나는 전극 반응의 과전압($\eta_a$와 $\eta_c$)과 $iR_{total}$을 줄여야 한다. <식 4-19>와 <식 4-12>에 나타낸 $k^0$가 활성화 과전압의 크기를 결정하는 인자이므로, 활성화 과전압을 줄이기 위해서는 주어진 전하 전달 반응의 속도 특성이 우수한($k^0$가 큰) 전극의 선정, $k^0$가 크도록 전극의 개선, 전극 면적($A$)의 확대, 그리고 전기화학 반응에 참여하는 화합물의 농도($C_O^*$와 $C_R^*$) 증대 등을 고려할 수 있다. 농도 과전압을 줄이기 위해서는 <식 6-20>과 <식 6-7>에서 보듯이, 전극 면적의 확대, 전기화학 반응에 참여하는 화합물의 농도 증대, 그리고 교반 속도 증대 등 물질 전달 속도를 증가시킬 수 있는 방안이 모색되어야 한다. 전체 저항($R_{total} = R_{solution} + R_{separator} + R_{electrode} + R_{others}$)은 여러 저항의 합이다. 여기서 $R_{solution} = R_{anolyte} + R_{catholyte}$로서 산화 전극 액의 저항($R_{anolyte}$)과 환원 전극 액 저항($R_{catholyte}$)의 합이다. $R_{separator}$

는 분리막에서 이온 전도와 관계된 저항이고, $R_{electrode}$는 전극에서 전자 전도와 관계된 저항을 말한다. $R_{others}$의 예로서 리튬 이온 전지의 음극 표면에 형성되는 SEI(solid electrolyte interphase) 저항을 들 수 있다. SEI 층을 통하여 이온 전도가 필요하고 이에 따른 저항을 $R_{SEI}$로 표현한다(12장 참조). 일반적으로 여러 저항 중에서 분리막 저항($R_{separator}$)이 가장 크다. 따라서 분리막을 사용하지 않는 셀(undivided cells)을 구성할 수 있으면 $E_{appl}$이 작아 에너지 사용 측면에서 유리하다. 그러나 공정에 따라서, 산화(환원) 전극에서 산화(환원)된 화합물이 다시 환원(산화) 전극에서 환원(산화)되는 것을 방지하기 위하여 분리막의 사용이 불가피한 경우(divided cells)가 있다. 여기서 "divided'란 전해액이 분리막에 의해 "산화 전극 액(anolyte)와 환원 전극 액(catholyte)으로 나누어진다"라는 의미이다. 전해질 용액의 저항과 분리막 저항은 <식 11-5>로 주어진다.

$$R_{solution} = \frac{l}{\kappa_{solution} A}, \quad R_{separator} = \frac{l}{\kappa_{separator} A} \qquad \text{<11-5>}$$

<식 11-3>으로부터 유추하듯이 셀 분극에 영향을 주는 것은 전해질 용액의 이온 전도도($\kappa_{solution}$)가 아니고 저항($R_{solution}$)이다. 물론 $\kappa_{solution}$이 클수록 $R_{solution}$이 작아진다. 그러나 $\kappa_{solution}$이 작더라도 전극의 면적($A$)을 크게 하고, 두 전극 사이 거리($l$)를 작게 함으로써 $R_{solution}$을 줄여 셀 분극을 줄일 수 있다. 분리막의 경우도 분리막의 이온 전도도($\kappa_{separator}$)가 작더라도 전극의 면적($A$)을 크게 하고, 두께($l$)를 얇게 함으로써 분리막 저항($R_{separator}$)을 줄여 셀 분극을 줄이는 데 기여할 수 있다.

### 스스로 학습 11-1

어떤 전해 셀에서 음극의 종류와 음극 반응, 양극의 종류와 양극 반응 등 모두 동일하나, 음극과 양극의 면적만 크게 한다면 <식 11-3>의 오른쪽 4개 항은 어떻게 변하나? 모든 과전압과 저항은 전극의 면적에 반비례함을 확인하시오.

### 스스로 학습 11-2

$R_{total} = R_{solution} + R_{separator} + R_{electrode} + R_{SEI}$로 구성된다고 하자. 4개의 저항 중에서 1개가 전도 특성 측면에서 다른 3개와 다르다. 어떤 것이 어떻게 다른가?

**예제 11-1**

활성화 과전압과 농도 과전압을 고려하여 다음에 답하시오.

(1) [그림 11-2]에 셀 분극에 기여하는 활성화 과전압, 농도 과전압, 그리고 $iR_{total}$ 전압 강하를 설명하기 위한 전류와 전압의 관계를 비교하였다. 전류-전압 관계를 비교할 때, 활성화 과전압과 농도 과전압은 $iR_{total}$ 전압 강하와 어떻게 다른가?

(2) [그림 11-2]에 보인 3개 그림을 겹쳐 놓고 상대적인 크기를 비교하였을 때, 셀 분극을 결정하는 데 있어 전류가 작은 영역에서는 활성화 과전압이, 전류가 큰 영역에서는 농도 과전압이, 그리고 중간 영역에서는 $iR_{total}$ 전압 강하가 가장 큼을 확인하시오.

**풀이** (1) $iR_{total}$ 전압 강하는 $i$-$V$ 관계에서 넓은 범위에서 선형 관계를 보인다. 전하 전달이 전체 속도를 결정하는 경우, 전류(전하 전달 속도)는 활성화 과전압이 작은 영역에서는 전압과 선형 관계를 보이지만 활성화 과전압이 증가하면 지수함수에 의해 급속히 증가한다. 따라서 활성화 과전압은 전류가 작은 영역에서 빠르게 증가하다가 전류가 큰 영역으로 가면 점차 증가 폭이 감소한다. 물질 전달이 전체 속도를 결정하는 경우, 전류(물질 전달 속도, 더 정확하게 확산 속도)는 농도 과전압이 작은 영역에서는 전압과 선형 관계를 보이지만 농도 과전압이 큰 영역에서 일정한 한계 값을 보인다. 따라서 농도 과전압은 전류가 작은 영역에서 선형적으로 증가하다가 전류가 큰 영역에서 무한대로 커진다. 이처럼 전압에 따라 전류가 변화하는 모양이 3가지 경우 서로 다르므로 이들을 구별할 수 있다. 한편 (a)와 (b)에서 $iR_{total}$ 전압 강하와 같이 넓은 전압 범위에서 선형적인 전류-전압 관계가 보이지 않으므로, 저항의 개념을 도입할 수 없다. 그러나 두 경우 모두 과전압이 작은 영역에서는 선형 관계를 보이므로, 이로부터 $R_{ct}$와 $R_{mt}$를 각각 정의할 수 있고(점선으로 표시), 또한 활성화 과전압 또는 농도 과전압의 크기를 이들 저항을 이용하여 비교할 수 있다. 예를 들어, (a)에서 $R_{ct}$가 작다면 점선으로 표시한 기울기가 크고, 이는 활성화 과전압이 작음을 의미한다. 즉, $R_{ct}$ 값으로부터 활성화 과전압의 크기를 비교할 수 있다. 또한 (b)에서 $R_{mt}$가 작다면 점선으로 표시한 기울기가 크고, 이는 농도 과전압이 작음을 의미한다. 즉, $R_{mt}$ 값으로부터 농도 과전압의 크기를 비교할 수 있다

(2) [그림 11-2]의 3개 그림을 겹쳐서 비교해 보면, 전류가 작은 영역에서는 활성화 과전압이 가장 크고, 전류가 큰 영역에서는 농도 과전압이 가장 크고, 중간 영역에서는 $iR_{total}$ 전압 강하의 크기가 가장 큼을 알 수 있다. 이러한 특성은 [그림 12-41]에서 확인할 수 있다.

## 11-2 전해 셀의 설계 방법

전해 셀(또는 전해조)의 설계 방법은 다양한데, **흐름형 셀**(flow cell)과 **회분형 셀**(batch cell)로 나눌 수 있다(그림 11-4). 흐름형 셀의 경우 반응물을 연속적으로 전해 셀 내로 공급하지만 회분형 셀에서는 그렇지 않다. 흐름형 셀에서 전해에 의해 발생하는 열을 제거할 수 있는 장점이 있으나 펌프질을 위한 시설이 필요하다. 또한 두 전극 사이의 간격이 너무 좁으면 그 사이로 유체의 흐름이 어려우므로 전극 사이 간격을 최소화하는 데 한계가 있다. 전극은 평행판(parallel plate) 형태 또는 원통(cylinder) 형태(그림 11-4-c)로 제작하여 사용한다.

어떤 형태로 전극을 설치한다고 하더라도 반드시 두 전극 사이의 거리를 균일하게 제작되어야 한다. 2개 전극 사이 거리가 균일하지 않을 때 발생할 수 있는 문제를 [그림 11-5]에서 설명하였다. 먼저 정전류 조건에서 전해를 한다고 하자. 거리가 멀게 마주 보고 있는 두 지점 사이에는 전해질 저항에 의한 $iR_{solution}$이 가깝게 마주 보고 있는 두 지점보다 더 크기 때문에, 셀 분극이 더 크다. 즉, <식 11-3>에서 예상할 수 있듯이, 위치에 따라 $E_{appl}$이 서로 다를 수 있다. $E_{appl}$이 서로 다르면, 위치에 따라 전기화학 반응의 종류가 다를 수 있다. 예를 들어, 가깝게 마주 보고 있는 두 전극에서는 원하는 전기화학 반응이 진행되지만, 멀게 마주 보고 있는 두 전극에서는 $E_{appl}$이 커서 전극에 가해지는 전압이 지나치게 양의 값 또는 음의 값을 가질 수 있으므로 부반응이 일어날 수도 있다. 다음

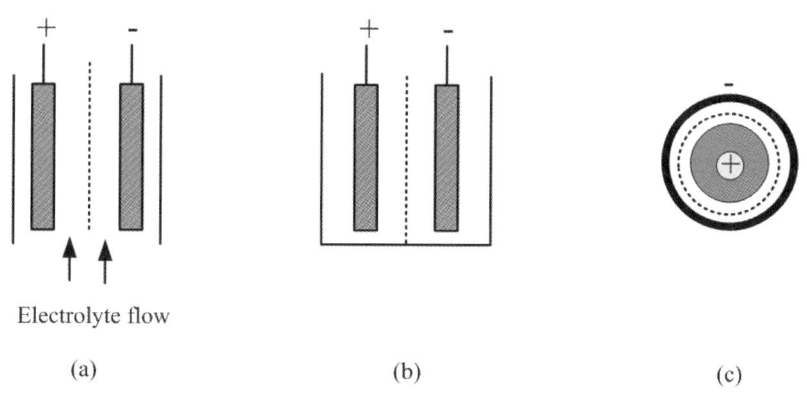


**그림 11-4** (a); 평행판 형태 흐름형 셀, (b); 평행판 형태 회분형 셀, (c); 원통 형태 셀. 점선은 분리막을 나타냄.

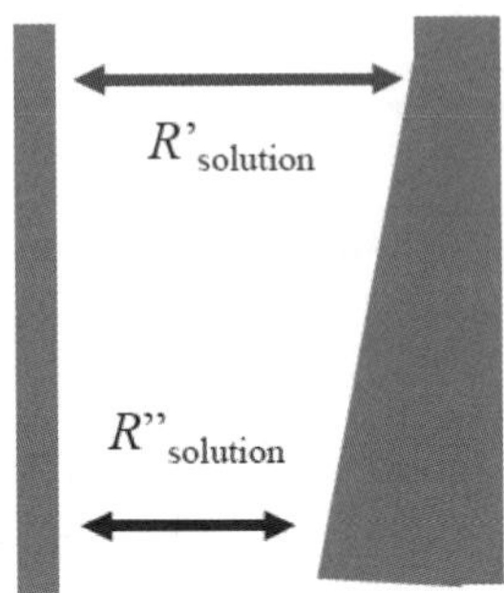


그림 11-5 2개 전극 사이 거리가 일정하지 않을 때 생기는 문제

에 정전압 조건에서 전해를 한다고 하자. 가깝게 마주 보고 있는 두 지점 사이에는 전해질 저항이 더 작으므로($R''_{solution} < R'_{solution}$), 전류의 크기가 더 크다. 전류는 반응 속도의 표현이므로, 이는 전극의 위치에 따라 서로 다른 속도로 반응이 진행된다는 의미이다. 이차 전지의 충/방전 과정을 예로 들면, 2개 전극이 가깝게 마주 보고 있는 지점에서 더 빠른 속도로 충/방전이 진행되므로 이곳에서 과충전/과방전 현상이 발생할 수 있다. 이처럼 "두 전극 사이의 거리가 균일해야 한다"라고 함은 전해 셀과 갈바니 셀을 막론하고 셀 성능을 좌우하는 매우 중요한 요구 조건이 된다.

**스스로 학습 11-3**

전해 셀에서 전해를 하면 열(heat)의 발생으로 전해조 내부 온도가 증가할 수 있다. 열의 발생 원인을 열역학 측면과 동력학 측면에서 찾아보시오. 전해를 진행할 때 전해조 내부 온도가 감소할 가능성은 없는가? (스스로 학습 12-6 참조)

전극을 정렬하는 방법에는 **홀극**(monopolar) 형과 **쌍극**(bipolar) 형이 있다. [그림 11-6-a]에 제시한 홀극 형의 경우 3개의 전극은 양극이고, 3개는 음극이다. 1개의 양극과 1개의 음극으로 구성된 단위 셀에서 정전압 전해할 때 필요한 $E_{appl}$이 2.0 V이고, 이때 $i$ = 1.0 A인 전류가 흐른다고 하자. 3개씩 구성된 양극과 음극들 사이에 2.0 V를 가하면, 전극 면적이 단위 셀에 비해 3배 더 넓으므로 전류도 3배인 3.0 A가 흐른다. 따라서 홀

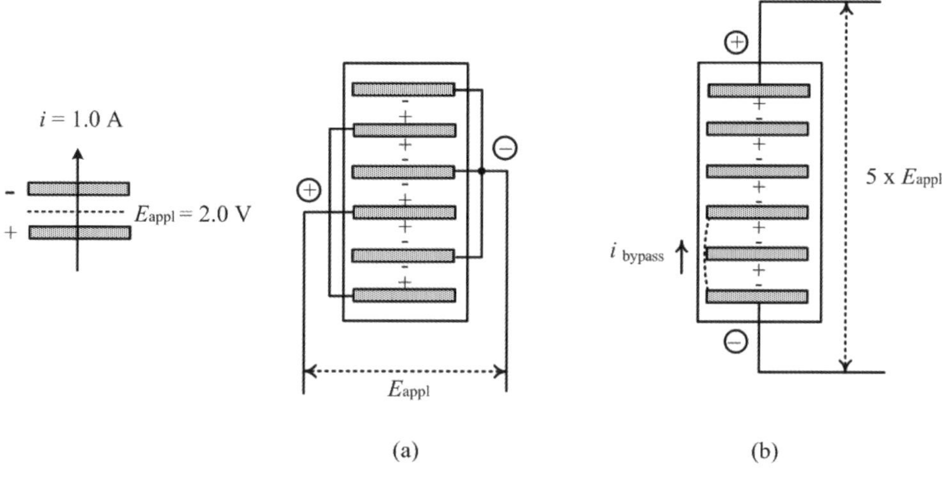


**그림 11-6** 전해 셀의 설계: (a) 홀극 설계, (b) 쌍극 설계. 전극 사이에 분리막 표시는 생략하였다.

극 셀은 전극 면적을 확대하여 전해 속도를 빠르게 하는 효과가 있다. 반면 [그림 11-6-b]에 제시한 쌍극 형의 경우, 양쪽 끝에 위치한 전극에만 전압을 가한다. 이 경우 다섯 개의 단위 셀로 구성되므로 가해야 하는 전압은 2.0 V × 5 = 10 V가 된다. 그러나 전류의 크기는 1.0 A로 증가하지 않는다. 쌍극 형이라고 하는 이유는 모든 전극의 한쪽 면은 음극 역할을 하고 반대 면은 양극 역할을 하기 때문이다. 홀극 형에서 모든 전극이 음극 아니면 양극으로 한 종류의 극성을 갖는 것과 대비된다. 쌍극 형에서는 가해 주는 전압이 크나, 홀극 형처럼 전극 면적이 증가하는 것이 아니므로 전해 속도는 상대적으로 느리다. 쌍극 형은 외부 도선과 전극의 연결 부위가 홀극 형에 비해 적으므로 접촉 저항이 작고, 전해 셀의 구조가 간단하다는 장점이 있다. 그러나 **우회 전류**(bypass current, $i_{bypass}$)로 인한 문제가 발생할 수 있다. 즉, 그림처럼 전류가 우회할 때 두 전극(맨 아래 −극과 3번째 +극) 사이에는 4.0 V(2.0 V × 2)가 가해지므로 2.0 V가 걸릴 때 없었던 부반응의 가능성이 있다.

### 스스로 학습 11-4

[그림 11-6-b]의 쌍극형에서 "전해 셀을 구성하기 위하여 닫힌 고리를 형성해야 한다"는 원리를 고려하여 전해질 측면에서 우회 전류를 차단할 수 있는 방법을 생각해 보시오.

## 11-3 소금물의 전기분해chlor-alkali industry

소금물(brine)의 전기분해로부터 얻어지는 염소는 PVC(poly vinylchloride)의 원료로 사용되고, NaOH는 중화제로 사용되는 등 용도가 매우 다양하다. 현재 상용화된 공정에는 격막 셀, 수은 셀, 그리고 막 셀이 있다.

### (1) 격막 셀

[그림 11-7]에 격막 셀(diaphragm cell)의 구조를 보여 주고 있다. 산화 전극과 격막(asbestos) 사이로 소금물이 유입되면 산화 전극에서는 $Cl^-$가 산화되어 염소($Cl_2$)가 발생한다. 물($H_2O$)은 석면(asbestos)층을 통과할 수 있으므로 환원 전극 쪽으로 이동되어 환원 반응을 통해 수산화 이온($OH^-$)으로 전환되고, 이는 석면층을 투과한 $Na^+$과 NaOH를 형성한다. [표 11-1]에 소금물 전기분해 공정에 관여하는 반쪽 전지들의 평형 전압을 나열하였다. 소금물의 pH = 4이므로 [표 11-1]의 식 (A)에 의해 DSA 비활성 전극에서 염소가 발생한다. 환원 전극 액에는 $OH^-$가 생성되므로 pH = 14가 된다. 따라서 환원 반응은 (C-ii)에 의해 금속 비활성 전극에서 $OH^-$의 생성과 $H_2$ 발생이 진행된다. 이로부터 $E_{cell} = E^a_{eq} - E^c_{eq} = 1.31 - (-0.84) = 2.15$ V이다.

산화 전극에서 물의 산화 반응(B-i)의 $E_{eq}$이 염소 반쪽 전지의 그것보다 더 음의 값을 가지므로 열역학적으로 산소 발생이 염소 발생보다 더 유리하다. 그러나 DSA 전극에서

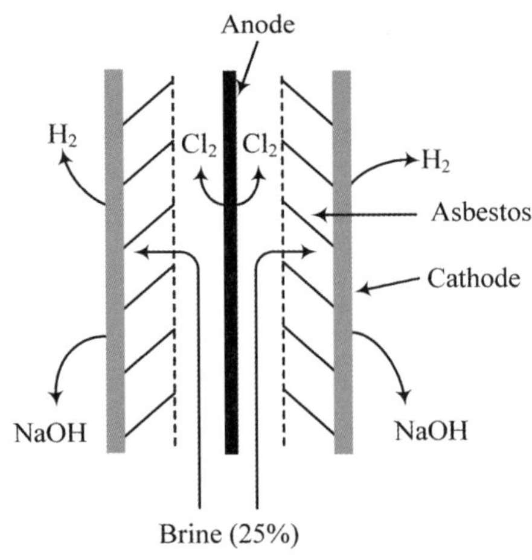


그림 11-7 격막 셀의 구조

[표 11-1] 소금물 전기분해(chlor-alkali cell)에 관여하는 반쪽 전지들의 평형 전압*

| Reaction | pH | $E_{eq}$ (*vs.* NHE) |
|---|---|---|
| (A): $2Cl^- = Cl_2 + 2e$ | 4 | +1.31 |
| (B): (i) $2H_2O = O_2 + 4H^+ + 4e$ | 4 | +0.99 |
| (ii) $O_2 + 2H_2O + 4e = 4OH^-$ | 14 | +0.39 |
| (C): (i) $2H^+ + 2e = H_2$ | 4 | −0.24 |
| (ii) $2H_2O + 2e = H_2 + 2OH^-$ | 14 | −0.84 |
| (D): $Na^+ + Hg + e = NaHg$ | 4 | −1.85 |

*Concentration of NaCl = 25 %, T = 298 K

염소 발생 반응의 표준 속도 상수($k^0$)가 매우 크나, 산소 발생 반응의 $k^0$가 매우 작으므로 산소 발생은 무시할 만큼 적다. 즉 열역학적으로 예측되는 산화 전압($E_{ox}$)이 염소 반쪽 전지는 $E_{ox} \approx E_{eq}$ = 1.31 V (*vs.* NHE)이고 산소 반쪽 전지의 경우 $E_{ox} \approx E_{eq}$ = 0.99 V (*vs.* NHE)이지만, 동력학이 고려된 실제 산화 전압은 염소 반쪽 전지의 경우 $E_{ox} \approx E_{eq}$ = 1.31 V이지만 산소 반쪽 전지의 경우 $E_{ox} >> E_{eq}$ = 0.99 V이어서 실제 염소가 발생하는 전압 영역($E_{ox} \geq$ 1.31 V)에서 산소 발생 속도는 매우 작다(예제 4-3 참조). 한편 **'치수 안정성 산화 전극'**이라고도 하는 이유는, 이 전극이 개발되기 전에 사용하던 탄소 전극이 강한 산화 조건에서 산화되어 깎여 나가는 데 비해, 이 전극은 이러한 전극의 소모 현상이 없어 치수적으로 안정하기 때문이다.

이 공정에 사용되는 석면은 두 전극을 물리적으로 차단하는 역할만 하므로 석면층을 통하여 물과 이온의 이동이 가능하다. 이에 따라 다음과 같은 문제가 발생할 수 있다. 첫째, 소금물에 녹아 있는 $Cl^-$가 환원 전극 쪽으로 이동하여 NaOH에 NaCl이 불순물로 존재한다. 둘째, 환원 전극에서 생성된 $OH^-$가 산화 전극 쪽으로 이동하여 다음과 같은 문제를 일으킨다. 먼저 $Cl_2(g) + 2OH^- \rightarrow H_2O + OCl^- + Cl^-$ 반응을 통해 전해에 의해 생성된 염소가 소모된다. 또한 [표 11-1] (B-i) 반쪽 전지의 $E_{eq}$이 pH가 증가함에 따라 더 음의 값을 가져 pH = 4에서 무시할 수 있었던 산소 발생이 더 심해진다. 따라서 염소에 산소($O_2$)가 불순물로 유입되게 된다. $OH^-$가 산화 전극 액으로 확산하는 현상을 억제하기 위하여 환원 전극 액(catholyte)에서 NaOH의 농도를 12 % 이하가 되도록 조절한다. 따라서 통상적인 시판 농도인 50 %를 맞추기 위하여 물을 증발시켜야 하므로 추가 비용이 든다. 이러한 문제에도 불구하고 이 공정이 상용화된 이유는 NaOH의 순도가 중요하지 않은(NaCl이 포함되어도 문제가 없는), 예를 들어 산(acids)의 중화제로 사용하는 것과 같이 용도가 다양하기 때문이다.

**스스로 학습 11-5**

격막 셀에서 산화 전극 액의 pH = 4이다. $OH^-$가 환원 전극 액에서 넘어와 산화 전극 액의 pH = 7이 되었다고 가정하자. pH = 4에서 [표 11-1] B(i) 반쪽 전지의 $E_{eq}$ = 0.99 V였다. pH = 7로 증가하였을 때 $E_{eq}$는 어떻게 변하는가? pH = 7로 증가하였을 때 $O_2(g)$가 발생하여 $Cl_2(g)$ 안에 불순물로 존재할 가능성이 커짐을 확인하시오.

### (2) 수은 셀

수은 셀(mercury cell)의 산화 전극에서는 [표 11-1]의 (A) 반응을 통해 염소가 발생하고, 환원 전극에서는 (D) 반응에 의해 NaHg 아말감이 생성된다. 따라서 $E_{cell} = E^a{}_{eq} - E^c{}_{eq}$ = 3.16 V이다. 환원 전극에서 생성된 NaHg 아말감을 셀 밖으로 빼내어 물을 첨가하여 $NaHg + H_2O \rightarrow 1/2H_2 + Na^+ + OH^- + Hg$ 반응을 유도하여 NaOH를 얻고, 수은을 재생한다. 재생된 수은은 다시 셀로 보내져 NaHg 아말감 생성에 참여한다. 소금물의 pH(= 4)에서 (C-i) 반응에 의한 수소 발생이 NaHg 아말감 생성 반응보다 열역학적으로 더 유리하다. 그러나 비활성 수은 전극에서 수소 발생의 $k^0$가 매우 작기 때문에 수소 발생 문제는 심각하지 않다([그림 4-12] 참조).

수은 셀은 [그림 11-8]에 보인 것처럼 산화 전극과 환원 전극이 셀의 윗부분과 아래에

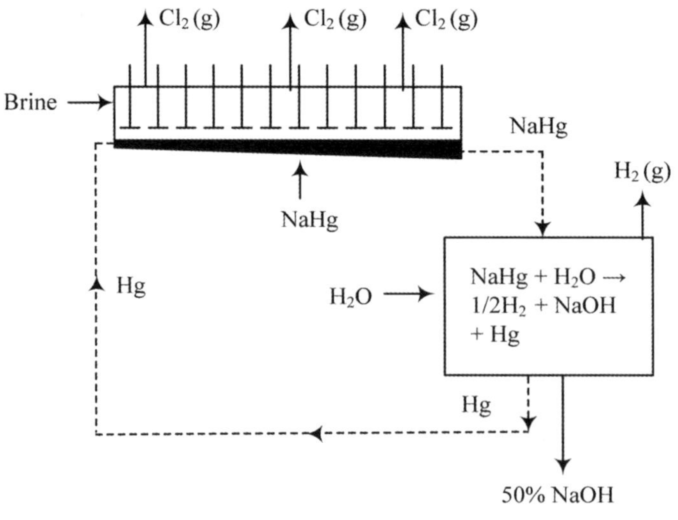


그림 11-8 수은 셀의 구조와 수은의 재생

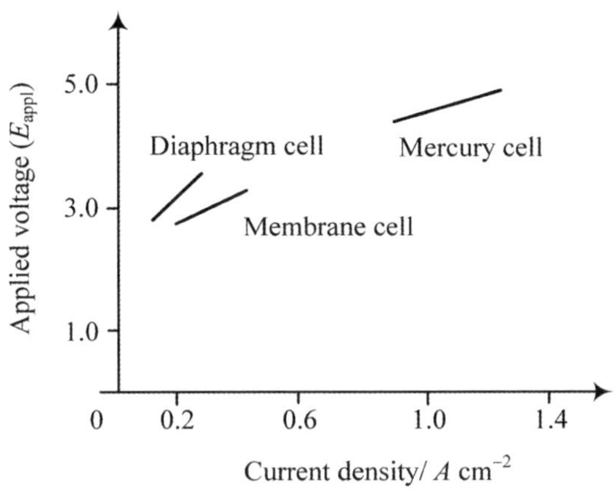


**그림 11-9** 3 종류 셀의 운전 조건에서 전류 밀도에 따른 전해 전압($E_{appl}$)

배열되어 있고, 분리막이 없다. 분리막이 필요 없는 이유는 산화 전극에서 생성된 염소가 위로 포집되어 아래쪽에 설치된 환원 전극으로의 이동 가능성이 낮고, 환원 전극에서 생성된 NaHg 아말감은 고체이므로 위쪽에 배열한 산화 전극으로 이동할 수 없기 때문이다. 격막 셀처럼 NaOH 농도를 조절할 필요가 없으므로 최종 제품인 50 % 농도로 생산한다. 분리막이 없으므로 큰 속도(전류)로 전해가 가능하다는 장점이 있다.

[그림 11-9]에 세 종류 전해 셀의 운전 조건에서 전류와 전압의 관계를 비교하였다. 수은 셀을 작동할 때 전류 밀도가 다른 셀에 비해 큰 것에 비해 전해 전압($E_{appl}$)이 매우 크지 않음을 확인할 수 있다. 이것은 분리막이 없어서 분리막 저항이 셀 분극에 기여하지 않기 때문이다. <식 11-3>으로 예측할 수 있듯이 전류 값이 크더라도 셀 분극이 예상보다 적어 전해 전압($E_{appl}$)이 크지 않다. 큰 전류 밀도에서 조업이 가능하므로 단위 시간당 생산량이 큰 장점이 있다. 그러나 수은의 공해 문제로 이 공정은 점차 폐기되고 있다.

### 스스로 학습 11-6

[그림 11-9]에 보인 것처럼 수은 셀의 작동 조건에서 전류 밀도가 다른 셀에 비해 대략 4배 큼에도 불구하고 전해 전압($E_{appl}$)이 1.5배 정도밖에 크지 않다. 이를 <식 11-3>을 이용하여 설명해 보시오.

**스스로 학습 11-7**

셀 분극에 기여를 전류 크기에 따라 구분하면, 일반적으로 전류의 크기가 작은 영역에서는 활성화 과전압의 기여가 가장 크고, 전류가 큰 영역에서는 농도 과전압, 그리고 중간 영역에서는 $iR_{total}$ 전압 강하의 기여가 가장 크다(예제 11-1 참조). [그림 11-9]를 보면 전해 전압과 전류 밀도가 직선적 비례 관계를 보인다. 그렇다면 [그림 11-9]에 보인 전해 셀의 작동 전류 범위에서 어느 것의 기여가 가장 크다고 할 수 있는가? 그림에서 기울기가 서로 다르다. 기울기의 차이는 세 종류 셀의 어떤 차이를 말하고 있는가? 수은 셀의 기울기가 가장 작다. 이유를 설명하시오.

### (3) 막 셀

막 셀(membrane cell)은 격막 셀과 동일한 조건에서 작동되므로 $E_{cell} = E^a_{eq} - E^c_{eq} = 2.15$ V이다. 석면 대신에 양이온 교환 수지를 사용한다는 차이가 있다. 양이온 교환 수지에는 강산 형태($-SO_3H$, 상품명이 Nafion®)와 약산 형태($-COOH$)의 두 종류가 있다. 강산 형태 양이온 교환 수지의 화학 조성식을 [그림 11-10]에 제시하였다. 약산 형태의 고분자 수지는 카복실레이트(carboxylate, $-COO^-$) 작용기를 포함한다는 것을 제외하고 강산 형태와 유사한 조성을 가지고 있다. 양이온 교환 수지 내부에 존재하는 강산 또는 약산 작용기는 수화(hydration)되어 음이온과 양이온으로 해리하는데, 음이온은 고분자 막 내부에 고정되어 있으나 양이온은 이동이 가능하므로 양이온에 의한 이온 전도만이 가능하다. 즉, 소금물의 전기분해에서 $Na^+$의 투과가 가능하나, $Cl^-$ 또는 $OH^-$와 같은 음이온의 투과는 억제된다. 강산 형태의 막이 더 많은 양의 물에 의해 수화되고, 따라서 $Na^+$의 전도도가 크므로 현재 대부분의 공정에서 이 막을 사용하고 있다.

양이온 교환 수지를 사용함으로써 격막 셀이 가지고 있던 많은 문제를 해결하였다. 막이 양이온만을 투과시키므로 $Cl^-$가 환원 전극 액으로 이동하여 일으키는 NaCl 불순물

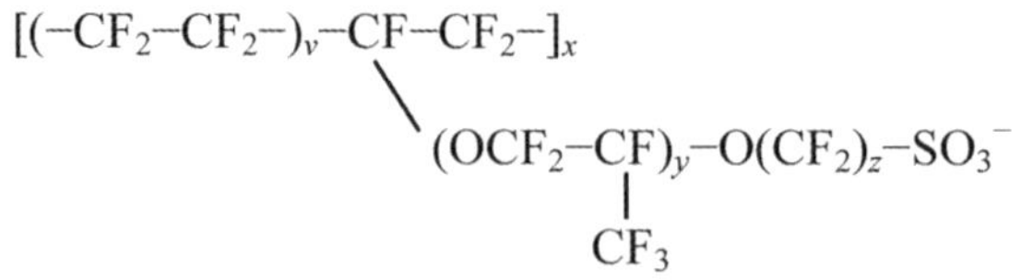

$$[(-CF_2-CF_2-)_v-CF-CF_2-]_x$$
$$\quad\backslash\ (OCF_2-\underset{\displaystyle CF_3}{\underset{|}{CF}})_y-O(CF_2)_z-SO_3^-$$

$v = 5\sim15 \quad x = 1000, \quad y = 1\sim3 \quad z = 1\sim4$

**그림 11-10** 막 셀에 사용되는 강산 형태 고분자 막의 화학 조성식

문제가 없고, 격막 셀에서처럼 $OH^-$가 산화 전극 액으로 이동하여 일으키는 문제도 없다. 그러나 NaOH의 농도가 35 % 이상이면 $OH^-$가 확산에 의해 양이온 교환 수지를 투과하여 산화 전극 액으로 이동할 가능성이 커지기 때문에 NaOH의 농도를 35 % 이하로 조절해야 한다. 따라서 50 %로 농축하기 위한 경비가 추가된다. 양이온 교환 수지는 $Ca^{2+}$ 등에 의해 오염되기 때문에 고순도의 NaCl을 원료로 사용해야 한다. 이 공정은 현재 전 세계적으로 가장 많이 사용되고 있다. 수은 셀은 수은의 공해 문제가 있고, 격막 셀은 농축이 필요하기 때문이다.

[그림 11-11]에 제로 갭 원리(zero-gap principle)를 활용하여 제작된 막 셀의 모식도와 막/전극 계면을 확대한 모양을 보여 주고 있다. [그림 11-11-b]에 보인 것처럼 양이온 교환막과 전극 사이 거리를 0에 가깝게 밀착되어 설계되어 있어 '제로 갭'이라고 한다. 제로 갭 설계를 하는 2가지 이유가 있다. 첫째, 두 전극 사이 거리를 최소화함으로써 $R_{solution}$ (= $R_{anolyte}$ + $R_{catholyte}$)을 최소화할 수 있다. 둘째, 분리막과 전극 사이에 가스 버블이 끼이는 것을 방지할 수 있다. 이 셀에서 수소와 염소 가스가 발생하는데, 간격이 어느 정도 이상이면 [그림 11-12]처럼 가스 버블이 끼인다. 가스 버블은 이온 전도를 막아 $R_{solution}$을 크게 하는 등 셀 성능에 악영향을 준다.

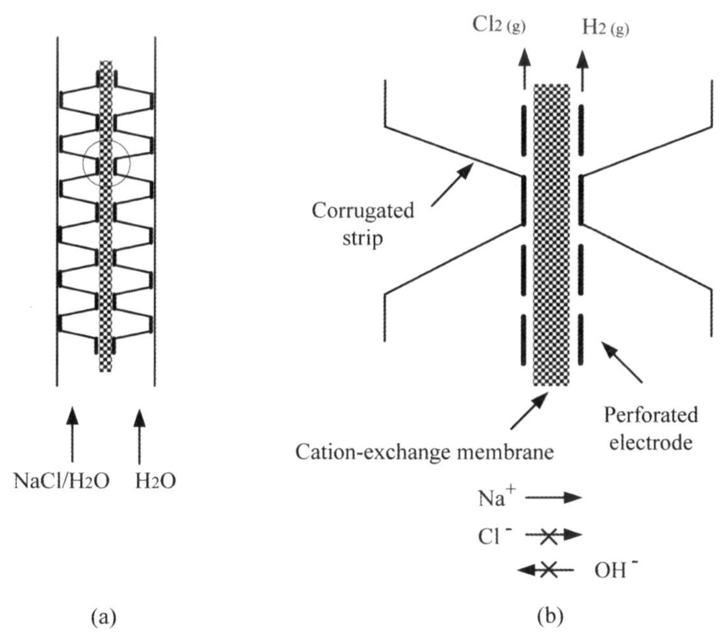


**그림 11-11** (a) 제로 갭 원리를 적용한 막 셀(membrane cell)의 구조, (b) 막과 전극 사이를 확대한 그림

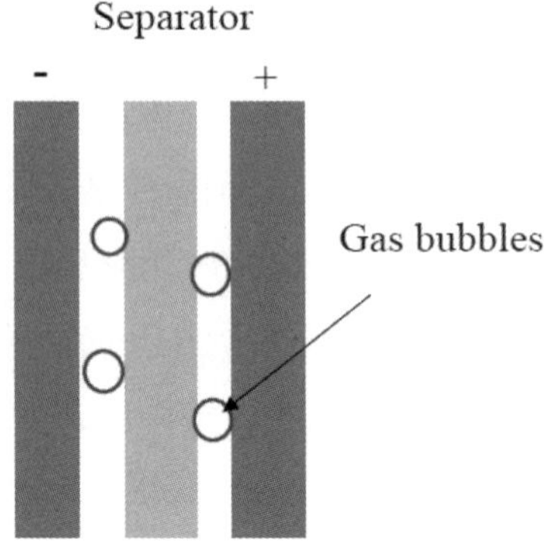


그림 11-12 분리막과 전극 사이 기포가 끼일 때 생기는 문제

**스스로 학습 11-8**

막 셀에서 발생한 수소와 염소 가스가 [그림 11-12]처럼 분리막과 전극 사이에 끼이면 셀 분극($E_{appl} = E_{cell} + \eta_a + \eta_c + iR_{total}$)에 기여하는 여러 인자(활성화 과전압, 농도 과전압, $R_{solution}$, $R_{separator}$)에 어떤 나쁜 영향을 주는지 설명하시오.

산화 전극의 반응은 막 셀과 동일하나, 환원 전극에서 [표 11-1]의 (B-ii) 반응을 통하여 $OH^-$를 생성시킬 수 있다. 이때는 부산물인 수소의 생성이 없다. 이렇게 셀을 구성하였을 때 $E_{cell} = E^a_{eq} - E^c_{eq} = 0.92$ V로 막 셀($E_{cell} = 2.15$ V)에 비해 매우 작으므로 전해 전압($E_{appl}$)이 낮아 전기 에너지 사용을 크게 줄일 수 있을 것으로 예상할 수 있다. 그러나 (B-ii) 반응이 4개 전자 반응이어서 활성화 과전압이 크기($k^0$가 작기) 때문에 실제 전해 전압($E_{appl}$)은 예상보다 작지 않다. 즉, <식 11-3>에서 $E_{cell}$은 작으나 음극에서 과전압($\eta_c$)이 큰 것이 문제이다. 4개 전자에 의한 산소 환원 반응에 활성이 우수한 전극이 개발되고 있는데, 현재 백금/탄소 전극의 성능이 가장 우수한 것으로 알려져 있다.

## 11-4 전해제련electrowinning

전해제련(electrowinning)은 광물을 녹여 금속을 이온으로 전환시킨 뒤 이를 환원하여 금속을 얻는 공정을 말한다. 금속 이온의 환원을 수용액에서 진행한다고 할 때, 부반응으로 물의 환원에 의한 수소 발생이 가능하다. 전해액의 pH에 따라 전위 결정 평형식이 다르므로 수소 반쪽 전지의 표준 전극 전위($E^0$)도 pH에 따라 다음과 같이 다르다.

$$\text{pH} = 0;\quad 2H^+ + 2e = H_2,\quad E^0 = 0.0\ \text{V}\ (vs.\ \text{NHE})$$
$$\text{pH} = 14;\quad 2H_2O + 2e = H_2 + 2OH^-,\quad E^0 = -0.83\ \text{V}\ (vs.\ \text{NHE})$$

**스스로 학습 11-9**

수용액의 pH가 14인 경우 수소 발생 반응의 $E^0 = -0.83$ V(*vs.* NHE)임을 <식 2-19>와 [그림 2-13]을 이용하여 확인하시오.

[그림 11-13]에 몇 가지 금속 반쪽 전지와 수용액에서 수소 반쪽 전지의 표준 전극전위를 나열하였다. 금속/금속 이온 반쪽 전지의 평형 전압($E_{eq}$, 표준 상태라면 $E^0$)이 수소 반쪽 전지의 그것보다 더 음의 값을 가지면 열역학적으로 수소 발생이 우선하므로 수용액에서 금속 이온의 환원을 진행할 수 없다. 수용액에서 전해제련이 불가하므로 전해액

Reduction tendency ↓

| Half-cells | $E^0$ (V *vs.* NHE) | |
|---|---|---|
| $Li^+ + e = Li$ | -3.04 | Base metals |
| $Al^{3+} + 3e = Al$ | -1.68 | |
| $Zn^{2+} + 2e = Zn$ | -0.76 | |
| $2H_2O + 2e = H_2 + 2OH^-$ | -0.83 (pH=14) | |
| $2H^+ + 2e = H_2$ | 0.0 (pH =0) | |
| $Cu^{2+} + 2e = Cu$ | 0.34 | Noble metals |
| $Ag^+ + e = Ag$ | 0.80 | |
| $Au^{3+} + 3e = Au$ | 1.52 | |

**그림 11-13** 몇 개 금속 반쪽 전지와 수용액에서 수소 반쪽 전지의 표준 전극전위

으로 물을 포함하지 않는 용융염(molten salt)을 사용한다. Li, Na, Mg, Al 등이 이렇게 용융염 전해질에서 전해제련을 통하여 얻어진다. 용융염 전해질을 이용한 대표적인 전해 공정으로 알루미늄의 제련을 들 수 있다. 이 공정에서 빙정석(cryolite, $Na_3AlF_6$), $CaF_2$, 그리고 $AlF_3$를 혼합하여 970 °C로 가열하면 액체 상태의 용융염이 되는데, 이를 전해질로 사용한다. Al의 원료인 보크사이트(bauxite, $Al_2O_3$가 주성분)를 용융염에 용해시켜 전해를 진행하는데 다음과 같은 반응이 관여한다.

Dissolution: $2Al_2O_3 + 2AlF_6^{3-} \rightarrow 3Al_2O_2F_4^{2-}$

Anode: $Al_2O_2F_4^{2-} + 4F^- + C$ (carbon electrode) $\rightarrow CO_2 + 2AlF_4^- + 4e$

Cathode: $AlF_6^{3-} + 3e \rightarrow Al + 6F^-$

Overall: $2Al_2O_3 + 3C \rightarrow 4Al + 3CO_2$

산화 전극에서는 탄소 전극 자체가 산화되어 $CO_2$로 전환된다. 즉, 탄소 전극은 전해와 함께 소모된다. 이 전해 셀에서 양극과 음극 사이의 간격을 비교적 넓게 설계하는데, 이는 전해에 의해 발생하는 열을 가열하는 데 이용하기 위함이다. 즉, 전극 사이 거리가 길면 $R_{solution}$이 크고, 셀 분극이 크다(식 11-3). 셀 분극이 크면 발생하는 열이 많아진다(<식 12-16> 참조).

금속/금속 이온 반쪽 전지의 평형 전압($E_{eq}$)이 수소 반쪽 전지의 그것보다 더 양의 값을 가지면 열역학적으로 금속 이온의 환원이 수소 발생보다 우선적으로 일어날 수 있으므로 수용액에서 전해제련이 가능하다. 이러한 제련을 **습식야금**(hydrometallurgy)이라고 한다. 대표적인 금속으로 Cu, Zn 등을 들 수 있다. 구리의 경우, $Cu^{2+} + 2e = Cu$ 반쪽 전지의 $E_{eq}$는 표준 상태를 가정하면 $E^0 = 0.34$ V(*vs*. NHE)로써, 수소 반쪽 전지의 $E_{eq} = 0.0 \sim -0.83$ V(*vs*. NHE) (pH = 0 ~ 14)에 비해 더 양의 값을 가지므로 전해질의 pH와 상관없이 수소 발생이 억제된 상태에서 $Cu^{2+}$의 환원이 가능하다. 그러나 Zn의 경우 $E_{eq}$는 표준 상태를 가정하면 $E^0 = -0.76$ V(*vs*. NHE)인데, 전해액의 pH가 낮은 경우(pH = 0일 때 수소 반쪽 전지의 $E_{eq} = 0.0$ V), 열역학적으로 수소 발생이 더 유리하므로 습식야금이 불가능하다.

그러나 실제로 Zn는 습식야금을 통하여 생산되는데, 이것이 가능한 이유는 다음과 같다. 첫째, 전해액의 pH를 높게 조절하여 수소 발생을 억제한다. 즉, 전해액의 pH = 14이면 수소 반쪽 전지의 $E_{eq} = -0.83$ V(*vs*. NHE)이므로 열역학적으로 Zn의 습식야금이 가능해진다. 또한 [그림 2-14]에 설명한 것처럼 pH가 증가하면 수소 발생과 Zn의 용출 속

[표 11-2] 금속 전극에서 수소 발생 반응의 교환 전류 밀도(1.0 *M* $H_2SO_4$)

| Metal | $-\log I_0$(A/cm$^2$) | Metal | $-\log I_0$(A/cm$^2$) |
|---|---|---|---|
| Ru | 2.1 | Fe | 6.0 |
| Pd | 2.3 | Cu | 6.7 |
| Rh | 2.8 | W | 7.0 |
| Pt | 3.6 | Cr | 7.4 |
| Co | 5.2 | Zn | 10.5 |
| Ni | 5.2 | Cd | 11.0 |
| Ag | 5.4 | Pb | 12.2 |
| Au | 5.5 | Hg | 12.5 |

도가 감소하므로, 습식야금을 통하여 얻어진 Zn가 다시 용출되는 현상도 줄어든다. 둘째, Zn 전극이 비활성 전극으로 이용되는데, 수소 발생 반응의 표준 속도 상수($k^0$)가 작아서 수소 발생 속도가 매우 느리다. [표 11-2]에 여러 금속 비활성 전극에서 수소 발생 반응의 교환 전류 밀도($I_0 = i_0/A$, $A$는 전극 면적)를 비교하였다. 숫자가 클수록 수소 발생의 $k^0$값이 작음을 나타내고 있다(<식 4-12> 참조). Zn의 경우, Hg, Pb, Cd과 같이 수소 발생 반응의 $k^0$값이 매우 작다. 수소 발생을 위해 비활성 전극이 필요한데 이 경우 Zn가 비활성 전극 역할을 한다. Zn 전극에서 수소 발생 반응 속도가 매우 느리므로 경쟁 반응인 수소 발생이 억제된 상태에서 Zn의 습식야금이 가능하다. 셋째, 첨가제를 추가하여 수소 발생 반응의 $k^0$값을 더 작게 조절할 수 있다.

## 11-5 전해정제electrorefining

금속에 포함된 불순물을 제거하여 금속의 순도를 높이는 공정을 **전해정제**(electrorefining)라고 한다. 대표적인 예로 전해동(electrolytic copper) 제조 공정을 들 수 있다. 구리에 포함된 불순물은 네 가지로 구분된다: (*a*); Ag, Au, Pt, (*b*); Sn, Bi, Sb, (*c*); Pb, (*d*); Fe, Ni, Co, Zn. 전해는 저순도 구리를 산화 전극으로 사용하여 $Cu^{2+}$로 용출시키고, 전해질로 녹아 나온 $Cu^{2+}$를 환원 전극에서 환원시켜 고순도의 구리로 전환한다. 전해액으로 $CuSO_4$와 $H_2SO_4$의 혼합물을 사용한다. 저순도 구리에 들어 있는 금속 중에서 (*a*)에 속한 금속들은 구리보다 열역학적으로 산화 경향성이 낮으므로 용출되지 않고 금속 상태로 남는다. (*b*) 금속들은 구리보다 산화 경향성이 크므로 용출된다. 그러나 이들은 수용액에서 고체 상태의 산화물(oxide)이나 수산화물(hydroxide) 형태로 전해 셀 바닥으로 침적되므로 용액에 존재하는 이들 이온의 양은 매우 적다. 즉, 환원되어 금속으로 석출될 가능성이 매우 낮다. (*c*)에 속하는 납(Pb)도 산화되어 용출되나, 용해도가 매우 낮은 $PbSO_4(s)$로 전환되어 전해 셀 바닥으로 침적된다. 환원되어 금속으로 석출될 가능성이 매우 낮다. (*d*) 금속들도 구리보다 산화 경향성이 크므로 용출된다. 그러나, 구리보다 환원 경향성이 낮으므로 구리가 전착될 때 이온 상태로 전해액에 남는다. 이러한 이유로 환원 전극에는 구리만이 전착하게 되어 고순도 구리의 제조가 가능하다. 한편 구리의 전해정제 이후 산화 전극에는 (*a*) 금속들이 남게 되는데, 이로부터 유사한 공정을 통하여 Ag와 Au를 순서대로 정제하여 얻는다.

**스스로 학습 11-10**

구리의 전해정제 후 남아 있는 은과 금을 순서대로 얻을 수 있는데, 이 순서대로 전해정제가 가능한 이유를 생각해 보시오.

## 11-6 전기도금electroplating과 무전해 도금electroless plating

**전기도금**(electroplating)이란 금속(Sn, Cu, Ni, Cr, Au 등), 합금(Cu-Zn, Cu-Sn, Ni-Cr 등), 또는 복합체(금속-teflon, 금속-$Al_2O_3$, 등)를 금속 표면에 전해 공정을 통하여 전착시키는 것을 말한다. 도금의 목적은 부식 방지, 전기 접촉 저항 감소, 장식(decoration), 마모성 억제 등 다양하다.

일반적으로 도금하고자 하는 금속을 산화 전극으로 사용하여 이온 상태로 전해질 내로 용출시키고, 용출된 금속 이온을 도금하고자 하는 금속의 표면에 전착시킨다. 그러나 일부 금속(예; Cr)들은 산화 전극으로 사용할 때 부동화되어(2-3절과 [그림 8-17] 참조) 용출이 불가하다. 이런 경우에는 전착하고자 하는 금속의 염을 전해액에 용해하여 금속 이온을 생성시킨다. 이때 산화 전극에서는 물의 산화에 의한 산소 발생이 진행된다.

도금층의 질(quality)을 높이기 위하여 도금 속도(전류)를 작게 유지한다. 이는 [그림 11-14]에 제시한 것처럼 전류가 작은 조건에서 전착되면 금속이 우수한 결정성을 가지나 전류가 크면 금속이 침상(dendrite) 또는 분말 상태로 도금되거나 또는 표면에 강하게 결착되지 못하기 때문이다.

도금 공정에서 위에 설명한 도금층의 질뿐 아니라 도금층의 **균일도**(throwing power라 함)도 중요하다. 즉, 도금하고자 하는 금속 표면의 일부는 두껍게, 일부는 얇게 도금이 되면 얇게 된 곳에서는 도금의 효과를 얻기 어렵다. 예를 들어, 부식 방지를 위해 도금을 하였다고 할 때, 얇게 도금된 곳에서는 부식 방지의 효과를 보지 못할 수도 있다. 특히 고가의 귀금속을 도금한다고 할 때, 균일하게 도금하면 적은 양으로도 도금의 효과를 얻을 수 있다. 높은 균일도가 요구되는 이유이다.

어떤 물체의 표면에 전기도금을 한다고 할 때 이차원 표면에서 환원 전류의 크기가 동일하다면 표면의 어느 곳에서나 동일한 속도로 도금되므로 이상적인 균일도를 얻을 수 있다. 따라서 이차원 표면에서 균일한 전류 분포(current distribution)를 갖도록 전해 조건을 조절하여야 한다. 전류 분포는 다음과 같은 **와그너 수**(Wagner number)를 이용하여 예측할 수 있다.

$$Wa = \frac{d\eta/di}{L/\kappa}$$

위 식에서 $d\eta/di$는 도금 반응의 활성화 과전압을 말하고, $\kappa$는 전해질의 이온 전도도를 뜻한다. 도금 반응의 활성화 과전압이 작고(도금 반응의 표준 속도 상수($k^0$)가 크고) 전해질

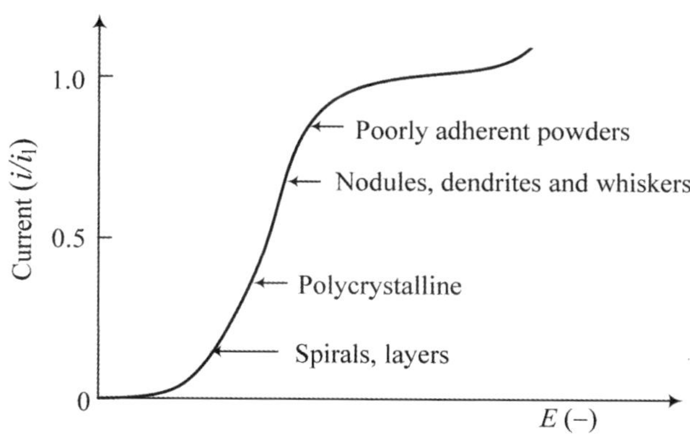


**그림 11-14** 전류의 크기에 따른 도금층의 질(quality)

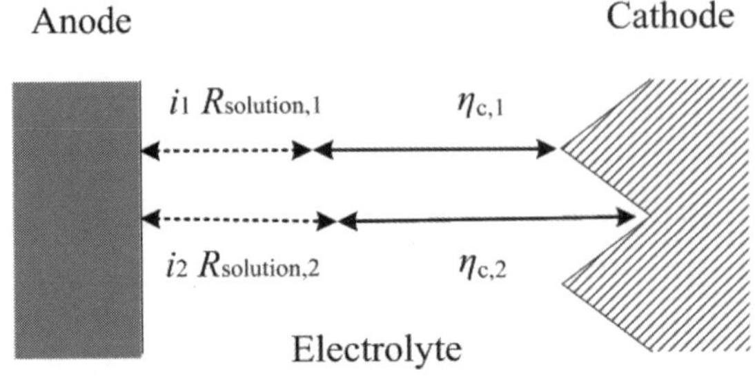


그림 11-15 일차 및 이차 전류 분포

의 전도도가 작을수록($R_{solution}$이 클수록) $Wa$는 감소한다. 와그너 수가 작은 경우 **일차 전류 분포**(primary current distribution)를 갖는다고 하고, 큰 경우 **이차 전류 분포**(secondary current distribution)를 갖는다고 한다.

도금 공정에서 높은 균일도를 얻기 위해서는 일차 전류 분포가 아니고 이차 전류 분포를 보여야 한다. 이를 설명하면 다음과 같다. [그림 11-15]에 보인 것처럼 도금하고자 하는 물체(cathode)의 이차원 표면이 평탄하지 못하여(그림에서는 옆면의 모양을 그린 것임) 일부는 반대 전극(anode)과의 거리가 짧고 일부는 멀다고 하자. 정전압 조건에서 도금한다고 할 때, 산화 전극과 환원 전극 사이에 $E_{appl} = E_{cell} + \eta_c + \eta_a + iR_{solution}$이 가해진다. $E_{cell}$과 $\eta_a$가 일정하므로 전류의 크기를 결정하는 변수는 $\eta_c$와 $R_{solution}$이 된다. 일반적으로 도금 셀에 분리막이 필요 없고, $R_{circuit} < R_{solution}$이므로 $R_{total}$ 대신 $R_{solution}$으로 표현하였다. 일차 전류 분포를 가질 때, 전해질 저항이 크므로 $iR_{solution}$이 활성화 과전압($\eta_c$)보다 더 큰 값을 갖는다. 따라서 닫힌 고리를 형성하며 전해가 진행될 때 전해질에서 이온 전도가 전체 속도를 결정할 수 있다. 이때 전류는 $R_{solution}$이 작은 지점, 즉 [그림 11-15]에서 산화 전극과 거리가 짧은 환원 전극의 모서리 부분에서 더 많이 흐른다. 반대 전극과의 거리가 먼 곳에 비해 모서리에서 환원 전류(도금 반응의 속도)가 더 크므로, 이 지점에 더 많은 양의 금속이 도금된다. 즉, 균일도가 나빠진다.

도금 반응의 활성화 과전압($\eta_c$)이 크고 전해질 저항($R_{solution}$)이 작은 경우 이차 전류 분포를 가지며, 이 조건에서 도금할 때 균일도가 높다. 마찬가지로 정전압 조건에서 도금한다고 할 때, $E_{cell}$과 $\eta_a$는 두 전극 사이 거리와 상관없이 일정하므로 전극 사이의 간격이 서로 다른 두 지점에서 $\eta_{c,1} + i_1R_{solution,1} = \eta_{c,2} + i_2R_{solution,2}$ 조건이 성립한다(그림 11-15). 이때 $\eta_c >> iR_{solution}$이면 $iR_{solution}$을 무시할 수 있고, 따라서 $\eta_{c,1} \approx \eta_{c,2}$이 된다. 이 경우 전극 사이 거리와 상관없이 활성화 과전압이 유사하므로 전류의 크기 또한 유사하다. 즉,

도금의 속도가 유사하므로 도금층의 두께 또한 유사하다. 정리하면, 균일도를 높이기 위해서는 이차 전류 분포를 가질 수 있도록 전해질 저항을 줄이고(이온 전도도를 크게 하고), 도금 반응의 표준 속도 상수($k^0$)가 작도록 도금 조건을 조절하여야 한다.

도금 반응의 활성화 과전압을 크게($k^0$를 작게)하기 위한 방법으로 도금액에 도금하고자 하는 금속 이온과 강하게 착물을 형성할 수 있는 리간드를 첨가한다(예제 4-1 참조). 예를 들어, 구리의 도금 공정에 사용하는 전해액은 $Cu(CN)_2$(40~50 %), KCN(20~30 %) $K_2CO_3$(10 %)으로 구성되어 있는데, $CN^-$가 $Cu^{2+}$와 강한 착물을 형성한다. 착물을 형성하면 도금 반응의 활성화 과전압이 증가하여 이차 전류 분포를 갖게 된다. 착물을 형성할 경우, 이차 전류 분포를 가지므로 균일도가 증가하는 효과 외에 전류가 감소하므로, [그림 11-14]에 보인 것처럼 도금층의 질을 향상시키는 효과도 준다.

도금층의 질을 향상하기 위하여 여러 종류의 첨가제를 사용한다. 도금 속도를 크게 하기 위한 가속제(accelerators), 작게 하기 위한 억제제(inhibitors), 도금층의 표면을 균일하게 하여 난반사를 억제할 수 있는 광택제(brighteners) 등이 다양하게 사용되고 있다.

금속 이온이 용액 내에서 환원제에 의해 화학 반응을 통하여 환원되어 물체의 표면에 석출되면 전해를 하지 않고 금속을 도금할 수 있다. 이를 **무전해 도금**(electroless plating)이라고 한다. 예로서 은거울 반응이 있는데, 용액에 녹아 있는 $Ag^+$가 환원제인 폼알데하이드(formaldehyde)에 의해 환원되어 Ag 금속 상태로 유리 표면에 석출된다. 전해 도금은 전기전도성을 가진 물체에서만 가능하지만, 무전해 도금은 유리, 플라스틱 등과 같은 부도체에서도 가능하다. 예를 들어, PCB(printed circuit board) 제조 공정에서 에폭시 수지에 구리를 배선하고자 할 때, 에폭시 수지가 부도체이므로 전해 도금이 불가하다. 따라서 먼저 무전해 도금에 의해 구리의 씨앗층(seed layer)을 형성시키고 난 후, 씨앗층인 구리 위에 전해 도금을 하여 추가적으로 구리를 전착시킨다.

**치환 도금**(replacement plating)에 의해 금속을 석출시킬 수도 있다. 예를 들어, 구리 표면에 금을 석출시킬 수 있는데, $Au^{3+}$를 포함하고 있는 용액에 금속 상태의 구리를 넣으면 구리는 $Cu^{2+}$로 용출(산화)되고, $Au^{3+}$는 금속으로 환원되는 2개 반응이 짝을 이루어 자발적으로 진행된다. 그러나 구리의 표면에서 구리의 용출과 금의 석출이 동시에 진행되므로 도금층이 불균일하고, 두 금속 간의 결착력이 약하므로 실제 이 방법으로 도금하는 경우는 드물다.

전기도금 또는 무전해 도금은 여러 공정에 이용되고 있다. 예를 들면, 하드 디스크의 읽기/쓰기 헤드(read/write head)에 사용되는 CoFe 자성체 합금은 전해 도금을 통하여 제조

한다. 또한 반도체 집적 회로 제조 공정에서 무전해 도금과 전해 도금을 통하여 구리를 배선한다. 즉, 실리콘 기판 위에 구리 배선을 위한 홈을 판 후 여기에 무전해 도금을 통해 구리의 씨앗층을 먼저 형성시키고, 이어서 그 위에 전해 도금으로 결함이나 빈 공간이 없는 구리를 배선한다. 이후 CMP(chemical mechanical polishing)에 의해 구리가 배선된 실리콘 표면을 평탄화한다. 이러한 공정을 **다마신 공정**(Damascene process)이라고 하는데, 이는 상감청자를 제작하는 공정과 유사하여 상감기법이라고도 한다.

**스스로 학습 11-11**

표준 상태를 가정하고, [표 2-1]에 나열한 금속/금속 이온으로 구성된 반쪽 전지의 표준 전극 전위 값으로부터 열역학적으로 Zn 금속 표면에 치환 도금이 가능한 금속을 찾아보시오.

## 11-7 산화처리anodizing

**산화처리**(anodizing)는 Al, Ti, Cu 등 금속 표면에 전기화학 산화 반응을 통해 산화물 피막을 형성시키는 공정을 말한다. Al을 산화 처리하면 표면에 다공성의 $Al_2O_3$층이 형성된다. 다공성이므로 표면적이 넓어 전해 콘덴서의 전극으로 사용되고 있다. 또한 다공성 $Al_2O_3$층의 기공에 염료를 주입하여 색을 갖는 알루미늄 판을 제조할 수도 있다.

## 11-8 전기이동 코팅electrophoretic coating

**전기이동 코팅**(electrophoretic coating)은 금속의 표면에 무기물, 안료 등을 포함하는 고분자 수지(resins)를 코팅하는 공정을 말하는데, 현재 자동차의 부식 방지를 위한 전착 도장에 이용되고 있다. 코팅 방법에는 산화 코팅과 환원 코팅이 있는데, 이때 사용되는 고분

| | Anodic | Cathodic |
|---|---|---|
| Resin | $RCO_2^- + K^+$ | $R_3NH^+ + RCO_2^-$ |
| Electrode reaction | $2H_2O \rightarrow 4H^+ + O_2 + 4e$ | $2H_2O + 2e \rightarrow H_2 + 2OH^-$ |
| Deposited film | $RCO_2H$ | $R_3N$ |

**그림 11-16** 산화 및 환원 전기이동 코팅에 사용되는 고분자 수지, 전극 반응, 그리고 석출되는 물질

자 수지, 전극 반응, 그리고 코팅되는 물질을 [그림 11-16]에 비교하였다. 산화 코팅 방법을 [그림 11-17]에 자세히 설명하였다. 이 공정에서 카복실레이트($RCO_2^-$, carboxylate) 작용기를 포함하는 고분자 수지를 물에 용해하여 사용한다. 이때 산화 전극으로 전착하고자 하는 물체를 사용한다. 예를 들어 자동차의 문짝을 산화 전극으로 사용한다. 산화 반응은 물의 산화에 의한 $H^+$의 생성이다. 따라서 자동차 문짝의 표면 근처에 $H^+$의 농도가 증가한다. 이렇게 되면 문짝 근처 용액에 녹아 있는 카복실레이트($RCO_2^-$) 작용기를 포함하는 고분자 수지가 $H^+$과 반응하여 카복실산($RCO_2H$)으로 전환된다. 교반 없이 전해하므로 문짝 근처 용액에서만 $H^+$이 생성되고 카복실산이 생성된다. 카복실산 형태의 고분자 수지는 물에 대한 용해도가 낮으므로 곧바로 산화 전극인 문짝 표면에 석출한다. 다시 말하여, 전기화학 산화 반응을 통해 생성된 $H^+$ 때문에 카복실산과 카복실레이트($RCO_2^-$) 사이의 평형이 물에 대한 용해도가 작은 $RCO_2H$ 쪽으로 이동한다; $RCO_2^-(aq)$

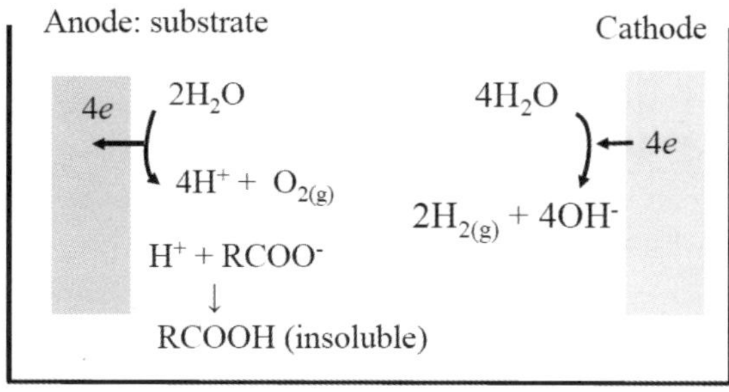


**그림 11-17** 산화 전기이동 코팅 공정에서 산화 전극에서 $H^+$의 생성과 이에 따른 고분자 수지(RCOOH)의 석출

$+ H^+(aq) \rightleftharpoons RCO_2H(s)$.

환원 코팅에서는 사차 암모늄(quaternary ammonium, $R_3NH^+$) 이온을 포함하는 고분자 수지를 물에 녹여 사용한다. 이때 환원 전극에서 물의 환원 반응을 통하여 $OH^-$가 생성된다. 환원 전극 근처 용액에서 $OH^-$의 농도가 증가하므로 사차 암모늄 이온과 아민(amine, $R_3N$) 사이의 평형($R_3NH^+(aq) + OH^-(aq) \rightleftharpoons R_3N(s)$)이 물에 용해도가 작은 $R_3N$ 쪽으로 이동하므로 $R_3N$ 형태의 수지가 환원 전극 표면에 석출된다.

## 11-9 전해가공electrochemical machining

전기화학 산화 반응을 통하여 금속을 용해시키면 금속을 원하는 형태로 가공할 수 있다. [그림 11-18]에 보인 것처럼 가공하고자 하는 물체를 산화 전극으로 사용하여 전기화학 반응을 통해 용해하므로 가공이 가능하다. 면도기에 사용되는 미세한 구멍을 갖는 금속판을 제조하는 공정을 예로 들 수 있다. 금속판에 미세한 구멍을 내는 데 있어 기계적 방법은 여러 면에서 불리하다. 그러나 금속판을 산화 전극으로 사용하고 미세한 침이 정렬

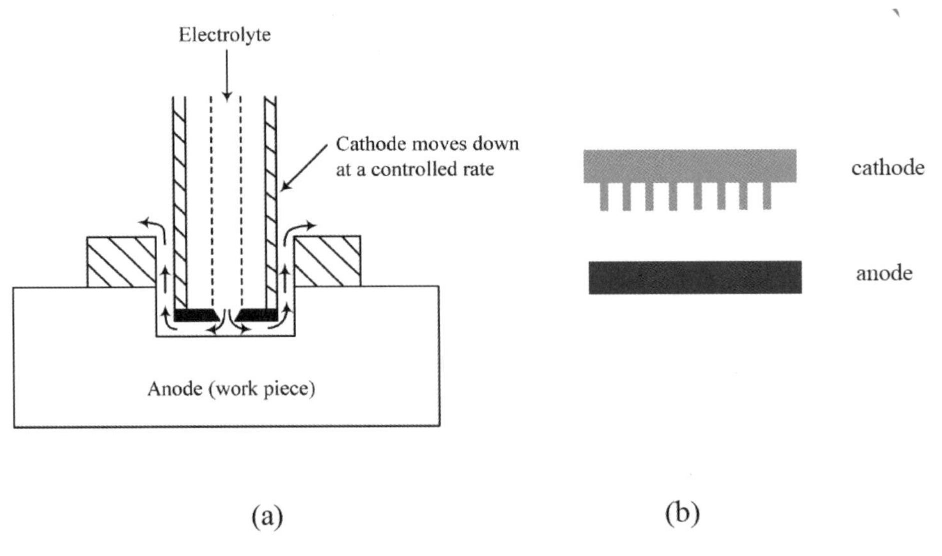


**그림 11-18** (a); 전해가공에 사용되는 셀의 구조, (b); 많은 양의 미세한 구멍을 만들기 위한 전극의 구조

된 전극을 환원 전극으로 사용하면, 산화 전극에서 금속의 산화(용출)는 두 전극 사이 거리가 짧은 침과 마주 보는 지점에서 일어나므로 여기에서 미세한 구멍들이 생성된다(그림 11-18-b). **전해가공**은 구조가 매우 복잡하여서 기계적인 방법으로 가공이 어려운 금속 물체의 제작이나, 매우 단단하여 기계적 가공이 어려운 재료의 가공에 이용된다. 또한 크기가 너무 작아서 기계적인 방법으로 가공이 어려운 초소형 물체(예: MEMS, micro-electromechanical systems)의 정밀 가공에도 활용되고 있다.

반도체 제조 공정에 사용되는 ECMP(electrochemical mechanical polishing) 공정에서는 거친 표면을 기계적인 방법으로 평탄화함과 동시에 전기화학 반응을 통해 금속을 용해하여 평탄화한다. 이때 다이아몬드처럼 단단한 물질을 코팅한 구리 전극을 사용한다. 다이아몬드는 물체를 기계적으로 마모시키고 구리 전극은 물체를 전기화학적으로 용해한다.

## 11-10 전기투석electrodialysis

[그림 11-19]는 전기투석(electrodialysis) 공정에 사용되는 전해 셀을 보여 주고 있다. 양쪽 끝에 설치된 두 전극 사이에 양이온 교환 수지(C)와 음이온 교환 수지(A)를 교대로 배치한다. 산화 전극과 환원 전극에서는 이온의 농축과는 무관한 물의 분해에 의한 산소와 수소의 발생이 진행된다. NaCl 용액이 전해 셀 내로 유입되면 양이온은 전기장에 의

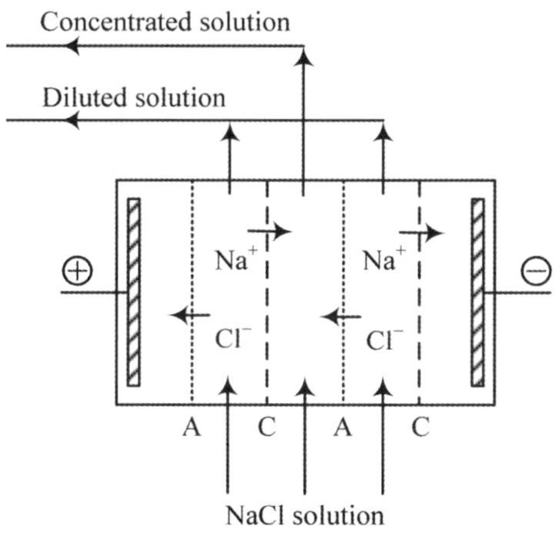


그림 11-19 전기투석에 사용되는 전해 셀

한 이동(migration)에 의해 음극 쪽으로, 음이온은 양극 쪽으로 이동한다. 그러나 양이온 교환 수지와 음이온 교환 수지가 교대로 위치해서 이온의 이동은 바로 옆의 전해질까지만 국한된다. 그림에서 가운데 위치한 용액에서 이온들이 농축되고, 농축된 NaCl 용액이 출구로 나온다. 반대로 $Na^+$와 $Cl^-$가 각각 음극과 양극 쪽으로 이동해 간 용액은 이온의 농도가 줄어든 상태로 출구로 나오게 된다. 이러한 원리를 이용하면 음료 제품(예: 우유)의 탈염(demineralization), 소금의 정제, 아미노산의 분리, 금속 이온의 회수 등이 가능하다.

## 11-11 전해합성electrosynthesis

전기화학 반응을 이용하여 무기물 또는 유기물을 합성할 수 있다. 화학 반응에 의한 합성과 비교하였을 때, 화학 반응에서는 환원제(또는 산화제)를 사용하는 데 비해 전기화학 반응에서는 전자(electrons)가 환원제(또는 산화제) 역할을 한다.

물을 전기분해하여 수소와 산소를 얻을 수 있다. 석유로부터 수소를 대량으로 생산하는 공정이 있어서 가격 경쟁력은 없으나, 고순도의 수소가 필요한 식품 또는 반도체 제조 공정, 소규모 on-site 생산, 원자로의 감속제로 사용되는 중수($D_2O$)의 제조에 사용되고 있다. $D_2O$는 물에 미량 포함되어 있는데, $H_2O$의 전기분해 속도가 $D_2O$의 그것에 비해 빠르므로 물의 전기분해로 $H_2O$의 양은 감소하나 $D_2O$의 양은 크게 줄어들지 않으므로 전해가 진행됨에 따라 $D_2O$가 농축된다. 이외에 $O_3$, $H_2O_2$, $NaClO_3$, $NaClO_4$, $KMnO_4$, $K_2Cr_2O_7$, $MnO_2$(EMD, electrolytic manganese dioxide), $Cu_2O$ 등도 전해하여 합성한다.

[그림 11-20]은 아디포나이트릴(adiponitrile)의 전해 합성 공정을 보여 주고 있다. 아크릴로나이트릴(acrylonitrile)을 수소첨가이합체화(hydrodimerization)하여 아디포나이트릴을 얻는다.

$$2CH_2 = CHCN + 2H_2O + 2e \rightarrow (CH_2CH_2CN)_2 + 2OH^-$$

이때 다음의 두 가지 부반응으로 가능하다.

$$CH_2 = CHCN + e \rightarrow [CH_2{=}CHCN]^- \xrightarrow{H^+} CH_3CH_2CN$$

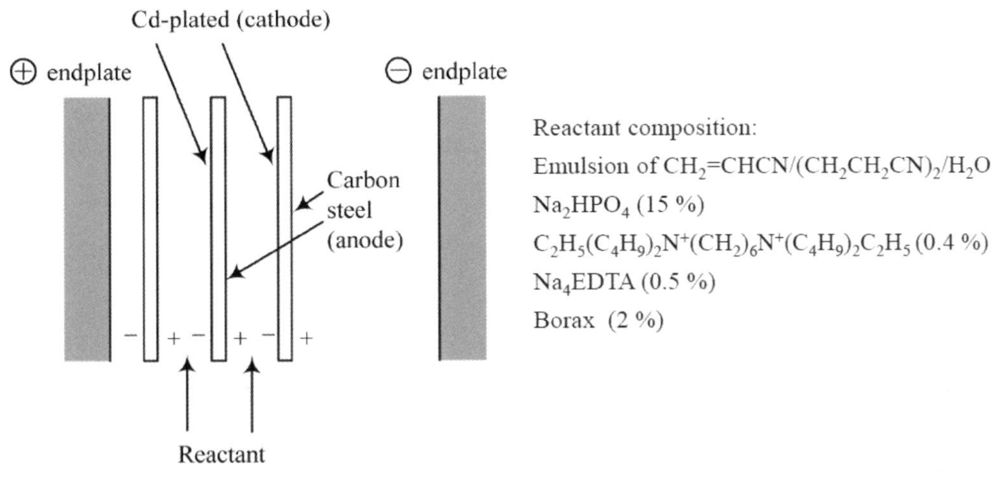


**그림 11-20** 아크릴로나이트릴의 수소첨가이합체화 전해 셀(new Monsanto process)

$$CH_2 = CHCN + OH^- \rightarrow HOCH_2HCN \xrightarrow{H_2O} HOCH_2CH_2CN + OH^-$$

첫째 부반응에는 $H^+$가 참여하므로, 전극 표면 근처로 $H^+$의 접근을 억제하면 이 부반응을 억제할 수 있다. 다시 말하여, 전기화학 반응은 전극 표면 근처에서만 진행하므로 환원 반응물인 $[CH_2=CHCN]^-$는 전극 표면 근처에서만 생성된다. 전극 표면 근처로 $H^+$의 접근을 억제하면 첫 번째 부반응이 억제된다. 긴 길이의 지방족 탄화수소(long-chain aliphatic hydrocarbon)를 포함하는 사차 암모늄(quaternary ammonium) 이온을 전해액에 첨가하면 전극 표면 근처 용액이 소수성(hydrophobic)을 갖게 되어 $H^+$의 접근을 억제할 수 있다. 둘째 부반응은 $OH^-$에 의한 반응이므로 pH를 낮추면 해결이 가능하다.

사차 암모늄 이온은 계면활성제이므로 반응 후, 수용성 전해액으로부터 유기물인 생성물을 분리하는 데 어려움이 있다. 따라서 사차 암모늄 이온의 첨가를 최소화해야 한다. [그림 11-20]에 위의 문제를 해결한 **새로운 몬산토 공정**(new Monsanto process)의 전해 셀을 나타내었다. 전해 셀은 쌍극(bipolar) 형으로 설계되었고, 양쪽 끝에 설치된 전극에 전압을 가한다. pH 조절을 위해 $Na_2HPO_4$를 15 % 첨가하고, 소수성을 부여하나 반응 후 분리 문제가 있으므로 사차 암모늄염은 최소량(0.4 %)만을 첨가한다. 산화 전극으로는 탄소강(carbon steel)을 사용하는데, 주반응은 물의 산화이다. 그러나 부반응으로 탄소강에 포함된 Fe과 Ni이 산화되어 전해액으로 용출되고, 이는 다시 환원 전극 표면에 도금될 수 있다. Fe과 Ni은 수소 발생 반응의 표준 속도 상수($k^0$)가 커서 환원 전극에 도금되면 부반응인 수소 발생이 증가한다(표 11-2). 따라서 Fe와 Ni의 용출과 도금을 억제해야 한다. 용출을 억제하기 위해 붕사(borax)를 첨가하고, 도금을 억제하기 위해 전해액에 $Fe^{2+}$, $Ni^{2+}$와 강한 착물을 형성할 수 있는 $Na_4EDTA$(sodium ethylenediaminetetraacetic acid)를 첨가한다. 금속 이온이 착물을 형성하면 환원이 어려워지기 때문이다(2-1-8절과 11-6절 참조). 환원 전극으로는 탄소강에 Cd을 도금하여 사용한다. Cd 전극에서 부반응인 수소 발생 반응의 $k^0$가 매우 작기 때문이다(표 11-2).

유기 전해합성(organic electrosynthesis)의 다른 예로서, 이종원자고리(heterocyclic) 화합물과 나이트릴(nitrile) 화합물의 수소화, 올레핀(olefin)의 에폭시화(epoxidation), 유기화합물의 플루오린화(fluorination)와 메톡시화(methoxylation), 여러고리(polynuclear) 방향족 탄화수소의 산화 등이 있다.

## 11-12 직접 전해와 간접 전해

화합물이 전극에서 산화 또는 환원될 때 다른 화합물의 도움 없이 직접 반응할 수도 있지만, 반응의 선택성이 낮고, 부반응이 심하고, 반응의 $k^0$가 작은 경우에는 다른 화합물의 도움을 받아 합성할 수도 있다. 이를 **간접 전해**(indirect electrosynthesis)라고 한다. 예를 들어, 퀴논(quinone)이 환원되어 하이드로퀴논(hydroquinone)이 되는 전기화학 반응에 $Ti^{4+}/Ti^{3+}$ 쌍을 전자 매개체(electron mediator)로 사용한다. 전극 표면에서 $Ti^{4+} + e \rightarrow Ti^{3+}$ 반응이 진행되고, 이때 생성된 $Ti^{3+}$ 이온이 퀴논에 전자를 전달하여 환원시키고, 자신은 $Ti^{4+}$ 이온으로 산화되는 반응이 용액에서 진행된다. 이렇게 생성된 $Ti^{4+}$ 이온은 다시 전극으로부터 전자를 전달받아 퀴논에 전달하는 과정이 되풀이된다. 이렇게 산화환원 쌍이 매개체 역할을 하기 위해서는 두 가지 조건을 만족해야 한다. 첫째, 환원 반응을 매개하기 위해서는 매개체 쌍($M_O/M_R$)으로 구성되는 반쪽 전지의 평형 전압(표준 상태라면 표준 전극 전위)이 반응물 반쪽 전지(예; 퀴논/하이드로퀴논 반쪽 전지)의 그것보다 더 음의 값을 가져야 매개 반응이 열역학적으로 가능하다. 반대로 산화 반응을 매개하기 위해서는 매개체 반쪽 전지의 평형 전압이 반응물의 그것보다 더 양의 값을 가져야 한다([그림 8-20] 참조). 둘째, 용액 내에서 진행되는 매개체와 반응물 사이(위의 예에서 $Ti^{3+}$와 퀴논)의 전자 전달 반응이 빠르고, 전극 표면에서 매개체($Ti^{4+}$)의 전하 전달 속도가 빨라야 한다. 즉, 주어진 비활성 전극에서 $Ti^{4+} + e \rightarrow Ti^{3+}$ 반응의 $k^0$가 커야 한다.

간접 전해에서는 전자 매개체를 반응물과 함께 용액 내에 용해하여 사용하거나, 매개체를 전극 표면에 고정하여 사용한다. 후자의 경우 반응 종료 후 생성물과 매개체를 분리할 필요가 없으므로 공정이 간단하다. 이렇게 매개체를 전극 표면에 고정하여 반응의 선택성을 높이거나 과전압을 낮추는 것도 **개질 전극**(modified electrodes)의 기능 중 하나이다.

# 11장 연습문제

**01** 다음의 전해 셀 중에서 전극 반응이 다른 것들과 다른 것 하나를 고르시오.
(a) 전기이동 코팅 (b) 전기투석 (c) 물의 전기분해 (d) 금속의 산화 처리

**02** 다음의 전해 셀에서 분리막이 필요 없는 것을 고르시오. 분리막이 필요한 경우는 그 이유를 제시하시오.

(a) 소금물 전기분해를 위한 수은 셀, (b) 아연의 습식야금, (c) 구리의 전해정제, (d) 크로뮴의 전기도금, (e) 전기이동 코팅, (f) 아디포나이트릴의 전해 합성을 위한 새로운 몬산토 공정, (g) Al의 산화 처리, (h) 수용성 전해액에서 벌크 전해에 의한 $Fe^{2+}$의 $Fe^{3+}$로 전환

**03** 분리막이 설치된 전해 셀에서 $Cr^{3+}$를 산화하여 $Cr_2O_7^{2-}$를 생성시키는 반응을 황산 전해액에서 1500 $Am^{-2}$의 전류 밀도로 진행하였다. 전극 반응은 다음과 같다.

산화 전극: $2Cr^{3+} + 7H_2O \rightarrow Cr_2O_7^{2-} + 14H^+ + 6e$
환원 전극: $6H^+ + 6e \rightarrow 3H_2$
전체 반응: $2Cr^{3+} + 7H_2O \rightarrow Cr_2O_7^{2-} + 3H_2 + 8H^+$

전해 셀의 특성은 다음과 같다.

(i) 양극과 분리막, 음극과 분리막 사이 간격은 모두 4 mm이고, 전해질의 전도도는 42 $\Omega^{-1}m^{-1}$이다.
(ii) 분리막의 저항은 $3.0 \times 10^{-4}$ $\Omega m^2$이다.
(iii) 양극과 음극의 과전압은 1500 $Am^{-2}$의 전류 밀도에서 각각 340 mV와 210 mV이다.

(a) 위 전체 반응의 자유 에너지 변화($\Delta G$)는 852 kJ $mol^{-1}$($Cr_2O_7^{2-}$)이다. 열역학적 분해 전압 $E_{cell}$을 계산하시오.

(b) 위 조건에서 전해할 때 두 전극 사이에 가해 주어야 하는 전압($E_{appl}$)을 계산하시오.

(c) 전해 셀은 [그림 11-6-a]처럼 정사각형 모양(1 m × 1 m)의 전극 6개를 홀극 형태로 정렬하여 사용하였다([그림 11-6-a]에 분리막은 표시하지 않았음). 이 전해 셀을 이용하여 1년에 몇 kg의 $K_2Cr_2O_7$를 생산할 수 있는가?

**04** 수용성 전해질에서 에틸렌 글라이콜(ethylene glycol)을 전해 합성할 때 환원 반응은 폼알데하이드(formaldehyde)가 에틸렌 글라이콜로 전환되는 것이나, 산화 반응은 다음 세 가지가 가능하다: (i) 산소 발생, (ii) 수소의 산화, (iii) 메탄올이 폼알데하이드로 전환. 메탄올, 폼알데하이드, 에틸렌 글라이콜, 그리고 물의 생성 자유 에너지(free energy of formation)가 각각 $-165$, $-130$, $-320$, 그리고 $-237$ kJ $mol^{-1}$이다. 전해액의 pH가 모두 7.0이라고 가정하고, 세 개 전해 셀에서 환원 반응, 산화 반응, 그리고 전체 반응식을 제시하고, $E_{cell}$을 계산하시오.

**05** 염산은 여러 유기 합성 공정의 부산물로 생산되며, 이를 처리하는 과정에서 환경오염을 유발할 수 있다. 이렇게 부수적으로 생산되는 염산을 막 셀에 적용하여 염소($Cl_2$)와 물($H_2O$)을 제조하는 공정을 설계하고자 한다. 이때 다음과 같은 산화 또는 환원 반응이 가능하다.

$$O_2 + 4H^+ + 4e = 2H_2O \qquad E^0 = 1.23\ \text{V}\ (vs.\ \text{NHE})$$

$$2H^+ + 2e = H_2 \qquad E^0 = 0.0\ \text{V}\ (vs.\ \text{NHE})$$

$$Cl_2 + 2e = 2Cl^- \qquad E^0 = 1.36\ \text{V}\ (vs.\ \text{NHE})$$

$$2H_2O + 2e = H_2 + 2OH^- \qquad E^0 = -0.83\ \text{V}\ (vs.\ \text{NHE})$$

(a) 환원 전극에서 어떤 반응을 유도하는 것이 좋을까?

(b) 환원 전극에서 부반응의 가능성은?

(c) 기존의 chlor-alkali 막 셀 공정에 비해 전기 에너지 소모량은 어떻게 다를지 설명하시오.

**06** 구리의 전해정제 공정에서 전해 전압($E_{appl}$)이 0.23 ~ 0.27 V이며, 음극에서 과전압이 양극의 그것보다 크다. 또한 음극 반응의 타펠 기울기(Tafel slope)가 (120 mV)$^{-1}$이나 양극의 그것은 (50 mV)$^{-1}$이다. 음극 반응의 전류-전압 곡선에서 한계 전류를 보인다. 음극 반응의 타펠 기울기가 양극의 그것에 비해 큰 이유는? 음극 반응에서 한계 전류를 보이는 이유는? 음극 반응의 과전압이 큰 이유는?

**07** 거친 표면을 갖는 전도성 물체에 전기 도금할 때 균일도와 도금층의 질을 높이기 위하여 전해 조건을 조절해야 한다. 다음에 답하시오.

(a) 전해액에 염의 농도를 어떻게 조절하는가?

(b) 어떤 종류의 첨가제를 사용하는가?

(c) 도금 반응의 타펠 기울기를 어떻게 조절할 수 있는가?

**08** $Zn^{2+}$가 0.01 $M$ 녹아 있는 pH = 7 수용액에서 Pt과 Zn 전극 표면에 Zn을 도금하고자 한다. 이때 부반응으로 수소가 발생한다. 수소 발생 반응의 교환 전류 밀도가 Pt에서는 $8 \times 10^{-4}$ A/cm$^2$이고, Zn 전극에서는 $5 \times 10^{-11}$ A/cm$^2$이다.

(a) 0.01 $M$ $Zn^{2+}$ 용액의 평형 전압을 계산하고, 이 평형 전압에서 비활성 Pt과 Zn 전극에서 수소 발생 전류의 크기를 계산하시오.

(b) Pt과 Zn 전극에 Zn을 도금할 수 있는지를 결정하시오. 이때 T = 298 K, <식 4-23>에서 $\alpha_c$ = 0.5이고, 모든 이온의 활동도 계수는 1.0이라고 가정하시오.

**09** $Ni(OH)_2$/NiOOH 쌍($E^0$ = 0.52 V *vs*. NHE)은 알코올($RCH_2OH$) 산화 반응의 매개체(또는 전기촉매)로 사용될 수 있다. 이 촉매 반응이 진행되기 위하여 알코올의 표준 전극 전위($E^0$)는 어떤 범위의 값을 가져야 하는가? 표준 상태를 가정하고 $Ni(OH)_2$/NiOOH 반쪽 전지와 $RCH_2OH/RCOO^-$ 반쪽 전지의 평형 전압을 비교하여 답하시오.

$$Ni(OH)_2 + OH^- \rightarrow NiOOH + H_2O + e$$

$$4NiOOH + RCH_2OH \rightarrow RCOO^- + 4Ni(OH)_2$$

10 2극 셀을 이용하여 전기분해한다고 하자. 두 전극 사이에 $E_{appl}$ = 3.0 V를 가할 때, <식 11-3>을 이용하여 전류의 크기와 산화 전극과 환원 전극에 가해지는 전압($E^a$와 $E^c$)은 각각 얼마인지 계산하시오. $E^a$와 $E^c$는 타펠 영역에 속하며, 환원 전극의 평형 전압($E^c_{eq}$)은 −0.80 V(*vs*. NHE), 산화 전극의 평형 전압($E^a_{eq}$)은 1.40 V, 환원 반응의 교환 전류는 $8.0 \times 10^{-8}$ A, 산화 반응의 교환 전류는 $2.0 \times 10^{-2}$ A, $R_{total}$은 4.0 Ω, 두 전극 반응에서 $n = 1$, $\alpha = 0.5$, T = 298 K라고 가정하시오.

12장

# 갈바니 셀
## Galvanic cells

**갈바니 셀**(galvanic cells)이란 자발적으로 진행되는 전기화학 반응을 통하여 전기 에너지를 얻는 장치를 말하며, 여기에는 전지와 연료 전지가 있다. 부식 현상도 자발적으로 진행된다는 점에서 갈바니 셀에 포함된다.

**전지**는 내부에 채워 넣은 화합물의 전기화학 반응을 통하여 전기 에너지를 얻는 데 비해, 연료 전지는 연료(예; 수소)와 공기를 연료 전지 내부로 연속적으로 공급하며 전기 에너지를 얻는다는 점에서 차이가 있다. 전지는 재충전이 불가한 **일차 전지**(primary cell 또는 primary battery)와 재충전이 가능한 **이차 전지**(secondary cell 또는 rechargeable battery)로 구분한다. 이차 전지는 충전하여 이동 또는 휴대하며 사용할 수 있으므로 전기 에너지의 저장 기능이 있다. 연료 전지는 연속적으로 전기를 생성하므로 발전(electricity generation) 기능을 갖는다. 초고용량 커패시터(supercapacitor)는 전기 에너지를 저장하는 장치이다.

## 12-1 갈바니 셀에서 셀 분극

갈바니 셀에서도 전류는 닫힌 고리를 따라 동일한 크기의 전류가 흐른다는 원리가 적용되어 갈바니 셀의 작동(방전) 전압이 <식 12-2>로 표현된다. 이를 설명하면 다음과 같다. 갈바니 셀에서도 셀 분극이 발생하는 원인을 2가지로 정리할 수 있다. 첫째, 갈바니 셀에 전류가 흐르기 위해서는($|i_a| = i_c > 0$), 물질 전달과 전하 전달이 필요하다. 평형 전압에서는 2개 과정의 속도가 모두 0이다. 따라서 산화 전극에서 산화 반응을 위한 물질 전달(확산)과 전하 전달 속도가 0보다 크기 위해 전압은 $E^a = E^a_{eq} + \eta_a$로 평형 전압($E^a_{eq}$)에 산화 전극 과전압(anodic overpotential, $\eta_a$)이 추가되어야 한다. 동일한 이유로 환원 전극의 전압은 $E^c = E^c_{eq} - \eta_c$로 평형 전압($E^a_{eq}$)에 환원 전극 과전압(cathodic overpotential, $\eta_c$)이 추가되어야 한다. −가 사용된 이유는 환원 반응을 위해 전압을 더 음의 방향으로 걸어주어야 하기 때문이다. 둘째, 닫힌 고리를 따라 전류가 흐를 때, $iR$ 전압 강하를 겪기 때문에 작동 전압은 더 감소한다. 따라서 방전 전압을 <식 12-1>로 표현할 수 있고 이를 정리하면 <식 12-2>가 된다.

$$E_{wk} = (E^c - E^a) - iR_{total} \qquad \text{<12-1>}$$

$$E_{wk} = (E^c_{eq} - \eta_c) - (E^a_{eq} + \eta_a) - iR_{total}$$
$$E_{wk} = (E^c_{eq} - E^a_{eq}) - \eta_c - \eta_a - iR_{total}$$
$$E_{cell} = E^c_{eq} - E^a_{eq} \quad (|\, i_a \,| = i_c = 0)$$
$$E_{wk} = E_{cell} - (\eta_a + \eta_c + iR_{total}) \quad \text{<12-2>}$$
$$E_{wk} = E_{cell} - \text{cell polarization}$$

$E_{cell} = E^c_{eq} - E^a_{eq}$인데, 환원 반응이 일어나는 반쪽 전지의 평형 전압($E^c_{eq}$)과 산화 반응이 일어나는 반쪽 전지의 평형 전압($E^a_{eq}$)이 충/방전됨에 따라 변할 수도, 변하지 않을 수도 있다. 이에 따라 $E_{cell}$도 여러 가지 변화 형태를 보인다. 이를 [그림 2-1]에서 설명하였다. 모든 갈바니 셀은 2개의 반쪽 전지로 구성된다. 반쪽 전지에는 반쪽 전지 반응이 관여하는데 네른스트 식으로부터 평형 전압을 유도할 수 있다. [그림 12-1]에서 충/방전에 따른 $a_O$, $a_R$, $a_{O'}$, $a_{R'}$의 변화 추이에 따라 평형 전압이 일정하거나, 감소하거나 증가하거나 할 수 있다. 방전됨에도 불구하고 평형 전압이 변하지 않는 2개의 반쪽 전지로 갈바니

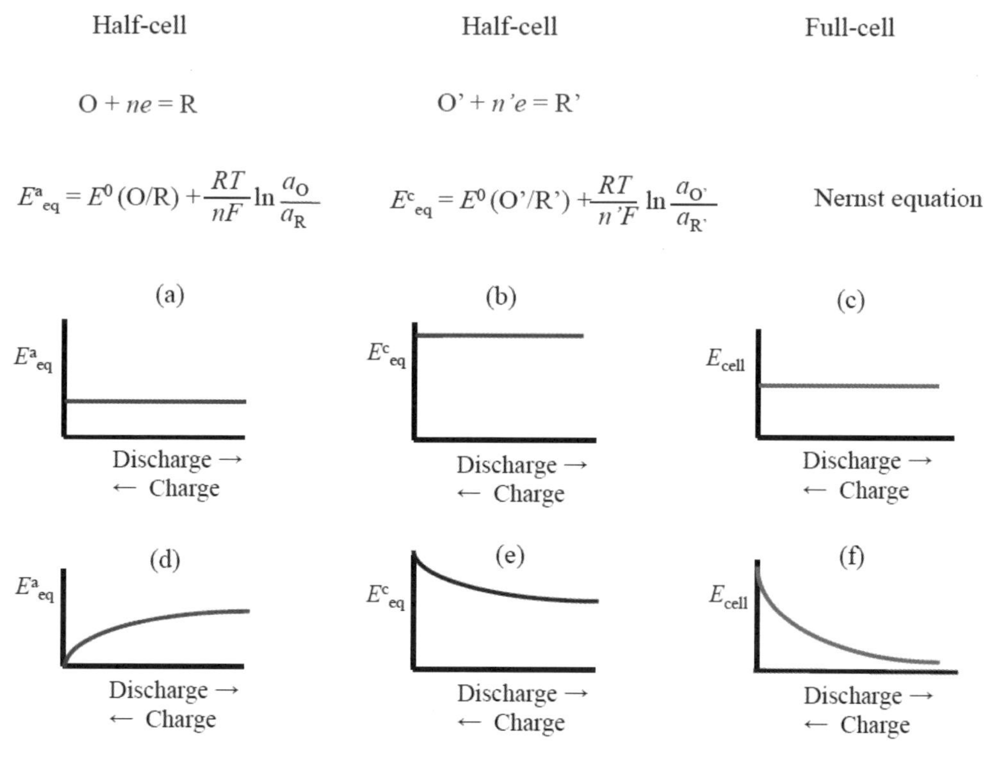


**그림 12-1** 갈바니 셀을 구성하는 2개 반쪽 전지에서 네른스트 식에 의한 평형 전압과 이들의 조합에 의한 $E_{cell}$

셀을 구성하면 $E_{cell}$이 변하지 않는다(뒤에 설명할 Ni-Cd 전지가 이런 특성을 보인다). 그러나 방전됨에 따라 평형 전압이 변하는 2개의 반쪽 전지로 갈바니 셀을 구성하면 $E_{cell}$도 변한다(뒤에 설명할 다니엘 셀, 납 축전지, 리튬 이온 전지가 이런 특성을 보인다).

<식 12-2>가 의미하는 것은 갈바니 셀의 작동 전압(방전 전압, $E_{wk}$)은 열역학 값인 $E_{cell}$에서 2개 반쪽 전지에서 모든 과전압과 $iR$ 강하가 제외된 값으로 결정된다는 것이다. 즉 $E_{cell}$에서 셀 분극을 뺀 값이다. $E_{cell}(= E^{c}_{eq} - E^{a}_{eq})$을 **열린 회로 전압**(open-circuit voltage)이라고도 하는데, 이는 닫힌 고리가 열려 있어서 전류가 흐르지 못할 때(즉, 두 반쪽 전지 모두 평형 상태에 있을 때), 두 반쪽 전지 평형 전압의 차이이기 때문이다. 또한 $E_{cell}$을 기전력이라고 하는데, 주어진 갈바니 셀이 발현할 수 있는 최대 방전 전압이다. $\Delta G = -nFE_{cell}$의 관계를 설명하면 다음과 같다. 어떤 갈바니 셀을 방전할 때 $\Delta H$만큼의 에너지 변화가 있다고 하자. $\Delta H = \Delta G + T\Delta S$로부터 $\Delta H$에서 $T\Delta S$를 제외한 나머지($\Delta G$)만을 셀의 방전을 통해 전기 에너지로 바꿀 수 있다. 그러나 실제 방전 시 $\Delta G$ 모두를 전기 에너지로 바꾸지 못한다. 셀 분극에 의한 $Q_{Joule}$만큼 에너지가 열로 유실되기 때문이다(12-5절 참조). 따라서 $E_{cell}$의 의미는 $Q_{Joule}$이 없는 조건(방전 전류가 0인)에서 $\Delta G$ 전부를 전기 에너지로 바꾼다고 가정하였을 때 얻을 수 있는 최대 방전 전압($E_{wk}$)이라 할 수 있다. 그러나 실제 방전할 때 전류가 0보다 크므로 $Q_{Joule}$을 무시할 수 없고, 따라서 실제 방전 전압($E_{wk}$)은 최대 값인 $E_{cell}$보다 작을 수 밖에 없다($E_{wk} = E_{cell} -$ cell polarization). 특별히 표준 상태에서는 $\Delta G^0 = -nFE^0_{cell}$의 조건이 성립한다. 위 첨자 0는 표준 상태를 명시한다.

## 12-2 전지의 개요

다음과 같이 아연(Zn)이 산화되고 $Cu^{2+}$가 환원되는 반응의 $\Delta G^0 = -212.3$ kJ/mol이므로 반응이 자발적으로 진행된다.

$$Zn + Cu^{2+} \rightarrow Zn^{2+} + Cu \qquad \text{<12-3>}$$

여기서 $\Delta G^0$는 열역학 함수이므로 반응의 초기 상태와 나중 상태에 의해서만 그 값이 결

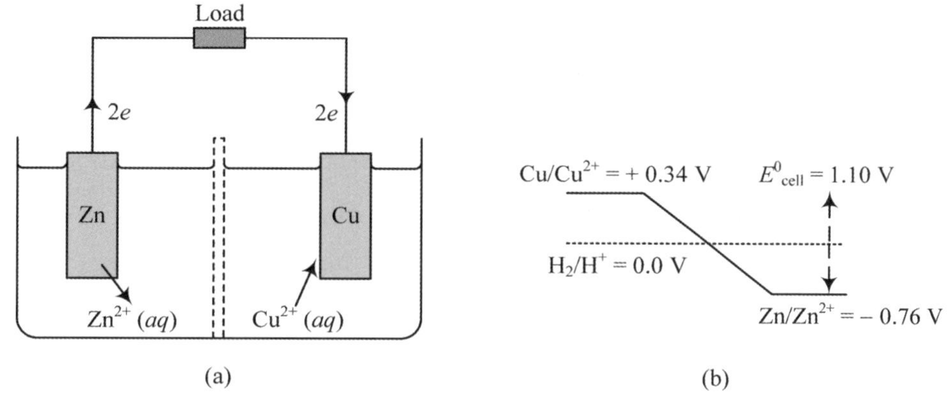


**그림 12-2** (a) 다니엘 셀의 구조, (b) 2개 반쪽 전지의 표준 상태에서 평형 전압 차이에 의한 표준 기전력($E^0_{cell}$)

정되고, 반응 경로와는 무관하다. 따라서 이 반응이 [그림 12-2-a]에 제시한 다니엘 셀(Daniell cell)과 같이 전기화학 경로를 거치게 되더라도 초기 상태와 나중 상태가 동일하다면 $\Delta G^0$도 같은 값을 가지므로 전기화학 반응도 자발적으로 진행되어야 한다. 전기화학 경로는 다음과 같이 2개의 반쪽 전지로 구성된 완전지를 통하여 가능하다. 아래 보인 것처럼 2개 반쪽 전지에서 진행되는 전기화학 반응을 합한 전체 반응은 <식 12-3>과 동일하다. 따라서 Zn 반쪽 전지에서 아연(Zn)이 산화되고 Cu 반쪽 전지에서 $Cu^{2+}$가 환원되는 전기화학 반응이 동시에 자발적으로 진행된다.

산화 전극: $Zn \rightarrow Zn^{2+} + 2e$ $\quad E^0 = -0.76$ V (*vs.* NHE)
환원 전극: $Cu^{2+} + 2e \rightarrow Cu$ $\quad E^0 = 0.34$ V (*vs.* NHE)
전체 반응: $Zn + Cu^{2+} \rightarrow Zn^{2+} + Cu$ $\quad E^0_{cell} = 1.1$ V ($\Delta G^0 = -212.3$ kJ/mol)

위 다니엘 셀에서 **표준 기전력**($E^0_{cell}$, standard electromotive force 또는 표준 상태에서 open-circuit voltage)은 $\Delta G^0 = -nFE^0_{cell}$의 관계를 보이므로 $n = 2$, $F = 96,485$ C/mol를 대입하면 $E^0_{cell} = 1.1$ V가 된다. 이는 2개 반쪽 전지의 표준 전극 전위 값(표준 상태에서 평형 전압)으로부터 계산된 것과 동일하다; $E^0_{cell} = E^0_{cathode} - E^0_{anode} = 0.34 - (-0.76) = 1.1$ V. 이 전기화학 경로를 통하여 아연이 산화되고, 이때 생성된 전자가 외부 회로를 통하여 구리 반쪽 전지로 이동되고, 거기에서 $Cu^{2+}$가 환원되는 반응이 자발적으로 진행된다. 즉, 외부 회로를 통하여 전자(electrons)가 이동하므로(전류가 흐르므로) 전기 에너지를 제공할 수 있다.

다니엘 셀이 방전될 때 두 반쪽 전지 사이 평형 전압의 차이인 기전력은 <식 12-4>로 표현된다. 여기서 $E^c_{eq}$는 환원 반응이 진행되는 반쪽 전지의 방전에 따른 평형 전압을 뜻하고, $E^a_{eq}$는 산화 반응이 진행되는 반쪽 전지의 방전에 따른 평형 전압이다. 초기에 표준 상태를 가정하였으므로 $a_{Cu^{2+}} = 1.0$이고 $a_{Zn^{2+}} = 1.0$이어서 $E^c_{eq} = E^0_{Cu/Cu2+}$이고 $E^a_{eq} = E^0_{Zn/Zn2+}$이다. 그러나 방전이 진행됨에 따라 $a_{Cu^{2+}} \neq 1.0$이고 $a_{Zn^{2+}} \neq 1.0$이므로 두 반쪽 전지의 평형 전압은 더 이상 표준 전극 전위값을 갖지 못한다. 이때 기전력은 $E_{cell} = E^c_{eq} - E^a_{eq}$이므로 <식 12-4>가 얻어진다. 식의 오른쪽 첫째 항은 상수이고, 방전이 진행됨에 따라 $a_{Cu^{2+}}$는 줄어들고 $a_{Zn^{2+}}$는 늘어나므로 기전력($E_{cell}$)은 점차 감소한다([그림 12-1]의 (d), (e), (f)에 해당됨).

$$E^c_{eq} = E^0_{Cu/Cu^{2+}} + \frac{RT}{2F}\ln a_{Cu^{2+}}, \quad E^a_{eq} = E^0_{Zn/Zn^{2+}} + \frac{RT}{2F}\ln a_{Zn^{2+}}$$

$$E_{cell} = E^c_{eq} - E^a_{eq} = \left(E^0_{Cu/Cu^{2+}} - E^0_{Zn/Zn^{2+}}\right) + \frac{RT}{2F}\ln\frac{a_{Cu^{2+}}}{a_{Zn^{2+}}} \qquad \text{<12-4>}$$

위의 예에서 보듯이 전지는 2개의 반쪽 전지로 구성된다. 이때 2개 반쪽 전지 사이에 평형 전압의 차이가 있으면, 즉 기전력 $E_{cell} = E^c_{eq} - E^a_{eq} = 0$이 아니면 얼마든지 많은 종류의 전지가 가능하다. 즉, [표 2-1]에 나열한 표준 전극 전위 값이 서로 다른 반쪽 전지 2개를 조합하면 이론적으로 수도 없이 많은 전지를 구성할 수 있다. 그러나 갈바니 셀 구성을 위한 닫힌 고리 형성의 용이성, 적당한 전해질의 여부, 기전력의 크기, 2개 반쪽 전지에서 진행되는 전기화학 반응의 속도(전류 크기), 용량, 가격, 자가 방전 특성, 안전성 등 여러 이유로 현재까지 상용화된 전지의 수는 제한적이다.

전지의 특성을 나타내는 용어를 다음과 같이 정의하였다.

① **작동 전압**($E_{wk}$, working voltage): <식 12-2>로 정의되며, 전지의 방전 전압을 뜻한다. 이는 열역학적 값인 $E_{cell}(= E^c_{eq} - E^a_{eq})$에서 2개 반쪽 전지에서의 과전압, 모든 저항에 의한 전압 강하를 뺀 값이므로 항상 $E_{wk} < E_{cell}$이다. 또한 방전이 진행됨에 따라 $E_{cell}$ 값이 변하거나(예로서 <식 12-4>로 표현된 다니엘 셀의 경우), 셀 분극을 결정하는 $\eta_a$, $\eta_c$, $R_{total}$이 변하는 경우 방전에 따라 작동 전압($E_{wk}$)이 변한다. 그러나 $E_{cell}$ 값이 방전 과정에서 일정하고, $\eta_a$, $\eta_c$, $R_{total}$도 크게 변하지 않는다면 작동 전압($E_{wk}$)은 일정(평탄)하다. 셀 분극의 크기를 결정하는 $\eta_a$, $\eta_c$, 그리고 $iR_{total}$ 값 모두 전류가 증가할수록 커지므로, 방전 전류가 클수록 방전 전압은 줄어든다.

② **셀 용량**(cell capacity): 완전지가 가지는 전하량($Q$, 단위는 Ah, amperes × hours)을 뜻한다. 이를 전지의 무게당 얻을 수 있는 용량(specific capacity) 또는 부피당 얻을 수 있는 용량(volumetric capacity)으로도 나타낼 수 있으며, 각각 Ah/kg 또는 Ah/L의 단위를 갖는다. 셀 용량은 개념상 좀 더 명확한 구분이 필요하다. 셀이 방전을 통해 발현할 수 있는 용량(dischargeable cell capacity)과 실제로 발현한 용량(actually discharged cell capacity)이다. 전자는 셀이 가지고 있는 최대로 방전이 가능한 용량을 말한다면, 후자는 방전을 통해 실제로 얻어진 용량이다. 항상 후자는 전자에 비해 적다.

③ **전극 용량**(electrode capacity): 전극 물질의 무게당 또는 부피당 용량을 나타낸다. 무게당 용량은 전하량 $Q$(Ah)를 전극 활물질 무게 $w$(kg)로 나눈 값에 해당하며 Ah/kg 또는 mAh/g으로 표시한다. 부피당 용량의 경우 무게당 용량($Q/w$)에 활물질의 밀도($w/V$)를 곱하여 $Q/V$를 계산할 수 있으며 이는 Ah/L 또는 mAh/cc로 표현할 수 있다.

④ **에너지 밀도**: 전지의 에너지($Q \times E_{wk}$)를 무게 또는 부피로 나눈 값을 뜻한다. $Q$는 셀 용량을 말하고, $E_{wk}$는 작동 전압이다. 작동 전압이 방전에 따라 변하는 경우 작동 전압의 평균값을 이용하여 계산한다. 또한 전지가 발현할 수 있는 최대 에너지 밀도를 말하고자 하면 $Q$는 최대로 방전이 가능한 셀 용량을 넣어 계산하고, 실제 얻어진 에너지 밀도를 말한다면 실제 방전하여 얻어진 $Q$를 이용하여 계산한다. 셀 무게당 에너지 밀도(specific energy density)의 단위는 Wh/kg이고, 부피당 에너지 밀도(volumetric energy density)의 단위는 Wh/L이다.

⑤ **출력 밀도**: 전지의 출력($i \times E_{wk}$)을 무게 또는 부피로 나눈 값을 뜻한다. $i$는 방전 전류를 뜻하고, $E_{wk}$는 작동 전압이다. 작동 전압이 방전에 따라 변하는 경우 작동 전압의 평균값을 이용하여 계산한다. 무게당 출력 밀도(specific powder density)의 단위는 W/kg이고, 부피당 출력 밀도(volumetric power density)의 단위는 W/L이다.

⑥ **싸이클 특성**: 이차 전지의 경우 충/방전이 가능한 횟수, 수명 등을 뜻한다.

⑦ **자가 방전율**: 전지를 사용하지 않을 때 스스로 방전되는 속도를 말한다. **보존 수명**(shelf-life)이라고도 한다. 자가 방전율이 낮으면 보존 수명이 길다.

⑧ **과방전** 또는 **과충전**: 이차 전지의 경우 활물질이 모두 방전(또는 충전)되고 난 이후에 진행되는 방전(또는 충전)을 뜻한다. 이 경우 전해액 등의 산화 또는 환원이 진행되므로 전지의 수명과 안전성에 주요한 영향을 미친다.

⑨ **에너지 효율**(energy efficiency): 충전으로 저장한 전기 에너지에 대해 방전으로 회수

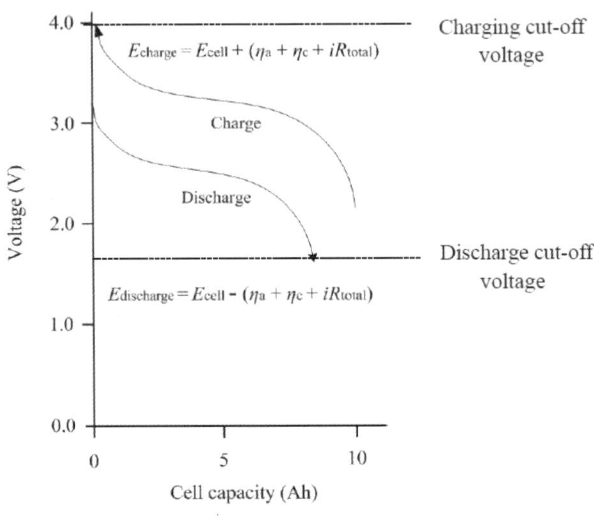


**그림 12-3** 정전류 조건에서 얻은 이차 전지의 충/방전 전압의 변화와 충전된 용량과 방전된 용량

한 전기 에너지의 비율을 뜻한다. [그림 12-3]에 어떤 이차 전지의 정전류 조건에서 얻은 충/방전 전압의 변화와 용량을 도시하였다. 통상적으로 이차 전지를 충/방전할 때 충전 컷오프 전압까지만 충전하고, 방전 컷오프 전압까지만 방전한다. 그림에서 충전 컷오프 전압인 4.0 V까지 충전된 용량은 10 Ah이고, 방전 컷오프 전압인 1.7 V까지 방전된 용량은 8.5 Ah이므로 쿨롱 효율(Coulombic efficiency)은 0.85이다. 한편, 셀 분극에 의해 충전 전압($E_{charge}$)이 방전 전압($E_{discharge}$)에 비해 더 크다. 충전할 때 저장되는 전기 에너지는 충전 전압과 충전 용량의 곱이므로 그림에서 충전 전압 곡선을 충전 용량에 대해 적분한 면적이 된다. 한편, 방전으로 회수한 전기 에너지는 방전 전압 곡선을 방전 용량에 대해 적분한 면적이다. 그림으로부터 충전 전압($E_{charge}$)과 방전 전압($E_{discharge}$)의 차이가 클수록, 충전할 때 저장되는 전기 에너지에 비해 방전으로 회수한 전기 에너지가 작으므로 에너지 효율이 감소함을 알 수 있다. 또한 충전과 방전 과정에서 부반응이 심하여 쿨롱 효율이 낮으면 에너지 효율이 낮아짐을 예상할 수 있다. 높은 에너지 효율은 전력 저장용 이차 전지가 갖추어야 할 요구 조건이다.

### 스스로 학습 12-1

리튬(Li) 금속을 전극으로 사용할 때 전극 용량(단위: mAh/g)을 계산하시오.

### 스스로 학습 12-2

어떤 이차 전지의 충전 전압이 충전 시작부터 끝까지 2.0 V로 일정하고 충전 용량은 10.0 Ah이다. 방전 전압은 1.6 V로 일정하고 방전 용량은 9.5 Ah이다. [그림 12-3]과 같이 $x$-축에 셀 용량을, $y$-축에 전압을 나타내는 그림을 그리시오. 이 전지의 전압 효율(voltage efficiency = discharge voltage/charge voltage), 쿨롱 효율(Coulombic efficiency = discharge capacity/charge capacity), 에너지 효율(energy efficiency = voltage efficiency × Coulombic efficiency)을 계산하시오. 충전에 쓰인 에너지와 방전을 통해 회수한 에너지를 그림에 각각 표시하고, 충전 에너지에 비해 방전 에너지가 적음을 확인하시오. 이때 회수하지 못한 에너지는 어디에 쓰인 것인가? (12-5절 참조)

전지의 크기와 형태는 다양하다. 소형 전자기기 또는 의료기기의 전원으로 소형 전지가 사용되고 있고, 자동차의 SLI(starting, lighting and ignition), 비상용 전원, 전력 생산의 부하 조절(load leveling) 등에 중대형 전지가 사용되고 있다.

전지는 그 용도에 따라서 요구되는 성능이 서로 다르다. 예를 들어, [표 12-1]에 제시하였듯이 자동차용 SLI 전지는 작동 전압이 크고 에너지 밀도가 크며, 저가이어야 하고, 영하 20 °C에서도 작동되어야 한다. 그러나 심장 박동기에 사용되는 전지는 에너지 밀도, 가격 등은 중요하지 않으나 전지의 신뢰도가 높아야 한다. 컴퓨터 메모리 백업으로 사용

[표 12-1] 용도에 따라 요구되는 전지의 성능

| | SLI | Heart pacemaker | Computer memory backup |
|---|---|---|---|
| Voltage | 12 V | 1~3 V | 1~3 V |
| Cell capacity | 20~200 Ah | 0.5 Ah | 0.1~0.5 Ah |
| Specific energy | 50 Wh/kg | | |
| Specific power | 100 W/kg | 1~5 mW/kg | 1~4 mW/kg |
| Usage | Uneven demand | Constant demand | Long shelf life |
| Temp. (°C) | −20 ~ 40 | 36 | 25 |
| Cost | Important | Unimportant | Unimportant |
| Reliability | Very high | Extremely high | High |

되는 전지는 비상용 전원이므로 자가 방전율이 낮아야 한다. 따라서 용도가 요구하는 특성에 적합한 전지가 그 용도에 사용되어야 한다.

전지의 형태는 코인(coin)형, 단추(button)형, 원통형(cylindrical), 각형(prismatic), 파우치(pouch)형 등으로 구분된다. 전지의 내부에는 음극, 양극, 분리막, 전해액이 들어 있고, 외부에 안전성 확보를 위한 보호회로가 부착되어 있는 경우가 있다.

## 12-3 일차 전지

### (1) 알칼라인 전지

전해액으로 알칼리성(KOH) 수용액을 사용하므로 **알칼라인 전지**(alkaline battery)라고 부른다. [그림 12-4]에 이 전지의 구조를 보여 주고 있다. 음극 활물질인 아연(Zn) 미세분말을 젤화제(gelling agent)를 이용하여 KOH 용액에 분산시키고, 분리막을 사이에 두고 양극 활물질인 $MnO_2$(EMD, electrolytic manganese dioxide)를 탄소와 혼합하여 채운다. 다공성 부직포에 KOH 수용액을 침투시킨 분리막을 사용한다. 이런 형태의 구조를 실타래와 유사한 모양을 갖는다고 하여 **보빈(bobbin)형**이라고 한다.

알칼라인 전지에는 강한 알칼리성 전해액을 사용하므로 Zn 전극의 자가 방전과 수소 발생을 억제할 수 있다([그림 2-14] 참조). Zn 전극의 자가 방전과 수소 발생을 더욱 억

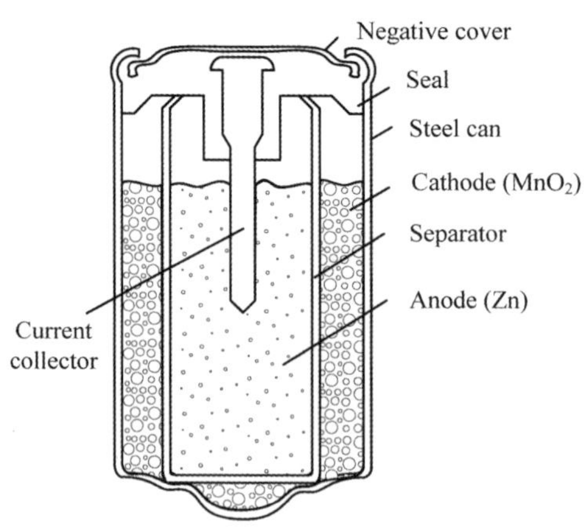


그림 12-4 실타래(bobbin) 모양 알칼라인 전지의 구조

제하기 위하여 수은을 첨가한 전지가 생산되기도 하였으나, 최근 수은의 공해 문제로 수은을 첨가하지 않는 무수은(mercury-free) 전지로 전환되었다. 수은을 첨가한 알카라인 전지에서 수은은 다음의 2가지 주요한 역할은 한다. 첫째, 첨가한 수은은 Zn 입자 표면에 코팅되는데, 이렇게 되면 Zn 표면이 아니고 Hg 표면이 전해액과 접촉하게 된다. 따라서 수소 발생 반응($2H_2O + 2e = H_{2(g)} + 2OH^-$)은 수은 비활성 전극 표면에서 일어나게 된다. 수은 전극에서 수소 발생 반응의 표준 속도 상수($k^0$)가 매우 작으므로(표 11-2) 수소 발생이 억제되고, 따라서 Zn의 자가 방전도 동시에 억제된다. 둘째, Zn 입자 표면에 코팅된 수은은 Zn 입자 간 결착력을 강하게 하는 효과가 있다. 즉, Zn 입자와 입자 사이에 수은이 위치해 입자들 사이에 결착을 강하게 한다. Zn 입자는 KOH 용액과 함께 젤화제 내 분산시킨다. 이때 입자 간 결착이 약하면 중력에 의해 Zn 입자가 밑으로 가라앉거나, 또는 약한 충격에 Zn 입자들 사이에 접촉이 떨어지게 된다. 이렇게 되면 '죽은 Zn', 즉 전기적 접촉이 끊어진 Zn 입자가 발생하여 용량이 감소하는 문제가 있다.

무수은 전지에는 수은이 첨가되지 않으므로 위의 2가지 수은의 첨가 효과를 대신할 방안이 필요하였다. 먼저, 수소 발생과 Zn의 자가 방전 문제는 Zn을 기반으로 한 합금을 개발하여 해결하였다. 즉, Zn에 In, Pb, Bi 등을 첨가한 합금은 수소 발생 반응의 $k^0$가 매우 작은 특성을 보이므로 무수은 알카라인 전지의 음극재로 사용되고 있다. 수은을 첨가하지 않을 때 발생할 수 있는 또 다른 문제, 즉 Zn 입자 간 결착이 약하여 내 충격성이 약한 문제는 새로운 젤화제를 이용한 Zn 입자의 편재화(localized)를 통해 해결하였다. 새로운 젤화제는 알갱이 크기가 큰 아크릴계 고분자로써, Zn 입자들은 젤화제 알갱이들 사이에 편재화되어 서로 접촉하며 밀집하게 된다. 젤화제가 차지하는 부피가 크므로 Zn 입자들은 좁은 공간에 밀집하게 되고, 따라서 서로 긴밀하게 전기적 접촉을 유지한다. 또한 젤화제가 든든한 지지체 역할을 하므로 강한 충격에도 Zn 입자들이 흐트러지지 않고 전기적 접촉을 유지할 수 있다.

### (2) 아연–산화 은 전지

일차 전지인 **아연–산화 은 전지**(zinc-silver oxide battery)의 산화 반응이 진행되는 반쪽 전지와 환원 반응이 진행되는 반쪽 전지에서 반응은 다음과 같다.

산화 전극: $Zn(s) + 2OH^- \rightarrow Zn(OH)_2(s) + 2e$ $\quad E^0 = -1.25$ V (*vs.* NHE)

환원 전극: $Ag_2O(s) + H_2O + 2e \rightarrow 2Ag(s) + 2OH^-$ $\quad E^0 = 0.34$ V (*vs.* NHE)

전체 반응: $Ag_2O(s) + Zn(s) + H_2O \rightarrow 2Ag(s) + Zn(OH)_2(s)$ $E^0_{cell} = 1.59$ V

이 전지에서 기전력 $E_{cell} = E^c_{eq} - E^a_{eq}$은 <식 12-5>로 표현된다. 모든 고체의 활동도는 1.0이고 물의 활동도는 크게 변하지 않으므로, 이 전지의 경우 열역학적으로 결정되는 $E_{cell}$은 방전 과정에서 일정한 값을 유지한다.

$$E_{cell} = \left(E^0_c - E^0_a\right) + \frac{RT}{2F} \ln \frac{a_{Ag_2O(s)}\, a_{H_2O}\, a_{Zn(s)}}{a^2_{Ag(s)}\, a_{Zn(OH)_2(s)}} \qquad \text{<12-5>}$$

전지의 작동 전압($E_{wk}$)은 <식 12-2>와 같으므로 방전 과정에서 $\eta_c$, $\eta_a$, $R_{total}$이 변하지 않는다면 $E_{cell}$이 일정하므로 전지의 작동 전압도 변하지 않는다. 실제로 이 전지는 이러한 조건을 충족하므로 매우 평탄(일정)한 방전 전압을 보인다. 이 전지는 코인형으로 제작되며 소형 전자기기, 시계 등의 전원으로 사용되고 있다.

### (3) 아연–공기 전지

[그림 12-5]에 일차 전지인 단추형 **아연–공기 전지**(zinc-air battery)의 구조를 보여 주고 있다. 전지의 내부에 Zn 분말을 젤화제와 함께 KOH 용액에 분산시키고(수소 발생과 Zn 자가 방전을 최소화하기 위하여 알카리성 전해액을 사용), 분리막을 사이에 두고 $MnO_2$/탄소 혼합물을 금속 스크린에 담지하여 양극으로 사용한다. 양극에서는 산소의 환원 반응(oxygen reduction reaction, ORR, $O_{2(g)} + 2H_2O + 4e \rightarrow 4OH^-$)이 진행되는데, 외부로부터 산소 유입을 위하여 공기의 입구가 있고, 유입된 공기는 막을 통하여 양극으로 공급된

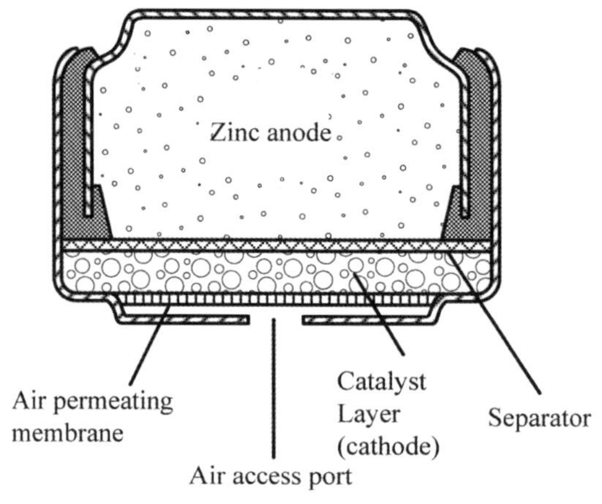


그림 12–5 단추형(button–type) 아연–공기 전지의 구조

다. 이 전지에서 산소가 활물질 역할을 하나, 이를 전지의 내부에 채워 넣지 않고 외부로부터 공급한다. 따라서 Zn 분말을 최대한 많이 채워 넣을 수 있어 다른 일차 전지에 비해 셀 용량이 크다. 그러나 외부로부터 이산화 탄소가 유입되면 전해질인 KOH와 반응하여 $KHCO_3(s)$를 형성하는데, 이는 용해도가 낮아 분리막에 침적되는 문제가 있다. 이 전지는 보청기 등에 널리 사용되고 있다. 또한 셀 용량이 크므로 충/방전이 가능한 대용량 이차 전지로 개선하려는 연구가 진행되고 있다.

**산소의 환원 반응**(ORR)은 아연-공기 전지뿐 아니라 뒤에 설명할 연료 전지에서도 일어난다. 아연-공기 전지의 경우, 이 반응이 일어나기 위해서 공기 반쪽 전지에 포함되어 있는 전극(흔히 촉매라고 부르기도 한다) 표면에서 $O_2(g)$, $H_2O$ 그리고 전자($e$)가 만나야 한다. 이를 [그림 12-6]에 설명하였다. 전자는 집전체로부터 촉매를 지지하고 있는 탄소 입자들을 통하여 전달되고, $H_2O$는 전해질로부터 제공된다. $O_2(g)$는 외부로부터 공급되어 막을 통과한 후 촉매 표면에 도달하게 된다. 이때 촉매 표면이 전해질 용액에 완전히 잠겨 있다면 이 반응의 농도 과전압이 클 것으로 예상된다. 즉, 수용성 전해액에 대한 $O_2(g)$의 용해도는 매우 낮다. 또한 용해된 $O_2(g)$의 용액 내에서 확산 계수는 대략 $10^{-5} \sim 10^{-6}$ $cm^2/s$ 정도로 가스 상태에서의 확산 계수($10^{-1} \sim 1$ $cm^2/s$)에 비해 매우 작다. 따라서 촉매 표면이 전해질 용액에 잠겨 있다면 $O_2(g)$의 물질 전달(확산) 속도가 매우 느릴 것으로 예상된다. 이를 방지하기 위하여, 빈 공간이 제공되어 $O_2(g)$가 가스 상태로 확산해 들어와야 한다. 이런 조건을 만족하면 ORR 반응은 탄소, 전해액, 그리고 빈 공간이 만나는 촉매 표면에서 진행된다. 이를 **삼상 경계면**(three-phase boundary sites)이라 한다.

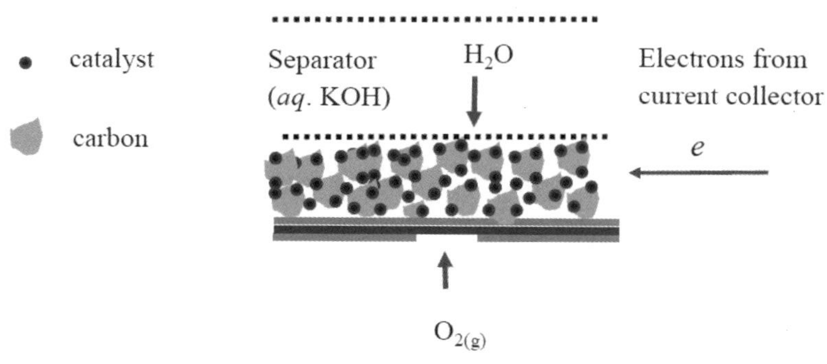


**그림 12-6** 아연-공기 전지의 양극에서 삼상 경계면의 형성과 가스 상태 $O_{2(g)}$ 확산을 위한 빈 공간의 필요성

삼상 경계면을 넓히기 위하여 촉매 입자 크기의 최소화, 전해액과의 접촉 면적 확대, 그리고 산소의 가스 상태의 확산을 위한 빈 공간의 확보 등 공기 전극 내부의 미세구조 조절이 필요하다.

### (4) 리튬 일차 전지

**리튬 일차 전지**(lithium primary battery)에서는 음극으로 리튬 금속을 사용하고, 양극으로는 $MnO_2$, $(CF_x)_n$, $Ag_2V_4O_{11}$, $SO_2$, $SOCl_2$ 등을, 전해액으로는 리튬 염을 유기 용매에 녹인 비수용성 전해액을 다공성 고분자(예: polyethylene) 필름에 함침하여 사용한다. $LiPF_6$와 같이 크기가 큰 음이온을 포함하는 리튬 염을 사용하는데, 이는 $Li^+$와 크기가 큰 음이온 사이에 이온 결합력이 약하여 쉽게 용해되기 때문이다. 유기 용매로는 EC(ethylene carbonate), PC(propylene carbonate), γ-butyrolactone, ether 등을 사용하는데, 대부분 유전 상수가 높아 리튬 염의 용해에 유리한 용매와 점도가 낮아 이온의 이동도 측면에서 유리한 용매를 혼합하여 사용한다. 리튬은 원자량이 6.941로서 $Li \rightarrow Li^+ + e$에 의해 방전할 때 전극 용량이 3,861 mAh/g으로 매우 높다. 이 전지의 작동 전압은 3 ~ 4 V이다.

리튬 일차 전지는 자가 방전율이 낮은 특성을 보인다. 이는 Li 금속 표면에 SEI(solid electrolyte interphase)를 형성하기 때문이다. 즉, 리튬 반쪽 전지는 표준 전극 전위가 −3.04 V(*vs*. NHE)로 매우 낮아 리튬의 산화 반응성이 매우 높다. 다시 말하여 강한 환원제이다. 리튬 금속과 유기 용매가 접촉하면 대부분의 유기 용매는 이러한 강한 환원 조건을 이기지 못하고 쉽게 환원 분해된다. 즉, 리튬 금속은 $Li \rightarrow Li^+ + e$ 반응을 통해 산화되고, 유기 용매가 환원되는 반응이 리튬 금속 표면에서 자발적으로 진행되며, 이때 환원 생성물인 lithium alkyl carbonate, oligomers, polymers, $Li_2CO_3$, LiF 등이 피막 형태로 리튬 표면에 석출된다. 이 피막의 두께가 어느 정도 이상이 되면 이 피막을 통한 전자(electrons)의 터널링 속도가 무시할 만큼 작아지므로 더 이상 전기화학 반응(전해질의 환원 분해)이 진행되지 못한다. 이를 Li 금속이 부동화(passivated)되었다고 한다. 이렇게 리튬 금속 표면에 부동화 층이 형성되면 추가적인 전해질의 환원 분해가 억제되고, 전해질의 환원과 짝을 이루어 진행하는 리튬 금속의 산화(용출)도 억제되므로 결국 Li 전극의 자가 방전이 억제된다. 이 피막은 고체 상태로 리튬 금속 표면을 덮고 있고, 액상인 전해질과 접하고 있으며, 전자에 의한 전도성(electronic conductivity)은 없으나 이온 전도가 가능한 전해질 특성을 보이므로 이를 SEI(solid electrolyte interphase)라고 부른다. SEI 층을 통해 이온 전도가 가능하므로 리튬의 방전 반응을 통해 생성되는 $Li^+$가 SEI 층을 통과하여 전해질로 이동하는 것을 방해하지 않는다. 리튬 일차 전지 음극으로 사용하는 Li 금속은 매우 큰 산화 경향성 때문에 어떤 전해질 용액을 사용하더라도 Li 전극의 자가 방전(산화, 용출)을 피할 수 없다는 사실을 고려할 때, "Li 전극의 자가 방전을 억제할 수 있게 한 SEI 피막 형성이야말로 리튬 일차 전지의 상용화에 매우 중요한 역할을 하고 있다"라고 할 수 있다.

## 12-4 수용성 이차 전지

### (1) 납 축전지

#### (a) 납 축전지의 특성

납 축전지(lead-acid cell)는 현재 자동차의 SLI, UPS(uninterrupted power supply), 부하 조절 등의 분야에서 가장 큰 시장을 차지하고 있다. 2개 반쪽 전지에서 방전 반응은 다음과 같고, 충전 반응은 그 반대이다.

음극: $Pb(s) + HSO_4^- \rightarrow PbSO_4(s) + 2e + H^+ \qquad E^0 = -0.32\ V\ (vs.\ NHE)$

양극: $PbO_2(s) + 3H^+ + HSO_4^- + 2e \rightarrow PbSO_4(s) + 2H_2O(l)$

$E^0 = 1.75\ V\ (vs.\ NHE)$

전체 반응: $Pb(s) + PbO_2(s) + 2H_2SO_4 \rightarrow 2PbSO_4(s) + 2H_2O(l) \qquad E^0_{cell} = 2.07\ V$

납 축전지는 다음과 같은 작동 특성을 갖는다. 첫째, 위 전체 반응식에서 보듯이 방전이 진행됨에 따라 황산이 소모되므로 과량의 황산을 넣어야 한다. 둘째, 방전이 진행됨에 따라 전해질인 황산의 농도가 감소하므로 전해질 용액과 분리막의 이온 전도도가 낮아지고, 따라서 $R_{solution}$과 $R_{separator}$가 증가한다. 또한 전해액의 어는점이 증가한다. 셋째, 방전이 진행되면서 양쪽 전극 모두에서 $PbSO_4(s)$가 생성되는데, 이는 부도체로써 전기 전도도가 낮아 방전 말기로 갈수록 양쪽 전극의 저항($R_{electrode}$)이 증가한다.

[그림 12-7]에 납 축전지의 방전 전류에 따른 방전 전압의 변화를 보여 주고 있다. 일반적으로 충/방전 속도를 *c*/t로 표현하는데, *c*는 전지의 충/방전이 가능한 용량을, *t*는 충/방전 시간(단위; hr)을 말한다. 예를 들어, 전지가 발현할 수 있는 최대 용량이 *c* = 10 Ah라 할 때, 방전 속도가 *c*/20이면 20시간 동안 방전하는 것이므로 방전 전류의 크기는 0.5 A

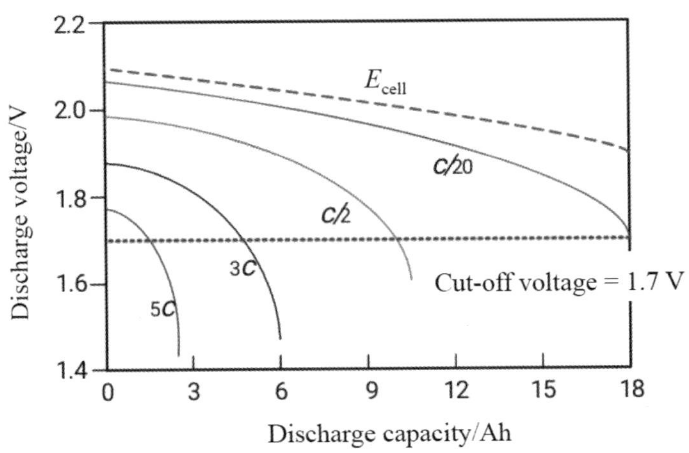


**그림 12-7** 납 축전지의 방전 전류에 따른 방전 전압과 방전 컷오프(1.7 V)까지 방전된 용량

이다. 5$c$이면 $c$/0.2이므로 0.2 시간 동안 방전하는 것이므로 방전 전류의 크기는 50 A가 된다. 그림에서 보듯이 방전 말기에 방전 전압이 급격히 떨어지며, 이러한 현상은 방전 전류가 클수록 더 심함을 알 수 있다. 이는 방전 말기에 황산 농도의 감소에 따른 전해질 저항과 분리막 저항의 증가, 그리고 $PbSO_4(s)$의 생성에 따른 전극 저항의 증가로 설명할 수 있다. 즉 방전 전압을 $E_{wk}(E_{discharge}) = E_{cell} - (\eta_a + \eta_c + iR_{total})$로 표현할 때, 방전 말기에 $R_{total}$에 기여하는 $R_{solution}$, $R_{separator}$, $R_{electrode}$의 급격한 증가로 셀 분극이 증가하기 때문에 방전 전압($E_{discharge}$)이 급격히 감소한다.

### 스스로 학습 12-3

방전이 가능한 최대 용량(dischargeable capacity)은 전지의 내부에 충진된 활물질의 양에 의해 결정된다. 그러나 실제 방전된 용량(actually discharged capacity)은 셀 분극과 컷오프 전압 때문에 셀이 가지고 있는 최대 가능한 방전 용량보다 적다. 컷오프 전압이란 방전 과정에서 하한 전압을 말한다. [그림 12-7]에서 컷오프 전압은 1.7 V이다. [그림 12-7]을 보고 다음에 답하시오.

1) $E_{discharge} = E_{cell}$ − cell polarization의 관계로부터 방전 전류가 증가함에 따라 셀 분극이 증가하고, 따라서 방전 전압($E_{discharge}$)이 감소함을 확인하시오.

2) 방전 전류가 증가함에 따라 컷오프 전압까지 실제로 방전된 용량이 감소함을 확인하시오. 이때 방전되지 않은 셀 용량은 어떤 상태로 남아 있는가?
3) [그림 12-7]과 같은 전압-셀 용량의 그림에서 실제 방전된 에너지(actually discharged energy)는 방전 곡선을 방전된 용량까지 적분한 면적에 해당한다. 그림에서 방전 전류가 증가함에 따라 실제 방전된 에너지가 감소함을 확인하시오.

(b) 내부 산소 순환(internal oxygen cycle)

납 축전지에는 황산 수용액이 전해질로 사용되므로 수소와 산소의 발생이 가능하다. [그림 12-8]에 납 축전지 시스템에서 가능한 반쪽 전지의 종류와 그들의 표준 상태 평형 전압을 나타내었다. 납 축전지를 구성하는 $Pb/PbSO_4$와 $PbSO_4/PbO_2$ 반쪽 전지의 평형 전압은 각각 그들의 표준 전극 전위($E^0$)인 $-0.32$ V와 1.75 V(*vs.* NHE)이다. 황산 수용액을 전해질로 사용하므로 비활성 전극/$H_2$, $H^+$ 반쪽 전지와 비활성 전극/$H_2O$, $O_2$, $H^+$ 반쪽 전지도 가능하다. 열역학은 다음을 말한다. ① 음극에서 전압이 평형 전압($E_{eq}$)인 $-0.32$ V보다 더 양의 값을 가지면 방전이 가능하고, 반대로 더 음의 값을 가지면 충전이 가능하다. ② 양극에서 전압이 평형 전압($E_{eq}$)인 1.75 V보다 더 음의 값을 가지면 방전이 가능하고, 반대로 더 양의 값을 가지면 충전이 가능하다. ③ 음극의 전압이 수소 반쪽 전지의 평형 전압인 0.0 V보다 더 음의 값을 가지면 수소 발생($2H^+ + 2e \rightarrow H_2(g)$)이 가능하

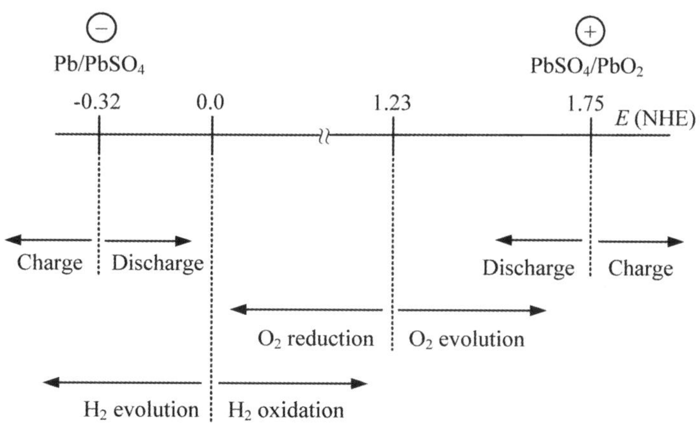


**그림 12-8** 납 축전지 시스템에서 가능한 4개 반쪽 전지의 표준 상태에서 평형 전압($E_{eq}$), 그리고 각 반쪽 전지에서 전압에 따른 전기화학 반응의 열역학적 예측. 반응의 가능한 전압 범위를 화살표로 나타내었으나, 반응의 속도(전류의 크기)는 알 수 없음.

다. 수소 발생을 위해 비활성 전극이 필요한데 음극인 Pb/$PbSO_4$가 그 역할을 한다. ④ 양극의 전압이 수소 반쪽 전지의 평형 전압인 0.0 V보다 더 양의 값을 가지면 수소의 산화($H_2(g) \rightarrow 2H^+ + 2e$)가 가능하다. 이 반응을 위해 양극인 $PbSO_4$/$PbO_2$가 비활성 전극의 역할을 수행한다. ⑤ 양극의 전압이 산소 반쪽 전지의 평형 전압인 1.23 V보다 더 양의 값을 가지면 산소 발생($2H_2O \rightarrow O_2(g) + 4H^+ + 4e$)가 가능하다. 이 반응을 위해 양극인 $PbSO_4$/$PbO_2$가 비활성 전극의 역할을 수행한다. ⑥ 음극의 전압이 산소 반쪽 전지의 평형 전압인 1.23 V보다 더 음의 값을 가지면 산소의 환원 반응($O_2(g) + 4H^+ + 4e \rightarrow 2H_2O$)이 가능하다. 이 반응을 위해 음극인 Pb/$PbSO_4$가 비활성 전극의 역할을 수행한다. 그러나 ① ~ ⑥에서의 논의는 가능성만을 말하는 것으로, 얼마나 빠른 속도로 진행되는지는 동력학에서 다룰 문제이다.

[그림 12-8]로부터 납 축전지를 충전할 때 수소와 산소의 발생이 열역학적으로 가능함을 알 수 있다. 즉, 충전 시 음극의 전압이 −0.32 V보다 더 음의 값을 갖기 때문에 음극의 충전이 진행될 때 Pb/$PbSO_4$ 전극 표면에서 수소 발생이 동시에 일어날 수 있다. 한편, 충전 시 양극의 전압이 1.75 V 이상의 값을 가지게 되므로, 충전 반응과 함께 $PbSO_4$/$PbO_2$ 전극 표면에서 산소 발생이 병행될 수 있다. 어떤 전기화학 반응이 충분한 크기의 속도로 진행되기 위해서는 3가지 조건을 만족해야 한다. ① 열역학적 가능성: 위에 설명한 것처럼 납 축전지를 충전할 때 수소 발생과 산소 발생이 열역학적으로 가능하다. ② 반응물의 농도: 반응물인 $H^+$와 $H_2O$의 양이 전지 내부에 충분하다. ③ 충분한 크기의 표준 속도 상수($k^0$): 위 ①과 ②의 조건을 만족하더라도 $k^0$가 무시할 만큼 작으면 반응 속도 또한 무시할 수 있다. 그렇다면 Pb/$PbSO_4$ 전극 표면에서 수소 발생과 $PbSO_4$/$PbO_2$ 전극 표면에서 산소 발생의 $k^0$는 얼마나 큰가? 매우 작은 값을 가진다([표 11-2] 참조). 그러나 $k^0 = 0$이 아니므로 매우 느린 속도로 수소와 산소가 발생한다. 물이 분해되어 산소와 수소가 발생하는 것이므로 과거에는 증류수를 주기적으로 넣어 물을 보충하였다.

그러나 기술의 진보로 증류수를 넣지 않아도 되는 소위 '보수가 필요 없는(maintenance-free) 납 축전지'가 개발되었다. 즉, 물이 줄어드는 문제를 **내부 산소 순환**(internal oxygen cycle) 기술 개발을 통하여 해결하였다. 이는 양극에서 물의 분해로 생성된 산소를 분리막을 통하여 음극으로 이동시키고, 음극에서 물로 전환하는 방법으로서, 물로부터 생성된 산소를 다시 물로 전환하므로 물을 보충할 필요가 없다. [그림 12-8]에서 보듯이 충전할 때 음극의 전압(−0.32 V 이하)이 산소 반쪽 전지의 평형 전압(1.23 V)보다 더 음의 값을 가지므로, 산소 환원($O_2(g) + 4H^+ + 4e \rightarrow 2H_2O$) 반응이 가능하다. 산소 가스에 의한 전지 내부 압력이 증가하는 현상은 피할 수 있다.

납 축전지를 충전할 때 음극에서 수소 발생이 가능하다. 이렇게 발생한 수소를 양극 쪽으로 이동시키면 양극에서 수소의 산화($H_2(g) \rightarrow 2H^+ + 2e$) 반응을 통해 수소를 제거할 수 있다. 즉, [그림 12-8]에서 보듯이 충전 시 양극의 전압(1.75 V 이상)이 수소 반쪽 전지의 평형 전압보다 더 양의 값을 가지므로 수소의 산화가 열역학적으로 가능하다. 그러나 수소의 산화 반응 속도가 비활성 전극인 $PbSO_4/PbO_2$ 전극 표면에서 동력학적으로 너무 느려서($k^0 \rightarrow 0$) 실제 이 과정을 통한 수소의 제거는 불가능하다. 다른 해결 방안으로서 수소 발생을 원천적으로 막는 것인데, 수소 발생 반응의 $k^0$가 매우 작은 Pb를 기반으로 하는 합금을 음극으로 사용함으로써 수소 발생량을 크게 줄일 수 있었다. 그러나 수소의 발생을 완전히 억제할 수 없고, 내부 수소 순환(internal hydrogen cycle)도 불가능하므로, 수소 가스에 의한 전지 내부 압력 증가와 전지가 부풀어 오르는 현상을 피할 수 없다. 이 문제는 전지에 초소형 밸브를 부착하여 간헐적으로 수소를 배출하여 해결하였는데, 이를 VRLA(valve-regulated lead-acid) 셀이라고 한다.

일반적으로 전해액에 대한 가스의 용해도는 매우 낮다. 또한 용해된 가스의 용액 내에서 확산 계수는 대략 $10^{-5}$ ~ $10^{-6}$ $cm^2/s$ 정도로 가스 상태에서의 확산 계수($10^{-1}$ ~ 1 $cm^2/s$)에 비해 매우 작다. 따라서 위에 설명한 내부 산소 순환을 완성하려면 특별한 조치가 필요하다. 양극에서 발생한 $O_2(g)$가 음극 쪽으로 확산하려면 반드시 분리막을 통과하여야 한다. 만약 분리막의 기공이 전해액으로 완전히 채워졌다고 하면, $O_2(g)$는 먼저 전해액에 용해되어야 하고, 또 전해액을 통한 액상 확산을 거쳐야 한다. 낮은 용해도와 낮은 확산 계수 때문에 $O_2(g)$가 음극 쪽으로 확산하는 속도가 매우 느릴 것이다. 분리막에 기체 상태의 $O_2(g)$ 확산을 위한 빈 공간이 있으면, 위에 설명한 낮은 용해도 문제와 낮은 확산 속도 문제를 해결할 수 있다. 실제로 AGM(absorptive glass mat)와 같은 특수한 분리막을 사용하는데, 이는 내부에 빈 공간을 제공하여 기체 상태의 $O_2(g)$ 확산을 가능하게 한다.

#### (c) 셀 용량

납 축전지의 **이론적 무게당 용량**(theoretical specific capacity)을 다음과 같이 계산할 수 있다. 이론적 무게당 용량이란 "전지가 방전 반응에 참여하는 물질로만 구성되어 있다"는 가정하에 계산되는 값이다. 납 축전지의 방전 반응이 $Pb(s) + PbO_2(s) + 2H_2SO_4 \rightarrow 2PbSO_4(s) + 2H_2O(l)$이므로, 전지가 $Pb(s)$, $PbO_2(s)$, $H_2SO_4$만으로 구성되었다고 가정하고 이론적 무게당 용량을 계산할 수 있다. 방전을 통하여 2F만큼의 전하를 생성하기 위해 Pb = 207.2 g(1 mol), $PbO_2$ = 239.2 g(1 mol), $H_2SO_4$ = 196.2 g(2 mol)이 필요하다. 따라서 2F의 전하를 생성하기 위한 활물질 전체 무게는 642.6 g이다. 이로부터 이론적 무게당 용량 = $Q$/weight = 2F/642.6 g = 2 mol × 26.8 Ah $mol^{-1}$/642.6 g = 83.4 Ah/kg 이 된다.

실제 전지에는 활물질뿐 아니라 비활성 물질(passive components; 물, 분리막, 금속 집전체, 외부 캔 등)이 포함되므로 **실제 무게당 용량**(practical specific capacity)은 이론값보다 작다. 따라서, 전지의 실제 무게당 용량 증대를 위해 활물질은 최대한 많은 양을 채워 넣고, 비활성 물질의 양은 최소화할 필요가 있다. 여기서 정의한 실제 무게당 용량은 전지(비활성 물질들을 포함)에 내재되어 있는, 그래서 방전 시 발현할 수 있는 **최대 셀 용량**(dischargeable capacity)을 뜻한다. 그러나 실제로 전지를 방전할 때 컷오프 전압까지만 방전하고, 방전 전류가 증가함에 따라 셀 분극이 증가하기 때문에 실제로 방전된 용량(actually discharged capacity)은 최대 용량보다 작다. 전지는 실제 무게당 용량만큼의 용량이 내재되어 있으나 모두 방전되지 못하고 남아 있음을 말한다. 방전 전류가 증가할수록 방전되지 못하고 충전 상태로 남아 있는 용량이 증가한다.

전지의 용량을 표시할 때 **공칭 용량**(nominal capacity)을 사용하기도 한다. 실제 방전된 용량이 방전 조건(방전 전류의 크기, 컷오프 전압의 크기, 사용 온도 등)에 따라 변하므로, 전지의 용도가 정해지면, 그 용도의 대표적인 방전 조건을 정하고 그 조건에서 방전된 용량을 정하는데 이를 공칭 용량이라 한다. 예를 들어, 자동차 SLI용 납 축전지의 경우 방전 전류 $c$/20, 컷오프 전압 1.75 V, 온도 25℃ 조건에서 방전된 용량을 공칭 용량으로 정한다. 같은 크기의 전지라도 용도에 따라 방전 조건을 다르게 설정하므로 공칭 용량이 서로 다르다.

#### (d) 납 축전지의 열화(ageing)

납 축전지는 비교적 오랜 시간 사용할 수 있으나, 충/방전을 거듭하며 열화되는 현상을 피할 수 없다. 대표적인 열화 원인으로 음극과 양극에서 활물질들이 용출/침적의 과정을 통하여 충/방전되기 때문에 생기는 현상을 들 수 있다. 즉, 음극의 경우, $Pb(s) \rightarrow Pb^{2+} \rightarrow PbSO_4(s)$ 경로를 통해 방전되고, 반대 경로를 통해 충전된다. 즉 방전 시 용출($Pb(s) \rightarrow Pb^{2+}$)과 침적($Pb^{2+} \rightarrow PbSO_4(s)$)의 과정을 거치고, 충전 시에도 용출($PbSO_4(s) \rightarrow Pb^{2+}$)과 침적($Pb^{2+} \rightarrow Pb(s)$)의 과정을 거친다. 양극도 $PbO_2(s) \rightarrow Pb^{4+} \rightarrow Pb^{2+} \rightarrow PbSO_4(s)$ 경로를 통해 방전되고, 반대 경로를 통해 충전되며 용출/침적의 과정을 거친다. 일반적으로 전극 반응이 용출/침적의 과정을 거치면 전극의 열화가 심하다. 예를 들어, 충전 상태의 Pb(*s*) 입자가 구형이고 10 μm 크기라고 하자. $PbSO_4$(*s*)로 방전되었다가 다시 Pb(*s*)로 충전될 때, Pb(*s*) 입자가 처음처럼 구형이고 10 μm 크기를 유지할 수 있을까? 흔히 입자 크기가 더 커져서 전해질과 접촉하는 면적이 감소하거나, 일부 Pb(*s*) 입자가 전극으로부터 떨어져 나간다. 이런 현상들이 셀 분극을 증가시키고, 셀 용량을 감소시키는 등 전지의 열화 원인이 된다.

#### (e) 납 축전지의 자가 방전

납 축전지의 자가 방전은 무시할 수 없다. 자가 방전이란 전지를 사용하지 않을 때, 즉 2개 반쪽 전지가 전기적으로 끊어진(열린 회로) 상태에서 방전되는 현상을 말하는데, 2개 반쪽 전지에서 동시에 방전되는 경우와 2개 중 하나에서만 방전되는 경우로 구분할 수 있다.

1) 동시에 자가 방전되는 경우

① 내부 단락이 되면 열린 회로 상태일지라도 2개 반쪽 전지의 전극이 서로 접촉하므로 산화/환원이 일어나며 자가 방전된다.

② 산화/환원 셔틀에 의한 자가 방전(그림 12-9): 전해액에 금속 이온(예를 들어, $Fe^{3+}$)이 불순물로 존재한다고 하자. 이 금속 이온 반쪽 전지의 평형 전압($Fe^{3+} + e = Fe^{2+}$, $E^0 = 0.77$ V vs. NHE)이 납 축전지 음극의 평형 전압(−0.32 V vs. NHE)과 양극의 평형 전압(1.75 V vs. NHE) 사이의 값을 갖는다. 음극을 포함하는 반쪽 전지의 평형 전압(−0.32 V)과 비활성 전극/$Fe^{2+}$, $Fe^{3+}$ 반쪽 전지의 평형 전압(0.77 V)을 비교하였을 때, 후자가 더 양의 값을 가지므로 환원 경향이 커서 비활성 전극 역할을 하는 음극($Pb/PbSO_4$) 표면에서 $Fe^{3+} + e \rightarrow Fe^{2+}$ 환원 반응이 진행되고 음극은 산화(방전)된다; $Pb(s) + HSO_4^- \rightarrow PbSO_4(s) + 2e + H^+$. 즉, 2개 반쪽 전지가 갈바니 셀을 형성하며 음극이 자가 방전된다. 이렇게 생성된 $Fe^{2+}$가 확산하여 양극 쪽으로 이동하면 양극을 만나게 되는데, 불활성 전극/$Fe^{2+}$, $Fe^{3+}$ 반쪽 전지의 평형 전압(0.77 V)이 양극을 포함하는 반쪽 전지의 평형 전압(1.75 V)보다 더 음의 값을 가지므로 산화 경향이 커서 비활성 전극 역할을 하는 양극($PbSO_4/PbO_2$)/표면에서 $Fe^{2+} \rightarrow Fe^{3+} + e$ 산화 반응이 진행되고 양극은 환원(방전)된다. 즉, 2개 반쪽 전지가 갈바니 셀을 형성하며 양극이 자가 방전된다. 이렇게 생성된 $Fe^{3+}$는 확산에 의해 다시 음극으로 이동하고 위의 과정

을 반복한다. [그림 12-9]에 보인 것처럼 $Fe^{3+}/Fe^{2+}$ 산화/환원 쌍은 음극에서 전자(electrons)를 실어다가 양극에 전달하는 마치 셔틀버스처럼 작동하므로 '산화/환원 셔틀'에 의한 자가 방전이라 칭한다. $Fe^{3+}/Fe^{2+}$ 산화/환원 쌍이 전자 매개체 역할을 하는 것이다. 납 축전지의 전해질에 평형 전압이 $-0.32\ V < E^0 < 1.75\ V$ 범위를 갖는 불순물이 존재하면 이러한 자가 방전이 가능하다.

2) 음극만 자가 방전되는 경우

[그림 12-8]에 보듯이 음극을 포함하는 반쪽 전지가 반대 반쪽 전지와 전기적으로 차단된(열린 회로) 상태에서 납 축전지 내부에 가능한 반쪽 전지와 갈바니 셀을 형성하여 자가 방전($Pb(s) + HSO_4^- \rightarrow PbSO_4(s) + 2e + H^+$) 될 수 있다. 수소 반쪽 전지($E^0$ = 0.0 V)와 산소 반쪽 전지($E^0$ = 1.23 V)가 음극을 포함하는 반쪽 전지의 평형 전압(−0.32 V vs. NHE)보다 더 양의 값을 가지므로 갈바니 셀을 형성하여 $H_2$ 생성 또는 $O_2$ 환원이 음극의 자가 방전(산화)과 짝을 이룰 수 있음이 열역학적으로 예측된다. 실제 반응이 일어나기 위해 추가적인 2가지 조건을 만족하여야 한다. 음극의 경우 충전된 상태의 물질(반응물)인 Pb가 충분히 있고 또한 방전 반응의 $k^0$ 또한 크므로 짝을 이루는 상대 반쪽 전지 반응의 특성이 2가지 조건을 만족하면 갈바니 셀이 형성된다.

③ 먼저 $H_2$ 생성 반응의 특성을 살펴보면, 황산 전해질을 사용하므로 반응물인 $H^+$의 농도는 크다. 그러나 비활성 전극 역할을 하는 Pb 표면에서 수소 발생 반응의 $k^0$는 매우

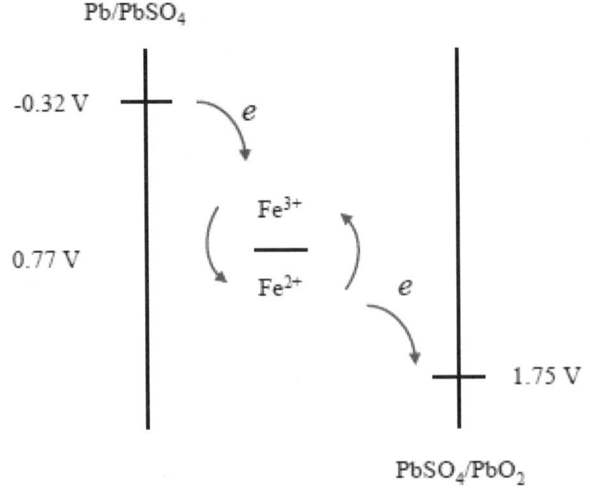


그림 12-9 산화/환원 셔틀(redox shuttle)에 의한 납 축전지의 자가 방전

작다(표 11-2 참조).

④ $O_2$ 환원 반응의 특성을 보면, 반응물인 $O_2(g)$의 황산 수용액에 대한 용해도가 매우 낮을 뿐 아니라, 비활성 전극 역할을 하는 Pb 표면에서 $O_2$ 환원 반응의 $k^0$는 매우 작다.

3) 양극만 자가 방전되는 경우

양극의 경우 충전된 상태의 물질(반응물)인 $PbO_2$가 충분히 있고 또한 방전 반응의 $k^0$가 크므로 짝을 이루는 상대 반쪽 전지 반응의 특성이 2가지 조건을 만족하면 갈바니 셀이 형성된다. [그림 12-8]에서 보듯이 짝을 이룰 수 있는 반응은 수소의 산화($H_2(g) \rightarrow 2H^+ + 2e$)와 산소 발생($2H_2O \rightarrow O_2(g) + 4H^+ + 4e$)이다.

⑤ 수소의 산화 반응 특성을 보면, 반응물인 $H_2(g)$의 황산 수용액에 대한 용해도가 매우 낮을 뿐 아니라, 비활성 전극 역할을 하는 $PbO_2$ 표면에서 $H_2$ 산화 반응의 $k^0$는 매우 작다.

⑥ $O_2$ 발생 반응의 특성을 보면, 반응물인 $H_2O$의 농도는 매우 크나 비활성 전극 역할을 하는 $PbO_2$ 표면에서 $O_2$ 발생 반응의 $k^0$는 매우 작다.

위에 열거한 ① ~ ⑥의 자가 방전 가능성 중 실제로 ③ 수소 발생이 짝을 이루어 음극이 자가 방전되는 경우가 가장 크다. 즉, Pb 전극 표면에서 수소 발생 반응의 $k^0$는 매우 작아서 음극의 자가 방전 속도가 매우 느리지만 그렇다고 무시할 수는 없다. 다른 자가 방전 경로에 비해 ③의 경우가 가장 심하다. 실제로 ③에 의해 음극이 자가 방전되어 Pb가 소모되므로 납 축전지를 설계할 때 Pb를 과량으로 충진하여 음극의 용량을 양극보다 크게 한다(N/P 비율 = 1.2). N/P 비율이란 음극과 양극의 용량 비율을 뜻한다.

### 스스로 학습 12-4

전지의 에너지는 셀 용량 × 방전 전압이므로, 납 축전지의 이론적 무게당 용량(83.4 Ah/kg)에 평균 방전 전압(2.0 V)를 곱하면 이론적 무게당 에너지 밀도는 167 Wh/kg으로 계산된다. 그러나 비활성 물질들이 전지에 들어감으로 실제 무게당 에너지 밀도는 30~50 Wh/kg 정도 된다. 예를 들어, 골프 카트에 사용되는 납 축전지의 실제 무게당 에너지 밀도는 ~50 Wh/kg이고, UPS 용도의 경우 ~30 Wh/kg 정도 된다. 다음을 고려하여 이렇게 차이를 보이는 이유를 설명하시오. 1) 골프 카트에 납 축전지는 동력원으로 사용된다. 2) UPS용 납 축전지는 부동 충전(float charging)을 한다. 즉, 거의 완전 충전 상태를 유지하며 대기하므로, 이 상태에서 양극의 집전체로 사용하는 Pb 그리드가 부식된다.

부식되는 양을 보상하기 위하여 비활성 물질인 Pb 그리드를 과량으로 사용한다.

### (2) 니켈-카드뮴 전지

니켈-카드뮴 전지(Ni-Cd battery)의 방전 반응은 다음과 같고, 충전 반응은 그 반대이다. 전지를 제작할 때 전극 활물질은 방전 상태로 채워 넣는 것이 일반적인데, 이 전지도 방전 상태인 $Cd(OH)_2(s)$와 $Ni(OH)_2(s)$를 다공성 집전체의 기공 내부에 담지시키거나 또는 분말 상태로 기공 내부에 채워 넣는다.

음극: $Cd(s) + 2OH^- \rightarrow Cd(OH)_2(s) + 2e$ $\quad E^0 = -0.81$ V (*vs*. NHE)

양극: $2NiOOH(s) + 2H_2O + 2e \rightarrow 2Ni(OH)_2(s) + 2OH^-$ $\quad E^0 = 0.47$ V (*vs*. NHE)

전체 반응: $Cd(s) + 2NiOOH(s) + 2H_2O \rightarrow Cd(OH)_2(s) + 2Ni(OH)_2(s)$ $\quad E^0_{cell} = 1.28$ V

이 전지의 특징은 다음과 같다. 첫째, KOH가 반응에 참여하지 않으므로 이를 과량으로 넣을 필요가 없다. 둘째, 위 전체 방전 반응식에서 보듯이 물이 반응에 참여하나 전해액에 과량 들어 있으므로 KOH의 농도는 크게 변하지 않는다. 셋째, 수소 반쪽 전지의 평형 전압이 음극인 $Cd/Cd(OH)_2$ 반쪽 전지의 평형 전압과 근접하여 충전 시 음극의 전압이 $-0.83$ V(*vs*. NHE)보다 더 음의 값을 가지면 수소 발생이 열역학적으로 가능하다

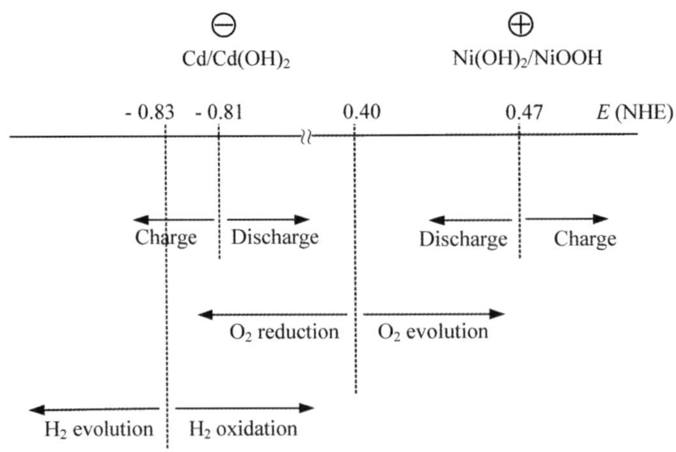


**그림 12-10** Ni-Cd 전지 시스템에서 가능한 4개 반쪽 전지의 표준 상태에서 평형 전압($E_{eq}$), 그리고 각 반쪽 전지에서 전압에 따른 전기화학 반응의 열역학적 예측. 반응의 가능한 전압 범위를 화살표로 나타내었으나, 반응의 속도(전류의 크기)는 알 수 없음.

(그림 12-10). 넷째, 충전 시 양극에서 산소의 발생($4OH^- \rightarrow O_2(g) + 2H_2O + 4e$)이 열역학적으로 가능하다. 또한 이 반응의 반응물인 $OH^-$가 전해질에 충분히 있다. 비활성 전극인 NiOOH 표면에서 산소의 발생 반응의 $k^0$가 매우 작지만, 그렇다고 무시할 정도는 아니다. 즉, 산소가 느린 속도이지만 발생한다. 대용량 Ni-Cd 전지에서는 산소를 배출하며 사용한다(vented cell이라고 함). 그러나 납 축전지와 같이 내부 산소 순환을 통해 산소가 음극에서 환원($O_2(g) + 2H_2O + 4e \rightarrow 4OH^-$)될 수 있으므로 완전히 밀봉된 형태의 전지도 상용화되었다.

[그림 12-10]에 보인 것처럼 산소가 음극으로 이동하면 음극에서 이의 환원 반응이 열역학적으로 가능하다. 여기에서도 사용하는 분리막이 빈 공간을 형성하여 $O_2(g)$의 기체 상태 확산을 가능하게 한다. 완전히 밀봉된 전지가 가능한 이유는 양극에서 발생한 산소를 내부 산소 순환을 통해 제거함과 동시에 음극에서 수소 발생을 원천적으로 막기 때문이다. 음극인 Cd 전극에서 수소 발생 반응의 $k^0$가 매우 작아서 수소 발생은 심하지 않지만(표 11-2), 그렇다고 무시할 수는 없다. 따라서 음극의 충전 전압을 −0.83 V보다 더 양의 값을 갖도록 조절하여 수소 발생을 원천 봉쇄한다. 음극의 전압 조절은 두 가지 방법이 이용된다. 첫째, 내부 산소 순환이 작동되면 [그림 12-10]에서 보듯이 음극의 방전 반응과 산소의 환원 반응이 짝을 이루므로, 이때 음극의 전압은 혼성 전위 값(−0.81 V ~ 0.4 V 범위)을 갖게 된다. 둘째, 음극에 과량의 $Cd(OH)_2$를 충진하여 과충전을 방지하며 전압이 −0.83 V를 넘지 못하게 한다. 이를 **충전 예비량**(charge reserve)이라고 한다. 즉, 과충전 상태에서 음극에 충진된 과량의 $Cd(OH)_2$가 $Cd(OH)_2(s) + 2e \rightarrow Cd(s) + 2OH^-$ 반응에 참여하므로 음극의 전압은 −0.81 V 근처에 머물며 −0.83 V를 넘지 않는다. 이렇게 전압을 일정 범위 안에 고정시키므로 이를 **전압 고정**(potential pinning)이라고 한다.

양극에서는 충/방전에 따라 $NiOOH(s)$와 $Ni(OH)_2(s)$가 생성 또는 소모되는데, 이때 부피 변화가 심하여 충/방전이 진행됨에 따라 전극이 열화되는 문제가 있다. 이를 해결하기 위하여 다공성 Ni 집전체의 기공 내부에 $Ni(OH)_2$를 담지시키거나 또는 분말 상태로 기공 내부에 채워 넣어 사용한다.

Ni-Cd 전지는 비교적 사이클 수명이 길고, 신뢰도가 높아 전동 공구, 완구 등에 사용되었으나 이 전지 특유의 메모리 효과와 Cd의 공해 문제, 그리고 경쟁자인 리튬 이차 전지의 성능과 가격 경쟁력 상승으로 인하여 시장 점유율이 크게 감소하였다. **메모리 효과**(memory effect)란, 이차 전지를 완전히 방전하지 않고 재충전하여 사용할 경우, 마치 전지가 이전에 방전된 용량을 기억하는 것처럼 이전에 사용한 방전 용량까지만 방전되는 현상을 말한다.

### (3) 니켈-메탈하이드라이드 전지

니켈-메탈하이드라이드 전지(Ni-metal hydride battery)는 음극으로 수소 저장 합금을 사용하는 것을 제외하고 Ni-Cd 이차 전지와 구성면에서 동일하다. 음극에서 방전 반응은 다음과 같다.

$$MH(s) + OH^- \rightarrow M(s) + H_2O + e \qquad E^0 = -0.83\ \text{V}\ (vs.\ \text{NHE})$$

여기서 $MH(s)$는 수소가 저장된 상태의 수소저장 합금을, $M(s)$는 수소가 탈리된 상태의 합금를 말한다. Ni-Cd 전지와 동일한 양극을 사용하므로 표준 기전력 $E^0_{cell}$ = 1.30 V이다. 음극에서 실제 방전 반응은 다음과 같다.

$$MH(s) \rightarrow M(s) + 1/2\ H_2(g)$$
$$1/2\ H_2(g) + OH^- \rightarrow H_2O + e$$

즉, 합금에 저장된 수소가 탈리하고, 탈리한 수소는 전기화학적으로 산화된다. 위 두 반응 중에서 아래가 전기화학 반응이고, 이 반쪽 전지의 표준 전극 전위가 $E^0$ = −0.83 V(*vs.* NHE)이므로 음극의 표준 상태에서 평형 전압 $E^0$ = −0.83 V이다.

니켈-메탈하이드라이드 전지의 특징은 다음과 같다. 첫째, Ni-Cd 전지와 마찬가지로 KOH가 반응에 참여하지 않는다. 둘째, 음극에서 수소의 발생과 저장이 관여하므로 전지는 밀봉 상태로만 제작된다. 셋째, Ni-Cd 전지와 마찬가지로 양극에서 산소의 발생이 열역학적으로 가능하고, 실제 산소의 발생이 일어나므로 이를 내부 산소 순환에 의해 $H_2O$로 전환시킨다.

음극으로 여러 종류의 수소 저장 합금이 개발되었다. 대표적인 예로 $MmNi_5$을 들 수 있다. Mm은 미쉬(misch) 금속이라고 하는데, La이 주성분이나 여기에 Ce, Pr, Nd가 포함된 것을 말한다. 이들 원소는 분리가 어려워 순수한 La은 고가이지만 Mm은 분리 과정을 거치지 않으므로 비교적 저가이다. 최근 들어 Ni의 일부를 Mn, Al, Co로 치환한 수소저장 합금이 개발되었다. 이 전지는 충전 시 수소가 저장되어야 하므로 고속 충전이 어려워 Ni-Cd 전지에 비해 충전 특성이 다소 부족하다. 소형 전자기기의 전원으로 사용되기도 하였으나 리튬 이차 전지의 출현으로 시장 점유율이 크게 줄어들었다. 일부 하이브리드 전기 자동차(HEV, hybrid electric vehicles)의 전원으로 사용되고 있다.

## 12-5 열 발생

니켈-카드뮴 전지의 방전 반응은 다음과 같고, 방전 반응을 통한 에너지의 변화로서 $\Delta H = -282$ kJ/mol, $\Delta G = -256$ kJ/mol이다. <식 12-6>의 관계로부터 $T\Delta S = -26$ kJ/mol이 됨을 알 수 있다. 이로부터 니켈-카드뮴 전지에서 열의 발생 원인과 발생량을 설명하면 다음과 같다.

$$Cd(s) + 2NiOOH(s) + 2H_2O \rightarrow Cd(OH)_2(s) + 2Ni(OH)_2(s)$$

$$\Delta H = \Delta G + T\Delta S \tag{<12-6>}$$

$$\frac{\Delta H}{-nF} = \frac{\Delta G}{-nF} + \frac{T\Delta S}{-nF} \tag{<12-7>}$$

$$E_{\mathrm{cal}} = E_{\mathrm{cell}} - \frac{T\Delta S}{nF} \tag{<12-8>}$$

$$\Delta G = -nFE_{\mathrm{cell}} \tag{<12-9>}$$

$$\Delta H = -nFE_{\mathrm{cal}} \tag{<12-10>}$$

<식 12-6>을 $-nF$로 나눈 <식 12-7>로부터 $E_{cal}$과 $E_{cell}$이 정의된다. 먼저 $E_{cell}$은 <식 12-9>에서 보인 것처럼 기전력(electromotive force)을 뜻하며, 이는 위에 나타낸 Ni-Cd 전지의 방전 반응을 통하여 얻을 수 있는 최대 셀 전압에 해당한다. 한편, $E_{cal}$을 calorific voltage라 하는데, 기전력($E_{cell}$)이 $\Delta G$로부터 유도되었다면 $E_{cal}$은 $\Delta H$로부터 유도되었다(식 12-10). $E_{cal}$은 $\Delta H$에 해당하는 에너지를 전기 에너지로 바꾼다는 가정하에 예상한 기전력인데, $\Delta H$에 해당하는 에너지를 모두 전기 에너지로 바꿀 수 없으므로 가상적인 값이다. 실제로 Ni-Cd 전지의 방전 반응을 통하여 얻을 수 있는 전체 에너지($\Delta H = -282$ kJ/mol) 중에서 전기 에너지로 바꿀 수 있는 양은 $\Delta G = -256$ kJ/mol이다. 따라서 남는 양 $T\Delta S = -26$ kJ/mol은 음의 값을 가지므로 방전 과정에서 발열을 뜻한다. 방전 반응의 $\Delta H$와 $\Delta G$ 값으로부터 $E_{cal} = 1.44$ V 그리고 $E_{cell} = 1.30$ V로 계산된다.

Ni-Cd 전지의 충전 반응은 방전 반응과 반대 방향으로 진행되므로 모든 에너지 값은 반대 부호를 갖는다. 따라서 $\Delta H = 282$ kJ/mol, $\Delta G = 256$ kJ/mol, $T\Delta S = 26$ kJ/mol이

되고, $E_{cal}$ = −1.44 V 그리고 $E_{cell}$ = −1.30 V가 된다. $\Delta H$가 양(+)의 값이므로 이는 충전 반응을 위해서 외부로부터 에너지가 공급되어야 함을 의미한다. 필요한 전체 에너지($\Delta H$ = 282 kJ/mol) 중에서 충전을 통해 $\Delta G$ = 256 kJ/mol만큼의 전기 에너지가 공급될 수 있으나, $T\Delta S$ = 26 kJ/mol만큼이 모자라므로 이는 외부로부터 공급되어야 한다. 즉, 충전 반응이 진행되며 전지가 외부로부터 $T\Delta S$만큼의 열을 흡수한다. 즉 충전은 흡열 반응임을 뜻한다. $T\Delta S$를 가역적인 에너지란 의미로 $Q_{rev}$이라 하는데, '가역적'이라고 함은 Ni-Cd 전지의 경우처럼 동일한 열이 방전에서는 발열(−26 kJ/mol)이고 충전에서는 흡열(26 kJ/mol)이기 때문이다.

전지의 방전 또는 충전이 진행되며 $Q_{rev}(= T\Delta S)$에 해당하는 에너지가 발열 또는 흡열이므로 이를 열역학적 값이라 할 수 있다. 즉, $\Delta S$가 열역학 값이다. 동력학적 원인으로도 열이 발생할 수 있는데, 이를 $Q_{irrev}$(또는 $Q_{Joule}$)이라 한다. 따라서 전체 열 발생(발열 또는 흡열)은 다음과 같이 $Q_{rev}(= T\Delta S)$과 $Q_{irrev}(Q_{Joule})$의 합이다.

방전 반응에서 $Q_{rev}$과 $Q_{Joule}$을 정의하면 다음과 같다. $Q_{rev}$은 <식 12-11>과 같이 정의된다. 이때 시간($t$)은 방전 시간을, $i$는 방전 전류를 뜻한다. 한편, $E_{cal}$과 $E_{cell}$이 상수이므로 <식 12-12>처럼 전류를 시간에 대해 적분한 값은 용량에 해당하며, 이를 음(−)의 값을 갖도록 정의하였다.

$$Q_{\mathrm{rev}} = \int_0^t (E_{\mathrm{cal}} - E_{\mathrm{cell}})\, i\, dt \qquad \text{<12-11>}$$

$$\int_0^t i\, dt = -nF \qquad \text{<12-12>}$$

$Q_{Joule}$은 <식 12-13>과 같이 정의된다. 여기서 시간($t$)은 방전 시간을, $E_{discharge}$는 방전 전압을 뜻한다.

$$Q_{\mathrm{Joule}} = \int_0^t (E_{\mathrm{cell}} - E_{\mathrm{discharge}})\, i\, dt \qquad \text{<12-13>}$$

$$E_{\mathrm{discharge}} = E_{\mathrm{cell}} - cell\ polarization \qquad \text{<12-14>}$$

$$Q_{\mathrm{Joule}} = \int_0^t (\eta_{\mathrm{a}} + \eta_{\mathrm{c}} + iR_{\mathrm{total}})\, i\, dt \qquad \text{<12-15>}$$

한편, $E_{discharge}$는 <식 12-14>의 관계를 보이므로, <식 12-13>을 <식 12-15>로 다시 쓸 수 있다. <식 12-15>는 다음을 의미한다. 첫째, $Q_{Joule}$은 셀 분극에 의해 결정되고, 셀 분극을 결정하는 과전압($\eta_a$와 $\eta_c$)과 $iR_{total}$ 모두 전류에 따라 변하는 값이므로, 동력학적으로 결정되는 값이라 할 수 있다. 둘째, $Q_{Joule}$은 <식 12-12>에 의해 음(−)의 값을 가지므로 발열이다.

충전 반응에서도 전체 열(흡열 또는 발열)은 $Q_{rev}$과 $Q_{Joule}$의 합이다. 먼저 $Q_{rev}$은 <식 12-11>로 나타낼 수 있다. 이때 시간($t$)은 충전 시간을, $i$는 충전 전류를 뜻한다. 한편, 충전에 따른 $Q_{Joule}$은 <식 12-16>으로 주어진다. 이때 $E_{charge}$는 충전 시간에 따른 충전 전압의 변화를 뜻한다. $E_{charge}$가 <식 12-17>로 정의되므로 <식 12-16>은 <식 12-18>로 다시 쓸 수 있다.

$$Q_{\text{Joule}} = \int_0^t (E_{\text{charge}} - E_{\text{cell}})\, i\, dt \qquad \text{<12-16>}$$

$$E_{\text{charge}} = E_{\text{cell}} + cell\, polarization \qquad \text{<12-17>}$$

$$Q_{\text{Joule}} = \int_0^t (\eta_a + \eta_c + iR_{\text{total}})\, i\, dt \qquad \text{<12-18>}$$

<식 12-18>은 두 가지를 설명한다. 첫째, $Q_{Joule}$은 셀 분극에 의해 결정된다. <식 12-18>은 <식 12-15>와 같아 보이지만 의미는 서로 다르다. <식 12-15>에서 셀 분극은 방전 반응이 진행될 때 시간에 따라 변하는 과전압($\eta_a$와 $\eta_c$)과 $iR_{total}$을 의미하지만, <식 12-18>에서는 충전 반응에서의 과전압($\eta_a$와 $\eta_c$)과 $iR_{total}$을 의미한다. 즉, 충전과 방전 반응은 서로 다르므로 과전압($\eta_a$와 $\eta_c$)도 충전 과정과 방전 과정에서 서로 다를 수 있다. 둘째, $Q_{Joule}$이 음(−)의 값을 가지므로 발열을 의미한다.

[그림 12-11]에 Ni-Cd 전지의 방전 과정에서 $E_{cal}$, $E_{cell}$, 그리고 방전 속도에 따른 방전 전압($E_{discharge}$)의 변화를 나타내었다. 방전 컷오프 전압은 0.8 V이고, 방전 속도는 $c/5$ ~ $10c$ 범위에서 조절되었다. 그림에 보인 것처럼 Ni-Cd 전지의 경우 $E_{cal}$과 $E_{cell}$은 방전의 처음부터 끝까지 일정한 값을 유지한다. 참고로 납 축전지와 리튬 이차 전지의 경우, $E_{cal}$과 $E_{cell}$은 방전이 진행되며 점차 감소한다.

방전 속도가 $c/5$인 경우, $Q_{rev}$과 $Q_{Joule}$을 다음과 같이 예측할 수 있다. <식 12-11>에서 $E_{cal}$과 $E_{cell}$이 상수이므로 전류의 적분 값은 방전된 용량(discharged cell capacity)이 된다. 따라서 [그림 12-11]에서 $E_{cal}$과 $E_{cell}$ 사이 직사각형의 면적이 $Q_{rev}$에 해당한다. 그러나 방전 속도가 $10c$인 경우, 방전된 용량이 $c/5$에 비해 80% 정도로 감소하므로 $Q_{rev}$도 80% 정도로 감소한다. 이를 [그림 12-12]에 다시 그려 설명하였다. 방전 반응의 전체 에너지

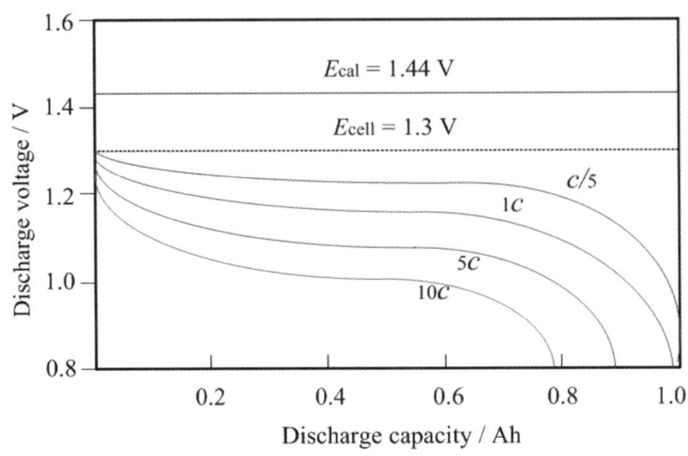


**그림 12-11** Ni-Cd 전지의 방전 과정에서 $E_{cal}$, $E_{cell}$, 그리고 방전 속도에 따른 방전 전압($E_{discharge}$)과 컷오프 전압(0.8 V)까지 방전된 용량의 변화.

변화를 나타내는 $\Delta H = E_{cal} \times (-nF)$이므로 [그림 12-12-a]에 직사각형의 면적으로 나타내었다. $\Delta G = E_{cell} \times (-nF)$이므로 [그림 12-12-c]에 직사각형의 면적으로 나타내었다. 따라서 $T\Delta S$ ($Q_{rev}$)는 [그림 12-12-b]에 보인 직사각형의 면적에 해당한다. 이때 $x$-축은 방전된 용량을 뜻하므로 방전 전류가 증가할수록 방전된 용량이 감소하여 $x$-축 방향의 길이가 감소한다. 즉, 모든 직사각형의 면적이 줄어든다. [그림 12-12-c]에서 직사각형의 면적에 해당하는 $\Delta G$는 방전을 통해 전기 에너지로 바꿀 수 있다. 그러나 전체가 방전 에너

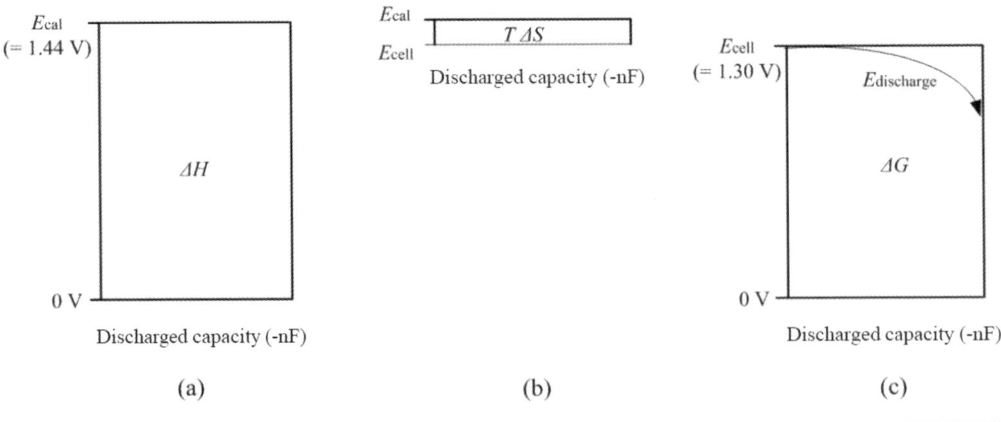


**그림 12-12** [그림 12-11]로부터 $\Delta H$, $T\Delta S(Q_{rev})$, $\Delta G$, $Q_{Joule}$, 그리고 방전된 에너지(discharged energy)를 모식화한 그림. (c)의 화살표는 방전의 진행 방향을 나타냄.

지로 전환되지 못한다. <식 12-13>과 같이 $Q_{Joule}$은 $E_{cell}$과 방전 전압($E_{discharge}$) 사이의 면적이 되는데 [그림 12-12-c]의 위쪽에 보인 것처럼 방전 전압($E_{discharge}$)이 일정하지 않으므로 쐐기 모양의 면적이 된다. $Q_{Joule}$은 음(−)의 값을 가지며 에너지가 밖으로 유출되므로(발열), $\Delta G$에서 $Q_{Joule}$을 제외한 만큼의 에너지만이 방전을 통해 전기 에너지로 바뀌게 된다. 이 방전 에너지를 [그림 12-12-c]에서 $E_{discharge}$ 아래쪽 면적으로 표시하였다. 정리하면, 방전 반응을 통해 $\Delta H$만큼의 에너지가 발생하는데, 이 중에서 $T\Delta S$ ($Q_{rev}$)에 해당하는 양은 열로 방출된다. 나머지 $\Delta G$만큼의 에너지가 전기 에너지로 전환될 수 있으나, 이 중에서도 열로 유실되는 $Q_{Joule}$이 제외된 만큼의 에너지만이 방전 에너지가 된다.

### 스스로 학습 12-5

[그림 12-12]는 [그림 12-11]에서 $c/5$로 방전할 때 $\Delta H$, $Q_{rev}$, $\Delta G$, $Q_{Joule}$, 그리고 방전된 에너지(discharged energy)를 모식화하여 그린 것이다. [그림 12-11]에서 $10c$로 방전할 경우에 해당하는 그림을 그리고, [그림 12-12]와 비교하여 방전 전류가 크면 방전된 에너지가 더 적음을 확인하시오.

[그림 12-13]에 충전 과정에서 에너지 변화를 그렸다. 충전 반응에 필요한 전체 에너지를 나타내는 $\Delta H$를 $E_{cal}$ × ($-nF$)로 구성되는 직사각형의 면적으로(그림 12-13-a) 나타내었다. 필요한 $\Delta H$ 중에서 [그림 12-13-b]에 직사각형으로 보인 $T\Delta S$ ($Q_{rev}$)가 외부로부터

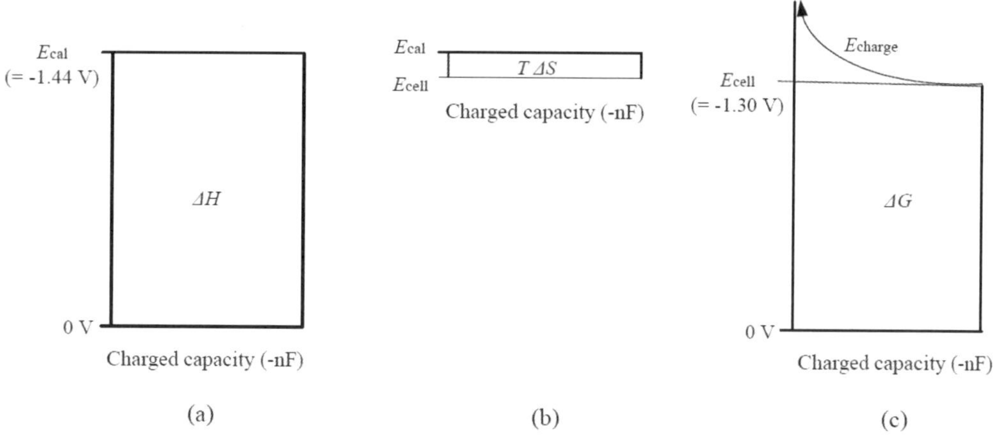


**그림 12-13** 충전 과정에서 $\Delta H$, $T\Delta S(Q_{rev})$, $\Delta G$, $Q_{Joule}$, 그리고 충전에 소요된 전체 전기 에너지를 모식화한 그림. (c)의 화살표는 충전의 진행 방향을 나타냄.

제공되고(흡열), [그림 12-13-c]에 $E_{cell}$ × $(-nF)$로 구성되는 직사각형의 면적으로 표시된 Δ$G$가 전기 에너지로 충전되어 제공된다. 그러나 실제 충전에 필요한 전기 에너지는 Δ$G$에 셀 분극에 의한 $Q_{Joule}$이 추가되어야 한다. [그림 12-13-c]에서$E_{charge}$와 $E_{cell}$ 사이의 쐐기 모양의 면적이 충전 과정에서 $Q_{Joule}$이다. 따라서 $E_{charge}$ 아래쪽 직사각형과 쐐기 모양을 합한 전체 면적이 충전 과정에서 소요된 전체 전기 에너지가 된다. 이때 $Q_{Joule}$은 충전 반응에 이용되는 것이 아니고 발열 형태로 외부로 방출된다. 즉, 동력학적 값인 $Q_{Joule}$은 방전과 충전 모두 음(−)의 값을 가지며 발열이다. 열로 유실되는 것이다.

[그림 12-3]에 설명한 것처럼 이차 전지의 에너지 효율에 영향을 미치는 것은 쿨롱 효율뿐 아니라 충전 전압과 방전 전압이다. 방전 전압은 충전 전압에 비해 항상 작으며, 따라서 방전을 통해 회수되는 전기 에너지가 충전을 통해 저장되는 에너지보다 적다. 이때 회수되지 못하는 에너지는 발열을 통해 외부로 발산되는데, 충전 과정에서도 열이 유실되고 방전 과정에서도 열이 유실된다. 충전 과정과 방전 과정에 $Q_{Joule}$이 발생하기 때문이다. 충/방전 과정에서 $Q_{Joule}$의 발생은 셀 분극에 의해 결정된다. 다시 말하여 셀 분극을 최소화함으로써 충전과 방전 모두에서 $Q_{Joule}$을 최소화할 수 있고, 따라서 열로 유실되는 에너지를 최소화할 수 있다. 즉, 에너지 효율을 최대화할 수 있다.

[그림 12-14]에 Ni-Cd 전지의 충/방전 전압 곡선, 충전된 에너지와 방전된 에너지, 그리고 충/방전 과정에서 $Q_{Joule}$을 그렸다. 그림에서 $E_{charge}$ 곡선을 충전된 용량에 대하여 적분한 면적이 충전에 사용된 에너지에 해당한다. 충전에 사용된 에너지 중에서 $E_{cell}$을 충전된 용량에 대하여 적분한 사각형 면적이 충전 반응에 쓰인 에너지이고 $E_{cell}$ 윗부분의

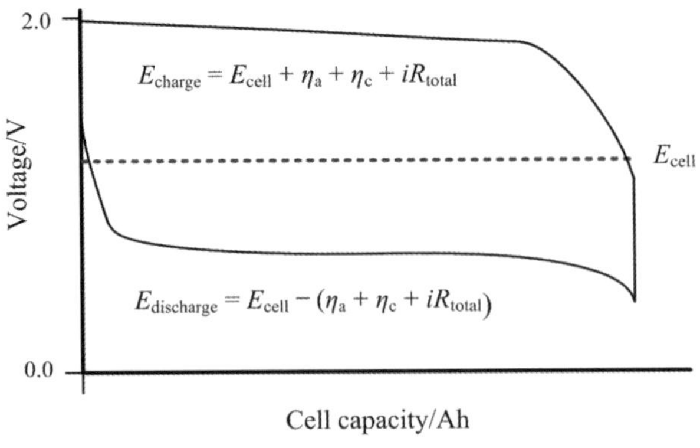


**그림 12-14** Ni-Cd 전지의 충/방전 전압 곡선, 충전된 에너지와 방전된 에너지, 충전 과정에서 $Q_{Joule}$과 방전 과정에서 $Q_{Joule}$

면적이 충전 과정에서 열로 소비된 $Q_{Joule}$에 해당한다. 한편, 방전 과정에서 $E_{cell}$을 방전된 용량에 대하여 적분한 사각형 면적이 방전 반응을 통해 전기 에너지로 바꿀 수 있는 에너지이다. 그러나 실제 방전된 에너지는 $E_{discharge}$ 곡선을 방전된 용량에 대하여 적분한 면적이다. $E_{cell}$과 $E_{discharge}$ 곡선 사이의 면적은 방전 과정에서 열로 유실되는 $Q_{Joule}$에 해당한다. 한편 [그림 12-14]에 동력학적 원인에 의한 발열에 해당하는 $Q_{Joule}$만을 나타내었다. 실제 전체 열은 $Q_{total} = Q_{Joule} + Q_{rev}$로서 열역학 값인 $T\Delta S$ ($Q_{rev}$)가 추가되어야 한다. Ni-Cd 셀의 경우 $T\Delta S$는 방전에서 음의 값(발열)을, 충전에서 양의 값(흡열)을 갖는다.

### 스스로 학습 12-6

전지가 방전될 때 열(heat)의 발생으로 전지가 뜨거워지는 경우를 볼 수 있다. 열의 발생 원인을 열역학 측면과 동력학 측면에서 설명하시오. Ni-Cd 셀의 경우 방전 또는 충전될 때 전지의 내부 온도가 낮아질 가능성은 없는가? 충전 또는 방전 전류가 작을 때 전지의 내부 온도가 낮아질 가능성이 큼을 확인하시오.

### 스스로 학습 12-7

충전 전류가 증가하면 충전 과정에서 셀 분극이 증가하고, 방전 전류가 증가하면 방전 과정에서 셀 분극이 증가한다. [그림 12-7]과 [그림 12-11]~[그림 12-14]를 참고하여 충/방전 전류가 다음에 미치는 영향을 설명하시오: 1) 방전 전압, 2) 충전 전압, 3) 실제 방전된 용량, 4) 실제 충전된 용량, 5) 실제 방전된 에너지, 6) 충전 시 열($Q_{Joule}$)의 발생, 7) 방전 시 열($Q_{Joule}$)의 발생, 그리고 8) 에너지 효율.

## 12-6 리튬 이차 전지

리튬 이차 전지(lithium secondary battery)는 리튬 일차 전지를 재충전이 가능하도록 개선하고자 하는 목적을 가지고 개발이 시작되었다. 따라서 초기의 리튬 이차 전지에서는 리튬 금속을 음극으로 사용하였다. 이때 리튬 금속 음극은 용출/전착에 의해 충/방전되므로 납 축전지에서 설명한 용출/전착에 의해 발생하는 많은 문제를 가지고 있다. 즉, 리튬 금속이 Li($s$) → $Li^+$ + $e$에 의해 용출되며 방전되고, $Li^+$ + $e$ → Li($s$)에 의해 전착되며 충전된다. 충전될 때 Li 금속은 원래의 형태로 돌아오지 못하고 **침상**(dendrite)으로 입자가 성장하여 얇은 고분자 분리막을 관통함으로써 내부 단락을 유발하여 안전성에 큰 문제를 가져올 수 있다. 또한 **죽은 리튬**(dead lithium)이 생성되므로 리튬 금속을 이론치보다 4배 정도 과량으로 충진해야 한다. 충전 반응을 통하여 리튬 금속이 전착되면 새로운 리튬 금속 표면이 생기고 여기에 전해액이 접촉하면 전해액은 환원 분해하여 SEI를 형성시킨다. SEI는 전자에 의한 전도성이 없으므로 새로 전착된 일부 리튬 금속 입자가 SEI에 의해 둘러싸이면 전극으로부터 전기적으로 고립된다. 이렇게 전기적으로 고립된 리튬 금속은 충/방전 반응에 참여할 수 없으므로 '**죽은 리튬**'이라고 한다. 침상으로의 성장을 방지하고 죽은 리튬의 생성을 억제하기 위하여 새로운 전해질을 개발하고, 첨가제를 사용하고, 리튬 대신 리튬 합금을 사용하는 등 여러 시도가 진행되고 있다. 현재 리튬 이차 전지의 음극으로 보편화된 흑연의 이론 용량(372 mAh/g)보다 리튬 금속의 이론 용량이 매우 크다(3,861 mAh/g)는 점에서 리튬 금속을 음극으로 사용하는 리튬 이차 전지의 개발 노력이 여러 각도로 진행되고 있다.

리튬 금속 음극의 문제점을 해결하지 못하였으므로, 대신 탄소를 음극으로 사용하였다. 초기에는 결정성이 다소 낮은 비정질 탄소를 사용하였으나, 나중에 흑연으로 대체되었다. [그림 12-15]에 흑연을 비롯한 여러 종류의 음극 물질과 양극 물질의 충/방전에 따른 평형 전압($E^c_{eq}$과 $E^a_{eq}$)의 범위를 나타내었다. 흑연 반쪽 전지($C_6$ + $Li^+$ + $e$ = $LiC_6$, $C_6$는 흑연을 구성하고 있는 6개 탄소 원자로 구성된 육각형 단위를 의미함)의 $E^a_{eq}$ 범위가 0.2 ~ 0.3 V(*vs.* Li/$Li^+$)로서 Li/$Li^+$ 반쪽 전지의 그것에 매우 근접한다. 따라서 흑연을 음극으로 사용할 때 전극 용량은 리튬 금속에 비해 작으나, 전지의 작동 전압은 리튬 금속을 사용할 때에 비해 큰 차이가 나지 않는다.

흑연은 층상 구조를 가지고 있으며(그림 12-16), 모서리 면(edge plane)을 통하여 층간(interlayer)으로 $Li^+$의 **삽입**(intercalation)과 **탈리**(de-intercalation)가 진행된다. 삽입/탈리란 전극 물질의 결정학적 구조에는 변화 없이 $Li^+$와 전자(electrons)가 각각 $Li^+$ 저장 장소와 전자 저장 장소에 들어왔다가 나가는 반응을 말한다. 이때 반드시 동시에 주입(co-injection)되고 동시에 탈리(co-removal)되어야 한다. 즉, 양전하를 갖는 $Li^+$가 전극 물질 구조 내로 들어오면 전기적 중성이 유지되어야 하므로, 음전하를 갖는 전자가 동행하여야 한다. 저장되었던 $Li^+$가 전극 물질로부터 나올 때에도 마찬가지로 전자와 함께 나와

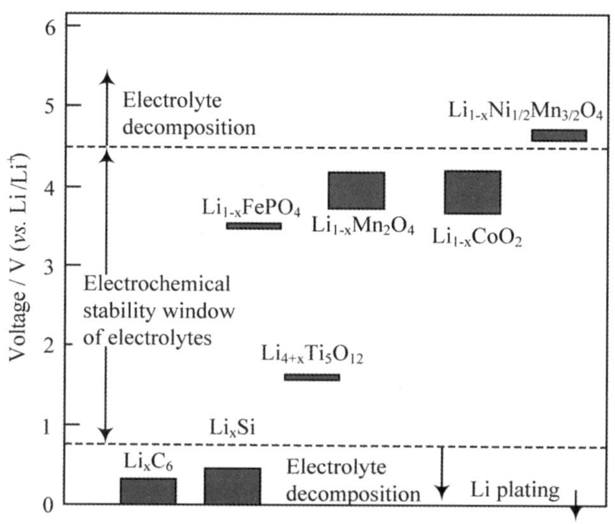


**그림 12-15** 리튬 이차 전지에 사용되는 양극과 음극 물질의 충/방전에 따라 변화하는 평형 전압 ($E^c_{eq}$와 $E^a_{eq}$)의 범위, 그리고 전해질의 전위창(electrochemical stability window)

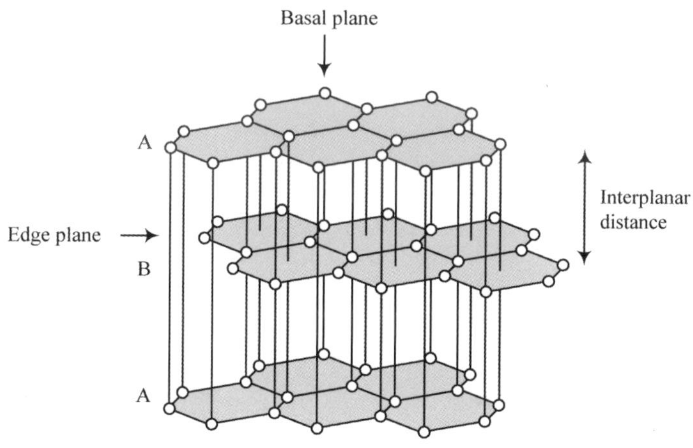


**그림 12-16** 층상 구조를 갖는 흑연의 구조. $Li^+$는 모서리 면(edge plane)을 통해 층간으로 삽입/탈리됨.

야 한다.

현재 상용화된 리튬 이차 전지의 양극으로는 $Li^+$와 전자가 동시에 삽입/탈리될 수 있는 층상 구조를 갖는 $Li_xCoO_2$ 또는 스피넬 구조를 갖는 $Li_xMn_2O_4$ 등이 사용되고 있다. 이들 양극 물질의 $E^c_{eq}$ 값은 4 V(*vs*. Li/$Li^+$) 근처이므로 흑연 음극과 전지를 구성하였을 때 전지의 방전 전압은 3.5 ~ 4.0 V가 된다. 충/방전에 따라 음극과 양극에서 삽입과 탈리를 통해 $Li^+$가 2개 반쪽 전지 사이를 왕복하므로 이를 안락의자(rocking-chair) 전지라고 부르기도 하였고, 리튬이 금속 상태가 아닌 이온 상태로 반응에 참여하며, 항상 이온 상태를 유지한다고 하여 **리튬 이온 전지**(lithium-ion battery, LIB)라고 부르게 되었다(그림 12-17). LIB에서는 음극과 양극 모두에서 삽입/탈리에 반응하므로 매우 안정적인 충/방전 특성을 보인다; 용출/전착을 통해 반응하는 리튬 금속에 비해 전극 물질의 변화, 이에 따른 열화가 심하지 않다.

흑연 반쪽 전지의 $E^a_{eq}$ 범위가 리튬 반쪽 전지의 그것에 근접하므로 흑연을 음극으로 사용할 때도 전해액은 강한 환원 조건에 놓이게 된다. [그림 12-15]에 보듯이 통상적으로 사용하는 전해액은 0.6 ~ 0.8 V(*vs*. $Li/Li^+$) 근처에서 비활성 전극 역할을 하는 흑연 전극에서 환원/분해되어 표면에 SEI 층을 형성한다. 한편, 양극으로 사용하는 반쪽 전지의 $E^c_{eq}$ 범위가 4 V(*vs*. $Li/Li^+$)에 육박하므로 전해액은 강한 산화 조건에 놓이게 된다. 대략 4.3 V(*vs*. $Li/Li^+$) 이상에서 비활성 전극 역할을 하는 양극에서 산화/분해되어 표면 피막을 형성한다. 전해액이 환원 분해와 산화 분해가 안 되는 영역이 대략 0.8 ~ 4.3 V(*vs*. $Li/Li^+$)인데, 이를 전해질의 **전위창**(electrochemical stability window)이라고 한다.

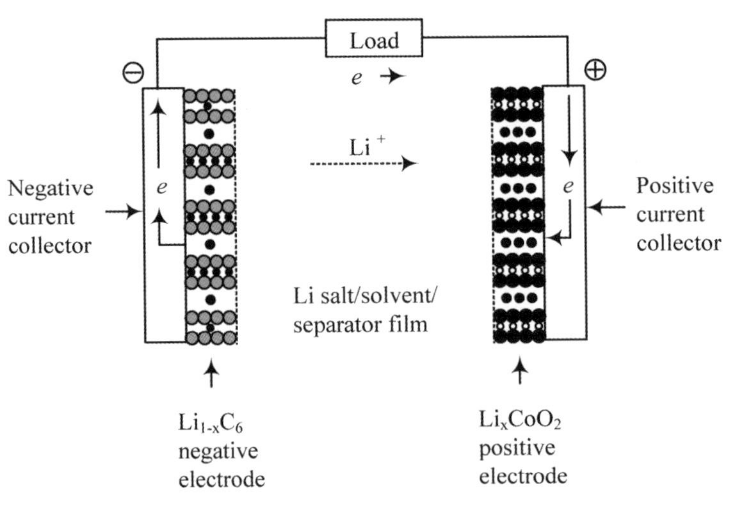


그림 12-17 리튬 이온 전지의 구성과 방전 과정

### 스스로 학습 12-8

리튬 이온 전지에서 리튬은 항상 이온 상태를 유지한다고 주장되고 있으나, 빠른 속도로 충전할 때 또는 낮은 온도에서 충전할 때 리튬이 금속 상태로 전착되고, 이로 인해 안전성에 문제를 발생시킬 수 있다. 이차 전지를 충전할 때는 전해 셀이 된다. <식 11-3>과 [그림 12-15]로부터 두 가지 경우에 리튬의 전착이 가능함을 설명하시오.

### (1) 리튬 이온 전지 제조 공정

[그림 12-18]에 원통형(cylindrical) 리튬 이차 전지 제작 공정을 보여 주고 있다. 양극판을 제작하기 위해 양극 활물질인 $LiCoO_2$ 분말과 전도성이 큰 탄소 분말, 그리고 고분자 결합제(binder)인 PVdF(polyvinylidenefluoride)를 용매(*N*-methyl pyrrolidone, NMP)에 분산시킨다. 이때 PVdF는 용매에 녹으나 $LiCoO_2$ 분말과 탄소 분말은 녹지 않으므로, 고체와 용액이 섞여 있는 죽 형태의 슬러리(slurry)가 형성된다. 이 슬러리를 알루미늄 집전체에 도포하여 코팅한 후, 용매를 증발시키면 PVdF 결합제는 석출하여 고체 입자와 입자 사이, 그리고 입자와 집전체 사이를 서로 묶어서 결합시키는 역할을 한다. 음극판도

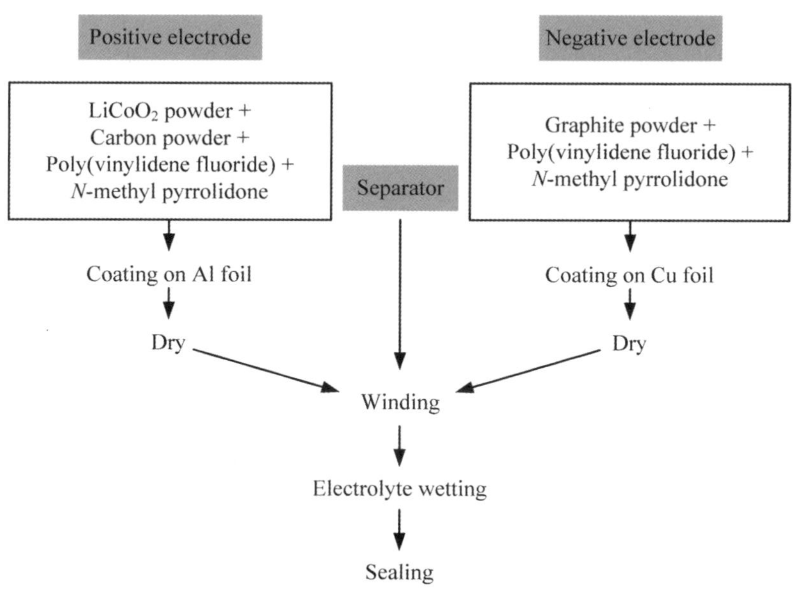


그림 12-18 원통 형(젤리롤 형) 리튬 이차 전지의 제조 공정

유사하게 제조한다. 활물질인 흑연 분말과 고분자 결합제를 용매에 분산시켜 슬러리를 제조한 후, 이를 구리 포일 위에 코팅한다. 이후 양극판과 음극판을 원하는 크기로 절단한 다음, 양극판과 음극판 사이에 분리막 필름을 넣고, 이를 원형으로 감아 캔에 장착한다. 이후 전해액을 넣으면 전해액이 분리막과 2개 전극 판 내부의 기공 안으로 스며들어 전극 물질/전해액 사이 접촉 면적을 확보한다. 전지를 밀봉하고 안전성 확보를 위한 보호 회로를 부착한다. 양극과 음극의 활물질이 방전된 상태로 제작되었으므로 여러 번 충전과 방전을 거듭한 후(이를 formation이라 함) 품질 검사를 한 후 시장에 내보낸다. 이러한 형태의 전지를 **젤리롤(jelly-roll)형**이라고 한다. [그림 12-19]에 원통형 리튬 이차 전지의 구조를 보여 주고 있다. 여러 모델 중 18650형이 있는데, 이는 원통형 전지의 지름이 18 mm이고 높이가 65 mm이기 때문에 명명되었다.

젤리롤 형은 얇은 음극판과 양극판 사이에 분리막을 삽입하는 샌드위치 형이므로 분리막이 차지하는 부피가 크다. 따라서 채워 넣을 수 있는 활물질 양이 실타래 형에 비해 적으므로 전지의 용량도 작다([그림 12-4] 참조). 그러나 두 전극이 접하는 면적이 실타래 형보다 훨씬 더 커서 분리막 저항($R_{separator}$)과 전해액 저항($R_{solution}$)이 더 작다. 따라서 큰 전류에서 충/방전하여도 충/방전 전압이 매우 크거나, 작지 않아 큰 전류에서 충/방전이 가능하다. 즉, 출력 특성이 보빈 형에 비해 더 좋다.

리튬 이차 전지의 전극 물질은 지름이 약 10 μm 정도 되는 구형 입자 형태로 방전 상

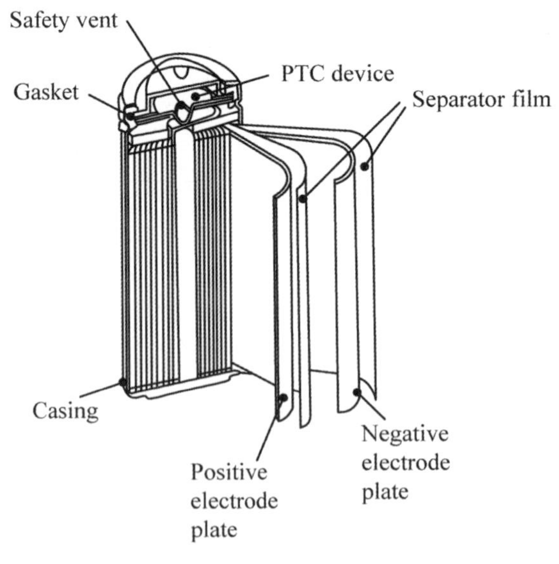


그림 12-19 젤리롤(jelly-roll) 형태의 원통형(cylindrical) 리튬 이온 전지의 구조

태로 제조하여 사용한다. 전극 층 안에 많은 양의 입자를 충진하기 위해 구형 입자로 제조한다. 10 μm 정도의 입자로 제조하여 사용하는데 대략 2가지 이유가 있다. 첫째, 입자 크기가 더 작으면 입자 간 접촉을 위해 더 많은 양의 도전재 탄소가 필요하고, 따라서 더 많은 양의 고분자 결합제가 필요하며, 이를 용해하기 위하여 더 많은 양의 용매가 필요하기 때문이다. 용매를 증발시키고 회수/재생하는데 많은 시설과 운용비가 필요하다. 둘째, 입자 크기가 너무 작으면 슬러리 제조 과정에서 균일한 혼합이 어렵다.

### 스스로 학습 12-9

일반적으로 비수용성 전해액을 사용할 경우, 전해액의 이온 전도도($\kappa_{solution}$)와 분리막의 이온 전도도($\kappa_{separator}$)가 수용성 전해액을 사용할 때 그것들에 비해 낮다. 따라서 <식 11-5>로부터 전해액의 저항($R_{solution}$)와 분리막의 저항($R_{separator}$)이 커서 셀 분극이 클 것으로 예상된다. [그림 12-19]에 보인 젤리롤 형 전지는 양극판과 음극판 사이에 분리막을 놓고 원형으로 감아서 제작된다. 감겨 있는 양극판/분리막/음극판을 풀었다고 생각하고 마주 보는 양극판과 음극판의 면적이 [그림 12-4]에 보인 실타래 모양 전지에서보다 매우 큼을 확인하시오. 수용성 전해액을 사용하는 전지는 실타래 모양으로 제작하나, 이온 전도도가 낮은 유기 전해액을 사용하는 리튬 일차 전지와 리튬 이차 전지는 대부분 젤리롤 형으로 제작한다. 이유를 〈식 12-2〉를 이용하여 설명하시오. 실타래 모양 전지의 경우 분리막이 차지하는 부피가 젤리롤 형보다 작으며, 따라서 더 많은 양의 활물질 충진이 가능하여 전지의 용량도 상대적으로 클 수 있음을 확인하시오.

#### (2) 음극 활물질

흑연 전극을 정전류 조건으로 충전과 방전할 때 전압의 변화를 [그림 12-20]에 보여주고 있다. 이는 [그림 9-7]에 보인 시간전위차법에 의해 시간에 따른 전압의 변화를 그린 것으로 반대 전극으로 $Li/Li^+$ 반쪽 전지를 사용하였다. 방전 상태에서 흑연 반쪽 전지의 평형 전압은 약 3.0 V(*vs.* $Li/Li^+$)이다. 여기에서 출발하여 첫 번째 충전을 하면, 약 0.6 V 근처에서 전압의 평탄 부분(plateau)이 나타난다. 이는 전해액에 포함된 유기 용매(예를 들어 ethylene carbonate, EC)가 환원/분해되며 일부 전하(electric charges)가 소비되기 때문이다. 이때 환원/분해된 물질들(lithium alkyl carbonate, oligomers, polymers, $Li_2CO_3$, LiF 등)이 고체 상태로 흑연 표면에 침적되어 SEI 층을 형성한다. 충전이 지속

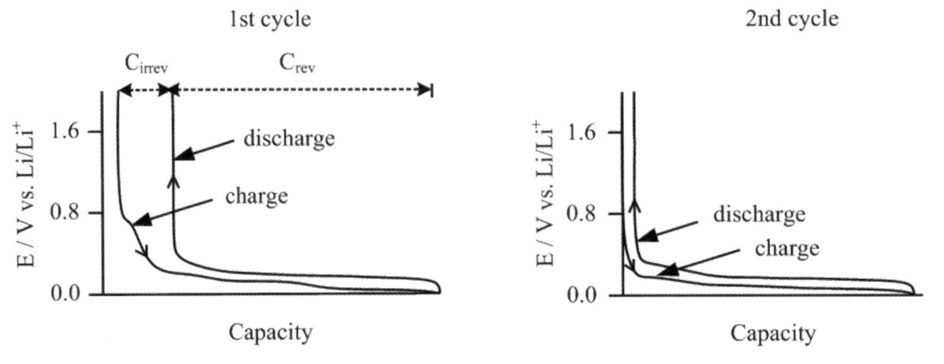


**그림 12-20** 흑연/Li 셀에서 흑연 전극의 첫 번째와 두 번째 충/방전 전압 곡선, 가역 및 비가역 용량

되면 0.1 ~ 0.3 V(*vs.* Li/$Li^+$) 범위에서 여러 개의 평탄한 전압(plateau)을 보인다. 이는 $Li^+$와 전자가 **스테이지**(stage) **현상**에 의해 흑연 층간으로 삽입되기 때문에 생기는 현상이다(그림 12-21). 즉, $Li^+$와 전자가 흑연의 층간으로 삽입될 때 먼저 stage-4(네 개 층간 중 하나의 층에만 삽입된 상(phase))를 시작으로, stage-3, stage-2를 거쳐 층간의 모든 $Li^+$ 저장 장소가 완전히 채워진 stage-1($LiC_6$)까지 진행된다. 이때 동시에 주입된 전자는 $C_6$ 단위가 연결된 탄소 층에 저장된다. 한편, 방전 시에는 반대 경로, 즉 stage-1에서 출발하여 stage-2, stage-3, stage-4를 거쳐 모든 $Li^+$와 전자가 탈리된 상($C_6$)으로 되돌아온다. 이때 스테이지 사이 2상 반응(two-phase reaction)을 거치므로 충/방전 전압이 평탄하다. 이는 단일상 반응(single-phase reaction)을 통해 충/방전될 때 충/방전 전압이 기울기를 갖는 것과 구별된다(예제 9-1 참조).

[그림 12-20]을 보면 첫 번째 충/방전에서 방전 용량이 충전 용량에 비해 적다. 그 차이를 **비가역 용량**($C_{irrev}$, irreversible capacity)이라고 하는데, 이만큼의 전하가 SEI 형성에 소요되고(예를 들어, EC + $Li^+$ + $e$ → $Li_2CO_3$(s) + oligomers/polymers), 이때 소요된 전하는 SEI 형성에 영구적으로 소모되기 때문에 방전할 때 회수할 수 없다. 한편, 충전에 사용된 전하를 방전을 통해 모두 회수할 수 있으면 이를 **가역 용량**($C_{rev}$, reversible capacity)이라 하는데, 충전 과정에서 스테이지 현상에 의해 흑연 층간으로 삽입된 $Li^+$와 같은 당량의 전자는 방전할 때 모두 탈리되므로 그만큼의 전하가 가역 용량이 된다. 흑연의 경우 가역 용량은 이론적으로 372 mAh/g이다. 이는 충전 반응($C_6$ + $Li^+$ + $e$ → $LiC_6$)이 완결되기 위하여 372 mAh/g만큼의 전하가 필요하며, 완전히 방전될 때 이만큼의 전하가 회수됨을 뜻한다.

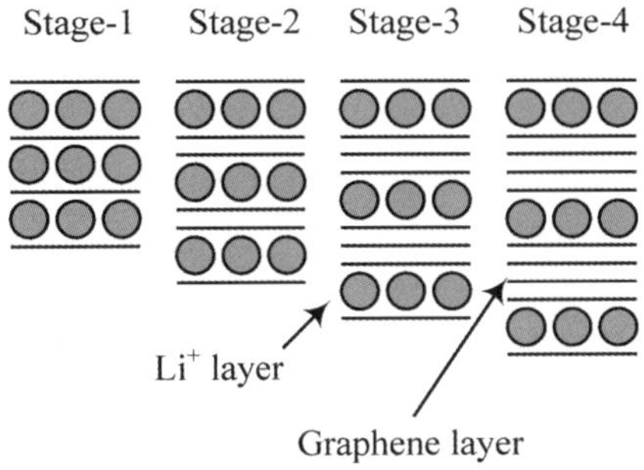


그림 12-21 흑연의 층간에 리튬 이온의 삽입/탈리에 의한 스테이지 현상

[그림 12-20]을 보면 두 번째 충전 과정에서 0.6 V 근처에서 전압의 평탄 부분이 나타나지 않는다. 이는 첫 번째 충전 과정에서 SEI 층이 생성되고 난 후, 흑연 전극이 부동화되어 더 이상의 전해액 환원 분해를 방지해 주기 때문이다. 즉, SEI 층은 전자 전도성이 없어서 어느 정도 이상의 두께를 가지면 터널링 속도가 무시할 만큼 작아지기 때문이다. 첫 번째 충전에서 SEI 층이 충분히 두꺼워지면 두 번째 충전에서는 환원/분해에 전하가 소모되지 않고 흑연의 충전에만 소요되고, 방전 과정에서 같은 양의 전하가 회수되므로 충전 용량과 방전 용량이 흑연의 가역 용량과 유사한 값을 갖는다.

SEI 층은 흑연 전극뿐 아니라 리튬 금속을 음극으로 사용할 때도 형성된다. 그러나 SEI 형성 과정은 2개 음극에서 다음의 측면에서 서로 다르다(그림 12-22). 첫째, 리튬 금속 음극의 경우 SEI는 리튬 금속과 전해액이 접촉하는 즉시 생성되는 데 비해, 흑연 음

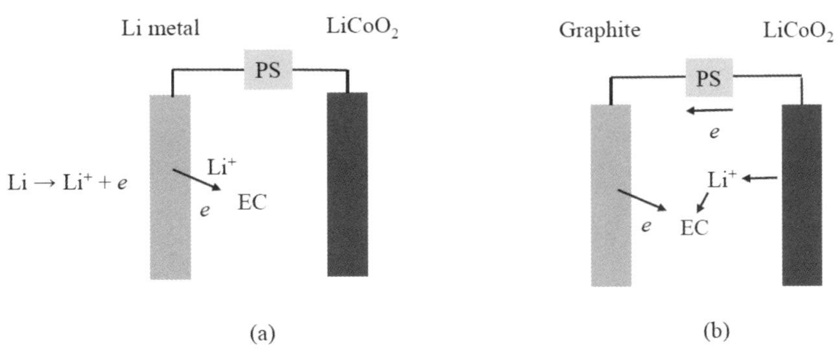


그림 12-22 리튬 금속 음극과 흑연 음극에서 SEI 형성을 위한 $Li^+$와 전자(electrons)의 생성 및 제공 방법의 차이

극에서는 접촉에 의해 생성되는 것이 아니고, 첫 번째 충전 과정에서 흑연 전극의 전압이 3.0 V에서 출발하여 0.6 V 근처에 도달할 때 생성된다. 둘째, SEI 형성을 위해서는 전해질 용매(예를 들어, EC)에 $Li^+$와 전자가 제공되어야 하는데, 이들의 제공 방법이 다르다. 리튬 금속의 경우, $Li^+$와 전자는 리튬 금속의 자가 방전($Li \rightarrow Li^+ + e$)에 의해 생성된다. 이때 반대 전극인 양극과는 아무런 상관없이 리튬 금속 음극 자체에서 진행된다. 그러나 방전 상태의 흑연($C_6$)에는 내어줄 $Li^+$와 전자가 없다. 충전($C_6 + Li^+ + e \rightarrow LiC_6$)이 되면 흑연 내부에 $Li^+$와 전자가 유입되므로 이를 용매에 전달할 수 있다. 여기서 특이한 점은 흑연($C_6$)을 충전하는 데 필요한 $Li^+$와 전자는 양극이 제공한 것이라는 것이다. 따라서 용매에 전달된 $Li^+$와 전자도 결국 양극으로부터 온 것이다. SEI 형성에 쓰인 $Li^+$와 전자는 회수할 수 없으므로 양극은 SEI 형성을 위한 추가적인 $Li^+$와 전자를 가지고 있어야 한다. 자세한 설명은 뒤에 리튬 이온 전지의 용량 설계에서 이어진다.

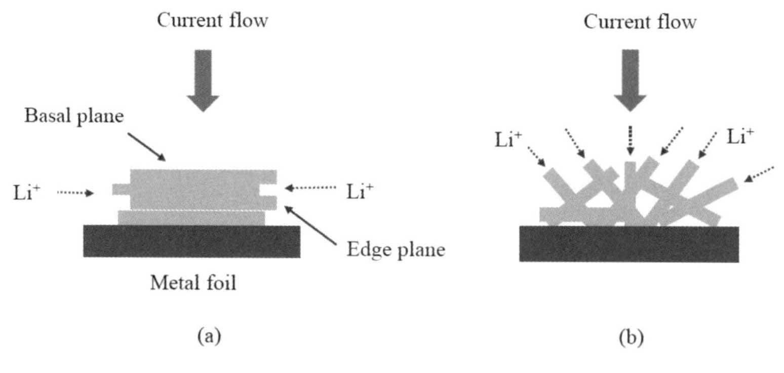


**그림 12-23** 전류의 흐름 방향, 그리고 선호 배향된 흑연 입자(a)와 기계적으로 구형화한 흑연 입자(b)에서 모서리 면을 통한 $Li^+$의 삽입/탈리

흑연은 천연에 존재하므로 이를 채굴하여 음극으로 사용하고 있다. 그러나 천연 흑연의 대부분이 비늘 모양의 인상, 또는 판상 등 전극으로 사용하기 부적합한 모양을 가지므로 이들을 기계적 가공을 통하여 10 μm 정도의 크기로 구형화하여 사용하고 있다. 이는 2가지 목적을 가진다. 첫째, 구형 입자의 충진 밀도가 비정형 입자에 비해 높기 때문이다. 즉, 구형 입자는 같은 부피의 공간에 더 많은 양을 충진할 수 있다. 둘째, 판상 또는 인상의 천연 흑연으로 음극판을 제작할 때, [그림 12-23-a]에 보인 것처럼 흑연 입자들이 집전체 위에 눕는 것처럼 배열한다(이를 선호 배향(preferred orientation)이라 함). $Li^+$의 삽입/탈

리는 모서리 면(edge plane)을 통해서 진행되는데, 모서리 면은 충/방전 전류의 흐름 방향과 수직이어서 속도 면에서 불리하다. 기계적 구형화를 거친 천연 흑연의 모서리 면은 [그림 12-23-b]처럼 다양하게 배열한다. 따라서 $Li^+$의 삽입/탈리 속도 면에서 유리하다.

인조 흑연도 사용되고 있는데, 대표적인 예가 구형을 갖는 *g*-MCMB(graphitized mesocarbon microbeads)이다. 이의 제조 공정을 [그림 12-24]에 제시하였다. 출발 물질은 석유 또는 석탄에서 유래한 피치인데, 피치는 벌집 모양으로 6각형 고리가 서로 밀집하여 연결된 구조를 갖는 방향족 탄화수소를 포함하고 있다. 피치를 가열하면 밀집된 방향족 탄화수소 성분은 유동성을 가져서 그들끼리 모이고, 나머지 성분들은 또 그들끼리 모이는 미세 상분리가 일어난다. 용매를 사용하여 후자를 추출하여 제거하면 밀집된 방향족 탄화수소 성분만으로 구성된 비드 형태(구형)의 피치가 얻어진다. 이를 액정 피치 또는 미소 상(meso phase) 피치라고도 한다. '미소'는 밀집된 방향족 탄화수소가 한 방향으로 배열한 액정과 같은 구조를 가졌다는 의미이다(이방성 피치라고도 함). 구형의 미소상 피치는 불활성 분위기에서 약 1000 °C에서 가열하여 탄화시킨다. 이때 아무런 처리 없이 가열하면 밀집된 방향족 탄화수소 성분들은 유동성을 가지므로 구형이 뭉개지는 결

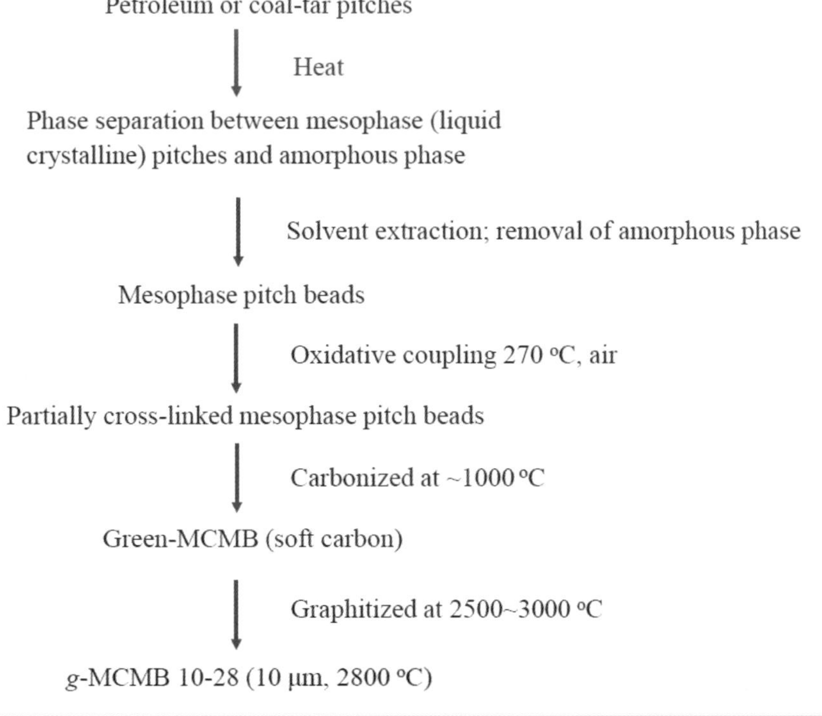


그림 12-24 흑연화된 MCMB의 제조 공정

과를 초래한다. 구형을 유지하며 탄화하기 위해 부분 가교라는 단계를 거친다. 구형 피치를 공기 중에서 270°C 가열하면 산소가 방향족 탄화수소 분자 사이에 결합하여 가교 효과를 준다. 이렇게 부분 가교된 미소 피치 비드를 불활성 분위기에서 약 1000°C로 가열하면 구형을 유지한 채 탄소로 전환된다. 이를 최종 *g*-MCMB의 전 단계 물질이라는 의미에서 그린(green) MCMB, 또는 코크스 또는 소프트 카본이라 부른다. 이 탄소 내부에는 6각형 탄소 단위가 한 방향으로 배열한 미소 상을 유지하므로 2500~3000°C로 가열하면 흑연 층이 한 방향으로 배열한 결정성이 큰 인조 흑연으로 전환된다. 대표적인 상품으로 '*g*-MCMB 10-28'이 있는데 입자의 지름이 약 10 μm이고 흑연화 온도가 2800°C임을 나타내고 있다. 'mesocarbon microbeads'란 탄소가 미소 상을 가지고 있으며 형태는 작은 구형이란 의미이다. 천연 흑연은 인조 흑연에 비해 용량이 조금 높고 가격이 저렴하다는 장점이 있는 반면, 인조 흑연은 천연 흑연에 비해 초기 효율이 높다는(비가역 용량이 적은) 장점이 있다.

또 다른 음극 물질로 리튬과 합금 반응을 할 수 있는 Si, Sn 등이 있는데, 이들은 이론 용량은 매우 크나 충/방전에 따른 부피 변화가 심하다는 문제가 있다. 이들의 용량이 크다는 장점을 살리기 위해서 순수한 Si 대신 탄소와의 복합재료를 구성하거나, 또는 산화물인 SiO의 형태로 제조하여 사용하고 있다. 예를 들어, 흑연 음극에 SiO를 약 10% 정도 첨가하면 음극의 용량이 약간 증가하는 효과가 있다. SiO를 첫 번째 충전하면 $Li_2O$, $Li_4SiO_4$, 그리고 $Li_xSi$이 생성되는데, 앞의 두 산화물은 Si이 충방전($Li_xSi \leftrightarrow Si$)될 때 부피 팽창/수축에 완충 작용을 함으로써 부피 변화로 인해 발생하는 문제들을 완화해 준다.

CoO와 같이 전환 반응을 통해 리튬과 반응하는 물질도 음극으로 고려되고 있다: $CoO + 2Li^+ + 2e \leftrightarrow Co + Li_2O$. 이들은 전극 용량은 크나, 충/방전에 따른 부피 변화가 심하고, 금속-산소 결합의 분해/생성을 위한 큰 활성화 과전압이 필요하다. 이로인해 셀 분극이 커서, 충전 전압과 방전 전압의 차이가 크다(이를 voltage hysteresis라고도 한다).

1.5 V 근처에서 충/방전되는 $Li_4Ti_5O_{12}$(lithium titanium oxide, LTO)도 음극으로 고려되고 있다. 이 반쪽 전지의 전압이 흑연에 비해 높아서 셀을 구성하였을 때 작동 전압이 작다는 문제가 있으나, 충전 전압이 높아서 전해질의 환원/분해를 피할 수 있고, 고속으로 충전할 때 리튬이 전착되는 현상을 피할 수 있어 출력이 높고 안전성 면에서 유리한 음극으로 평가되고 있다(그림 12-15). LTO는 $Li_4Ti_5O_{12} + 3Li^+ + 3e \rightarrow Li_7Ti_5O_{12}$에 의해 충전되는데, 방전된 물질($Li_4Ti_5O_{12}$)에서 티타늄의 산화수는 $Ti^{4+}$로서 전기 전도도가 낮다. 그러나 충전이 되면 일부 $Ti^{4+}$가 $Ti^{3+}$로 환원되어 산화수가 $Ti^{4+}/Ti^{3+}$으로 섞여 있는

혼합 산화수(mixed-valence) 상태가 된다. 일반적으로 혼합 산화수 물질의 전기 전도도는 매우 높다. LTO의 또 다른 특징은 충/방전에 따른 부피 변화가 거의 없다는 것인데, 따라서 이를 변형이 없는 물질(zero-strain material)이라고 부른다. 참고로 흑연의 경우 충/방전에 따른 부피 변화는 약 15%이다.

### (3) 양극 활물질

리튬 이차 전지의 양극 물질로 층상 구조를 갖는 $LiCoO_2$와 $LiNiO_2$, 그들의 유도체, 스피넬 구조를 갖는 $LiMn_2O_4$, 그리고 올리빈(olivine) 구조를 갖는 $LiFePO_4$가 개발되어 상용화되었다. 방전 상태의 $LiCoO_2$는 $LiCoO_2 \rightarrow Li_{1-x}CoO_2 + xLi^+ + xe$ 반응을 거쳐 충전된다. 그러나 $x > 0.5$ 이상이 되면 원치 않는 상변이가 일어나고, 비상시 전지의 내부 온도가 올라가면 격자 산소로부터 $O_2(g)$가 탈리되어, 열폭주가 발생하여 발화를 유도할 수 있다.

예를 들어, $Li_{0.5}CoO_2$는 230 °C에서 $Li_{0.5}CoO_2 \rightarrow 1/2LiCoO_2 + 1/6Co_3O_4 + 1/6O_2(g)$ 반응을 통해 $O_2(g)$를 발생시킨다. $Li_{0.5}CoO_2$보다 더 충전된 상태(예를 들어 $Li_{0.4}CoO_2$)의 물질은 더 낮은 온도에서 $O_2(g)$를 발생시킨다. 한편, 충전 전압이 4.3 V(*vs.* $Li/Li^+$) 이상으로 올라가면 전해질이 산화 분해되는 문제도 있다. 따라서 $x = 0.5$까지만 충전한다. 즉, $LiCoO_2 \leftrightarrow Li_{0.5}CoO_2$ 범위에서 충/방전하는데, 이때 전극 용량은 140 mAh/g이 된다. 이보다 더 큰 용량을 발현시키기 위해 충전 전압을 4.3 V 이상으로 올리려는($x > 0.5$) 시도가 진행되고 있다. 예를 들어, $LiCoO_2$ 입자의 표면을 비활성 산화물로 코팅하면 전해질의 산화 분해를 억제할 수 있고, Co의 일부를 다른 금속으로 치환하면 상변이를 억제할 수 있음이 알려져 있다.

동일한 층상 구조를 갖는 $LiNiO_2$는 $LiCoO_2$에 비해 가역 용량이 크나, 순수한 $LiNiO_2$의 합성이 어렵고, $O_2(g)$의 탈리, 전해질의 산화 분해 등 $LiCoO_2$와 유사한 문제를 지니고 있다. 이러한 문제들은 Ni의 일부를 다른 금속으로 치환함으로써 해결해 나가고 있다. $LiNi_{0.8}Co_{0.15}Al_{0.05}O_2$(NCA, Ni의 15%가 Co, 5%가 Al으로 치환), $LiNi_{1/3}Co_{1/3}Mn_{1/3}O_2$ (NCM) 등이 개발되어 상용화되었다.

$LiNiO_2$ 유도체들은 다음과 같은 장점이 있어 최근 LIB의 양극 재료로 널리 쓰이고 있다. 첫째, LCO에 비해 전극 용량이 크다(>200 mAh/g). 둘째, 열적 안정성이 우수하다. 즉, 격자 산소가 탈리되어 $O_2(g)$가 발생하는 온도가 LCO에 비해 높다. 셋째, Co보다 저렴한 금속으로 치환하므로 가격이 더 싸다. 이들 $LiNiO_2$ 유도체들에서 Ni만이 전극 반응

에 참여한다. 즉, Ni만이 전자 저장 장소의 역할을 한다. 따라서 다른 금속의 치환량을 줄이고 Ni의 함량을 늘리는 시도가 진행되고 있다. Ni의 함량이 높은 양극 물질($LiNi_{0.6}Co_{0.2}Mn_{0.2}O_2$ 및 $LiNi_{0.8}Co_{0.1}Mn_{0.1}O_2$)이 개발되어 사용되고 있으며, Ni의 함량을 더 높인 새로운 소재의 개발도 진행되고 있다.

스피넬 구조를 갖는 방전 상태의 $LiMn_2O_4$는 $LiMn_2O_4 \rightarrow 2(\lambda\text{-}MnO_2) + Li^+ + e$ 반응을 통해 4.0 V 근처에서 충전된다. 격자 내에서 $Li^+$의 확산이 3차원 경로를 통해 진행되므로 큰 전류로 충/방전이 가능하고 열적 안정성(열에 의해 격자로부터 $O_2(g)$의 탈리)이 다른 양극 물질보다 좋은 장점이 있으나 다음과 같은 문제가 있다. 즉, 국부적인 과방전 현상으로 Mn의 산화수가 3+에 도달하면 여러 문제를 초래한다. 정상적인 방전 반응은 $2(\lambda\text{-}MnO_2) + Li^+ + e \rightarrow LiMn_2O_4$이나, 과방전되면 $LiMn_2O_4 + Li^+ + e \rightarrow Li_2Mn_2O_4$ 반응을 거쳐 더 많은 $Li^+$와 전자($e$)가 동시에 주입된다. 과방전 과정에서 스피넬 구조($LiMn_2O_4$)에서 암염(rock-salt) 구조($Li_2Mn_2O_4$)로 상변이가 일어난다. 스피넬 구조에서는 $Li^+$가 6개의 $O^{2-}$가 만든 정팔면체(octahedral) 틈새를 통해 확산하므로 충/방전이 가능하나, 암염 구조로 바뀌면 정팔면체 틈새를 $Li^+$가 완전히 채우므로 $Li^+$의 고체 내 확산이 불가능하다. 또한 과방전 상태의 $Li_2Mn_2O_4$에서 Mn의 산화수는 3+가 되는데 $Mn^{3+}$는 얀-텔러 뒤틀림에 의해 비활성 물질로 상변이가 일어나 용량이 감소한다. 또한 $Mn^{3+} \rightarrow Mn^{4+} + Mn^{2+}$ 반응을 통해 $Mn^{2+}$가 생성되는데, $Mn^{2+}$는 전해질로 쉽게 용출된다. 따라서 $Mn^{3+}$의 생성을 억제하기 위하여 $\lambda\text{-}MnO_2$ ($Mn^{4+}$) $\leftrightarrow$ $LiMn_2O_4$ ($Mn^{3.5+}$) 범위에서만 충/방전한다.

Mn의 용출은 전해액이 분해되어 생성된 산(acids), 또는 리튬 염인 $LiPF_6$가 전해액에 불순물로 들어있는 $H_2O$와 반응하여 생성된 산의 공격에 의해 진행된다고 알려져 있다. $LiMn_2O_4$로부터 Mn의 용출은 $LiMn_2O_4$ 전극의 용량 감소를 의미하지만, 실제 용출량이 크지 않으므로 Mn의 용출에 의한 용량의 감소는 미미하다. Mn의 용출은 음극에 더 큰 피해를 준다. 용출된 $Mn^{2+}$는 확산을 통하여 음극 쪽으로 이동하고 음극(예; 흑연)에 전착하게 된다. 전착된 금속 상태의 Mn은 흑연 전극 표면에 형성된 SEI 층을 파괴할 뿐 아니라, Mn 표면에서 전해액의 환원 분해가 일어나 SEI 층이 더 두껍게 된다. 즉, 지속적인 SEI 층의 생성을 위하여 양극의 용량이 소비되므로 셀 용량이 감소한다. 또한 SEI 층의 저항($R_{SEI}$) 증가로 인해 셀 분극이 증가하는 문제도 있다.

올리빈 구조를 갖는 $LiFePO_4$는 3.5 V 근처에서 매우 평탄한 전압을 보이며 충/방전된다. 이는 $FePO_4 + Li^+ + e = LiFePO_4$와 같이 2상 반응을 통해 충/방전되기 때문이다.

$$FePO_4 + Li^+ + e \rightarrow LiFePO_4$$

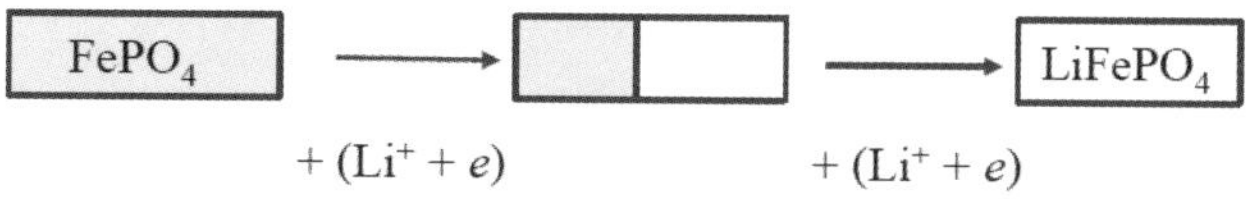

**그림 12-25** $LiFePO_4$ 양극 물질의 방전 과정에서 2상 반응.

[그림 12-25]에 보인 것처럼 $FePO_4$는 전혀 다른 상인 $LiFePO_4$로 전환되며 방전된다. 이 반쪽 전지의 반응식으로부터 네른스트 식을 이용하여 평형 전압을 유도하면 다음과 같다.

$$E_{eq} = E^0 + \frac{RT}{F} \ln \frac{a_{Li+\ electrolyte}\ a_{FePO4}}{a_{LiFePO4}}$$

위 식에서 $FePO_4$와 $LiFePO_4$는 순수한 상(phase)이므로 이들의 활동도는 1.0이다. 한편, $Li^+$는 전해질 용액에 충분히 큰 농도로 녹아 있기 때문에 충/방전 반응이 진행되더라도 활동도의 변화는 무시할 수 있다. 따라서 $LiFePO_4/FePO_4$ 반쪽 전지의 평형 전압은 충/방전 과정에서 변하지 않는다. 이런 거동은 [그림 12-1-b]와 같다. 이는 $CoO_2/LiCoO_2$ 반쪽 전지와 구별되는데, 이 반쪽 전지는 $Li_{0.5}CoO_2 + 0.5Li^+ + 0.5e \rightarrow LiCoO_2$와 같이 방전될 때, 단일 상($Li_xCoO_2$에서 $x$ = 0.5 ~ 1.0 범위)을 유지하며 $Li^+$가 전자와 함께 삽입된다. [예제 9-1]에 보인 것처럼 방전될 때 반쪽 전지의 평형 전압이 점차 감소하여 [그림 12-1-e]의 형태를 보인다.

양극 물질로서 $LiFePO_4$는 작동 전압이 낮다는 단점이 있으나, 열적 및 화학적 안정성이 다른 산화물보다 우수하다. 즉, 격자를 이루고 있는 $PO_4^{3-}$에서 P-O 결합의 세기가 금속-산소 결합에 비해 강해서 전지 내부 온도가 상승하더라도 쉽게 $O_2(g)$가 탈리되지 않는다. 한편, $LiFePO_4/FePO_4$는 전극 물질로서 전자에 의한 전도성이 낮다는 문제점이 있으나, 이를 탄소를 코팅하는 방법 등을 통해 해결하였다.

**예제 12-1**

$LiMn_2O_4$ 전극에서 국부적인 과방전에 의해 전극 성능이 떨어짐을 설명하였다. 다음의 두 경우에 국부적인 과방전이 가능함을 설명하시오: 1) 전극 극판 내에 $LiMn_2O_4$ 입자가 균일하게 분포하지 못한 경우, 2) 고속 방전할 때 $LiMn_2O_4$ 입자의 표면 부위.

풀이 1) 전극 제작 과정에서 활물질 입자가 전극 판 2차원 평면에 균일하지 않게 분포할 수 있다. 2차원 평면의 어떤 부분에 $\lambda$-$MnO_2$(충전 상태의 $LiMn_2O_4$) 입자가 다른 곳에 비해 적게 분포하고 있다고 하면, 그곳에 위치한 $\lambda$-$MnO_2$ 입자는 밀집되어 있는 입자들에 비해 더 빨리 방전되므로 다른 입자들이 방전 중이라고 하더라도 이미 과방전 상태에 놓이게 된다. 활물질 입자가 전극 판에 균일하게 분포되도록 혼합, 슬러리 제조, 코팅 등이 엄밀히 관리되어야 한다.

2) 방전 시 전해액에 용해되어 있는 $Li^+$는 용액 내 확산을 통해 $\lambda$-$MnO_2$ 입자 표면에 도달한 후 고체 상태의 확산을 통해 입자 내부로 이동되어야 한다. 일반적으로 고체 상태의 확산 속도가 용액 내 확산 속도보다 느리므로 $\lambda$-$MnO_2$ 입자 표면에 도달한 $Li^+$는 입자 내부로 이동하지 못하고 표면에 쌓이게 된다. 즉, $\lambda$-$MnO_2$ 입자 내부에 비해 표면 부근에 더 많은 양의 $Li^+$가 축적되므로 그곳에서 과방전된다. 방전 속도가 빠를수록 표면에 $Li^+$의 축적 현상이 심해지므로 과방전도 심해진다.

---

## 예제 12-2

리튬 이차 전지의 전극 반응을 대략 4가지로 구분할 수 있다: 1) 삽입/탈리 반응, 2) 합금 반응, 3) 전환 반응, 4) 용출/전착 반응. 이들의 특성을 비교하시오.

풀이 1) 삽입/탈리 반응; 활물질의 결정학적 구조에는 변화 없이 $Li^+$가 전자와 함께 결정 격자 내부로 삽입되고 탈리된다. 이를 위해 활물질 결정 격자에는 $Li^+$가 저장될 수 있는 자리와 전자가 저장될 수 있는 자리가 필요하다. 층상 구조 산화물($LiCoO_2$와 $LiNiO_2$ 유도체)에는 흑연처럼 층간에 2차원으로 분포한 $Li^+$ 저장 자리가 있고, 스피넬 구조를 갖는 산화물($LiMn_2O_4$)에는 삼차원으로 연결된 $Li^+$ 저장 자리가 있다. 올리빈 구조 $LiFePO_4$에는 일차원으로 연결된 $Li^+$ 저장 자리가 있다. 전자(electrons)의 저장 자리로 흑연의 경우는 $C_6$ 단위가 연결된 2차원 탄소층이고, 금속 산화물 또는 인 산화물의 경우는 금속 이온이다. 삽입/탈리를 통해 충/방전되는 활물질은 매우 안정적인 충/방전 특성을 보이나 전극의 용량은 제한적이다. 전극의 용량은 $Li^+$ 저장 자리의 수와 전자 저장 자리의 수 중에서 더 적은 것에 의해 결정된다. 예를 들어 $\lambda$-$MnO_2$(충전 상태의 $LiMn_2O_4$)의 경우, $2(\lambda\text{-}MnO_2) + 2Li^+ + 2e \rightarrow Li_2Mn_2O_4$로 $\lambda$-$MnO_2$ 단위당 최대 1개의 $Li^+$ 저장 자리가 있다. 그러나 실제 가능한 방전 반응은 $2(\lambda\text{-}MnO_2) + Li^+ + e \rightarrow LiMn_2O_4$이므로 전자의 저장 자리인 $Mn^{4+}$는 $Mn^{3.5+}$까지만 전자를 저장한다. $\lambda$-$MnO_2$ 단위당 0.5개의 전자 저장 자리가 있는 셈이다. $Li^+$ 저장 자리에 비해 전자 저장 자리가 더 적으므로 전극의 용량은 전자 저장 자리의 수에 의해 결정된다.

2) 합금 반응; Si, Sn과 같이 리튬과 합금화가 가능한 금속이 보이는 특징.

3) 전환 반응; 금속-산소 결합이 끊어지고 생성되어야 하므로, 금속-산소 결합이 비교적 약한 뒷전이 금속의 산화물이 전환 반응을 통해 리튬과 반응한다. 앞전이 금속의 산화물들은 금속-산소 결합이 강하여 전환 반응보다는 삽입/탈리에 의해 리튬과 반응하는 경우가 더 흔하다.
4) 용출/전착 반응; 리튬 금속을 음극으로 사용하는 경우이다. 전착 과정에서 원래의 입자 형상과 다른 형태로 전착될 수 있으므로 전극의 열화가 심하다.

### (4) 전해액

리튬 이차 전지에 사용되기 위해서 유기 용매는 강한 환원 조건(음극)과 강한 산화 조건(양극) 모두에서 분해되지 않고 견뎌야 한다. 이러한 특성을 보이는 유기 용매는 드물며, 선형 카보네이트와 고리형 카보네이트가 이런 특성을 보이므로 이들을 사용하고 있다. 고리형 카보네이트인 PC(propylene carbonate)는 흑연 층간으로 삽입되고 분해되어 흑연의 층 구조를 붕괴시키므로(이를 exfoliation이라 함) 흑연을 음극으로 사용할 때 PC를 사용하지 못한다. 따라서 EC(ethylene carbonate)를 기반으로 하는 혼합 용매를 사용한다. 유기 용매의 요구되는 다른 특성으로 낮은 어는점, 높은 끓는점, 큰 유전 상수, 낮은 점도 등을 들 수 있다. 한 종류의 유기 용매가 모든 조건을 만족할 수 없으므로 각각의 특성을 고려하여 혼합 용매를 사용하는 경우가 더 흔하다([표 3-4] 참조). EC의 경우 어는점이 높고(36.4 °C) 점도가 높아서 $Li^+$의 이동도가 낮은 문제가 있다. 어는점이 낮고 점도가 낮은 선형 카보네이트와 혼합하여 사용하므로서 이 문제를 해결하였다.

### (5) 분리막

리튬 이차 전지의 분리막은 음극 판과 양극 판이 전기적으로 단락됨을 방지하며, 기공 내부에 전해질 용액을 함유하여 분리막에 이온 전도성을 부여함으로써 완전지에서 닫힌 고리 회로를 완성해야 한다. 너무 두꺼우면 $R_{separator}$가 크다는 문제가 있고 너무 얇으면 기계적 강도가 낮아 찢어져 내부 단락을 초래할 수 있다. 납 축전지 등에서는 싼 가격의 부직포를 사용하는데, 리튬 이차 전지에서는 이들의 기공 크기가 커서 혹시 발생할 수 있는 침상 리튬 금속이 기공을 뚫고 내부 단락을 초래할 수 있으므로 고가이지만 기공의 크기가 작은 다공성 고분자 필름을 사용하고 있다. 다공성(porous)의 폴리에틸렌(polyethylene, PE) 또는 PP(polypropylene) 필름이 사용되고 있으며, PP/PE/PP로 구성된 다층 필름도 사용되고 있다.

#### 스스로 학습 12-10

리튬 이온 전지의 분리막으로 다공성 폴리에틸렌(PE) 필름이 사용되고 있다. PE 필름의 녹는 온도는 135 °C로서, 전지 내부에 열이 발생하여 온도가 이보다 높게 되면 PE 필름이 녹아서 기공 구조가 파괴된다. 이렇게 되면 분리막을 통한 이온 전도가 불가능해져 닫힌 고리를 통해 흐르는 전류가 차단(shut down)된다(예제 1-1 참조). 한편, PE 필름이 녹을 때 수축하기 때문에 양극과 음극이 전기적으로 단락되는 문제가 발생할 수 있다. 이러한 단락 문제를 해결하기 위하여 PE 필름을 개선할 방법을 생각해 보시오. 참고로 다공성 폴리프로필렌(polypropylene, PP) 필름의 녹는 온도는 210 °C이다.

**리튬 폴리머 전지**(lithium polymer battery)는 고분자를 전해질로 사용하는 전지를 말한다. 분리막으로 리튬 염이 녹아 있는 고분자(예: PEO, polyethylene oxide)를 사용한다. 리튬 이온 전지에서는 리튬 염의 용해를 유기 용매가 담당하고, 분리막으로 사용하는 고분자 막(예: 다공성 PE)은 이들 리튬 염과 유기 용매로 구성되는 전해액을 함침시키는 지지체 역할만 하는 데 비해, 리튬 폴리머 전지에 사용되는 고체 상태의 고분자는 극성을 가져서(예: PEO) 리튬 염을 용해하는 역할까지 한다. 리튬 염이 용해된 고체 고분자 전해질에서 $Li^+$는 **고분자 사슬의 분절 운동**(segmental motion)에 의해 이동한다. 일반적으로 고분자의 분절 운동은 느리고 따라서 이온 전도도도 낮다. 분절 운동은 가소제(plasticizer)의 첨가로 촉진시킬 수 있다. 가소제로서 유기 용매를 첨가하는데, 이때 고분자는 젤(gel) 형태로 변한다. 이를 **젤 고분자 전해질**(GPE, gel polymer electrolytes)이라 한다. GPE는 기계적 강도가 나빠서 단독으로 사용할 수 없으므로, 다공성 PE와 같은 분리막과 함께 사용되고 있다. 액체 전해액보다는 안전성이 높고, 누액 문제가 없어 파우치 형태의 포장재를 사용한 리튬 이온 폴리머 전지로 제조되고 있다.

#### 예제 12-3

리튬 이차 전지에서 $Li^+$는 음극과 양극 사이를 분리막을 통해 이동해야 한다. 즉, 음극 층/분리막/양극 층 사이에 $Li^+$의 이동 경로가 제공되어야 한다. 또한 충/방전 반응이 일어나는 전해질 용액/전극 물질 간 접촉 면적을 극대화하여 충/방전 반응을 원활하게 하여야

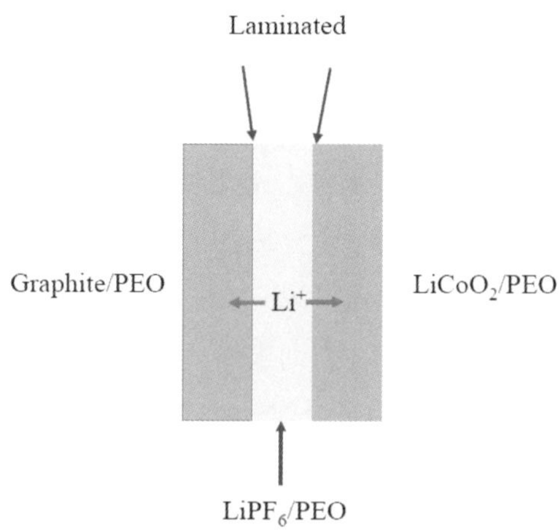


**그림 12-26** 고체 전해질($LiPF_6$/PEO)을 분리막으로 사용할 때 $Li^+$의 이동 경로를 위한 음극 층/분리막/양극 층의 일체화(lamination)

한다. 이러한 2가지 요구 조건이 리튬 이온 전지, 리튬 폴리머 전지, 그리고 전고체 전지(all-solid-state-batteries)에서 어떻게 충족되고 있는지 설명하시오.

**풀이** 리튬 이온 전지에서 전극 반응을 위해서 전해액/전극 활물질 접촉 면적이 넓어야 한다. 예를 들어, 흑연($C_6$)의 충전 반응은 $C_6 + Li^+ + e \rightarrow LiC_6$인데, 충전 반응을 위해서는 흑연/$Li^+$/$e$이 만나야 한다. $Li^+$은 전해액에 용해되어 있으므로 전해액/흑연 표면의 접촉 면적을 극대화하여야 한다. 리튬 이온 전지에서 흑연 표면/$Li^+$(전해액) 접촉 면적의 형성은 용이하다. 왜냐하면 $Li^+$를 포함한 전해액이 액체이기 때문에 음극 층/분리막/양극 층에 형성된 기공에 스며들어 용액을 통한 $Li^+$의 이동 경로를 제공하기 때문이다.

[그림 12-26]에 제시한 리튬 폴리머 전지에서는 리튬 염이 녹아 있는 고분자($LiPF_6$/PEO)를 분리막으로 사용한다. 이때 고분자는 고체이므로 전극 층으로 스며들 수 없어 고체 전해질/고체 전극 활물질의 접촉 면적 확보가 어렵다. 2가지 해결 방법을 모색할 수 있다. 첫째, 흑연 전극 층과 $LiCoO_2$ 전극 층 내부에 전해질 성분인 PEO를 결합제로 사용한다. 둘째, 음극 층/분리막/양극 층을 물리적으로 접합하여 일체화(lamination)한다. 이렇게 되면 $Li^+$는 음극 층/분리막/양극 층에 걸쳐 분포한 PEO의 분절 운동을 통해 이동할 수 있게 된다. $Li^+$의 이동 경로를 제공할 뿐 아니라 전극/전해질 접촉 면적을 극대화하는 방법이 된다. 만약 일체화하지 않는다면 분리막/전극 층 사이에 빈 공간이 있으므로 $Li^+$가 분리막에서 전극 층으로 이동할 수 없다. 이러한 원리는 전고체 전지에도 적용된다. 여기서도 고체 음극 층/고체 분리막/고체 양극 층을 일체화하여야 하고, 전극 층 내부에 고체 전해질 성분을 도입하여 $Li^+$의 이동 경로를 제공하여야 한다.

### (6) 결합제

고분자 결합제는 극판에 첨가되어 전극 활물질과 탄소 도전재 입자들을 잡아서 결합시키고, 또한 집전체와 전극 층을 접합시키는 역할을 한다. 여기에 사용되는 고분자는 강한 환원 조건과 강한 산화 조건에서 분해되지 않는 물질이어야 한다. 일반적으로 플루오린(F)을 포함한 고분자가 산화와 환원에 강한 특성을 보인다. 따라서 플루오린(F)을 포함한 고분자인 PVdF(polyvinylidenefluoride)가 음극과 양극의 결합제로 채택되어 사용되고 있다.

한편, 전극 판 제조를 위한 슬러리 제조 과정에서 PVdF가 용매에 녹아야 하는데, 가능한 용매가 극히 제한적이다. PVdF를 녹일 수 있는 용매로 NMP(*N*-methyl pyrrolidone)가 사용되고 있다. 그러나, 극판의 건조 과정에서 NMP를 증발시켜야 하는데 NMP는 끓는점이 높아(상압에서 202℃) 이를 증발시키고 다시 회수/재생하는 데 큰 규모의 설비와 비용이 든다. 끓는점이 낮은 물($H_2O$)을 용매로 사용하면 이런 문제들이 다소 완화된다. 실제로 음극판 제조에 SBR(styrene butadiene rubber) 결합제를 물에 분산시켜 사용한다. 물은 독성이 없고, 저가이며, 증발/회수/재생 공정이 NMP에 비해 훨씬 간단하고 저렴하다.

[그림 12-27]에 PVdF와 SBR의 결합 방법의 차이를 설명하였다. SBR 입자는 고체 활물질 입자들 사이, 그리고 입자/집전체 사이에 위치하며 그들을 결합시킨다. PVdF는 마치 끈으로 감싸듯이 입자/입자, 그리고 입자/집전체를 결합시킨다.

### (7) 도전재

리튬 이차 전지의 양극 물질로 사용되는 금속 산화물과 인 산화물은 전기 전도도가 낮아서 전극 저항($R_{electrode}$)이 셀 분극에 기여하는 정도를 무시할 수 없다. 전극 저항을 줄이기

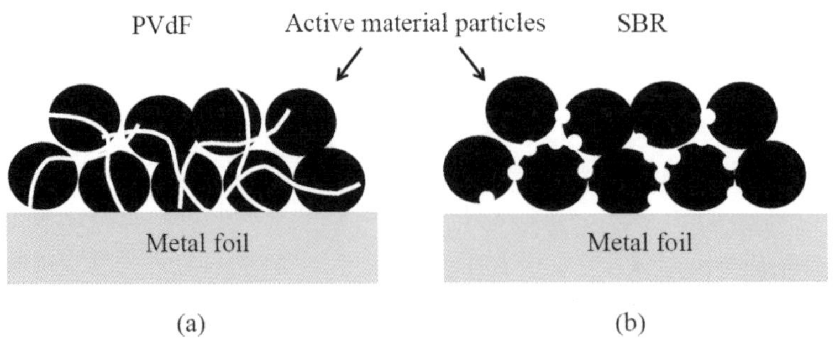


**그림 12-27** PVdF와 SBR 결합제의 활물질 입자/활물질 입자, 그리고 활물질 입자/집전체 사이 결합 방법의 차이. 고분자 결합제를 흰색으로 표시함.

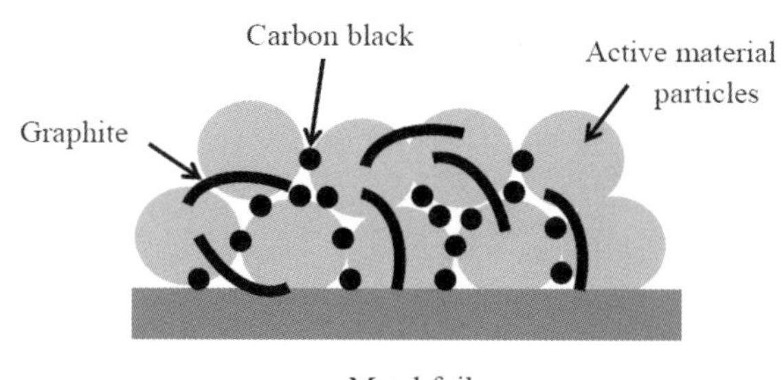


그림 12-28 전극 층 내부에서 카본 블랙 도전재와 흑연 도전재의 전도도 향상 방법의 차이.

위하여 극판 제조 시 전기 전도도가 높은 탄소 입자를 첨가한다. 탄소의 첨가량에 따른 전극 저항의 변화(이를 percolation curve라 함)를 보면, 탄소 첨가량이 작은 영역에서 탄소량이 증가하더라도 전극 저항에 큰 변화가 없다가 탄소량이 특정 값을 가질 때 전극 저항은 급격히 감소한다. 따라서 탄소의 첨가량을 이 특정 값보다 약간 큰 정도로 조절하여 사용한다.

탄소 도전재는 크게 두 가지로 구분할 수 있다. [그림 12-28]에 보인 것처럼 카본 블랙은 미세한 탄소 입자들로 구성되어서 극판에 추가되면 활물질 입자들 사이에 위치하여 전도도를 향상시킨다. 흑연계 도전재는 판상이고 입자 크기가 크므로 극판 안에서 넓은 범위로 펼쳐져서 전기 전도도 향상에 기여한다. 최근 CNT(carbon nanotubes)도 도전재로 사용되고 있는데, 이는 흑연과 유사한 방법으로 전극 저항 감소에 기여한다.

### (8) 집전체

양극의 집전체로 사용되는 금속 포일은 강한 산화 조건에서 부식되지 않고 견뎌야 한다. 현재 Al 포일이 사용되고 있다. Al 반쪽 전지의 $E^0 = -1.68$ V (*vs*. NHE)로서 산화 경향이 매우 크다. 그러나 보통의 경우, 표면에 $Al_2O_3$ 부동화 층이 형성되어 Al의 산화를 억제한다. 리튬 이차 전지의 경우, 강한 산화 조건에서도 Al 포일이 양극 집전체로 사용할 수 있는 이유는 $AlF_3$ 부동화 층이 형성되기 때문이다. 즉, $LiPF_6$가 불순물로 존재하는 물과 반응하여 플루오린산(HF)이 생성되는데, HF가 Al 표면을 공격하여 $AlF_3$ 부동화 층을 형성한다.

음극의 집전체로 사용되는 금속 포일은 강한 환원 조건에서 견뎌야 한다. Al 포일이 이런 특성을 보이나, $Al + xLi^+ + xe \rightarrow Li_xAl$와 같은 합금 반응을 하므로 사용할 수 없다. 따라서 더 비싼 Cu 포일을 사용하고 있다.

### (9) 리튬 이온 전지의 용량 설계

[그림 12-29]에 흑연($C_6$) 음극과 $LiCoO_2$ 양극으로 구성된 리튬 이차 전지의 용량 설계를 설명하였다. 흑연을 음극으로 사용할 때, 첫 번째 충전 과정에서 SEI가 형성된다. SEI 형성을 위해 $Li^+$와 전자가 필요한데, 이를 $LiCoO_2$ 양극이 제공한다. 즉, 양극이 충전되며 ($LiCoO_2 \rightarrow Li_{1-x}CoO_2 + xLi^+ + xe$) 생성된 $Li^+$와 전자가 음극에 제공되어 SEI 형성을 가능하게 한다. 이렇게 SEI 형성에 소모된 $Li^+$와 전자는 다시 양극으로 돌아올 수 없으므로 $LiCoO_2$ 양극이 가지고 있는 용량의 일부는 SEI 형성에 비가역적으로 소모된다. 따라서 실제 사용 가능한 용량(actual capacity)은 [그림 12-29-b]에 양극의 직사각형으로 나타낸 면적에 해당한다. 사용 가능한 용량이라고 함은 방전이 가능한 용량(dischargeable capacity)을 말하므로 이를 뒤에 제시한 [그림 12-31]에 명시하였다.

리튬 이차 전지를 설계할 때, 음극의 단위 면적당 용량을 양극보다 더 크게 조절한다. 즉, 과량의 흑연을 충진한다. 이유는 과충전 시 위험 요소를 제거하기 위함이다. 흑연 음극이 과충전되면 음극의 전압이 0.0 V에 접근하며 리튬이 전착되고, 침상 입자의 성장으로 내부 단락의 위험이 있다. 반면, $LiCoO_2$ 양극이 과충전되면 양극의 전압이 4.3 V 이상으로 증가하며, 상변이, $O_2$의 발생, 전해질의 산화 분해 등이 유발된다. 여기서 양극의 과충전으로 발생할 수 있는 전극의 열화와 위험 요소에 비해 음극의 과충전으로 발생할

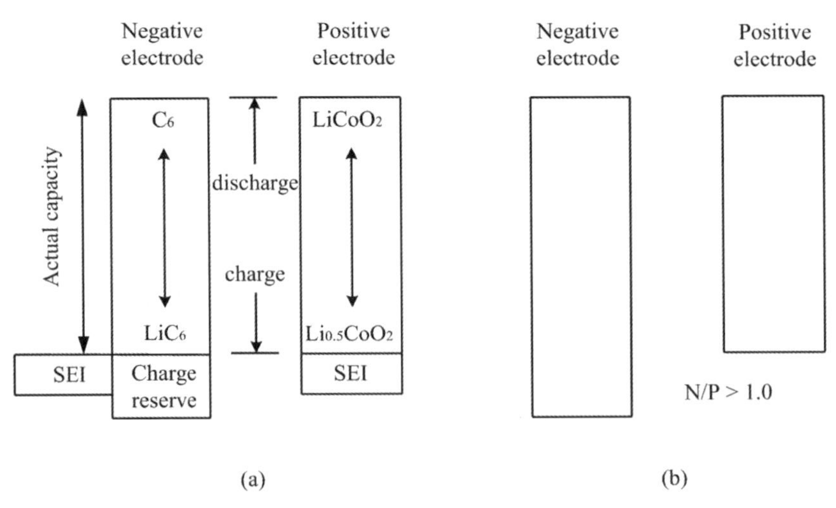


그림 12-29 리튬 이차 전지의 용량 설계

수 있는 위험 요소가 더 크기 때문에 음극의 과충전 억제를 우선적으로 고려한다. [그림 12-29-b]에 보인 것처럼 양극의 사용 가능한 용량(actual capacity)보다 음극의 용량을 더 크게 설정하여(N/P 비율 > 1.0), 음극에서 과충전을 방지한다. 음극에 과량으로 충진된 용량을 충전 예비량(charge reserve)이라 한다. N/P 비율 > 1.0으로 설계된 전지에서 만약의 과충전 상황에서 양극의 과충전이 진행되더라도, 음극에서는 흑연의 충전이 계속되어 리튬의 전착을 방지할 수 있다.

**스스로 학습 12-11**

N/P 비율 > 1.0으로 설계된 리튬 이온 전지라 할지라도, 전극 판 제조 공정에서 혼합, 슬러리 제조, 코팅 등이 제대로 관리되지 못하여 흑연 입자가 전극 판에 균일하게 분포되지 못한 경우, 흑연 입자가 적게 분포된 지점에서 리튬의 전착 가능성이 크다. 정전류로 충전한다는 가정하에 이를 설명하시오.

### (10) 전해액 첨가제

리튬 이차 전지에서 N/P 비율 > 1.0으로 용량이 설계되므로 양극의 과충전 가능성이 있다. 양극의 과충전을 방지하기 위하여 양극 과충전 방지 첨가제를 전해액에 넣어서 사용한다. 대표적인 첨가제로 [그림 12-30-a]에 보인 2,4-difluoroanisole(DFA)을 들 수 있다. 이는 전해질 용액에 잘 녹으며 4.5 V 근처에서 산화된다. 그림에서 음극에 충전 예비량이 있으므로 충전 과정에서 음극의 전압은 0.2 V 이하로 내려가지 않는다. 이런 현상을 **전압 고정**(potential pinning)이라 한다. $LiCoO_2$ 양극이 과충전($Li_{0.5}CoO_2 \rightarrow Li_{0.5-x}CoO_2 + xLi^+ + xe$)되기 시작하면 양극 전압이 4.3 V 이상으로 증가한다. 전압이 4.5 V 근처에 도달하면 DFA가 산화되므로 $Li_{0.5}CoO_2$의 과충전을 막을 수 있다. 즉, 양극의 과충전(산화 반응) 대신에 DFA가 산화되므로 양극의 전압은 4.5 V에 머물게 된다. DFA가 산화되어 생성된 화합물은 전해질 용액에 용해된 상태로 음극으로 확산하여 음극에서 다시 DFA로 환원되고, 이렇게 재생된 DFA는 양극으로 확산하여 양극에서 과충전 방지 역할을 다시 수행한다. 양극의 전압이 4.5 V 이상을 넘어가지 않으므로 과충전이 방지된다. DFA는 음극에서 전자(electrons)을 받아서 양극에 전달하는 산화/환원 셔틀 역할을 하며 양극의 과충전을 방지하고 있다. [그림 12-30-a]에서 음극은 0.2 V, 그리고 양극은 4.5 V

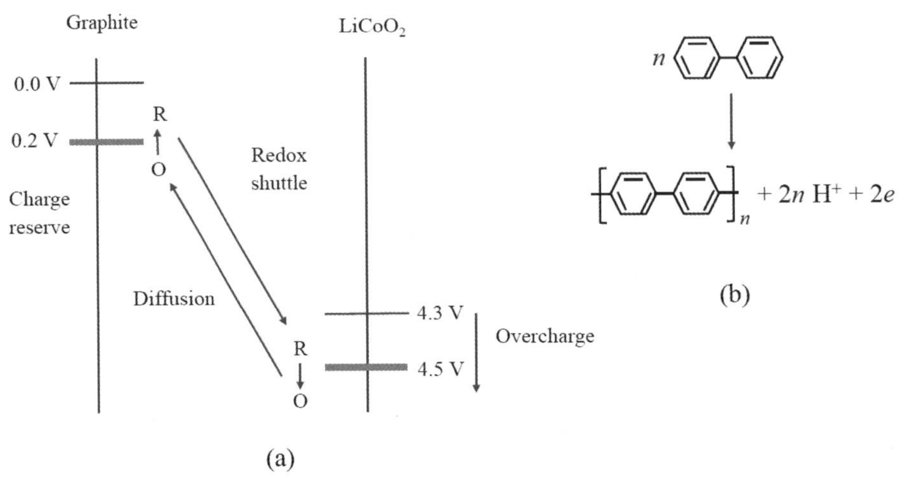


**그림 12-30** 양극의 과충전 방지를 위한 전해액 첨가제: (a) 산화/환원 셔틀 형 2,4-difluoroanisole (DFA), (b) 전류 차단형 biphenyl

에 고정되어 있다. 음극의 과충전은 충전 예비량에 의해 방지되고, 양극의 과충전은 DFA의 산화에 의해 방지되고 있다.

또 다른 양극 과충전 방지 첨가제로 biphenyl의 예를 들 수 있다. [그림 12-30-b]에 보인 것처럼 biphenyl은 약 4.5 V에서 산화되며 고분자를 형성한다. 따라서 $Li_{0.5}CoO_2$ 양극이 과충전 상태에 진입하면 자신은 고분자로 전환되며 양극의 전압을 약 4.5 V에 고정시킨다. 이때 생성된 고분자는 전해액에 대한 용해도가 매우 낮아서 곧바로 양극 표면에 침적된다. 양극의 과충전이 계속 진행되려면 양극 표면에 침적된 고분자 층을 통해 $Li^+$의 이동이 가능해야 한다. 그러나 biphenyl 고분자는 극성이 매우 낮아서 이온 전도 특성이 매우 낮다. 이렇게 되면 닫힌 고리를 형성하며 흐르던 과충전 전류가 biphenyl 고분자 층에 의해 차단된다. 다시 말하여, 과충전이 중지된다. Biphenyl을 **전류 차단**(current shut-down)형 과충전 방지 첨가제라 부른다.

리튬 이차 전지의 전해질 용액에 소량의 첨가로 전지 성능을 크게 향상시킬 수 있는 다양한 전해액 첨가제가 있다. 위에 설명한 양극 과충전 방지 첨가제 이외에 음극에서 열적/화학적으로 안정한 SEI 형성, 양극에서 금속의 용출 억제, 전지의 발화 방지, 극판의 젖음성 향상 등을 위한 첨가제들이 사용되고 있다.

흑연 음극의 경우, 전해질에 포함된 EC(ethylene carbonate)가 환원 분해되어 SEI가 형성된다. 이렇게 EC로부터 유도된 SEI는 열적으로 불안정하여 전지의 내부 온도가 상승하면 용해되거나 분해된다. 이렇게 되면 흑연 전극 표면이 전해질에 노출되므로 다시 SEI 형성을 위해 EC가 환원/분해되어야 한다. SEI 형성을 위해 양극의 용량이 비가역적으로 소모되므로 셀 용량이 감소한다. 또한 SEI 층이 두꺼워져서 $R_{SEI}$가 증가하고, 이는 셀 분극의 증가로 이어진다. 이러한 문제를 해결할 방안으로 전해액 첨가제의 사용이 있다. 이때 첨가제는 EC보다 먼저 환원/분해되어 SEI 층을 형성하여야 한다. 즉, 실제적인 환원 전압($E_{re}$)이 EC의 실제 환원 전압($E_{re}$ = 0.6~0.8 V *vs.* $Li/Li^+$)보다 더 높아야 한다.

Vinylene carbonate(VC)는 흑연 전극 표면에서 EC보다 더 높은 전압에서 환원/분해되며 SEI를 형성시키므로 위의 조건을 충족한다. 또한 VC로부터 유도된 SEI는 EC로부터 유도된 것보다 열적으로 더 안정하다. EC를 기반으로 한 전해액에 VC를 소량 첨가하였을 때, 첫 번째 충전에서 VC가 먼저 환원/분해되어 충분한 두께의 SEI를 생성시키면, 전자의 터널링 속도가 무시할 만큼으로 감소하여 EC의 환원/분해가 억제된다. 즉, 흑연의 표면에는 VC로부터 유도된 SEI 층이 형성되고, 이는 전지 내부 온도가 올라가더라도 분해되지 않고 SEI의 기능을 수행한다.

### (11) 리튬 이차 전지의 열화

리튬 이차 전지는 다양한 경로로 열화(ageing)된다. 열화의 예로서 방전이 가능한 셀 용량(dischargeable capacity)의 감소와 실제 방전되는 용량(actually discharged capacity)의 감소를 들 수 있다. [그림 12-31]에 방전 가능한 셀 용량이 감소하는 원인을 설명하였다. 음극 표면의 SEI 층이 고온에서 분해 또는 용해되면 새로운 음극 표면이 전해액과 접촉

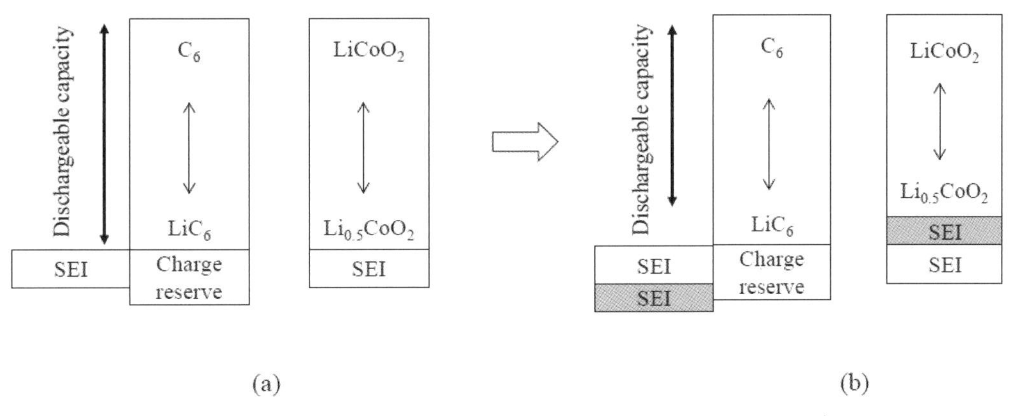


**그림 12-31** 추가적인 SEI 형성에 따른 방전 가능한 용량(dischargeable capacity)의 감소

하게 되고, SEI 층이 재생된다. SEI 형성을 위해 양극의 용량이 비가역적으로 소모되므로 셀 전체의 방전이 가능한 용량이 감소한다. 그림에서 추가적인 SEI 형성에 의한 양극의 용량 감소를 표시하였는데, 양극의 용량이 감소하면 셀 전체의 용량을 양극이 결정하므로(positive limited라 함) 셀의 방전 가능한 용량이 감소한다. 이때 용량의 감소는 영구적이어서 원래의 용량으로 돌아올 수 없다.

셀의 방전 가능한 용량이 줄어들지 않더라도 실제 방전되는 용량이 감소할 수 있다. 이는 셀을 방전할 때 방전 컷오프 전압까지만 방전하기 때문에 생기는 현상인데, 방전 전류가 증가할수록 실제 방전된 용량은 감소한다([그림 12-7] 참조). 방전 전류가 증가하면 셀 분극이 증가하여 방전 전압이 감소한다. 따라서 방전 컷오프 전압에 일찍 도달하여, 방전 컷오프 전압까지 방전된 용량이 적게 나타난다. 실제 방전된 용량이 감소한다고 해서 셀이 가지고 있는 잠재적인 용량이 줄어드는 것이 아니므로 문제가 되지 않는다고 생각할 수 있으나, 그렇지 않다. 이는 셀을 방전하여 사용할 때 셀이 가지고 있는 용량이 아니고 실제 방전하여 얻을 수 있는 용량이 의미를 갖기 때문이다. 전지를 사용할 때 항상 0보다 큰 방전 전류가 흐른다. 전류가 0이 아니므로 셀 분극이 발생하고, 방전 전압이 줄어든다. 따라서 셀 분극에 기여하는 활성화 과전압, 농도 과전압, 그리고 모든 저항을 줄일 수 있으면 동일한 전류에서 셀 분극이 적으므로 더 큰 방전 용량을 얻을 수 있다. 그러나 실제 방전 용량의 감소는 [그림 12-31-b]에 보인 것과 같은 영구적인 현상이 아니다. 방전 전류가 클 때 방전 용량이 작다고 하더라도, 방전 전류가 낮으면 셀 분극이 작아지므로 방전되는 용량은 크게 나타난다.

[그림 12-32]에 양극에서 용량 감소와 셀 분극을 증가시키는 원인, 그리고 그에 따른 결과를 정리하였다. 양극은 강한 산화 조건을 제공하므로 전해액이 산화/분해하여 표면 피막을 형성할 수 있다. 그 결과로 표면 피막 저항($R_{surface\ film}$)이 증가하여 셀 분극이 증가한다. 또한 전해액의 산화로 플루오린산(HF)이 생성될 수 있는데 이는 양극 물질을 공격하여 금속을 용해시킨다. 용해된 금속 이온은 흑연 음극으로 이동하여 전착되며, 흑연의 자가 방전과 함께 흑연 표면에 SEI 층을 형성시켜 $R_{SEI}$의 증가를 초래한다. 금속이 용출되므로 양극의 용량 감소를 초래한다. 또한 용출된 금속 이온이 다른 고체 상태 물질로 양극 표면에 침적될 수 있는데, 이들은 대개 부도체이므로 $R_{electrode}$의 증가를 초래한다. 한편, 양극의 충/방전 과정에서 전극 반응에 활성이 없는 새로운 물질로 전이가 일어날 수 있는데, 이는 양극의 용량 감소로 나타난다.

양극을 구성하고 있는 비활성 물질들도 강한 산화 조건에서 열화될 수 있다. 고분자

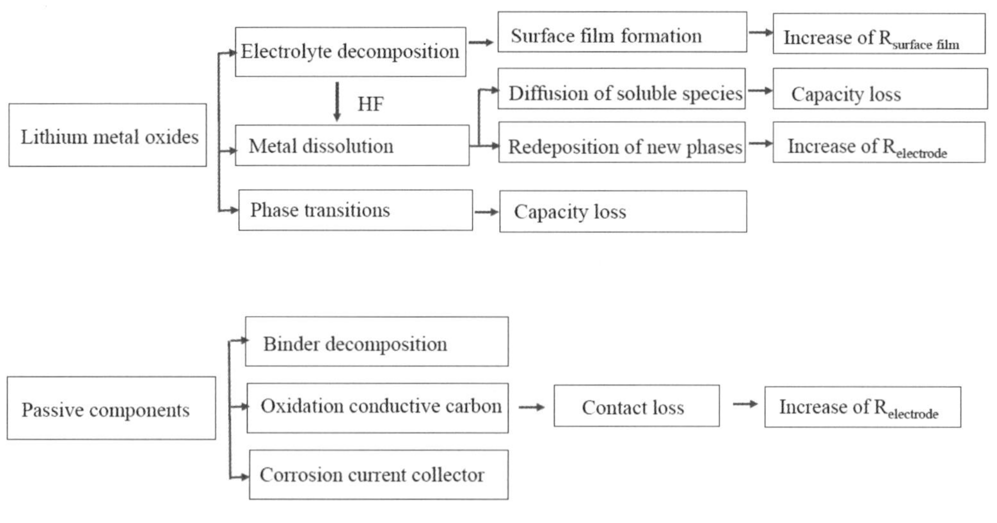


**그림 12-32** 리튬 이차 전지 양극에서 활물질과 비활성 물질의 열화, 그에 따른 셀 분극의 증가와 용량 감소

결합제가 산화/분해될 수 있고, 도전재 탄소도 산화되고, 집전체 금속 포일은 부식될 수 있다. 이들은 양극을 구성하고 있는 활물질, 탄소, 집전체들 사이에 전기적 접촉을 약하게 하여 결국 $R_{electrode}$의 증가를 초래할 수 있다. 저항의 증가는 셀 분극의 증가를 통해 실제 방전되는 셀 용량의 감소로 이어진다.

리튬 이차 전지가 고온에 노출되거나 내부 단락, 외부 단락, 과충전 등으로 전지의 내부 온도가 대략 100 °C 이상으로 상승할 경우, SEI 층이 손상되고 이어서 전해질 분해와 같은 발열 반응이 지속되면서 전지의 내부 온도가 200 °C 이상까지 상승할 수 있다. 이렇게 되면 양극 물질로부터 $O_2(g)$가 탈리되고, 전지 내부에 충진된 가연성 물질(유기 용매, 분리막 등)이 연소하며 폭발로 이어질 수 있다. 이를 열폭주(thermal runaway)라고 한다. 이를 방지하기 위해서 전지 구성 재료, 설계 등에서 안전성이 고려되어야 함은 물론, 전지의 표면적/부피 비를 크게 하여 열의 발산을 원활하게 하여야 한다. 또한 필요한 경우 냉각 장치를 도입하여 전지의 내부 온도 상승을 억제하여야 한다.

리튬 이차 전지는 현재 핸드폰, 노트북 컴퓨터의 전원, 전기 자동차의 전원, 전기 에너지의 저장 장치(energy storage systems, ESS) 등 그 용도가 확대되고 있다. 시장 확대를 위하여 리튬 이차 전지는 안전성이 확보되어야 하고, 에너지와 출력, 충전 속도, 수명, 가격 등에서 지속적인 개선이 요구되고 있다.

## 12-7 특수 전해질을 사용하는 이차 전지

### (1) 소듐–황 전지

**소듐–황 전지**(Na–S battery)의 전극 물질은 Na 금속과 황(S)인데, 작동 온도가 300 ~ 400 °C이므로 모두 액체 상태로 반응에 참여한다(그림 12-33). 전해질로 $Na^+$의 전도성을 갖는 $\beta$-alumina를 사용하는데, 고온에서 작동되므로 높은 $Na^+$의 전도도를 보인다. 전체 방전 반응은 $2Na(l) + 3S(l) \rightarrow Na_2S_3(l)$이고, 350 °C에서 $E^0_{cell} = 2.08$ V이다. 이론적 에너지 밀도는 755 Wh/kg으로, 납 축전지에 비해 매우 크다. 에너지 밀도가 높다는 장점을 활용하여 대용량 전력 저장 장치로 개발되고 있다.

### (2) 리독스–플로우 전지redox–flow battery

전해액에 녹아 있는 두 종류의 산화환원 쌍(redox couples)을 전지 내부로 펌프질하여 비활성 전극에서 산화 또는 환원 반응을 통하여 방전시킨다(그림 12-34). 충전 시에는 전기 에너지를 공급하여 반대 반응을 진행시킨다. 예를 들어, 바나듐 리독스 플로우 전지에서 방전 시 $V^{2+}$을 포함하는 황산 전해액이 음극으로 유입되어 $V^{3+}$로 산화되고, $VO_2^+$를 포함하는 황산 전해액이 양극으로 공급되어 $VO^{2+}$로 환원된다. 충전 과정에서는 $V^{3+}$이 $V^{2+}$로 환원되고, $VO^{2+}$가 $VO_2^+$로 산화된다. 분리막으로 $H^+$ 교환막이 이용되고, 전지의 작동 전

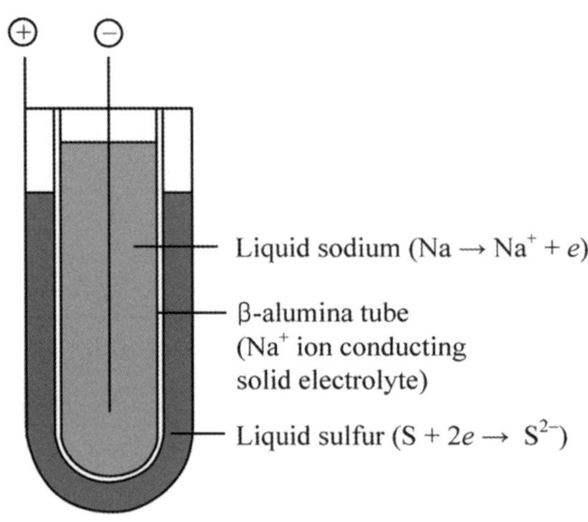


그림 12-33 소듐–황(Na–S) 이차 전지의 구조

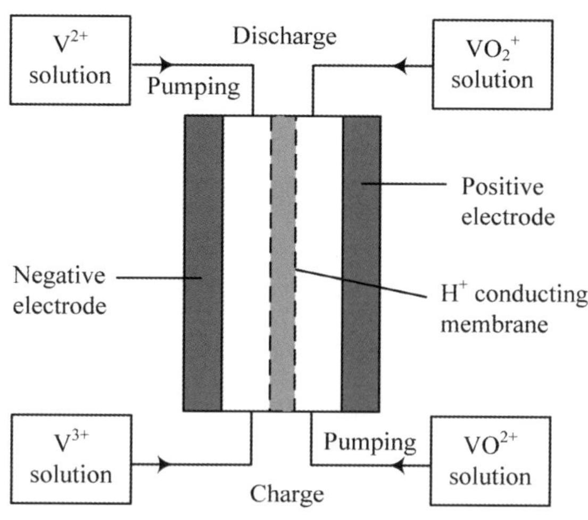


그림 12-34 바나듐 리독스 플로우 전지의 구성

압은 1.26 V이다.

다른 전지와는 다르게 리독스 플로우 셀은 용량과 출력을 별도로 조절할 수 있는 특징이 있다. 즉, 다른 전지의 경우(예: 납 축전지, [그림 12-7]과 스스로 학습 12-3) 출력(방전 전류의 크기)을 증가시키면 방전된 용량(에너지)이 감소하는 데 비해, 리독스 플로우 셀에서는 용량은 산화환원 쌍을 저장하는 용기의 크기에 의해 결정되고, 출력은 스택의 크기(전극의 면적)에 의해 결정된다. 두 가지 변수(저장 용기의 크기와 전극의 면적)가 서로 독립적이므로 별도로 조절이 가능하다.

수용성 전해액을 사용할 경우 물의 분해에 의한 수소와 산소의 발생 때문에 작동 전압이 이론적으로 < 1.23 V이고(실제로는 수소와 산소 발생 반응의 과전압 때문에 더 클 수도 있음), 산화/환원 쌍의 용해도가 크지 못하여 전지의 용량이 작다는 문제가 있다. 따라서 에너지 밀도(작동 전압 × 방전 용량)가 크지 못하다. 최근 들어 비수용성 전해액을 사용하고자 하는 시도가 진행되고 있다. 비수용성 전해액의 전위창이 수용성 전해액의 그것에 비해 더 넓으므로 작동 전압을 > 2.0 V로 증대시킬 수 있다. 비수용성 전해액에 용해도가 높은 산화/환원 쌍의 개발도 진행되고 있다.

## 12-8 초고용량 커패시터

초고용량 커패시터(supercapacitor)는 전기 이중층 커패시터(EDLC, electric double-layer capacitors)와 유사 커패시터(pseudo-capacitors)로 구분된다. EDLC는 이상 분극(ideally polarizable) 특성을 보이는 전극을 활용하여 전기 이중층에 전하를 저장한다. 따라서 전자 전도도가 높고 표면적이 큰(예를 들어 활성탄) 전극을 사용한다. 수용성 또는 비수용성 전해액을 사용하며 이차 전지와 유사한 구조로 제조 공정도 유사하다. EDLC의 경우 패러데이 반응이 아닌 전기 이중층 충전을 통해 전하를 저장한다. 유사 커패시터는 패러데이 반응을 통하여 전하를 저장한다. '유사'라는 의미는 다음과 같다. 비패러데이(non-faradaic) 반응을 통해 충/방전되는 전기 이중층 커패시터라면 충전 전류는 <식 8-12>와 같이 주사 속도에 정비례($i_C \propto v^1$)한다. 그런데 화합물이 전극 표면에 흡착 또는 고정되어 있으면, 패러데이 반응(O + $ne$ = R)에 의해 산화/환원됨에도 불구하고 <식 8-23>과 같이 전류는 주사 속도에 정비례($i_p \propto v^1$) 한다. 따라서 이들을 "커패시터이기는 하나 충/방전 반응 특성이 전기 이중층 커패시터와는 다른 커패시터"라는 의미로 유사 커패시터라고 명명되었다.

패러데이 반응에 참여하는 물질이 전극 표면에 흡착 또는 고정되지 않더라도 패러데이 반응이 전극 표면 근처에서만 진행된다면, 패러데이 전류는 주사 속도에 정비례($i_p \propto v^1$) 하는 특징을 보인다. 예를 들어, $RuO_2$의 경우 패러데이 반응은 $RuO_2 + xH^+ + xe = H_xRuO_2$이다. 반응을 위해 수용액에 녹아 있는 $H^+$이 물질 전달을 통해 $RuO_2$ 표면으로 이동해 와야 한다. 여기서 $H^+$의 확산 속도가 매우 크므로 $H^+$이 $RuO_2$ 표면에 흡착 또는 고정된 것과 같은 효과를 준다. 또한 미세한 입자의 $RuO_2$를 전극 물질로 사용하므로 $H^+$가 확산해 들어가야 할 거리가 짧아 내부로 확산 과정이 필요 없는 것처럼 보인다. 정리하면, 패러데이 반응의 반응물인 $H^+$의 용액 내 물질 전달과 $RuO_2$ 벌크 내부로 물질 전달이 필요 없는 것과 같으므로, 전류는 $H^+$가 $RuO_2$ 표면에 흡착 또는 고정된 것과 같은 특성을 보인다. 즉, 유사 커패시터의 범주에 넣을 수 있다.

[그림 12-35]에 동일한 두 개의 전극으로 구성된 EDLC(이를 대칭형이라고 함)에서 전하 저장 메커니즘을 설명하고 있다. 충전 시 집전체를 통하여 한쪽 전극에 음의 전하를 갖도록 분극시키고 다른 쪽 전극은 양의 전하를 갖도록 분극시키면, 전해액 내 양이온은 음극으로 이동하여 전기 이중층을 형성하고, 음이온은 양극으로 이동하여 전기 이중층을

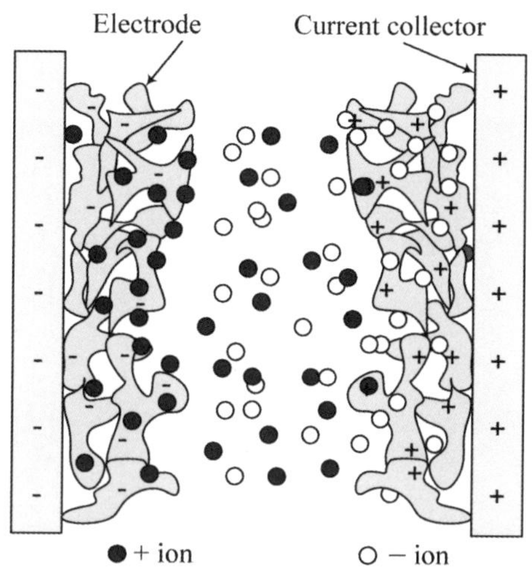


그림 12-35 대칭형 전기 이중층 커패시터(EDLC)의 구성

형성한다. 이렇게 저장된 전하는 반대 경로를 거쳐 방전된다. 충전 과정에서 전해질 내 이온이 전극으로 이동하여 전기 이중층을 형성하므로, 용액 내 이온의 농도가 줄어든다. 이러한 원리를 이용하여 용액 내 이온을 제거(capacitive deionization)할 수 있다.

정전류 조건에서 비수용성 전해액을 사용하고 있는 EDLC를 충전하고 방전할 때 전압의 변화를 [그림 12-36]에 도시하였다. 대칭형이므로 충전 초기에는 전압이 0.0 V이나 충전할 때 전압이 증가하고, 방전할 때 전압이 감소한다. 이때 $V = (1/C) \times Q = (1/C) \times (it)$($C$는 capacitance)의 관계를 보이므로 충/방전 전압과 시간 사이에 직선적 비례 관계

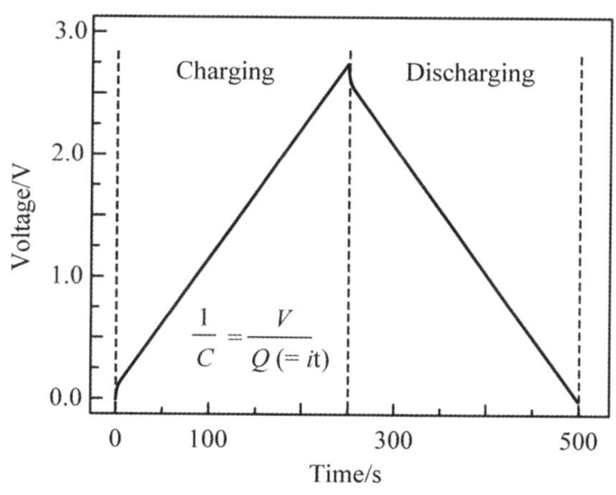


그림 12-36 전기 이중층 커패시터(EDLC)의 정전류 충/방전 곡선

를 보인다. 기울기의 역으로부터 커패시턴스 값을 구할 수 있다.

**스스로 학습 12-12**

대칭형 EDLC의 등가 회로를 그리고, 이로부터 [그림 12-36]에 보인 것처럼 방전 초기에 방전 전압이 수직으로 감소하고, 이후 일정한 기울기를 가지고 감소함을 설명하시오.

**스스로 학습 12-13**

대칭형 EDLC에 저장이 가능한 전기 에너지는 $1/4CV^2$으로 주어짐을 증명하시오. 이때 $C$는 반쪽 전지의 커패시턴스이고, $V$는 작동 전압이다.

[그림 12-37]에 초고용량 커패시터의 단위 무게당 에너지 밀도와 출력 밀도를 다른 전기 에너지 저장 또는 발생 장치의 그것과 비교하였다. 이와 같이 에너지 밀도와 출력 밀도를 그린 그림을 **라곤 도시**(Ragone plot)라고 한다. 그림에서 보듯이 초고용량 커패시터는 이차 전지나 연료 전지에 비해 높은 출력을 보이나, 에너지 밀도는 낮다. 초고용량 커패시터가 높은 출력 특성을 보이는 이유는 매우 큰 전류 밀도로 충/방전이 가능하기 때문

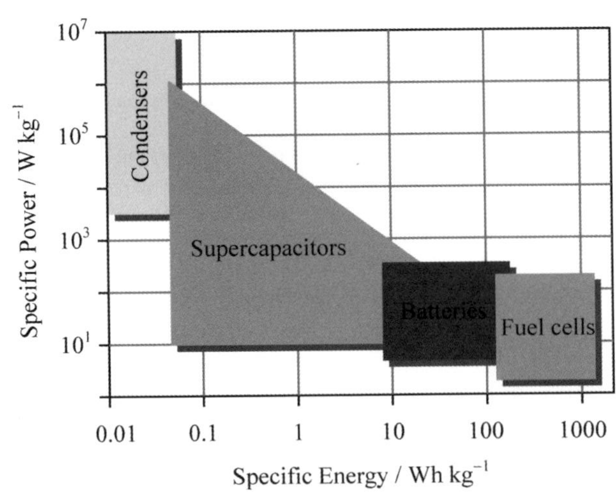


**그림 12-37** 콘덴서, 초고용량 커패시터, 전지, 연료 전지의 에너지 밀도와 출력 밀도를 비교한 라곤 도시

이다. 전극 표면에 물리적으로 충/방전되거나(EDLC) 패러데이 반응이 전극 표면에서만 진행(유사 커패시터)되므로 충/방전 속도가 빠르다. 또한 이차 전지와 같이 이온이 전극 활물질의 벌크 내부로 확산할 필요가 없으므로 충/방전에 따른 전극의 열화가 심하지 않아 반영구적으로 사용할 수 있다는 장점도 있다. 그러나 전극의 표면에만 전하가 저장되므로 저장 용량이 작아 에너지 밀도도 작을 수밖에 없다. 반대로 이차 전지의 경우 전극 활물질 내부에서 패러데이 반응이 진행되므로 전기 저장 용량이 크고, 따라서 에너지 밀도가 크다. 그러나 활물질 벌크 내부로 이온의 확산이 느리므로 출력 특성은 초고용량 커패시터에 비해 나쁘다.

## 12-9 연료 전지fuel cell

화력 발전소에서는 연료(석유, 석탄 또는 천연가스)를 연소시켜 열을 얻고, 이 열을 이용하여 터빈을 회전시켜 전기 에너지를 얻는다. 연료 전지도 연료(수소, 일산화탄소 및 수소 포함 화합물)를 이용하여 전기 에너지를 얻는다는 점에서 화력 발전과 유사하나, 연료 전지에서는 열로의 전환이나 터빈의 회전이 필요 없으므로 이론적으로 발전 효율이 더 높다. 또한 연료를 연소시킬 때 발생하는 $NO_x$, $SO_x$의 배출이 없고, 터빈 등에서 발생하는 소음이 없다는 장점이 있다. 그리고 수소 연료를 태양광, 풍력 발전 등 재생에너지 전력으로 물을 전기분해하여 생산하는 경우, 화석연료 사용에 의한 $CO_2$ 배출을 없앨 수 있다.

연료 전지는 [표 12-2]에 제시한 것처럼 사용하는 전해질에 따라 일곱 가지로 구분된다. 직접 메탄올 연료 전지(DMFC, direct methanol fuel cell)는 고분자 전해질 연료 전지(PEMFC, polymer electrolyte membrane fuel cell 또는 proton-exchange membrane fuel cell)와 유사하나 연료로 수소 대신 메탄올을 개질 과정 없이 직접 사용한다. [표 12-3]에는 수소를 연료로 사용하는 연료 전지에서 산화 반응과 환원 반응을 나열하였다.

### (1) 알칼라인 연료 전지(AFC)

전해질로 35~50 % KOH를 사용하는데, 수소 또는 산소에 포함된 이산화 탄소에 의해

표 12-2 연료 전지의 특성

| | AFC | PAFC | MCFC | SOFC | PCFC | PEMFC | AEMFC | DMFC |
|---|---|---|---|---|---|---|---|---|
| Electrolyte | KOH | $H_3PO_4$ | $Li_2CO_3/K_2CO_3$ $Li_2CO_3/Na_2CO_3$ | $Y_2O_3/ZrO_2$ | $Ba(Zr,Ce)O_3$, $CsH_2PO_4$ 등 | $H^+$-exchange polymer membrane (PEM) | $OH^-$-exchange polymer membrane (AEM) | PEM |
| Ion carrier | $OH^-$ | $H^+$ | $CO_3^{2-}$ | $O^{2-}$ | $H^+$ | $H^+$ | $OH^-$ | $H^+$ |
| Fuel electrode | Pt/Pd | Pt/carbon | Ni/Al | $Ni/ZrO_2$ | $Ni/Ba(Zr,Ce)O_3$ | Pt/carbon | Pt or PtRu//carbon | Pt-Ru/ carbon |
| Air electrode | Au/Pt | Pt alloy/ carbon | Li-doped NiO | Sr-doped $LaMnO_3$ | $(Pr,Ba,Sr)(Co,Fe)O_5$ | Pt/carbon | Non-precious catalysts | Pt/carbon |
| Working Temp.(°C) | <100 | 150-200 | 600-700 | 500-1000 | 300-500 | <120 | <100 | <100 |
| Fuel | $H_2$ | $H_2$ | $H_2$, CO | $H_2$, CO | $H_2$ | $H_2$ | $H_2$ | Methanol |
| Efficiency (%) | 60 | 40 | 50 | 60 | 60 | 60 | 60 | 30 |
| Stack Power (kW) | 1~100 | 5~400 | 300~3,000 | 1~2,000 | N.A. | 1~100 | 1~100 | 1~100 |
| Application | Space shuttle | Distributed generation | Large scale generation | Auxiliary power, Distributed power generation | Auxiliary power, Distributed power generation | Transportation Distributed power generation, backup power | Distributed power generation, backup power | Mobile devices |

AFC; Alkaline fuel cell, PAFC; Phosphoric acid fuel cell, MCFC; Molten carbonate fuel cell
SOFC; Solid oxide fuel cell, PCFC: Protonic ceramic fuel cell, PEMFC; Polymer electrolyte membrane fuel cell 또는 proton-exchange membrane fuel cell, AEMFC: Alkaline membrane fuel cell, DMFC; Direct methanol fuel cell

표 12-3 수소를 연료로 사용하는 연료 전지의 전극 반응

| Fuel cell | Anodic reaction | Cathodic reaction |
|---|---|---|
| AFC | $H_2 + 2OH^- \rightarrow 2H_2O + 2e$ | $1/2O_2 + H_2O + 2e \rightarrow 2OH^-$ |
| AEMFC | $H_2 + 2OH^- \rightarrow 2H_2O + 2e$ | $1/2O_2 + H_2O + 2e \rightarrow 2OH^-$ |
| PEMFC | $H_2 \rightarrow 2H^+ + 2e$ | $1/2O_2 + 2H^+ + 2e \rightarrow H_2O$ |
| PAFC | $H_2 \rightarrow 2H^+ + 2e$ | $1/2O_2 + 2H^+ + 2e \rightarrow H_2O$ |
| PCFC | $H_2 \rightarrow 2H^+ + 2e$ | $1/2O_2 + 2H^+ + 2e \rightarrow H_2O$ |
| MCFC | $H_2 + CO_3^{2-} \rightarrow H_2O + CO_2 + 2e$ | $1/2O_2 + CO_2 + 2e \rightarrow CO_3^{2-}$ |
| SOFC | $H_2 + O^{2-} \rightarrow H_2O + 2e$ | $1/2O_2 + 2e \rightarrow O^{2-}$ |

$KOH(aq) + CO_2(g) \rightarrow KHCO_3(s)$ 반응이 가능하다. 용해도가 낮은 $KHCO_3(s)$가 분리막에 침적되어 이온 전도를 저해하므로 수소와 산소의 정제가 필요하다. 우주선의 전원으로 이미 사용된 예가 있다.

### (2) 인산형 연료 전지(PAFC)

인산을 전해질로 사용하는데, 인산이 150 ~ 220 °C에서도 열적으로 안정하기 때문에 최대 이온 전도를 보이는 이 온도에서 작동되며, 백금계 전극을 사용한다. 해당 온도에서는 촉매 피독의 문제가 심각하지 않으므로 상대적으로 낮은 순도의 수소를 이용하여 구동할 수 있기 때문에 분산 발전에 적합한 것으로 평가되고 있다.

### (3) 용융 탄산염 연료 전지(MCFC)

공융 조성이 62 mol% $Li_2CO_3$/38 mol% $K_2CO_3$ 혹은 52 mol% $Li_2CO_3$/48 mol% $Na_2CO_3$인 전해질을 사용하는데, 이들이 500 °C 이상에서 용융되므로 비교적 높은 600 ~ 700 °C 온도에서 작동된다. 작동 온도가 높으므로 화석연료의 직접 개질(예를 들어, $CH_4 + H_2O \rightarrow CO + H_2 + CO_2$)이 가능하다는 장점이 있어, 대규모 발전 또는 폐열을 이용한 열병합 발전에 적합하다고 평가되고 있다. 다시 말해, 연료로서 수소나 일산화 탄소를 주입하지 않고 천연가스를 직접 주입하여 연료 전지 내부에서 일산화 탄소와 수소로 전환시켜 연료로 사용한다. 특히, 위와 같은 직접 개질은 흡열 반응인데, 이때 필요한 열을 MCFC의 작동 시 발행하는 $Q_{total}$ (= $Q_{rev}$ + $Q_{Joule}$)을 이용할 수 있다. 열의 이용으로 연료 전지 스택이 냉각될 수 있으므로 대면적 스택의 안정적 운전을 가능하게 하며, 또한 발전 효율을 높이는 데 기여한다. 귀금속 전극을 사용하지 않고(Ni계 전극) CO나 $CO_2$ 문제가 없으나, 출력 밀도(power density)가 비교적 낮고(~ 0.1 W/cm$^2$) 장시간 운행(3만 시간 이상)할 시 부식, 증발 등 용융 탄산염 전해질의 소모에 의한 수명 단축이 가장 큰 문제점으로 알려져 있다.

### (4) 고체 전해질 연료 전지(SOFC)

산소 이온($O^{2-}$)의 전도 특성을 갖는 금속 산화물($Y_2O_3/ZrO_2$)을 전해질로 사용하고 있다(그림 12-38). 고체 전해질은 고온(500 ~ 1,000 °C)에서 $O^{2-}$의 전도 특성을 가지므로 고온에서 작동된다. 작동 온도가 높으므로 용융 탄산염 연료 전지와 마찬가지로 천연가스와 같은 화석연료를 직접 개질하여 사용할 수 있다. 전극과 전해질이 귀금속이 아닌 금속 산화물이므로 가격이 저렴하나, 고체 사이 밀봉과 열전도도의 차이에 의한 재료의 열화가 문제이다. 이러한 고온 작동으로 발생하는 문제를 해결하기 위하여 최근에는 전해질의 박막화(수 ~ 수십 μm) 또는 높은 이온 전도성을 갖는 대체 전해질 개발을 위해 연구

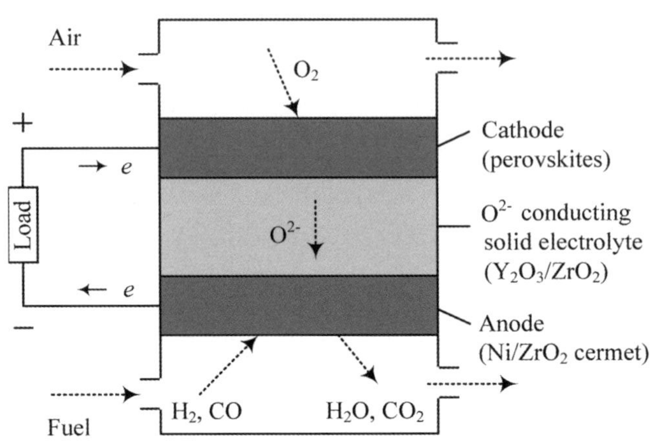


그림 12-38 고체 전해질 연료 전지(SOFC)의 구조와 이온 및 전자의 흐름

가 진행되고 있다. 높은 출력 밀도(수 W/cm$^2$), 높은 발전 효율(> 60 %), 그리고 다양한 연료(메탄가스, 휘발유, 경유 등)를 사용할 수 있다는 장점 때문에 군용 휴대 전원, 가정용, 건물용, 그리고 대규모 열병합 발전(combined heat & power) 등 다양한 분야에 적용 가능성이 타진되고 있다.

**스스로 학습 12-14**

SOFC의 전해질로 사용되는 YSZ(yttria-stabilized zirconia, $Y_2O_3/ZrO_2$)는 자동차 엔진 내부의 산소 분압을 측정하는 산소 전압계 센서(potentiometric oxygen sensor)의 전해질로도 이용된다. 이 센서의 구조는 다음과 같다.

$$O_2(\text{air, 0.21 atm}),\ Pt \mid YSZ \mid Pt,\ O_{2(g)}$$

이 센서는 대기(산소 분압 = 0.21 atm)와 접촉하고 있는 Pt 전극을 기준으로 엔진 내부 산소($O_{2(g)}$)와 접촉하고 있는 Pt 전극의 전압을 측정한다. 양쪽 반쪽 전지에서 전위 결정 평형식은 동일하게 $O_2 + 4e = 2O^{2-}$임을 고려하여, 엔진 내부 산소 분압($O_{2(g)}$)에 따라 두 Pt 전극 사이 전압 차이가 어떻게 변하는지 관계식을 유도하시오.

(5) $H^+$ 전도성 세라믹 연료 전지(PCFC)

전해질로 $H^+$를 전도할 수 있는 세라믹을 사용한다. $O^{2-}$에 비하여 $H^+$ 전도의 활성화 에너지가 적기 때문에 SOFC에 비하여 낮은 온도(300~500 °C)에서 작동할 수 있다. 고온 열화가 덜 심하여 소재 비용을 낮출 수 있는 장점이 있다. $H^+$ 전도성 세라믹 소재는 합성이 어렵고 수증기와 이산화 탄소에 노출되었을 때 화학적 안정성이 부족하며 소결이 어렵다. 이러한 문제 해결을 위한 초기 단계의 연구가 진행되고 있다.

### (6) 고분자 전해질 연료 전지(PEMFC)

$H^+$ 교환이 가능한 고분자 막(proton-exchange membrane)을 전해질로 사용하며 건물용 발전 장치(residential power generation)와 연료 전지 자동차의 전원으로 사용되고 있다. 가스의 출입이 가능하도록 유로를 형성한 지지체 사이에 산화(연료) 전극, 고분자 전해질, 환원(공기) 전극으로 구성된 단위 셀을 삽입하여 제작한다. 이러한 단위를 반복적으로 쌓아 연료 전지를 구성한다.

PEMFC 단위 셀의 구조를 좀 더 자세히 살펴보면 [그림 12-39]과 같다. 고분자 전해질(polymer electrolyte membrane)을 중심으로 양쪽에 산화 전극과 환원 전극이 위치하고, 전극의 외부에는 가스의 확산을 위해 **기체 확산층**(gas diffusion layer)이 부착되어 있다. 전극 반응이 일어나는 **다공성 촉매층**(porous catalyst layer)에는 전자 전도성을 갖는 탄소 입자 표면에 Pt계 촉매 입자가 분산되어 있고, 또한 이온($H^+$) 전도를 위해 전해질로 사용되는 고분자 전해질이 혼합되어 있다. 이를 MEA(membrane electrode assembly)라고 하는데, MEA의 구조에 따라 연료 전지의 성능이 크게 영향을 받는다.

[그림 12-40]에 MEA 구조를 자세히 설명하였다. 연료 전극에서는 가스 확산층을 통하여 수소가 확산하여 들어오고, 다공성 촉매층에서 $H_2(g) \rightarrow 2H^+ + 2e$ 반응이 진행된다.

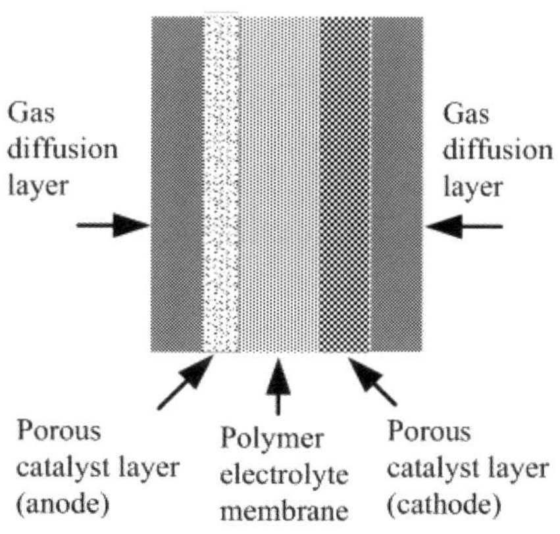


**그림 12-39** 고분자 전해질 연료 전지(PEMFC) 단위 셀의 구조

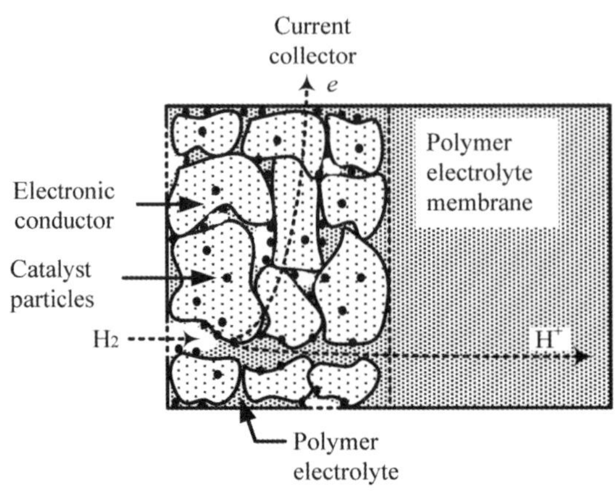


**그림 12-40** 고분자 전해질 연료 전지(PEMFC) MEA의 구조

이때 생성된 전자는 탄소를 통하여 집전체 쪽으로 이동한다. 한편, 생성된 $H^+$가 고분자 전해질을 통하여 공기극 쪽으로 이동해야 닫힌 고리를 형성하며 전류가 흐를 수 있다. $H^+$를 고분자 전해질로 전달하기 위하여 다공성 촉매층 내부에도 $H^+$ 전도성 고분자가 필요하다. 가스 상태 수소의 원활한 확산을 위하여 촉매층에 빈 공간이 있어야 함을 물론, 생성된 전자와 $H^+$의 원활한 이동을 위하여 Pt 촉매 입자/다공성 촉매층 내부의 고분자 전해질/탄소가 만나는 삼상 경계면의 면적이 넓어야 한다. 특히 고가의 Pt을 사용하므로 Pt 입자의 크기를 최소화하여 Pt의 담지량을 최소화하며 삼상 경계면의 면적을 극대화할 필요가 있다. 산소 전극에서는 가스 확산층을 통하여 산소가 확산하여 들어오고, 다공성 촉매층에서 $1/2O_2(g) + 2H^+ + 2e \rightarrow H_2O$ 반응이 진행된다. $H^+$는 연료 전극에서 생성되어 고분자 전해질을 통해 산소 전극으로 전달된 것이고, 전자($e$)는 연료 전극에서 생성된 후, 외부 회로를 통해 전달된 것이다. 산소 전극에서 $H_2O$가 생성되는데, 이를 효과적으로 배출해야 한다. 만약 $H_2O$가 산소 전극 층의 빈 공간을 채운다면 $O_2(g)$의 물질 전달 속도가 느려 연료 전지의 출력 특성을 나쁘게 한다. 여기에 2가지 이유가 있다. 첫째, $O_2(g)$의 물에 대한 용해도가 낮다. 둘째, 용액에서 $O_2(g)$의 확산 속도가 가스 상태의 확산 속도에 비해 약 $10^5$배 느리다. 즉, 반응물인 $O_2(g)$가 물에 매우 적은 양만이 녹고, 녹은 $O_2(g)$가 매우 느린 속도로 확산하므로 반응 속도가 느릴 수밖에 없다(12-3-(3)절 참조).

PEMFC의 전해질로 현재 Nafion®이란 상품명을 가진 고분자 전해질이 사용되고 있다. 이는 소금물의 전기분해 막 셀에서 사용되는 것과 유사한 구조를 가진 고분자이다. 이 고분자는 친수성을 가진 부분($-SO_3^-H^+$)과 소수성을 갖는 고분자의 사슬 부분이 상 분리되어 있다. 친수성을 갖는 부분에는 이온들이 클러스터를 형성하며 물에 의해 수화되어 있고, $H^+$의 이동 경로를 제공한다. 만약 PEMFC의 작동 온도가 120 °C 이상이면 수소에 일산화 탄소가 불순물로 포함되어 있더라도 Pt 촉매의 피독(poisoning) 현상을 완화시킬 수 있고, 또한 연료 전지를 100 °C 이하로 냉각하지 않아도 된다는 장점이 있다. 그러나 120 °C 이상에서 작동될 경우, $H^+$ 전도성을 부여하기 위해 첨가한 물이 증발되어 $H^+$ 전도도가 떨어지는 문제가 있다. 이런 이유로 물을 대신해 인산을 전도 매개체로 이용하고자 하는 고온 PEMFC가 연구되고 있다. 고온 PEMFC에는 주로 폴리벤지미다졸(polybenzimidazole)과 같이 인산을 도핑시킬 수 있는 고분자가 활용된다.

PEMFC의 내구성(수명)을 저하시키는 몇 가지 원인이 알려져 있다. 첫째, 산화(연료) 전극 촉매가 강한 산화 조건에서 용출될 수 있다. 둘째, 고분자 전해질에 작은 구멍이나 균열이 발생하여 수소와 산소가 반대 전극으로 이동할 수 있다. 셋째, 고분자 전해질(Nafion®)에 포함되어 있는 물이 고온에서 증발하거나 탈설폰화(desulfonation)될 수 있다. 넷째, 산소 환원 반응의 부산물로 생성되는 과산화물(peroxides)이나 자유 라디칼(free radicals)에 의해 고분자가 분해되는 경우가 있다.

산소 반쪽 전지와 수소 반쪽 전지의 표준 전극 전위($E^0$)는 각각 1.23 V(*vs*. NHE)와 0.0 V이다. 따라서 표준 상태에서 2개 반쪽 전지 평형 전압의 차이인 $E_{cell}$ = 1.23 V이다. 그러나 수소가 산소 반쪽 전지로 또는 산소가 수소 반쪽 전지로 이동(cross-over)하게 되면 혼성 전위 효과에 의해 기전력인 $E_{cell}$ (= $E^c{}_{eq} - E^a{}_{eq}$)이 감소한다. 예를 들어, 수소가 산소 반쪽 전지로 이동해 왔다고 하면 산소 반쪽 전지에서 산소의 환원($O_2(g)$ + $4H^+$ + $4e \rightarrow 2H_2O$)과 수소의 산화($H_2(g) \rightarrow 2H^+ + 2e$)가 짝을 이루어 자발적으로 진행될 수 있다. 즉, 산소 전극이 비활성 전극 역할을 하며 2개 반쪽 전지가 갈바니 셀을 형성할 수 있다. 따라서 [그림 2-12]에 설명한 것과 같이 산소 반쪽 전지의 평형 전압이 혼성 전위 효과에 의해 더 음의 값($E^c{}_{eq}$ < 1.23V)을 갖게 된다. 마찬가지로 산소가 수소 반쪽 전지로 이동하면 수소 반쪽 전지의 평형 전압이 혼성 전위 효과에 의해 더 양의 값($E^a{}_{eq}$ > 0.0V)을 갖게 된다. 결과적으로 $E_{cell}$ (= $E^c{}_{eq} - E^a{}_{eq}$)이 감소한다.

[그림 12-41]에 연료 전지의 작동 전류 밀도와 작동 전압과의 관계를 보여 주고 있다. 수소 또는 산소의 이동(cross-over)이 없다고 가정하여 $E_{cell}$ = 1.23 V로 표시하였다. 실제 연료 전지가 작동할 때는 전류가 흐르므로 <식 12-2>에 의해 연료 전지의 작동 전압($E_{wk}$)이 결정된다. 이때 전류 밀도가 증가함에 따라 셀 분극이 증가하므로 연료 전지의 작동 전압($E_{wk}$)이 감소한다. $E_{wk} = E_{cell} - \text{cell polarization}(= \eta_a + \eta_c + iR_{total})$ 식에서 셀 분

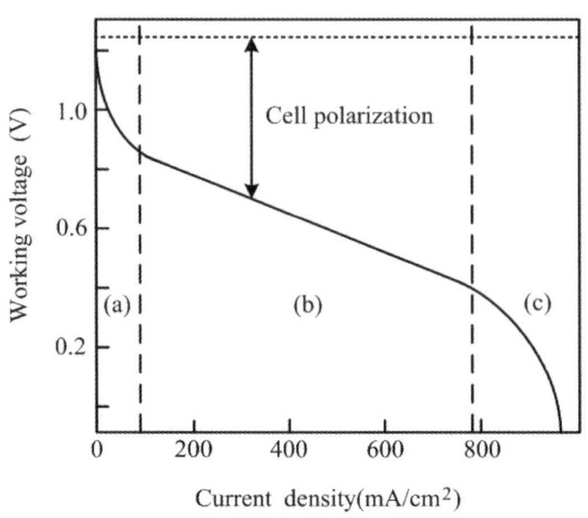


그림 12-41 연료 전지의 작동 전류 밀도의 증가에 따른 셀 분극의 변화

극의 크기를 3가지 인자(활성화 과전압, 농도 과전압, 그리고 $iR_{total}$)가 결정하는데, 여기서 특이한 점은 전류 밀도의 크기에 따라서 셀 분극에 가장 크게 기여하는 인자가 변한다는 것이다. [그림 12-41]에 보인 것처럼 일반적으로 전류의 크기가 작은 조건에서는 양쪽 전극 반응을 위한 활성화 과전압이 셀 분극에 기여하는 정도가 가장 커서 (a)와 같은 전류-전압 관계(전류가 전압의 지수함수에 의해 증가, [그림 11-3-a] 참조)를 보인다. 여기서 활성화 과전압은 음극과 양극의 활성화 과전압 합을 말한다. 중간 크기의 전류에서는 $iR$ 강하의 기여가 가장 크므로, 전류가 증가함에 따라 (b)와 같이 작동 전압이 직선적으로 감소한다(ohmic behavior). 전류가 매우 큰 조건에서는 수소, 산소 또는 생성된 물의 물질 전달과 관련된 농도 과전압의 기여가 가장 커서, (c)와 같은 모양의 전류-전압 곡선을 보인다([그림 11-3-b] 참조). 여기서 농도 과전압은 음극과 양극의 농도 과전압의 합을 말한다. 전체적으로 전류 밀도가 증가함에 따라 작동 전압이 감소하므로 연료 전지의 출력 밀도( = 전류 밀도 × 작동 전압)는 전류 밀도가 증가함에 따라 점차 증가하다가 최댓값을 보인 후 감소하는 경향을 보인다.

### (7) AEMFC(alkaline membrane fuel cell)

액체 전해질을 이용하는 전통적인 알칼라인 연료 전지(AFC)의 변형된 형태로써, 전해질로 중성 조건에서 높은 전도도를 가지는 고분자 전해질을 이용하기 때문에 AFC가 가진 근본적인 문제점인 강 알칼리성 전해질에 의한 부식, 공기 내의 $CO_2$와 반응하여 생기는 $KHCO_3(s)$의 침적, 액체 전해질 사용에 따른 밀봉과 압력 관리 문제 등을 해결할 수 있다. 또한, 산소 환원 반응이 강 염기성 알칼라인 연료 전지(AFC)에 비해 약 염기성 전해질을 사용하는 AEMFC에서 더 유리하므로, Co, Fe, Ni, Mn, Ag 등 산소 환원 반응에 활성은 다소 낮지만 저가인 비금속을 전극 촉매로 사용할 수 있다. 또한 산성 전해질 때문에 고가의 백금 촉매가 사용되는 PEMFC에 비해 가격 경쟁력도 높다. 한편, AEMFC의 전해질로 저가의 탄화수소계 고분자가 이용되는 것도 장점이다. 이에 따라 AEMFC의 성능과 내구성을 증대시키기 위한 연구가 진행되고 있다.

**스스로 학습 12-15**

수용성 KOH 용액을 사용하는 알칼라인 연료 전지(AFC)에 비해 염기성이 다소 낮은 전해질을 사용하는 AEMFC에서 산소 환원 반응(ORR)이 열역학적으로 더 유리함을 [그림 2-13]을 이용하여 설명하시오.

### (8) 직접 메탄올 연료 전지(DMFC)

휴대와 교체가 가능한 메탄올을 연료로 사용하므로 소규모 휴대용 전자기기의 전원으로 적합하다고 평가되고 있다. 이의 전극 반응은 다음과 같다.

산화 전극: $CH_3OH + H_2O \rightarrow CO_2 + 6H^+ + 6e$  $E^0 = 0.043$ V (*vs.* NHE)

환원 전극: $3/2O_2 + 6H^+ + 6e \rightarrow 3H_2O$  $E^0 = 1.23$ V (*vs.* NHE)

전체 반응: $CH_3OH + 3/2\ O_2 \rightarrow CO_2 + 2H_2O$  $E^0_{cell} = 1.18$ V

표준 기전력 $E^0_{cell}$ = 1.18 V이나 산화 반응에 6개 전자가 관여하고 환원 반응에 4개 전자가 관여하므로 <식 12-2>에서 $\eta_a$와 $\eta_c$가 비교적 크다. 따라서 전류가 큰 조건에서 작동되기 어렵고 출력이 낮으므로 소형 전자 기기의 전원으로 적합하다. 현재 Pt-Ru 촉매가 연료(산화) 전극으로 사용되고 있다. 메탄올이 환원 전극으로 이동하여 환원 전극이 피독되므로 이를 방지하기 위해 메탄올에 의해 피독되지 않는 공기(환원) 전극의 개발이 진행되고 있다. 한편, 산화 전극에서는 메탄올의 산화로 부산물인 일산화 탄소, 폼알데하이드가 생성되는데, 작동 온도가 높으면 이 문제가 다소 완화되므로 100 °C 이상에서 작동이 가능한 고분자 전해질이 필요하다. 또한 일산화 탄소에 피독되지 않는 산화 전극 촉매의 개발도 진행되고 있다.

# 12장 연습문제

01 $Ni/Ni^{2}$, $Zn/Zn^{2+}$, $Mn/Mn^{2+}$ 반쪽 전지의 표준 전극 전위는 각각 −0.26 V, −0.76 V, −1.18 V(*vs.* NHE)이다. 알칼리성 KOH 수용액에 Zn 금속을 넣었을 때 Zn의 용해가 무시할 만큼 적었으나, 소량의 $Ni^{2+}$가 불순물로 존재할 때, Zn의 용해는 심해졌다. Zn의 용해를 유발하는 2가지 반응을 제시하시오. 힌트: [표 11-2]를 보면 Ni 전극에서 수소 발생 반응의 교환 전류가 Zn 전극에서 값보다 더 크다. $Mn^{2+}$가 불순물로 존재할 때는 어떻게 다를까? 이로부터 $Zn/MnO_2$ 알칼라인 전지에서 Zn 전극의 자가 방전을 억제하기 위하여 특별히 어떤 금속 이온의 오염을 막아야 하는지 설명하시오.

02 납 축전지와 아연-산화 은 전지에 대하여 다음에 답하시오.

(a) 아연-산화 은 전지에서 열역학적으로 결정되는 $E_{cell}(= E^{c}_{eq} - E^{a}_{eq})$은 〈식 12-5〉로 표현할 수 있다. 납 축전지에서 $E_{cell}$을 유도하시오.

(b) 아연-산화 은 전지의 방전 전압은 매우 평탄하나, 납 축전지는 방전됨에 따라 작동 전압이 [그림 12-7]처럼 급격히 감소한다. 이러한 차이가 나는 이유를 설명하시오.

03 금속의 부식 반응은 산화 반응이므로 환원 반응이 짝을 이루어 갈바니 셀을 형성해야 한다. 중성(pH = 7)인 수용액에서 다음의 두 가지 환원 반응이 금속(Fe와 Cu)의 부식과 짝을 이룰 수 있다고 가정하고 다음에 답하시오. 환원 반응 (I)은 수소가 발생되는 반응으로 금속의 부식이 이 반응과 짝을 이루면 산에 의한 부식(acid corrosion)이라고 하고, 환원 반응 (II)는 산소가 환원되는 반응으로 금속이 이 반응과 짝을 이루면 산소에 의한 부식(oxygen corrosion)이라고 한다.

(I): $2H_2O + 2e = H_{2(g)} + 2OH^-$  $E^0 = -0.83$ V (*vs.* NHE)

(II): $O_{2(g)} + 2H_2O + 4e = 4OH^-$  $E^0 = 0.4$ V (*vs.* NHE)

(a) pH = 7인 용액에서 두 반쪽 전지의 평형 전압($E_{eq}$)을 각각 계산하시오.

(b) 위에서 계산한 평형 전압을 이용하여 전압에 따른 환원 전류의 모양을 스케치하시오. 이때 수소 발생 반응은 전하 전달이 속도를 결정하고, 산소 환원 반응은 물질 전달이 속도를 결정하며, 한계 전류를 보인다고 가정하시오. 또한 다음의 $E^0$값을 이용하여 전압에 따른 금속의 산화 전류의 모양을 스케치하시오. 이때 금속 이온의 활동도는 1.0이고, 금속의 산화 반응은 전하 전달이 속도를 결정한다고 가정하시오.

$Fe^{2+} + 2e = Fe$  $E^0 = -0.44$ V (*vs.* NHE)

$Cu^{2+} + 2e = Cu$  $E^0 = 0.34$ V (*vs.* NHE)

(c) 위 스케치로부터 다음에 답하시오.

(i) pH = 7에서 Fe와 Cu 모두 산소에 의한 부식이 산에 의한 부식보다 우세한 이유는?

(ii) pH가 낮아질수록 산에 의한 부식의 가능성이 더 커지는 이유는?

(iii) pH = 7에서 Fe에 비해 Cu의 부식 속도가 더 느린 이유는?

(iv) 위 (b)의 설명에서 산소 환원 반응에서 물질 전달이 속도를 결정한다고 가정한 이유는?

(v) pH = 7인 수용액 내 산소($O_2(g)$)의 농도가 증가하면 Fe의 부식 속도와 혼성 전위(부식 전위)는 어떻게 변화하는가? 이로부터 Fe의 부식을 억제할 수 있는 방법을 제시하시오.

**04** 알칼라인 전지와 $Li/SO_2$ 전지의 전체 방전 반응은 다음과 같다.

$2Zn + 2MnO_2 + H_2O \rightarrow 2MnOOH + 2ZnO$

$2Li + 2SO_2 \rightarrow Li_2S_2O_4$

알칼라인 전지와 $Li/SO_2$ 전지의 평균 작동 전압이 각각 1.2 V와 2.8 V라고 가정하고 이들의 이론적 에너지 밀도(theoretical specific energy, 단위 Wh/kg)를 계산하시오. 리튬 일차 전지의 장점은?

**05** 리튬 이차 전지의 방전 반응식이 다음과 같다. 이론적 에너지 밀도를 계산하시오. 이때 방전 범위 $x$ = 0.5이고, 평균 작동 전압은 3.7 V라고 가정하시오.

음극: $LiC_6 \rightarrow Li_{1-x}C_6 + xLi^+ + xe$

양극: $Li_{1-x}CoO_2 + xLi^+ + xe \rightarrow LiCoO_2$

**06** 프로페인의 연소 반응($C_3H_8 + 5O_2 \rightarrow 3CO_2 + 4H_2O$)의 $\Delta G^0 = -2108$ kJ/mol이다. 프로페인과 산소로 구동되는 연료 전지에서 환원 반응은 $O_2 + 4H^+ + 4e \rightarrow 2H_2O$ ($E^0$ = 1.23 V *vs.* NHE)이다.

(a) 프로페인의 산화가 일어나는 산화 전극에서 반응식을 쓰시오.

(b) 이 연료 전지의 표준 기전력($E^0_{cell}$)은?

**07** 다음의 2개 반쪽 전지를 이용하여 리독스 플로우 전지를 구성할 수 있다.

$Pb^{2+} + 2e = Pb_{(s)}$ $\quad E^0 = -0.125$ V (*vs.* NHE)

$PbO_{2(s)} + 4H^+ + 2e = Pb^{2+} + 2H_2O$ $\quad E^0 = 1.47$ V (*vs.* NHE)

(a) 음극과 양극에서 일어나는 충전과 방전 반응을 제시하시오.

(b) 이 리독스 플로우 전지에는 분리막이 필요 없는데, 이것이 가능한 이유를 설명하고 분리막이 필요한 경우에 비해 어떤 장점이 있는지 설명하시오.

(c) 일반적으로 수용액을 전해질로 사용하는 경우 수소와 산소 발생 때문에 작동 전압은 1.23 V 미만이다. 이 리독스 플로우 전지에서 수소와 산소 발생의 문제는 없는가?

**08** 리튬 이온 전지의 극판을 제조할 때 전극의 전기 전도성 향상을 위하여 도전재로 탄소를 첨가한다. 일부 탄소에 Fe, Ni와 같은 금속 불순물이 들어 있어 다음과 같은 이유로 전지의 수명과 안전성에 문제를 일으킬 수 있다. 즉, 양극판에 들어 있는 미량의 금속 불순물이 용출하고, 용출된 금속 이온이 음극으로 이동하고, 음극에 전착되어 SEI 층을 파괴하고 또한 음극과 양극 사이에 전기적 단락을 일으킬 수 있다.

(a) 리튬 이차 전지의 작동 조건에서 양극판에 들어있는 도전재 탄소에 불순물로 존재하는 Fe와 Ni가 용출하고, 또 음극에 전착되는 과정이 열역학적으로

가능함을 보이시오.

(b) Fe와 Ni가 음극에 전착되면서 흑연 음극의 자가 방전을 유도하며, SEI 층을 파괴하고, 단락을 일으키는 과정의 시나리오를 유추해 보시오.

**09** 닫힌 고리의 개념을 고려하였을 때, 이차 전지에서 전해질의 이온 전도도($\kappa$)가 아니고 전해질 저항(R)이 전지의 성능을 좌우한다. 이를 <식 12-2>에 나타내었다. 실제로 고분자 전해질이 보통 전해질 용액에 비해 이온 전도도는 낮지만 리튬 전지 전해질로 사용되고 있다(이를 리튬 폴리머 전지라고 함). 1.0 $M$ $LiPF_6$가 녹아 있는 poly(ethylene oxide)는 고분자 전해질로서 전도도는 $10^{-5}$ S/cm이다. 1.0 $M$ $LiPF_6$를 EC(ethylene carbonate)에 용해하여 제조한 전해질 용액의 전도도는 $10^{-2}$ S/cm이다. 고분자 전해질은 10 $\mu$m 두께의 필름으로 제조하고, 전해질 용액은 1.0 mm 두께의 다공성 분리막에 함침하여 사용한다.

(a) 2개 전해질의 저항값을 구하시오.

(b) 고분자 전해질이 이온 전도도는 낮지만 이차 전지 전해질로 사용될 수 있는 이유를 제시하시오.

13장

# 광전기화학과 태양 전지

## Photoelectrochemistry and Solar cells

**광전기화학**(photoelectrochemistry)에서는 주로 반도체 전극을 사용하는데, 이는 반도체가 빛을 흡수할 수 있고, 흡수한 빛 에너지를 전기 에너지 또는 화학 에너지로 변환할 수 있기 때문이다. 태양 전지(solar cells, photovoltaic cells)를 이용하여 빛 에너지를 전기 에너지로 변환할 수 있고, 광전기분해 셀(photoelectrolysis cells)을 이용하여 물을 분해하여 산소와 수소를 얻을 수 있다. 한편 광촉매 셀(photocatalytic cells)을 구성하여 하이드록시 라디칼(OH•)을 생성시킬 수 있는데, 이는 오염 물질을 제거하는 해독(detoxification) 공정에 활용되고 있다.

고체의 전기적 성질은 **띠이론**(band theory)에 근거하여 설명한다. 금속과는 달리 반도체의 경우 띠간격(band gap)이 존재하고, 이 띠간격에 의해 반도체의 전기적 성질과 광학적 성질이 결정된다. 한편 금속에는 전하 운반체(charge carrier)인 자유 전자의 양이 많은 데 비해 반도체 내 전하 운반체의 밀도는 상대적으로 낮다. 이러한 전하 운반체의 밀도 차이 때문에 반도체 전극-용액의 계면 특성이 금속 전극-용액의 계면 특성과는 전혀 다르다. 이러한 반도체 전극-용액 계면의 고유한 특성이 여러 종류의 광전기화학 셀(photoelectrochemical cells)의 작동을 가능하게 한다.

## 13-1 반도체 이론

고체는 많은 수의 원자가 결합하여 특정한 결정 구조를 이룬다. [그림 13-1]에 나타낸 것처럼 원자 내부의 전자는 낮은 준위(level)의 원자 오비탈(atomic orbital, AO)부터 채워지므로 채워진(filled) AO와 빈(vacant) AO를 형성한다. 두 개의 원자가 결합하여 분자를 형성한다면 AO는 두 개의 분자 오비탈(molecular orbital, MO)로 나뉘고, 전자가 채워진(filled) MO와 빈(vacant) MO를 형성한다. 실제 고체 물질처럼 많은 수의 원자가 결합한다면 AO는 많은 수의 MO를 형성하게 된다. 이때 결합하는 원자의 수가 증가함에 따라 MO 사이의 간격은 점차 줄어들어 결국에는 에너지 준위가 서로 연결된 상태를 생각할 수 있다. 이를 에너지 준위(level)와 대비하여 에너지 띠(band)라고 한다. 전자가 채워진 띠를 **결합띠**(valence band)라고 하고, 비어 있는 띠를 **전도띠**(conduction band)라고 한다. 또한 결합띠 중 가장 높은 에너지 준위(level)를 **결합띠 끝**(valence band edge), 그리고 전도띠 중 가장 낮은 에너지 준위를 **전도띠 끝**(conduction band edge)이라고 한다. 전도띠와 결합띠는 **띠간격**(band gap, $E_g$)에 의해 분리되는데, 이 띠간격이 고체의 전기적 또는 광학

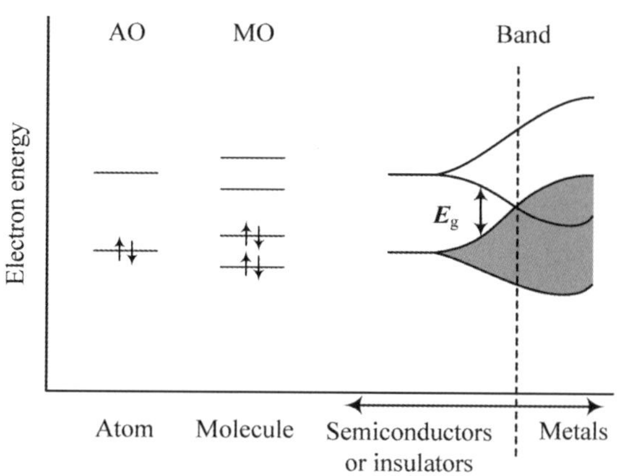


**그림 13-1** 원자의 결합에 의한 분자와 고체의 형성, 그리고 에너지 띠(energy band)의 형성

적 성질을 좌우한다. 띠간격은 에너지의 단위를 가지므로 통상적으로 eV를 단위로 사용한다(전극 전위를 $E$로 표시하므로 에너지를 뜻하는 $\boldsymbol{E}$는 굵은 글씨로 구별하였다). 보통 $\boldsymbol{E}_g$ < 3.0 eV이면 **반도체**라고 하고, $\boldsymbol{E}_g$ > 3.0 eV이면 **부도체**라고 한다. 이를 4족 원소로부터 설명하면 다음과 같다. 다이아몬드(C), 실리콘(Si), 저마늄(Ge), α-주석(α-Sn)은 모두 동일한 결정 구조와 유사한 결합 특성을 가지고 있다. 그러나 다이아몬드($\boldsymbol{E}_g$ = 5.4 eV)는 부도체이고, Si($\boldsymbol{E}_g$ = 1.1 eV)과 Ge($\boldsymbol{E}_g$ = 0.7 eV)은 반도체이며, α-Sn($\boldsymbol{E}_g$ = 0.09 eV)은 금속과 같은 전도 특성을 보인다. 띠간격이 매우 작아서($\boldsymbol{E}_g \ll kT$) 두 띠가 중첩되거나, 결합띠가 완전히 채워지지 않은 경우 고체는 금속과 같은 전도 특성을 갖는다.

반도체가 전기 전도성을 갖는 이유는 과량의 전자가 전도띠에 생성되거나, 과량의 양공(hole)이 결합띠에 형성되기 때문이다. 전자와 양공은 전기 전도에 참여하므로 이를 **전하 운반체**(charge carrier)라고 한다. 반도체에서 전자가 전도띠에 생성되고 양공이 결합띠에 생성될 수 있는 방법은 크게 세 가지가 있다. 첫째, 열에너지에 의해 결합띠에 있는 전자가 전도띠로 들뜨는(excitation) 경우이다. 실온에서 평균 열에너지 $kT$ = 0.026 eV이므로, 열에 의한 들뜸은 반도체의 띠간격이 이 정도로 작은 경우에만 가능하다. 둘째, 광자(photon)의 흡수에 의해 결합띠에 있는 전자가 전도띠로 올라갈 수 있다. 이때 광자(빛)의 에너지는 $h\nu > \boldsymbol{E}_g$의 조건이 만족되어야 하므로 반도체가 흡수할 수 있는 빛의 최소 에너지(최대 파장, $\lambda_{bg}$)는 <식 13-1>에 의해 결정된다.

$$\lambda_{bg}\ (\text{nm}) = 1240/\boldsymbol{E}_g\ (\text{eV}) \qquad \text{<13-1>}$$

[표 13-1]에 반도체의 띠간격(band gap, $\boldsymbol{E}_g$)과 이에 따른 $\lambda_{bg}$값을 나열하였다. 태양 빛

**표 13-1** 반도체의 띠간격과 흡수할 수 있는 빛의 최대 파장($\lambda_{bg}$)

| Semiconductor | Band gap (eV) | $\lambda_{bg}$ (nm) |
|---|---|---|
| Si | 1.1 | 1130 |
| GaAs | 1.4 | 890 |
| CdSe | 1.7 | 730 |
| $Fe_2O_3$ | 2.1 | 590 |
| $TiO_2$ | 3.0 | 410 |
| ZnO | 3.2 | 390 |
| $SnO_2$ | 3.5 | 350 |

중에서 600~1000 nm 범위의 빛을 이용할 때 태양 전지의 광전 효율이 최대가 되므로 반도체의 전도띠는 $\boldsymbol{E}_g = 1.5 \pm 0.5$ eV 범위가 최적이다.

전하 운반체를 생성할 수 있는 세 번째 방법은 도핑에 의한 것이다. **도핑**(doping)이란 띠간격 사이에 새로운 에너지 준위를 도입하는 것으로 고체의 화학량론(stoichiometry)에 변화를 주거나 격자 내에 다른 원소를 도입하여 가능하다. 이를 **비고유 반도체**(extrinsic semiconductor)라 하여 **고유 반도체**(intrinsic semiconductor, 예; 순수한 Si, Ge 등)와 구별한다. 격자 내에 다른 원소를 도입하는 대표적인 예가 4족 원소인 Si에 5족 원소인 인(phosphorous, P) 또는 3족 원소인 붕소(boron, B)를 도입하는 것이다. P을 도입하면 [그림 13-2]에 보인 것처럼 전도띠 끝($\boldsymbol{E}_{CB}$) 근처의 띠간격 안에 전자가 채워진 주개 준위(donor levels, $\boldsymbol{E}_D$)가 도입된다. $\boldsymbol{E}_{CB}$와 $\boldsymbol{E}_D$의 에너지 차이가 작으므로 주개의 전자는 열에 의해 쉽게 전도띠로 전이(들뜸, excitation)가 가능하다. 즉, 전도띠로 전이된 전자의 수는 주개의 수와 유사하다고 할 수 있다. P를 도핑하지 않은 Si 고유 반도체에서 전자와 양공의 수가 동일하지만, P의 도핑으로 전도띠 내 전자의 수가 결합띠 내 양공의 수를 훨씬 능가하게 된다. 실제로 Si에 P를 1 ppm 도핑하였을 때 실온에서 전도띠 내 전자의 밀도

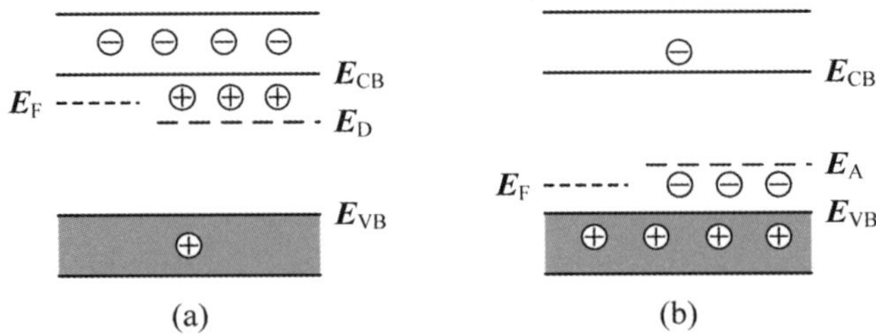


**그림 13-2** Si에 P의 도핑에 따른 $n$-형 비고유 반도체(a)의 형성과 B 도핑에 의한 $p$-형 비고유 반도체(b)의 형성

는 $5 \times 10^{16}/cm^3$이고, 결합띠 내 양공의 밀도는 $4000/cm^3$가 된다. 전기 전도에 주로 전자가 기여하므로 전자를 **주전하 운반체**(major charge carrier)라 하고, *n*-형 **비고유 반도체**(또는 줄여서 *n*-형 **반도체**)라고 한다. Si 격자 내에 B를 도핑하면 결합띠 끝 근처의 띠간격 내에 비어 있는 받개 준위(acceptor levels)가 생성되고, $E_{VB}$와 $E_A$의 에너지 차이가 작으므로 열에 의해 결합띠 내 전자가 받개로 전이된다. 따라서 받개와 동일한 농도의 양공이 결합띠에 생성된다(그림 13-2-b). 양공의 밀도가 전도띠 내에 존재하는 전자의 밀도를 훨씬 능가하므로 주전하 운반체는 양공이 된다. 이를 *p*-형 **비고유 반도체**라고 한다. 이때 주개와 받개는 전자를 주거나 받아서 양 또는 음전하를 갖게 되는데, 이들은 격자 내에 고정되어 있으므로 전하 운반체 역할을 하지는 못한다.

### 스스로 학습 13-1

$TiO_2$는 *n*-형 반도체에 속하는데, 다른 원소를 도핑하지 않는다. 어떻게 하여 *n*-형 반도체가 되는가?

[그림 13-2]에 **페르미 준위**(Fermi level, $E_F$)를 표시하였다. 페르미 준위는 '전자가 채워질 확률이 1/2인 에너지 준위'로 정의한다. 금속인 경우, 페르미 준위보다 바로 높은 에너지 준위에 전자가 채워질 확률은 0이고, 페르미 준위보다 바로 낮은 에너지 준위에 전자가 채워질 확률은 1.0이다. 따라서 페르미 준위에 전자가 채워질 확률은 1/2이다. 금속 전극에서 전극 전위를 조절하여 전자의 에너지를 변화시킬 수 있다는 것은 바로 전극 전위를 조절하여 페르미 준위를 조절하는 것이다.

고유 반도체의 경우는 결합띠와 전도띠가 있고 그 사이에 띠간격이 있으므로 전자가 채워질 확률이 1/2인 에너지 준위는 띠간격의 중간에 위치한다. 그러나 *n*-형 비고유 반도체의 경우 고유 반도체에 비해 전도띠 내에 많은 전자가 존재하므로 전자가 채워질 확률이 1/2인 에너지 준위는 전도띠 방향으로 이동한다. [그림 13-2]에 보인 것처럼 전도띠 끝($E_{CB}$)과 주개 준위($E_D$) 사이에 위치한다. *p*-형 비고유 반도체인 경우 페르미 준위는 결합띠 끝($E_{VB}$)과 받개 준위($E_A$) 사이에 위치한다.

## 13-2 반도체 전극 - 전해질 계면

고체 물리학에서는 페르미 준위와 에너지 띠를 진공 상태에서 측정하므로 전위(potential)를 진공 상태의 전자를 기준으로 정의한다. 그러나 전기화학에서는 NHE를 기준으로 전극 전위를 정의한다. 반쪽 전지의 표준 전극 전위($E^0$)를 전자의 에너지로 환산할 수 있는데, 이는 화합물 내 전자의 배치에 의해 표준 전극 전위가 결정되기 때문이다(1-1절 참조). [그림 13-3]에 보인 것처럼 진공 상태 전자의 에너지를 0.0 eV로 정의하였을 때 NHE의 에너지는 −4.5 eV에 해당한다. 따라서 $Fe^{2+}/Fe^{3+}$ 반쪽 전지의 $E^0$ = 0.77 V(vs. NHE)이므로 진공 상태 전자를 기준으로 에너지를 표시하면 −5.27 eV에 해당한다. 반쪽 전지의 표준 전극 전위($E^0$)에 따른 페르미 준위는 <식 13-2>를 이용하여 환산할 수 있다. [그림 13-3]에 보인 것처럼 진공 상태의 전자를 기준으로 하였을 때, Au의 페르미 준위는 −5.1 eV이고, $Fe^{2+}/Fe^{3+}$ 반쪽 전지의 그것은 −5.27 eV이다.

$$\boldsymbol{E}_{\mathrm{F}} = -4.5\ \mathrm{eV} - e_0 E^0 \qquad \text{<13-2>}$$

[그림 13-4]에 보인 것처럼 어떤 산화환원 쌍(예를 들어 $Fe^{2+}/Fe^{3+}$)의 페르미 준위($\boldsymbol{E}_{\mathrm{F,O/R}}$)가 *n*-형 반도체의 페르미 준위($\boldsymbol{E}_{\mathrm{F}}$)보다 더 낮다고 하자. 이 산화환원 쌍이 용해되어 있는 용액에 *n*-형 반도체를 넣으면, *n*-형 반도체의 주전하 운반체인 전자가 더 낮은 준위인 산화환원 쌍으로 이동한다. 이 결과로 산화환원 쌍의 더 높은 MO에 전자가 채워지므로 이의 페르미 준위는 증가한다. 반대로 반도체는 전자를 잃게 되므로 페르미 준위가 낮아진다. 이러한 전자 전달은 반도체와 산화환원 쌍의 페르미 준위가 동일할 때까지 진행되어 평형 상태에 도달하게 된다. 이 과정을 통하여 반도체에는 과량의 양전하가, 그리고 용액에는 과량의 음전하가 각각의 공간 전하 영역에 분포하게 된다.

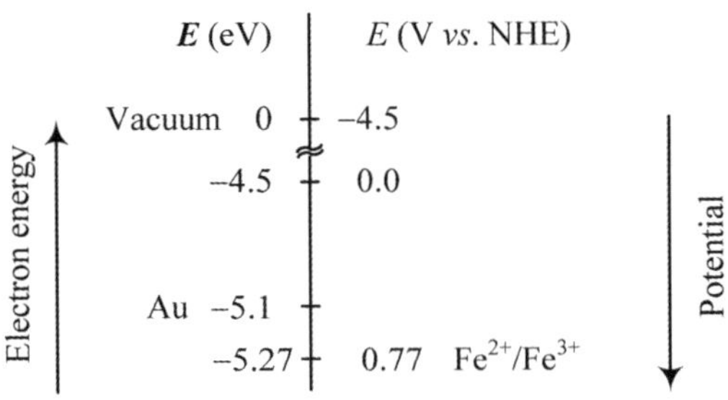


그림 13-3 진공(vacuum)과 NHE를 기준으로 설정한 전자의 에너지와 전위

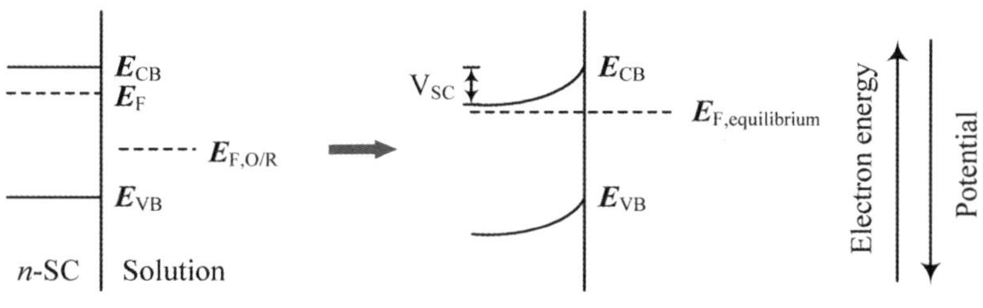


**그림 13-4** 산화환원 쌍을 포함하는 용액과 $n$-형 반도체가 접촉할 때 띠굽음(band bending) 현상

그렇다면 반도체와 용액에서 공간 전하 영역의 두께는 각각 얼마나 클 것인가? 금속 전극인 경우 과량의 전하가 생성되더라도 자유 전자의 양에 비해 매우 적으므로 공간 전하 영역의 두께는 무시할 만큼 작다. 그러나 반도체 전극의 경우 전하 운반체의 농도가 작으므로 공간 전하 영역은 전극 표면으로부터 내부로 1 μm 정도까지 확장된다. 한편, 일반적으로 전해질 내에 이온의 양이 금속 내 자유 전자의 양보다는 적지만 반도체의 전하 운반체보다는 크므로, 전해질에서 공간 전하 영역의 두께는 대략 10~1000 Å 정도 된다. 즉 반도체-용액의 계면에서 용액 쪽의 공간 전하 영역은 무시할 만큼 얇고, 반도체 쪽 공간 전하 영역은 상대적으로 더 두껍다(스스로 학습 3-5 참조). 이를 금속 전극-용액의 계면에서 금속 전극 내 공간 전하 영역이 무시할 만큼 얇고, 용액 쪽의 공간 전하 영역이 넓은 것과 동일한 원리로 설명할 수 있다(3-9절 참조).

용액 쪽의 공간 전하 영역이 무시할 만큼 얇으나, 반도체 쪽 공간 전하 영역은 넓으므로, 이 영역에서 전자 에너지의 분포에 [그림 13-4]와 같이 **띠굽음**(band bending) 현상이 발생한다. 즉, 용액 쪽에는 과량의 음전하가 배열하고 반도체에는 양전하가 배열하므로 전자의 에너지 측면에서 보면 용액 쪽의 전자 에너지가 반도체 쪽보다 더 높다. 전위의 측면에서 보면 용액 쪽의 전위가 더 낮다. 반도체 전극 내에서 전위의 분포는 푸아송 식(Poisson equation)에 의해 반도체 내부로 갈수록 증가한다(<식 3-47> 참조). [그림 3-22]에 제시한 음전하가 축적된 금속과 접한 확산층(diffuse layer) 내 전위의 분포와 [그림 13-4]에 보인 음이온이 축적된 용액과 접한 반도체 내부에서 전위의 분포는 동일한 원리에 의해 발생하는 현상이다. 이는 또한 데바이-휘켈 이론에서 설명하는 이온 분위기 형성과도 동일한 현상이다. [그림 13-4]에서 띠굽음 현상에 의해 반도체 내부와 전도띠 끝 사이에 $V_{SC}$만큼의 전위차(또는 전자의 에너지 차이)가 발생함을 보여 주고 있다.

금속 전극과 마찬가지로 반도체 전극에서도 전극 전위를 조절하여 전자 에너지(즉, 페르미 준위)에 변화를 줄 수 있다. 이를 [그림 13-5]에 설명하였다. (a)와 같이 띠가 굽어

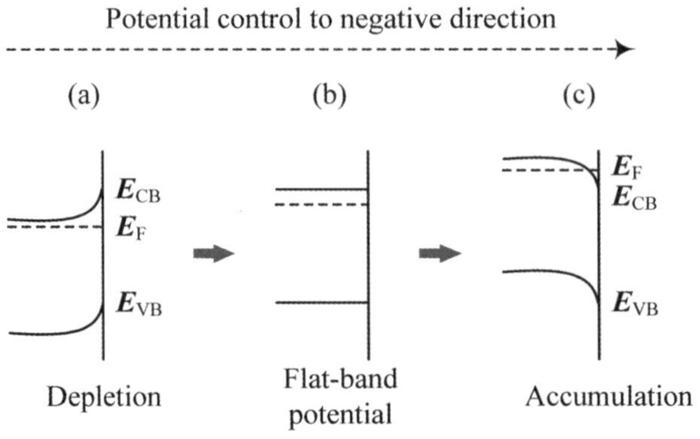


**그림 13-5** *n*-형 반도체 전극의 전압를 음의 방향으로 조절할 때 페르미 준위의 변화

있는 경우를 **결핍 상태**(depletion state)라고 하는데, 이는 *n*-형 반도체의 주전하 운반체인 전자가 더 낮은 에너지 상태인 반도체 내부로 이동하여 공간 전하 영역(*n*-형 반도체 전극의 표면)에 전자가 결핍되기 때문이다. 전극 전위를 음으로 변화시키면(전극 내 전자의 에너지를 높게 변화시키면) 페르미 준위가 증가하며 띠굽음 정도가 점차 감소하다가 띠굽음 현상이 없는 상태에 도달한다(b). 이때 전극 전위를 **평활 전위**(flat-band potential)라고 한다. 전위를 더 음으로 변화시키면 띠가 반대 방향으로 굽게 되는데, 이를 **누적 상태**(accumulation state)라고 한다. 이때 전도띠에는 원래의 전자 이외에 전위 조절에 의해 추가로 전자가 주입되어 누적되므로 금속과 같은 전도 특성을 갖는다.

## 13-3 반도체 광전기화학

[그림 13-6]처럼 결핍 상태의 *n*-형 반도체 전극에 띠간격보다 더 큰 에너지의 빛($h\nu > E_g$)을 조사하면 광자가 흡수되고, 전도띠에는 전자가, 결합띠에는 양공이 생성된다. 이때 일부 전자와 양공은 **재결합**하여 열로 전환되지만, 공간 전하 영역에서 전기장에 의해 전자는 낮은 에너지 상태인 반도체 내부로 이동하고, 양공은 표면으로 이동하여 화합물을 산화시킬 수 있다($R \rightarrow O + e$). *n*-형 반도체 전극이므로 빛을 조사하지 않았을 때는 양공의 양이 적어 산화 반응이 불가능하나, 빛을 조사하면 양공이 생성되어 산화 반응이 가능하게 된다. 이를 **광산화 전류**(photoanodic current)라고 한다. 전압의 변화에 따른 광산화 전류의

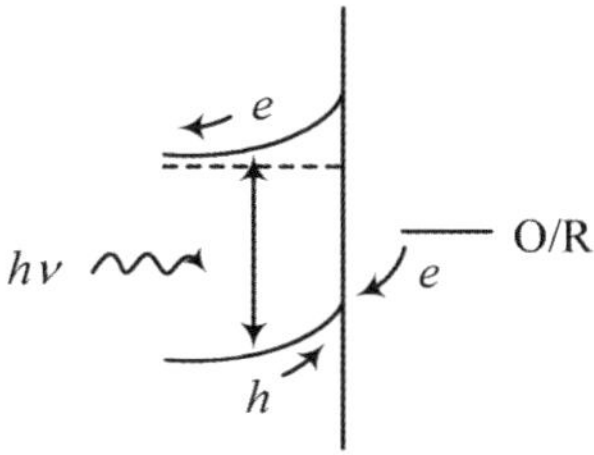


**그림 13-6** *n*-형 반도체의 결핍 상태에서 빛의 흡수에 의한 전자와 양공의 생성, 그리고 광산화 전류의 발생

흐름을 [그림 13-7]에 설명하였다. 빛을 조사하지 않을 때는 반도체 전극의 전압을 양의 방향으로 변화시켜도 화합물로부터 전자를 받을 양공의 밀도가 작으므로 산화 전류가 흐르지 못한다. 빛을 조사할 때(곡선 A) 전압이 평활 전위보다 더 양의 값을 가지면 결핍 상태가 되어([그림 13-5]) 광자의 흡수로 생성된 양공이 전기장에 의해 표면으로 이동하여 화합물을 산화시킬 수 있다. 즉, 광산화 전류($i_{ph}$)가 흐르게 된다. 이때 $i_{ph}$가 흐르기 위해서 *n*-형 반도체는 결핍 상태에 놓여야 하므로 $i_{ph}$가 시작되는 전압은 평활 전위보다 양의 값을 가지면 된다. 따라서 금속 전극에서 산화 반응을 위해 양의 방향으로 가해 주어야 하는 전압보다(곡선 B) 더 작은 양의 전압에서도 $i_{ph}$가 흐를 수 있다(곡선 A). 이는 빛 에너지가 산화 반응을 유도하기 때문이므로 이를 **빛도움**(photoassisted) **전극 반응**이라고 한다.

### 스스로 학습 13-2

[그림 13-6]과 [그림 13-2-a]의 전도띠에 표시한 전자의 생성 경로는 어떻게 다른가?

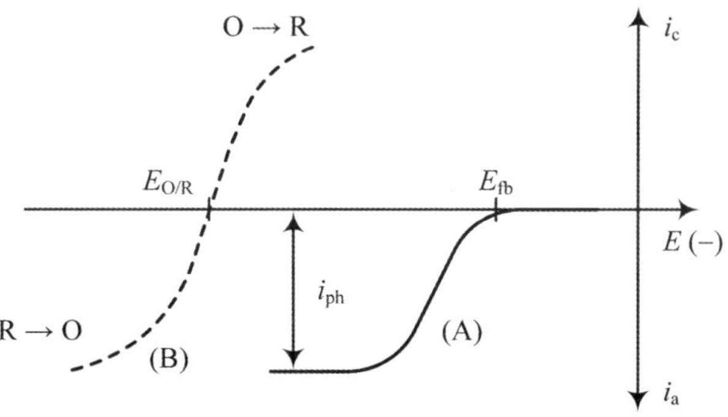


**그림 13-7** 산화환원 쌍을 포함하고 있는 용액에서 *n*-형 반도체에 빛을 조사할 때 광산화 전류의 발생

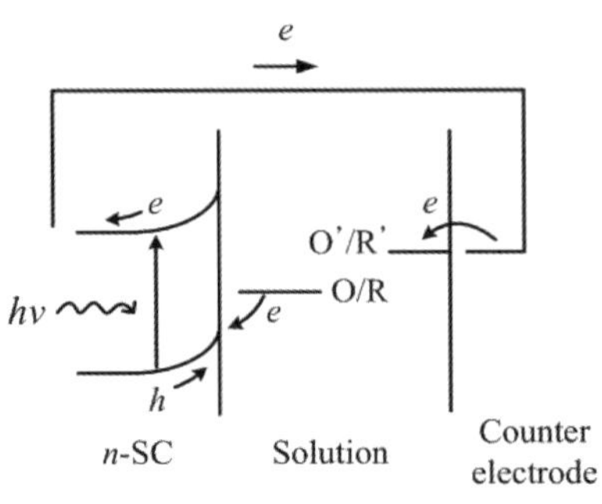


그림 13-8 광전기합성 셀의 구성

반도체 전극과 반대 전극, 그리고 전해질로 전기화학 셀을 구성하면(이를 광전기화학 셀, photoelectrochemical cells(PEC)이라고 함), 빛의 흡수로 생성된 전자와 양공을 활용하여 빛 에너지를 전기 에너지 또는 화학 에너지로 변환할 수 있다. PEC는 세 가지로 구분할 수 있다.

[그림 13-8]는 **광전기합성 셀**(photoelectrosynthetic cell 또는 photoelectrolytic cell)의 구성을 보여 주고 있다. 두 종류 산화환원 쌍(다시 말하여, 반쪽 전지)의 표준 전극 전위가 $E_{O/R} > E_{O'/R'}$이므로 O/R 쌍은 환원 반응성이 크고, O'/R' 쌍은 산화 반응성이 크다(두 반쪽 전지의 평형 전압을 비교하여야 하나 표준 상태를 가정하고 표준 전극 전위를 비교하여 상대적인 산화/환원 경향을 설명하였다). 그러나 전체 반응이 R의 산화와 O'의 환원으로 구성되므로 전체 반응은 비자발적이다($\Delta G > 0$). 빛 에너지를 제공하여 비자발적인 반응을 진행시킨다는 점에서 전해 셀(electrolytic cells)과 유사하다. 대표적인 예로 물을 광전기분해(photoelectrolysis)하여 수소와 산소를 얻는 셀을 들 수 있다. 용액에서 진행되는 반쪽 전지 반응과 전체 반응은 다음과 같다.

산화 반응: $2H_2O \rightarrow O_2 + 4H^+ + 4e$ $\quad E^0 = 1.23\ \text{V}\ (vs.\ \text{NHE})$

환원 반응: $4H^+ + 4e \rightarrow 2H_2$ $\quad E^0 = 0.0\ \text{V}\ (vs.\ \text{NHE})$

전체 반응: $2H_2O \rightarrow 2H_2 + O_2$ $\quad (\Delta G^0 = 475\ \text{kJ/mol})$

빛의 흡수로 생성된 양공이 반도체 전극 표면으로 이동하면 물 분자는 전자를 전극에 주며 $O_2$와 $H^+$으로 산화된다. 빛의 흡수로 생성된 전도띠 내 전자는 외부 회로를 통해 반대 전극으로 이동되고, 여기서 $H^+$에 전자를 주어 $H_2$를 생성시킨다.

### 스스로 학습 13-3

[그림 13-8]의 광전기합성 셀에서 평형 전압 $E_{O/R}$과 $E_{O'/R'}$은 특정한 범위의 값을 가져야 셀의 작동이 가능하다. 이들이 어떤 범위의 값을 가져야 하는가?

[그림 13-9]의 **광촉매 셀**(photocatalytic cell)에서는 평형 전압이 $E_{O/R} < E_{O'/R'}$이므로 R의 산화와 O'의 환원은 짝을 이루어 자발적으로 진행될 수 있다. 따라서 빛 에너지는 반응의 활성화 에너지를 극복하는 데 사용된다. 대표적인 예로, 아세트산과 산소($O_2$)가 용해되어 있는 용액에 $n$-$TiO_2$ 분말을 분산시키고 빛을 조사하였을 때 아세트산이 산화되고 산소가 환원되는 셀을 들 수 있다. 이 광화학 반응의 메커니즘을 좀 더 자세히 살펴보면, 빛의 흡수로 생성된 양공이 반도체 전극의 표면으로 이동하여 표면에 흡착된 $OH^-$를 다음과 같이 하이드록시 라디칼(hydroxyl radical)로 산화시킨다.

$$h^+(s) + OH^- \rightarrow OH\bullet$$

이때 생성된 하이드록시 라디칼이 아세트산과 반응한다. 한편 빛의 흡수로 생성된 전자는 격자 내 $Ti^{4+}$를 $Ti^{3+}$으로 환원시키고 $Ti^{3+}$가 산소와 반응한다.

물에 오염되어 있는 물질을 제거하는 해독 공정에서 오염된 유기물을 완전히 분해하여 $CO_2$, $H_2O$, HCl 등으로 분해시키기 위하여 여러 종류의 산화제가 사용되고 있다. 하이포염소산염(hypochlorite, $ClO^-$)이 대표적인 산화제이나, 많은 유기물이 이와 반응하여 독성 물질을 생성하는 문제가 있다. 하이드록시 라디칼($OH\bullet$)은 이러한 문제가 심각하지 않으므로 과산화 수소($H_2O_2$)와 $Fe^{3+}$를 반응시키거나(이를 Fenton reaction이라고 함), 또

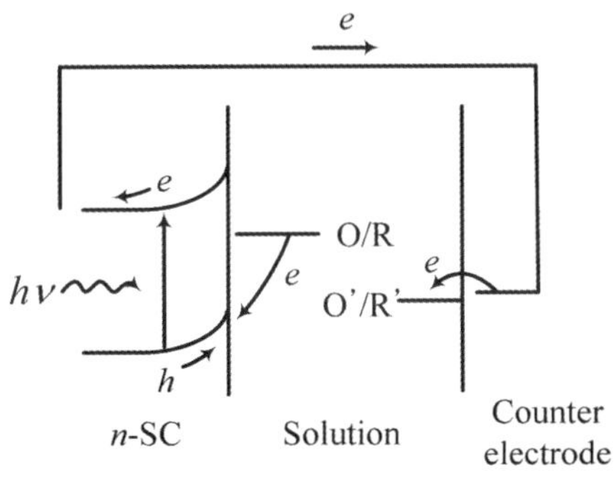


그림 13-9 광촉매 셀의 구성

는 오존($O_3$)이나 과산화 수소($H_2O_2$)에 자외선을 조사시켜 생성시킨다. 위에서 설명한 것처럼 $n$-$TiO_2$ 분말에 빛을 조사시켜 생성시킬 수도 있다. 즉, 유기 오염물이 포함된 물에 $n$-$TiO_2$ 분말 슬러리를 분산시키고 산소를 주입하면서 빛을 조사하면 OH• 라디칼이 생성되고, 이는 유기물의 분해에 참여한다. 이 광전기화학 셀은 [그림 13-9]에 보인 셀과 유사하나, 반대 전극이 없이 $n$-$TiO_2$ 입자의 일부를 산화 전극으로 이용하고 일부는 환원 전극으로 이용한다. 이때 빛의 흡수로 생성된 전자도 $n$-$TiO_2$ 입자의 표면으로 이동하여 산소를 환원시키는데, 산소의 부분 환원을 통해 생성된 초과산화 라디칼 음이온(superoxide radical anion, $O_2^-$•)도 산화제 역할을 한다.

**스스로 학습 13-4**

[그림 13-9]의 광촉매 셀에서는 평형 전압 $E_{O/R}$과 $E_{O'/R'}$가 어떤 범위의 값을 가져야 하는가?

## 13-4 태양 전지 solar cell 또는 photovoltaic cell

[그림 13-10]은 태양 전지(solar cell) 또는 광전지(photovoltaic cell, PV)의 모식도를 보여주고 있다. $n$-형 반도체 전극에서 광산화 반응이 진행되고, 반대 전극에서는 반도체 전극에서 산화된 화합물이 다시 환원된다([그림 13-6] 참조). 외부에서 전기 에너지를 제공하

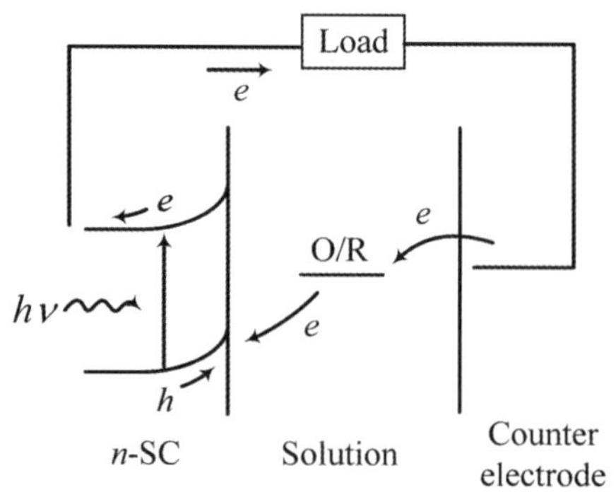


그림 13-10 광전지의 구성

지 않아도 전체 반응이 자발적으로 진행되며, 전류가 외부 부하에 흐르면서 전기 에너지를 제공한다. 즉, 빛 에너지를 전기 에너지로 변환하는 장치이다.

반도체 전극을 이용하여 빛도움(photoassisted) 전극 반응을 유도하기 위해서는 반도체의 띠간격이 광자의 에너지보다 작은 조건($\boldsymbol{E}_{\mathrm{g}} < h\nu$)을 만족하여야 빛의 흡수에 의한 전자와 양공의 생성이 가능하다. $n$-$TiO_2$는 $\boldsymbol{E}_{\mathrm{g}}$ = 3.0 eV이므로 빛의 95 % 이상을 활용할 수 없다([표 13-1] 참조). 파장이 긴 빛을 활용하기 위한 방법으로 염료 감응 방법이 시도되고 있다. 염료는 넓은 가시광선 영역의 빛을 흡수하므로 이를 이용한 **염료 감응형 태양 전지**(dye-sensitized solar cell)가 개발되고 있다. [그림 13-11]에 이의 모식도를 보여 주고 있다.

반도체(예: $n$-$TiO_2$) 표면에 흡착된 염료(D)가 빛을 흡수하면 염료 HOMO의 전자(electrons)가 LUMO로 들뜨게(excited) 되어 $D^*$(excited dye)를 생성한다. 이때 반도체 전도띠 끝의 에너지 준위가 염료의 LUMO보다 낮으면 전자가 반도체로 이동하고 염료($D^*$)는 $D^+$로 산화된다. 이때 용액에 산화환원 쌍이 없으면 이러한 과정이 염료가 소진될 때까지만 진행되지만 $D^+$를 다시 D로 환원시킬 수 있는(전자를 제공할 수 있는) R이 용액에 존재하면 빛의 흡수는 연속적으로 진행된다. R로부터 $D^+$로의 전자 전달은 용액 내에서 진행된다. 이때 R(예: iodide ion, $I^-$)이 산화되어 생성된 O(예: triiodide ion, $I_3^-$)는 외부 부하를 거쳐 반대 전극으로 전달된 전자에 의해 다시 R로 전환된다. 따라서 빛의

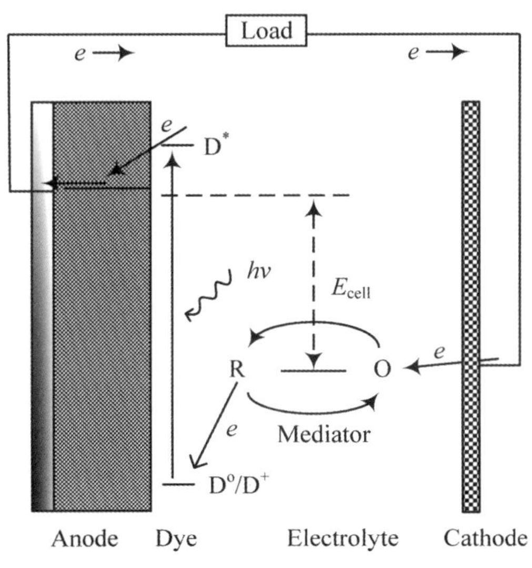


그림 13-11 염료 감응형 태양 전지의 작동 원리

조사가 계속된다면 위의 과정도 연속적으로 진행된다. 이때 닫힌 고리를 형성하며, 전자가 시계 방향으로 이동하며 외부 부하에 전기적인 일을 하게 된다. 이 광전지 전압의 최댓값($E_{cell}$, 기전력 또는 열린 회로 전압)은 반도체의 전도띠 끝에 해당하는 전위와 매개체($I_3^-/I^-$ 짝 또는 반쪽 전지) 평형 전압($E_{O/R}$)과의 차이(또는 $E_{fb}$와 $E_{O/R}$의 차이)에 의해 결정된다. 실제 작동 전압($E_{wk}$)은 <식 12-2>에 의해 결정되므로 전극 반응의 과전압을 낮추고, 가능한 모든 저항을 줄여야 높은 출력 전압을 얻을 수 있다. 반도체로는 표면적이 큰 나노 크기 입자를 사용하는데, 이는 많은 양의 염료 분자를 흡착시키기 위해서이다.

염료 감응형 태양 전지는 전기화학 셀로서, 두 개의 반쪽 전지로 구성되어 있다. 전기화학 셀과는 구성면에서 전혀 다른, 즉 전해질이 포함되지 않는 고체 상태 태양 전지로, *p-n* 접합형 태양 전지와 페로브스카이트 태양 전지(perovskite solar cell)가 있다. *p-n* 접합형 태양 전지는 *p*-형과 *n*-형 실리콘 또는 화합물 반도체(예를 들어, $CuIn(Ga)Se_2$)를 접합시켜 제작되는데, [그림 13-12]는 실리콘을 이용한 *p-n* **접합형 태양 전지**의 작동 원리를 보여 주고 있다. 빛에 의해 반도체 내부에서 전자와 양공이 생성되고, 이때 생성된 전자는 *n*-형 반도체 쪽으로, 양공은 *p*-형 반도체 쪽으로 이동하며 전하 분리가 일어난다. 외부 부하에 전류가 흐르므로 전기적인 일을 하게 된다. 전하 분리된 전자와 양공이 재결합하면 광전환 효율이 감소하므로, 결함(defects)을 최소화하는 등의 조치가 필요하다.

[그림 13-11]에 보인 염료 감응형 태양 전지의 구성 요소 중에서 염료로서 페로브스카이트 구조($AMX_3$, A: 양이온, M: 금속 양이온, X: 음이온)를 갖는 $CH_3NH_3PbX_3$(X = Br, I)를 사용하고, 고체이며 양공 전달이 가능한 HTM(hole transporting material)을 사용하면 고체 상태의 염료 감응 태양 전지가 가능하다. 즉, 전자 전달을 담당하는 매개체(O/R)가 용해되어 있는 액체 전해질이 필요 없게 된다. 이러한 개념이 발전되어 다양한 형태의

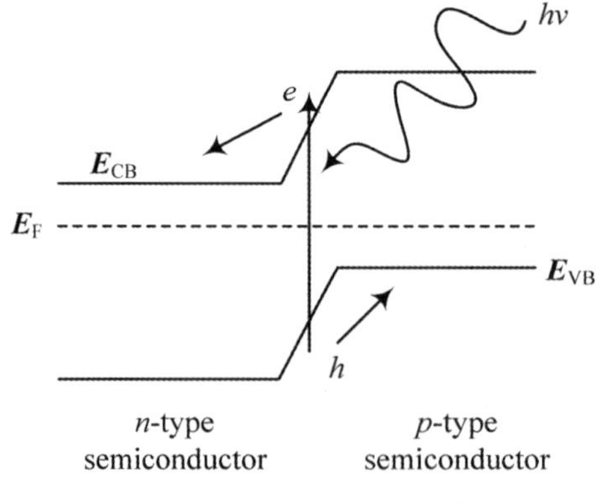


**그림 13-12** *p-n* 접합형 태양 전지의 작동 원리

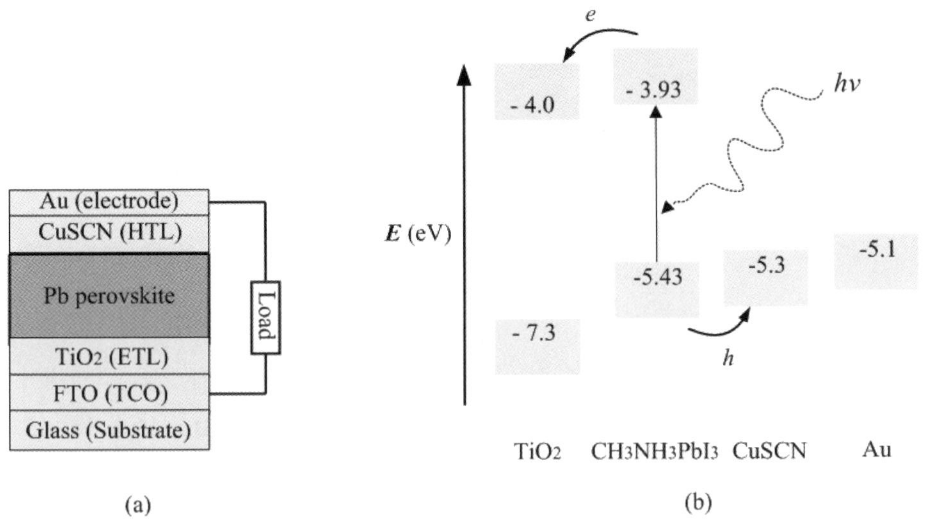


**그림 13-13** (a) 페로브스카이트 태양 전지의 구성, (b) 에너지 도표. HTL(hole transporting layer), ETL(electron transporting layer), FTO(fluorine-doped tin oxide), TCO(transparent conductive oxide).

페로브스카이트 태양 전지(perovskite solar cell)가 개발되고 있다. [그림 13-13]에 대표적인 예를 제시하였다. 이 태양 전지에서 $CH_3NH_3PbI_3$가 빛을 흡수하여 전자와 양공을 형성하는데, 이 물질은 띠간격이 1.5 eV로서 $\lambda_{bg}$ = 827 nm이다. 즉, 넓은 범위의 가시광선을 흡수할 수 있다. 빛의 흡수로 생성된 전자는 *n*-형 반도체인 $TiO_2$(ETL, electron transporting layer)으로 전달되고, 양공은 *p*-형 반도체인 CuSCN(HTL, hole transporting layer)를 거쳐 Au 전극으로 전달된다. Pb를 포함하는 페로브스카이트 계열의 물질은 띠간격의 크기가 태양 전지의 용도로서 적당하고 또한 화합물의 조성 변화로 조절이 가능하다. 이 물질들은 매우 강하게 빛을 흡수하는 특징 이외에, 전하 운반체의 확산 거리가 길며, 전자-정공의 재결합이 심하지 않는 등 태양 전지의 빛 흡수 물질로서 여러 장점이 있다.

# 13장 연습문제

**01** [그림 13-7]에 주어진 전압-전류 곡선으로부터 다음에 답하시오. 그림에서 반도체 전극의 $E_{fb}$ = −0.2 V(*vs*. NHE)이고, O/R은 각각 $I_3^-$(0.5 *M*)과 $I^-$(0.5 *M*)이다. 5 × $10^{15}$ photons/s의 양으로 빛이 조사되고, 조사된 빛은 100% 모두 전자-양공 생성에 기여하고, 전자-양공의 재결합은 무시할 수 있다고 하자(실제 이런 경우는 없음). 계산을 간단히 하기 위하여 과전압과 모든 저항(전해질, 전극, 외부 회로 등)에 의한 *iR* 강하를 무시하시오.

(a) 이 광전지(photovoltaic cell, PV)의 기전력(또는 열린 회로 전압)은?

(b) 빛이 조사될 때 전류의 크기는?

(c) 빛이 조사될 때 광전지의 작동 전압($E_{wk}$)은?

**02** [그림 13-14]는 몇 가지 반도체의 전도띠 끝($\boldsymbol{E}_{CB}$), 결합띠 끝($\boldsymbol{E}_{VB}$), 그리고 띠간격($\boldsymbol{E}_g$)을 보여 주고 있다. 예를 들어, *n*-$TiO_2$의 경우 $\boldsymbol{E}_{CB}$ = −4.3 eV, $\boldsymbol{E}_{VB}$ = −7.3 eV, $\boldsymbol{E}_g$ = 3.0 eV라고 하자. pH = 0인 조건에서 수소와 산소 반쪽 전지의 평형 전압을 함께 표시하였다.

(a) 모두 *n*-형 반도체이고 반대 전극으로 백금 전극을 사용한다고 할 때 열역학

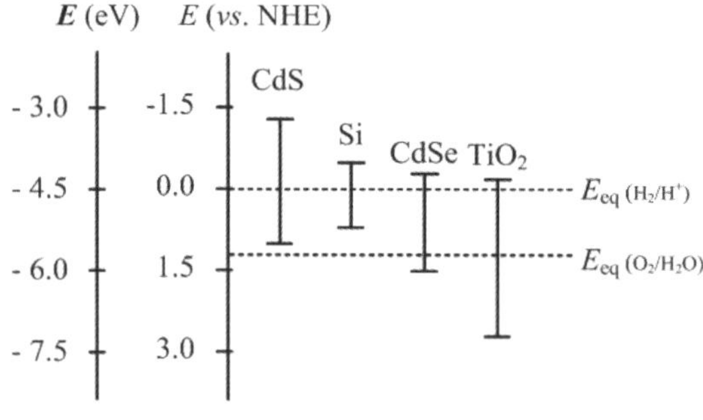


그림 13-14 *n*-형 반도체의 띠 구조와 수소와 산소 반쪽 전지의 평형 전압

적 측면에서 어떤 반도체가 물의 광전기분해 산화 전극으로 사용될 수 있겠는가?

(b) 동력학적인 측면에서 어떤 문제가 있을지 설명하시오.

(c) 용액의 pH = 14라고 가정하고 위 (a)에 답하시오.

**03** *p*-형 반도체 전극에서 광환원 전류(photocathodic current)가 가능하다. 다음에 답하시오.

(a) *p*-형 반도체에서 $\boldsymbol{E}_{CB}$, $\boldsymbol{E}_{F}$, 그리고 $\boldsymbol{E}_{VB}$의 위치를 스케치하시오.

(b) 빛을 조사하지 않을 때, *p*-형 반도체에서 전기화학 산화 또는 환원 중 어느 것이 가능한가?

(c) 광환원 전류를 유도하기 위해서 *p*-형 반도체에 걸어 주어야 하는 전압은 평활 전위와 어떻게 다른가?

(d) 광환원 반응에 의해 환원되는 화합물의 $E_{O/R}$(O/R 반쪽 전지의 평형 전압)은 *p*-형 반도체의 $\boldsymbol{E}_{CB}$, $\boldsymbol{E}_{F}$, $\boldsymbol{E}_{VB}$와 비교하여 어떤 값을 가져야 하나?

# 찾아보기

**[ㅅ]**



**[ㅇ]**

**[ㅈ]**

**[ㅊ]**



**[ㅋ]**

## 저자 소개

**오승모**
서울대학교 공과대학 학사 (1976)
KAIST 석사 (1978)
University of Illinois, Urbana-Champaign 박사 (1986)
(전) 서울대학교 공과대학 화학생물공학부 교수
(전) UNIST (울산과학기술원) 에너지화학공학과 석좌교수
(현) 연세대학교 이차전지융합공학협동과정 객원교수
(현) (주)민테크 기술자문역

# 전기화학 제5판

저 자 오승모
발 행 인 김지영
발 행 처 자유아카데미
주 소 경기도 파주시 회동길 37-42
파주출판도시
전 화 031-955-1321
팩 스 031-955-1322
홈페이지 www.freeaca.com
전자우편 main@freeaca.com (대표)
editor@freeaca.com (편집)
crm@freeaca.com (영업)
등 록 제406-2003-017호, 1980. 7. 12
제5판1쇄 2025년 7월 20일 발행

저자와의 협의하에 인지생략


ISBN 979-11-5808-730-2 93430

## ■ 물리 상수(physical constant)

| 상수 | 기호 | 값 |
|---|---|---|
| 아보가드로 수(Avogadro's number) | $N_A$ | $6.02214 \times 10^{23}$ $mol^{-1}$ |
| 단위 전하량(elementary charge) | $e$ | $1.60218 \times 10^{-19}$ C |
| 패러데이 상수(Faraday constant) | $F$ | $9.64853 \times 10^{4}$ C $mol^{-1}$ |
| 기체 상수(molar gas constant) | $R$ | 8.31447 J $mol^{-1}$ $K^{-1}$ |
| 플랑크 상수(Planck constant) | $h$ | $6.62607 \times 10^{-34}$ J · s |
| 볼츠만 상수(Boltzmann constant) | $k$ | $1.38065 \times 10^{-23}$ J $K^{-1}$ |
| 진공 유전율(permittivity of free space) | $\varepsilon_0$ | $8.85419 \times 10^{-12}$ $C^2$ $N^{-1}$ $m^{-2}$ |

## ■ 단위(unit) 및 환산(conversion)

| 단위 | 약어 | 정의 또는 값 |
|---|---|---|
| 칼로리(calorie) | cal | 4.184 J |
| 에르그(energy) | erg | $10^{-7}$ J |
| 전자 볼트(electron volt) | eV | $1.602 \times 10^{-19}$ J |
| 옹스트롬(angstrom) | Å | $10^{-10}$ m = $10^{-8}$ cm = $10^{-4}$ μm = $10^{-1}$ nm |
| 암페어(ampere) | A | C $s^{-1}$ |
| 쿨롱(coulomb) | C | F V |
| 파러드(farad) | F | C $V^{-1}$ |
| 주울(joule) | J | N · m |
| 뉴턴(newton) | N | kg · m $s^{-2}$ |
| 볼트(volt) | V | J $C^{-1}$ |
| 와트(watt) | W | J $s^{-1}$ |

■ 25°C (298.15 K)에서 몇 가지 상수값

$kT = 4.116 \times 10^{-21}$ J $= 25.69$ meV

$RT = N_A kT = 2.478$ kJ mol$^{-1}$ $= 592$ cal mol$^{-1}$

$f = F/RT = 38.92$ V$^{-1}$

$1/f = RT/F = 0.02569$ V

$2.303/f = 2.303\ RT/F = 0.05916$ V